Der Experir

In der Reihe DER EXPERIMENTATOR sind bereits erschienen

Rehm: Proteinbiochemie/Proteomics
Luttmann et al.: Immunologie
Müller/Röder: Microarrays
Schmitz: Zellkultur

Cornel Mülhardt

Der Experimentator: Molekularbiologie/ Genomics

6. Auflage

Autor
Dr. Cornel Mülhardt
F. Hoffmann-La Roche AG
Grenzacherstr. 124
CH-4070 Basel
cornel.muelhardt@roche.de

Bibliografische Information Der Deutschen Bibliothek

Die Deutsche Nationalbibliothek verzeichnet diese Publikation in der Deutschen Nationalbibliografie; detaillierte bibliografische Daten sind im Internet über http://dnb.d-nb.de abrufbar.

Springer ist ein Unternehmen von Springer Science+Business Media
springer.de

6. Auflage 2009

Spektrum Akademischer Verlag ist ein Imprint von Springer

09 10 11 12 13 5 4 3 2 1

Planung und Lektorat: Dr. Ulrich G. Moltmann, Bettina Saglio
Herstellung: Ute Kreutzer
Umschlaggestaltung: SpieszDesign, Neu-Ulm
Titelbild: „Einsicht“, 2001 von Prof. Dr. Diethard Gemsa ©. www.gemsakunst.de
e-Mail: gemsa@staff.uni-marburg.de
Satz: Autorensatz
Druck und Bindung: Stürtz GmbH, Würzburg

Printed in Germany

ISBN 978-3-8274-2036-7

Für meine drei Frauen,
die mir immer weniger Zeit für die
Arbeiten an diesem Buch lassen

Vorwort zur sechsten Auflage

Kinder, wie die Zeit vergeht! Zehn Jahre ist es jetzt her, dass die erste Auflage das Licht der Welt erblickt hat.
Viel tut sich nicht mehr in der Molekularbiologie, und so langsam dürfte jeder, der es braucht, sich ein Exemplar von diesem Buch zugelegt haben, dachte ich mir; Zeit, dem Ganzen ein Ende zu bereiten. Zum Glück erreichte mich genau in dieser Zeit ein Leserbrief, der mich nachhaltig eines Besseren belehrte, und auch die Tatsache, dass noch immer eine Auflage die nächste jagt, spricht dafür, dass ich mich mit meiner Einschätzung getäuscht haben dürfte.
So stürzte ich mich voller Elan in die Arbeiten für die sechste Auflage. Von wegen, es hat sich nichts getan, fast zwanzig Seiten sind neu hinzugekommen, es brummt noch immer in diesem Bereich. Am spannendsten dürften sicherlich die neuen Entwicklungen im Bereich der Sequenzierung sein, die die Arbeit in der Molekularbiologie (und vermutlich auch in etlichen anderen Disziplinen der Biologie) nachhaltig beeinflussen werden. Dazu kommen ein Haufen größere (SAGE, ChIP) und kleinere Ergänzungen, Aktualisierungen und Korrekturen.
Ich hoffe, das Buch erfüllt damit auch weiterhin seinen Zweck, nämlich die Grundlagen der Molekularbiologie zu erklären und einen Überblick über die aktuell verfügbaren Techniken zu vermitteln.

Vorwort zur ersten Auflage

Sie wollen ein Vorwort?
Lesen Sie die Vor- und Nachbemerkungen in Hubert Rehms "Experimentator: Proteinbiochemie" (Spektrum Verlag), und anschließend, wenn Sie Blut geleckt haben, Siegfried Bärs "Forschen auf Deutsch: Der Macchiavelli für Forscher - und solche, die es noch werden wollen" (Verlag Harri Deutsch). Auch wenn's der Neuling nicht glauben mag, der Hase läuft tatsächlich so wie dort beschrieben. Der erfolgreiche Forscher zeichnet sich nämlich nicht durch bahnbrechende Ergebnisse, sondern durch geschicktes Drähteziehen hinter der Publikationsbühne und eine Menge Freunde aus. Das Ziel lautet, die Phase zwischen Studium und Professorenstelle so kurz wie möglich zu halten. Einmal am Ziel angekommen, läßt man andere die Forschung erledigen, so wie ein erfolgreicher Feldherr nicht mehr selber zum Säbel greift, sondern sich vom grünen Tisch aus der Vorstöße anderer ambitionierter Feldherren erwehrt. Mit Forschung hat man in diesem Stadium nur noch indirekt zu tun.
Sollten Sie nach diesen Lektüren nicht das Handtuch geworfen haben, dürften Sie die notwendige Gelassenheit besitzen, um sich ganz der molekularbiologischen Forschung hingeben zu können. Von dieser Gelassenheit werden Sie nämlich viel brauchen, um an der endlosen Reihe von Fehlschlägen, die Sie im Laboralltag erwartet, nicht irre zu werden. Viel Spaß dabei. Wie Hubert Rehm so schön sagt:

"Lassen Sie sich [...] nicht entmutigen! Auch die anderen rackern sich erfolglos ab; es ist normal, dass sich erstmal kein Ergebnis blicken läßt. Halten Sie durch! - Oder lernen Sie gleich einen vernünftigen Beruf."

In diesem Sinne ...

Cornel Mülhardt

Danksagung

Ich habe die überschwenglichen Danksagungen zu Beginn eines Buches immer für dröge Pflichterfüllung des Autoren gegenüber Freunden und Verwandten gehalten. Heute weiß ich, dass sie tatsächlich Herzenssache sind, Ausdruck des Dankes für das Überstehen einer schwierigen Lebensphase. Ich möchte Marc Bedoucha, Igor Bendik, Hans-Georg Breitinger, Uli Certa, Roger Clerc, Dorothee Foernzler, Christophe Grundschober, Andreas Humeny, Frank Kirchhoff, Nina Meier, Nicoletta Milani und Ruthild Weber danken für ihren Anteil am Gelingen dieses Buches und vor allem Cord-Michael Becker, der mich über Jahre hinweg vielfältig unterstützte und damit seinen Anteil daran hat, dass aus mir ein buchschreibender Molekularbiologe wurde, wofür ihm mein ganz besonderer Dank gilt.
Ein Sonderdank geht an Franziska Niehr, die die fünfte Auflage innerhalb kürzester Zeit zweimal durchgelesen hat, das erste Mal aus Wissensdurst und ein zweites Mal, um mir eine Liste mit Verbesserungsmöglichkeiten und Tippfehlern zukommen zu lassen. Respekt.
Schließlich wären da noch der Springer Verlag und sein Projektplaner Ulrich Moltmann, von denen die Idee zu einem solchen Buch stammte und die mir damit die Erfüllung eines sehr alten Traums ermöglichten, Jutta Hoffmann, ohne deren gelegentliches freundliches Drängen die erste Auflage das Licht der Welt nie erblickt hätte und Bettina Saglio, die sich seit Jahren mit all den neuen Versionen herumschlagen darf. Wenn es einen Gott gibt, so möge er ihnen pünktlichere Autoren schenken.
Bekanntlich ist nichts so gut, dass es nicht noch verbessert werden könnte. Das gilt in besonderem Maße für ein solches Buch, weshalb ich mich sehr über konstruktive Kritik freuen würde. Der Verlag leitet gerne jedes Schreiben an mich weiter.

Inhalt

1 Was ist denn "Molekularbiologie", bitteschön?

Gib nach dem löblichen Verlangen,
von vorn die Schöpfung anzufangen!
Zu raschem Wirken sei bereit!
Da regst du dich nach ewigen Normen
durch tausend, abertausend Formen,
und bis zum Menschen hast du Zeit.
(Goethe, Faust [1])

In diesen Zeiten Molekularbiologie zu betreiben ist aufregend. Es bedeutet "Gentechnik" und "Klonieren" und hat etwas Göttliches. Beim einen Teil der Bevölkerung wird man, wenn man verrät, womit man seinen lieben langen Arbeitstag verbringt, grenzenlose Bewunderung hervorrufen, beim anderen grenzenlose Ablehnung – man sollte sich daher genauestens überlegen, mit wem man es gerade zu tun hat, bevor man den Mund aufmacht. Am besten, man erwähnt keiner der Gruppen gegenüber, mit wieviel Problemen und Frust man in Wahrheit täglich kämpft, weil der erste Teil dann desillusioniert wäre und der zweite, vielleicht zurecht, unweigerlich die Frage stellen würde: "Wozu machst du das dann überhaupt?"

Am meisten, muss ich gestehen, gefallen mir in diesem Zusammenhang all die nutzlosen Diskussionen darüber, ob man Menschen klonieren solle oder nicht. Eigentlich ist's ja mehr eine Art Pingpong: Einer macht einen blödsinnigen Vorschlag und die halbe (Medien-) Nation erklärt, weshalb das die Klonierung von Menschen keinesfalls rechtfertige. Viel Lärm um nichts, wie mir scheint, ich habe jedenfalls noch immer nicht verstanden, zu welchem Vorteil es mir gereichen könnte, mich klonen zu lassen. Wozu zwanzig- oder fünfzigtausend Euro zahlen für einen kleinen Schreihals, dessen einzige Gemeinsamkeit mit mir darin besteht, dass er so aussieht wie ich vor dreißig Jahren, wenn ich auf klassischem Wege zu einem ähnlichen Ergebnis kommen kann, zum Preis von einem Blumenstrauß für meine Frau und einem fernsehfreien Abend. Mehr Spaß macht's übrigens auch.
Das Beispiel zeigt recht gut, vor welchem Problem die Molekularbiologie derzeit steht. Angeregt von mehr oder weniger spektakulären Berichten im Fernsehen hat jeder seine eigenen, zumeist weit übertriebenen Heils- oder Unheilsvorstellungen zu diesem Thema. Die Realität nimmt sich dagegen ziemlich niederschmetternd aus. Der Molekularbiologe, auch Molli genannt, hantiert die meiste Zeit mit winzigen Mengen zumeist klarer, farbloser Lösungen – keine Spur vom wildgewordenen Forscher, wie man ihn aus den Filmen kennt, der inmitten von wabernden, dampfenden, knallbunten Flüssigkeiten steht und dabei offensichtlich viel Spaß hat. Der Molli feilt an Molekülen herum, von deren Existenz ihn viele Lehrbücher zu überzeugen versuchen, obwohl er in der Praxis von ihnen kaum je mehr als einen fluoreszierenden Fleck im Agarosegel zu sehen bekommt. Irgendwie scheint jeder Arbeitsgang drei Tage zu dauern, und weit und breit winkt kein Nobelpreis.

Molekularbiologie ist vor allem Voodoo – mal klappt alles, meist klappt nix. Über den Ausgang eines Experiments scheinen recht seltsame Parameter zu entscheiden, die eigentlich selbst zum Gegenstand

---

1. Dieses und die folgenden Faust-Zitate sind der dtv-Gesamtausgabe von 1966 (3. Aufl.) entnommen, die auf der "Gedenkausgabe der Werke, Briefe und Gespräche" des Artemis-Verlags beruht.

der Forschung gemacht werden sollten – das letzte große Tabu der Wissenschaft. Ich persönlich bin aufgrund von empirischen Daten zu der Überzeugung gekommen, dass man den Ausgang eines Experiments aus dem Quotienten aus Luftdruck und der verbleibenden Anzahl von Schmierblättern in der Schublade, potenziert mit dem Biorhythmus-Index von Omas Hund ermitteln kann. Bis es mir gelungen ist, dies experimentell zu belegen, werde ich mich allerdings auf die klassischen Erklärungsschemata beschränken müssen, mit denen dieses Gewerbe zugegebenermaßen schon recht weit gekommen ist.
Fangen wir an.

1.1 Das Substrat der Molekularbiologie, oder: Molli-World für Anfänger

War es ein Gott, der diese Zeichen schrieb,
die mir das innre Toben stillen,
das arme Herz mit Freude füllen
und mit geheimnisvollem Trieb
die Kräfte der Natur rings um mich her enthüllen?

Molekularbiologie, das ist keineswegs die Biologie der Moleküle, wie man annehmen würde – für diese Abteilung ist die Biochemie zuständig -, sondern die Welt der Leute, für die das Leben eine große DNA ist. Es ist eine kleine, eingeschworene Welt, die sich gerne nach allen Seiten hin abgrenzt, von den Zoologen, von den Botanikern, von den Proteinbiochemikern. Das kommt vermutlich daher, dass die wenigsten von ihnen Biologen sind – und diejenigen, die es sind, würden es am liebsten leugnen. Das war schon immer so und hat sich bis heute nur wenig geändert. Wenn Sie ebenfalls keiner sind, wissen Sie nun, dass Sie sich in bester Gesellschaft befinden. Das Bisschen, was man für diese Arbeit wissen muss, lässt sich leicht nachholen, Sie werden sehen.

Die Molekularbiologie beschäftigt sich mit den Nucleinsäuren, von denen es zwei Arten gibt: **DNA** und **RNA**. Ersteres Kürzel steht für Desoxyribonucleinsäure, auf englisch *desoxyribonucleic acid* (daher die Abkürzung), letzteres für Ribonucleinsäure. Der chemische Unterschied zwischen den beiden ist gering, sie sind beide Polymere, die aus jeweils vier Bausteinen zusammengesetzt sind, Desoxynucleotide im einen Fall, Nucleotide im anderen.
Nucleotide bestehen aus einem Basenanteil (Adenin, Cytosin, Guanin oder Uracil), einem Zuckeranteil (Ribose) und einem Phosphatrest, wobei zwei Nucleotide jeweils durch eine Phosphat-Zucker-Bindung miteinander verknüpft sind. Auf diese Weise kann man ein Nucleotid ans nächste hängen und bekommt so eine lange Kette, ein Polynucleotid, das man als RNA bezeichnet. DNA ist fast genauso aufgebaut, nur eben aus Desoxynucleotiden, das heißt: statt Ribose wird 2'-Desoxyribose verwendet, außerdem findet man statt Uracil Thymin.
Wer sich für die Details interessiert, sollte an diesem Punkt zu einem Lehrbuch der Biochemie, der Zellbiologie oder der Genetik greifen. Ich will mich statt dessen auf einige wenige Aspekte beschränken, die für die Laborpraxis von Bedeutung sind:

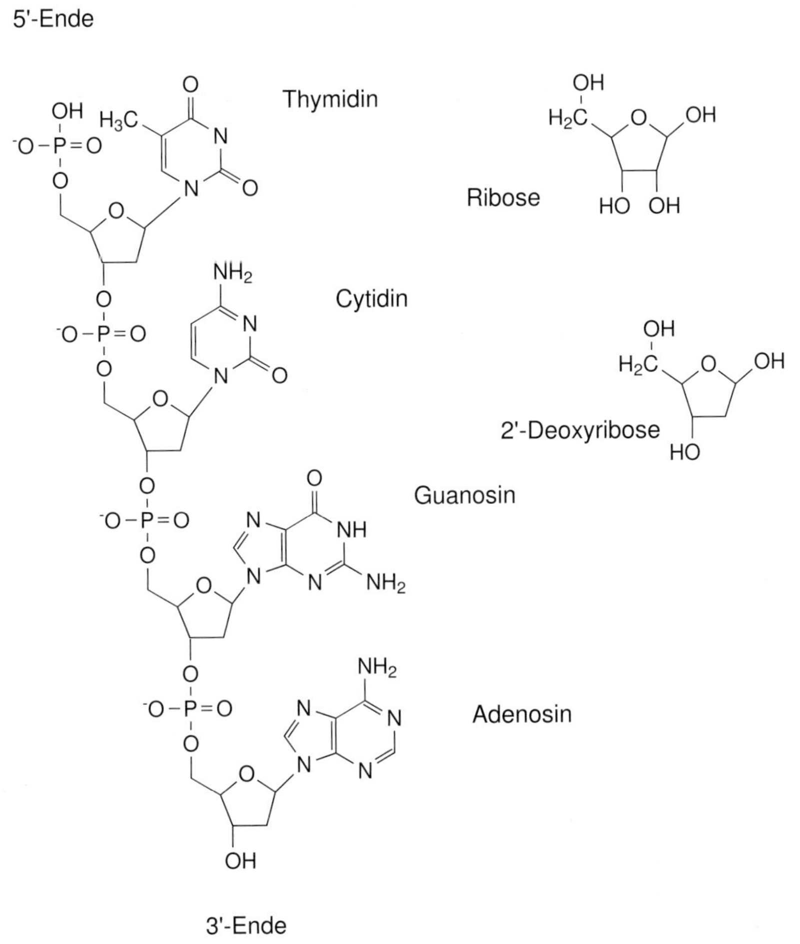

5'-Ende

Thymidin

Ribose

Cytidin

2'-Deoxyribose

Guanosin

Adenosin

3'-Ende

Abb. 1: Die vier Nucleotide und wie man sich einen DNA-Strang vorstellen muss.

- "Desoxynucleotid" ist ein Zungenbrecher, den jeder offensichtlich umgeht, wo er nur kann, im Laborgebrauch spricht man daher einfach von Nucleotiden, obwohl man zumeist die Desoxy-Variante meint.
- die Namen der Nucleotide sind den Namen der Basen, durch die sie sich unterscheiden, entlehnt, sie heißen **Adenosin**, **Cytidin**, **Guanosin**, **Thymidin** und **Uridin**. Viele werfen Base und Nucleotid durcheinander, für die Praxis macht das kaum einen Unterschied. Die Abkürzungen lauten A, C, G, T und U. Mit diesen fünf Buchstaben werden alle DNA- und RNA-Sequenzen dieser Welt verewigt.
- die Phosphatgruppe des Nucleotids hängt am 5'-C-Atom des Zuckeranteils. Die Nucleinsäuresynthese beginnt mit einem Nucleotid, an dessen 3'-OH-Gruppe (das ist die Hydroxylgruppe am 3'-C-Atom) eine Phosphoesterbindung mit der Phosphatgruppe des nächsten Nucleotids geknüpft wird.

An die 3'-OH-Gruppe des eben angehängten Nucleotids kann ein weiteres Nucleotid angehängt werden und so weiter und so fort; man sagt daher, dass die Synthese in 5'→3'-Richtung abläuft, weil zu jedem Zeitpunkt ein 5'-Ende und ein 3'-Ende existiert und neue Nucleotide immer ans 3'-Ende gehängt werden. Alle Sequenzen dieser Welt sind immer in der 5'→3'-Orientierung angegeben und man sollte darauf verzichten, diese Konvention durchbrechen zu wollen, wenn man nicht ein heilloses Chaos stiften will.

- Existiert keine 3'-OH-Gruppe, kann kein neues Nucleotid angehängt werden. In der Natur kommt dieser Fall praktisch nicht vor, im Labor dagegen ist er von großer Bedeutung für die Sequenzierung. Zusätzlich zu den vier (2'-Desoxy-) Nucleotiden werden in diesem Fall bei der DNA-Synthese auch 2',3'-Didesoxynucleotide eingesetzt. Sie können ganz normal an das 3'-Ende eines Polynucleotids angehängt werden, weil ihnen aber die 3'-OH-Gruppe fehlt, kann die DNA nicht weiter verlängert werden. Dieses Prinzip ist für das Verständnis der Sequenzierung von eminenter Bedeutung, darauf wird in einem späteren Kapitel nochmals eingegangen.
- Jedes Nucleotid oder Polynucleotid, das am 5'-Ende eine Phosphatgruppe trägt, kann mit Hilfe einer DNA-Ligase an das 3'-Ende eines anderen Polynucleotids gebunden (ligiert) werden. Auf diese Weise lassen sich auch größere DNAs miteinander verknüpfen. Ohne die Phosphatgruppe läuft dagegen gar nichts, durch Entfernen des Phosphatrests mit einer Phosphatase kann man daher Ligationen gezielt verhindern.
- Zwei Nucleotide, die miteinander verknüpft sind, bezeichnet man als Dinucleotid, drei als Trinucleotid, sind es mehr, spricht man von **Oligonucleotid**, sind's sehr viele, bezeichnet man das Ganze als Polynucleotid. Die Grenze zwischen "Oligo-" und "Poly-" ist nicht genau definiert, in der Praxis wird man Nucleinsäuren von weniger als 100 Nucleotiden Länge als Oligonucleotid bezeichnen.
- Egal ob Mono-, Di-, Oligo- oder Poly-, es handelt sich immer um ein einziges Molekül, weil bei jeder Verlängerung eine kovalente Bindung zwischen den beiden beteiligten Molekülen geknüpft wird. Die Länge des dabei entstehenden Lindwurms spielt keine Rolle, auch eine Nucleinsäure von 3 Millionen Nucleotiden Länge ist ein einziges Molekül.
- Polynucleotide haben eine wunderbare und bedeutende Eigenschaft: Ihre Basenanteile paaren sich gerne mit anderen Basenanteilen. Dabei paart sich immer Cytosin mit Guanin und Adenin mit Thymin (bei DNA) bzw. Uracil (bei RNA), andere Kombinationen funktionieren nicht. Je mehr Basen miteinander paaren, desto stabiler wird diese Verbindung, weil bei jeder Paarung Wasserstoffbrükkenbindungen zwischen den Basen gebildet werden, deren Kräfte sich addieren. Eine Sequenz, die perfekt mit einer anderen Sequenz paart, bezeichnet man als komplementär. Komplementär heißt dabei nicht etwa "identisch", sondern sozusagen "spiegelbildlich", mit anderen Worten: Die Nucleinsäuresequenzen zweier komplementärer Nucleinsäuren sind völlig verschieden. Ein Beispiel soll das verdeutlichen:

```
5'-AGCTAAGACTTGTTC-3'
3'-TCGATTCTGAACAAG-5'
```

Zu beachten ist hier, dass die Orientierung der beiden Sequenzen entgegengesetzt ist, weil die beiden Stränge aus räumlichen Gründen gegenläufig sein müssen, damit die Paarung ordentlich klappt. In der normalen 5'→3'-Schreibweise lauten die beiden komplementären Sequenzen daher

```
5'-AGCTAAGACTTGTTC-3'
```

und

```
5'-GAACAAGTCTTAGCT-3'
```

Wie man sieht, sind die beiden Sequenzen so verschieden, dass man schon genau hinschauen muss, um zu erkennen, dass sie komplementär zueinander sind. Man sieht daran auch, wie pingelig man bei der Anwendung der 5'→3'-Konvention sein muss. Gerade beim Herausschreiben von Primersequenzen passiert es dem Anfänger sehr schnell, dass aus einem ein

```
3'-TCGATTCTGAACAAG-5'

5'-TCGATTCTGAACAAG-3'
```

wird, eine Sequenz, die entgegen ihrem Anschein völlig verschieden vom Original ist!

- DNA besteht fast immer aus zwei komplementären Strängen, RNA ist fast immer einzelsträngig. Das bedeutet aber nicht, dass Paarungen bei RNA nicht vorkämen, ganz im Gegenteil, nur finden sie dort innerhalb ein und desselben Stranges statt und sind so von großer Bedeutung für die dreidimensionale Struktur einer RNA, während man sich doppelsträngige DNA als ein lineares Molekül vorstellen muss.
- Haben Sie den Fehler bemerkt? Doppelsträngige DNA besteht natürlich nicht aus einem Molekül, sondern aus zweien, Strang und Gegenstrang. Die beiden können jederzeit voneinander getrennt werden, wenn man nur genügend Energie zuführt, man spricht dann von Denaturieren. Zehn Sekunden bei 95 °C reichen bereits aus für eine vollständige Trennung der beiden Stränge. Wenn sie sich wieder treffen, können sie sich aber auch wieder paaren, man bezeichnet das dann als Hybridisieren oder neudeutsch als "Annealen". Das Ganze ist (fast) beliebig reversibel.

DNA wird in der populären Presse auch gerne als "Molekül des Lebens" bezeichnet. Wieso so ein großes Wort für ein sehr langes, aber auch sehr langweiliges Molekül?
Die Natur – wen immer man sich darunter vorstellen mag – hat aus einer seltsamen Laune heraus die Eigenschaften von Nucleinsäuren optimal genutzt, um daraus eine verwirrende Vielfalt von Leben zu schaffen, und das geht so: Weil sich die Basen paaren, kann man zu einer einzelsträngigen DNA einen komplementären Strang synthetisieren, zu dem man ebenfalls wieder einen komplementären Strang synthetisieren kann, der mit dem ersten Strang identisch ist. Auf diese Weise kann DNA beliebig vermehrt werden, unter Wahrung der Reihenfolge ihrer Basen. Der Vorgang wird von speziellen Enzymen, sogenannten **DNA-Polymerasen**, ausgeführt und als **Replikation** bezeichnet.
Weil sich RNA und DNA chemisch so ähnlich sind, kann man von einem DNA-Strang auch ein (komplementäres) RNA-Molekül synthetisieren. Erledigt wird das von **RNA-Polymerasen** und der Vorgang heißt **Transkription**.
Dank eines extrem komplizierten Apparates aus sehr vielen Molekülen, den man als Ribosom bezeichnet, kann man die Sequenzinformation, die in einer RNA steckt, zur Synthese eines Proteins nutzen; dieser Vorgang heißt **Translation**. Proteine sind lange Polymere, deren Synthese ein bisschen wie die der Nucleinsäuren verläuft, d.h. an eine Aminosäure wird eine zweite gehängt, an die eine dritte usw., bis man am Ende ein Polypeptid erhält, landläufig auch als Protein bezeichnet. Nun gibt es zwanzig verschiedene Aminosäuren, aber nur vier Basen, wie kann also in einer RNA die Information für ein Protein stecken? Der Trick besteht darin, dass je drei Basen die Information für eine Aminosäure tragen. Man hat es mit einem Code zu tun, der in fast allen lebenden Zellen auf dieser Erde gleich interpretiert wird: AAA bedeutet Lysin, CAA Glutamin usw. Insgesamt gibt es 64 Triplettcodes ($= 4^3$), die für zwanzig verschiedene Aminosäuren und drei Stopcodons kodieren – man sieht daran, die Sache ist etwas redundant. Tatsächlich bedeuten sowohl AAA als auch AAG Lysin, und wenn man alle 64 Triplettcodes durchsieht, stellt man fest, dass häufig die ersten zwei Basen über die Aminosäure entscheiden, die eingebaut werden soll, während die dritte ohne Bedeutung ist. Das ist für den Molekularbiologen sehr nützlich, weil er auf diese Weise DNA-Sequenzen mutieren kann, ohne deren kodierenden Eigenschaften zu verändern.

Doch genug der Proteine und zurück zu den schönen Dingen des Lebens, der DNA. Nicht jede DNA-Sequenz kodiert auch für ein Protein, tatsächlich sind in unseren Chromosomen über 90 % der vorhandenen Sequenzen ohne erkennbare Bedeutung. Man streitet sich derzeit noch darüber, ob man sie als

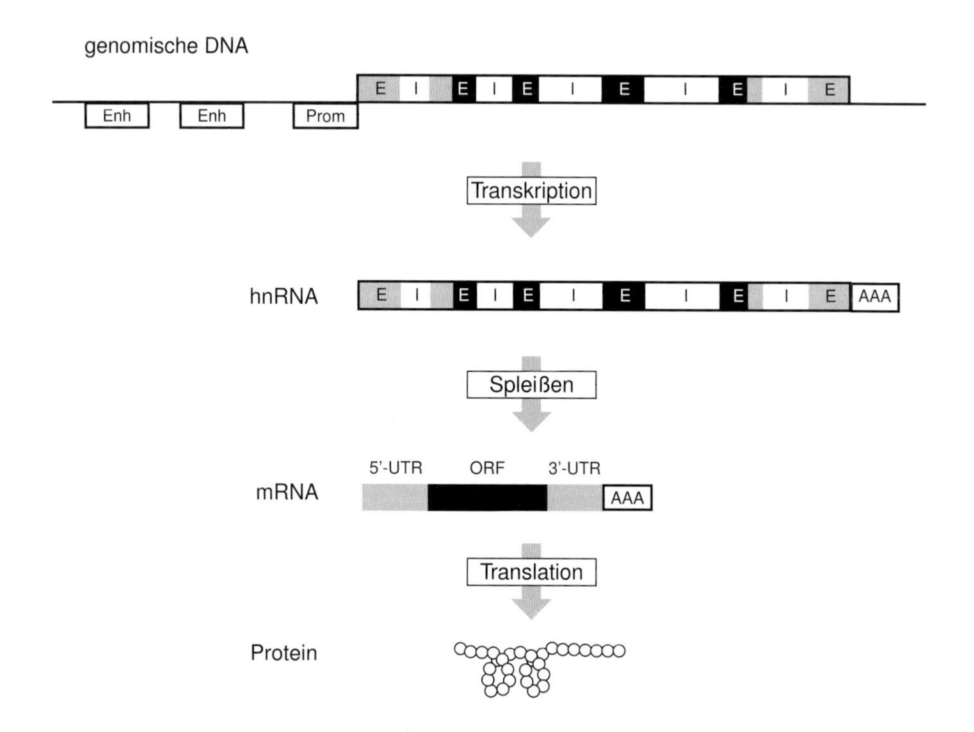

Abb. 2: Das Eukaryotengen und seine Bestimmung.
Das Gen besteht aus einem regulatorischen Bereich mit Enhancern (Enh) und Promotor (Prom) und einem transkribierten Bereich, der in RNA übersetzt wird. Die heterogene Kern-RNA (hnRNA) ist eine 1:1-Kopie der DNA mit einem Poly-A^+-Schwanz (AAA) und enthält noch Exons (E) und Introns (I), doch noch im Zellkern werden die Introns durch den Spleißosom-Komplex herausgeschnitten, auf diese Weise entsteht die Boten-RNA (mRNA). Nur das offene Leseraster (ORF) der mRNA wird in Protein translatiert, während die nichttranslatierten Bereiche (UTRs) am 5'- und am 3'-Ende teils für die Stabilität der RNA, teils für ihre Lokalisation, teils für gar nichts verantwortlich sind.

"Abfall" oder als Elemente mit unbekannter Funktion ansehen soll, doch wollen wir uns lieber mit dem kläglichen Rest auseinandersetzen.

Dieser Rest sind die **Gene**, ein imaginärer Abschnitt auf dem langen DNA-Molekül, der aus einem regulatorischen und einem transkribierten Bereich besteht. Deren Funktion erklärt sich aus dem Namen: Der regulatorische Bereich kontrolliert, in welchen Lebenslagen der andere Bereich transkribiert wird und wann nicht. Der transkribierte Bereich wiederum kann in zwei Arten von Unterbereichen eingeteilt werden, **Exons** und **Introns**. Diese Einteilung hat mit einer Eigenheit der Transkription von höheren Organismen (höher heißt in diesem Fall alles, was kein Bakterium ist) zu tun, dem **Spleißen**. Die transkribierte RNA wird nämlich gleich nach ihrer Synthese von einem komplexen Apparat namens Spleißosom bearbeitet; bei diesem Vorgang werden Teile der RNA-Sequenz herausgeschnitten und der Rest wieder miteinander verknüpft, eine komplizierte Geschichte, an deren Ende eine fertig prozessierte RNA steht, die um einiges kürzer ist als zuvor. Die Sequenzen, die während des Spleißens herausgeschnitten werden, nennt man auf DNA-Ebene Intron, diejenigen, die erhalten bleiben, Exon. Was von der RNA übrig geblieben ist, kann man nochmals einteilen in einen Bereich, der als Informa-

tionsträger für die Synthese eines Proteins dient, auch als kodierender Bereich oder **offenes Leseraster** (*open reading frame*, **ORF**) bezeichnet, und jeweils einen Bereich am 5'- und am 3'-Ende der RNA, die als nicht-kodierende Bereiche (*untranslated region* oder **UTR**) bezeichnet werden und deren Funktion erst in den nächsten Jahren verstanden werden wird. Außerdem besitzt die RNA an ihrem 5'-Ende ein methyliertes G-Nucleotid (**5'-Cap**) und am 3'-Ende einen **Poly-A$^+$-Schwanz**, das ist eine Sequenz von 100-250 Adenosinen[2], die nicht auf der DNA kodiert sind und ein Signal darstellt, das soviel bedeutet wie "Hallo, ich bin eine ***messenger*** **RNA**[3], ich kodiere für ein Protein".
All diese Bereiche sind, wohlgemerkt, imaginär, man sieht einer DNA-Sequenz nicht an, ob sie aus dem Exon eines Gens stammt oder eine der vielen Abfallsequenzen ist, zumindest im Augenblick noch nicht. Vielleicht ändert sich das eines Tages, zumindest arbeiten gegenwärtig viele schlaue Leute daran, genau diesen Zustand zu ändern. Mal sehen, ob sie erfolgreich sein werden, sie würden uns allen viel Arbeit ersparen und den Molekularbiologen überflüssig machen.

Soviel in allerkürzester Kürze zu den Grundlagen von Molli-World. Darüber hinaus hat der Experimentator auch noch mit einer Handvoll von Proteinen zu tun, mit denen er seine Nucleinsäuren bearbeitet – Polymerasen, Restriktionsenzyme, Kinasen, Phosphatasen usw. – und von denen er nicht so recht versteht, wie sie funktionieren, was im Grunde auch nicht notwendig ist, solange sie funktionieren. Sollte das nicht der Fall sein, bestellt er meistens einfach neue, weshalb es sich erübrigt, hier genauer auf sie einzugehen.

1.2 Was brauche ich zum Arbeiten?

Einen Arbeitsplatz in einem Labor mit einer Genehmigung für gentechnische Versuche, drei Pipetten, mit denen man Volumina zwischen 0 und 1000 µl pipettieren kann, der Rest ist Luxus. Hat man zumindest den Eindruck.
Man sollte seine Erwartungen nicht zu hoch schrauben, die meisten Arbeitsgruppen haben hohe Ansprüche und eine geringe Ausstattung. Schon einen Schreibplatz bekommt man häufig nicht, oder man muss ihn sich mit jemandem teilen. Der Rest ist entsprechend, so dass man nehmen sollte, was man bekommen kann, um dann zu versuchen, das Beste daraus zu machen.
Man braucht jede Menge Flaschen für seine Puffer, Messzylinder und Glaspipetten, Zentrifugen und Chemikalien, Kühl-, Gefrier- und Tiefgefrierschränke, PCR-Maschinen und Waagen – sprich: Wer noch kein Profi auf dem Gebiet ist, sollte besser die Finger davon lassen, ein Labor etablieren zu wollen, wenn er nicht ein Jahr seines Lebens verlieren möchte.

Wie sollte der eigene Arbeitsplatz aussehen? Naja, im Prinzip sieht' s natürlich jeder gerne, wenn der Arbeitsplatz ordentlich ist, denn Ordnung ist das halbe Leben. Meint Lieschen Müller. Eine andere Überlegung allerdings besagt, dass ein chaotischer Arbeitsplatz, an dem sich kein Mitarbeiter befindet,

2. Die Literaturangaben hierzu schwanken recht stark.
3. ***Messenger*** **RNA** (**mRNA**) oder Boten-RNA, wie man im Deutschen mitunter sagt, ist nur eine von drei Hauptklassen an RNA; mengenmäßig von geringer Bedeutung (sie macht nur ca. 2 % der gesamten RNA einer Zelle aus), spielt sie dennoch eine wichtige Rolle, weil die mRNAs die Sequenzinformation für die Synthese der Proteine enthalten. Daneben gibt es noch die Klasse der **ribosomalen RNAs** (**rRNA**), die wichtiger Bestandteil der Ribosomen sind, und die Klasse der **Transfer-RNA** (**tRNA**), kleine RNAs, an die die Aminosäuren gekoppelt werden, bevor sie dann in die Proteine eingebaut werden. Darüber hinaus enthält eine normale Zelle noch eine Reihe weiterer RNAs, von denen man allerdings selten spricht, mit Ausnahme der siRNAs (s. 5.6).

wenigstens so aussieht, als würde daran gearbeitet, während eine glänzende, gähnend leere Fläche kaum einen Chef davon überzeugen dürfte, dass man einen großen Arbeitseifer an den Tag legt. Grundsätzlich kann man Labormenschen in Chaoten und Pingelmänner einteilen. Finden Sie selbst heraus, wozu Sie gehören. Beides ist genetisch festgelegt und nur in Maßen zu beeinflussen, verschwenden Sie daher nicht Ihre Zeit damit, Ihren Kollegen ändern zu wollen, es klappt eh nicht. Lernen Sie, mit der Situation zu leben – was nicht heißt, dass man sich alles gefallen lassen müsste. Manche Kollegen neigen beispielsweise dazu, sich ausgiebig der Lösungen anderer Leute zu bedienen, weil sie zu faul sind, selber welche anzusetzen, so dass man regelmäßig in der größten Versuchshektik vor einer leeren Pufferflasche steht. Ein beliebtes Gegenmittel ist das Umetikettieren von Flaschen nach dem Motto "Wo Tris draufsteht, ist garantiert kein Tris drin", nicht legal, aber wirkungsvoll, solange der Kollege das System nicht kennt, nach dem umetikettiert wurde. Diese Methode eignet sich allerdings bestenfalls als Notbremse für extrem uneinsichtige Zeitgenossen, weil es auch das Verhältnis zu den anderen Kollegen nicht verbessert, außerdem hat man sein eigenes System spätestens nach dem Urlaub vergessen...

Wie sollte man arbeiten? Viele pflegen mit großer Überzeugung das Prinzip des kreativen Chaos. Das geht solange gut, bis man in seinem Kühlschrankfach fünf Ständer mit Tubes vorfindet, die man in den letzten drei Wochen akkumuliert hat und die alle mit 1 bis 24 durchnumeriert sind. Man sollte sich daher von Anfang an ein gewisses System bei seiner Arbeit angewöhnen, damit man in den "heißen" Phasen zumindest mit scharfem Überlegen noch nachvollziehen kann, was man gemacht hat.
Auch sollte man sich mit einer einigermaßen **sauberen Arbeitsweise** anfreunden. Nucleinsäuren sind recht stabile Moleküle, die nur eines fürchten: Nucleasen. Leider sind Nucleasen ein bisschen überall, angefangen bei unseren Fingern. Wer schlampig arbeitet, findet sich bald mit einer Plasmid-DNA-Präparation wieder, die aus vielen kleinen DNA-Stückelchen besteht, mit denen er nichts mehr anfangen kann. Daher autoklaviert man üblicherweise alles, womit die DNA in Berührung kommen könnte: Pipettenspitzen, Reaktionsgefäße, Glasflaschen, Lösungen... Vieles davon kann man sich sparen, wenn man erst einmal gelernt hat, sauber (d.h. nucleasefrei) zu arbeiten. Beispielsweise sind die Plastikreaktionsgefäße bei Lieferung praktisch immer nucleasefrei, selbst wenn's nicht draufsteht, und müssen nicht unbedingt autoklaviert werden, wenn es einem gelingt, sie aus der Tüte zu kippen, ohne sie anzufassen. Doch damit sollte man erst anfangen, wenn man sich einigermaßen sicher fühlt bei dem, was man macht. Die Nagelprobe ist der Umgang mit Bakterienmedium: Wem es gelingt, eine Woche lang ein und dieselbe Flasche mit LB-Medium zu benutzen, ohne dass sich darin Bakterien oder Hefen breit machen, der hat' s gelernt. Bedenken Sie aber in jedem Fall, dass auch die ausgeprägsteste Autoklavierwut verlorene Liebesmüh ist, wenn Sie anschließend beispielsweise mit Ihren schmutzigen Fingerlein im Glas mit den sterilen Eppendorf-Tubes herumwühlen!
Eine andere Sache, die man sich angewöhnen sollte, ist das Führen eines **Laborbuches**. Erstens braucht man es, um den Überblick zu wahren, zweitens ist es Vorschrift. Niemals länger als eine Woche mit dem Nachtragen warten, weil man bis dahin schon die Hälfte der Details vergessen hat. Am besten ist es, diese Arbeit jeweils am Ende eines langen erfolgreichen Arbeitstages, vielleicht bei einem Tässchen Kaffee, zu erledigen und sich gleichzeitig in Ruhe zu überlegen, was man am nächsten Tag tun will oder muss – ich bin mir allerdings dessen bewusst, dass dieser Vorschlag so realistisch ist wie der Wunsch, ab morgen mögen alle Menschen gut sein.

1.3 Sicherheit im Labor

Im molekularbiologischen Labor hat man es mit einer ganzen Reihe von **Sicherheitsverordnungen** zu tun. Viele davon haben mit Biologie nicht viel zu tun. So gelten beispielsweise die selben Richtlinien wie in chemischen Labors, die sich vor allem mit den Fragen sicheren Arbeitens und des Unfallschutzes beschäftigen. Sie verbieten beispielsweise Essen, Trinken und Rauchen im Labor und verpflichten zum Tragen eines Labormantels, von festen, geschlossenen, trittsicheren Schuhen (d.h. keine Sandalen, keine Stöckelschuhe usw.) und einer Schutzbrille (jawohl, den ganzen Tag lang). Im Gegensatz zu früher reicht eine normale Brille übrigens nicht mehr, angeblich soll statt dessen der Arbeitgeber verpflichtet sein, eine Sicherheitsbrille mit Korrekturgläsern zur Verfügung zu stellen. Man darf sich zwar nicht wundern, wenn solche Anweisungen von Leuten, die den lieben langen Tag Kleinstmengen von Salz- und Proteinlösungen von einem Plastikgefäß ins andere pipettieren, zumeist ignoriert werden, trotzdem ist natürlich jeder angehalten, sich danach zu richten.
Beim Umgang mit gefährlichen Substanzen sind außerdem **Handschuhe** zu tragen – einerseits zum Schutz der eigenen Fingerchen, aber auch zum Schutz der Mitmenschen. Es reicht daher nicht, Handschuhe anzuziehen, wenn man beispielsweise mit Ethidiumbromid arbeitet, man muss sie auch wieder ausziehen, wenn man nicht mehr damit arbeitet, um nicht an Türklinken, Telefonhörern und Wasserhähnen hauchdünne Giftfilme zu hinterlassen.
A propos Handschuhe: Man kann nicht ohne sie sein, aber mit ihnen ist es auch nicht leicht. Am untauglichsten sind im Labor Vinylhandschuhe – sie sind schwierig anzuziehen, passen schlecht und bekommen leicht Löcher. Wesentlich besser sind Latexhandschuhe, die es in verschiedenen Größen und Stärken gibt. Sie liegen wie eine zweite Haut an, sind aber leider allergen, vor allem die gepuderte Variante, von der man entschieden abraten muss, weil sich im Laufe der Monate und Jahre bei den meisten Leuten Hautprobleme einstellen. Hat man erst einmal eine satte Latexallergie, kann sogar das Puder von den Handschuhen des Nachbarn zum Problem werden. Die neueste Entwicklung sind Nitrilhandschuhe, die nicht ganz so elastisch wie Latex und auch ein wenig teurer sind, aber dafür das geringste Allergierisiko beinhalten.

Die zweite Gruppe von Sicherheitsverordnungen betrifft den **Umgang mit radioaktiven Substanzen**. Deren Handhabung ist grundsätzlich verboten, es sei denn, das Institut besitzt eine Genehmigung für den Umgang. Das Vorhandensein einer Genehmigung bedeutet aber nicht, dass man einfach loslegen könnte. Der Weg führt zwangsläufig über den Strahlenschutzbeauftragten, der Ihnen dann im Detail erklären wird, mit welchem Radionuclid und welchen Mengen gearbeitet werden darf, in welchen Räumen und unter Einhaltung welcher Sicherheitsmaßnahmen.

Die biologische Sicherheit schließlich wird über die **Gentechnik-Sicherheitsverordnung** geregelt. Die legt fest, dass die Verantwortung beim Projektleiter liegt, das bedeutet einerseits für den administrativen Teil und andererseits auch für die Einweisung und Beaufsichtigung der Beschäftigten. Projektleiter kann nur werden, wer ein abgeschlossenes (naturwissenschaftliches oder medizinisches) Hochschulstudium und mindestens drei Jahre Tätigkeit auf dem Gebiet der Gentechnik vorzuweisen hat, außerdem muss er eine Fortbildungsveranstaltung zu den Themen gentechnisches Arbeiten, Sicherheitsmaßnahmen und Rechtsvorschriften besucht haben.
Trotzdem ist die Gentechnik-Sicherheitsverordnung natürlich auch für den Jungforscher interessant. Sie regelt die Einteilung der (gentechnisch veränderten) Organismen in **Risikogruppen**, wobei, grob gesagt, zur Risikogruppe 1 all jene Mikroorganismen und Zellkulturarbeiten gehören, die kein Risiko darstellen, während Gruppe 2 einem geringen, Gruppe 3 einem mäßigen und Gruppe 4 einem hohen Risiko entspricht. Zum Glück obliegt die Zuordnung nicht dem eigenen Gutdünken, sondern erfolgt durch die **Zentrale Kommission für die biologische Sicherheit** (**ZKBS**). So gehört *E. coli* K12, der

Urahn der meisten im Labor verwendeten Bakterienstämme, zur Risikogruppe 1, ebenso wie beispielsweise die Labormaus, *Drosophila melanogaster* oder die Zelllinien CHO, PC12 oder HeLa. In den höheren Risikogruppen findet man hauptsächlich Viren wie Adenovirus (Gruppe 2), Hepatitis B Virus (Gruppe 2), Hepatitis C Virus (Gruppe 3) oder HIV (Gruppe 3) und Zelllinien, die derartige Viren abgeben können.[4]
Den Risikogruppen sind entsprechende **Sicherheitsstufen** zugeordnet, die vorschreiben, in welchen Räumlichkeiten die jeweiligen Experimente durchgeführt werden dürfen. So muss ein Labor der Sicherheitsstufe 1 vier Wände, eine Decke, Fenster und wenigstens eine Tür besitzen, wobei letztere geschlossen zu halten ist. Es darf keine Abstellkammer sein ("Die Arbeiten sollen in abgegrenzten und in ausreichend großen Räumen bzw. Bereichen durchgeführt werden") und ist als Gentechnik-Arbeitsbereich zu kennzeichnen. Die Liste der absonderlich wirkenden Vorschriften ist noch erheblich länger, so muss das Labor ein Waschbecken besitzen, an dem man sich feierabends die Hände wäscht, nachdem man zuvor den Raum aufgeräumt und das Ungeziefer bekämpft hat. Andere Anordnungen sind dagegen schon aus anderen Verordnungen bekannt. So muss man einen Laborkittel tragen und darf nicht mit dem Mund pipettieren. Interessanterweise sind Essen, Trinken, Rauchen und Schminken zwar verboten, das Aufbewahren von Nahrungs- und Genussmitteln sowie Kosmetika jedoch gestattet, sofern sie "mit gentechnisch veränderten Organismen nicht in Berührung kommen".
Ernsthafter wird es in Labors der Sicherheitsstufe 2. Schon optisch, weil diese mit einem Warnzeichen "Biogefährdung" zu kennzeichnen sind, beim Waschbecken ein Desinfektionsmittel stehen soll und neben den Türen nun auch die Fenster geschlossen sein müssen. Es dürfen keine Aerosole freigesetzt werden, die Arbeitsflächen sind zu desinfizieren und alles, was mit gentechnisch veränderten Organismen (GVOs) in Kontakt kommt, muss autoklaviert bzw. desinfiziert werden. Außerdem soll der Betreiber Schutzkleidung bereitstellen. Betreten darf solche Labors nur, wer dazu ausdrücklich befugt ist.
Bei Labors der Sicherheitsstufe 3 braucht man die Fenster nicht geschlossen zu halten, weil die Verordnung vorsieht, dass man sie gar nicht öffnen kann (bzw. können darf). Man kann ein solches Labor nur über eine Schleuse betreten, in der man dann eine geeignete Schutzkleidung anlegen muss, außerdem muss dort ein Autoklav stehen, das Labor muss unter Unterdruck stehen und man darf dort nicht alleine arbeiten.
Ein Labor der Stufe 4 schließlich gleicht im Großen und Ganzen einem Bunker, in dem sich als Astronauten verkleidete Lebensmüde tummeln. Die Liste der vorgeschriebenen Sicherheitsmaßnahmen ist mit zwei Seiten immerhin doppelt so lang wie bei den anderen Sicherheitsstufen und nimmt einem die Lust am Arbeiten. Weltweit ist die Zahl der S4-Laboratorien mit ca. dreißig noch ziemlich überschaubar, allerdings ist die Tendenz eindeutig steigend. Bestes Beispiel dafür ist Deutschland: Gab es hier bis vor wenigen Jahren noch gar kein S4-Labor, hat 2007 das erste in Marburg (Philipps-Universität) seine Pforten geöffnet[5], ein zweites ist 2008 in Hamburg (Bernhard-Nocht-Institut) in Betrieb gegangen und für die nächsten Jahre sind noch jeweils eines in Berlin (Robert-Koch-Institut) und auf der Insel Riems (Friedrich-Loeffler-Institut) geplant.

Auch die **Entsorgung** biologischer Abfälle und Abwasser wird durch die Gentechnik-Sicherheitsverordnung geregelt. Sie kann bei Anlagen der Sicherheitsstufe 1 ohne Vorbehandlung erfolgen, sofern keine Vermehrung bzw. Infektionsgefahr zu erwarten ist. Erst ab Sicherheitsstufe 2 müssen solche Hinterlassenschaften zwingend inaktiviert bzw. autoklaviert werden. Ungeachtet dieser großzügigen Regelung sollte man es sich in jedem Fall zur Gewohnheit machen, Bakterienkulturen, Schalen aus der

4. Für den Fall, dass Sie sich fragen, welche Art von Organismen in die Risikogruppe 4 fallen: zum Beispiel Ebola-, Pocken-, Lassa-, SARS- oder Marburg-Virus.
5. ...und hoffentlich seine Schleusen geschlossen.

Zellkultur, DNA- und bakterienverschmutzte Pipettenspitzen und ähnliche Nebenprodukte produktiven Schaffens vor dem Entsorgen zu autoklavieren, um sich nicht irgendwann von irgendjemandem liederliches Arbeiten vorwerfen lassen zu müssen. Dies entspricht auch den Regeln der ***Good Laboratory Practice*** (**GLP**), wie sie durch die *Organization for economic co-operation and development* (OECD) festgelegt worden sind. Dieses Werk regelt auch ganz andere Bereiche des Laborlebens (beispielsweise wie man seine Versuche dokumentiert) und wird auch in Deutschland als Richtlinie für das ordentliche Arbeiten im Labor angesehen. Wer sich für GLP interessiert, kann sich übers Internet informieren (beispielsweise unter http://www.oecd.org/ – suchen Sie dort nach GLP).
Auch zum Thema Gentechnik und Sicherheit kann man sich übers Internet schlauer machen. Das Robert-Koch-Institut, sozusagen Deutschlands höchste Instanz auf diesem Gebiet, veröffentlicht im Internet nützliche Informationen wie beispielsweise die Liste der durch die ZKBS bewerteten Organismen und Vektoren oder allgemeine Stellungnahmen der ZKBS zu gentechnikrelevanten Themen und vieles anderes mehr (siehe http://www.rki.de unter dem Stichwort Gentechnik). Oder man wende sich an den örtlichen Beauftragten für die Biologische Sicherheit.

Literatur:

Ashbrook PC, Renfrew MM (1990): Safe Laboratories: Principles and Practices for Design and Remodelling. Lewis Publishers.
Rayburn SR (1990): The Foundations of Laboratory Safety. Springer-Verlag.
Block S (1991): Disinfection, sterilization and preservation. Lea & Febinger.
Flemming DO et al. (Hrsg.) (1995): Laboratory safety. Principles and practices. American Society for Microbiology.

2 Einige grundlegende Methoden

Heute, seh ich, will mir nichts gelingen

In diesem Abschnitt sollen einige Methoden vorgestellt werden, die man in diesem Gewerbe fast täglich braucht, der Kern der Molekularbiologie sozusagen. Es ist deswegen etwas ausführlicher gehalten und die Protokolle sind etwas detaillierter, damit man's im Ernstfall auch nachkochen kann. Hier zeigt sich, was man tatsächlich drauf hat, denn es sind nicht die großen Konzepte, an denen es in der Praxis scheitert, sondern die kleinen Dinge des Alltags. An genialen Techniken mangelt es nicht in der Literatur, doch was tun, wenn die DNA nicht ausfällt, wie sie soll? Da siegt, wer mehr als nur eine Methode auf Lager hat.

Um eine Struktur in das Kapitel zu bringen, orientiert sich die Abfolge der nächsten Abschnitte an der Reihenfolge, die man auch im Labor zumeist einhalten wird, indem man die DNA erst isoliert, dann reinigt, wenn nötig konzentriert und dann die Konzentration der DNA-Lösung bestimmt. Doch zunächst ein Überblick über die in Frage kommenden Nucleinsäuren.

2.1 Nucleinsäure ist gleich Nucleinsäure und auch wieder nicht

Nucleinsäuren sind zwar, wie im vorigen Kapitel beschrieben, prinzipiell alle gleich gebaut, doch unterscheiden sie sich, je nach Herkunft, in einigen Punkten, die für die Praxis des Molekularbiologen von erheblicher Bedeutung sind. So lässt sich eine DNA von 500 Basenpaaren (bp) Länge wesentlich einfacher handhaben als eine von 500 000 bp, und genomische DNA gewinnt man völlig anders als Plasmid-DNA. Deswegen vorab ein kleiner Überblick.

Genomische DNA beinhaltet das Genom, die Sammlung aller Gene eines Organismus. Bei höheren Organismen ist die genomische DNA im Zellkern eingeschlossen. Sie besteht aus einem doppelten Satz von Chromosomen,[6] deren Anzahl je nach Organismus unterschiedlich ist.
Jedes Chromosom ist ein einzelner DNA-Doppelstrang, der etliche Millionen Nucleotide lang ist und daher von vielen an die DNA bindenden Proteinen "in Form gehalten" werden muss. Bei der Reinigung von genomischer DNA besteht die Kunst darin, die Proteine loszuwerden, ohne die DNA allzu sehr zu zerbröseln.
Die Gesamtzahl der Basenpaare in einem Genom ist von Organismus zu Organismus unterschiedlich, sie beträgt beim Menschen ungefähr 3,2 Milliarden, bei der Fruchtfliege *Drosophila* dagegen nur ca. 180 Millionen. Man sollte meinen, dass die Größe des Genoms proportional ist zur Größe des Organismus, doch dem ist nicht so. So ist die Zahl der Basen bei den Säugern weitgehend gleich, während einige Pflanzen erheblich größere Zahlen erreichen können. Der Großteil des Genoms besteht übrigens aus "*junk*" – zu deutsch Abfall. Man schätzt den Anteil der wirklich wichtigen Sequenzen auf höchstens 10 %, der Rest scheint Unsinn zu sein. Ein guter Teil davon ist "parasitäre" DNA, repetitive Sequenzen und Transposons (sogenannte springende DNA-Elemente), die sich zum eigenen Vergnü-

6. zumindest bei Säugetieren; für den Rest der Lebewesen gelten umfangreiche Ausnahmeregelungen.

	Anzahl der Chromosomen	Größe des Genoms in Basenpaaren
Mensch	2 x 23	$3{,}2 \times 10^9$
Maus	2 x 20	$2{,}7 \times 10^9$
Fruchtfliege	2 x 4	$1{,}8 \times 10^8$
Tabak	2 x 24	$4{,}8 \times 10^9$
Mais	2 x 10	$3{,}9 \times 10^9$
Saccharomyces cerevisiae (Hefe)	ca. 17	$1{,}5 \times 10^7$
Escherichia coli	1	$4{,}64 \times 10^6$
Phage λ	1	48502

Tab. 1: Einige Beispiele für Genomgrößen und Chromosomenzahlen aus dem Reich der belebten Welt.

gen in unserem Genom vermehren. Im Mäusegenom schätzt man beispielsweise den Anteil der L1-Elemente, den häufigsten Transposons der Maus, auf 5-10 % des Genoms. Eine erste Analyse des menschlichen Genoms ergab sogar, dass die verschiedenen repetitive Elemente, die wir in uns tragen, mindestens 40 %, vielleicht sogar über 50 % der gesamten DNA ausmachen (Li et al. 2001) – das wären 1,6 Milliarden Basenpaare, die höchstwahrscheinlich ohne jeden Nutzen für uns sind!

Bakterien besitzen ebenfalls eine genomische DNA, die allerdings anders aufgebaut ist als unsere. Es handelt sich um ein einzelnes, ringförmiges Chromosom, das nicht in einem Zellkern lokalisiert, sondern an einer Stelle der Zellmembran fixiert ist. Die Größe des bakteriellen Chromosoms ist wesentlich geringer als bei höheren Organismen, sie beträgt bei *Escherichia coli* (*E. coli*) nur 4,64 Millionen Basenpaare.
Der normale Experimentator kennt das bakterielle Genom nur als etwas, das ihm seine Plasmid-DNA-Präparationen verschmutzt.

Plasmide sind ebenfalls ringförmige DNA-Moleküle, die in Bakterien neben dem eigentlichen Bakterienchromosom vorliegen, aber wesentlich kleiner sind. Sie kommen in Mutter Natur sehr häufig vor und erlauben dort die Weitergabe nützlicher Gene von Bakterium zu Bakterium. Sie können sich autonom, d.h. unabhängig vom Bakterienchromosom, vermehren, da sie einen eigenen Replikationsursprung (*origin of replication*) besitzen. Darüber hinaus können sie beliebige andere Sequenzen enthalten, eine Eigenschaft, derer man sich in der Molekularbiologie so häufig und mit so großer Freude bedient, dass die Plasmide im Abschnitt 6.2.1 noch etwas ausführlicher besprochen werden.

Bakteriophagen, meist kurz als **Phagen** bezeichnet, sind bakterienspezifische Viren, die sich auf Kosten der Bakterien vermehren. Dazu schwimmt der Phage im Kulturmedium, bis er auf ein Bakterium trifft, das er infizieren kann, um dann dessen Vermehrung lahmzulegen und es statt dessen dazu zu bringen, viele neue Phagen zu produzieren. Am Ende lysiert, d.h. zerplatzt das Bakterium und setzt die neuen Phagen ins Kulturmedium frei, wo der Spaß aufs Neue beginnt.
Phagen sind, anders als die Plasmide, kein Bestandteil des Bakteriums, sondern eigenständige (Halb-) Organismen. Ihr "Chromosom" kann sehr unterschiedlich aussehen. So besteht es beim Bakteriopha-

gen λ aus einem linearen DNA-Doppelstrang, beim Phagen M13 dagegen aus einem ringförmigen DNA-Einzelstrang. Andere Phagen besitzen statt dessen ein Genom auf RNA-Basis. Die Größe von Phagengenomen ist relativ gering, bei λ sind es 48 kb, beim Phagen M13 sogar nur 6,4 kb.
Häufig benötigt der Phage nicht sein gesamtes Genom zum Überleben. Daher kann man, nach Deletion aller überflüssigen Genomabschnitte, im Phagen λ bis zu 13 kb große Fragmente fremder DNA einfügen und mit dem Phagen vermehren. Die Entwicklung dieser Technik war ein entscheidender Schritt für die Klonierung von Genen, weil so ganze Genome in Phagen gepackt werden konnten. Mittlerweile haben Phagen allerdings sehr an Bedeutung verloren, weil für die meisten Zwecke günstigere Vektoren zur Verfügung stehen (s. 6.2.3).

RNA entsteht, indem DNA von einer RNA-Polymerase transkribiert wird. Ein Organismus besitzt verschiedene Typen von RNA, die unterschiedliche Aufgaben erfüllen. Von Interesse für den Experimentator ist eigentlich fast nur die *messenger RNA* (mRNA), weil sie das Transkriptionsprodukt der Gene darstellt, die er untersuchen möchte. Sie besitzt üblicherweise am 5'-Ende eine 7-Methylguanosin-"Kappe" (5'-Cap) und am 3'-Ende eine Poly-Adenosin-Sequenz (der sogenannte Poly-A^+-Schwanz); vor allem letztere wird zur spezifischen Aufreinigung von mRNA genutzt.
Darüber hinaus existieren noch einige andere RNA-Typen, vor allem die ribosomale RNA (rRNA) und die Transfer-RNA (tRNA). Sie sind, außer für diejenigen, die gezielt daran forschen, nur lästige Verunreinigungen, die unglücklicherweise etwa 98 % der Gesamt-RNA einer Zelle ausmachen. Zum Glück kann man sie meistens ignorieren. Wenn nicht, dann wird die Arbeit etwas mühseliger.
Der Arbeit mit RNA widmet sich Kap. 5.

Literatur:

Li W-H et al. (2001) Evolutionary analysis of the human genome. Nature 409, 847-849

2.2 Methoden zur DNA-Präparation

Molekularbiologie ist Nichts ohne DNA. Die wichtigste Frage lautet folglich "Wie komme ich an die DNA meiner Träume heran?" Es ist ein schier unendliches Kapitel, weil alles, was Lebewesen ist oder von Lebewesen stammt, DNA enthält. So viele DNA-Quellen es gibt, so viele Protokolle zur Extraktion existieren auch (tatsächlich sind es sogar noch viel mehr). Ich will mich allerdings in diesem Abschnitt auf drei Bereiche beschränken, die einen Großteil der Labor-Normalität abdecken dürften, nämlich die Gewinnung von Plasmid-DNA aus Bakterien, von Phagen-DNA und von genomischer DNA aus Säugerzellen.
Vorgestellt werden die gebräuchlichsten Methoden und auch die eine oder andere ungebräuchliche, ohne Anspruch auf Vollständigkeit. Es lohnt sich daher in jedem Fall, auch noch beim Kollegen vorbeizuschauen, vielleicht hat der ja schon etwas Besseres entdeckt.

2.2.1 Bakterienmedien

Plasmid-DNA wird aus Bakterien gewonnen, die reichlich Futter brauchen, um groß und stark zu werden. Grundsätzlich werden Bakterienmedien in Minimalmedien und in "reiche" (*rich*) Medien eingeteilt, die entweder flüssig verwendet werden oder durch die Zugabe von 1,5 % (w/v) Agar-Agar in Festmedien verwandelt werden können. Normalerweise verwendet der Experimentator reiche Medien, weil die Bakterien darin schneller wachsen. Am häufigsten wird sicherlich **LB-Medium**[7] eingesetzt, das sich deshalb in allen Protokollen findet.[8] Es ist allerdings nicht immer das geeignetste Medium.[9]

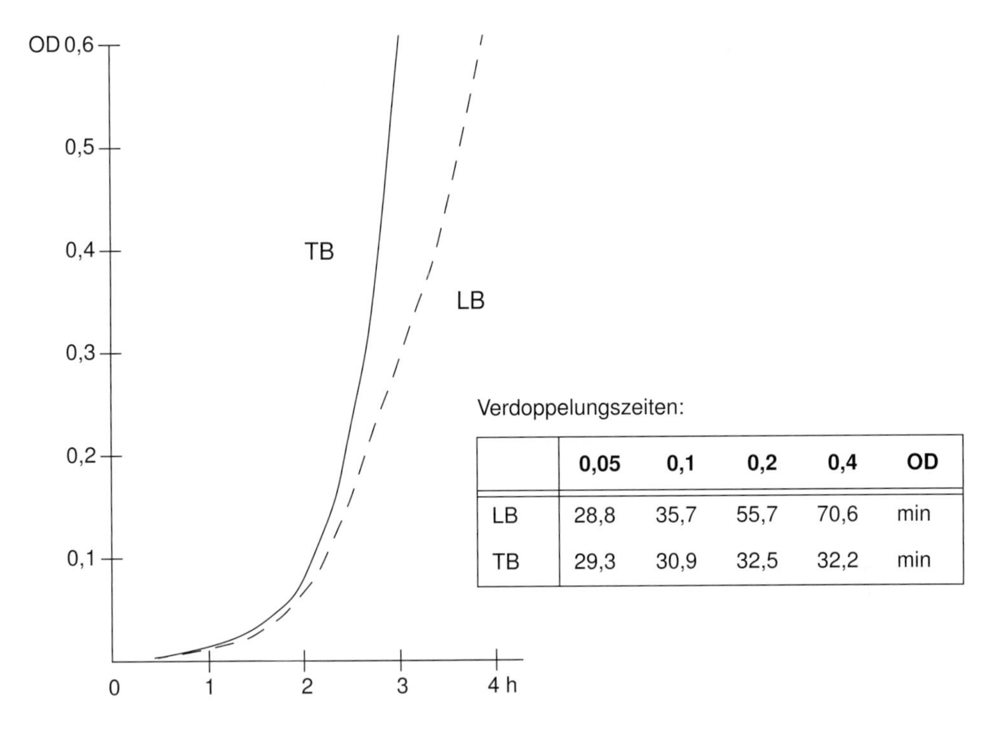

	0,05	0,1	0,2	0,4	OD
LB	28,8	35,7	55,7	70,6	min
TB	29,3	30,9	32,5	32,2	min

Abb. 3: Wachstumskurve von Bakterien in LB- bzw. TB-Medium.
Die beiden Kurven zeigen das Wachstum von XL1-Blue MRF Bakterien (Stratagene) in LB- bzw. TB-Medium. Obwohl LB als "reiches" Medium bezeichnet wird, gibt es offensichtlich wesentlich reichere. Diese liefern nicht nur 3-4mal höhere Bakterienausbeuten bei Übernachtkulturen, die Bakterien fühlen sich auch während der Wachstumsphase wesentlich länger wohl, wie man an den Verdoppelungszeiten sieht.

Wer große Ausbeuten an Bakterien wünscht, beispielsweise für Plasmid-DNA-Präparationen, fährt besser mit **TB-Medium**[10], weil die Bakterien etwa viermal dichter wachsen. Auch für die Herstellung kompetenter Zellen kann ein derart gehaltvolles Medium interessant sein, weil die Bakterien länger in der Phase optimalen Wachstums bleiben als in LB-Medium, in dem sich die Bakterien bereits bei einer $OD_{595\ nm}$ von 0,1 auf Winterschlaf einstellen (Abb. 3).

---

7. **LB-Medium:** 10 g Trypton oder Pepton, 5 g Hefeextrakt, 5-10 g NaCl, 1 ml 1 N NaOH je Liter.
8. Hier übrigens eine hübsche Anekdote zur Bedeutung der Bezeichnung "LB Medium": Bertani, der 1951 das Medium erstmals beschrieben hat, bezeichnet es in diesem Artikel hartnäckig einfach nur als *LB medium*. Das war den Leuten, die es tagtäglich verwendeten, offenbar zu unpersönlich, weshalb bald eine Reihe von "Erklärungen" die Runde machte, wonach das Acronym für *Luria broth*, *Lennox broth* oder *Luria-Bertani medium* stehen sollte. Bertani selbst hat fünfzig (!) Jahre später in einer Publikation von 2004 das Geheimnis gelüftet. Im Postscriptum verrät er, dass LB schlicht für *lysogeny broth* stand – er brauchte es nämlich für die Kultur von lysogenen Phagen.
9. Ich persönlich halte es sogar für vermessen, LB als reiches Medium zu bezeichnen. Aber ich bin wahrscheinlich voreingenommen.
10. **TB-Medium (Terrific Broth):** 12 g Trypton, 24 g Hefeextrakt, 4 ml Glycerin je Liter, dem man direkt vor Gebrauch 0,1 Volumen 1 M $KHPO_4$-Lösung pH 7,5 zugibt.

Ansonsten hängt die Wahl des Bakterienmediums von den Gewohnheiten im Labor, den Bedürfnissen der Bakterien und den Einschränkungen durch die folgende Anwendung ab. Man richtet sich am besten nach den Empfehlungen der Kollegen, ansonsten sei auf die laborüblichen Standardwerke verwiesen.

Interessanterweise kann man Bakterienmedien durchaus mehrfach verwenden, sofern sie "reich" genug bzw. ausreichend gepuffert sind. Während sich LB weniger für solche exzentrischen Versuche eignet, ist es mir gelungen, aus einer einzigen TB-Kultur dreimal erfolgreich Bakterien zu kultivieren und daraus DNA zu isolieren, indem ich nach der Zentrifugation den Kulturüberstand wieder zurück in den Kulturkolben kippte – erst beim vierten Mal wollten die Bakterien nicht mehr so recht mitspielen. Die Bakterien wachsen dabei so schnell nach, dass man sofort mit der zweiten DNA-Präp weitermachen kann, wenn man mit der ersten fertig ist.

2.2.2 Präparation von Plasmid-DNA

Plasmid-DNA-Präparationen gibt es in jeder erdenklichen Größe. Unterschied man früher nur in Mini- und Maxipräp, findet man heute auch Kits für Mega- und Gigapräparationen. Methodisch besteht kein Unterschied, wenn man einmal von den technischen Schwierigkeiten absieht, die es in normalen Labors bereitet, zwei Liter Bakteriensuppe zentrifugieren zu wollen.

Vom Grundsatz her gleichen sich alle Methoden: Im ersten Schritt stellt man ein krudes Bakterienlysat her, indem man die bakterielle Zellwand mehr oder weniger elegant knackt und die so entstandene Brühe einer ersten Reinigung unterzieht. Dabei entledigt man sich eines Großteils der bakteriellen Proteine und Membranen, wobei man gleichzeitig das bakterielle Genom los wird, weil die chromosomale DNA aufgrund ihrer Größe, Struktur und Verankerung gemeinsam mit den Zellresten abzentrifugiert wird, während die kleineren und freieren Plasmid-Moleküle im Überstand bleiben. Dies setzt allerdings ein sorgfältiges, sprich einigermaßen vorsichtiges Arbeiten voraus, weil sonst der Anteil an bakterieller chromosomaler DNA stark ansteigt.
Die endgültige Reinigung der DNA, bei der man sich der RNA und der verbliebenen Proteine entledigt, findet in einem zweiten, separaten Schritt statt; die gängigen Methoden werden weiter unten beschrieben.

Obwohl prinzipiell die gleichen Methoden verwendet werden, unterscheiden sich Mini- und Maxipräparationen in der Durchführung doch erheblich, weil die Zielsetzungen sehr verschieden sind. Geht es bei einer Minipräp darum, eine große Anzahl von Ansätzen mit minimalem Aufwand in möglichst kurzer Zeit aufzuarbeiten, will man bei einer Maxipräp eine große Menge möglichst sauberer DNA erhalten; die Zeit spielt dabei eine eher untergeordnete Rolle. Daher werden Mini- und Maxipräparation hier in zwei getrennten Abschnitten besprochen.

2.2.3 Minipräparation

48 oder gar 96 Minipräps durchzuziehen ist eine äußerst nervtötende Angelegenheit, daher muss die Methode schnell und einfach sein. Hier drei Protokolle, die sich vor allem in der Art der Bakterienlyse unterscheiden. Anzahl der Handgriffe und Zeiterfordernis sind jeweils etwa gleich. Die Entscheidung für die eine oder die andere Methode ist eine Frage der persönlichen Präferenz, mitunter aber auch abhängig von der anschließenden Verwendung der DNA. Wichtig für die Ausbeute und die Qualität

der DNA ist der verwendete Bakterienstamm, das verwendete Plasmid (*low-copy* oder *high-copy* Plasmid) und das Kulturmedium (minimal, reich oder sehr reich). Wenn ein Protokoll unbefriedigende Ergebnisse liefert, sollte man ein anderes ausprobieren.
Die Ausbeute für 1,5 ml Bakterienkultur beträgt etwa 2-10 µg Plasmid-DNA, sofern man es mit einem *high-copy* Plasmid zu tun hat.

Alkalische Lyse

Diese Methode ist heute der Standard, weil sich mit der so präparierten DNA fast alles anstellen lässt. Sie ist im Mini-Maßstab sehr schnell und kann große Ausbeuten liefern.
Die Alkalische Lyse ist die Grundlage fast aller kommerziellen Plasmid-DNA-Reinigungskits, aber weil die DNA bereits am Ende der Lyse ungewöhnlich sauber ist, kann man die Methode auch wie hier beschrieben mit einfachen Reinigungsmethoden kombinieren, um ein Ergebnis zu erhalten, das sich mit Säulchen-gereinigter DNA problemlos messen kann – bei sehr viel günstigeren Kosten.

Das Pellet von 1,5 ml Bakterienkultur wird in 150 µl Lösung I (50 mM Glucose / 25 mM Tris / 10 mM EDTA) resuspendiert, 150 µl Lösung II (0,2 N NaOH / 1 % (w/v) SDS) zugegeben, gut gemischt und für 30 s inkubiert, bis die Bakterien lysiert sind – erkennbar an der leicht schleimigen Konsistenz der Lösung. Anschließend gibt man 150 µl Lösung III (3 M Kaliumacetat pH 5,2) zu und mischt nochmals gründlich. Die Flüssigkeit ist nun wieder klar, enthält aber Flocken von Kalium-SDS, das schwer löslich ist und ausfällt. Dann gibt man noch zwei Tropfen Chloroform zu – dadurch pelletiert das Kalium-SDS besser -, mischt und zentrifugiert für 2-5 min bei Raumtemperatur. Der klare Überstand (ca. 400 µl) wird anschließend ohne SDS-Flocken (!) in ein neues Gefäß überführt, 1 ml Ethanol zugegeben, das Ganze gemischt und für 10-15 min bei 4 °C und 15 000 g zentrifugiert. Das Pellet wird getrocknet und in 50-100 µl TE + 1-2 µl DNase-freie RNase A (10 mg/ml) gelöst.
Soll es *quick-and-dirty* sein, kann man die Lösung an diesem Punkt bereits für einen Restriktionsverdau verwenden. Soll die DNA garantiert sauber sein, inkubiert man für 30 min bei Raumtemperatur, um der RNase Zeit zum Arbeiten zu geben, und schließt dann eine Phenol-Chloroform-Reinigung incl. Alkoholfällung an.

Das DNA-Pellet ist nach der ersten Fällung gut sichtbar, aber davon sollte man sich nicht täuschen lassen, es besteht zu über 90 % aus RNA, Proteinen und Salzen. Trotzdem ist die Größe des Pellets meist proportional zur DNA-Menge und gibt Aufschluss darüber, wie die Plasmidausbeute sein wird. Nach RNase-Verdau und Phenol-Chloroform-Reinigung ist es dann erheblich kleiner, weil die RNA-Menge stark abgenommen hat.

Tipps: Statt Lösung I kann man auch TE-Lösung verwenden oder, *in extremis*, einfach Wasser. Lösung II altert im Gegensatz zu den anderen Lösungen schnell und sollte idealerweise frisch angesetzt werden, hält sich aber durchaus vier Wochen. Lösung III ist eine 3 M Kaliumacetat-Lösung mit pH 5,2, die, wie Kenner wissen, bei diesem pH weit mehr Acetat bzw. Essigsäure als Kalium enthält. Am einfachsten tut man sich, indem man 60 ml 5 M Kaliumacetat, 11,5 ml Essigsäure p.a. und 28,5 ml H_2O mischt. Statt Lösung III kann man auch 3 M Natriumacetat pH 4,8 verwenden.
Bereits nach der ersten Fällung ist die DNA erstaunlich sauber und arm an Nucleasen und kann bei 4 °C problemlos über Nacht (ja sogar über's Wochenende!) gelagert werden. Wer mag, kann die RNase statt am Ende bereits am Anfang zugeben (5-10 µl RNase A (10 mg/ml) zur Lösung I) und vor der ersten Ethanolfällung eine 10-minütige Inkubationspause einfügen; das Pellet fällt dann allerdings kleiner aus.

Eine nette Variante findet sich bei Good und Nazar (1997): Sie kratzen die Bakterien mit einem Zahnstocher, der mit einer Pinzette einen halben Zentimeter vor der Spitze gebrochen und zu einer Art Golfschläger geformt wurde, von einer Agarplatte – dieses Werkzeug eignet sich auch gut, um die Bakterien anschließend in der Lösung I zu resuspendieren. Nach der alkalischen Lyse wird die Plasmid-DNA dann mit Polyethylenglycol 8000 gefällt (s. 2.3.5).

Literatur:

Birnboim HC, Doly J (1979) A rapid alkaline extraction procedure for screening recombinant plasmid DNA. Nucl. Acids Res. 7, 1513-1523

Good L, Nazar RN (1997) Plasmid mini-preparations from culture streaks. BioTechniques 22, 404-406

Boiling method

Die Methode ist einfach und schnell und liefert sehr schmutzige DNA mit viel bakterieller DNA und Proteinen.

Das Pellet von 1,5 ml Bakterienkultur wird in 300 µl STET[11] resuspendiert, 200 µg Lysozym zugegeben, gemischt und für 5 min auf Eis inkubiert. Anschließend stellt man das Tube für 1-2 min in kochendes Wasser und zentrifugiert dann für 15 min bei 15 000 g. Der Überstand wird in ein neues Tube überführt, 200 µl Isopropanol zugegeben und für 15 min bei 4 °C und 15 000 g zentrifugiert, das Pellet wird mit 70 % Ethanol gewaschen, getrocknet und anschließend in 50 µl TE + 1 µl RNase A (10 mg/ml) gelöst.

Tipp: Richtig reizvoll wird die Methode allerdings erst, wenn man nicht den Überstand überführt, sondern das Pellet mit einem sterilen Zahnstocher entfernt, auf diese Weise lässt sich die ganze Präparation in einem Tube durchführen.

Lithium-Minipräparation

Sympathisch an dieser Methode ist, dass sie noch ein bisschen schneller als die anderen ist.

Das Pellet von 1,5 ml Bakterienkultur wird in 100 µl TELT[12] resuspendiert, dazu gibt man 100 µl Phenol/Chloroform (1:1), vortext kurz und zentrifugiert für 1 min bei 15 000 g. 75 µl des wässrigen Überstands werden in ein neues Tube überführt, 150 µl kaltes Ethanol zugegeben, gemischt und für 10 min bei 4 °C und 15 000 g zentrifugiert. Das Pellet wird kurz mit 70 % Ethanol gewaschen, getrocknet und anschließend in 50 µl TE + 1 µl RNase A (10 mg/ml) gelöst.

2.2.4 Maxipräparation

Wahre Maxipräparationen sind mittlerweile seltener geworden, weil man bereits mit der DNA-Menge, die man aus einer Minipräp gewinnt, die meisten Arbeiten des täglichen Lebens bestreiten kann. Wir beschränken uns im Labor zumeist auf 100 ml Kulturen in TB-Medium, das entspricht einer LB-Kultur von 500 ml und liefert eine Ausbeute von weit über 500 µg Plasmid-DNA.

---

11. **STET:** 8 % (w/v) Sucrose / 5 % (w/v) Triton X-100 / 50 mM EDTA / 50 mM Tris HCl pH 8,0; mit Filter sterilisieren und bei 4 °C lagern.
12. **TELT:** 50 mM Tris HCl pH 8,0 / 62,5 mM Na-EDTA / 2,5 M LiCl / 4 % (w/v) Triton X-100; Lagerung bei -20 °C.

Alle Protokolle beginnen damit, dass man das Bakterienmedium mit 1 ml einer möglichst frischen Übernachtkultur animpft[13] und über Nacht bei 37 °C inkubiert, damit die Bakterien eine maximale Dichte erreichen. Die Kultur sollte in einem Erlenmeyerkolben mit Schikane (das ist eine Nase, die nach innen ragt) von ausreichendem Volumen – Richtwert: fünfmal das Medienvolumen – angesetzt werden, den man auf einem Flachbettschüttler bei 200-400 rpm durchrüttelt, damit die Bakterien gut belüftet werden. Wenn's schäumt, ist's gut. Die Bakterien danken es mit größeren Ausbeuten.

Im Anschluss an die hier beschriebene Lyse führt man eine **Reinigung** durch, die normalerweise mittels Anionenaustauscherchromatographie, Cäsiumchloridgradientenzentrifugation oder PEG-Präzipitation erfolgt (s. 2.3). Einen Überblick über die gängigen Reinigungsmethoden gibt auch Tab. 2.

Bakterienlyse mittels Alkalischer Lyse

Der Standard. Bei dieser Technik wird die bakterielle DNA besonders effektiv entfernt, weil DNA bei stark alkalischem pH denaturiert. Nach der Neutralisierung mit Lösung III hybridisieren die beiden Stränge der Plasmid-DNA rasch wieder, während die weit größere chromosomale DNA einzelsträngig bleibt und ausfällt.

Das Bakterienpellet einer 500 ml LB-Kultur wird in 20 ml Lösung I (s. 2.2.3) + 0,5 ml RNase A (10 mg/ml) resuspendiert. Nach Zugabe von 40 ml Lösung II mischt man gut, aber nicht zu heftig und lässt die trübe Lösung für 10 min stehen. Mit zunehmender Lyse wandelt sich die Suppe zu einer schleimigen Brühe, zu der man 30 ml Lösung III und 1 ml Chloroform zufügt und wieder gut, aber nicht zu heftig mischt und anschließend zentrifugiert (5000 g, 4 °C, 15-30 min). Vorsicht, Chloroform ist ein organisches Lösungsmittel, das viele Plastikarten auflöst. Daher nur Zentrifugenbecher aus Polyethylen, Polypropylen oder anderen chloroformresistenten Materialien verwenden. Der Überstand wird weitere 30 min bei 4 °C inkubiert, um einen möglichst vollständigen RNase-Verdau zu gewährleisten.

Tipps: Um die Ausbeute zu erhöhen, kann man nach dem Resuspendieren der Bakterien 1 ml Lysozym (25 mg/ml) zugeben und anschließend 10 min bei Raumtemperatur inkubieren.
Wer keine chloroformresistenten Zentrifugenbecher besitzt, kann auch auf das Chloroform verzichten. Allerdings pelletiert dann der Schmutz deutlich schlechter, so dass man den Überstand besser ein zweites Mal zentrifugieren sollte.
Je sauberer der Überstand nach der Zentrifugation ist, desto leichter tut man sich beim anschließenden Reinigungsschritt. Wir filtrieren ihn daher häufig durch einen großporigen Einwegfilter (Porengröße 0,8 µm), der sauber, aber nicht unbedingt steril sein muss. Faltenfilter aus Papier tun's aber auch.

Tipp: Wie Sie eine Maxipräp-Reinigung mit einem kommerziellen Minipräp-Kit (!) durchführen können, ist am Ende von Kap. 2.3.3 beschrieben.

13. Entgegen der gängigen Lehrmeinung tut es aber auch eine einzige Bakterienkolonie, die Herstellung einer Übernachtkultur kann man sich also sparen.
Seltsamerweise ist es mir in den letzten Jahren immer häufiger passiert, dass die Plasmid-DNA-Ausbeute bei Kulturen, die mit Übernachtkulturen angeimpft wurden, so viel geringer war als bei Kulturen, die mit einer Kolonie angeimpft wurden, dass ich persönlich mittlerweile letzteres Vorgehen als Standard empfehle.

Bakterienlyse mittels *boiling method*

Das Bakterienpellet einer 500 ml LB-Kultur wird in 20 ml STET-Lösung (s. 2.2.3) + 2 ml Lysozym (10 mg/ml) resuspendiert, in ein feuerfestes Glasgefäß überführt und am Bunsenbrenner erhitzt, bis es kocht (Vorsicht vor dem Siedeverzug) und danach eine weitere Minute in kochendem Wasser erhitzt. Auf Eis abkühlen und die kalte, glibberige Lösung zentrifugieren (≥ 25 000 g, 20 min), vorzugsweise in einem Ausschwingrotor. Der Überstand wird in ein neues Gefäß überführt, 0,5 ml RNase A (10 mg/ml) zugegeben und die Lösung für 30 min bei 4 °C inkubiert.

Tipps: Wenn das Lysozym nicht ordentlich arbeitet, tendiert die Ausbeute gegen Null. Auch die Dauer des Erhitzens ist kritisch und variiert zwischen den Bakterienstämmen. Am besten testet man die Bedingungen für den verwendeten Bakterienstamm beim ersten Mal aus.

Bakterienlyse mittels Triton

Das Bakterienpellet einer 500 ml LB-Kultur wird in 5 ml SET-Lösung[14] + 1,5 ml Lysozym (10 mg/ml) + 2 ml 0,5 M EDTA + 25 µl RNase A (10 mg/ml) resuspendiert und für 15 min auf Eis inkubiert. Danach gibt man 2,5 ml Lyse-Lösung[15] zu, mischt gut, aber vorsichtig und inkubiert weitere 20 min bei 4 °C. Die hoffentlich sehr visköse Lösung zentrifugiert man anschließend für 60 min bei 40 000 g und 4 °C und dekantiert den Überstand vom gallertigen Pellet ab.

Tipps: Die Methode ist mild, aber etwas kritisch. So sollte die Lysozymlösung frisch sein. Wenn das Pellet nach der Zentrifugation nicht ausreichend fest ist und nicht vom Pellet getrennt werden kann, sollte man die Zentrifugation wiederholen, am besten bei einer höheren Geschwindigkeit, im Zweifelsfall in der Ultrazentrifuge.

2.2.5 Präparation von Phagen-DNA

War der Umgang mit Phagen früher ein Klassiker, weil alle DNA-Banken in Phagenvektoren kloniert waren, sind sie mittlerweile etwas aus der Mode gekommen, weil es heute praktischere Vektoren gibt, die auch größere DNA-Fragmente aufnehmen können. Der eigentliche Schwachpunkt von Phagen aber ist die DNA-Präparation, für die es bislang kein wirklich geniales Protokoll gibt – entweder ist die Präparation arbeitsaufwendig oder liefert geringe Ausbeuten oder ziemlich unsaubere DNA.

Die Phagenpartikel gewinnt man über Plattenlysate oder Flüssigkulturen. Für ein **Plattenlysat** plattiert man eine ausreichende Anzahl von Phagen aus, um konfluente (d.h. völlig lysierte) Platten zu erhalten. Dazu mischt man die Phagenlösung (je nach Phagentiter ca. 1-100 µl) mit 150 µl einer Bakterien-Übernachtkultur[16], inkubiert für 10 min bei 37 °C, gibt ca. 3-6 ml handwarmen, noch flüssigen Weichagar (LB mit 0,7 % Agar) zu, mischt kurz und verteilt die Flüssigkeit gleichmäßig auf einer LB-Agarplatte, die man über Nacht bei 37 °C inkubiert. Anschließend eluiert man die Phagen, indem man SM-Lösung (s. 12.2) – 5 ml für eine 10 cm-Platte, 10 ml für eine 15 cm-Platte – auf die Platte pipettiert und über Nacht bei 4 °C inkubiert, vorzugsweise unter leichtem Schütteln. Das Eluat eignet sich

14. **SET-Lösung:** 25 % (w/v) Sucrose / 50 mM Tris HCl pH 8,0 / 100 mM EDTA; bei 4 °C lagern.
15. **Lyse-Lösung:** 3 % (v/v) Triton X-100 / 200 mM EDTA pH 8,0 / 150 mM Tris HCl pH 8,0; bei 4 °C lagern.
16. hierbei unbedingt den zu den verwendeten Phagen passenden Bakterienstamm verwenden, sonst findet keine Vermehrung der Phagen statt.

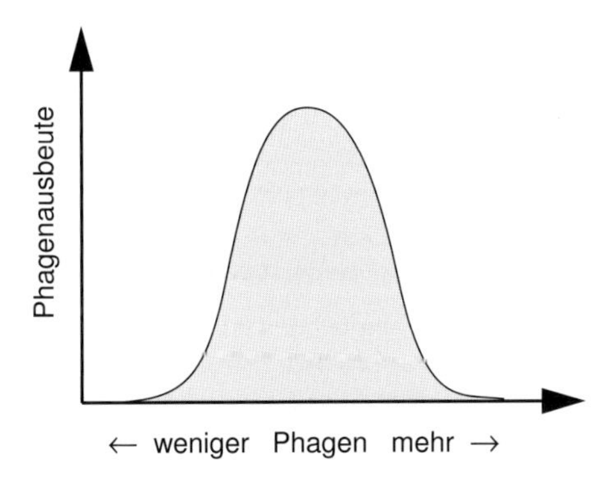

Abb. 4: Die Ausbeute an Phagen in Abhängigkeit vom Verhältnis von Bakterien zu Phagen.

anschließend als Phagen-Vorratslösung oder kann zur Präparation kleiner Mengen Phagen-DNA verwendet werden, allerdings nicht ganz ohne Schwierigkeiten, weil der Agar gerne Verschmutzungen enthält, die ebenfalls eluiert werden und während der Präparation meist nicht verschwinden. Dieser bislang nicht genauer charakterisierte Dreck inhibiert sehr effizient Restriktionsenzyme, so dass man häufig die zehnfache Menge an Enzym einsetzen muss, um einen befriedigenden Verdau zu erhalten, sofern es überhaupt funktioniert. Man kann das Problem umgehen, indem man den Agar durch *molecular biology grade* Agarose ersetzt, die allerdings wesentlich teurer ist.
Das Problem bei **Flüssigkulturen** ist, dass man für eine optimale Ausbeute bereits beim Ansetzen der Kultur genau das richtige Verhältnis von Bakterien und Phagen erwischen muss. Setzt man zu viele Phagen ein, dann werden alle Bakterien lysiert, bevor sie sich ausreichend vermehrt haben. Nimmt man zu viele Bakterien, erreichen diese die stationäre Phase und stellen ihr Wachstum ein, bevor sich die Phagen ausreichend vermehrt haben. Da das optimale Verhältnis (wie immer) von den genauen Bedingungen abhängt (verwendete Phagen, Bakterien, Medien), tut man gut daran, zu Beginn der Arbeiten eine Testreihe durchzuführen.
Als Orientierungshilfe hier ein Protokoll, das einst funktionierte: 50 µl Bakterien einer Übernachtkultur (das entspricht ca. 5 x 10^7 Bakterien) und 10^5 Phagen (die meisten Protokolle setzen zwischen 50 und 500mal mehr Bakterien als Phagen ein) werden für 15 min bei 37 °C inkubiert und dann zu 150 ml LB-Medium gegeben, das man unter kräftigem Schütteln bei 37 °C inkubiert. Nach etwa 4-5 h trübt sich die Kultur zunehmend, um dann innerhalb einer Stunde wieder nahezu klar zu werden. Dies ist der Zeitpunkt der maximalen Phagenmenge – lässt man die Kultur weiterwachsen, wird sie sich wieder trüben, weil resistente Bakterien die Überhand gewinnen. Wenn die Kultur nicht trüb wird, hatte man zu wenig Bakterien im Ansatz, wird sie nicht klar, waren es zu wenige Phagen.
Vor Gebrauch muss man das Lysat zentrifugieren (5000 g, 4 °C, 15 min), um verbleibende lebende und die Reste lysierter Bakterien loszuwerden. Dann kann man zur DNA-Extraktion schreiten.

λ Phagen DNA Minipräparation I mittels PEG-Fällung

Eine Standardmethode.

3 ml Phagenlysat werden mit 10 µl RNase A-Lösung (s. 12.2) und 1 µl DNase I (10 mg/ml) für 1 h bei 37 °C inkubiert. Danach gibt man 3 ml PEG-Lösung (20 % (w/v) Polyethylenglycol 6000 / 2 M NaCl in SM-Lösung, s. 12.2) zu, inkubiert für 1 h auf Eis, zentrifugiert (10 000 g, 4 °C, 20 min) und resus-

pendiert das Pellet in 0,5 ml SM-Lösung. Grobe Verschmutzungen werden abzentrifugiert (10 000-15 000 g, Raumtemperatur, 2 min), der Überstand mit 5 µl 10 % (w/v) SDS und 5 µl 0,5 M EDTA pH 8,0 für 15 min bei 68 °C inkubiert. Anschließend führt man eine Phenol-Chloroform-Reinigung (s. 2.3.1) durch, fällt die DNA mit Ethanol und nimmt das getrocknete Pellet in 20-40 µl TE (s. 12.2) auf.

λ Phagen DNA Minipräparation II mittels DEAE-Cellulose

Schneller als die PEG-Fällung, aber eher schmutziger. Das Protokoll lehnt sich an die Publikation von Manfioletti und Schneider (1988) an, die für die finale Reinigung allerdings Cetyl-trimethylammoniumbromid (CTAB, Sigma) verwenden, mit dem Nucleinsäuren (und saure Polysaccharide) spezifisch gefällt werden. Die Publikation ist durchaus einen Blick wert.

Zuerst wird die DEAE-Cellulose vorbereitet: 10 g DEAE-Cellulose (DE 52 Ionenaustauschercellulose von Whatman) in 200 ml 0,05 N HCl suspendieren, mit 400 µl 10 N NaOH neutralisieren, den Überstand abdekantieren und die Cellulose 3-4 mal im 5fachen Volumen SM-Lösung waschen. Am Ende wird die Cellulose mit 1/3 Volumen SM-Lösung suspendiert. Möchte man die Cellulose länger als eine Woche bei 4 °C lagern, sollte man gegen die bösen Mikroben 0,01 % Natriumazid zugeben (Achtung, hochgiftig) und vor Gebrauch nochmal mit SM waschen.
0,6 ml Phagenlysat und 0,6 ml suspendierte DEAE-Cellulose werden gut gemischt, zentrifugiert (10 000 g, Raumtemperatur, 5 min), der Überstand mit 120 µl Denaturierungslösung[17] gemischt und 1 min bei 70 °C inkubiert. Anschließend lässt man den Ansatz abkühlen, gibt 75 µl 5 M Kaliumacetat zu, inkubiert 15 min auf Eis, zentrifugiert (10 000 g, Raumtemperatur, 5 min) und fällt die DNA aus dem Überstand mit 0,8 Volumen Isopropanol. Das gewaschene und getrocknete Pellet wird in 10-50 µl TE gelöst.

λ Phagen DNA Minipräparation III mittels Zinkchlorid-Fällung

Die Methode ist weiter unten als Maxipräparation II aufgeführt, war von Santos (1991) aber eigentlich zur Präparation von wenigen Millilitern Lysat gedacht. Hier die Originalversion:

Je ml Lysat (bereits DNase I- und RNase A-verdaut) 20 µl 2 M $ZnCl_2$ zugeben, 5 min bei 37 °C inkubieren, zentrifugieren (10 000 g, 1 min), Pellet in 500 µl TES-Puffer[18] resuspendieren, 15 min bei 60 °C inkubieren, 60 µl 3 M Kaliumacetat pH 5,2 zugeben, 10-15 min auf Eis stellen, zentrifugieren (10 000 g, 4 °C, 1 min) und die DNA mit Isopropanol aus dem Überstand fällen.

λ Phagen DNA Minipräparation IV mittels EtOH-Fällung

Zu meiner Überraschung bin ich auf eine neue Methode zur Phagen-DNA-Präparation gestoßen, die mir einen vernünftigen Eindruck macht und mit geringem technischen Aufwand durchgeführt werden kann. Die Methode lässt sich automatisieren und die so gewonnene DNA ist sequenzierbar, womit sich die Methode gut für das Screenen von Phagen-Banken eignet. Hier der Ablauf gemäß Reddy et al. 2008:

---

17. **Denaturierungslösung:** 10 mM Tris HCl pH 8,0 / 2,5 % (w/v) SDS / 0,25 M EDTA pH 8,0.
18. **TES-Puffer:** 0,1 M Tris HCl pH 8,0 / 0,1 M EDTA / 0,3 % SDS.

Man stellt ca. 1 ml Flüssiglysat her, gibt ein paar Tropfen Chloroform zu und zentrifugiert (5 000 rpm, 10 min), um Reste an Bakterien zu präzipitieren. 75 µl vom klaren Überstand werden in ein neues Tube überführt, mit 1 Volumen 2 x Alkohol-Puffer (50 % EtOH / 0,03 M Na-Acetat / pH 5,5) gemischt und 20 min bei RT inkubiert. Dann werden die Phagen präzipitiert (5 000 rpm / 10 min) und der Überstand verworfen.
Die Phagen-Partikel werden durch die Zugabe von 50 µl Lyse-Puffer[19] lysiert, 12,5 µl 1 N NaOH zugegeben[20] und weitere 10 min bei RT inkubiert. Schließlich wird die Phagen-DNA präzipitiert durch die Zugabe von 2 Volumen kaltem EtOH und einer Zentrifugation (10 000 rpm / 10 min). Das Pellet wird mit 70 % EtOH gewaschen, luftgetrocknet und in 20 µl TE gelöst.
Die Autoren geben an, dass die so gereinigte DNA für 1 Woche bei 4 °C gelagert werden kann – wahrscheinlich sogar noch länger, wenn man sauber gearbeitet hat.

λ Phagen DNA Maxipräparation I mittels Cäsiumchloriddichtegradient

Mit Abstand die sauberste Variante, λ-DNA zu gewinnen, doch langwierig und mühselig, außerdem funktioniert sie nicht bei kleinen Phagenmengen.

In 500 ml Phagenlysat löst man 30 g NaCl, zentrifugiert (4000 g, 4 °C, 10 min), löst im Überstand anschließend 50 g Polyethylenglycol 6000 und fällt die Phagen über Nacht bei 4 °C. Nach Zentrifugation (4000 g, 4 °C, 10 min) löst man das Pellet in 5 ml SM-Lösung (s. 12.2), schüttelt den Ansatz mit 5 ml Chloroform aus, zentrifugiert (6000 g, 4 °C, 10 min) und überführt die wässrige Phase in ein neues Gefäß. Der Chloroform-Schritt wird wiederholt, bis das Polyethylenglycol nahezu vollständig entfernt ist – das ist der Fall, wenn man nach der Zentrifugation keine weiße Interphase mehr sieht. Die wässrige Phase wird auf einen CsCl-Stufengradienten (drei Stufen: 1,3 / 1,5 / 1,7 g CsCl/ml SM-Lösung, s. Abb. 5) aufgetragen und ultrazentrifugiert (80 000 g, **20 °C (!)**, 1,5 h). Die Phagen sammeln sich als weiß-blaue Bande an der Phasengrenze zwischen der 1,5 und der 1,7 g/ml-Lösung. Die Phagenbande wird abpipettiert, für 30 min in SM-Lösung dialysiert (s. 2.3.6), anschließend je 100 µl Phagenlösung 5 µl 0,5 M EDTA und 1 µl 10 % (w/v) SDS zugegeben und für 10 min bei 65 °C inkubiert. Dieser Schritt zerlegt die Phagenpartikel in DNA und Proteine; letztere werden mit einer Phenol-Chloroform-Reinigung (s. 2.3.1) entfernt und die DNA-Lösung für mindestens 60 min in TE dialysiert.
Der CsCl-Stufengradient ist etwas schwierig in der Herstellung. Am einfachsten tut man sich, indem man zuerst die Lösung mit der geringsten Dichte in den Zentrifugenbecher pipettiert und vorsichtig mit den Lösungen höherer Dichte unterschichtet, unter Zuhilfenahme einer Pasteurpipette.

λ Phagen DNA Maxipräparation II mittels Zinkchlorid-Fällung

Die Qualität der DNA ist bei dieser Methode nicht überragend, doch ist der Arbeitsaufwand wesentlich geringer, ganz abgesehen vom Zeitgewinn. Die Methode ist von Santos (1991) übernommen.

Eine 100 ml Flüssigkultur ansetzen (siehe oben). 1 h vor Ende der Lyse 25 µl DNase I (10 mg/ml) und 50 µl RNase A (s. 12.2) zugeben und für 1 h bei 37 °C unter Schütteln inkubieren – das spart einem den nachträglichen Verdau. Das Lysat zentrifugieren (5000 g, 5 min), den Überstand mit 1 ml 1 M $ZnCl_2$ mischen, für 5 min bei 37 °C inkubieren und wieder zentrifugieren (5000 g, 5 min). Das Pellet

19. **Lyse-Puffer:** 4 M Guanidinium-Thiocyanat / 0,5 % Natrium-N-Laurylsarcosin / 25 mM Natrium-Citrat pH 7,0 / 0,1 M β-Mercaptoethanol.
20. um eine Endkonzentration von 0,2 N NaOH zu erhalten.

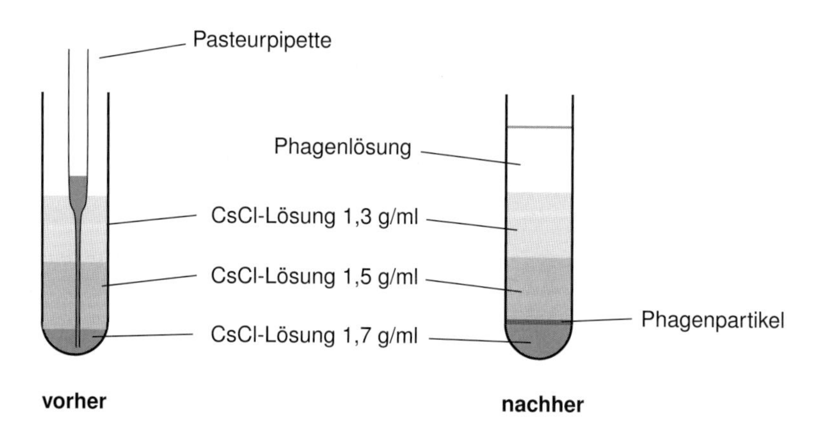

Dichte	1,7 g/ml	1,5 g/ml	1,3 g/ml
CsCl-Menge	56,24 g	45,41 g	31,24 g
Volumen SM-Lösung	43,76 ml	54,59 ml	68,76 ml

Abb. 5: Cäsiumchlorid-Stufengradient.
Stufengradienten sind praktisch, weil man mit weit kürzeren Zentrifugationszeiten auskommt als bei kontinuierlichen Gradienten. Entscheidend sind möglichst scharfe Grenzen zwischen den CsCl-Lösungen. Am leichtesten tut man sich, indem man mit der Lösung geringster Dichte beginnt und mit Hilfe einer Pasteurpipette mit den Lösungen höherer Dichte vorsichtig unterschichtet. Der Gradient wird anschließend mit der Phagenlösung überschichtet.
Die Herstellung der CsCl-Lösungen erfordert präzises Arbeiten. Die Tabelle gibt an, welche Mengen CsCl in welchem Volumen SM-Lösung gelöst werden müssen, um eine Lösung der angegebenen Dichte zu erhalten. Der Anteil von Cäsiumchlorid am Gesamtgewicht für eine CsCl-Lösung beliebiger Dichte errechnet sich aus der Gleichung

% (w/w) CsCl = 137,48 - 138,11/gewünschte Dichte

in 3 ml H_2O sorgfältig resuspendieren und zwei Phenol-Chloroform-Reinigungen (s. 2.3.1) durchführen. Um das Zink von der DNA zu verdrängen, gibt man 0,1 Volumen 0,5 M $MgCl_2$ zu, inkubiert für 10 min, fällt dann mit 0,1 Volumen 3 M NaAcetat pH 4,8 und 0,8 Volumen Isopropanol und wäscht mit 70 % (v/v) Ethanol. Wenn die DNA-Ausbeute groß ist, bildet sich bei der Fällung eine DNA-Wolke.

Der $MgCl_2$-Schritt ist bei dieser Methode wichtig, weil Zn^{2+} Restriktions- und andere Enzyme inhibiert. Wer Zeit hat, sollte die DNA anschließend noch gegen TE (s. 12.2) dialysieren.

Literatur:

Manfioletti G, Schneider C (1988) A new and fast method for preparing high quality lambda DNA suitable for sequencing. Nucl. Acids Res. 16, 2873-2884

Santos MA (1991) An improved method for the small scale preparation of bacteriophage DNA based on phage precipitation by zinc chloride. Nucl. Acids Res. 19, 5442

Reddy PS et al. (2008) A high-throughput, low-cost method for the preparation of "sequencing-ready" phage DNA template. Analyt. Biochem. 376, 258-261

2.2.6 Präparation einzelsträngiger DNA mittels Helferphagen

Aus Plasmiden mit M13-Replikationsursprung (sogenannten Phagemiden) kann man durch Transfektion der Bakterien mit einem Helferphagen einzelsträngige DNA gewinnen. Manchmal ist diese Eigenschaft ganz nützlich, weil sich einzelsträngige DNA beispielsweise weit besser sequenzieren lässt als doppelsträngige. Helferphagen (z.B. M13KO7, R408) erhält man bei Promega, Stratagene oder Clontech. Sie enthalten alle Informationen, um nicht nur sich selbst zu vermehren, sondern auch die Einzelstrangvermehrung und Verpackung der Plasmid-DNA zu veranlassen.

Die Herstellung der einzelsträngigen DNA ist eigentlich ganz einfach: Man kultiviert seine plasmidhaltigen Bakterien in einem geeigneten Medium, bis sie eine OD_{600} von 0,1 erreicht haben, gibt dann Helferphagen mit einer *multiplicity of infection* (MOI) von 20 zu (auf gut deutsch: zwanzigmal mehr Phagen als Bakterien, wobei 1 OD_{600} etwa 3 x 10^8 Bakterien/ml entspricht) und inkubiert die Kultur für weitere 4 h oder über Nacht. Man erhält auf diese Weise ein Phagenlysat, das man ähnlich weiterverarbeiten kann wie ein λ-Lysat, beispielsweise mit einer Polyethylenglycolfällung (s. 2.3.5) und einer Phenol-Chloroform-Reinigung (s. 2.3.1).

2.2.7 Präparation von genomischer DNA

Genomische DNA ist extrem lang – die drei Milliarden Basenpaare, die ein Säugergenom hat, verteilen sich auf etwa zwanzig Chromosomen, das macht eine durchschnittliche Länge von 150 Millionen Basenpaaren je Chromosom (zur Erinnerung: Ein Chromosom ist **ein** DNA-Doppelstrang und besteht aus ganzen **zwei** Molekülen!). Die Schwierigkeit besteht darin, derart gigantische Moleküle aufzureinigen, ohne sie in allzu kleine Stückchen zu zerhäckseln. Mit den Standardmethoden ist das nicht ganz einfach, man kann sich daher als erfolgreich betrachten, wenn man am Ende Stücke von 200 000 Basen Länge erhält.

Genomische DNA gewinnt man üblicherweise aus Gewebe, Blutzellen oder kultivierten Zellen. Am mühseligsten ist dabei die Verwendung von Gewebe. Gut eignet sich vor allem Leber, weil viele Leberzellen polyploid sind und die DNA-Ausbeute deswegen höher ist. Allerdings sollte man darauf achten, bei der Präparation die Gallenblase zu entfernen, weil diese reich an Nucleasen ist.

Das Gewebe wird zunächst gewogen, dann in flüssigem Stickstoff tiefgefroren (Schutzbrille nicht vergessen) und in einem mit flüssigem Stickstoff vorgekühlten Mörser zu einem feinen Pulver zerkleinert. Man tut sich dabei leichter, wenn man bereits das frische Gewebe in kleine Stücke zerlegt und diese getrennt tieffriert, weil auch die schwabbeligste Leber bei -70 °C bis -196 °C steinhart wird und große Stücke häufig nur mit dem Hammer zerkleinert werden können. Auch sollte man nicht vergessen, den Stößel ebenfalls vorzukühlen. Es ist außerdem ganz hilfreich, sich aus dicker Aluminiumfolie eine Abdeckung für den Mörser zu basteln, weil die Gewebestücke sonst bei der kleinsten Gewaltanwendung munter durch die Gegend spritzen.
Das Pulver wird anschließend in Proteinase K-Puffer[21] – 1,2 ml Puffer je 100 mg Gewebe – klümpchenfrei gelöst. Man erhält auf diese Weise eine ziemlich unappetitliche, schleimige Lösung. Die Gewebebrühe wird über Nacht bei 50 °C gemischt bzw. geschüttelt, die Konsistenz ist danach etwas flüssiger. Man gibt dann ein gleiches Volumen Phenol-Chloroform-Lösung (s. 12.2) zu, mischt sorgfältig und zentrifugiert für 15 min bei 2000-5000 g. Der Überstand wird in ein neues Gefäß überführt,

21. **Proteinase K-Puffer:** 100 mM NaCl / 10 mM Tris HCl pH 8,0 / 50 mM EDTA pH 8,0 / 0,5 % SDS / 20 µg/ml RNase A / 0,1 mg/ml Proteinase K.

wobei man die Interphase vermeiden sollte, und nochmals mit Phenol-Chloroform-Lösung ausgeschüttelt, zentrifugiert und in ein neues Gefäß überführt. Man gibt 0,1 Volumen 5 M LiCl und 2 Volumen Ethanol zu und mischt vorsichtig, aber sorgfältig. Sofern im Ansatz eine ausreichende Menge an DNA vorhanden ist, wird dabei ein medusenartiges, wolkiges Objekt entstehen – das ist die ausfallende langkettige DNA, die im Laufe des Mischens zunehmend kompakter wird. Die durchsichtige, klebrige DNA-Wolke fischt man mit einer zu einer kleinen Häkelnadel zurechtgeschmolzenen Pasteurpipette heraus und wäscht sie sorgfältig in 70 % Ethanol, um Phenol- und Salzreste zu entfernen. Die Wolke wird dabei weiß und wesentlich kleiner. Anschließend entfernt man die gesamte Flüssigkeit und trocknet die DNA an der Luft. Sie wird dann in TE gelöst – ein langsamer Vorgang, dem man ein bis zwei Tage Zeit lassen sollte. Durch vorsichtige Bewegung bei Raumtemperatur oder 65 °C beschleunigt man den Prozess.

Mit kultivierten Zellen tut man sich wesentlich leichter. Nachdem sie mit PBS gewaschen und pelletiert wurden, resuspendiert man sie in einem geeigneten Volumen Proteinase K-Puffer – bei kleineren Mengen reichen 300 µl aus, bei mehr als 3×10^7 Zellen sollte man 1 ml Puffer je 10^8 Zellen rechnen. Anschließend weiterbearbeiten wie oben beschrieben.

Die Präparation von genomischer DNA aus **Blutproben** ist etwas kritischer, weil einerseits die anfallenden DNA-Mengen nicht so groß sind, andererseits Kontaminationen mit Häm auftreten können, das beispielsweise PCR-Reaktionen hemmt. Vorsicht auch bei der Wahl des Antikoagulans: EDTA und Citrat eignen sich gut, während Heparin Schwierigkeiten machen kann.
Für die Aufreinigung von DNA aus Blut existiert – vermutlich wegen des hohen Bedarfs in der klinischen Diagnose – eine ganze Reihe guter Kits (z.B. von Pharmacia, Qiagen, Promega), mit denen man sich das Leben erleichtern kann.
Bei größeren Präparationen empfiehlt sich eine vorherige Isolierung der Lymphocyten: Dazu 2 Volumen Ficoll-Paque (Pharmacia; Ficoll-Paque ist eine wässrige Lösung mit einer Dichte von 1,077 g/ml, die aus 5,7 g Ficoll 400 und 9 g Natriumdiatrizoat mit Calcium-EDTA je 100 ml besteht) in einem Zentrifugenbecher vorsichtig mit 1 Volumen Blut überschichten und für 30 min bei 250 g zentrifugieren. Die Lymphocyten sammeln sich an der Grenzschicht zwischen Blutplasma und Ficoll und können mit einer Pasteurpipette abgenommen werden, während die Erythrocyten am Becherboden sedimentieren.

Tipps: Sorgfältig durchgeführt, erhält man mit dieser Methode DNA-Fragmente von ca. 50-100 kb Länge. Wer Wert auf möglichst lange DNA-Fragmente legt, sollte nach der Phenol-Chloroform-Reinigung statt einer Ethanolfällung eine Dialyse durchführen (s. 2.3.6). Dabei wird mindestens zweimal für insgesamt wenigstens 24 h gegen ein hundertfaches Volumen TE-Lösung dialysiert.
Gefrorenes Gewebe kann bei -70 °C beliebig lang aufbewahrt werden. Man sollte allerdings daran denken, dass man das Gewebe aus dem Gefäß, in dem man es gelagert hat, auch wieder herausbekommen muss. Da das Gewebe vor dem Zermörsern nicht auftauen darf, hilft meist nur der panische Griff zum Hammer, um an das im Gefäß solide verklebte Leberstückchen heranzukommen. Am besten friert man daher die Gewebestücke einzeln in flüssigem Stickstoff ein und gibt sie erst anschließend in das (vorgekühlte) Lagergefäß. Oder man friert das Material gleich in kleinen Plastiksäckchen ein.

Methode geeignet für	große DNA-Mengen (Maxi-Präp)	kleine DNA-Mengen (Mini-Präp)	minimale DNA-Mengen (Versuchsansätze)
Phenol-Chloroform-Extraktion (2.3.1)	+	+	+
Anionenaustauschersäule (2.3.2)	+	(+)	-
Silica-Membran (2.3.3)	(+)	+	(+)
Cäsiumchlorid-Dichtegradient (2.3.4)	+	-	-
PEG-Fällung (2.3.5)	+	(+)	(PCR)
Dialyse (2.3.6)	+	(+)	(+)
magnetic beads (2.3.7)	-	(+)	+
Alkohol-Fällung (2.3.9, 2.4.1)	+	+	-
Konzentratoren (2.3.10, 2.4.2)	-	+	+
Proteinbindende Filtermembranen (2.3.8)	-	-	+
Ausschütteln mit Butanol (2.3.9, 2.4.1)	-	-	(entsalzen)
Exonuclease-Phosphatase-Verdau (2.3.10)	-	-	(PCR)

Tab. 2: DNA-Reinigungsmethoden.
Die Wahl der geeigneten Reinigungsmethode hängt sehr stark davon ab, mit welcher DNA-Menge man es zu tun hat, woher die DNA kommt (d.h. welche Verunreinigungen entfernt werden müssen) und was man anschließend damit zu tun gedenkt.

2.3 Die Reinigung von Nucleinsäuren

Die Reinigung von Nucleinsäuren ist eine der Standardtätigkeiten des arbeitsamen und erfolgreichen Experimentators. Jeder, der nicht den lieben langen Tag vor dem Computer sitzt, wird ständig etwas zu reinigen haben und häufig vor der Frage stehen, welche Methode im jeweiligen Fall die geeignete ist.

Tabelle 2 soll hier als Orientierungshilfe dienen und den Überblick erleichtern. Die Liste erhebt allerdings keinen Anspruch auf Vollständigkeit.

2.3.1 Phenol-Chloroform-Extraktion

Häufig enthalten Nucleinsäurelösungen unerwünschte Verschmutzungen, zumeist handelt es sich dabei um Proteine. Eine klassische Methode der Reinigung ist die Phenol-Chloroform-Extraktion, bei der die Nucleinsäurelösung nacheinander mit einem Volumen Phenol (pH 8,0), einem Volumen Phe-

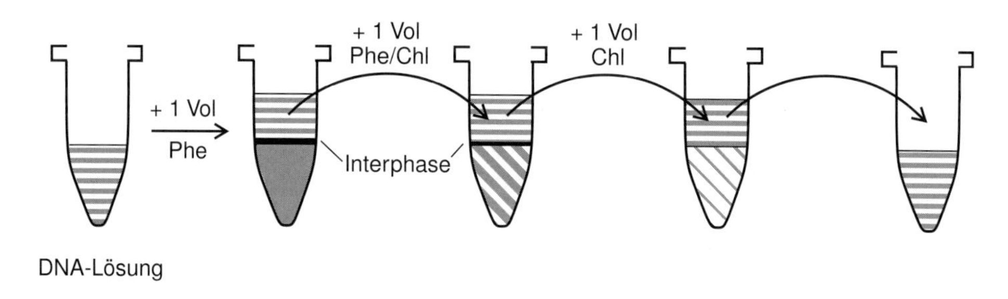

Abb. 6: Phenol-Chloroform-Extraktion.

nol-Chloroform-Isoamylalkohol-Gemisch (25:24:1, v/v) und einem Volumen Chloroform ausgeschüttelt wird (s. Abb. 6). Dazwischen wird jeweils zentrifugiert und die obere, wässrige Phase (unter Vermeidung der Interphase) in ein neues Gefäß überführt. Auf diese Weise werden die Verschmutzungen denaturiert und sammeln sich in der organischen Phase beziehungsweise an der Grenzschicht zwischen den beiden Phasen an, während die Nucleinsäuren in der wässrigen Phase bleiben. Durch eine anschließende Alkoholfällung entfernt man verbleibende Phenolreste aus der Lösung.

Statt mit einer Alkoholfällung kann man Reste von Phenol, Chloroform oder anderen organischen Lösungsmitteln auch mit **Ether** entfernen. Dazu gibt man zur DNA-Lösung ein gleiches Volumen an Diethylether, mischt die beiden Lösungen gut und zentrifugiert für wenige Sekunden, um eine vollständige Trennung der Phasen zu erhalten. Die (obere) Etherphase wird mit der Pipette entfernt, die wässrige Phase ein zweites Mal mit Ether ausgeschüttelt und danach die Etherreste für 15 min an der Luft oder, bei größeren Volumina für 15 min unter Vakuum abgedampft. Die Methode ist allerdings weniger stark verbreitet, da Ether betäubend wirkt, sehr leicht entzündlich ist und noch dazu schwerer als Luft und sich daher auf Knöchelhöhe ansammeln kann, während einem die frische Luft um die Nase streicht. Man sollte daher nur unter einem gut funktionierenden Abzug arbeiten.

Achtung: Nicht jeder Zentrifugenbecher ist resistent gegen organische Lösungsmittel wie Phenol und Chloroform. Polystyrol und Polycarbonat beispielsweise, zwei wegen ihrer Durchsichtigkeit beliebte Materialien, lösen sich (bösartigerweise relativ langsam) auf und brechen dann während der Zentrifugation. Das Beseitigen des stinkenden, ätzenden Drecks aus Rotor und Zentrifuge gehört zu den nachhaltigsten Eindrücken im Leben eines Experimentators.

Tipps: Das Protokoll lässt sich vereinfachen, indem man den ersten Schritt, die Reinigung mit Phenol, wegfallen lässt. Auch der **Isoamylalkohol** ist erlässlich, eine 1:1 Phenol-Chloroform-Mischung tut den gleichen Dienst.
Obwohl sich die Verschmutzungen in der Interphase ansammeln und dort häufig gut sichtbar sind, ist es meist mühsam, die wässrige Phase abzupipettieren, ohne diesen Schmutz mitzunehmen. Häufig sind die Verluste dabei relativ groß. Eppendorf bietet für diesen Zweck ein interessantes Produkt namens Phase Lock Gel™ an, ein zähes Gel, bereits in Tubes verschiedener Größen vorpipettiert, das weder mit der phenolischen noch mit der wässrigen Phase reagiert und nach der Zentrifugation eine dicke, stabile Schicht zwischen den beiden Phasen bildet, die einem ein leichtes Abpipettieren ermöglicht. Wem das zu teuer ist und wer ein wenig Experimentieren nicht scheut, der kann allerdings auch Silikonvakuumfett für Zentrifugen verwenden. Die richtige Menge muss man durch Ausprobieren ermitteln.

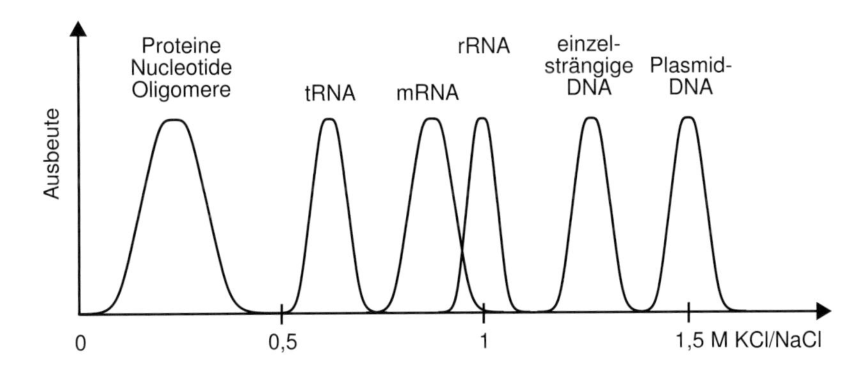

Abb. 7: Typisches Elutionsmuster einer kommerziellen Anionenaustauschersäule bei pH 7,0. Die Reinigung von DNA über Anionenaustauschersäulen ist relativ einfach aufgrund der hohen Bindungsstärke der DNA an die Säulenmatrix. Aber auch andere Nucleinsäuren lassen sich damit trennen, wenn Wasch- und Elutionspuffer eine geeignete Ionenstärke besitzen. Das Elutionsmuster ist übrigens pH-abhängig, daher liegt der pH des Elutionspuffers üblicherweise im Bereich von 8,5 , um die Salzkonzentration möglichst niedrig zu halten. (nach Qiagen)

Gefahrenhinweis: Phenol ist ätzend und ziemlich giftig. Bei Hautkontakt kommt es neben den Verbrennungen der Haut auch zur Aufnahme von Phenol, die zu Schädigungen von Nervensystem, Leber und Nieren und bei größeren Mengen sogar zum Tod führen kann. Phenoldämpfe führen zu Reizungen der Augen und der Atemwege, zu Übelkeit, Erbrechen und Schlimmerem. Beim Umgang mit Phenol ist daher größte Vorsicht und die Beachtung der Sicherheitsrichtlinien (Handschuhe, Schutzbrille, Abzug usw.) dringend geboten. Bei Hautkontakt gut mit Wasser und Seife abwaschen, bei Spritzern ins Auge intensiv mit Wasser auswaschen und anschließend einen Arzt aufsuchen. Die früher übliche Praxis, sich aus festem Phenol durch stundenlanges Äquilibrieren mit Tris-Base-Lösung selbst Phenollösungen anzufertigen, ist angesichts des Gefahrenpotentials unsinnig, bei nicht sachgemäßer Entsorgung der dabei anfallenden Abfälle kriminell und angesichts der Zeit, die der Vorgang in Anspruch nimmt, unwirtschaftlich. Tun Sie sich und Ihrer Umwelt etwas Gutes und kaufen Sie fertige Phenollösungen, auch wenn sie (auf dem Papier) etwas teurer sind.

Vorteil: Billig und erprobt, funktioniert zuverlässig. Keine Probleme mit begrenzten Bindungskapazitäten, wie man sie mit Säulchen hat.
Nachteil: Stinkt, ätzt, gesundheitsgefährdend. Organische Lösungsmittel müssen aufwendig entsorgt werden. Die Phenol-Chloroform-Extraktion wird daher nur noch selten eingesetzt.

2.3.2 Anionenaustauschersäulen

Wegen des dabei anfallenden Sondermülls hat man in den letzten Jahren sowohl die Phenol-Chloroform-Reinigung für kleine Ansätze als auch die Cäsiumchloridgradientenzentrifugation für die Reinigung von Plasmid-DNA-Maxipräparationen zunehmend durch schnellere, sauberere und nicht zuletzt für die Industrie gewinnbringendere Reinigungsmethoden ersetzt. Prinzipiell kann man zwei Methoden unterscheiden: Anionenaustauscher und Glasmilch (siehe unten).

Anionenaustauscher bestehen aus einer Matrix, beispielsweise Cellulose oder Dextran, die positiv geladene Gruppen besitzt. Das Rückgrat der Nucleinsäuren dagegen enthält Phosphatgruppen, die oberhalb von pH 2 negativ geladen sind. Aus diesem Grund binden Nucleinsäuren hervorragend an Anionenaustauscher. Da die Stärke der Bindung für DNA, RNA und Proteine unterschiedlich ist und außerdem vom pH und der Ionenstärke des Puffers abhängen, eignet sich die Methode sehr gut zum Aufreinigen selbst sehr kruder DNA-Präparationen.
Prinzipiell wird die DNA-Präparation auf eine gewisse Salzkonzentration gebracht und dann auf die Anionenaustauscher-Säule gegeben. Die stark geladenen Nucleinsäuren binden an das Säulenmaterial, während die weit weniger stark negativ geladenen Proteine unter diesen Bedingungen durchlaufen. Mit einem Puffer höherer Ionenstärke wird anschließend die RNA von der Säule gewaschen und schließlich die DNA mit einem Puffer noch höherer Ionenstärke oder von niedrigerem pH eluiert. Um das Salz loszuwerden, fällt man anschließend die DNA mit Alkohol (Isopropanol oder Ethanol) aus. Die Zusammensetzung der Puffer unterscheidet sich je nach Säulenmaterial etwas, so dass man sich an die Angaben der Säulenhersteller halten sollte. Meist muss man die Puffer sowieso kaufen, weil die Hersteller die Zusammensetzung nicht verraten; Macherey-Nagel gehört hier zu den rühmlichen Ausnahmen, auch Qiagen macht in den letzten Jahren weniger Geheimnisse darum.

Probleme: Leider hat auch die DNA-Aufreinigung mittels "Säulen" gelegentlich etwas Mystisches. Sie funktioniert meistens, aber eben nicht immer. Daher nicht verzagen, wenn der Labornachbar verkündet, er habe "noch nie Probleme damit gehabt". Die wahrscheinlichste Ursache des Problems liegt darin, dass in der Ausgangslösung, zumeist ein Bakterienlysat, keine DNA enthalten ist. Dies überprüft man am besten, indem man ein Aliquot der Ausgangslösung mit Ethanol fällt und das Pellet nach einem Verdau mit DNase-freier RNase[22] (sonst wird man später nur einen großen RNA-Fleck sehen) auf ein Agarose-Gel aufträgt. Die zweite Möglichkeit ist der klassische "Viel hilft viel"-Fehler. Anionenaustauscher haben nur eine bestimmte Bindungskapazität. Gibt man zu große Mengen Bakterienlysat auf die Säule, so kann Nicht-DNA (vor allem bakterielle RNA, die ca. 90 % der Nucleinsäuren im Lysat ausmacht) die Bindungsstellen absättigen und so die DNA-Ausbeute senken. Eine dritte Möglichkeit wäre, dass die Puffer nicht ganz in Ordnung sind. Ist beispielsweise die Ionenkonzentration des Waschpuffers zu hoch, so wird die DNA bereits beim Waschschritt eluiert, die Ausbeute sinkt. (Dies kann übrigens auch mit den herstellereigenen Puffern passieren, wie ich aus eigener Erfahrung weiß, daher: Keinen falschen Respekt vor Kits.)

Tipps: Auch wenn es die Hersteller nicht gerne verraten: Ionenaustauscher-Säulen können mehrfach verwendet werden. Daher am besten Säulen von Herstellern beziehen, die die Zusammensetzung ihrer Puffer verraten, damit diese nicht zum limitierenden Faktor werden. Man sollte dabei allerdings bedenken, dass die Elution der DNA nie vollständig ist und man dadurch DNA-Kontaminationen von früheren Aufreinigungen erhält. Am besten verwendet man eine Säule immer nur für die Aufreinigung einer bestimmten DNA. Autoklavieren der Säulen ist weniger empfehlenswert, da sowohl das Säulenmaterial als auch die Plastikteile darunter leiden – und DNA durch Autoklavieren zwar zerbröselt, aber nicht völlig zerstört wird.
Leider wurde die Kapazität der Säulen in den letzten Jahren offenbar gesenkt – konnte man früher aus einer "Maxipräp"-Säule über 800 µg Plasmid-DNA gewinnen, tut man sich heute häufig schwer, die nominellen 500 µg zu erreichen. Auch hier kann man sich damit behelfen, dass man das Bakterienly-

22. siehe 12.2.

sat nach der Passage über die Säule auffängt und nach der Elution ein zweites Mal aufträgt. Die Ausbeute lässt sich so mit wenig Aufwand um 60-70 % erhöhen.

2.3.3 Glasmilch / Silica-Membranen

Glasmilch (ursprünglich eine milchig wirkende Suspension von kleinen Glaskügelchen, daher der Name) ist eine ganz andere Art von Anionenaustauscher. Silikate (um nichts anderes handelt es sich nämlich bei Glas) binden in der Gegenwart hoher Konzentrationen chaotroper Salze spezifisch DNA, die nach dem Waschen problemlos mit H_2O oder TE-Puffer (s. 12.2) eluiert und direkt weiterverwendet werden kann.
Obwohl diese Methode vor allem zur Aufreinigung kleiner DNA-Mengen aus Agarosegelen verwendet wird und deshalb dort ausführlicher beschrieben ist (s. 3.2.2), eignet sie sich auch für die Reinigung von DNA aus Lösungen. Viele Kits zur Präparation von Plasmid-DNA im kleinen Maßstab, zur Reinigung von PCR-Ansätzen oder zur Entfernung von Enzymen aus Reaktionsansätzen funktionieren mittlerweile nach diesem Prinzip. Der einfacheren Handhabung wegen werden dabei kaum noch Glaskügelchen verwendet, sondern Silikat-Membranen.

Tipp: Auch Silikat-Säulchen lassen sich hervorragend wiederverwenden. Das Problem ist das gleiche wie bei Anionenaustauscher-Säulen – fünf bis zehn Prozent der DNA bleiben an die Matrix gebunden und kontaminieren spätere Präparationen. Neuerdings bietet AppliChem unter dem Namen MaxXbond ein **Regenerationssystem für DNA-Bindungssäulen** an, das angeblich diese DNA-Reste vollständig entfernt. Einem totalen Recycling der Säulchen stünde damit nichts mehr im Weg.
Eine andere Form des "missbräuchlichen Recyclings" von Minipräp-Säulchen ist dieses ungewöhnliches Maxipräp-Protokoll, das ich hiermit auf den Namen **Mini-Maxi-Präp** taufe, die Kombination einer Maxipräp mit der Pökel-DNA-Methode (s. 6.6). Benötigt wird dafür ein handelsübliches Plasmid-Minipräp-Kit mit Silikatmembran-Säulchen. Von einer Übernachtkultur (50 ml TB-Kultur oder 200 ml LB-Kultur) eine Alkalische Lyse (s. 2.2.3) durchführen (mit 5 ml Lsg. I, 10 ml Lsg. II, 7,5 ml Lsg. III). Den klaren Überstand mit 15 ml Isopropanol mischen und zentrifugieren. Den Überstand komplett entfernen und das Pellet in ca 300 µl TE-Puffer lösen (das Endvolumen sollte unter 500 µl liegen). Alles in ein 2 ml Gefäß überführen, 5 µl DNase-freie RNase zugeben und 30 min bei RT inkubieren[23]. 3 Volumen Guanidiumthiocyanat (6 M) zugeben[24] und mischen. Diese Lösung enthält große Mengen Plasmid-DNA und kleine RNA-Fragmente in chaotropem Salz und ist über lange Zeiträume bei Raumtemperatur lagerbar. Bei Bedarf ein Aliquot (ca. 100-200 µl) auf ein Silikatmembran-Säulchen geben und die DNA gemäß Herstellerangaben reinigen. Das Säulchen kann beliebig wiederverwendet werden, enthält aber noch Reste der Plasmid-DNA, daher nach Gebrauch am besten beschriften und bis zur nächsten Plasmid-Reinigung zur DNA-Lösung stellen. Übrigens: Sollte der betreffende Klon einmal verloren gehen, kann das Säulchen mit 20 µl TE-Puffer nochmals eluiert werden; das so gewonnene Material reicht problemlos aus, um eine oder mehrere Transformationen damit durchzuführen.

---

23. Dieser Schritt ist sehr wichtig. Eventuell bei den ersten Versuchen je ein Aliquot vor und nach RNase-Verdau auf ein Gel auftragen und kontrollieren, dass die RNA weitgehend verdaut ist. Unverdaute RNA bindet später an die Silicamembran und wird mit der DNA zusammen aufgereinigt.
24. Oft enthalten die Kits eine Extra-Lösung mit chaotropem Salz für zusätzliche Reinigungsschritte – man erkennt sie allerdings gelegentlich nur am Gefahrenhinweis auf der Flasche, weil die Hersteller die Zusammensetzung ihrer Lösungen nicht preisgeben. Wenn vorhanden, diese verwenden.

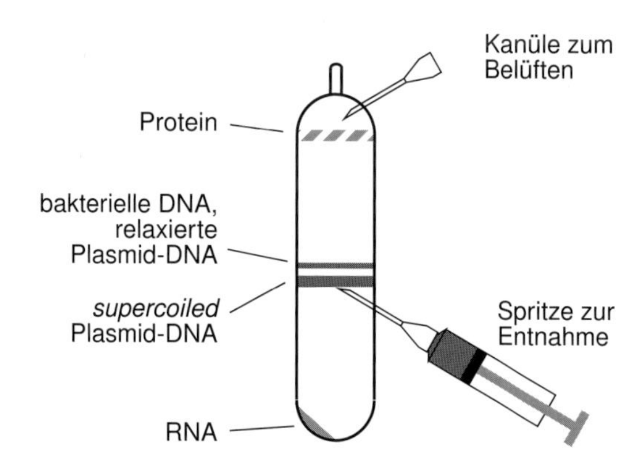

Abb. 8: Kontinuierlicher CsCl-Dichtegradient.

2.3.4 Cäsiumchlorid-Dichtegradient

Die klassische, wenngleich mittlerweile stark aus der Mode gekommene Methode zur Reinigung großer Mengen von DNA ist die Cäsiumchlorid-Dichtegradienten-Zentrifugation. Cäsiumchlorid (CsCl) hat eine bemerkenswerte Eigenschaft: Zentrifugiert man eine CsCl-Lösung lange genug bei ausreichend hoher Geschwindigkeit, so stellt sich am Boden des Zentrifugationsröhrchens eine höhere Konzentration des schweren Salzes ein, während die Konzentration nach oben hin abnimmt, man erhält dadurch einen kontinuierlichen Dichtegradienten. Da sich Proteine, RNA und DNA in ihrer Dichte unterscheiden, kann man diesen Gradienten zur DNA-Reinigung nutzen (s. Abb. 8).
Damit nicht genug: Man kann sogar Plasmid-DNA von bakterieller DNA trennen – indem man **Ethidiumbromid** hinzugibt. Ethidiumbromid interkaliert zwischen den Basen der DNA und verwandelt diese in einen DNA-Ethidiumbromid-Komplex, der eine geringere Dichte als DNA besitzt. Plasmid-DNA steht, als zirkuläre DNA mit zusätzlichen Windungen (*supercoiled DNA*), regelrecht unter Spannung und kann dadurch weniger Ethidiumbromid einbauen. Die Dichte der Plasmid-DNA ist dadurch höher als die von linearisierter DNA und die beiden DNA-Typen können in einem CsCl-Dichtegradienten voneinander getrennt werden – im UV-Licht liegt dann die Bande mit der bakteriellen DNA knapp über der Plasmid-DNA-Bande.
CsCl-Dichtegradienten werden auch zur Reinigung genomischer DNA aus Bakterien oder Pflanzen von Proteinen, RNA und anderen Kontaminationen verwendet, man sieht dann allerdings nur eine DNA-Bande.

Tipp: Keinesfalls vergessen, bei **Raumtemperatur** zu zentrifugieren! Cäsiumchlorid fällt bei niedrigen Temperaturen leicht aus, was angesichts der hohen Zentrifugationsgeschwindigkeiten schnell zum Ultrazentrifugen-GAU führen kann. Der Sicherheitsbeauftragte Ihres Instituts kann Ihnen vermutlich nette Bilder dazu zeigen.

Vorteil: Man sieht, mit wieviel DNA man es zu tun hat. Die DNA ist sehr sauber und man kann fast beliebig große Mengen aufreinigen (keine Kapazitätsgrenzen wie bei Säulen). Einzige Methode, bei

der auf *supercoiled* Plasmid-DNA selektiert wird, welche sich besser für Transfektionen von eukaryontischen Zellen eignet als relaxierte Plasmid-DNA. Die DNA enthält garantiert keine RNA (was bei anderen Methoden nicht sichergestellt ist).
Nachteile: Die Zentrifugation dauert lange (über 14 h bei 350 000 g) und ist arbeitsintensiv. Außerdem ist Ethidiumbromid als Mutagen verschrien, das bedeutet: Handschuhe (aus Nitril), Sicherheitskleidung, Sonderabfall. Ganz abgesehen davon, dass man nur mit einiger Erfahrung und Sorgfalt vermeiden kann, das halbe Labor zu verkleckern. Wer kann, greift daher lieber auf Anionenaustauschersäulen zurück.

2.3.5 Fällung mit PEG

Eine wenig giftige Methode der Reinigung ist die Fällung von DNA mit **Polyethylenglycol (PEG)**. Leider ist die PEG-Fällung selbst zu ihren Hoch-Zeiten ziemlich unterschätzt worden und mittlerweile eher aus der Mode gekommen – zu unrecht, wie ich meine.

Klassischerweise werden PEG-Fällungen häufig im Zusammenhang mit **Phagen-DNA-Präparationen** verwendet (allerdings werden dann nicht die DNA, sondern die Phagen ausgefällt), doch finden sich auch Protokolle, um auf diese Weise **PCR-Produkte** von überschüssigen Primern und Nucleotiden zu reinigen. Hier ein Beispiel:
50 µl PCR-Ansatz und 50 µl PEG-Lösung (20 % PEG 8000, 2,5 M NaCl) mischen, für 15 min bei 37 °C inkubieren, dann bei Raumtemperatur zentrifugieren (15 min, 15 000 rpm), Überstand entfernen, zweimal mit 125 µl kaltem EtOH (80 %) waschen und kurz zentrifugieren, das Pellet trocknen und anschließend in 25 µl TE lösen. Derart gereinigte PCR-Produkte werden gern für Sequenzierungen eingesetzt.
Aber auch für die **Plasmid-DNA-Minipräp** finden sich Protokolle: Alkalische Lyse (s. 2.2.3) mit 1,5-3 ml Bakterienkultur[25] durchführen. Nucleinsäuren aus dem Lysat fällen durch Zugabe von 2 Volumen EtOH, mischen, zentrifugieren (2 min, 13 000 rpm, RT), Pellet mit 70 % EtOH waschen und lufttrocknen, in 50 µl TE-Puffer lösen. DNase-freie RNase zugeben und 30 min bei 37 °C inkubieren. Zentrifugieren (10 min, 13 000 rpm, 4 °C), Überstand in einen neuen Tube überführen und 1 Volumen PEG-Lösung (13 % PEG, 1,6 M NaCl) zugeben, mischen. 1 h auf Eis inkubieren, dann zentrifugieren (15 min, 13 000 rpm, 4 °C). Pellet mit 70 % EtOH waschen, lufttrocknen und in TE-Puffer lösen.

Durch diese Protokolle neugierig geworden, habe ich mich ein wenig genauer mit der Methode auseinandergesetzt und war erstaunt.
So wird die Dauer der Inkubation der DNA mit PEG oft als sehr wichtig angesehen. Allgemein wird behauptet, dass eine einstündige Inkubation nur 50 % Ausbeute liefere, während eine vollständige Fällung der DNA eine Übernacht-Inkubation erfordere. In eigenen Tests[26] konnte ich das nicht bestätigen; bei Plasmid-DNA-Minipräps lieferten Inkubationen zwischen 15 min und 4 h weitgehend gleiche Ausbeuten, während die Ergebnisse bei Übernacht-Inkubationen eher schlechter waren. Die PEG-Fällung ist also erheblich schneller als ihr Ruf.
In einem klitzekleinen Artikel gehen Hartley und Bowen (1996) sogar noch weiter, verzichten ganz auf eine Inkubation[27] und kommen trotzdem auf eine geschätzte Ausbeute von 75 %. Viel interessan-

25. Die Ausbeute lässt sich deutlich steigern, wenn man die Bakterien nicht in LB, sondern reichhaltigeren Medien wie z.B. TB züchtet (s. 2.2.1).
26. Plasmid-DNA wurde mit NaCl (0,8 M final) und PEG-8000 (6,5 % final) gefällt.
27. 10 % $MgCl_2$ (Endkonz.) und 6,7-10 % PEG-8000 (Endkonz.), Zentrifugation für 10 min bei Raumtemperatur.

ter ist allerdings, dass die Autoren zeigen, dass die PEG-Fällung einen größenselektiven Effekt aufweist. Während mit 10 % PEG nur Fragmente ab 200 bp Länge gefällt werden, liegt die Untergrenze für 8,3 % PEG schon bei ca. 300 bp Länge und für 6,7 % PEG bei ca. 650 bp. Mit 5 % PEG und weniger lassen sich gar keine Nucleinsäuren mehr fällen.
Eigene Versuche haben dies bestätigt; so sind Plasmid-DNA-Präparationen mit PEG-Fällung praktisch RNA-frei, wenn bei der Alkalischen Lyse RNase A zugegeben wird.

Vorteil: Die Methode ist robust und billig.
Nachteil: Es gibt schnellere Methoden.

Tipp: Polyethylenglycol ist ein Polymer, das in den unterschiedlichsten Molmassen angeboten wird. Für molekularbiologische Zwecke eignet sich PEG-6000 und PEG-8000, kleinere PEGs (z.B. PEG-1000) dagegen nicht.

Literatur:
Hartley JL, Bowen H (1996) PEG precipitation for selective removal of small DNA fragments. Focus J. 18, 27

2.3.6 Dialyse

Es gibt auch noch die Möglichkeit, DNA zu dialysieren. Diese Methode eignet sich vor allem dazu, kleine Moleküle schonend loszuwerden, beispielsweise Salze und Phenolreste bei der Präparation von genomischer DNA.

Dialyseschläuche werden trocken und am laufenden Meter geliefert und müssen erst vorgequollen und gewaschen werden. Die schnellste Variante besteht darin, ein Stück Schlauch für zehn Minuten in H_2O zu kochen. Der Schlauch wird danach am unteren Ende abgeklemmt, die DNA-Lösung hineinpipettiert und schließlich das obere Ende abgeklemmt. Man hängt dann den gefüllten Schlauch in 1 l TE-Puffer und dialysiert bei 4 °C für 2-16 h, je nach Volumen der DNA-Lösung. Der Puffer wird währenddessen gerührt, bei größeren DNA-Volumina sollte man alle paar Stunden den Puffer wechseln. Man sollte bei allen Arbeitsschritten Handschuhe verwenden, um Kontaminationen mit Nucleasen zu vermeiden.

Vorteil: Die schonendste Methode, Verunreinigungen durch kleine Moleküle loszuwerden.
Nachteil: Dauert gnadenlos lange. Für kleine Volumina kaum geeignet, weil man ziemlich viel Material im Schlauch verliert.

Tipp: Für kleine Volumina ist mittlerweile die Mikrodialyse gebräuchlich. Viele Hersteller bieten verschiedenste Systeme mit unterschiedlichen Ausschlussgrößen für Volumina von 10 bis 5000 µl an, bei denen der Materialverlust entsprechend gering ist. Man kann sich aber auch selbst behelfen. Ein flottes kleines Protokoll lautet: 25 ml H_2O oder Puffer in eine Petrischale füllen und eine Dialysefiltermembran mit 0,025 µm Porengröße (gibt es z.B. bei Millipore in verschiedenen Durchmessern) auf die Oberfläche der Flüssigkeit legen. 5-100 µl DNA-Lösung auf den Filter pipettieren und nach ca. 30 min wieder abnehmen.

2.3.7 Magnetic Beads

Magnetische Kügelchen (neudeutsch *magnetic beads*) sind eigentlich keine eigene Methode zur Reinigung von Nucleinsäuren, sondern eine technische Spielerei, die nur deshalb erwähnenswert ist, weil sie für die Automatisierung von Labormethoden von großer Bedeutung ist. Es handelt sich dabei um kleine paramagnetische Kügelchen, die mit verschiedensten Materialien beschichtet werden, welche ihnen die gewünschten Eigenschaften vermitteln. Für die Automatisierung eignet sich die Technik so gut, weil sich die Kügelchen prinzipiell im Versuchsansatz frei bewegen können, was wichtig für Bindungs- und Waschschritte ist. Führt man jedoch einen Magneten an das Reaktionsgefäß, z.B. seitlich an ein Eppendorf-Gefäß, kleben die Kügelchen fest an der Wand und die Flüssigkeit im Gefäß kann vollständig entfernt werden, ohne dabei Kügelchen mitzupipettieren. Auf diese Weise kann auch ein Roboter zahlreiche Inkubations- und Waschschritte nacheinander ohne nennenswerten Materialverlust durchführen.
Besonders im Bereich der Proteinreinigung lässt sich diese Technik gut nutzen, weil dort die Affinitätschromatographie eine etablierte Methode ist, man denke nur an die Aufreinigung von Proteinen mit His-tag mittels Nickel-Chelat-Säulen; dies lässt sich mit in der Variante mit magnetischen Agarosekügelchen sehr gut im kleinen Maßstab durchführen. Auch im Nucleinsäure-Bereich findet die Technik schon länger Verwendung, z.B. zur Reinigung von Biotin-markierten cDNAs mittels Streptavidin-gekoppelten Kügelchen.
Aber auch die Aufreinigung von DNAs unterschiedlichster Provenienz lässt sich damit durchführen. Roche verwendet beispielsweise glasbeschichtete Kügelchen, um so DNA-Reinigungen nach dem Glasmilch-Prinzip durchzuführen, und bietet unter der Bezeichnung MagNA Pure gleich ein ganzes System zur automatisierten Nucleinsäure-Aufreinigung an, das auch noch mit deren Real-Time PCR System kombiniert werden kann.
Invitrogen bietet unter der Bezeichnung **ChargeSwitch® Technology** (CST) Kügelchen an, die ihre Ladung in Abhängigkeit vom pH ändern. Bei niedrigem pH sind die Kügelchen positiv geladen, was die Bindung der DNA und die Waschschritte ermöglicht, während ab pH 8,5 das Material seine Ladung verliert und die DNA eluiert werden kann. Wie bei der Glasmilch-Methode kann die eluierte DNA direkt weiterverwendet werden.

Tipp: Auch wenn die modernen Silica-Matrix-Kits im normalen Laborbetrieb ein wenig einfacher in der Handhabung sein dürften, besitzen die magnetischen Kügelchen einen nicht zu unterschätzenden Vorteil, der seit dem Ende der guten alten Glasmilch verlorengegangen schien – die Möglichkeit, die eingesetzen Mengen an Matrix zu reduzieren! Wenn man geringe Mengen an Material aufreinigen möchte, ist eines der größten Probleme der mitunter erhebliche Verlust an DNA, weil ein Teil des Materials immer an der Matrix gebunden bleibt. Dieser Verlust lässt sich minimieren, indem man weniger Kügelchen einsetzt.

2.3.8 Proteinbindende Filtermembranen

Wer seine DNA mit irgendeinem Enzym traktiert hat und nach erfolgreicher Inkubation eigentlich nur das Enzym wieder aus dem Reaktionsansatz entfernen möchte, für den gibt es jetzt eine interessante Alternative zur üblichen Phenol-Chloroform-Extraktion. Es handelt sich gewissermaßen um ein Nebenprodukt aus der Welt der Filtermembranen, nämlich um eine Membran mit hoher Affinität zu Proteinen, die nur wenig DNA bindet (Micropure-EZ von Amicon). Speziell hitzestabile Enzyme, die sich nur schwer inaktivieren lassen (z.B. Restriktionsenzyme, Polymerasen oder Phosphatasen), kann man auf diese Weise sehr schnell und ohne großen Arbeitsaufwand loswerden.

2.3.9 Alkohol-Fällung

Die Alkohol-Fällung ist *die* klassische Methode zum Konzentrieren von DNA und deswegen ausführlich in Abschnitt 2.4.1 beschrieben. Ein Nebeneffekt, an den nur wenige denken, ist, dass viele Substanzen, an denen man nicht interessiert ist, in der Gegenwart von Alkohol deutlich schlechter präzipitieren als DNA, weshalb sich die Alkohol-Fällung nicht nur zum *Konzentrieren*, sondern auch gut zum *Reinigen* von Nucleinsäuren eignet.
Mittels Flüssigchromatographie lässt sich das übrigens herrlich zeigen: Belädt man eine Anionentauschersäule mit dem Überstand einer Alkalischen Lyse und eluiert anschließend mit einem Salzgradienten, lassen sich bei 260 nm ungeheure Mengen an Verunreinigungen nachweisen. Fällt man das Lysat mit EtOH oder Isopropanol und wiederholt den Versuch, bleiben nur noch die Peaks von RNA und DNA übrig.
Auch der Praxistest zeigt: Plasmid-DNA-Minipräps, die man nach der Alkalischen Lyse mit Alkohol fällt, liefern bereits erstaunlich saubere DNA, die sich hervorragend mittels Restriktionsverdau analysieren lässt und so arm an Nucleasen ist, dass sie bei 4 °C problemlos einen Tag und länger gelagert werden kann[28].
Das **Entsalzen** einer DNA-Lösung durch **Ausschütteln mit Butanol** ist gewissermaßen ein Spezialfall der Alkohol-Fällung und unter 2.4.1 genauer beschrieben.

2.3.10 Konzentratoren

Konzentratoren werden, wie bereits der Name vermuten lässt, primär zur Erhöhung der DNA-Konzentration in Lösungen eingesetzt. Es handelt sich um Membranen mit so geringer Porengröße, dass niedermolekulare Substanzen passieren können, während große Moleküle wie DNA zurückgehalten werden. Dies lässt sich auch zum **Entfernen kleinmolekularer Verunreinigungen** (z.B. Nucleotide und Primer in PCR-Ansätzen) und zum **Entsalzen** von DNA-Lösungen nutzen: Erhöht man das Volumen der DNA-Lösung auf das Zehnfache und reduziert es anschließend wieder auf ein Zehntel, sind Volumen und DNA-Menge unverändert, während die Konzentration an niedermolekularen Substanzen auf ein Zehntel reduziert wurde.
Mehr zu Konzentratoren finden Sie im Abschnitt 2.4.2.

2.3.11 Exonuclease-Phosphatase-Verdau

Richtig, im strengen Sinne handelt es sich bei dieser Methode nicht um eine Reinigung. Diese Methode befreit PCR-Ansätze von den großen Mengen an Primern und Nucleotiden, die sich nach der PCR noch im Ansatz finden. Die sind meist kein Problem, außer man versucht, PCR-Produkte direkt zu sequenzieren. Dann konkurrieren die PCR-Primer nämlich mit den Sequenzierprimern und die PCR-Nucleotide verfälschen die Nucleotidkonzentrationen, die man für die Sequenzierung benötigt. Die Konsequenz sind schlechtere Sequenzen.

28. Wir haben es zum Spaß ausprobiert und diverse Plasmid-DNA-Präps, die wir durch EtOH- bzw. Isoprop-Fällung aus einem Alkalischen Lysat gewonnen haben, einem Härtetest unterzogen. Mit erstaunlichem Ergebnis: Weder nach Inkubation für 1 h bei 37 °C noch nach Übernacht-Inkubation bei Raumtemperatur ließ sich irgendein Abbau der Plasmid-DNA nachweisen!

Der Ansatz, das Problem zu lösen, ist denkbar einfach (Werle et al. 1994): Man gibt zum PCR-Ansatz etwas **Exonuclease I**, die einzelsträngige DNA wie Primer verdaut, und etwas ***shrimp alkaline phosphatase*** (SAP), mit der die verbliebenen dNTPs hydrolysiert werden. Beide Enzyme sind hitzeempfindlich und können nach erfolgreicher Arbeit durch eine Inkubation von 15 min bei 80 °C inaktiviert werden, um die folgende Sequenzierreaktion, bei der ja ebenfalls Primer und Nucleotide zum Einsatz kommen, nicht zu beeinträchtigen.
Die Enzymkombination kann man mittlerweile als Kit bei USB kaufen (ExoSAP-IT™).

Vorteil: Geringer Arbeitsaufwand, kein Materialverlust. Vor allem bei kürzeren PCR-Produkten interessant, weil hier der Verlust bei einer Säulchen-Reinigung recht groß sein kann.

Literatur:

Werle E et al. (1994) Convenient single-step, one tube purification of PCR products for direct sequencing. Nucl. Acids Res. 22, 4354-4355

2.4 Konzentrieren von Nucleinsäuren

Ein Charakteristikum von DNA ist, dass sie meist in der falschen Konzentration vorliegt. Kein Problem, wenn die Konzentration zu hoch ist, ein großes Problem dagegen, wenn das Gegenteil der Fall ist, und das tritt praktisch immer dann ein, wenn man DNA aufreinigt. Ein weiteres typisches Problem ist, dass die DNA-Lösung hohe Konzentrationen an Salz enthält oder ein Salz, das bei der späteren Verwendung stört. Die beliebteste Lösung ist in beiden Fällen die Alkoholfällung, sie taucht beispielsweise in fast jedem Protokoll zur DNA-Präparation auf. Erstaunlich ist dabei vor allem die Zahl der Varianten, die man dort findet.
Alternativ dazu kann man Nucleinsäuren auch mit kommerziellen Konzentratoren entsalzen und/oder konzentrieren bzw. durch Aussalzen fällen oder in der Speedvac (das ist eine Vakuumzentrifuge, s. 2.4.3) einengen. DNA kann auch mit Polyethylenglykol (PEG) gefällt werden (s. 2.3.5), allerdings ist das wegen der schlechten Ausbeute nur für die Reinigung großer DNA-Mengen interessant.

2.4.1 Alkohol-Fällung

Das Prinzip der Alkohol-Fällung ist einfach: Man versetzt eine Nucleinsäure-Lösung mit einem monovalenten, d.h. einfach geladenen Salz und gibt Alkohol dazu (die Frage, wie das funktioniert, ist dagegen nur schwer zu erklären und bringt einen in der Praxis nicht viel weiter). Die Nucleinsäure fällt, wenn man gut gemischt hat, praktisch spontan aus und muss nur noch durch Zentrifugation pelletiert und durch Waschen mit 70 % Ethanol von Salz- und Alkoholresten gereinigt werden. Ein angenehmer Nebeneffekt der Methode ist, dass neben dem Salz auch viele andere kleine, wasserlösliche Substanzen im Überstand gelöst bleiben, so dass man einen gewissen Reinigungseffekt erzielt.
Weil's so einfach ist, existieren dementsprechend viele Varianten für diese Methode. Da wären:

Die Salze

- **Natriumacetat** ist das Standardsalz des Experimentators. Die Konzentration in der DNA-Lösung ("Endkonzentration"), d.h. vor Zugabe des Alkohols, sollte 0,3 M betragen. Man verwendet dazu eine 3 M NaAcetat-Lösung mit pH 4,8-5,2.

- **Natriumchlorid** (Endkonzentration 0,2 M) wird verwendet, wenn die DNA-Lösung SDS enthält, weil dieses in 70 % Ethanol löslich bleibt und so mit dem Überstand verschwindet.
- **Ammoniumacetat** (Endkonzentration 2-2,5 M) wird verwendet, wenn die Lösung Nucleotide (dNTPs) oder Oligonucleotide (bis 30 Basen Länge) enthält, die nicht kopräzipitieren sollen. Es sollte nicht verwendet werden, wenn die DNA anschließend phosphoryliert wird, weil die T4 Polynucleotid-Kinase durch Ammonium-Ionen gehemmt wird.
- **Lithiumchlorid** (Endkonzentration 0,8 M) ist gut löslich in Ethanol, so dass die gefällte Nucleinsäure weniger Salz enthält. Nicht zu verwenden für RNA, die für zellfreie Translation oder reverse Transkription verwendet werden soll, weil Chloridionen die Initiation der Proteinsynthese in den meisten zellfreien Systemen und auch die Aktivität von RNA-abhängigen DNA-Polymerasen inhibieren. LiCl (ohne EtOH) kann auch zur Fällung großer RNAs verwendet werden (siehe unten).
- **Kaliumchlorid** funktioniert ebenfalls, fällt allerdings in Gegenwart von Isopropanol in großen Mengen aus.
- **Kaliumacetat** wird gerne bei der Plasmid-DNA-Präparation mittels Alkalischer Lyse benutzt, weil Kalium mit dem dort verwendeten Natriumdodecylsulfat (SDS) ein fast unlösliches Präzipitat bildet und man auf diese Weise das SDS auf elegante Weise fast quantitativ los wird.

Die Alkohole

- Als Standardalkohol für Fällungen wird **Ethanol** (EtOH) verwendet. Das EtOH kann anschließend leicht entfernt werden, weil es rasch verdampft. Für die Fällung benötigt man allerdings eine recht hohe Konzentration von ca. 70 Volumen-% (das entspricht dem 2,5fachen Volumen der zu fällenden DNA-Lösung). Das bereitet häufig Probleme bei der Zentrifugation, weil man einen entsprechend großen Zentrifugenbecher benötigt. Ein weiteres Problem sind die hohen Kosten, da reines Ethanol der Branntweinsteuer unterliegt. Allerdings sind auch einige vergällte Ethanole für die Fällung geeignet und kosten nur etwa 1/5 von reinem EtOH. So bietet Roth ein Aceton-vergälltes Ethanol an, das für Nucleinsäurefällungen geeignet ist. Viele Institute besitzen auch Gönner, über die sie vergällten Ethanol zu niedrigen Kosten beziehen. Bei einem derzeitigen Preis von ca. 40-60 € je Liter EtOH p.a. rentiert es sich häufig, diesen auf seine Eignung zu testen. Das Geld ist in den heutigen Zeiten zu knapp, um es für DNA-Fällungen zu verschwenden.
- **Isopropanol** fällt Nucleinsäuren weit effektiver als Ethanol. So reichen 0,6-0,8 Volumen Isopropanol bei Raumtemperatur für eine quantitative Fällung aus. Dies ist vor allem bei großen Volumina sehr interessant. Allerdings lassen sich Reste von Isopropanol weniger leicht als Ethanol entfernen, so dass das DNA-Pellet auf alle Fälle mit 70 % (v/v) Ethanol nachgewaschen werden sollte.
- **Butanol** ist ebenfalls geeignet zum Fällen von DNA, funktioniert allerdings völlig anders: Butanol ist kaum mit Wasser mischbar, es bilden sich daher zwei Phasen. Allerdings kann die Butanolphase in geringen Mengen Wasser (bis zu 19 Gewichts-%) und Salze lösen. Dies kann man zum Entsalzen kleiner Volumina nutzen: Man versetzt ein Volumen DNA-Lösung mit zehn Volumen Butanol (1- und 2-Butanol tun den gleichen Dienst) und mischt den Ansatz etwa 1-5 min, bis die wässrige Phase verschwunden ist. Anschließend zentrifugiert man, wäscht mit 70 % Ethanol nach und nimmt das getrocknete (häufig nicht sichtbare) Pellet in H_2O auf.

Die Nucleinsäure-Konzentration

Während Nucleinsäuren bei höheren Konzentrationen (> 250 ng/µl) sehr schnell ausfallen, tut man sich bei deutlich niedrigeren Konzentrationen etwas schwer. Bei Konzentrationen zwischen 1 und

250 ng/µl kann man die Ausbeute erhöhen, indem man den Ansatz in den Gefrierschrank stellt (siehe unten).
Ein beliebter Trick ist die Zugabe eines sogenannten **Carrier**. Es handelt sich dabei um Substanzen, die ein ähnliches Präzipitationsverhalten wie DNA besitzen, sich aber in den späteren Anwendungen neutral verhalten und so nicht stören. Deshalb kann man den jeweiligen Carrier in einer für die Präzipitation optimalen Konzentration einsetzen und selbst geringe Mengen an Nucleinsäuren werden dann mit hoher Effizienz co-präzipitiert.
Weil die Anforderungen recht simpel sind, ist die Palette an Substanzen, die in Frage kommen, entsprechend groß. Der einfachste Carrier ist **tRNA**, durch die man die Nucleinsäurekonzentration im Ansatz erhöhen kann, z.B. auf 100 ng/µl – sofern einen die Anwesenheit von RNA in der Lösung später nicht stört. Eine verbreitete Alternative ist **Glykogen**, das gibt's z.B. bei Roche oder Sigma und funktioniert genauso. Ungewöhnlicher ist die Verwendung von **linearem Polyacrylamid** (Gaillard und Strauss 1989), das man leicht mit "Bordmitteln" herstellen kann, weil die notwendigen Substanzen die gleichen sind wie für die Herstellung von Polyacrylamid-Gelen (man lässt nur das Bis-Acrylamid weg, damit keine Quervernetzung stattfindet). Interessant am Polyacrylamid ist, dass kleine DNA-Fragmente (< 20 bp) mit diesem Carrier nur schlecht gefällt werden; so lassen sich beispielsweise bei Markierungsreaktionen die Sonde von den markierten Nucleotiden trennen.

Kleine Pellets sind meist schlecht sichtbar und erst ab Mengen von 2 µg überhaupt mit bloßem Auge zu erkennen. Da hilft ein anderer Carrier von Novagen (Pellet Paint™ Co-Precipitant), dessen Besonderheit darin liegt, dass er mit einem Farbstoff gekoppelt ist und daher **das Pellet deutlich färbt**. Für manch einen könnte das Produkt daher auch für normale DNA-Fällungen interessant sein. Doch ein wenig Vorsicht ist angebracht: Die ursprüngliche Version enthält einen Fluoreszenzfarbstoff, der bei Methoden, die mit UV-Licht arbeiten, für hohen Hintergrund bzw. Störsignale sorgt (z.B. bei automatischen Sequenzierern). Für diesen Zweck eignet sich besser die zweite, nicht-fluoreszierende Variante Pellet Paint ™ NF.

Die Temperatur

Wie bereits erwähnt ist bei Nucleinsäure-Konzentrationen ab 250 ng/µl die Fällung ein schneller Prozess. Entgegen einer weit verbreiteten Meinung ist es in solchen Fällen nicht notwendig, bei -20 °C zu fällen, im Gegenteil, die Präzipitation läuft um so schneller und effektiver ab, je höher die Temperatur ist. Es reicht daher vollkommen aus, den Ansatz für 5 min bei Raumtemperatur stehen zu lassen und anschließend zu zentrifugieren. Nur bei Konzentrationen zwischen 1 und 250 ng/µl empfiehlt es sich, die DNA-Salz-Alkohol-Mischung vor der Zentrifugation für 30 min bis 24 h auf -20 °C zu stellen (je niedriger die Konzentration, um so länger), um Ausbeuten von 80-100 % zu erhalten.

Die Zentrifugation

Es hat sich eingebürgert, die Zentrifugation bei 4 °C durchzuführen, obwohl die Ursprünge dieser Gewohnheit im Dunkeln liegen. Vielleicht soll so bei sehr unsauberen DNA-Präparationen die Nucleaseaktivität reduziert werden – angesichts der meist furchtbar übertriebenen Zentrifugationszeiten von 30 min und mehr könnte das sogar Sinn machen. Tatsache ist, dass die Zentrifugation genauso gut bei Raumtemperatur durchgeführt werden kann, die Anschaffung einer teuren Kühlzentrifuge kann man sich daher sparen.
Kleine Volumina (bis 1,5 ml) werden für 5-15 min in einer Tischzentrifuge bei 12 000 g zentrifugiert. Bei höheren DNA-Konzentrationen (ab 250 ng/µl), wie man sie beispielsweise bei Plasmid-Maxiprä-

$$rpm = \sqrt{\frac{RCF}{11{,}17 \times r}} \times 1000$$

$$RCF = 11{,}17 \times r \times \left(\frac{rpm}{1000}\right)^2$$

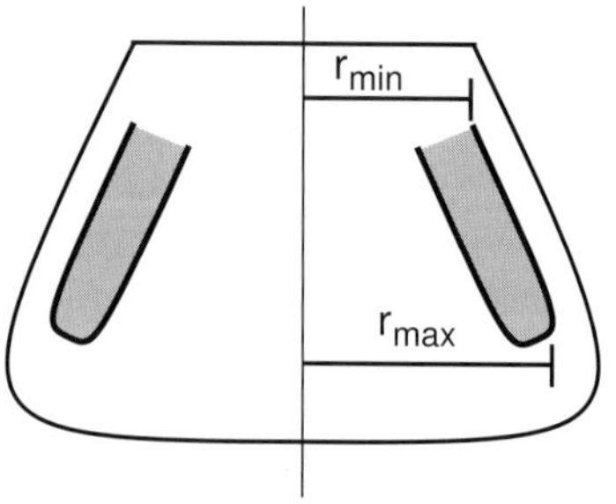

r_{min}

r_{max}

Abb. 9: Zusammenhang zwischen Umdrehungszahl und Zentrifugalkraft.
rpm = Umdrehungen pro Minute (*rounds per minute*), RCF = relative Zentrifugalkraft (*relative centrifugal force*) in Erdbeschleunigung (g), r = Radius in cm. Der Radius variiert je nach der Position eines Partikels im Tube, meist orientiert man sich daher am maximalen Radius r_{max}, den man in den Rotorhandbüchern findet.

parationen erwartet, fällt die DNA spontan aus und aggregiert häufig zu Wolken. In diesem Fall ist eine Zentrifugation bei 3000-5000 g, wie sie eine mittelgroße Zentrifuge erreicht, schon ausreichend. Bei niedrigen DNA-Konzentrationen (10-250 ng/µl) dagegen ist es besser, die Zeit und die Geschwindigkeit zu erhöhen, beispielsweise auf 30 min Zentrifugation bei 10 000 g. Hat man es mit sehr niedrigen Konzentrationen zu tun, hilft häufig nur Beten, oder aber man besitzt eine Ultrazentrifuge und folgt dem Protokoll von Shapiro (1981), der bei Konzentrationen bis zu 10 pg DNA/µl nach 24 h Fällung auf -20 °C durch Ultrazentrifugation im Bereich von 100 000 g Ausbeuten von 80 % erzielte.

Literatur:

Shapiro, D.J. (1981) Quantitative ethanol precipitation of nanogram quantities of DNA and RNA. Anal. Biochem. 110, 229-231

Gaillard C, Strauss F (1989) Ethanol precipitation of DNA with linear polyacrylamide as carrier. Nucl. Acids Res. 18, 378

2.4.2 Konzentratoren

Konzentratoren werden vor allem in der Proteinbiochemie genutzt, finden aber auch in der Nucleinsäurewelt zunehmend Verwendung. Klassiker sind die Produkte der Firma Amicon (jetzt Millipore), doch bieten auch andere Firmen (z.B. Pall Filtron) vergleichbare Produkte an.
Es handelt sich dabei um kleine Einheiten mit einem Filter, durch den die zu konzentrierende Lösung mittels Zentrifugation hindurchgepresst wird. Die DNA wird vom Filter zurückgehalten und kann in einem zweiten, sehr kurzen Zentrifugationsschritt zurückgewonnen werden. Die Firmen bieten verschiedene Einheiten mit einem Fassungsvermögen von 0,5 bis 15 ml Ausgangslösung und Filter mit Ausschlussgrenzen von 1 bis 100 kD an.
Mit Konzentratoren kann man jedoch nicht nur DNA konzentrieren, je nach Ausschlussgröße der Filter (*molecular weight cut-off*) lassen sich damit auch ganz andere Aufgaben erledigen. So kann man kleine Moleküle wie Salze oder nicht eingebaute Nucleotide nach einer Markierungsreaktion aus einer

Microcon	Ausschluss-größe	ssDNA (in nt)	dsDNA (in bp)
3	3 kDa	10	10
10	10 kDa	30	20
30	30 kDa	60	50
50	50 kDa	125	100
100	100 kDa	300	125

Tab. 3: Ausschlussgröße von Amicon-Konzentratoren.
Die Ausschlussgröße (MWCO, *molecular weight cut-off* oder NMWL, *nominal molecular weight limit*) der Filtermembranen gibt die Proteinmasse (in kDa) an, bei der 80-90 % der Proteine zurückgehalten werden. Die Tabelle erlaubt eine Umrechnung in Nucleotide (nach Amicon).

Lösung entfernen, weil diese von den Filtern nicht zurückgehalten werden. Man verdünnt dazu seine Lösung so lang mit H_2O oder Puffer, bis die Konzentration der ungeliebten Substanz auf ein akzeptables Niveau gesunken ist, und zentrifugiert anschließend, bis die DNA wieder ausreichend konzentriert ist. Führt man das Spiel mehrmals nacheinander durch, wird man die unerwünschte Substanz nahezu vollständig los. Auch PCR-Ansätze lassen sich so von Primern, Nucleotiden und Polymerase befreien.
Lästig ist dabei, dass sich die Ausschlussgröße der Filter an Proteinen orientiert, die meist kleiner und von anderer Gestalt sind als Nucleinsäuren. Im Zweifelsfall sollte man daher den Hersteller mit der Frage belästigen, welche Filter für welche Fragmentlängen geeignet sind. Glücklicherweise entdecken die Firmen die Molekularbiologen als Zielgruppe und bieten zunehmend maßgeschneiderte Produkte für deren Zwecke an, beispielsweise zur PCR-Reinigung. Man büßt auf diese Weise zwar unter Umständen interessante Informationen zu Ausschlussgröße und Bindungsverhalten der Membranen ein, die man dann mühsam beim Hersteller erfragen muss, doch erspart es einem das Gefühl, sich auf fremdem Terrain zu bewegen.

Vorteil: Die Verwendung von Konzentratoren ist wenig arbeitsaufwendig und im kleinen Maßstab recht schnell – eine Zentrifugation dauert, je nach Einheit und Filter, 10-60 min. Die Salzkonzentration erhöht sich dabei nicht.
Nachteil: Die Konzentratoren eignen sich weniger für Lösungen mit höheren Nucleinsäurekonzentrationen, da die Filterporen sehr schnell verstopfen und dann selbst stundenlanges Zentrifugieren nicht mehr weiterhilft. Außerdem sind sie recht teuer.
Tipp: Die Einheiten können zum Teil mehrfach verwendet werden (beispielsweise Einheiten mit omega-Membranen von Pall Filtron) – sofern der Filter nicht gerissen oder verstopft ist.

2.4.3 Speed-vac

Kleine Volumina können in einer sogenannten Speed-vac eingetrocknet werden. Es handelt sich dabei um eine Tischzentrifuge, an die ein Vakuum angelegt werden kann. Das Vakuum führt zu einer Siedepunkterniedrigung des Lösungsmittels (meist Wasser oder Ethanol) und damit zu einem raschen Verdampfen der Flüssigkeit. Um zu verhindern, dass austretende Gasblasen die DNA-Lösung in der

gesamten Apparatur verteilen, zentrifugiert man gleichzeitig und verhindert so ein Schäumen. Weil der Flüssigkeit durch das Verdampfen Wärme entzogen wird, sollte eine ordentliche Speed-vac beheizbar sein, weil einem sonst der Ansatz im Tube gefriert statt einzutrocknen.
Geringe Flüssigkeitsreste können auf diese Weise in sehr kurzer Zeit entfernt werden. Je größer allerdings die Flüssigkeitsmenge ist, desto mehr Zeit benötigt man, so dass man das Verfahren nur bei kleineren Volumina (< 500 µl, besser noch < 50 µl) anwenden sollte.
Man verwendet die Speed-vac gerne nach Fällungen, um Ethanolreste aus dem Pellet zu entfernen. Allerdings ist dabei etwas Vorsicht geboten, weil vor allem größere Pellets leicht "übertrocknet" werden können und sich anschließend nur noch schwer lösen.

Nachteil: Da nur das Lösungsmittel verdampft, kommt es zu einer Anreicherung an Salzen in der Lösung, die unter Umständen bei der weiteren Bearbeitung stören können.

2.4.4 "Aussalzen"

Das Fällen mit Hilfe hoher Salzkonzentrationen ("Aussalzen") wird für RNA verwendet. Hochmolekulare RNA (mRNA, rRNA) ist, im Gegensatz zu kleinen RNAs (tRNA, 5S RNA), in Lösungen von hoher Ionenstärke nicht löslich und kann deshalb durch Zugabe von **Lithiumchlorid** spezifisch gefällt und so von kleinerer RNA oder von DNA getrennt werden.

Plasmid-DNA Minipräparationen können von RNA gereinigt werden, indem man zu 100 µl DNA-Lösung 300 µl eiskaltes 4 M LiCl zugibt, das Gemisch für 30 min auf Eis stellt und anschließend für 10 min bei 12 000 g zentrifugiert. Aus dem Überstand wird dann durch Zugabe von 600 µl Isopropanol die DNA gefällt und das Pellet mit 70 % Ethanol gewaschen.

2.5 Konzentrationsbestimmung von Nucleinsäurelösungen

Die letzte im Bunde der Techniken, um die keiner herumkommt, ist die Konzentrationsbestimmung. Auch hier hat man die Qual der Wahl.

OD-Messung mittels Absorptionsspektrometrie

Die Konzentrationsbestimmung über die Messung der **optischen Dichte** (OD) bei einer Wellenlänge von 260 nm ist schnell und einfach und daher sehr beliebt. Man braucht dazu eine Quarzküvette, ein Photometer mit UV-Lampe und los geht's. Die Nucleinsäurekonzentration errechnet sich aus der OD bei 260 nm, der Verdünnung und einem für DNA, RNA bzw. Oligonucleotide spezifischen Multiplikationsfaktor (s. Abb. 10). Aus dem Verhältnis der $OD_{260\ nm}$ und der $OD_{280\ nm}$ erhält man außerdem eine Aussage über Proteinkontaminationen in der Lösung.
Das Problem ist, dass man recht große Mengen an DNA bzw. RNA zur Verfügung haben muss, da das Photometer nur in einem Bereich zwischen 0,1 und 1 OD wirklich zuverlässig misst, das entspricht einer Nucleinsäuremenge von 5-50 µg je ml. Zwar kann man mit Halbmikro- und Ultramikroküvetten das Messvolumen verringern und damit die benötigte DNA- bzw. RNA-Menge im allerbesten Fall auf bis zu 100 ng reduzieren, doch stößt man hier an die Grenzen des Messbaren – sei es, weil das Photometer nicht mitspielt, sei es, weil der Messfehler zu groß wird, oder aber es fehlt das nötige Kleingeld

Konzentration:

$$c\left[\frac{\mu g}{ml}\right] = OD_{260} \times V \times F$$

Molarität für dsDNA:

$$c\left[\frac{\mu mol}{ml}\right] = \frac{OD_{260} \times V \times F}{M_W \times L} = \frac{OD_{260} \times V}{13,2 \times L}$$

und für Oligonucleotide:

$$c\left[\frac{\mu mol}{ml}\right] = \frac{OD_{260} \times V \times F}{M_W \times L} = \frac{OD_{260} \times V}{16,5 \times L}$$

c = Konzentration der Ausgangslösung
F = Multiplikationsfaktor: 50 für dsDNA, 40 für RNA, 33 für ssDNA, 20 für Oligonucleotide
L = Länge in bp
M_W = Molekulargewicht je Base (330 g/mol) bzw. Basenpaar (660 g/mol)
OD_{260} = Absorption bei 260 nm
V = Verdünnungsfaktor

Abb. 10: Bestimmung der Konzentration und der Molarität von Nucleinsäurelösungen. dsDNA = doppelsträngige DNA, ssDNA = einzelsträngige DNA.

Rechenbeispiel: Sie besitzen 30 µl einer DNA-Lösung (Plasmid von 4,3 kb Länge), deren Konzentration bestimmt werden soll. 1 µl wird 1:200 verdünnt und gemessen; die Absorption beträgt 0,43 OD. Die Konzentration der Ausgangslösung beträgt folglich c = 0,43 x 200 x 50 µg/ml = 4,3 µg/µl, die Molarität c = 0,43 x 200 / (13,2 x 4,3) µmol/ml = 1,5 nmol/ml.
(Kleiner Tipp: Wenn Sie die Länge statt in bp in kb einsetzen, erhalten Sie für die dritte Formel das Ergebnis in pmol/µl, was für die tägliche Arbeit wesentlich praktischer ist.)

Alternativ können Sie das Berechnen auch dem Internet überlassen. Eine entsprechende Seite finden Sie z.B. unter http://www.promega.com/biomath/

für diese recht teuren und selten benutzten Küvetten. Ganz zu schweigen davon, dass die Küvetten mit dem kleinsten Messvolumen furchtbar schlecht zu handhaben sind.[29]
Außerdem macht die OD-Messung nur Sinn, wenn man sich sicher ist, nur DNA bzw. RNA in der Präparation zu haben. Da die beiden Nucleinsäuretypen nicht voneinander unterschieden werden können, ist es nutzlos, in einer kruden Plasmid-DNA-Präparation die DNA-Konzentration photometrisch bestimmen zu wollen, da der RNA-Anteil etwa 90 % beträgt.

Ein weiteres Problem an der OD-Messung ist, dass daran etwas nicht stimmt. Zwar sind sich alle Methodenbücher darin einig, dass man die Konzentration aus der OD_{260} errechnet und die Reinheit der Präparation anhand des Verhältnisses OD_{260}/OD_{280} überprüft – eine proteinfreie Nucleinsäurelösung weist demnach ein Verhältnis von 1,8-2,0 auf – doch zeigt die Erfahrung, dass mitunter selbst hochreine Präparationen nicht über ein Verhältnis von 1,5 kommen. Eine interessante Publikation (Wilfinger et al. 1997) könnte der Schlüssel zu diesem Problem sein. Dort wird gezeigt, dass, abhängig von pH und Salzgehalt des bei den Messungen verwendeten Wassers, ein und dieselbe Nucleinsäurepräparation $OD_{260/280}$-Verhältnisse von 1,5 bis 2,2 und eine errechnete Konzentration von 0,55 µg/µl bis 0,7 µg/µl aufweisen kann – ein Unterschied von immerhin gut 25 %. Auch der Nachweis von Proteinkontaminationen anhand des OD-Verhältnisses kann völlig unterschiedlich ausfallen, von deutlich

29. Eine Alternative zum klassischen UV-Photometer ist ein **NanoDrop** Spektrophotometer (Thermo Scientific), das für die Messung nur 1 µl Lösung benötigt und im Bereich zwischen 2 und 3700 ng/µl misst. Das Gerät kann auch für Proteinbestimmungen eingesetzt werden.

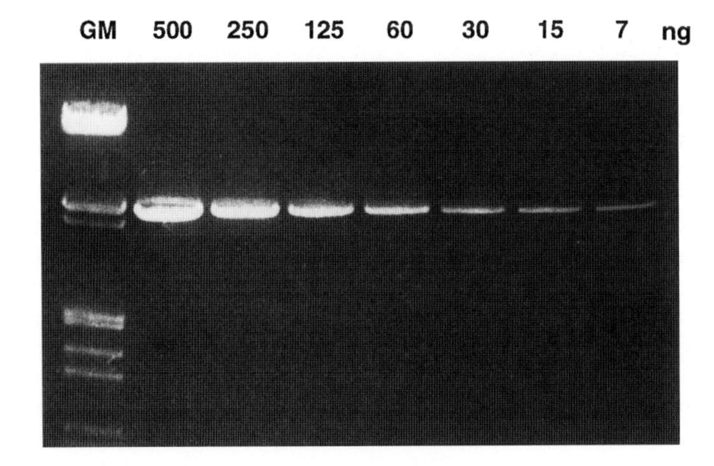

Abb. 11: Konzentrationsbestimmung mittels Agarosegel.
Die Quantifizierung mittels Agarosegel ist (vor allem mit Bildern von CCD-Kameras) nicht sonderlich exakt, man verschätzt sich leicht um Faktor 2. Besser bestimmt man die Konzentration, sofern möglich, mit dem Photometer und überprüft den Wert anschließend mit Hilfe eines Agarosegels, um sich vor bösen Überraschungen zu schützen, die einem auch bei photometrischen Bestimmungen drohen. GM = Größenmarker.

messbar bis nicht nachweisbar. Die Autoren empfehlen, für reproduzierbarere Ergebnisse die $OD_{260/280}$-Messungen in einem 1-3 mM Na_2HPO_4-Puffer pH 8,5 durchzuführen.

Tipp: Alle Nucleinsäuren absorbieren bei 260 nm Wellenlänge, von der ausgewachsenen DNA über Oligonucleotide bis hin zu den monomeren Nucleotiden. Es wird daher von wenig Erfolg gekrönt sein, Mischlösungen wie z.B. einen PCR-Ansatz messen zu wollen, um so zu ermitteln, wie viel DNA während der Amplifikation synthetisiert wurde.

Literatur:

Cantor CR, Warshaw MM, Schapiro H (1970) Oligonucleotide Interactions. III. Circular Dichroism Studies of the Conformation of Deoxyoligonucleotides. Biopolymers 9, 1059-1077

Wilfinger WW, Mackey K, Chomczynski P (1997) Effect of pH and ionic strength on the spectrophotometric assessment of nucleic acid purity. BioTechniques 22, 474-481

Konzentrationsbestimmung mittels Agarosegel

Eine Möglichkeit, geringe Mengen an Nucleinsäuren zu quantifizieren, eröffnet das Agarosegel. Dessen Nachweisgrenze liegt bei etwa 5 ng DNA pro Bande. Trägt man ein Aliquot seiner Lösung gemeinsam mit einer Verdünnungsreihe von DNA bekannter Konzentration auf das Gel, kann man anschließend durch Vergleich der Bandenintensitäten die DNA-Konzentration abschätzen (s. Abb. 11). Eine alltägliche Variante der Verdünnungsreihe ist der DNA-Größenmarker, den man mit aufs Agarosegel aufträgt. Da man (normalerweise) die Fragmentlängen und die aufgetragene Menge kennt, kann man dessen Banden auch als Mengenmarker verwenden.

Der Aufwand ist bei dieser Methode deutlich größer als bei der photometrischen Bestimmung und das Ergebnis mit einiger Unsicherheit behaftet. Trotzdem ist es bei kleinen DNA-Mengen häufig die einzige Möglichkeit, eine Idee von den Größenordnungen zu bekommen, in denen man sich bewegt, ohne die gesamte DNA für die Messung opfern zu müssen. Auch bei größeren DNA-Mengen kann es nützlich sein, nach der Konzentrationsbestimmung mittels Photometer die tatsächlichen Mengen über ein Agarosegel zu überprüfen.

Dot-Quantifizierung

Sozusagen eine abgekürzte Version der Konzentrationsbestimmung mittels Agarosegel. Auch hierzu benötigt man eine Reihe von DNA-Lösungen verschiedener Konzentrationen, z.B. 0-20 µg/ml. Je 4 µl DNA-Lösung und 4 µl Ethidiumbromidlösung (1 µg/ml) werden gemischt, das Gleiche macht man mit 4 µl der DNA-Lösung, deren Konzentration man bestimmen möchte. Anschließend legt man eine Plastikfolie auf den UV-Lichtkasten und pipettiert die Lösungen Tröpfchen für Tröpfchen nebeneinander. Das Kunstwerk wird photographiert und die Konzentration durch Vergleich mit den Standards geschätzt.

Nachteil: Eine sehr ungenaue Methode.

Fluorometrische Bestimmung

Eine weniger bekannte Alternative ist die Konzentrationsbestimmung mit Hilfe von Fluoreszenzfarbstoffen, die Licht einer bestimmten Wellenlänge aufnehmen und als Licht einer anderen Wellenlänge wieder abgeben können. Sie ist einfach und wesentlich sensitiver als spektrophotometrische Bestimmungen. Die DNA wird dazu mit **Hoechst 33258** (z.B. von Sigma), einem DNA-spezifischen Fluoreszenzfarbstoff, der nur geringe Affinität zu RNA und Proteinen besitzt, gemischt und in einem Fluorometer gemessen. Die Anregung erfolgt bei 365 nm Wellenlänge, gemessen wird bei 460 nm. Ein speziell für diesen Zweck ausgelegtes Gerät findet man bei Hoefer. Der Preis liegt mit ca. 2.400 € in der Größenordnung eines Photometers. Dazu kommt ein Satz spezieller Fluorometerküvetten, die vier klare Seiten besitzen müssen.
Für die Messung von DNA-Lösungen mit Konzentrationen zwischen 5 und 500 ng/ml reicht eine Farbstoffkonzentration von 0,1 µg/ml aus, mit 1 µg/ml kann man sogar Konzentrationen bis 15 µg/ml bestimmen, doch leidet bei der höheren Farbstoffkonzentration die Sensitivität im Bereich geringer DNA-Konzentrationen. Mit einem speziellen Adapter kann man bereits 1 ng DNA in 3 µl Volumen nachweisen. Allerdings hat der Farbstoff eine höhere Affinität zu AT-reichen Sequenzen als zu GC-reichen. Eine Beschreibung der Methode findet sich bei Labarca und Paigen (1980).

Eine Hoechst 33258-Vorratslösung (1 mg/ml (w/v) in H_2O) ist bei 4 °C ca. sechs Monate haltbar. Für die Gebrauchslösung wird die Vorratslösung 1:1000 oder 1:10 000 mit TNE-Puffer (10 mM Tris HCl pH 7,4 / 200 mM NaCl / 1 mM EDTA) verdünnt.

Le Pecq (1971) beschreibt, dass auch Ethidiumbromid als Fluoreszenzfarbstoff verwendet werden kann, doch ist die Empfindlichkeit um den Faktor 20 geringer als bei Hoechst 33258.

Natürlich gibt es Ähnliches auch als Kit zu kaufen, z.B. bei Molecular Probes (Quant-iT™). Gemessen wird hier in der Mikrotiterplatte (Anregungsmaximum bei 510 nm, Emissionsmaximum bei 527 nm). Über den verwendeten Farbstoff schweigt sich Molecular Probes natürlich aus. Auch für die Messung von RNA existiert eine Kit-Variante.

Literatur:

Le Pecq JB (1971) Use of ethidium bromide for separation and determination of nucleic acids of various conformational forms and measurement of their associated enzymes. In Glick D (Hrsg.): Methods of Biochemical Analysis, Vol.20, S. 41-86, Wiley.

Labarca C, Paigen K (1980) A simple, rapid, and sensitive DNA assay procedure. Anal. Biochem. 102, 344-352

Nucleinsäure-Messtäbchen

Invitrogen bietet ein DNA DipStick™ Kit an, mit dem die Konzentration von DNA-, RNA- und Oligonucleotid-Lösungen anhand von 1 µl Lösung bestimmt werden kann. Die Nucleinsäurelösung wird dazu auf einen Teststreifen pipettiert, der Streifen mit den im Kit enthaltenen Lösungen angefärbt und die Intensität des entstandenen Farbflecks anschließend mit einem Standard verglichen. Größter Vorteil der Methode ist, dass sie mit 1 µl Lösung auskommt und trotzdem recht schnell ist. Die Sensitivität ist mit einer Untergrenze von 100 ng/ml allerdings nur mittelmäßig, und die Quantifizierung ist etwas subjektiv, aber ausreichend gut, um sicherzustellen, dass man sich mit seiner Konzentration in der richtigen Größenordnung befindet.

Sollten die Teststreifen vor den Lösungen ausgehen, kann man statt dessen auch Nitrocellulose-Streifen verwenden.

Enzymatischer Nachweis

Eine weitere Methode, mit der sich kleine bis kleinste Mengen an DNA quantifizieren lassen, wird von Promega angeboten (DNAQuant™ DNA quantitation system). Der Nachweis läuft über eine klassische gekoppelte enzymatische Reaktion, wie man sie aus den Biochemie-Praktika kennt, und wie so häufig in der Biochemie läuft die Reaktion scheinbar "verkehrt herum": In einem ersten Schritt wird die DNA in Gegenwart von T4 DNA-Polymerase und Pyrophosphat abgebaut (Pyrophosphorylierung), die entstandenen dNTPs in einem zweiten Schritt mit Nucleosiddiphosphatkinase und ADP in ATP und dNDPs umgesetzt (Transphosphorylierung) und das entstandene ATP in einer dritten Reaktion mit Hilfe von Luciferase und einem luminogenen Substrat in Licht umgesetzt, das man mit einem handelsüblichen Luminometer misst. Da die Lichtproduktion proportional zur umgesetzten DNA-Menge ist, lässt sich mit einem DNA-Mengenstandard leicht die eingesetzte DNA-Menge ermitteln. Auf diese Weise lassen sich DNA-Mengen zwischen 20 pg und 1 ng bzw. DNA-Konzentrationen von 10 bis 500 pg/µl messen. Um zuverlässige Ergebnisse zu erhalten, darf die DNA nicht über 6000 bp lang sein und muss freie Enden besitzen, damit die Polymerase Zugang zur DNA erhält. Plasmide und chromosomale DNA müssen daher zuvor durch Restriktionsverdau linearisiert bzw. verkürzt werden. Aufgrund der Spezifität der T4 DNA-Polymerase ist einzelsträngige DNA mit dieser Methode nicht messbar (es sei denn, es kommt zur Dimer- oder Haarnadelbildung), genauso wenig wie RNA.

Die Methode eignet sich überall dort, wo die Notwendigkeit einer präzisen Quantifizierung kleiner DNA-Mengen den im Vergleich zu anderen Nachweismethoden hohen Arbeitsaufwand rechtfertigt.

Das Prinzip lässt sich übrigens auch für den **Nachweis von Mutationen oder Genen** verwenden. Promega vertreibt ein Kit (READIT™) zum Nachweis von SNPs (*single nucleotide polymorphisms*) und anderen Mutationen, das auf der Hybridisierung eines Oligonucleotids mit der gesuchten Sequenz beruht. Nur wenn das 3'-Ende des Oligos vollständig mit der Template-DNA hybridisiert, kann DNA abgebaut und Licht produziert werden. Auch **Hybridisierungen** zum Nachweis definierter DNA-Sequenzen lassen sich durch diese Methode ersetzen.

3 Das Werkzeug

> *Laß du die große Welt nur sausen,*
> *wir wollen hier im Stillen hausen.*

3.1 Restriktionsenzyme

oder Restriktionsendonucleasen, wie sie korrekter, aber auch umständlicher heißen. Ohne sie ist Molekularbiologie auch heute noch kaum denkbar, vielleicht hätte es sie nie gegeben und dieses Buch hätte nie das Licht der Welt erblickt.

Der Name "Restriktionsendonuclease" ist im Übrigen ganz interessant, weil er weder im Deutschen noch im Englischen (*restriction endonuclease*) einen rechten Sinn ergibt. Der Ursprung liegt in einer von Luria berichteten Beobachtung aus den frühen fünfziger Jahren (Luria 1953), wonach sich die untersuchten Bakteriophagen in einem Bakterienstamm A sehr gut vermehrten, im Stamm B jedoch sehr schlecht – sie waren beschränkt (*restricted*) auf einen Bakterienstamm (der Begriff *restricted* wurde allerdings erst 1962 von Arber und Dussoix verwendet). Die wenigen Phagen, die es trotzdem schafften, im Stamm B zu wachsen, vermehrten sich anschließend weiterhin gut in Stamm B, aber schlecht in Stamm A. Dieses Phänomen konnte später erklärt werden durch die Entdeckung von Endonucleasen, die anhand spezifischer Methylierungsmuster bakterieneigene DNA von fremder DNA unterscheiden können. Hatten sich die Phagen erst einmal erfolgreich im neuen Bakterienstamm durchgesetzt, trug ihre DNA ab dann das Methylierungsmuster des neuen Bakterienstamms und wurde in diesem Stamm nicht mehr als Fremd-DNA erkannt.

Restriktionsenzyme sind wahre Wunder der Biologie: Sie erkennen (je nach Spezifität) vier bis acht Basenpaare in einem DNA-Strang, von dem eigentlich nur ein Haufen Phosphate und Zuckerreste zu sehen sind. Dabei sind sie von ungeheurer Präzision, denn sie schneiden nur ihre Zielsequenz und, sofern man die richtigen Pufferbedingungen verwendet, nichts anderes. Wie sie diese Spezifität erreichen, ist eines der Rätsel der Molekularbiologie, um die sich der wahre Experimentator nicht schert.

Nomenklatur: Die Namen der Restriktionsenzyme erscheinen dem Anfänger ziemlich kryptisch, doch handelt es sich dabei keineswegs um die ersten Schreibversuche eines Zwergschimpansen, sondern um eine 1973 von Smith und Nathans eingeführte Nomenklatur, für die man wohl dankbar sein darf, weil die Erfahrung aus anderen Bereichen zeigt, dass ohne eine solche Nomenklatur die Namensgebung für neue Enzyme hoffnungslos ins Kraut schießen würde. Angesichts von derzeit fast 3900 charakterisierten Restriktionsenzymen hätte das ein heilloses Chaos gegeben.

Die klassische Nomenklatur sieht folgende Schreibweise vor: Die ersten drei Buchstaben, kursiv gesetzt, bestehen aus dem Anfangsbuchstaben der Gattung und den ersten zwei Buchstaben des Artnamens des Bakteriums, aus dem das Enzym isoliert wurde (z.B. *Escherichia coli* = *Eco*). Dahinter setzt man, nicht kursiv, die Bezeichnung des Stamms oder Typs (z.B. *Eco*R) und schließlich folgt, nach einem Leerzeichen, die Ordnungsnummer des daraus isolierten Restriktionsenzyms in lateinischen Ziffern (z.B. *Eco*R I); die Nummern werden in der Reihenfolge der Entdeckung vergeben, *Eco*R V ist folglich das fünfte Restriktionssystem, das in diesem Bakterienstamm entdeckt wurde.

Dennoch ist die Situation im Laufe der Jahrzehnte angesichts der großen Zahl an Restriktionsenzymen, DNA Methyltransferasen und *homing endonucleases*[30] zum Teil etwas unübersichtlich gewor-

den. Eine neuere Initiative von 2003 regelt die Namensgebung daher neu, mit kleineren und größeren Änderungen. So wird der Namensanfang nicht mehr kursiv gesetzt und Leerzeichen werden auch nicht mehr verwendet; aus *Eco*R I wird damit EcoRI.
Wer sich für die Details interessiert, sei auf Roberts et al. (2003) verwiesen.

Auch bei der Einteilung hat sich etwas getan, statt drei gibt es nun **vier Typen** von Restriktionsenzymen, und dazu noch eine ganze Reihe von Subtypen.
Wie oben erwähnt sind die Restriktionsenzyme (**REasen**) Teil eines Systems, das Bakterien vor eindringenden fremden DNAs schützen soll. Die Unterscheidung zwischen Fremd- und Eigen-DNA erfolgt anhand der spezifischen Methylierungsmuster an den Erkennungssequenzen des Restriktionssystems, die von den zum System gehörenden Methylasen (**MTasen**) generiert werden,[31] wobei unmethylierte DNA üblicherweise durch die REase geschnitten wird, während hemimethylierte DNA durch die MTase vollständig methyliert wird. Ein jedes Restriktionssystem (**R-M-System**) besteht folglich aus drei Komponenten, nämlich einer Restriktionsdomäne (R), einer Methylase-Domäne (M) und einer sequenzspezifischen Domäne (S). Je nach Typ können die drei Domänen auf einem einzigen oder aber auf zwei oder sogar drei getrennten Polypeptiden sitzen.

Typ I Restriktionssysteme bestehen aus mehreren Untereinheiten[32], die einen Komplex bilden; sie sind alle ATP-abhängig. Sie erkennen zwar jeweils eine spezifische DNA-Sequenz, schneiden aber zufällig und außerhalb dieser Sequenz, ihre Verwendung in der Molekularbiologie ist daher sehr eingeschränkt. Bislang wurden 91 Typ I-Restriktionsenzyme beschrieben.
In **Typ II Restriktionssystemen** liegen REase und MTase als unabhängige Enzyme vor. Die REasen erkennen spezifische Sequenzen und schneiden an konstanten Positionen innerhalb der Erkennungssequenz oder zumindest nahebei, wobei die Phosphatgruppe immer am 5'-Ende des geschnittenen DNA-Fragments verbleibt. Diese Gruppe ist mit bislang 3760 beschriebenen REasen die umfangreichste, so dass es nicht verwundert, dass man hier einen Haufen Subtypen unterscheidet.
Am wichtigsten für uns sind die **Typ IIP** REasen; sie erkennen palindromische Sequenzen und schneiden innerhalb dieser Sequenz oder in direkter Nähe. In diese Kategorie fallen fast alle "klassischen" Restriktionsenzyme, mit denen man im Labor tagtäglich arbeitet, z.B. EcoRI und HindIII.
Alle anderen Typ II Subtypen sind mehr oder weniger exotisch; ich führe sie hier dennoch auf, um eine Vorstellung von der Reichhaltigkeit dieser Kategorie zu geben, und auch von den Tücken dieser Klassifizierung, weil sich die Klassifizierungskriterien nicht immer gegenseitig ausschließen, so dass manche Enzyme zwei Subtypen zugeordnet werden können - keine wirklich saubere Lösung.[33]
Unter die **Typ IIA** REasen fallen alle Typ II Restriktionsenzyme, die asymmetrische Sequenzen erkennen, z.B. FokI. **Typ IIB** REasen schneiden auf beiden Seiten der Erkennungssequenz, schneiden diese also regelrecht aus der DNA heraus. Bei **Typ IIC** Enzymen sitzen REase und MTase auf einem Polypeptid; dieser Subtyp umfasst daher alle IIB, IIG und einige IIH-Enzyme. **Typ IIE** REasen müssen an zwei Erkennungssequenzen binden, um eine davon zu schneiden, z.B. NaeI, Sau3AI oder FokI. **Typ IIF** REasen müssen an zwei Erkennungssequenzen binden und schneiden dann beide, z.B. SfiI. Bei **Typ IIG** Enzymen liegen REase und MTase auf einem Enzym; sie werden durch S-Adenosylmethionin stimuliert bzw. gehemmt, z.B. MmeI; etliche IIA- und IIP-Enzyme fallen auch unter diesen

30. Das sind Endonucleasen, die auf Introns kodiert sind.
31. Je nach Methylase finden sich in den Bakterien 4-Methylcytosin, 5-Methylcytosin, 5-Hydroxymethylcytosin oder 6-Methyladenin.
32. meist zwei R-, zwei M- und eine S-Untereinheit.
33. Das Problem bei der Klassifizierung der Restriktionsenzyme ist, dass sie, anders als die meisten anderen Enzyme, erstaunlich wenig Sequenzhomologie aufweisen, so dass keine Einteilung aufgrund von Verwandtschaftsbeziehungen möglich ist.

Subtyp. **Typ IIH** Enzyme ähneln genetisch Typ I-Enzymen, verhalten sich aber biochemisch wie Typ II-Enzyme.[34] **Typ IIM** ist für REasen der Kategorie Typ IIP und Typ IIA reserviert, die methylierte Erkennungssequenzen schneiden; labortechnisch wichtigster Vertreter dieses Subtyps ist DpnI (siehe dazu 9.2). **Typ IIS** umfasst die Typ IIA-Enzyme, bei denen wenigstens ein Strang außerhalb der Erkennungssequenz geschnitten wird, z.B. FokI und MmeI. **Typ IIT** ist für Enzyme reserviert, die aus heterodimeren Untereinheiten zusammengesetzt sind.
Typ III Restriktionssysteme bestehen aus zwei verschiedenen Untereinheiten, eine mit Erkennungs- und MTase-Domäne, während die zweite die REase-Domäne enthält. Sie sind ATP-abhängig, besitzen assymmetrische Erkennungssequenzen und schneiden 20-25 Nucleotide entfernt davon. Bislang sind davon nur elf Stück charakterisiert, ihre Bedeutung im Laboralltag ist dementsprechend gering. Eine interessante Ausnahme von dieser Regel ist das Enzym EcoP15I, das bei der Analyse von mRNAs Verwendung findet (s. 5.5).
Typ IV Restriktionssysteme schneiden nur modifizierte DNA[35] und besitzen offenbar recht unspezifische Erkennungssequenzen, zumindest ist noch nicht viel über diese bekannt. Bislang sind fünf Stück charakterisiert, die meiner Kenntnis nach alle labor-irrelevant sind.

Wie bereits erwähnt, gehören die allermeisten im Labor verwendeten Restriktionsenzyme zum Subtyp IIP. Sie erkennen eine Sequenz von vier, sechs oder acht Basen Länge (sog. **4-, 6- bzw. 8-*cutter***, etwas seltener verwendet man 5-*cutter*) und schneiden innerhalb der Erkennungssequenz. Die Erkennungssequenzen sind normalerweise Palindrome, d.h. symmetrisch aufgebaut und deshalb in beiden Strängen gleich. Statistisch gesehen schneiden 4-*cutter* alle 256 bp, 6-*cutter* alle 4096 bp und 8-*cutter* alle 65536 bp. In der Praxis weichen diese Zahlen aber mitunter deutlich von den statistischen Werten ab, weil die Häufigkeit und die Verteilung der Basen je nach Organismus und DNA nicht rein zufällig sind.

Für die Methylierung der Erkennungssequenz ist im Prinzip die jeweilige Methylase zuständig, die bei Typ IIP als eigenständiges Enzym vorliegt und im Labor selten Verwendung findet.
Geschnitten wird von den REasen nur **unmethylierte DNA** (üblicherweise ist das in freier Wildbahn die Virus-DNA); hemimethylierte DNA[36] dagegen entstammt üblicherweise der eigenen Zelle und wird nicht geschnitten, sondern (in freier Wildbahn) durch die zugehörige MTase vollständig methyliert.
Da die DNA, mit der man im Labor arbeitet, üblicherweise in *E.coli* K12 vermehrt wurde, sollte man meinen, dass man jedes Restriktionsenzym, das nicht aus diesem Bakterienstamm kommt, hervorragend schneiden sollte. Leider ist das nicht immer der Fall, da die allermeisten Organismen mehrere eigenen Methylasen besitzen, die nach ihren eigenen Kriterien methylieren, manchmal dummerweise genau dort, wo man gerne schneiden würde.[37] Die einfachste Lösung für dieses Problem besteht darin, den Katalog mit den Restriktionsenzymen zur Hand zu nehmen und nach einem Isoschizomer zu suchen, das die gleiche Sequenz erkennt und schneidet, aber aufgrund seiner anderen Herkunft eine andere Methylierungsempfindlichkeit besitzt.

A propos: Enzyme, die die gleiche DNA-Sequenz erkennen und schneiden, bezeichnet man als **Isoschizomere**.[38] Außer in ihrer Methylierungsempfindlichkeit können sie sich auch in den Pufferbedin-

34. Geht es noch wachsweicher?
35. D.h. methylierte, hydroxymethylierte und glucosyl-hydroxymethylierte Basen.
36. Also DNA, bei der nur einer der beiden Stränge das zelleigene Methylierungsmuster aufweist, was z.B. für die zelleigene DNA kurz nach der Replikation der Fall ist.
37. Das Problem kann also auch bei DNA auftauchen, die gar nicht aus Bakterien gewonnen wurde.

C↓CCGGG GGGCC↑C	CC↓CGGG GGGC↑CC	CCC↓GGG GGG↑CCC	CCCG↓GG GG↑GCCC	CCCGG↓G G↑GGCCC
Cfr9I PspAI XmaI TspM		PspALI SmaI		

Tab. 4: Beispiele für Iso- und Neoschizomere.
Neoschizomere sind nicht gegeneinander austauschbar, weil sie zwar die gleiche Sequenz erkennen, aber anders schneiden. In diesem Beispiel sind XmaI und PspAI Isoschizomere, während XmaI und SmaI (relativ zueinander) Neoschizomere sind.

gungen unterscheiden, was besonders bei Doppelverdaus von Interesse sein kann, manchmal liegt der Unterschied aber nur im Preis.
Doch aufgepasst, dass Sie kein **Neoschizomer** erwischen! Neoschizomere sind Isoschizomere, welche die gleiche Sequenz erkennen, aber unterschiedlich schneiden[39] (s. Tab. 4). Das ist in der Praxis natürlich von großer Bedeutung, weil die Fragmente von neoschizomeren Enzymen nicht miteinander ligiert werden können, da ihre Enden völlig inkompatibel sind.

Fast alle Restriktionsenzyme generieren Fragmente mit einem 5'-Phosphat- und einem 3'-OH-Ende – das ist wichtig für Ligationen. Die Enden sind entweder **glatt** (***blunt ends***), d.h. in beiden Strängen wird an der gleichen (bzw. jeweils gegenüberliegenden) Stelle geschnitten, oder sie **stehen über** (***sticky ends***) (s. Abb. 35). Ist das 5'-Ende länger, spricht man von 5'-Überhang, sonst von 3'-Überhang. Der Überhang ist meist zwei oder vier Basen lang. Weil sich längere Überhänge leichter ligieren lassen, sollte man für Klonierungen, sofern möglich, Neoschizomere vorziehen, die einen 4-Basen-Überhang produzieren.

Tipp: Es gibt auch Restriktionsenzyme, die außerhalb der Erkennungssequenz schneiden – die oben genannten Typ IIS Restriktionsenzyme. Diese sind manchmal ganz nützlich für Klonierungen, bei denen man keine Reste der Erkennungssequenz zurückbehalten möchte. Höchst interessant in diesem Zusammenhang sind die Restriktionsenzyme **BbsI/BpiI/BpuAI** (GAAGAC), **BsaI/Eco31I** (GGTCTC), **BsmBI/Esp3I** (CGTCTC), **BsmFI** (GGGAC) und **BspMI** (ACCTGC), weil diese nicht nur in einem definierten Abstand zur Erkennungssequenz schneiden, wobei die DNA-Sequenz in der Schnittregion beliebig aussehen darf, sondern zudem produzieren sie auch einen Vier-Basen-5'-Überhang, wie man ihn bei vielen gängigen Restriktionsenzymen wie BamHI oder HindIII findet. Dies lässt sich vielfältig nutzen, beispielsweise indem man einen PCR-Primer konstruiert, der die Erkennungssequenz von BbsI enthält und in der Schnittregion eine BamHI-kompatible Sequenz (...GAAGACNNGATC...). Auf diese Weise lässt sich das PCR-Produkt später mit BbsI schneiden und in einen BamHI-geschnittenen Vektor klonieren, selbst wenn dieses Insert eine oder mehrere interne BamHI-Schnittstellen enthält, die eine Klonierung mit BamHI unmöglich machen.

38. Die neue Nomenklatur von Roberts et al. 2003 führt zusätzlich noch einen neuen Begriff ein, nämlich den **Prototyp**. Der Prototyp ist das erste Restriktionsenzym mit einer bestimmten Erkennungssequenz, das beschrieben wurde. Alle anderen Enzyme mit gleicher Erkennungssequenz, die danach entdeckt wurden, werden dann **Isoschizomere** dieses Prototyps bezeichnet.
39. Zwei Restriktionsenzyme sind immer nur relativ zueinander Neoschizomere. Folglich sind SmaI und XmaI Neoschizomere, SmaI und PspALI dagegen nicht, ebensowenig wie XmaI und Cfr9I (s. Tab. 4).

Der Aktivitätstest, oder: Was ist eine Einheit und wie viel bekomme ich für mein Geld?

"Eine Einheit ist die Menge an Enzym, die benötigt wird, um 1 µg der angegebenen Substrat-DNA in 60 min bei der korrekten Temperatur und im korrekten Puffer in einem 50 µl-Ansatz vollständig zu verdauen." Eigentlich eine klare Definition, sollte man meinen. Sie hat allerdings einen Pferdefuß: Sie sagt nur wenig über die Enzymmenge[40] aus, die man bekommt, wenn man ein Enzym kauft.
So schneidet beispielsweise ApaI zwölfmal im Adenovirus-2 Genom, aber nur einmal im um fast fünfzig Prozent größeren λ-Genom. Je nach Substrat-DNA, die für den ApaI-Aktivitätstest verwendet wird, kann sich dann die Enzymaktivität je Einheit um Faktor siebzehn unterscheiden!
Genauso wenig erlaubt einem diese Definition, verschiedene Enzyme miteinander zu vergleichen. So besitzt λ-DNA nur eine Schnittstelle für XhoI, aber zwei für SalI und immerhin acht für BclI. Die Enzymaktivität in einer Einheit BclI ist somit viermal höher als die in einer Einheit SalI und gar achtmal höher als in einer Einheit XhoI – sofern man λ-DNA als Substrat verwendet!
Darüber hinaus kann beim Puffer kräftig getrickst werden. In Gegenwart von BSA zeigen viele Enzyme eine höhere Aktivität (siehe unten), im Aktivitätstest braucht man so weniger Enzym – im normalen Restriktionspuffer lässt man das BSA dagegen aus Kostengründen weg. Nur wenige Hersteller geben in ihren Katalogen so genaue Auskünfte über ihre Testbedingungen, dass man einen ernsthaften Preisvergleich durchführen kann. Kommen zu diesem Definitionswirrwarr noch enzymspezifische Schwierigkeiten (so schneidet beispielsweise SalI *supercoiled* Plasmid-DNA nur sehr schlecht) und sequenzspezifische Probleme (z.B. "*slow sites*", die nur langsam geschnitten werden), ist man häufig der Verzweiflung nahe.

Neben der Aktivität sind noch weitere Eigenschaften der gelieferten Enzymlösung von Interesse, die mit zwei Tests gemessen werden: Beim ***Overdigestion Assay*** wird die Substrat-DNA für 16 Stunden mit unterschiedlichen Mengen an Enzym verdaut. Der Test gibt Aufschluss über die maximale Enzymmenge, bei der noch scharfe DNA-Banden zu sehen sind. Diese Zahl gibt Auskunft über Kontaminationen mit nichtspezifischen Endonucleasen und Exonucleasen. Beim ***Ligation Assay*** wird die Substrat-DNA vollständig verdaut, anschließend religiert und danach mit dem gleichen Restriktionsenzym nochmals verdaut. Die Menge an nicht religierbaren Fragmenten gibt Auskunft über Kontaminationen mit Phosphatasen und Exonucleasen, während der Anteil an nicht schneidbaren Ligationsprodukten Hinweise auf vorhandene Exonucleasen liefert. Normalerweise testet der Hersteller mit diesen beiden Assays die Qualität der jeweiligen Charge, um einen gewissen Qualitätsstandard zu gewährleisten, doch können diese Angaben auch für den Experimentator manchmal von Interesse sein, weil einige Enzyme von Haus aus hier schlecht abschneiden. So lassen sich beispielsweise mit NciI oder BstNI geschnittene Fragmente schlecht bis gar nicht religieren, man wird daher weise darauf verzichten, sie für Klonierungen einzusetzen.
Manche Hersteller gehen besonders weit und testen einige Enzyme auf Exonucleasegehalt (z.B. New England Biolabs und Promega; wichtig für Blau-weiß-Selektion nach Klonierungen, s. 6.2.1) oder auf ihre Eignung für *in-gel* Verdaus (Promega; wichtig bei der Pulsfeldgelelektrophorese, s. 3.2.5).

Restriktionsenzyme werden wie die meisten Enzyme bei -20 °C gelagert. Nimmt man sie aus dem Gefrierschrank, stellt man sie tunlichst auf Eis oder besser noch in einen Kühlblock (z.B. StrataCooler® von Stratagene, Laptop Cooler von Nalgene), der hält die Enzyme für längere Zeit auf -20 °C und

---

40. Hier ist der Autor dieser Zeilen etwas schlampig in der Wahl seiner Worte, denn natürlich ist nicht die Menge an Protein gemeint, sondern die Menge an Enzymaktivität, da bekanntlich nicht alle Enzyme gleich schnell arbeiten, was auch für Restriktionsenzyme gilt. Dies ist ein Grund, weshalb die "Einheit" aus der Taufe gehoben wurde, statt Enzymmengen in Picomol zu messen.

Volle Aktivität	AatII, AluI, AvaI, BamHI, BstOI, DraI, HaeIII, HhaI, HincII, HindIII, HpaII, KpnI, MspI, PvuII, RsaI, SacII, SmaI, StuI, TaqI, XbaI, XmaI	
Leicht reduzierte Aktivität	AvaII, BglII, BstXI, HinfI, MboI, MboII, PstI, Ssp I	Inkubationszeit verlängern oder Enzymmenge erhöhen
Reduzierte Aktivität	Bsp1286I, SalI, Sau3AI	Restriktionsenzympuffer (Endkonzentration 0,5fach) zugeben
Staraktivität	EcoRI	Restriktionsenzympuffer (Endkonzentration 0,5fach) oder Mg^{2+} (Endkonzentration 10 mM) zugeben

Tab. 5: Aktivität von Restriktionsenzymen in Taq-Polymerase-Puffer.

ist weniger nass. Es gibt übrigens auch Kühlblöcke, die speziell für Kühlschranktemperaturen (0-4 °C) ausgelegt sind.

Viele Restriktionsenzyme werden in weit höheren Konzentrationen verkauft als im Laboralltag sinnvoll ist. Vermutlich handelt es sich um eine bewusste Absatzstrategie der Hersteller, da es sich dabei meist um die gebräuchlichsten Enzyme wie EcoRI oder HindIII handelt, die vergleichsweise billig sind. Weil der durchschnittliche Laborgrufti für seine Verdaus immer einen Mikroliter Enzymlösung einsetzt, egal wie viel Enzym drin ist, machen die Firmen auf diese Weise trotzdem ihren Schnitt. Wer Geld sparen will, kann die Enzyme verdünnen, viele Hersteller geben Hinweise dazu und vertreiben geeignete Verdünnungspuffer. Allerdings nimmt die Stabilität ab, man sollte daher nur die Mengen verdünnen, die man innerhalb einer Woche aufbrauchen kann.

Wie macht man einen Restriktionsverdau?

Eigentlich ist es ganz einfach. Man sucht sich aus der Enzymaktivitätsliste des Herstellers den passenden Puffer aus, pipettiert DNA, Wasser, Puffer und Enzym zusammen, mischt gut und inkubiert das Ganze für eine Stunde bei 37 °C. Soweit die Theorie. Meistens funktioniert das auch. Meistens.

Der **Standardverdau**: Für den analytischen Restriktionsverdau setzt man 0,2-1 µg DNA ein. Nimmt man geringere DNA-Mengen, hat man unter Umständen Schwierigkeiten mit dem Nachweis, weil die Nachweisgrenze für Ethidiumbromid im Agarosegel bei ca. 10-20 ng DNA je Bande liegt. Verwendet man größere Mengen, kann im Gegensatz dazu das Problem auftreten, dass man das Agarosegel überlädt, aus der Bande wird dann ein wolkenartiger Fleck mit Ausläufern nach oben, der schneller läuft, als es der Fragmentgröße entspricht, so dass eine genaue Größenabschätzung scheitern muss. Das Phänomen tritt bei einer DNA-Menge ab 0,3-1 µg je Bande auf, je nach Größe des DNA-Fragments. Das Volumen des Ansatzes sollte ca. 20 µl betragen – soviel passt üblicherweise in die Tasche eines Agarosegels.

Der **Verdau von PCR-Fragmenten** funktioniert nach Turbett und Sellner (1996) auch sehr gut mit ungereinigten PCR-Fragmenten. Dazu einfach das Enzym in den fertigen PCR-Ansatz geben und wie

gewohnt verdauen. Bei vielen häufig verwendeten Enzymen geht das ganz problemlos (s. Tab. 5), einige benötigen allerdings etwas mehr Zeit oder einen extra Schuss Magnesium, doch wer große Mengen von PCR-Ansätzen analysieren muss, wird im Zweifelsfall lieber über Nacht verdauen, wenn er sich dadurch eine Menge zusätzlicher Handgriffe sparen kann.
Will man die generierten Fragmente für Klonierungen weiterverwenden, empfiehlt es sich allerdings, den PCR-Ansatz zuvor zu reinigen, weil die Taq-Polymerase bei 37 °C noch eine ausreichende Aktivität aufweist, um beim Verdau entstehende überstehende Enden aufzufüllen bzw. ihr berühmtes unspezifisches Adenosin anzuhängen. Auch wenn die Schnittstellen an den Enden des Fragments sitzen, beispielsweise in der Primerregion, sollte man das Fragment unbedingt vorher reinigen. Zu den falschen Pufferbedingungen und der Restaktivität der Taq-Polymerase gesellt sich dann nämlich noch ein weiteres Problem: Viele Restriktionsenzyme schneiden besser in der Mitte eines Fragments als an seinen Enden, weil sie für ihre volle Aktivität eine gewisse Zahl von Basen links und rechts von der Schnittstelle benötigen. Viele Enzyme begnügen sich mit einer bis vier Basen, andere (z.B. Sal I) benötigen bis zu 20. Diese Eigenart ist lästig, da man wegen des geringen Größenunterschieds zwischen verdauter und unverdauter DNA praktisch nicht überprüfen kann, ob der Verdau vollständig war. DIE Lösung des Problems ist der Katalog von New England Biolabs, der im Anhang unter dem Titel "*Cleavage Close to the End of DNA Fragments*" eine Liste enthält, die eine Vorstellung davon vermittelt, ob man mit dem Verdau Glück haben wird oder nicht. Auch der Artikel von Moreira und Noren (1995) enthält eine sehr nützliche Übersicht über die Verdaufreudigkeit der gängigsten Restriktionsenzyme an den Enden von DNA-Fragmenten.

Doppelverdaus: Häufig kann man problemlos mit zwei Enzymen gleichzeitig verdauen, sofern man einen Puffer findet, in dem beide Enzyme eine ausreichend hohe Aktivität besitzen (ab 75 % aufwärts). Findet sich keiner, verdaut man erst mit dem Enzym, das die geringere Salzkonzentration benötigt, und stockt anschließend den Ansatz mit Puffer auf, bis man die optimale Konzentration für das andere Enzym erreicht hat. Ganz Sorgfältige führen nach dem ersten Verdau eine Phenol-Chloroform-Reinigung mit Ethanolfällung oder eine Reinigung mit Glasmilch durch – sicherlich die sauberste, aber auch die langwierigste, mühseligste und verlustreichste Alternative.
Doppelverdaus können problematisch werden, wenn zwei Restriktionsschnittstellen direkt nebeneinanderliegen (wie es einem gelegentlich in der *multiple cloning site* von Vektoren passiert), weil etliche Enzyme ihre Schnittstelle nicht mehr erkennen, wenn sie ganz am Ende des DNA-Fragments liegen (siehe oben). Wird die eine Schnittstelle geschnitten, ist es sogleich um die andere geschehen. Dagegen kann man nicht viel machen. Manchmal helfen sehr lange Verdauzeiten, oder man versucht's mit anderen Schnittstellen.

Einige Restriktionsenzyme können auch **einzelsträngige DNA** verdauen, wenn auch mit deutlich geringerer Effizienz (1-50 %). Vor allem HhaI, HinP1I und MnlI sind dazu geeignet, in geringerem Maße auch HaeIII, BstNI, DdeI, HgaI, HinfI und TaqI.

Nach dem Verdau will man die Enzyme gerne loswerden. Die einfachste Variante ist die **Hitzeinaktivierung**, bei der man sich zwar nicht des Enzyms, aber zumindest seiner Aktivität entledigt, was häufig genauso gut ist. Dazu erhitzt man den Ansatz für 20 min auf 65 °C. Leider funktioniert das nicht bei allen Restriktionsenzymen, dann hilft nur eine ordnungsgemäße Reinigung. Eine Liste der hitzeinaktivierbaren Enzyme findet sich mittlerweile in jedem Katalog, in dem Restriktionsenzyme aufgeführt sind.

Schwierigkeiten beim Restriktionsverdau

Obwohl der Restriktionsverdau zu den einfachsten Versuchen in diesem Gewerbe gehört, kann auch hier einiges schieflaufen. Darum hier eine (erstaunlich lange) Liste von möglichen Fehlern und Problemen:

- **Statt Banden ist im Agarosegel nur ein Schmier zu sehen.** Der Ansatz war mit unspezifischen Nucleasen kontaminiert. Wahrscheinlichste Quelle: die eigenen Fingerchen. Vorsicht im Umgang mit den Reaktionsgefäßen, viele begrapschen mit steter Regelmäßigkeit die Innenseite des Gefäßdeckels und wundern sich anschließend über Nucleasekontaminationen.
  Ausnahme: Man hat **genomische DNA** verdaut. Da die Verteilung der Schnittstellen in einer DNA ein wenig dem Zufall folgt, erhält man aus dem Verdau von genomischer DNA ein statistisches Gemisch von Fragmenten zwischen 0 und 50 kb Länge, die im Gel als einheitlicher Schmier erscheinen. Allerdings enthält genomische DNA auch viele repetitive Elemente, in denen die Verteilung der Schnittstellen nicht mehr zufällig ist, so dass bei vielen Restriktionsenzymen in diesem Schmier einige klar definierte, typische Banden erscheinen. Mit etwas Übung kann man diese Banden heranziehen, um zu sehen, ob der Verdau funktioniert hat oder ob die DNA nur durch unspezifische Nucleasen abgebaut wurde. Man erspart sich damit unter Umständen mehrere Tage Arbeit.
- **Statt Banden ist im Agarosegel nur ein riesiger heller Fleck am unteren Ende der Spur zu sehen.** Ein klassischer Fehler bei Plasmid-DNA-Minipräps: RNase-Verdau bei der DNA-Präparation vergessen. Der dicke Fleck ist die bakterielle RNA.

Die DNA ist nur unvollständig oder gar nicht verdaut, obwohl ich sicher weiß, dass sie eine entsprechende Schnittstelle enthält.
Ursache:

- **Der Ansatz wurde nicht ordentlich gemischt.** Restriktionsenzyme werden, wie die meisten Enzyme, in einem Puffer aufbewahrt, der 50 % Glycerin enthält. Mischt man nicht ordentlich, sackt das Enzym auf den Boden des Tubes und dreht dort Däumchen.
- **Das Restriktionsenzym hat den Geist aufgegeben.** Selten, tritt aber von Zeit zu Zeit auf, vor allem wenn das Enzym alt ist – obwohl die meisten Enzyme weit über ihr Verfallsdatum hinaus aktiv sind – oder ein freundlicher Kollege permanent darauf verzichtet, die Enzyme zum Pipettieren auf Eis zu stellen. Ein paar Restriktionsenzyme sind allerdings auch bei korrekter Lagerung nur für wenige Monate stabil.
- **Geringe Stabilität des Enzyms.** Eine seltene Variante von "das Restriktionsenzym hat den Geist aufgegeben": Einige Enzyme lassen sich zwar normal lagern, doch hat man sie erst einmal verdünnt, sind sie auch bei der richtigen Inkubationstemperatur sehr instabil und besitzen eine Halbwertszeit von weniger als einer Stunde (s. Tab. 6). Da hilft nur: Mehr Enzym einsetzen.
- **Falscher Puffer.** Auch der Beste vertut sich mal. Im besten Fall schneidet das Enzym trotzdem, wenn man Pech hat, nur sehr langsam, und wenn man großes Pech hat, reagiert das Enzym sauer, ändert seine Spezifität und schneidet an Stellen, an denen es das nicht tun soll. Dieses Verhalten bezeichnet man als **Staraktivität** und kann möglicherweise bei allen Restriktionsenzymen induziert werden, tritt aber in der Praxis nur bei einer Handvoll auf (s. Tab. 6), die offenbar besonders empfindlich reagieren auf niedrige Salzkonzentrationen (< 25 mM), hohen pH (> pH 8,0), hohe Glycerinkonzentrationen (> 5 %), organische Lösungsmittel (z.B. Ethanol, DMSO, Dimethylformamid) oder auf zu große Enzymmengen.
  Wer sich das Leben einfacher machen möchte, kann einen Universalpuffer verwenden, in dem die meisten der Enzyme, die man üblicherweise verwendet, eine Aktivität von > 75 % aufweisen. Ein

	Enzyme	Inkubations-temperatur
Enzyme mit ungewöhnlicher Inkubations-temperatur	SmaI	25 °C
	CspI	30 °C
	BanI, BclI, BsaOI, BssHII, Bst71I, BstXI, BstZI, SfiI	50 °C
	BstEII, BstOI	60 °C
	BsaMI, BsrBRI, BsrSI, TaqI, Tru9I, Tth111I	65 °C
Bei -20 °C instabil	MspA1I, NlaIII, PmlI	
im Verdauansatz instabil	NdeI, SfcI, SmaI	
Staraktivität bei falschem Puffer	ApoI, AseI, BamHI, BssHII, DdeI, EcoRI, EcoRV, HindIII, HinfI, KpnI, MamI, PstI, PvuII, SalI, Sau 3AI, ScaI, Sgr AI, TaqI, XmnI	

Tab. 6: Ungewöhnliche und instabile Restriktionsenzyme.

Puffer mit 33 mM Tris Acetat pH 7,9 / 10 mM Mg Acetat / 66 mM K Acetat / 0,1 mg/ml BSA / 0,5 mM DTT eignet sich beispielsweise ganz gut. Man sollte sich aber sicherheitshalber vorher einen Überblick darüber verschaffen, welches der Enzyme, die man im Allgemeinen braucht, im Universalpuffer nicht schneidet.

- **Falsche Temperatur.** Die meisten Enzyme arbeiten bei 37 °C, mit einigen Ausnahmen (s. Tab. 6). Im Zweifelsfall schaut man lieber einmal zu viel als zu wenig im Katalog oder auf dem Beipackzettel nach.
- **BSA vergessen.** Viele Restriktionsenzyme zeigen eine höhere Aktivität in der Gegenwart von Rinderserumalbumin (BSA), doch kommt man meist auch ohne aus. Wer mag, der kann zu seinen Verdaus standardmäßig BSA hinzufügen. Wenn es auch nicht immer hilft, schadet es auf alle Fälle nicht, weshalb etliche Hersteller ihre Restriktionspuffer standardmäßig damit versehen. Man verwendet dazu acetyliertes BSA (die Modifizierung inaktiviert vorhandene Spuren von Nucleasen – keinesfalls das BSA aus den Beständen der Proteinchemiker nebenan verwenden, auch wenn die noch so viel davon haben) in einer Endkonzentration von 0,1 µg/µl. Kommerziell erhältliches (modifiziertes) BSA wird meist in viel zu hohen Konzentrationen angeboten. Am besten stellt man sich eine 10fache Stocklösung her und friert diese weg. Man kann auch direkt seinen 10x Puffer für den Restriktionsverdau mit BSA versehen, aber Achtung: Puffer anschließend wegfrieren, sonst lachen einem bald Pilze und Bakterien entgegen.
- **Verunreinigungen der DNA-Präparation.** Mitunter kann die DNA mit geheimnisvollen Substanzen verunreinigt sein, die die Aktivität des Restriktionsenzyms hemmen. Häufig ist das Phänomen bei λ-DNA, die von Plattenlysaten gewonnen wurde, aber auch die Reinheit von genomischer DNA lässt mitunter zu wünschen übrig. Oft hilft's, wenn man mehr Enzym einsetzt oder das Volumen des Ansatzes deutlich erhöht, beispielsweise auf 50-200 µl je 10 µg genomischer DNA.

- **Ungünstige Sequenzen.** Ein interessantes Problem: Nicht alle Restriktionsschnittstellen werden gleich gut geschnitten! So schneidet EcoRI in λ-DNA die Schnittstelle am rechten Ende zehnmal schneller als die in der Mitte des Moleküls (Thomas und Davis 1975). Umgekehrt werden die drei Sac II-Schnittstellen in der Mitte der λ-DNA 50mal schneller geschnitten als die vierte Erkennungsstelle am rechten Ende. Dies ist offenbar durch die flankierenden Sequenzen bedingt.
  Die Unterschiede in der Schneidegeschwindigkeit, wenn sie auftreten, betragen selten mehr als Faktor zehn und sind daher nicht sehr relevant, da man sich meist sowieso in einer Situation des Überverdaus (*overdigest*) befindet, d.h. viel zu viel Enzym eingesetzt wird. Es gibt allerdings auch Restriktionsenzyme wie NarI, NaeI und SacII, die einige ihrer potentiellen Schnittstellen gar nicht oder nur sehr schlecht schneiden. Sie gehören zu einer Gruppe von Restriktionsenzymen, die zwei Erkennungsstellen besitzen, die beide besetzt sein müssen, damit das Enzym schneiden kann. Weitere Beispiele sind BspMI, EcoRII und HpaII (Oller et al. 1991). Man kann sie durch Zugabe von Oligonucleotiden in trans (d.h. durch Mithilfe eines anderen Moleküls) aktivieren, manchmal hilft auch die Zugabe von Spermidin.
- **Methylierung.** Der Schutz, den Restriktionsenzyme Bakterien vor Eindringen von Fremd-DNA bieten, beruht auf der Unterscheidung der eigenen DNA von fremder aufgrund der spezifischen Methylierungsmuster. Dies hat den unangenehmen Nebeneffekt, dass methylierte Schnittstellen von etlichen Restriktionsenzymen nicht verdaut werden.
  Methylierte Basen finden sich in vielen DNAs. Alle DNAs, die aus Bakterien gewonnen wurden (bakterielle genomische DNA, Plasmide, Phagen-DNA usw.) tragen das Methylierungsmuster der im jeweiligen Bakterienstamm vorhandenen Methylasen. In genomischen DNAs von Säugern ist häufig das Cytosin des Dinucleotids CG methyliert; auf diese Weise kann die Zelle die Expression von Genen regeln, die in ihrer regulatorischen Region sogenannte CG-Inseln (*CG islands*) besitzen, also CG-reiche Abschnitte, die bei transkriptionell aktiven Genen nicht methyliert sind. In pflanzlichen DNAs findet sich die Methylierung in CNG-Sequenzen. In vitro hergestellte DNA, z.B. cDNA oder PCR-Produkte, sind dagegen nicht methyliert.
  Die in den im Labor verwendeten *E. coli*-Stämme enthalten verschiedene Methylasen: Am häufigsten und für Laborzwecke am bedeutsamsten sind die **Dam Methylase** (erkennt – und methyliert – G ^{m}ATC) und die **Dcm Methylase** (erkennt C ^{m}CAGG und C ^{m}CTGG). Von deren Tätigkeit können alle Restriktionsenzyme betroffen sein, die erstens methylierungssensitiv sind und zweitens eine der genannten Methylierungssequenzen enthalten (insbesondere die Sequenz GATC) oder mit ihr überlappen; letzteres ist besonders perfide, weil man nicht damit rechnet. Betroffen können alle Restriktionsenzyme sein, deren Erkennungssequenz mit GA, GAT, CC, CCA oder CCT endet.
  Weitere vorhandenen Methylasen sind die **EcoKI Methylase** (erkennt A ^{m}AC(N_6)GTGC und GC ^{m}AC(N_6)GTT) und die EcoB Methylase. Diese Methylasen stellen in der Klonierungspraxis kaum ein Problem dar. EcoK und EcoB sitzen im Bakteriengenom am gleichen Locus und schließen sich daher gegenseitig aus. Die meisten Laborstämme stammen von EcoK-haltigen Stämmen ab, sind aber oft in diesem Gen mutiert und die Methylase damit inaktiv. Da die Erkennungssequenzen eher selten sind, stellt aber auch eine aktive Methylase kaum ein Problem dar.
  Schließlich enthalten die Laborbakterien auch noch die Restriktionssysteme **McrA**, **McrBC** und **Mrr**. Diese interferieren nicht mit der Dam- bzw. Dcm-Methylierung, so dass sie für die Klonierung von DNAs aus Bakterien kein Problem darstellen. Methylierte genomische DNA aus Säugern und Pflanzen dagegen wird geschnitten, man sollte daher beim Klonieren solcher DNAs auf einen Bakterienstamm zurückgreifen, in dem diese Restriktionsenzyme inaktiviert wurden.
  Erweist sich die Methylierung als Problem, gibt es unterschiedliche Lösungsansätze. Will man einen Restriktionsverdau durchführen, kann man nach Isoschizomeren (oder gegebenenfalls auch Neoschizomeren) des gewünschten Restriktionsenzyms suchen, welche insensitiv für die vorhandene Methy-

lierung sind. Oder man greift bei der Plasmid-DNA-Vermehrung auf einen Bakterienstamm zurück, dessen Dam- und Dcm-System mutiert ist (bezeichnet mit Dam^- Dcm^-). Grundsätzlich kann man auch die störenden Methylreste mit einer Methylase entfernen, in der Praxis wird man allerdings Schwierigkeiten haben, die passende Methylase zu finden.
Manchmal kann man die Methylierung auch zu seinem Vorteil nutzen. So basiert eine nette Methode zur Mutagenese darauf, dass DpnI nur methylierte DNA schneidet; die (methylierte) Template-DNA wird dann durch einen Restriktionsverdau zerstört, während einem die mittels PCR generierte mutierte (und nicht methylierte) DNA erhalten bleibt (s. 9.2).
Auch bei genomischer DNA kann Methylierung manchmal von Nutzen sein. Eine indirekte Auswirkung findet sich bei Säuger-DNAs: Die CG-Methylierung, die bei der Regulation der Genexpression in Säugern eine Rolle spielt, hat dazu geführt, dass dieses Nucleotidpaar in Säuger-DNA eher selten ist und zudem vor allem in den CG-Inseln zu finden ist. Restriktionsenzyme, die ein CG in ihrer Erkennungssequenz enthalten (wie z.B. PstI) schneiden daher im Säuger-Genom eher selten und produzieren so recht große Fragmente. Dies lässt sich noch steigern, indem man die Methylierungsempfindlichkeit ausnutzt: So sind AsuII und Csp45I Isoschizomere mit der Erkennungssequenz TTCGAA, doch nur Csp45I ist methylierungssensitiv. TTCGAA findet sich vor allem außerhalb der CG-Inseln und ist daher mehrheitlich methyliert. Will man alle diese Erkennungssequenzen schneiden, wird man AsuII verwenden, während sich Csp45I andererseits dazu verwenden lässt, das Genom in ganz besonders große DNA-Fragmente zu zerschneiden, was z.B. für die Herstellung von Genombanken interessant sein kann.
Eine schöne Liste zur Sensitivität von Restriktionsenzymen und ihrer Empfindlichkeit gegenüber Methylierung findet sich bei McClelland et al. 1994 oder man holt sich Informationen im Internet bei New England Biolabs unter “http://rebase.neb.com”.

Nachschlagewerke zum Thema Restriktionsverdau

Seitdem New England Biolabs mit seinem bis heute vorbildlichen Katalog Maßstäbe gesetzt hat, erweitern auch andere Hersteller zunehmend ihre Kataloge um nützliche Seiten zum Thema Restriktionsenzyme. Ein regelmäßiger Streifzug durch diese häufig unbekannten Anhänge der Kataloge ist höchst empfehlenswert – man ist immer wieder erstaunt, was sich dort so findet. Trotzdem ist und bleibt der NEB-Katalog der Spitzenreiter in Sachen Nützlichkeit.
Ganz nachdrücklich sei auf **REBASE**, die *restriction enzyme database*, hingewiesen, die man im Internet unter “http://rebase.neb.com” findet. REBASE gibt den aktuellsten Überblick über die derzeit charakterisierten Restriktionsenzyme, ob und wo man sie bekommen kann, eine Liste von Publikationen zum jeweiligen Enzym und vieles mehr.
Fast aus dem gleichen Stall kommt ein weiterer Service, der sehr nützlich sein kann: unter “http://tools.neb.com/NEBcutter2/” haben Sie die Möglichkeit, DNA-Sequenzen auf offene Leseraster und Schnittstellen durchsuchen zu lassen. Sogar das zu erwartende Bandenmuster auf einem Agarosegel können Sie sich dort anzeigen lassen – ein Traum wird wahr.

Literatur:

Luria SE (1953) Host-induced modifications of viruses. Cold Spr. Harb. Symp. Quant. Biol. 18, 237

Arber W, Dussoix D (1962) Host Specificity of DNA produced by Escherichia coli. I. Host controlled modification of bacteriophage l. J.Mol.Biol.5, 18

Dussoix D, Arber W (1962) Host Specificity of DNA produced by Escherichia coli. II. Control over acceptance of DNA from infecting phage l. J.Mol.Biol. 5, 37

Smith HO, Nathans D (1973) A suggested nomenclature for bacterial host modification and restriction systems and their enzymes. J.Mol.Biol. 81, 419-423

Thomas M, Davis RW (1975) Studies on the cleavage of bacteriophage lambda DNA with EcoRI Restriction endonuclease. J.Mol.Biol. 91, 315-328
Chirikjian JG (Hrsg.) (1981): Gene Amplification and Analysis. Vol. 1 Restriction endonucleases. Elsevier.
Chirikjian JG (Hrsg.) (1987): Gene Amplification and Analysis. Vol. 5 Restriction endonucleases and methylases. Elsevier.
Oller AR et al. (1991) Ability of DNA and spermidine to affect the activity of restriction endonucleases from several bacterial species. Biochemistry 30, 2543-2549
McClelland M, Nelson M, Raschke E (1994) Effect of site-specific modification on restriction endonucleases and DNA modification methyltransferases. Nucl.Acids Res. 22, 3640-3659
Moreira R, Noren C (1995) Minimum duplex requirements for restriction enzyme cleavage near the termini of linear DNA fragments. Biotechniques 19, 56-59
Turbett GR, Sellner LN (1996) Digestion of PCR and RT-PCR products with restriction endonucleases without prior purification or precipitation. Promega Notes Magazine 60, 23
Roberts RJ, Macelis D (1996) REBASE – restriction enzymes and methylases. Nucl. Acids Res. 24, 223-235
Roberts RJ et al. (2003) A nomenclature for restriction enzymes, DNA methyltransferases, homing endonucleases and their genes. Nucl.Acids Res. 31,1805-1812

3.2 Gele

Sie gehen ihren stillen Schritt
und nehmen uns doch auch am Ende mit

Gele. Das täglich Brot des Experimentators. Wer fleißig arbeitet, kommt an manchen Tagen aus dem Gelegießen gar nicht mehr raus. Zumeist sind es Agarosegele, und ohne sie ist die Molekularbiologie gar nicht vorstellbar. Jeder wird im Laufe der Zeit eine beachtliche Expertise erwerben – nicht zuletzt, weil immer wieder etwas schiefläuft. Entweder will die DNA nicht in den Taschen bleiben oder sie läuft in die falsche Richtung, und hin und wieder kommt man zu ganz ungewöhnlichen und unverständlichen Ergebnissen – dann hat man vermutlich sein Gel mit reinem Wasser gegossen.
Es ist schon faszinierend, was alles bei einer so einfachen, alltäglichen Technik falsch laufen kann!

3.2.1 Agarosegele

Die Agarosegel-Elektrophorese ist die einfachste und effektivste Methode, DNA-Fragmente von 0,5 bis 25 kb Länge voneinander zu trennen und zu identifizieren.

Das Prinzip: Man kocht Agarose in Elektrophoresepuffer auf, bis die Agarose gelöst ist, und gießt daraus mit Hilfe eines Gelschlittens und eines Kammes ein Gel mit Taschen. Sobald die Agarose erstarrt ist, gibt man das Gel in eine Elektrophoresekammer, gibt Elektrophoresepuffer zu, bis das Gel knapp bedeckt ist, pipettiert die DNA-Lösungen in die Taschen und legt eine Spannung an (üblicherweise zwischen 50 und 150 Volt). Ist die DNA ausreichend weit gelaufen, färbt man das Gel mit einem Farbstoff und betrachtet es unter UV-Licht. Meistens verewigt man das Ergebnis noch auf einem Photo – außer, man hat wieder einmal anderthalb Tage gearbeitet, um am Ende mit nichts dazustehen.

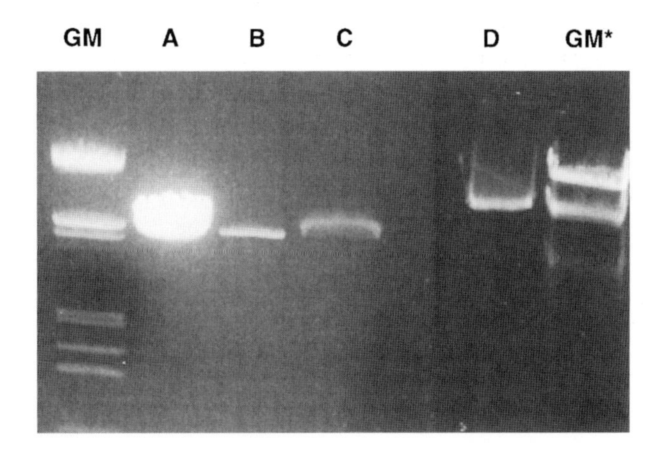

Abb. 12: Agarosegele.
Selbst bei Agarosegelen können Probleme auftreten. Hier eine kleine Auswahl:
GM Größenmarker. **A** 3 µg DNA – bei Banden bzw. Flecken dieser Art ist eine Größenbestimmung nur noch näherungsweise möglich. **B** 100 ng DNA, unter optimalen Bedingungen elektrophoriert. **C** 100 ng DNA, in einer Hochsalzlösung gelöst und dann elektrophoriert. Das Fragment erscheint größer als es ist, weil es nur langsam aus der Hochsalzlösung herauswandert. Diesen Effekt macht man sich bei der Salzfalle (s. 3.2.2) zunutze.
GM* (Größenmarker) und **D** (200 ng DNA): Agarosegele sollten mit Elektrophoresepuffer gegossen werden. Greift man aus Versehen zur Wasserflasche, wird das Ergebnis Staunen hervorrufen. Diese Banden sehen noch recht gut aus, häufig findet man in einem solchen Fall nur noch seltsame Wolken vor.

Zum Aufkochen der Agarose verwendet man heutzutage nicht mehr den Bunsenbrenner, sondern ein Mikrowellengerät, wie Sie es von zuhause her kennen. Sollte in Ihrem Labor ein Neukauf anstehen, dann entscheiden Sie sich am besten für ein Gerät mit möglichst wenig Knöpfen und ohne Grill – so vermeiden Sie, dass irgendein Blindfrosch von einem Praktikanten seine Agarose aus Versehen grillt und dabei größere Schäden im Labor anrichtet. Außerdem ist der Innenraum moderner Mikrowellen nicht sehr hoch, durch den Grill verliert man zusätzlich wertvolle Zentimeter. Als Daumenregel rechnet man je 100 ml Lösung eine Minute Erhitzen bei voller Leistung. Trotzdem darf man die Mikrowelle während der Benutzung nicht aus den Augen lassen, Agaroselösungen neigen nämlich stark zum Überkochen, mit dem Ergebnis, dass Sie das Reinigen der Mikrowelle doppelt so viel Zeit kostet wie das Gießen des Gels. Aus diesem Grund sollte man das Gefäß, das man zum Aufkochen verwendet, höchstens zur Hälfte füllen. Noch perfider ist, dass visköse Lösungen (wie flüssige Agarose) zum Siedeverzug neigen, das bedeutet, dass die Lösung manchmal erst dann überkocht, wenn Sie sie aus dem Gerät nehmen, was zu bösen Verbrennungen führen kann. Und selbst wenn die Lösung nicht überkocht, kann plötzlich austretender Dampf Ihnen dennoch die Finger verbrühen. Handschuhe sind daher beim Umgang mit dem Mikrowellengerät Pflicht, die besten, die ich bislang gesehen habe, sind gefütterte Ganzlederhandschuhe, wie man sie im Baufachhandel finden kann.
Vielleicht sind es all diese “enormen Risiken”, die Firmen wie Invitrogen mittlerweile dazu bewogen haben, selbst so etwas Banales wie Agarosegele als Fertigpack anzubieten. Für all diejenigen, die wirklich zu viel Geld haben...

Fragmentlänge	Agarosekonzentration (w/v)	Bromphenol	Xylencyanol
1 bis 30 kb	0,5 %	1000 bp	10 kb
0,8 bis 12 kb	0,7 %	700 bp	6 kb
0,5 bis 7 kb	1,0 %	300 bp	3 kb
0,4 bis 6 kb	1,2 %	200 bp	1,5 kb
0,2 bis 3 kb	1,5 %	120 bp	1 kb
0,1 bis 2 kb	2,0 %	< 100 bp	0,8 kb

Tab. 7: Agarosekonzentrationen und die jeweiligen Fragmentlängen-Trennbereiche.
Zur Orientierung sind die Längen der Fragmente angegeben, die mit den Farbstoffen Bromphenol und Xylencyanol ko-migrieren (d.h. auf gleicher Höhe wandern).

Die Elektrophoresepuffer

Die beiden am häufigsten verwendeten Puffer sind **TAE** (ein Tris-Acetat-EDTA-Puffer, s. 12.2) und **TBE** (ein Tris-Borat-EDTA-Puffer, s. 12.2). TAE ist vermutlich der Spitzenreiter, da es als 50fache Vorratslösung gelagert werden kann – das erspart einem allzu häufiges Ansetzen der Vorratslösung – und sich gut für spätere Aufreinigungen von DNA aus dem Gel eignet. Ein deutlicher Nachteil ist allerdings die recht geringe Pufferkapazität, die dazu führt, dass man die Gele bei geringeren Spannungen (0,5-5 V/cm Elektrodenabstand) fahren muss, weil sie sonst schmelzen. TBE dagegen ist wesentlich belastbarer (> 10 V/cm) und erlaubt damit schnellere Elektrophoresen, hat aber zwei massive Nachteile: zum einen bereitet Borat Schwierigkeiten, wenn man DNA aus dem Agarosegel präparieren möchte, zum anderen fällt es bereits in der 5- bis 10fachen Stocklösung in geradezu bösartiger Weise aus. Eine interessante Alternative ist **TTE** (90 mM Tris-Base / 30 mM Taurin / 1 mM EDTA), das eine dem TBE ähnliche Pufferkapazität besitzt, aber als 20fache Stocklösung nicht ausfällt und sich gut für DNA-Präparationen eignet.

Die Agarose

Obwohl man sich normalerweise über die verwendete Agarose keine Gedanken macht, so wenig wie über NaCl oder Hefeextrakt – es gibt sie doch, die kleinen und die großen Unterschiede. Wer einmal staunen möchte, sollte einen Blick in das Agarosenangebot von Lonza (früher FMC) werfen.
Standardagarosen lassen sich in Konzentrationen zwischen 0,5 und 2 % verwenden, das deckt den Fragmentgrößenbereich von 0,2 bis 20 kb ab (s. Tab. 7). Um den Trennbereich weiter nach unten zu erweitern, hat man ***sieving agarose*** entwickelt, eine Spezialagarose, die in besonders hohen Konzentrationen (2-4 %) verwendet werden kann und so im Bereich von 10 bis 1000 bp DNA-Fragmenten Auflösungen ermöglicht, wie man sie sonst nur von Polyacrylamidgelen kennt. Man muss aber ehrlicherweise sagen, dass die Banden trotz allem nicht ganz so scharf werden und der Spaß auch sehr viel teurer ist. Diese Agarosen sind außerdem so bröselig, dass man sie mit normaler Agarose mischen muss, damit sie einem nicht bei jeder unbedachten Bewegung zerfallen. Bei Konzentrationen unter 2 % sind *sieving* Agarosen deshalb praktisch nicht zu verwenden. Trotzdem sind sie beliebt, weil Agarosegele eben einfacher in Herstellung und Handhabung sind als Polyacrylamidgele.

Eine weitere Spezialität ist die niedrig schmelzende Agarose (***low melting point agarose,*** **LMP-Agarose**). Wie der Name bereits andeutet, schmilzt diese Agarose bereits bei 65 °C und nicht erst bei 90 °C wie normale Agarosen und damit in einem Temperaturbereich, in dem DNA noch nicht denaturiert. Auch die Geliertemperatur ist sehr niedrig, sie liegt mit 29 °C unter der Inkubationstemperatur von Restriktionsenzymen – das erlaubt einem, DNA-Fragmente aus einem Gel auszuschneiden und zu verdauen, ohne sie vorher aufreinigen zu müssen. Außerdem bietet LMP-Agarose die Möglichkeit zu einer sehr schonenden Reinigung großer Fragmente aus dem Gel (s. 3.2.2). LMP-Agarosen existieren in zwei Ausführungen: die eine erlaubt die Auftrennung von Fragmenten bis 1 kb Länge und ist wesentlich teurer als Standardagarose, die andere erlaubt die Trennung bis 20 kb und kostet ein Vermögen.
Als letzte Kategorie wären noch die **Agarosen mit hoher Gelstärke** zu erwähnen, die stabiler als normale Agarosen sind und daher geringere Agarosekonzentrationen bei vergleichbarer Handhabbarkeit erlauben. Das ist vor allem bei der Trennung sehr großer DNA-Fragmente mittels Pulsfeldgelelektrophorese interessant.

Die Agarosekonzentration

Große DNA-Fragmente durchlaufen Agarosegele langsamer als kleine. Der Grund dafür liegt in der Siebstruktur der Agarose, deren Poren kleineren Fragmenten weniger Widerstand bieten. Mit einem Blatt logarithmischem Papier und dem DNA-Größenmarker kann man daher ganz gut die Länge eines Fragments bestimmen, weil die Laufstrecke umgekehrt proportional zum Logarithmus der Fragmentlänge ist. Diese Beziehung gilt allerdings nur innerhalb eines bestimmten Bereichs: Trägt man nämlich die Laufstrecke bekannter Fragmente gegen den Logarithmus ihrer Länge auf, stellt man fest, dass sich die Gerade bei größeren Fragmenten mit einem dezenten Knick nach oben in die Nutzlosigkeit verabschiedet (s. Abb. 13). Ursache für den Knick ist die Angewohnheit der DNA, sich nach einiger Zeit längs zum elektrischen Feld auszurichten und dann ungehindert durch die Poren zu wandern. Eine Trennung nach Größe ist dann nicht mehr möglich, weshalb man bei Fragmenten von über 20 kb Länge besser zur Pulsgelelektrophorese (s. 3.2.5) übergeht. Der Knickpunkt liegt irgendwo im Bereich zwischen 3 kb und 8 kb, wobei die genaue Lokalisation von verschiedenen Faktoren wie der angelegten Spannung oder dem verwendeten Elektrophoresepuffer, am stärksten aber von der Agarosekonzentration beeinflusst wird: Je niedriger die Konzentration, desto später kommt's zum Knick.
Bei kurzen DNA-Fragmenten dagegen kämpft man mit dem Problem, dass die DNA zu stark diffundiert, das Ergebnis sind verschwommene Banden, die häufig nicht von RNA-Kontaminationen (bei Plasmid-DNA-Minipräps) oder Primerartefakten (bei PCR-Produkten) zu unterscheiden sind. Um schärfere Banden zu erhalten, kann man die Agarosekonzentration erhöhen, oder man steigt auf Polyacrylamidgele um.
Um eine ordentliche Fragmenttrennung zu erreichen, verwendet man üblicherweise Agarosekonzentrationen von 0,8-2 %, damit lassen sich DNA-Fragmente zwischen 300 und 5000 Basen Länge gut trennen, wobei die optimale Konzentration von der erwarteten Fragmentlänge abhängt (s. Tab. 7). Im Laboralltag finden vor allem 1 %-Gele Verwendung.

Die Färbung

Die verbreitetste Methode, DNA in Agarosegelen sichtbar zu machen, ist die Färbung mit **Ethidiumbromid** (**EtBr**). Die klassische Methode besteht darin, das Gel nach beendeter Elektrophorese für 10-30 min in etwas Elektrophoresepuffer (oder Wasser) mit 0,5 µg/ml EtBr zu färben. Obwohl es sich meist nicht vermeiden lässt, dass die Sache in einer großen Kleckerei endet und das Labor binnen kur-

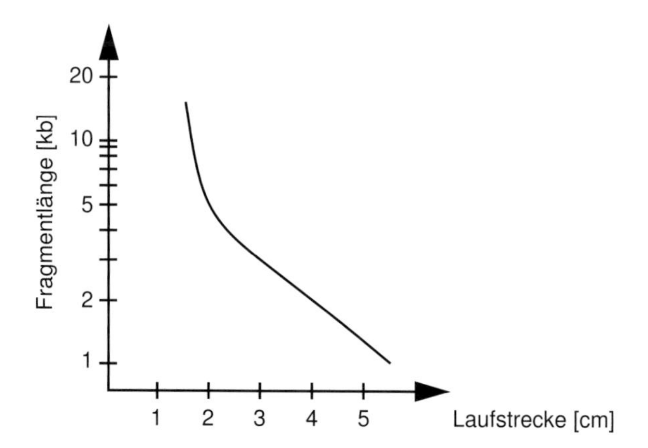

Abb. 13: Laufverhalten von DNA-Fragmenten in Agarose.

zer Zeit vor unsichtbaren EtBr-Flecken nur so strotzt, erhält man so schön gleichmäßig gefärbte Gele, deren Kontrast man durch eine zusätzliche Entfärbung mit Wasser für bis zu 30 min weiter erhöhen kann, was gerade beim Nachweis kleiner oder schwacher Banden vorteilhaft ist.
Die einfachere und daher verbreitetere Alternative besteht darin, bereits in die geschmolzene Agarose etwas EtBr zuzugeben. Der Vorteil liegt darin, dass man sich einerseits die langwierige Färbung spart und andererseits jederzeit einen kurzen Blick auf das Gel werfen kann, um zu entscheiden, ob man die Elektrophorese bereits abbrechen will – für den allzeit ungeduldigen Experimentator ein unschätzbarer Vorteil. Die Standard-Methodenbücher empfehlen eine EtBr-Menge von 0,5 µg/ml, doch reichen bereits 0,1 µg/ml völlig aus. Konzentrationen über 0,5 µg/ml sind nicht empfehlenswert, weil sie im UV-Licht den Hintergrund erhöhen. Obwohl EtBr lichtempfindlich ist und im UV-Licht zerfällt, kann man nicht benötigte Agaroselösung mitsamt EtBr durchaus für zwei Wochen im Regal aufbewahren und wieder aufkochen, denn EtBr ist entgegen einem gern kolportierten Gerücht nicht hitzeempfindlich. Dabei sollte man allerdings besonders darauf achten, dass nichts überkocht, weil sonst die ganze EtBr-Sauerei in der Mikrowelle verteilt wird. Denken Sie dabei nicht nur an sich, sondern vor allem an die Benutzer nach Ihnen.

Mittlerweile existieren neben EtBr noch weitere Farbstoffe (z.B. **SYBR Green I, SYBR Green II, OliGreen** oder **PicoGreen** von Molecular Probes), die ihren weit höheren Preis (meine Berechnungen ergaben 500fach höhere Kosten je Gel) durch ihre höhere Empfindlichkeit rechtfertigen wollen (laut Hersteller liegt die Nachweisgrenze bei 20 pg je Bande versus 5 ng je Bande für Ethidiumbromid; in der Praxis sind die Unterschiede allerdings in den meisten Fällen weit weniger spektakulär, sofern überhaupt vorhanden[41]). Auch die Gefährlichkeit soll geringer sein (die publizierten Mutagenesetests fallen jedenfalls negativ aus), doch wird grundsätzlich von Herstellerseite darauf hingewiesen, dass alle Farbstoffe dieser Art mit der DNA interagieren und damit als gefährlich anzusehen sind.
Neben den genannten Fluoreszenzfarbstoffen existiert auch eine ganze Reihe "bunter" Farbstoffe, für deren Nachweis kein UV-Licht benötigt wird, die aber allesamt auch weniger sensitiv sind; die Nachweisgrenze liegt bei ca. 40 ng je Bande. Der bekannteste Vertreter ist das **Methylenblau** (siehe Yung-

41. Zu beachten ist hierbei, dass diese Fluoreszenzfarbstoffe andere Filter als EtBr benötigen, um in den Geldokumentationssystemen ihre Stärken ausspielen zu können.

Sharp und Kumar 1989), alternativ dazu gibt es aber noch eine ganze Reihe weiterer Thiazin-Farbstoffe wie **Azur A**, **Azur B-Chlorid**, **Azur C**, **Toluidinblau O**, **Thionin** und **Brilliantkresylblau**, die sich alle außen an die DNA anlagern und deswegen als weniger mutagen angesehen werden. Alle funktionieren nach dem selben Prinzip: Das Gel wird nach der Elektrophorese für 15 min in Farbstofflösung (0,02-0,04 % Farbstoff in H_2O) gefärbt und anschließend für mindestens 15 min in H_2O entfärbt. Die Unterschiede zwischen den Farbstoffen liegen vor allem in ihrer unterschiedlich starken Neigung, auch das Gel anzufärben bzw. in der Geschwindigkeit, mit der der Farbstoff später ausbleicht.
Auch mit **Kristallviolett** (*crystal violet*) lässt sich DNA färben, doch interkaliert der Farbstoff offenbar wie EtBr in die DNA und wird daher ebenfalls als mutagen eingestuft.
Sehr interessant ist eine Publikation von Adkins und Burmeister (1996), die sich mit der Frage auseinandersetzen, ob man einen solchen Farbstoff nicht auch zur Direktfärbung der DNA während der Elektrophorese einsetzen könnte, um so die Wanderung der DNA direkt und in Farbe verfolgen zu können. In ihren Händen funktionierte dabei **Nilblau A** (*Nile blue sulphate*) am besten[42]. Lesenswert ist auch der Teil der Publikation, der sich damit auseinandersetzt, ab welcher Farbstoffkonzentration die DNA-Wanderung im Gel gehemmt wird. Viel hilft in diesem Fall nämlich definitiv nicht viel!

Tipps: Weil man bei Verwendung von "bunten" Farbstoffen kein UV-Licht benötigt, erfreuen sie sich z.B. in Schulen großer Beliebtheit, aber auch für Klonierungen werden sie aus diesem Grund von manchen Experimentatoren gerne verwendet, weil man so UV-Schäden an der DNA vermeiden kann (siehe dazu Flores et al. 1992).
Die Sensitivität der "bunten" Farbstoffe lässt sich übrigens erhöhen, indem man die Agarosegele trocknet, z.B. auf Filterpapier, das man auf einen Stapel saugfähiges Handtuchpapier legt. Die Nachweisgrenze lässt sich so von 40 ng je Bande auf 4 ng je Bande senken.

Ein kleiner Exkurs: Der Fall Ethidiumbromid

Seitdem der Gebrauch von Phenol im Bereich Molekularbiologie weitgehend aus der Mode gekommen ist, ist Ethidiumbromid die letzte Substanz mit hohem Gefährdungspotential, die im Laborbereich noch allgemeine Verwendung findet. Wenn es um Gefahrenstoffe im Labor geht, kann man jedenfalls sicher sein, dass an allererster Stelle Ethidiumbromid genannt werden wird, während bei der Benennung des zweiten Listenplatzes meist bereits das große Grübeln beginnt.

Ich habe deshalb vor längerer Zeit einmal einen Artikel über EtBr und mögliche Alternativen geschrieben. Bei der Recherche musste ich feststellen, dass es sich bei EtBr offensichtlich um eine Substanz mit wundersamen Eigenschaften handelt. Glaubt man nämlich all den Publikationen, die sich mit dem sicheren Umgang bei Arbeiten mit EtBr auseinandersetzen, dann müsste man bei diesen Gelegenheiten immer zwei Handschuhe übereinander anziehen, und wenn einer davon mit EtBr in Kontakt gekommen ist (was beim Photographieren von Gelen kaum zu vermeiden ist), müsste man die Handschuhe sofort in den nächsten Sondermüll-Container entsorgen, sich intensivst die Hände waschen[43] und hoffen, dass man dem Tod noch einmal von der Schippe gesprungen ist. Das kam mir dann doch etwas seltsam vor.

Ein Leserbrief brachte mich dann auf eine Fährte, die sich als so interessant erwies, dass daraus ein Folgeartikel wurde. Ein weiterer Effekt war, dass für mich seither Ethidiumbromid das Musterbeispiel

42. In einer Konzentration von 1 µg / ml Gel.
43. Zu finden im Internet: "*If any ethidium bromide contacts the skin, wash with soap and water for 15 min.*" Oder bis sich die Haut komplett abgeschält hat.

für Mythen und Legenden in der Laborwelt ist und ein peinlicher Beweis dafür, dass auch die stolze Akademikerzunft durchaus in der Lage ist, hirnlos und unkritisch vor sich hin zu werkeln, wie es sich der einfachste Straßenfeger nicht leisten dürfte.
Der interessante Hinweis bezog sich auf die Entstehungsgeschichte von EtBr, das nämlich keineswegs als Mittelchen zum Anfärben von DNA in Agarosegelen entwickelt wurde[44], sondern für die Behandlung von Rindern bei Trypanosomenbefall. Trypanosomen sind die Erreger der Schlafkrankheit und stellen in Afrika in etlichen Regionen nicht nur ein großes Problem für den Menschen, sondern auch für seine Kühe dar. Die Substanz erblickte ursprünglich in den 50er Jahren des letzten Jahrhunderts als Homidiumbromid das Licht der Welt und wurde unter dem Markennamen Ethidium vermarktet. Für die Behandlung von Trypanosomosen (siehe z.B. Karib et al. 1954) wird das Produkt in Afrika bis heute mit Erfolg eingesetzt und scheint ein tolles Produkt zu sein[45]: geringe Kosten, gute Verträglichkeit, und man kann damit nicht nur einen akuten Parasitenbefall bekämpfen, sondern auch Prophylaxe betreiben, weil die Schutzwirkung immerhin drei Monate (!) anhält (Murilla et al. 2002). Kleiner Zusatznutzen: Die Rinder legen anschließend sogar stärker an Gewicht zu als Tiere, die mit alternativen Mitteln behandelt wurden, weil EtBr offenbar auch noch eine antibiotische Wirkung besitzt (der Mechanismus ist unklar, aber Antibiotika werden ja auch bei uns als Mastmittel eingesetzt). Die verabreichte Dosis liegt bei 1 mg pro kg Gewicht, ein durchschnittliches Rind wiegt dort ca. 250 kg, macht eine Gesamtmenge von 250 mg, die so einem Tier gespritzt wird (zum Vergleich: für ein durchschnittliches Agarosegel reichen 10 µg locker aus). Es drängt sich angesichts solcher Zahlen die Frage auf, wieso ein Tröpfchen EtBr auf der Haut unser Leben derart bedrohen soll, wenn in Afrika eine Menge Rinderherden durch die Steppe ziehen, die eine vielfache Menge davon im Blut tragen (Murilla GA et al. 1999).

Dass EtBr tatsächlich nicht sonderlich giftig ist, kann man auch den Merck Sicherheitsdatenblättern entnehmen. Dort wird die LD_{50} für EtBr mit 1,5 g/kg angegeben[46], während die LD_{50} für Methylenblau, einem Farbstoff, der in den Labors überaus gebräuchlich ist, bei 1,18 g/kg liegt. Die tödliche EtBr-Dosis für einen Mann von 70 kg liegt folglich bei ca. 100 g!
EtBr ist nachweislich mutagen, zumindest liefert eine ganze Reihe von Mutagenesetests positive Resultate (etliche andere wiederum nicht). Man kann davon ausgehen, dass EtBr, weil es in die DNA interkaliert, vor allem Leseraster-Mutationen auslöst, was zwar tödlich für die Zelle sein dürfte, aber offenbar kaum zu Krebs führt. Tatsächlich ist eine cancerogene Wirkung nie nachgewiesen worden (siehe in diesem Zusammenhang Copping und East 1986; auch die Dokumentation des European Chemicals Bureau (ECB) führt kein Beispiel auf[47]). Im Gegenteil, kurzfristig kam man sogar auf die Idee, EtBr ließe sich zur Bekämpfung von Krebs einsetzen (Kramer und Grunberg 1973; Nishiwaki et al. 1974), was allerdings nicht der Fall ist und mir doch ein wenig blauäugig erscheint.

Fassen wir zusammen: Ethidiumbromid ist giftig (wenn auch nicht sehr) und mutagen (wenn auch nicht sehr), deshalb sollten bzw. müssen Sie die üblichen Sicherheitsvorkehrungen (Handschuhe – vorzugsweise aus Nitril -, Schutzbrille, u.U. Abzug) ergreifen, um jeglichen Kontakt mit der Substanz zu vermeiden. Kaufen Sie EtBr nicht als Pulver, sondern als Lösung, denn EtBr-Stäube einzuatmen ist keine gute Idee.

---

44. Diese Nutzung wurde erst in den siebziger Jahren eingeführt.
45. Verkauft wird Ethidium heute von Laprovet (http://www.laprovet.fr/). Leider hat Laprovet mittlerweile alle interessanten Informationen zu Ethidium von seiner Internetseite entfernt. Ich empfehle dem interessierten Leser eine Suche in Google, z.B. mit den Stichworten "Ethidium" und "cattle".
46. Die Zahlen gelten für orale und dermale Verabreichung bei der Ratte, für intravenöse Gabe liegt die LD_{50} bei 27 mg/kg. Meine Empfehlung: Spritzen Sie sich das Zeug nicht!
47. Siehe Dokument ECBI/54/04.

Sollte es doch einmal zum Kontakt kommen, besteht kein Grund zur Panik. Unsere Haut ist dafür gemacht, uns vor einer großen Zahl von schädlichen Einflüssen zu schützen, dazu gehört auch Ethidiumbromid. Waschen Sie die Stelle gründlich und sorgen Sie dafür, dass so etwas nicht mehr passiert.

Wieso wird bei uns um's Ethidiumbromid überhaupt ein derartiges Tamtam gemacht? Einen einleuchtenden Grund vermag ich nicht zu finden, ich vermute, die Argumentationskette lautet in etwa "positive Mutagenese-Tests = mutagene Substanz = cancerogene Substanz = hochgefährlich = lebensbedrohlich". Für mich persönlich stellt Mozzarella-Käse auf der Pizza jedenfalls ein sehr viel größeres Sicherheitsrisiko dar, der zieht ganz fiese Fäden, an denen ich regelmäßig fast ersticke.
Übrigens: Ein anderer Leser meinte, der gemeine irische Laborarbeiter sei mit Ethidiumbromid kaum zu verunsichern, habe aber vor Chloroform eine panische Angst. Andere Länder, andere Sitten.

Der Probenpuffer (*loading buffer*)

Da DNA-Lösungen praktisch die gleiche Dichte besitzen wie der Elektrophoresepuffer, ist es sehr schwierig, solche Lösungen direkt in die Geltaschen zu pipettieren – aber nicht unmöglich, wie mir einmal ein Laborpraktikant unabsichtlich demonstriert hat. Trotzdem tut man sich leichter, wenn man vorher etwas Probenpuffer zugibt, der erhöht die Dichte, auf dass die Lösung sanft in die Tasche sinke.
Als 5fach-Probenpuffer eignet sich eine Lösung mit Sucrose (40 % w/v), Glycerin (30 % v/v) oder Polysucrose 400 (= Ficoll 400®) (20 % w/v), jeweils mit 50 mM EDTA. Um besser verfolgen zu können, wo die DNA während des Auftragens und des Gellaufs abbleibt, fügt man außerdem einen oder mehrere Farbstoffe hinzu, üblicherweise Xylencyanol, Bromphenolblau und/oder Orange G (jeweils ca. 0,001 % w/v). Im Agarosegel migrieren diese Farbstoffe wie DNA-Fragmente von ungefähr 2000, 500 bzw. 200 bp Länge (s. Tab. 7:).
Das Abwiegen so kleiner Mengen bereitet in der Praxis einige Schwierigkeiten, weil man selten mehr als 10-50 ml Probenpuffer ansetzt und damit über mehrere Jahre hinaus gut bedient ist. Deswegen gibt man den Farbstoff meist frei Schnauze zu. Meist ist die Farbstoffkonzentration am Ende viel zu hoch (auch bei den kommerziell vertriebenen Blaumarkern übrigens), mit dem Effekt, dass man zwar aus zehn Metern Entfernung die Bromphenolbande sieht, später, unter UV-Licht, diese Bande allerdings sämtliche DNA-Banden, die auf gleicher Höhe wandern, überdeckt und unsichtbar macht. Es ist deshalb empfehlenswert, die Farbstoffkonzentration so einzustellen, dass man im Gel gerade noch sieht, wo der blaue Fleck ist[48].

Der Größenmarker

Früher machte jedes Labor seinen Größenmarker noch selbst, und jedes Labor hatte seinen Favoriten. Am liebsten nahm man λ-DNA, die man meist mit HindIII, EcoRI oder beiden verdaute. Wer ihn noch auftreiben kann, sollte einen Blick in den 1993/94er Katalog von New England Biolabs werfen, der im Anhang eine interessante Übersicht über die Bandenmuster von λ-, Adenovirus-2- und pBR322-DNA nach Verdau mit gängigen und weniger gängigen Restriktionsenzymen aufweist. Eine Augenweide, die dazu verleitet, Größenmarker selbst herzustellen.
Diese Zeiten sind vorbei, weil man bei den meisten Firmen, die molekularbiologisches Zubehör vertreiben, mittlerweile auch Größenmarker findet. Die einfachen Varianten umfassen das Angebot, das man auch selbst herstellen kann (λ x HindIII, λ x EcoRI/HindIII, λ x BstEII, ΦX74 x HaeIII), seit ein paar Jahren haben sich die sogenannten DNA-Leitern als Alternative etabliert, die DNA-Fragmente in

48. Z.B. mit 30 % Glycerin.

einem regelmäßigen Abstand, meist 100 bp, 500 bp oder 1 kb, enthalten. Die DNA-Leitern existieren für den unteren Größenbereich (bis 1500 bp) und für größere Fragmente (ab 500 bp). Die Kosten sind natürlich höher als wenn man DNA kauft und selbst verdaut. Auch sind die Muster zu regelmäßig, das schafft leicht Probleme bei der Orientierung. Größenmarker mit charakteristischen, unregelmäßigen Bandenmustern haben da den Vorteil, dass man sich auch noch zurechtfindet, wenn das Gel mal saumäßig gelaufen ist.
Ein interessantes Größenmarkerangebot findet sich z.B. bei BioRad oder Roche.

Literatur:

Karib AA, Ford EF, Wilmshurst EC (1954) Studies on ethidium bromide. V. The treatment of cattle infected with resistand strains of Trypanosoma congolense. J. Comp. Pathol. 64, 187-194

Kramer MH, Grunberg E (1973) Effect of ethidium bromide against transplantable tumors in mice and rats. Chemotherapy 19, 254-258

Nishiwaki H et al. (1974) Experimental studies on the antitumor effect of ethidium bromide and related substances. Cancer Res. 34, 2699-2703

Copping GP, East KSM (1986) Homidium chloride. Teratogenicity study by the intraveous route in the rabbit. May & Baker Research Report, R.Tox. 600, submitted to WHO by RMB Animal Health Ltd., Essex, England

Yung-Sharp D, Kumar R (1989) Protocols for the visualisation of DNA in electrophoretic gels by a safe and inexpensive alternative to ethidium bromide. Technique 1, 183-187.

Flores N. et al (1992) Recovery of DNA from agarose gels stained with methylene blue. Biotechniques 13, 203-205.

Adkins S, Burmeister M (1996) Visualization of DNA in agarose gels as migrating colored bands: Applications for preparative gels and educational demonstrations. Analyt. Biochem. 240, 17-23

Murilla GA et al. (1999) Development and evaluation of an exzyme-linked immunosorbent assay (ELISA) for the determination of the trypanocidal drug homidium in serum of treted cattle. J. Vet. Pharmacol. Ther. 22, 301-308

Murilla GA et a. (2002) The effects of drug-sensitive and drug-resistant Trypanosoma congolense infections on the pharmacokinetics of homidium in Boran cattle. Acta Trop. 81, 185-195

3.2.2 DNA-Fragmente aus Agarosegelen isolieren

Hat man erfolgreich die Bande seiner Träume von all den anderen undefinierbaren DNA-Fragmenten getrennt, muss man sie irgendwie wieder aus der Agarose herausbekommen. Auch hierfür existiert eine Flut von Methoden, die nicht an allen Orten gleichgute Ergebnisse liefern.

Am besten trennt man die DNA-Fragmente in einem TAE-gepufferten Gel, weil das Borat im TBE-Puffer mit den meisten Reinigungsmethoden interferiert (alternativ kann man auch TTE verwenden, s. 12.2). Dann schneidet man die DNA-Bande von Interesse unter UV-Licht aus dem Gel aus und isoliert die DNA aus dem Stückchen Agarose nach einer der folgenden Methoden.
Beim Ausschneiden sollte man möglichst schnell vorgehen, weil DNA sehr empfindlich auf UV-Licht reagiert. Es kommt dann zu Depurinierungen, zur Bildung von Basendimeren, zu Strangbrüchen und anderen feinen Sachen, die die Klonierung stark erschweren und außerdem zu Mutationen führen. Wer DNA aus Agarosegelen isolieren möchte, sollte daher die UV-Exposition so kurz wie möglich halten, d.h. gerade so lange, wie man braucht, um die Bande auszuschneiden.
MWG-Biotech vertreibt gegen dieses Problem einen TAE-Puffer mit Zusatz (**UV-safe TAE**), der die DNA vor UV-Schäden schützen soll. Vermutlich tut er das sogar. Kleiner Nachteil dabei: Das Wundermittel absorbiert die UV-Strahlung, so dass man die DNA nicht mehr sieht. Diese Methode empfiehlt sich daher nur bei sehr starken Banden, oder man verdünnt das Zeug solange mit normalem TAE-Puffer, bis es hinhaut.

Eine weitere Möglichkeit, die vor allem bei längeren Fragmenten interessant ist, ist die Färbung mit ***"crystal violet"*** statt mit Ethidiumbromid. Dadurch wird die DNA bei Normallicht sichtbar gemacht, Strangbrüche werden so vermieden. Invitrogen verkauft ein entsprechendes Kit unter dem Namen "S.N.A.P. UV-Free Gel Purification Kit". Andere blaue Farbstoffe wie **Methylenblau** oder **Nilblau A** funktionieren aber vermutlich ebenfalls (s. 3.2.1).

Tipp: Wer der Meinung ist, er sei im Umgang mit Skalpellen nicht ausreichend geübt, für den hält Biozym ein süßes Spielzeug namens "X-tracta" bereit; es handelt sich dabei um eine Art Spritze mit Schnabelaufsatz, mit dem man die DNA-Bande ausstechen kann. Entscheiden Sie selbst, ob sich die Ausgabe lohnt.

Glasmilch

Silica-Material, z.B. Glas, bindet DNA in der Anwesenheit hoher Konzentrationen chaotroper Salze (Natriumjodid, Guanidinisothiocyanat, Natriumperchlorat) und kann, nach einem Waschschritt mit einem Salz-Ethanol-Puffer, durch Lösungen mit geringen Salzkonzentrationen (H_2O oder TE) wieder eluiert werden. Besonders angenehm ist daran die Tatsache, dass das Eluat direkt, d.h. ohne weitere Fällungen, weiterverwendet werden kann. Auch ist die Methode ziemlich schnell und sehr vielseitig: Man kann sowohl DNA aus Lösungen als auch DNA aus Agarose-Stücken reinigen, da die chaotropen Salze die Agarose auflösen. Die Ausbeute liegt bei ca. 70 %, ist allerdings bei kleinen DNA-Fragmenten (< 500 bp) geringer.
Bei allen Kits wird die DNA-Lösung oder das Agarosestück mit 3-5 Volumen Hochsalzpuffer (6 M Natriumjodid, Guanidiumthiocyanat oder Natriumperchlorat) versetzt und gemischt (das Agarosestück für ca. 5 min bei 50 °C schütteln, bis sich die Agarose vollständig aufgelöst hat), 5-10 µl gut resuspendierte Silica-Suspension (auch "Glasmilch" genannt) zugegeben, für 5 min bei Raumtemperatur inkubiert, zentrifugiert, das Pellet in 500 µl Waschpuffer (0,1 M NaCl / 10 mM Tris pH 7,5 / 2,5 mM EDTA / 50 % EtOH) resuspendiert, zentrifugiert, das Pellet getrocknet und die DNA mit 20-50 µl H_2O oder TE eluiert. Statt einer Silica-Suspension findet man in den Kits immer häufiger Silica-Membranen, die in kleinen Säulchen stecken und dadurch deutlich einfacher zu handhaben sind.

Tipps: Es existieren verschiedene Kits auf dem Markt, wobei "am teuersten" nicht gleichbedeutend mit "am besten" sein muss. Die vermutlich günstigste Variante ist, sich seine eigene Silica-Suspension herzustellen. Dazu 10 g Diatomeen-Erde (SIGMA Bestell-n° D-5384) mit H_2O auf ein Volumen von 50 ml bringen, 50 µl konzentrierte Salzsäure zugeben und gut mischen. Vor Gebrauch jeweils gut resuspendieren. Ein anderer Vorteil besteht darin, dass die Menge an verwendeter Suspension an die Bedürfnisse angepasst werden kann. Man kann sie deshalb auch für Plasmid-DNA-Mini- oder Midipräps einsetzen.
Ein Nachteil sind die unterschiedlichen Partikelgrößen, die Waschschritte und Elution erschweren, weil sich Silicamaterial und Überstand schlecht trennen lassen. Hier können kleine Filtereinsätze für 1,5 ml Tubes helfen (z.B. Ultrafree-MC von Millipore), die die Flüssigkeit, nicht aber die Silicapartikel durchlassen.

Vorteil: Die Methode ist vielseitig und liefert gut reproduzierbare Ergebnisse.
Nachteil: Große DNA-Fragmente (> 5 000 bp) können durch die auftretenden Scherkräfte zerstört werden, kleine Nucleinsäuren (< 100 bp) binden offenbar nahezu irreversibel.

Literatur:
Vogelstein B, Gillespie D (1979) Preparative and analytical purifiation of DNA from agarose. Proc. Nat. Acad. Sci. USA 76, 615-619

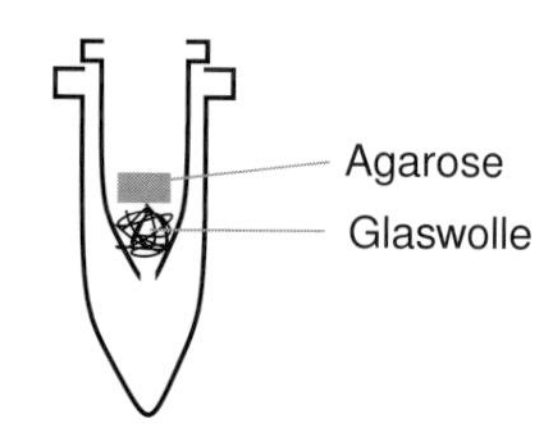

Abb. 14: DNA aus einem Agarosestück herauszentrifugieren.
Mit einem selbstgebastelten Filterchen kann man DNA innerhalb von 5 min aus einem Agarosestück herauszentrifugieren. Die Glaswolle bildet einen großporigen Stopfen, der ausreicht, um die Agarose zurückzuhalten.

Zentrifugier-Methode

Eine schnelle Methode zur DNA-Isolierung nach einem ganz simplen Prinzip: Man zentrifugiert die gesamte Flüssigkeit aus dem Gelstück ab und erhält die DNA gleich mit dazu.
Man bereitet dazu ein Minisieb vor, indem man in den Boden eines 0,5 ml Plastiktubes mit einer Kanüle ein Loch sticht (s. Abb. 14). Mit einem Stück silanisierter Glaswolle stopft man den Boden des Tubes aus, der nicht mehr als zu einem Viertel mit Glaswolle gefüllt werden sollte. Das Gelstück wird in das 0,5 ml Gefäß gelegt, dieses in ein 1,5 ml Gefäß gesetzt und diese Apparatur in einer Tischzentrifuge bei 8 000 rpm für 5 min zentrifugiert. Das Zentrifugat im 1,5 ml Gefäß enthält ca. 70 % der DNA – der Erfolg kann leicht unter UV-Licht kontrolliert werden. Die Lösung kann man direkt weiterverwenden oder man fällt die DNA mit Alkohol. Für die Faulen gibt' s bei Millipore fertige Filtereinheiten mit eingebautem Schredder und Filter (Ultrafree®-DA Centrifugal Filter Units), die funktionieren genauso, sehen aber besser aus.

Vorteile: Die Methode ist sehr schnell, benötigt wenige Handgriffe und die Minisiebe können auf Vorrat hergestellt werden.

Literatur:
Heery DM, Gannon F, Powell R (1990) A simple method for subcloning DNA fragments from gel slices. Trends Genet. 6, 173

Elektroelution

Das Gelstück kann auch in einen Dialyseschlauch gesteckt und einer weiteren Elektrophorese unterzogen werden. Das Prozedere ist Kap. 3.2.4 in beschrieben, weil es mehr für die Reinigung aus Polyacrylamidgelen als für Agarosegele verwendet wird.
Eine nette Variante ist die **Salzfalle** (s. Abb. 15), eine Methode, die die Tatsache nutzt, dass DNA zwar leicht in eine Hochsalzlösung hineinläuft, aber nur langsam wieder heraus. Die notwendige Apparatur kann man sich in der Werkstatt basteln lassen. Das Gelstück wird dabei für 45 min in einem V-förmigen Röhrensystem elektrophoriert, das man an seinem tiefsten Punkt mit einer 3 M Natriumacetatlösung (pH 5,2, mit etwas Bromphenolblau deutlich angefärbt) füllt. Anschließend pipettiert man die blaue Lösung vollständig ab, verdünnt sie mit zwei Volumen H_2O und fällt die DNA mit Ethanol aus (s. 2.4.1).

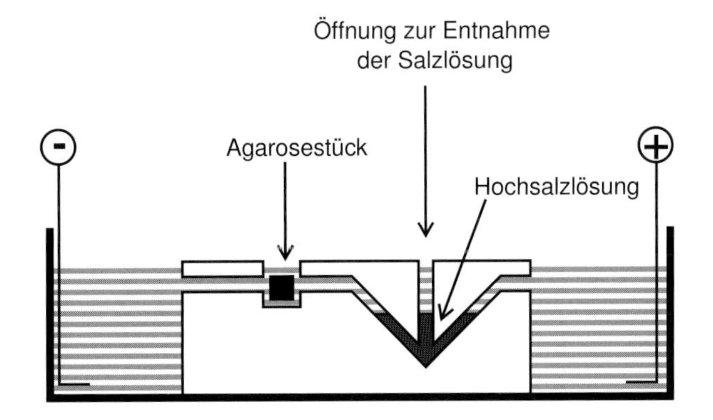

Abb. 15: Aufbau einer Salzfalle.
Die DNA wird mit einer weiteren Elektrophorese aus dem Agarosestück eluiert. Einmal in der Hochsalzlösung angekommen, wandert die DNA derartig langsam weiter, dass sie praktisch in der Lösung gefangen bleibt. Die lässt sich leicht vollständig entnehmen, wenn man sie vorher mit Bromphenolblau versetzt.

Elektrophorese auf eine DEAE-Membran

Sozusagen eine Variante der Elektroelution, bei der die DNA nicht aus dem Gel ausgeschnitten wird. Statt dessen setzt man oberhalb und unterhalb der Stelle mit der Bande, an der man interessiert ist, jeweils einen Schnitt und setzt in beide Schnitte jeweils ein Stück DEAE-Membran (Sartobind-D®, Sartorius) passender Größe.[49] Am leichtesten tut man sich, wenn man den Schnitt mit einer Pinzette leicht spreizt und mit einer zweiten die DEAE-Membran einsetzt, oder man schneidet lieber gleich ein schmales Stück Agarose aus. Danach setzt man die Elektrophorese für etwa 5-15 min fort, bis die DNA-Bande vollständig auf die untere Membran gelaufen ist und dort gebunden hat. Die obere Membran dient nur dazu, zu verhindern, dass bei zu langer Elektrophorese auch andere Fragmente an die untere Membran binden.
Die untere Membran wird dreimal in TE-Puffer gewaschen und dann in einem 1,5 ml Gefäß mit 200-300 µl Elutionspuffer (20 mM Tris pH 8,5 / 2 mM EDTA / 1,2 M NaCl) auf 70 °C erwärmt[50] – 15 min für Fragmente unter 500 bp, bis zu einer Stunde für Fragmente über 1500 bp. Die Lösung kann anschließend mit Phenol-Chloroform gereinigt und mit Ethanol gefällt werden, oder aber man benutzt sie, wie sie ist.

49. Zuvor etwas mit Elektrophoresepuffer befeuchten. Man kann offenbar die Ausbeute etwas erhöhen, indem man das Membranstückchen erst für 1-2 min mit Isopropanol befeuchtet und anschließend in Elektrophoresepuffer "wäscht". Alternativ kann man die Membran auch für 10 min in 10 mM EDTA waschen, dann für 5 min in 0,5 M NaOH und dann mehrmals in H_2O. Die vorbehandelte Membran kann für mehrere Wochen bei 4 °C gelagert werden.
50. Die Flüssigkeit muss die Membran vollständig bedecken; Membran ev. kleinschneiden.

Acrylamid-Konzentration	optimaler Trennbereich	Apparente Laufhöhe von Bromphenolblau
3,5 %	100 bis 1000 bp	100 bp
5 %	100 bis 500 bp	65 bp
8 %	60 bis 400 bp	45 bp
12 %	50 bis 200 bp	20 bp
20 %	5 bis 100 bp	12 bp

Tab. 8: Trennbereiche von Polyacrylamidgelen.
Die Wahl der richtigen Acrylamidkonzentration ist bei Polyacrylamidgelen besonders wichtig, weil große DNA-Fragmente oberhalb des optimalen Trennbereichs praktisch nicht mehr getrennt werden.

Low melting point-Agarose (LMP-Agarose)

Wer für die Elektrophorese LMP-Agarose statt normaler Agarose verwendet, dem eröffnen sich zwei weitere Methoden der Reinigung.
Die eine besteht darin, das Gelstück bei 65 °C zu schmelzen, mit TE-Puffer zu verdünnen, bis die Agarosekonzentration unter 0,4 % liegt und die Lösung einer Phenol-Reinigung zu unterziehen. Dazu gibt man ein gleiches Volumen Phenol pH 7,4 (nicht Phenol-Chloroform-Lösung!) zu, mischt kräftig und zentrifugiert. Die wässrige Phase wird in ein neues Gefäß überführt, die Phenolphase mit einem gleichen Volumen TE-Puffer versetzt, gemischt, zentrifugiert und die beiden wässrigen Phasen vereinigt und mit Ethanol gefällt. Für einige Anwendungen wie Restriktionsverdaus oder Ligationen kann man auf die Phenolreinigung verzichten, weil LMP-Agarose erst unterhalb von 30 °C geliert.
Die zweite Möglichkeit nutzt die Fähigkeit von **β-Agarase**, langkettige Polysaccharide zu kurzen Oligosacchariden abzubauen. Auf diese Weise macht man aus dem Gelstück eine DNA-Lösung, die entweder direkt weiterverwendet werden kann, beispielsweise für Restriktionsverdaus oder Ligationen, oder mit Ethanol gefällt wird.

Nachteile: LMP-Agarose ist wesentlich teurer als Standardagarose. Nach der Phenolreinigung enthält das Pellet noch ansehnliche Mengen an Agarose, die auf einige Reaktionen hemmend wirken kann. β-Agarase ist nicht billig und der Verdau dauert mindestens eine Stunde.
Vorteil: Im Gegensatz zu den meisten anderen Methoden ist der Agaraseverdau sehr schonend und erlaubt so auch die Aufreinigung großer DNA-Fragmente von vielen kb Länge.

3.2.3 Polyacrylamidgele (PA-Gele)

Die Stärke von Polyacrylamidgelen liegt in ihrer hervorragenden Auflösung von kleinen DNA-Fragmenten bis 1000 bp, außerdem besitzen sie eine höhere Kapazität, d.h. man kann mehr DNA auftragen. Beim Molekularbiologen erfreuen sie sich allerdings weniger großer Beliebtheit als Agarosegele, weil sie umständlicher zu gießen sind, man keinen Zwischendurch-Blick auf die Gele werfen kann und die Isolierung von DNA aus PA-Gelen etwas umständlicher ist.

Die Konzentration an Acrylamid entscheidet über den Trennbereich des Gels. Die Spanne, die einem zur Verfügung steht, ist mit 3,5-20 % Acrylamid wesentlich größer als bei Agarose. Bei niedrigen

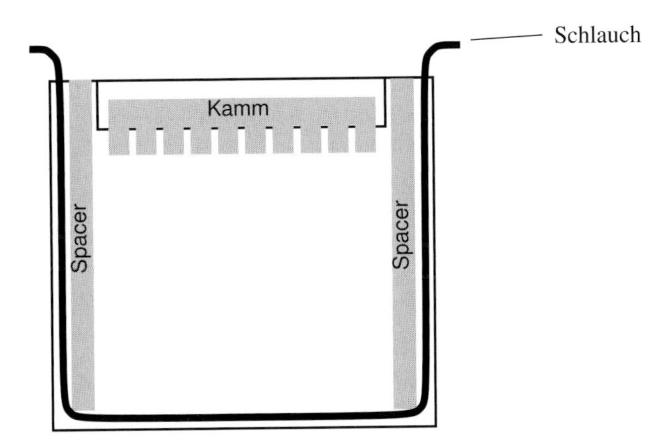

Abb. 16: Abdichten eines Acrylamidgels mit einem Gummischlauch.

Konzentrationen sollte man allerdings ausreichend dicke Gele gießen, weil die Handhabung glibberiger Objekte um so schwieriger wird, je dünner und größer sie sind.
Die Stabilität von Acrylamidgelen lässt sich übrigens durch die Zugabe von spezieller Mittelchen verbessern. Molecular Probes bietet für diesen Zweck den *Rhinohide* Polyacrylamidgel-Verstärker an, der die Reißfestigkeit von PA-Gelen deutlich erhöht, was vor allem bei niedrigen PA-Konzentrationen, bei Gelen mit Übergröße und bei Mehrfachfärbungen hilfreich ist, weil die Handhabung der Gele dadurch erleichtert wird.

Um ein Acrylamidgel zu gießen, benötigt man zwei Glasplatten, zwei Abstandshalter (*Spacer*), einen Kamm, etliche Klammern und einen erfahrenen Kollegen, der einem zeigt, wie man sowas macht. Man kann auch die entsprechenden Kapitel in den Standard-Protokollbüchern nachlesen, doch tut man sich mit einem Kollegen leichter.
Es gehört zu den frustrierendsten Erlebnissen, eine halbe Stunde zu investieren, um die Gießapparatur zusammen- und die Lösungen anzusetzen, nur um festzustellen, dass die Apparatur wieder einmal undicht ist und die Acrylamidlösung sich quer über den Arbeitsplatz verteilt. Dass Acrylamid im nichtpolymerisierten Zustand ein Neurotoxin ist, das über die Haut aufgenommen werden kann, macht die Säuberungsarbeiten nicht unbedingt heiterer. Jeder, der regelmäßig Polyacrylamidgele gießt, entwickelt im Laufe der Zeit seine eigene Technik, die stark von den örtlichen Gegebenheiten und den Dimensionen des Gels abhängen. Eine beliebte Methode ist die Verwendung von Agarose, um das Gel abzudichten. Eine pfiffige Alternative besteht darin, einen Gummi- oder Siliconschlauch geeigneten Durchmessers, d.h. ein klein wenig stärker als die Spacer, an den Rändern der Glasplatten, noch außerhalb der Spacer, zwischen den Glasplatten einzuklemmen (s. Abb. 16). Ist das Gel auspolymerisiert, kann man den Schlauch einfach abziehen.
Etliche Firmen (z.B. BioRad, Hoefer) bieten für entsprechendes Geld ausgefeilte Gießapparaturen an, mit denen man das Gießproblem mehr oder weniger elegant lösen kann. Einiger Erfahrung bedarf es allerdings immer, zumindest ist mir bislang noch keine idiotensichere Apparatur begegnet. Für ganz Faule, Eilige, Unbegabte, Reiche oder für Diagnoselabors, die die Kosten auf die Patientenrechnung schlagen können, bieten verschiedene Firmen (Stratagene, Pharmacia, Novex u.a.) vorgegossene (*precast*) Gele an. Das Format der Gele entspricht dem der Apparaturen, die diese Firmen verkaufen.

Üblicherweise verwendet man nicht-denaturierende Gele, bei denen die DNA doppelsträngig bleibt. Eine Spezialform sind die denaturierenden PA-Gele, die eine Elektrophorese einzelsträngiger DNA entsprechend ihrer Länge erlauben, wie man es für Sequenzierungen braucht. Dies erreicht man durch die Zugabe großer Mengen Harnstoff, wie in 8.1 beschrieben. Ohne solche Zusätze hat einzelsträngige DNA, wie auch RNA, eine teuflische Neigung, während der Elektrophorese mit irgendetwas zu hybridisieren, vorzugsweise mit sich selbst. Die entstehenden Gebilde sind alles andere als linear und haben dementsprechend ein wenig zufällige Laufeigenschaften. Das ist im Allgemeinen ein unerwünschter Effekt, außer im Fall der SSCP-Elektrophorese, die in 8.2.2 beschrieben wird.

Der Elektrophoresepuffer

Wie bei Agarosegelen ist für die Wahl des Puffers die Kapazität wichtig. Man verwendet vorzugsweise TBE (s. 12.2), weil dieser Puffer stabiler ist und daher höhere Spannungen erlaubt. Andere Puffer wie TTE sind jedoch ebenfalls erlaubt, während sich TAE dagegen weniger eignet.

Die Färbung

Wie Agarosegele färbt man PA-Gele zumeist mit Ethidiumbromid. Um gute Ergebnisse zu erzielen, muss man allerdings nachträglich färben, wobei wegen der geringeren Geldicke die Färbung ziemlich schnell abläuft – im Normalfall reichen 10 min in einer Lösung aus Elektrophoresepuffer mit 0,5 µg/ml Ethidiumbromid aus. Der Umgang mit PA-Gelen ist allerdings etwas gewöhnungsbedürftig, weil sie glitschig und für ihre Dicke sehr groß sind und daher gerne reißen.
Eine interessante Alternative ist die **Silberfärbung**, die eine deutlich höhere Empfindlichkeit besitzt. Die Methode ist in der Proteinchemie gebräuchlicher, doch funktioniert sie genauso gut für DNA. Bei dieser Methode komplexieren Silber-Ionen (Ag^+) mit der DNA; das Silber wird anschließend mit alkalischem Formaldehyd reduziert und fällt aus, die dabei auftretenden Banden erscheinen braun bis schwarz. Der Protokolle gibt es offenbar viele, z.B. bei Bloom et al. 1987 oder Qu et al. 2005, man kann das Ganze aber auch als fertiges Kit kaufen, beispielsweise bei GE Healthcare. Die Silberfärbung ist auch nach einer Ethidiumbromidfärbung noch möglich.
Der Vorteil ist ein doppelter: Erstens ist die Silberfärbung weit empfindlicher als Ethidiumbromid, zweitens eignet sie sich besser zur dauerhaften Dokumentation, weil die Färbung nicht verschwindet. Entweder schweißt man dazu das Gel in Plastikfolie ein, oder – noch eleganter – man trocknet es. Dazu gibt man das Gel auf Filterpapier, überschichtet es mit ein wenig 10 %iger (v/v) Glycerinlösung, deckt es mit Frischhaltefolie ab und trocknet es auf einem handelsüblichen Geltrockner (z.B. von Hoefer) bei Hitze und Vakuum in 1-2 Stunden. Der Zeitbedarf ist bei der Silberfärbung allerdings wesentlich höher als bei der Ethidiumbromidfärbung und man kann es kaum vermeiden, den Arbeitsplatz im Laufe der Zeit mit schwarz-grauen Flecken zu verzieren.

Literatur:

Bloom H, Beier H, Gross HS (1987) Improved silver staining of plant proteins, RNA and DNA in polyacrylamide gels. Electrophoresis 8, 93-99

Qu L, Li X, Wu G, Yang N (2005) Efficient and sensitive method of DNA silver staining in polyacrylamide gels. Electrophoresis 26, 99-101

3.2.4 DNA-Fragmente aus PA-Gelen isolieren

Elution mittels Diffusion

Die einfachste Methode, DNA aus PA-Gelen wiederzugewinnen, besteht darin, die Gesetze der Diffusion für sich zu nutzen. Wie man sich denken kann, ist dies zeitaufwendig und die Ausbeute treibt einem nicht die Freudentränen in die Augen. Je größer die verwendete Menge an Elutionspuffer, desto mehr DNA diffundiert aus dem Gel, doch umso höher ist das Risiko, Material bei der anschließenden Fällung zu verlieren.

Und so funktioniert's: Bande ausschneiden, in kleine Stückchen schneiden und in ein 1,5 ml Tube geben, die Gelstücke mit Elutionspuffer (0,5 M Ammoniumacetat / 1 mM EDTA) überschichten und bei 37 °C inkubieren. Für Fragmente unter 250 bp reichen 2-3 Stunden Elution aus, während große Fragmente (> 750 bp) besser über Nacht inkubiert werden. Der Überstand wird in ein neues Tube überführt, die Gelstücke nochmal mit Puffer gewaschen und die vereinigten Überstände mit 2 Volumen Ethanol präzipitiert und zentrifugiert. Das Pellet nimmt man in Wasser auf und wiederholt die Fällung. Anschließend waschen, trocknen und in TE-Puffer aufnehmen.

Elektroelution

Etwas eleganter ist die Elektroelution. Dazu schneidet man die DNA-Bande aus dem Gel aus, gibt das Gelstück in einen kleinen Dialyseschlauch und pipettiert dazu ein möglichst kleines Volumen an 0,1x Elektrophoresepuffer. Der Schlauch wird in eine Elektrophoresekammer gegeben und bei 2 V/cm Elektrodenabstand für 2 Stunden elektrophoriert. Anschließend pipettiert man den Puffer aus dem Dialyseschlauch, spült den Schlauch mit etwas Puffer nach und fällt die DNA aus den vereinigten Puffern mit Natriumacetat und Ethanol.
Etliche Hersteller (Schleicher & Schuell, BioRad, Hoefer) vertreiben entsprechende Apparaturen, die meist ein kleineres Elutionsvolumen erlauben als Dialyseschläuche.
Die Methode funktioniert übrigens auch mit Agarosegelen.

Vorteil: Auch größere DNA-Fragmente können mit guter Ausbeute isoliert werden.

3.2.5 Pulsfeldgelelektrophorese (PFGE)

Obwohl Agarosegele für den Normalgebrauch vollkommen ausreichen, ist ihre Auflösung für Fragmente von über 15 kb Länge höchst unbefriedigend. Der Grund dafür liegt in der Größe. Ein Agarosegel ist ein Sieb mit Poren unterschiedlicher Größe. Während kleinere Fragmente die Poren problemlos passieren, müssen sich größere Fragmente dazu mehr oder weniger stark verformen. Das dauert um so länger, je größer das Fragment ist, doch einmal in der richtigen Orientierung, passieren auch die großen das Gitter einigermaßen gut. Ab 20 kb Länge ist der Unterschied in der Zeit, die die Fragmente benötigen, um die richtige Orientierung einzunehmen, nur noch gering, daher laufen sie alle auf gleicher Höhe. Ein physikalischer Trick erlaubt eine Trennung von Fragmenten auch oberhalb dieser Grenze: Wird während der Elektrophorese die Richtung des elektrischen Feldes regelmäßig geändert, müssen sich Fragmente immer wieder neu ausrichten. Auch wenn der Zeitunterschied gering ist, summiert er sich mit der Zahl der Richtungsänderungen und erlaubt so auch die Trennung großer Fragmente.

Dies setzt allerdings eine spezielle Apparatur voraus. Es gibt verschiedene Methoden (und Apparaturen), wovon die einfachste und vermutlich verbreitetste das Feld einfach umkehrt (*field inversion electrophoresis*). Man kann damit Fragmente im Bereich von 10-2000 kb Länge trennen. Andere Methoden erlauben sogar die Trennung weit größerer Fragmente. Die Auflösung hängt darüber hinaus von verschiedenen Parametern wie Spannung, Pulszeit, Temperatur des Gels, Agarose und Puffer ab. Die Laufzeit eines solches Gels ist allerdings in jedem Fall ein Vielfaches einer normalen Gelelektrophorese.
Der Umgang mit DNAs dieser Größenordnung ist schwierig. Ein Chromosom besteht aus nur zwei Molekülen, die beim Menschen je nach Chromosom 1,7-8,5 cm lang sind – und so schmal, dass man sie bestenfalls im Elektronenmikroskop sieht. Entsprechend leicht bricht oder reißt ein solches Molekül. Daher bedarf es spezieller Protokolle, um DNA-Fragmente dieser Länge zu isolieren und zu bearbeiten. Der Trick besteht darin, das Material in kleine Agaroseblöcke zu betten und darin weiterzuverarbeiten, auf diese Weise vermeidet man unnötige Scherkräfte, wie sie schon beim Pipettieren auftreten. Weil alle Puffer und Enzyme in die Agarose diffundieren müssen, ziehen sich Präparation und Verdau über mehrere Tage hin. Auch die benötigten Enzymmengen sind erheblich größer als sonst.

Literatur:

Schwartz DC, Cantor CR (1984) Separation of yeast chromosome-sized DNAs by pulsed-field gradient electrophoresis. Cell 37, 67-75

Birren B et al. (1988) Optimized conditions for pulsed field electrophoretic separations of DNA. Nucl. Acids Res. 16, 7563-7581

Birren B, Lai E (1994) Rapid pulsed field separation of DNA molecules up to 250 kb. Nucl. Acids Res. 22, 5366-5370

3.2.6 Kapillarelektrophorese

Eine neue Technik, die noch wenig bekannt ist, aber zunehmend an Verbreitung gewinnt, ist die Kapillarelektrophorese. Die Gelmatrix wird hierbei in eine Kapillare mit einem Innendurchmesser von 20-100 µm gegossen. Weil die Oberfläche in diesem System im Vergleich zum Gelvolumen sehr groß ist, kann die bei der Elektrophorese entstehende Wärme schnell abgeführt werden. Daher kann man Spannungen von bis zu 800 V/cm anlegen, ohne das Gel zu überhitzen, während bei Standard-Agarosegelen maximal 10-40 V/cm möglich sind. Die Laufzeiten eines solchen Gels werden dadurch auf Minuten reduziert. Mit der entsprechenden Apparatur können außerdem fluoreszenzmarkierte DNA-Fragmente detektiert werden, auf diese Weise lassen sich auch noch extrem geringe Mengen (bis 10 fg) nachweisen. Die aktuellen Sequenziergeräte arbeiten zum größten Teil mit Kapillarelektrophorese, weil so das handarbeitsintensive Gelgießen entfällt und Sequenzierungen auf diese Weise im großen Maßstab und nahezu vollautomatisch durchgeführt werden können.

Literatur:

Landers JP (1993) Capillary electrophoresis: Pioneering new approaches for biomolecular analysis. Trends Biochem. 18, 409-414

3.2.7 Mikrochip-Kapillarelektrophorese

Die Extremform der Kapillarelektrophorese ist die Mikrochip-Kapillarelektrophorese. Kernstück ist dabei ein Glas-Chip, in den winzige Kanäle geätzt sind. Die Kanäle enthalten alles, was es so braucht für eine Elektrophorese – Farbstoff zum DNA-Nachweis, "Kammern" zum Mischen, Polymer zum Trennen. Eine Elektrophorese ist nach wenigen Minuten fertig, die Fragmente werden während des Gellaufs mit einem Laser detektiert und das Ergebnis nach Belieben als Elektropherogramm, als Tabelle oder im Stile eines Agarosegels ausgegeben. Wer will, kann den Computer sogar die Banden quantifizieren lassen.
Chips gibt's für Protein-, DNA- und RNA-Elektrophorese. Wichtigster Hersteller dürfte gegenwärtig Agilent mit seinen Lab-on-a-Chip Produkten sein.

Die **Vorteile** liegen auf der Hand: man braucht keine Gele herzustellen, die benötigten DNA-Mengen sind gering, die Elektrophorese geht viel schneller und präziser, und man erspart sich bei der Analyse einen Großteil der Arbeit.
Der **Nachteil** ist ebenso offensichtlich: Die Chips sind teuer und ohne ein spezielles Elektrophoresegerät läuft nichts.

3.3 Blotten

Der Blot ist der Versuch, etwas, das man zuvor in einem Gel elektrophoretisch getrennt hat, dauerhaft auf einer Membran zu fixieren. Ist das Etwas DNA, bezeichnet man den Vorgang als Southern Blot, zu Ehren von Ed M. Southern, der die Methode 1975 unter die Leute brachte. Der gleiche Vorgang wird Northern Blot genannt, wenn man es mit RNA zu tun hat, und weil Wissenschaftler lustige Menschen sind, heißt das Blotten von Proteinen Western Blot.
Bei den **Membranen** kann man wählen zwischen den klassischen Nitrocellulose- und den Nylonmembranen, letztere existieren in zwei Varianten, neutral und positiv geladen. Die Wahl der Membran hängt von der späteren Verwendung und der persönlichen Vorliebe ab. Preislich besteht kaum mehr ein Unterschied zwischen den verschiedenen Typen, in der Handhabung dagegen ein großer, weil Nitrocellulose vor allem im trockenen Zustand reißt und bröselt wie ein Weltmeister und aus dem gleichen Grund nur schwer zu beschriften ist, während Nylonmembranen fast alles mitmachen. Diese Stabilität ist der Hauptgrund dafür, dass Nylonmembranen sehr häufig hybridisiert werden können, während Nitrocellulose meist schon bei der dritten Benutzung einem Puzzle gleicht. Außerdem kann die DNA an Nylon kovalent gebunden werden, während sie an Nitrocellulose nur sehr fest haftet und daher bei jeder Hybridisierung ein Teil verlorengeht. Fragmente von unter 500 bp Länge binden von vorherein nur schlecht an Nitrocellulose. Diese Eigenschaften haben dazu geführt, dass Molekularbiologen mittlerweile wesentlich lieber mit Nylonmembranen arbeiten. Allerdings verursacht Nylon häufig einen wesentlich höheren Hintergrund, vor allem bei nicht-radioaktiven Nachweismethoden. Einige Hersteller bieten auch verstärkte ("*supported*") Nitrocellulose an, die ähnlich stabil wie Nylon ist, sich aber trotzdem nicht so recht durchgesetzt hat.

3.3.1 Southern Blot

Ziel des Southern Blots ist es, DNA-Fragmente, die zuvor mittels Gelelektrophorese entsprechend ihrer Länge getrennt wurden, auf einer Membran zu fixieren, um später durch Hybridisierung mit markierten Sonden einzelne DNA-Fragmente spezifisch nachweisen zu können. Der Aufwand für den Transfer hält sich für DNA, die im Agarosegel getrennt wurde, in Grenzen und kann ohne spezielle Geräte durchgeführt werden. Es stehen verschiedene Methoden zur Verfügung, die alle darauf beruhen, dass die Gittergröße von Agarose sehr groß ist. Bei Polyacrylamidgelen dagegen bedarf es eines Elektroblotters.

Vor dem Blotten muss das Gel vorbehandelt werden. Um Fragmente über 5 kb Länge effizient auf die Membran zu transferieren, sollte man das Gel zunächst für 30 min in 0,25 M HCl legen. Durch diesen Inkubation wird die DNA teilweise depuriniert und zerbricht dann in kleinere Fragmente. Bei kürzeren DNA-Fragmenten ist keine Depurinierung notwendig.
Diese und die folgenden Inkubationen führt man am besten auf einer Wippe oder einem Schüttler durch, die sich nicht zu schnell bewegen dürfen. Das Gel sollte immer in der Lösung *schwimmen*, um eine Diffusion von beiden Seiten zu ermöglichen, außerdem muss das Flüssigkeitsvolumen wenigstens das Dreifache des Gelvolumens betragen. Durch einen Blick auf die Seite des Gels kann man den Vorgang der Diffusion verfolgen, weil Xylencyanol in HCl grün, Bromphenolblau gelb wird. Wenn die Farbmarker komplett umgeschlagen sind – die Zeitspanne dafür hängt von der Dicke des Gels ab -, inkubiert man noch weitere 10 min.
Danach wird die DNA durch eine 30-minütige Inkubation in Denaturierungslösung (0,5 M NaOH / 1,5 M NaCl) denaturiert, d.h. die beiden Stränge getrennt, und durch eine 30-minütige Inkubation in Neutralisierungslösung (0,5 M Tris HCl pH 7,0 / 1,5 M NaCl) wieder neutralisiert. Jetzt kann geblottet werden.

Blotten mit Hochsalzpuffer

Die verbreitetste Methode: Unter Ausnutzung der Kapillarkräfte wird 10 x SSC-Puffer (s. 12.2) durch das Gel und die Membran in einen Stapel von Papiertüchern gesogen. Die DNA wandert mit dem Flüssigkeitsstrom und bleibt auf der Membran hängen.
Interessant ist der Aufbau des Transferstapels. Am praktischsten ist es, sich einen feinporigen Schwamm von ausreichender Größe und Stabilität zu besorgen (s. Abb. 17A). Schaumstoff ist ganz gut geeignet. Der Schwamm sollte nicht zu hoch sein und nicht zu weich, weil er sonst unter dem Gewicht des Aufbaus einbricht. Er wird zunächst in einer kleinen Wanne mit 10 x SSC getränkt, darauf legt man (unbedingt luftblasenfrei) drei Lagen 10 x SSC-getränktes Filterpapier, die man auf die Größe des Gels zurechtgeschnitten hat, dann das Gel selbst, die in Wasser getränkte Membran, drei weitere Lagen 10 x SSC-getränktes Filterpapier und darauf eine ordentliche Packung Papierhandtücher – die dürfen allerdings nicht getränkt werden. Darauf kommt eine Glasplatte und ein kleines Gewicht (200-400 g sind ausreichend) und zum Schluss kontrolliert man noch den Flüssigkeitsstand in der Wanne – er sollte etwa 2 cm betragen. Wichtig ist, dass der Transferpuffer nicht am Gel vorbei läuft. Deswegen schneidet man alle Komponenten inklusive der Papierhandtücher auf die Gelgröße zurecht oder man deckt den Bereich um das Gel mit Plastikfolie ab. Nach 3-14 Stunden (je nachdem, welche Transfereffizienz man wünscht) baut man die Konstruktion wieder ab und fixiert die DNA auf der Membran (siehe unten).

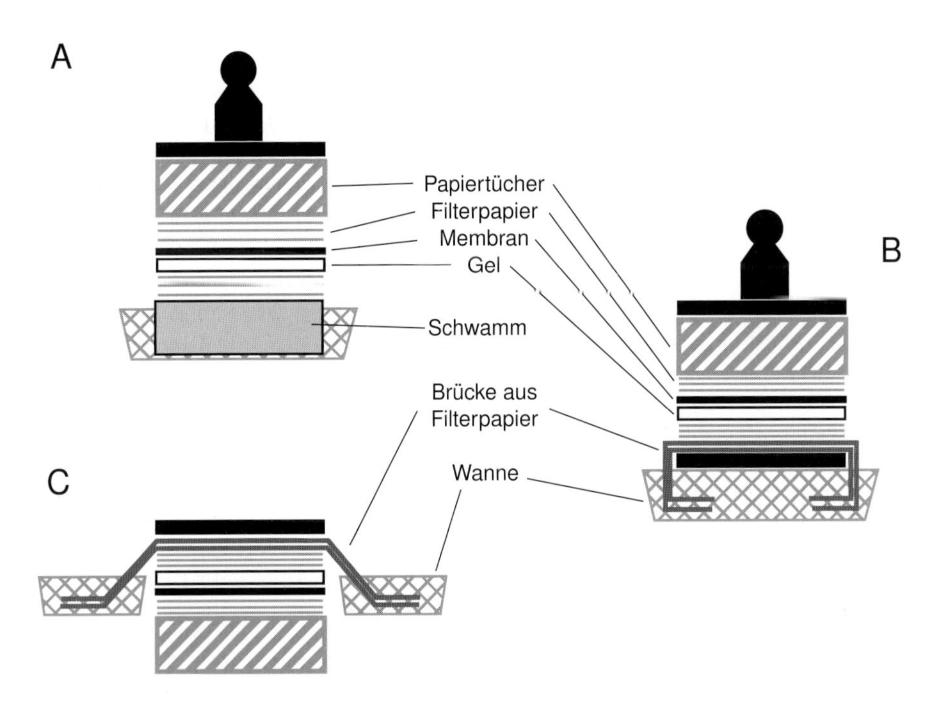

Abb. 17: Verschiedene Möglichkeiten zum Aufbau eines Blots.
A Blot mit Schwamm. **B** Blot mit Filterpapierbrücke. **C** "Kopfüber"-Blot.

Tipps: Wer keinen Schwamm hat, kann sich eine "Flüssigkeitsbrücke" bauen (s. Abb. 17B): Man legt dazu über die Wanne eine Glasplatte, die etwa die Breite des Gels hat, legt darauf vier Schichten getränkte Filterpapierstreifen, deren beide Enden links und rechts in die Flüssigkeit in der Wanne hängen. Der restliche Aufbau erfolgt wie oben beschrieben.
Eine Alternative ist die nicht ganz billige, aber gut gemachte Kapillarblottingapparatur (*capillary blotting unit*) von Scotlab bzw. Harvard Apparatus, die sich für Vielblotter rentiert, weil man sich damit das Herumgepantsche mit den beschriebenen Provisorien erspart.
Weil das Gel kollabieren kann, wenn das Gewicht des Aufbaus zu groß wird, und die Transfereffizienz dadurch sinkt, existiert auch eine Kopfüber-Variante (s. Abb. 17C), mit der man einen Kollaps auf jeden Fall vermeidet: Man beginnt mit dem Papiertücherstapel, packt darauf Filterpapier, Membran, Gel, Filterpapier und die vier Schichten Filterpapierstreifen, die man links und rechts jeweils in eine Wanne mit Transferpuffer hängen lässt. Für einen gleichmäßigen Andruck legt man allem auf den Stapel noch eine Glasplatte. Die Transferzeiten sollen mit diesem Aufbau auch etwas kürzer sein.

Wie immer man seinen Blot aufbaut, in jedem Fall gilt, dass der Transfer nur solange läuft, wie a. Flüssigkeit in der Wanne und b. trockenes Papier im Stapel ist. Ist eines von beidem nicht mehr der Fall, hilft alles weitere Warten nichts.

Blotten mit alkalischem Puffer

Sozusagen ein Schnellprotokoll, mit dem man sich die oben beschriebene Vorbereitung des Gels sparen kann, weil die DNA durch den Transferpuffer denaturiert wird, das allerdings nur gemeinsam mit positiv geladenen Nylonmembranen verwendet werden sollte, weil die Effizienz bei neutralen Nylonmembranen geringer ist und Nitrocellulose während des Transfers aufgrund des stark alkalischen pHs zu braunen Krümeln zerfällt.
Der Transfer wird wie oben beschrieben durchgeführt, mit dem Unterschied, dass man statt 10 x SSC eine 0,4 M Natriumhydroxidlösung verwendet. Vorsicht bei der Handhabung, NaOH ist eine starke Lauge. Die Transferzeit verkürzt sich bei diesem Protokoll etwas, bereits nach zwei Stunden soll man befriedigende Ergebnisse erzielen.

Quick-and-dirty

Wer ganz schnell blotten will, den Aufwand minimieren möchte und keinen Wert auf hohe Effizienz legt, kann die ganz schnelle halbtrockene Variante wählen: Gel für 15 min denaturieren, auf eine Plastikfolie legen, Membran, Filterpapiere und Papierhandtücher drauf und zwei Stunden blotten. Die Methode eignet sich gut für alle Gele, auf denen man dicke Banden sieht, weil diese bei der Hybridisierung sonst eher zu starke Signale liefern.

Vacuum- und Pressure-Blotter

Weil sich an den beschriebenen Blottingmethoden nichts verdienen lässt, haben findige Köpfe Apparate erfunden, die das gleiche Ergebnis liefern, aber natürlich viel besser, allerdings nur, wenn eine Steckdose in Reichweite ist. Der Vakuum-Blotter (z.B. von Hoefer, Qbiogene, BioRad) saugt den Transferpuffer durch Gel und Membran, während der *Pressure Blotter* (Stratagene) ihn hindurchdrückt. Die Geräte sollen schneller sein (laut Hersteller reichen 60 min Blottingzeit aus) und höhere Transfereffizienzen bieten, andererseits verschwindet meist die benötigte Gelmaske oder man bekommt das Gerät nicht dicht, außerdem ist das Reinigen mühseliger. Die Anschaffung lohnt sich vor allem für Vielblotter.

Elektro-Blotter

Da der Kapillartransfer bei Polyacrylamidgelen nicht funktioniert, kommt man um die Anschaffung eines Elektroblotters nicht herum.
Obwohl das traditionelle Tanksystem, wie man es für Western Blots verwendet, auch bei DNA funktioniert, tut man sich leichter mit einer *Semi-dry blotting*-Apparatur. BioRad und Pharmacia vertreiben entsprechende Geräte, in der Preisklasse von 750 bis 2000 €. Wer Zugang zu einer Werkstatt hat, kann sich eine solche Apparatur auch bauen lassen. Sie besteht im Wesentlichen aus zwei Graphitplatten, Anode und Kathode (die kommerziellen Versionen verwenden statt dessen rostfreien Stahl und Platinlegierungen) von etwa 20 x 20 cm Größe, die auf einem Bodenteil bzw. einem Deckel aus Plastik befestigt und jeweils mit einem Stecker für den Stromanschluss versehen sind.
Bei dieser Methode baut man auf einer Elektrode einen kleinen Transferstapel auf – ähnlich wie beim Blotten von Agarosegelen: 5 Lagen in 0,5 x TBE-Puffer getränktes Filterpapier werden luftblasenfrei auf die Kathode gelegt, darauf kommt das Gel, die Membran und weitere 5 Lagen in 0,5 x TBE-Puffer getränktes Filterpapier. Alle Komponenten müssen auf die Größe des Gels zurechtgeschnitten sein. Darauf legt man den Deckel der Apparatur, der die Anode enthält. Die Elektrophorese führt man am

besten bei 30 V für 4 Stunden bei 4 °C durch. Die optimale Dauer hängt von der Dicke des Gels, der Spannung und der Größe der DNA-Fragmente ab.

DNA auf der Membran fixieren

Einmal auf die Membran geblottet, klebt die DNA ziemlich fest, aber nicht unwiderruflich. Um dies zu erreichen, behandelt man die Membran nach: Nitrocellulose wird zwischen zwei Lagen Filterpapier gelegt und für zwei Stunden bei 80 °C gebacken, am besten in einem Vakuumofen. Nylonmembranen dagegen werden besser mit UV-Licht bestrahlt, dadurch bindet die DNA kovalent und unwiderruflich an die Membran – der Vorgang wird als ***cross-linking*** bezeichnet. Am einfachsten tut man sich mit einem Crosslinker (z.B. Stratagene), der die Bestrahlung der Membran mit definierten Energiemengen erlaubt. Eine Bestrahlung mit 120 mJ reicht für das *cross-linking* aus – die Membran sollte dabei weitgehend trocken sein. Doch auch eine normale UV-Lichtquelle kann verwendet werden, sofern man sich die Mühe einer Testhybridisierung macht, um herauszubekommen, welche Bestrahlungsdauer die besten Ergebnisse liefert.

Tipp: Wer seine Membran nur ein einziges Mal hybridisieren möchte, kann auf's Cross-linken verzichten.

Literatur:

Southern EM (1975) Detection of specific sequences among DNA fragments separated by gel electrophoresis. J. Mol. Biol. 98, 503-517

3.3.2 Northern Blot

Das Prinzip des Northern Blots ist das gleiche wie das des Southern Blots, mit dem kleinen Unterschied, dass man es mit RNA zu tun hat. In der Praxis ist das relativ egal, nur ist es vorteilhaft, für RNA-Arbeiten einen eigenen Satz Apparaturen bereitzuhalten – Elektrophoresekammer, Gelschlitten – um Kontaminationen mit RNasen zu minimieren, außerdem setzt man alle Lösungen mit DEPC-behandeltem Wasser an (Kap. 5). Die Zusammensetzung des Gels unterscheidet sich allerdings etwas, weil RNA unter denaturierenden Bedingungen getrennt werden muss, da der Einzelstrang zur Bildung von Sekundärstrukturen neigt, welche die Laufeigenschaften beeinflussen. Zwei verschiedene Arten von denaturierenden Gelen haben sich durchgesetzt:

1. Methode: Bei der klassischen Variante mit **Formaldehyd** werden 1 Volumen RNA (3-10 µl mit üblicherweise 0,2-10 µg total RNA oder 0,1-3 µg Poly-A$^+$-RNA) mit 2 Volumen RNA-Probenpuffer (10 ml deionisiertes Formamid, 3,5 ml 37 % Formaldehyd, 2 ml 5 x RNA-Elektrophoresepuffer, letzterer besteht aus 200 mM MOPS, 50 mM NaAcetat, 5 mM EDTA in DEPC-behandeltem Wasser, pH 7,0, autoklaviert) gemischt und für fünf Minuten auf 65 °C erhitzt, anschließend auf Eis gestellt und 2 µl RNA-Gelpuffer (50 % Glycerin, 1 mM EDTA, 0,4 % Bromphenolblau in DEPC-behandeltem Wasser) zugegeben. Die RNA wird auf ein Agarosegel (1 % Agarose / 6,5 % Formaldehyd in 1 x RNA-Elektrophoresepuffer), das man 10 min vorlaufen lässt, aufgetragen und bei 5-10 V je cm Elektrodenabstand für 2-5 h getrennt (RNA-Größenmarker nicht vergessen, gibt's bei Roche oder Promega). Die Elektrophorese sollte unter dem Abzug durchgeführt werden, da Formaldehyd giftig und cancerogen ist und furchtbar in der Nase sticht. Das Gel kann mit Ethidiumbromid gefärbt werden, allerdings ist die Empfindlichkeit mittelmäßig.

Die **2. Methode** verwendet **Glyoxal** für die Denaturierung. Die Banden werden dabei schärfer und man vermeidet das unangenehme und gesundheitsschädliche Formaldehyd. Der Nachteil: Der Puffer hat nur eine geringe Kapazität, so dass er während des Laufs mit einer Pumpe umgewälzt werden muss, deswegen wird das Protokoll seltener verwendet. Burnett (1997) stellt eine Variante vor, die deutlich einfacher in der Handhabung ist und die Denaturierung gleich mit der Färbung kombiniert: Als Elektrophoresepuffer verwendet man BTPE[51]. 2 µl RNA und 10 µl Glyoxal-Mix [52] werden 1 h bei 55 °C inkubiert, auf ein Agarosegel (1-1,5 % Agarose in 1 x BTPE-Puffer) aufgetragen und bei 5 V/cm für 3 h elektrophoretisch getrennt. In eine Extratasche etwas Bromphenol/Xylencyanol-Lösung pipettieren, um die Wanderung verfolgen zu können. Die RNA kann ohne weiteres Anfärben im UV-Licht betrachtet werden.

Das Blotten verläuft bei beiden Methoden wie bei DNA-Gelen, mit 10 x SSC oder 7,5 mM NaOH. Mit einer Methylenblaufärbung (2 min in 0,02 % Methylenblaulösung färben, mit H_2O entfärben, siehe Herrin und Schmidt 1988) kann man die RNA auf der Membran nachweisen – wesentlich besser als im Gel.

Eine interessante Alternative sind kommerziell erhältliche Northern Blots, wie sie Clontech (Multiple Tissue Northern (MTN™) Blots), Invitrogen (ResGen Northern Territory™ Blots), Stratagene (MessageMap Northern Blots) oder Ambion (bzw. Applied Biosystems) anbieten. Bei Maus und Ratte erleichtert es einem nur die Arbeit, während die Northern Blots von humanem Gewebe in allererster Linie interessant sind, weil der unbescholtene Bürger kaum Gelegenheit hat, an entsprechendes Gewebe von ausreichender Qualität heranzukommen.

Und schließlich gibt's für diejenigen, die keine Lust haben, sich die Finger schmutzig zu machen, noch eine ganz andere Möglichkeit: Die Flut an publizierten Sequenzen der letzten Jahre schlägt sich nun in neuen "Techniken" nieder, bei denen man die ganze Arbeit am Computer erledigt. Ein Beispiel dafür ist der ***Electronic Northern***, der die große Zahl an ***expressed sequence tags*** (**ESTs**) nutzt, die sich mittlerweile in den diversen Datenbanken tummeln. ESTs sind bruchstückhafte Sequenzen von Klonen, die blind aus cDNA-Banken herausgefischt und ansequenziert wurden, eine Methode, die Anfang der neunziger Jahre von Craig Venter eingeführt wurde (Adams et al. 1991, Adams et al. 1993), mit dem Ziel, durch einen solchen Sequenzier-Overkill ein Maximum an Genen in einem Minimum an Zeit zu entdecken. Die Sequenzen sind meist nur rudimentär ausgewertet, bevor sie in den Datenbanken verschwinden. Viele cDNA-Banken aus verschiedenen Organismen, Geweben und auch Tumoren sind mittlerweile auf diese Weise ansequenziert worden, dies erlaubt nun eine quantitative Auswertung. Vor allem bei stärker exprimierten Genen kann man durch statistische Auswertung der Häufigkeit der Sequenzen in verschiedenen cDNA-Banken ein Expressionsprofil in verschiedenen Geweben und zu unterschiedlichen Entwicklungsstadien erstellen und so die Herauf- oder Herunterregulierung von Genen in verschiedenen Tumoren untersuchen (Schmitt et al. 1999) oder verschiedene Gene miteinander vergleichen (Rafalski et al. 1998). Üblicherweise werden die Erkenntnisse anschließend experimentell nochmals überprüft, z.B. mit *DNA arrays*.
Noch viel mehr Daten liefern künftig die neuesten Sequenziermethoden (s. 8.1), die den Untersuchungen zur Expression all der Gene in dieser Welt vermutlich nochmals einen neuen Impuls und eine neue Richtung geben werden.

---

51. **BTPE-Puffer:** 10 mM PIPES / 30 mM Bis-Tris / 10 mM EDTA, pH 6,5; für die 10fach-Lösung benötigt man 6 g Bis-Tris, 3 g PIPES, 2 ml 0,5 M EDTA in 90 ml H_2O (mit DEPC behandelt, s. Kap. 5).
52. **Glyoxal-Mix:** 6 ml DMSO, 2 ml 6 M Glyoxal (deionisiert), 1,2 ml 10 x BTBE, 0,6 ml 80 % Glycerin, 0,2 ml Ethidiumbromid 10 mg/ml. Die 1 ml Aliquots werden bei -70 °C gelagert und nach Gebrauch nicht wieder eingefroren.

Literatur:

McMaster GK, Carmichael GG (1977) Analysis of single- and double-stranded nucleic acids on polyacrylamide and agarose gels by using glyoxal and acridine orange. Proc. Nat. Acad. Sci. USA 74, 4835-4838

Herrin DL, Schmidt GW (1988) Rapid, reversible staining of northern blots prior to hybridization. BioTechniques 6, 196-200

Puissant C, Houdebine LM (1990) An improvement of the single-step method of RNA isolation by acid guanidine thiocyanate-phenol-chloroform extraction. BioTechniques 8, 148-149

Adams MD et al. (1991) Complementary DNA sequencing: expressed sequence tags and human genome project. Science 252, 1651-1656

Adams MD, Soares MB, Kerlavage AR, Fields C, Venter JC (1993) Rapid cDNA sequencing (expressed sequence tags) from a directionally cloned human infant brain cDNA library. Nature Genetics 4, 373-380

Burnett WV (1997) Northern blotting of RNA denatured in glyoxal without buffer recirculation. BioTechniques 22, 668-671

Rafalski JA, Hanafey M, Miao GH, Ching A, Lee JM, Dolan M, Tingey S (1998) New experimental and computational approaches to the analysis of gene expression. Acta Biochim. Pol. 45, 929-934

Schmitt AO, Specht T, Beckmann G, Dahl E, Pilarsky CP, Hinzmann B, Rosenthal A (1999) Exhaustive mining of EST libraries for genes differentially expressed in normal and tumour tissues. Nucl. Acids Res. 27, 4251-4260

3.3.3 Dot und Slot Blot

Wer auf eine Trennung nach Größe verzichten kann, der fährt schneller mit Dot Blots (Kafatos et al. 1979). Die DNA wird dazu direkt auf die Membran aufgetragen, ohne vorherige Elektrophorese. Dot Blots kann man von Hand machen, aber das ist mühselig und nur im Notfall zu empfehlen, da man die DNA in 2 µl -Portionen auftragen muss, um die Diffusion der Lösung über die Membran so weit wie möglich zu limitieren. Wesentlich leichter tut man sich mit einer Apparatur, wie sie Hoefer oder Bio-Rad vertreiben. Sie besteht aus einem Oberteil mit Bohrungen und einem hohlen Unterteil mit Anschluss für eine Vakuumpumpe. Die Membran (am besten verwendet man Nylon) und ein Stück Filterpapier gleicher Größe werden in 6 x SSC getränkt und in die Apparatur gespannt, Membran oben, Filterpapier unten. Die DNA wird in 200-400 µl 6 x SSC gelöst, dann wirft man die Vakuumpumpe an und saugt nacheinander durch jede Bohrung 500 µl 6 x SSC und eine DNA-Lösung (nicht benötigte Bohrungen klebt man am besten mit Tesafilm ab). Die Membran wird dann für jeweils 5 min in Denaturierungs- und in Neutralisierungslösung (s. 3.3.1) inkubiert und die DNA wie beim Southern Blot fixiert.

Wenn man positiv geladene Nylonmembranen verwendet, kann man statt SSC eine Lösung mit 0,4 M NaOH und 10 mM EDTA verwenden und die DNA-Lösungen auf dieselben Konzentrationen bringen. Dadurch spart man sich die folgende Denaturierung.

Slot Blots unterscheiden sich nur durch ihre (Schlitz-) Form vom (punktförmigen) Dot Blot. Slot Blots können unter Umständen vorteilhafter sein, weil die charakteristische Form ihrer Hybridisierungssignale kaum mit Hybridisierungsartefakten verwechselt werden kann. In beiden Fällen sollte man nicht vergessen, neben der DNA, die einen interessiert, auch Kontrollen aufzutragen, weil der Hintergrund bei der Hybridisierung ziemlich hoch sein kann.

Eine andere Methode, die man als ***Reverse Northern*** bezeichnen könnte, geht dagegen den umgekehrten Weg: Statt RNA zu blotten, werden bekannte cDNAs auf eine Membran gedottet und mit einer Sonde hybridisiert, die aus der Poly-A$^+$-RNA eines bestimmten Gewebes oder einer Zelllinie hergestellt wurde (Gress et al. 1992). Anhand der Intensität der Hybridisierungssignale erhält man einen Überblick darüber, wie stark bestimmte Gene im untersuchten Gewebe exprimiert werden. Derartige

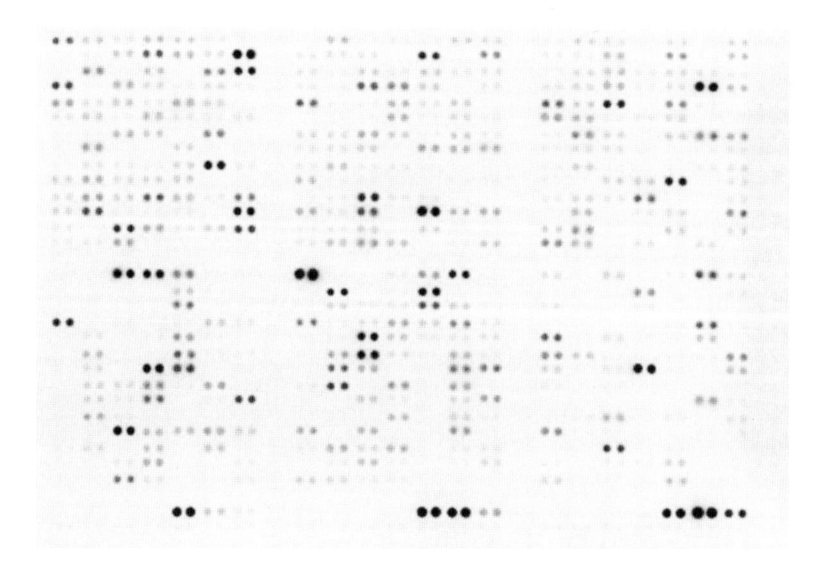

Abb. 18: *Macroarray.*
Das Beispiel zeigt einen *cDNA expression array*, bei dem jede cDNA doppelt aufgetragen wurde, um die Unterscheidung zwischen Artefakten und echten Signalen zu erleichtern. Ein Vergleich der Signalintensitäten zweier Hybridisierungsexperimente gibt einen guten Eindruck von der Herauf- bzw. Herunterregulierung der Expression einzelner Gene. (Abdruck mit freundlicher Genehmigung von Clontech).

cDNA-Dot Blots kann man selber herstellen, sofern man über die entsprechenden cDNAs verfügt, was in der Praxis meist ein Problem darstellt, oder man kauft sie. Derlei Membranen werden als ***DNA array*** (*array* = Anordnung) oder auch als ***macroarray*** bezeichnet, um sie von den verwandten, aber technisch völlig anders gearteten Microarrays (siehe 9.1.6) zu unterscheiden. Die Hybridisierung erfolgt meist mit radioaktiv markierten cDNAs (s. Abb. 18), dann können die Membranen bis zu dreimal gestrippt (d.h. die Probe entfernt) und wiederverwendet werden. Nicht-radioaktiv markierte Sonden sind hier aufgrund der Stabilität ihrer Markierung meist im Nachteil; sie können zwar auch gestrippt werden,[53] doch ist der Nachweis, dass die Bemühungen erfolgreich waren, erheblich mühsamer.[54] War das Strippen nicht ganz so erfolgreich, dann kann man radioaktiv markierte Sonden für ein paar Wochen in der Schublade liegen lassen, bis sich der Signalhintergrund ausreichend verringert hat; bei nicht-radioaktiv markierten Sonden ist diese Taktik sinnlos.

Macroarrays waren die direkten Vorläufer der Microarrays (s. 9.1.6) und sind von diesen mittlerweile stark in den Hintergrund gedrängt worden. Ein paar kommerzielle Anbieter haben noch Macroarrays

53. Das macht allerdings nur Sinn, wenn der vorherige Nachweis mit einem Chemilumineszenz-System erfolgte; hat man einen chromogenen Nachweis durchgeführt (s. 7.3.2), lässt sich der präzipitierte Farbstoff nicht mehr entfernen.
54. Bei radioaktiv markierten Sonden reicht es aus, die verbliebene Aktivität mit einem Zählrohr zu kontrollieren, während man bei nicht-radioaktiv markierten Sonden eine komplette Nachweisreaktion durchführen muss.

im Programm, z.B. Clontech (Atlas® Nylon Array). Die Membranen tragen meist zwischen 250 und 1200 verschiedene cDNAs und kosten in der Größenordnung von 1000-2000 €. Da die Firmen umfangreiche cDNA-Klonsammlungen besitzen, kann man sich zum Teil bei einer ausreichenden Abnahmemenge auch seine Wunschmembranen zusammenstellen lassen.

Literatur:

Kafatos FC, Jones CW, Efstratiadis A (1979) Determination of nucleic acid sequence homologies and relative concentrations by dot hybridization procedure. Nucl. Acids Res. 24,1541-1552

Gress TM et al. (1992) Hybridization fingerprinting of high density cDNA library arrays with cDNA pools derived from whole tissues. Mammal. Genome 3, 609-619

4 Die Polymerase-Kettenreaktion (PCR)

Heil dem Wasser! Heil dem Feuer!
Heil dem seltnen Abenteuer!

Eigentlich gehört die Polymerase-Kettenreaktion (PCR) in das Kapitel Werkzeug, doch ist sie momentan sicherlich DIE Methode der Molekularbiologie und wird es auch noch auf absehbare Zeit bleiben. Grund genug, ihr ein eigenes Kapitel zu widmen.
Das Prinzip ist herrlich einfach und nachträglich fragt man sich, weshalb die Methode nicht schon viel früher erfunden wurde. Die Antwort lautet vielleicht, dass man vorher nicht gewusst hätte, was man damit anfangen soll. Denn seit den Anfängen 1985 (Saiki et al.) entdecken findige Köpfe permanent neue Anwendungen. Noch aus einem anderen Grund ist die PCR sich allgemeiner Aufmerksamkeit gewiss: Sie ist ziemlich rasch zum Übungsfall für die Wirtschaft geworden. Nie zuvor hat ein Patent in der Molekularbiologie so große Diskussionen ausgelöst, ging es doch um den Eingriff des Patentrechts in die Freiheit der Forschung.[55] Die Gemüter haben sich inzwischen beruhigt, weil das Patent, solange es gültig war,[56] die Enzymeinkäufe zwar etwas verteuert hat, aber sonst alles beim Alten blieb.

4.1 Die Standard-PCR

Alles, was man für eine PCR braucht, sind eine thermostabile DNA-Polymerase, ein wenig Ausgangs-DNA (***template***) und zwei passende Oligonucleotidprimer. Puffer und Nucleotide dazu, das Tube in die PCR-Maschine gestellt und los geht's. Klingt simpel, wie alles, was der Experimentator anfängt, und stellt sich im Laufe der Zeit als sauschwierig heraus, wie alles im Leben. Fangen wir damit an, wie es theoretisch funktioniert und erläutern anschließend, weshalb es nicht klappt.

Das typische PCR-Programm besteht aus einem **Denaturierungsschritt**, einem **Annealingschritt** und einem **Elongationsschritt**. Denaturiert wird bei 94 °C, dabei trennen sich die beiden Stränge der Template-DNA. Anschließend wird die Temperatur auf 55 °C gesenkt, so dass es zur Hybridisierung der im massiven Überschuss vorhandenen Oligonucleotidprimer an die einzelsträngige Template-DNA kommt. Danach wird die Temperatur auf 72 °C, das Temperaturoptimum der Taq-Polymerase, erhöht, wobei der Primer verlängert wird, bis wieder eine doppelsträngige DNA vorliegt, die der ursprünglichen Template-DNA exakt gleicht. Weil die Komplementierung an beiden Strängen der Template-DNA abläuft, hat man in einem Zyklus die Zahl der Template-DNAs verdoppelt. Wiederholt man den Zyklus, hat man anschließend die vierfache Menge usw.

---

55. So zumindest hat man es damals dargestellt. Tatsache ist, dass viele die eher schlechten Gehälter in der universitären Forschung gerne kompensieren, indem sie sich für etwas Besseres halten. Und wieso sollten sich die Guten an Patente halten müssen - insbesondere wenn diese in den Händen der Bösen liegen?
56. Das Patent für die native Taq-Polymerase wurde 2001 für ungültig erklärt, das Patent für die PCR-Technologie lief 2005 aus.

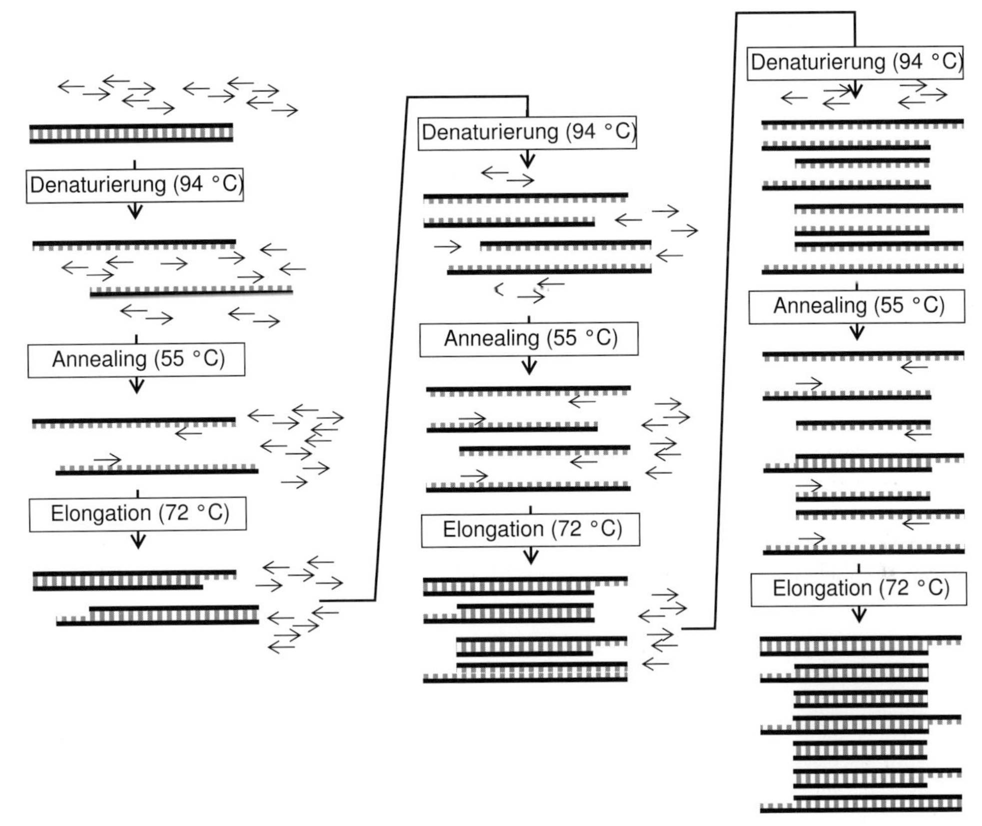

Abb. 19: Das PCR-Prinzip.
1. Schritt (Denaturierung): Die Template-DNA wird auf 94 °C erhitzt, die beiden Stränge trennen sich.
2. Schritt (Annealing): Die Temperatur wird gesenkt, um den Primern Gelegenheit zu geben, an die DNA zu hybridisieren.
3. Schritt (Elongation): Die Temperatur wird auf das Arbeitsoptimum der Polymerase erhöht, um eine optimale Zweitstrangsynthese zu erlauben. Am Ende eines Zyklus ist die DNA-Menge (nahezu) verdoppelt worden.
An den drei dargestellten Zyklen kann man bereits einige Probleme der PCR erkennen: a. Bei den ersten Zyklen entstehen zumeist längere Produkte als erwartet. Die DNA-Fragmente der erwarteten Länge nehmen erst nach vier bis fünf Zyklen überhand. b. Eine Amplifikation findet nur statt, solange eine ausreichende Menge an Nucleotiden und Primern vorhanden ist. c. Nimmt die Konzentration an Amplifikationsprodukten zu, kommt es immer häufiger vor, dass diese miteinander statt mit Primern hybridisieren. Die Vermehrungsrate je Zyklus nimmt daher gegen Ende der PCR stark ab, eine weitere Amplifikation findet auch in Anwesenheit von Primern und Nucleotiden kaum noch statt.

Die Mutter aller PCR-Programme sieht folgende Bedingungen vor: Eine initiale Denaturierung von 5 min bei 94 °C, dreißig Zyklen bestehend aus jeweils 30 sec bei 94 °C, 30 sec bei 55 °C und 90 sec bei 72 °C, und zu guter Letzt eine finale Elongation von 5 min bei 72 °C, um ganz sicher zu gehen, dass die Polymerase ihre Arbeit beendet. Anschließend wird die Reaktion auf 4 °C gekühlt, bis sich jemand findet, der das Tube aus der Maschine nimmt. Dieses Protokoll wird noch heute von vermut-

lich Hunderttausenden benutzt und funktioniert prinzipiell ganz gut. Man kann's allerdings, mit etwas Überlegung und Übung, noch verbessern.
Nun zu den kritischen Punkten:

- Die **Denaturierung**. Einerseits ist die Denaturierung ein sehr schneller Prozess, der bereits bei Temperaturen ab 70 °C beginnt. Andererseits leiden alle Komponenten unter der Hitze: die Polymerase wird denaturiert, die Nucleotide zerfallen und Template-DNA wie Primer werden depuriniert. Ausreichend Argumente, um die Denaturierungszeiten so kurz wie möglich zu halten. Tatsächlich reichen Zeiten von fünf Sekunden aus, um die DNA-Stränge voneinander zu trennen. Glücklich, wer eine PCR-Maschine besitzt, die die Temperatur im Tube misst oder zumindest errechnet (z.B. Perkin-Elmer). Alle anderen müssen sich mit Schätzwerten behelfen. Zur Orientierung: Ein mit Öl überschichteter 50 µl-Ansatz benötigt ca. 20 Sekunden, bis er die Temperatur des Heizblocks erreicht hat.

- Die **Annealingtemperatur**. Sie richtet sich hauptsächlich nach den Primern, die man verwendet. Mittlerweile gibt es etliche Programme auf dem Markt, die einem nicht nur die (theoretische) Schmelztemperatur (T_m) des Primers errechnen, sondern auch potentielle Sekundärstrukturen ermitteln (siehe unten).
  Für die Berechnung der Schmelztemperatur existieren verschiedenste Gleichungen. Sie sind unterschiedlich gut und unterschiedlich einfach zu handhaben. In der einfachsten Variante berechnet man die T_m näherungsweise aus dem GC-Gehalt des Primers:
  (Gl. 1)

  $$T_m = 4 \times (\text{Anzahl G bzw. C}) + 2 \times (\text{Anzahl A bzw. T})$$

  Sie ist allerdings nur für kurze Primer mit einer Länge um 20 Basen brauchbar. Eine bereits deutlich ausgefuchstere und mühsamer zu berechnende Gleichung stammt von Baldino et al. (1989) und ist eigentlich entwickelt worden, um die Schmelztemperatur von Oligonucleotiden unter den Bedingungen der in-situ-Hybridisierung zu bestimmen.
  (Gl. 2)

  $$T_m = 81{,}5 + 16{,}6 \times (\log_{10} [J^+]) + 0{,}41 \times (\%\ G{+}C) - (675/n) - 1{,}0 \times (\%\ \text{Fehlpaarungen}) - 0{,}63 \times (\%\ FA)$$

  (J = Konzentration monovalenter Kationen in Mol/l, % G+C = Anteil der Basen Guanin und Cytosin in Prozent, n = Anzahl der Basen im Oligonucleotid, % mismatch = Anteil der fehlgepaarten Basen in Prozent, % FA= Anteil des Formamids im Puffer in Prozent, entfällt normalerweise bei der PCR)

  Gleichung 2 gilt für Kationenkonzentrationen bis 0,5 M, GC-Gehalte zwischen 30 und 70 % und Oligonucleotidlängen bis 100 Basen. Der Nachteil: Für Oligonucleotide unter 30 Basen Länge ist sie nicht sonderlich brauchbar. Die nach derzeitigem Stand der Dinge anerkannteste Methode ist die *nearest-neighbour* Methode, in Anlehnung an Breslauer et al. (1986). Sie beruht auf der Beobachtung, dass die Schmelztemperatur nicht nur von der Basenzusammensetzung, sondern auch von der Sequenz des Oligonucleotids abhängen, weil sich benachbarte Basen gegenseitig beeinflussen. Dieses Verfahren ist am genauesten, lässt sich aber von Hand nicht mehr bewältigen. Zum Glück errechnet einem heute praktisch jedes Programm, das Sequenzen oder Primer analysiert, auch die Schmelztemperatur einer Sequenz.
  Die Schmelztemperatur alleine bringt's allerdings noch nicht, weil sie nur Auskunft darüber gibt, bei welcher Temperatur 50 % des Primers nicht mehr an das Template bindet, nicht aber, ab wann der Primer zuverlässig hybridisiert. Die Annealingtemperatur sollte man daher 5-10 Grad niedriger ansetzen. Eine hübsche, wissenschaftlichere Auseinandersetzung mit dem Thema findet sich bei Rychlik et al. (1990), die zu dem Schluss kommen, dass die optimale Annealingtemperatur vom Pri-

mer und dem amplifizierten Fragment abhängt. Sie haben daraus die folgende Gleichung entwickelt: (Gl. 3)

$$T_a^{opt} = 0{,}3 \times T_m^{Primer} + 0{,}7 \times T_m^{Produkt} - 14{,}9$$

($T_m^{Produkt}$ ermittelt man aus Gleichung 2). Weil erfahrungsgemäß viele am Anfang Probleme mit der Gleichung haben, folgt ein kleines Rechenbeispiel:

Ein 632 bp langes Fragment mit einem GC-Gehalt von 45 % wird in einem Puffer mit 50 mM KCl amplifiziert. Die beiden Primer haben eine Schmelztemperatur von 55,3 °C und 48,6 °C.

$T_m^{Produkt}$ = 81,5 + 16,6 (log 0,05) + 0,41 x 45 - (675/632) = 77,3 °C
T_a^{opt} = 0,3 x 48,6 + 0,7 x 77,3 -14,9 = **53,8 °C**

Diese Gleichung ist sicherlich die beste derzeit verfügbare, gibt aber auch keine hundertprozentig zuverlässigen Werte. Es hilft nichts, die optimale Annealingtemperatur muss man im Zweifelsfall empirisch bestimmen. Am einfachsten geht das, indem man eine **Gradienten-PCR** durchführt, sofern man Zugang zu einer PCR-Maschine hat, die in der Lage ist, auf dem Thermoblock einen Temperaturgradienten zu erzeugen. Auf diese Weise kann man in einem einzigen Lauf eine ganze Reihe von verschiedenen Annealing-Temperaturen austesten und sich so schnell an die optimale Temperatur herantasten. Ein wenig Vorsicht ist allerdings angesagt, weil die Temperaturverteilung im Thermoblock häufig nicht so uniform ist, wie der Hersteller es anpreist. Wenn's präzise sein soll, führt man besser zwei PCRs durch, die erste mit einem "steileren" Gradienten (d.h. einer größeren Temperaturdifferenz zwischen der linken und der rechten Blockseite, z.B. 15 oder 20 °C) und die zweite mit einem "flacheren" Gradienten, der sich auf den Temperaturbereich beschränkt, der im ersten Versuch die besten Ergebnisse geliefert hat.
Maschinen für die Gradienten-PCR findet man bei Eppendorf, Stratagene und Biometra. Applied Biosystem bietet ein Gerät mit sechs kleinen Blöcken (VeriFlex™ Blocks) an, deren Temperaturen individuell eingestellt werden können.

- Die **Elongationszeit**. Die Elongationszeit sollte an die Länge des erwarteten Produkts angepasst sein. Ist sie zu kurz, kann die Polymerase ihren Job nicht beenden. Ist sie zu lang, bleibt ihr zu viel Zeit für Unsinn. Üblicherweise rechnet man 0,5-1 min je kb Länge, wenn Taq verwendet wird, 2 min je kb bei Verwendung von Pfu.

- **Ölüberschichtung**. Bei klassischen PCR-Maschinen muss man den Ansatz mit etwas Mineral- oder Paraffinöl überschichten, um ein Verdunsten des Tubeinhalts zu vermeiden (die Flüssigkeit kondensiert sonst am Tubedeckel). Fast alle neueren Maschinen besitzen mittlerweile einen Heizdeckel, der den Tubedeckel auf über 100 °C erhitzt und so eine Kondensation verhindert, dies erspart die Verwendung von Öl und vereinfacht so die Handhabung. Aber Achtung: Eine Verdunstung findet trotzdem statt. Die Tröpfchen sammeln sich dann an der Seitenwand des Tubes an, im Bereich zwischen Heizblock und Heizdeckel. Während dies bei größeren Versuchsvolumina kein Problem darstellt, können sich bei kleineren Volumina (< 20 µl) die Konzentrationsverhältnisse stark verändern und so eine erfolgreiche Amplifikation verhindert werden. Daher sollte man in diesen Fällen auch mit Heizdeckel den Ansatz mit Öl überschichten.
  Und noch einen nicht zu unterschätzenden Vorteil hat die Ölüberschichtung: Die Tubes überstehen auch monatelange Lagerung im Kühlschrank völlig problemlos, wo normale Ansätze im Laufe der Zeit verdunsten und am Ende eintrocknen.

- Das **Template**. Je besser die Qualität der Template-DNA ist, desto schöner. Das Faszinierende an der PCR ist jedoch, dass sie manchmal auch funktioniert, wenn man es ihr gar nicht zutraut. Hier eine keineswegs vollständige Auswahl von Templates, die funktionieren: Plasmid-DNA, Cosmid-DNA, Phagen-DNA, DNA aus früheren PCRs, genomische DNA, cDNA, Bakterien (aus der Kolonie direkt

durchschnittlicher Vermehrungssfaktor V je Zyklus	**2**	**1,8**	**1,7**	**1,60**	**1,50**
Vermehrung nach 10 Zyklen	10^3	357	201	110	58
20 Zyklen	10^6	$1,3 \times 10^5$	$4,1 \times 10^4$	$1,2 \times 10^4$	$3,3 \times 10^3$
30 Zyklen	10^9	$4,6 \times 10^7$	$8,2 \times 10^6$	$1,3 \times 10^6$	$1,9 \times 10^5$
40 Zyklen	10^{12}	$1,6 \times 10^{10}$	$1,6 \times 10^9$	$1,5 \times 10^8$	$1,1 \times 10^7$

Tab. 9: Vermehrung von DNA im PCR-Tube.
Kleine Ursache, große Wirkung: Schon geringe Änderungen bei der durchschnittlichen Vermehrungsrate je Zyklus machen sich bei der Ausbeute deutlich bemerkbar. Die DNA-Menge am Ende der Amplifikation errechnet sich aus der Gleichung

$$X = x \cdot V^n$$

(x = Anfangsmenge, V = Vermehrungsfaktor je Zyklus, n = Anzahl der Zyklen).

in das Tube), Phagen (Eluate aus einzelnen Plaques), DNA in Polyacrylamidgel-Stückchen usw. usw. Prinzipiell ist nichts zu krude, um nicht doch noch als Template dienen zu können – im Zweifelsfall einfach ausprobieren.

- Der **Multiplikationsfaktor**. Wo man auch nachliest, überall wird einem erklärt, die Anzahl an DNA-Molekülen würde sich von Zyklus zu Zyklus verdoppeln. Schön wär's, denn auf diese Weise würden aus einem Template-Molekül binnen dreißig Zyklen etwa eine Milliarde, nach vierzig Zyklen sogar eine Billion; bei einer Länge von 1 kb macht das die stolze Menge von immerhin 1 µg DNA. Dem ist – natürlich – nicht so. Tatsächlich liegt der durchschnittliche Multiplikationsfaktor je Zyklus irgendwo bei ca. 1,6 bis 1,7, manchmal etwas darunter, manchmal etwas darüber. Der Unterschied erscheint klein, entscheidet aber am Ende der PCR über Ge- oder Misslingen. Dabei ist die Situation in Wahrheit viel komplizierter, weil die Vermehrungsrate zu Beginn der PCR geringer ist, vermutlich weil die Wahrscheinlichkeit, dass sich Template, Primer und Enzym zur rechten Zeit am rechten Ort treffen, vergleichsweise gering ist. Sie steigt dann mit zunehmender Templatemenge an, verringert sich aber gegen Ende der Reaktion wieder, weil die Vermehrung zunehmend durch Pyrophosphat, zerbröselnde Nucleotide und rehybridisierendes Produkt gehemmt wird.
- Die **Templatemenge**. Zwar reicht theoretisch ein einziges Templatemolekül bereits aus, um den Experimentator glücklich zu machen, doch braucht man in der Praxis wenigstens 10 000 Template-DNAs, um problemlos zu amplifizieren. Die Umrechnung der Anzahl von Molekülen in DNA-Mengen fällt vielen schwer, daher kann man sich mit folgenden Richtwerten behelfen: 100 000 Moleküle Template-DNA entsprechen ca. 0,5 pg Plasmid-DNA, 300 ng menschlicher genomischer DNA oder der cDNA von 1 µg Gesamt-RNA. In den meisten Fällen können diese Mengen deutlich unterschritten werden, auf keinen Fall aber sollte man zu große Mengen an Template einsetzen – das Ergebnis könnte genau das Gegenteil dessen sein, was man erreichen will. Die Wahrscheinlichkeit für ein Fehlannealing steigt und die Reaktion kann zu früh in die Sättigung geraten, mit unangenehmem Effekt für die Qualität des Produkts.

Eine interessante Idee ist die Wiederverwendung von Template-DNA, wie sie von Sheikh und Lazarus (1997) publiziert wurde. Die Autoren beschreiben, wie sie Stücke ungeladener Nylonmembranen (Duralon-UV Membran, Stratagene), auf die zuvor DNA geblottet wurde, als PCR-Template verwenden. Ein solches Template ist mehrfach verwendbar, doch ist die Amplifikation längerer Fragmente (> 850 bp) eher unbefriedigend.

- Der **Puffer**. Die Taq-Polymerase hat ihr Aktivitätsmaximum bei einem pH oberhalb von 8. Angesichts dessen wurde zeitweise viel mit verschiedenen Puffern herumexperimentiert, offenbar ohne durchschlagenden Erfolg, weil noch heute die Leib- und Magen-Puffersubstanz der Molekularbiologen verwendet wird, obwohl Tris-HCl eigentlich denkbar ungünstig ist für diesen Zweck. Ausgerechnet dieser Puffer ändert seinen pH sehr stark in Abhängigkeit von der Temperatur (Δ pK_a von -0,021/°C), so dass der häufig verwendete Puffer mit pH 8,3 bei 20 °C während der PCR einen pH von 7,8 bis 6,8 (!) aufweist – für die Aktivität der Taq-Polymerase eher ungünstig. Häufig wird deshalb ein Tris-Puffer von pH 8,55 oder gar 9,0 verwendet.
- Bei den **Salzen** ist die Auswahl etwas größer. Man verwendet KCl (bis zu 50 mM) oder $(NH_4)_2SO_4$ (bis zu 20 mM). Es lohnt sich unter Umständen, die optimale Salzkonzentration auszutesten. So steigt beispielsweise die Ausbeute bei der Verwendung von KCl im Bereich zwischen 10 und 50 mM langsam an, um bei Konzentrationen über 50 mM drastisch zu fallen. NaCl hemmt die Amplifikation.
- Die **$MgCl_2$-Konzentration**. Mg^{2+} beeinflusst Primerannealing, Trennung der Stränge bei der Denaturierung, Produktspezifität, Bildung von Primerdimeren und die Fehlerrate. Außerdem benötigt das Enzym für seine Aktivität freies Mg^{2+}. Weil Primer, Nucleotide und eventuell vorhandenes EDTA Mg^{2+} wegfangen, muss eigentlich für jede PCR die optimale Mg^{2+}-Konzentration ermittelt werden – sie liegt normalerweise zwischen 0,5 und 2,5 mM. In den meisten Fällen wird man mit 2 mM erfolgreich sein; für den Fall, dass nicht, lohnt es sich allerdings, die Konzentration zu optimieren – in manchen Fällen ist das Fenster der optimalen Mg^{2+}-Konzentration sehr klein. Pwo und Tfl bevorzugen übrigens $MgSO_4$.
- Die **Zusätze**. Wenn die PCR nicht funktioniert wie sie sollte und eine Veränderung der Mg^{2+}-Konzentration nicht den gewünschten Effekt bringt, kann man's mit verschiedenen Zusätzen versuchen. Dimethylsulfoxid (DMSO) (5 bis 10 % v/v), Betain (N,N,N-Trimethylglycin) (1 M) und Formamid (bis 5 % v/v) können die Spezifität steigern und die Amplifikation von GC-reichen Sequenzen erleichtern, Glycerin (10-15 % v/v), PEG 6000 (5-15 % w/v), Tween®20 (0,1-2,5 % v/v), Tetramethylammoniumchlorid (TMAC) (50 mM) und das *Single-Strand Binding Protein* (SSB) von *E.coli* (60 ng/20 µl Reaktionsvolumen) (siehe Chou 1992) können die Reaktion beschleunigen. Eine Regel, was man wann am besten verwendet, gibt es nicht – man muss es, ob man will oder nicht, ausprobieren. Die Zusätze können übrigens auch kombiniert werden (z.B. 5 % DMSO + 1 M Betain).
  Heparin (> 5 u), SDS (> 0,01 %), Nonidet®P40 (> 5 %) und Triton®X-100 (> 1 %) hemmen die Reaktion. Obwohl man diese Substanzen nicht zur Reaktion pipettieren wird, sollte man beachten, dass die Template-DNA, je nach der Art der Präparation, noch störende Mengen davon enthalten kann.
- Die **Nucleotide**. Es hat sich gezeigt, dass die Qualität der Nucleotide ebenfalls einen bedeutenden Einfluss auf das Gelingen haben kann. Gegebenenfalls muss man Nucleotide verschiedener Hersteller ausprobieren.
- Die **Nucleotidkonzentration**. Im Standardprotokoll wird eine Konzentration von 200 µM je Nucleotid angegeben. Die Menge ist ausreichend, um in einem 50 µl-Ansatz 13 µg DNA zu synthe-

tisieren – eine Menge, die man beim besten Willen nicht erreicht. Ein Großteil der Nucleotide endet statt dessen als Nucleotiddi- oder -monophosphate, ein Viertel der Menge tut's folglich im Normalfall auch. Keine Angst, die Ausbeute bleibt trotz geringerer Nucleotidkonzentration unverändert. Übrigens wird berichtet, dass die Fehlerhäufigkeit der Taq-Polymerase mit sinkender Nucleotidkonzentration eher fällt, zumindest bis zu einer Grenze von 10 μM je Nucleotid. Allerdings scheinen sich die Autoren in diesem Punkt nicht ganz einig zu sein.

Umgekehrt wurde allerdings gezeigt, dass zu hohe dNTP-Konzentrationen durchaus eine stark inhibierende Wirkung auf die Amplifikation haben können, bis hin zum völligen Scheitern. Dies dürfte daran liegen, dass die Nucleotide freie Mg^{2+}-Ionen binden, vielleicht ist es aber auch die Menge an hemmendem Pyrophosphat, die bei hohen dNTP-Konzentrationen im Laufe der PCR zu schnell ansteigt.

- **Vorsicht:** Etliche Hersteller etikettieren ihre Nucleotidmixe mit der verwirrenden Bezeichnung "dNTP 100 mM". Das bedeutet zumeist, dass die Konzentration für jedes Nucleotid 25 mM beträgt!

- **Pyrophosphatase**. Ein Trick, um die Ausbeute zu erhöhen, besteht darin, das Reaktionsgleichgewicht zugunsten des Produkts zu verschieben, indem man eines der Reaktionsprodukte entfernt, nämlich das Pyrophosphat (PPi). Dies ist möglich, seit es gelungen ist, aus den thermophilen Bakterien, die uns die thermostabilen Polymerasen beschert haben, auch eine thermostabile Pyrophosphatase zu isolieren. Perkin-Elmer setzt sie als Bestandteil ihrer *Cycle-sequencing-* bzw. *Thermo-Sequenase*-Kits ein, doch als einzelnes Enzym ist thermostabile Pyrophosphatase bislang nur schwer erhältlich. Zuletzt habe ich das Enzym bei MCLAB (www.mclab.com) und bei New England Biolabs entdeckt. Nicht-thermostabile Pyrophosphatase (z.B. von Hefe) gibt es bei Roche, Sigma-Aldrich, USB und Fermentas.
  Pyrophosphatasen eignen sich auch, um die Ausbeute bei der RNA-Synthese (in vitro Transkription) zu erhöhen oder für das Entfernen von PPi-Kontaminationen bei Nachweismethoden, die auf der Quantifizierung von Pyrophosphat beruhen (z.B. SNP-Genotypisierung).

- Die **Primer**. Einerseits lässt sich über die Primer am wenigsten sagen, weil sie speziell für die gewünschte Amplifikation maßgeschneidert werden, andererseits entscheiden sie am meisten über das Gelingen der Amplifikation. So unvorhersehbar ihr Verhalten ist, gibt es doch einige Regeln, die die Wahrscheinlichkeit des Funktionierens deutlich erhöhen. Als Daumenregel gilt:
- PCR-Primer haben normalerweise eine Länge von 18-30 Basen und besitzen einen Anteil von 40-60 % Guanidin und Cytosin (G+C). Primer für die Amplifikation extra langer Produkte sollten 25-35 Basen lang sein. Der Primer sollte nicht mehr als vier gleiche Basen nacheinander enthalten (z.B. AAAA), um Fehlhybridisierungen und Leserasterverschiebungen (*frameshifts*) zu vermeiden. Die Schmelztemperatur sollte 55-80 °C betragen, um ausreichend hohe Annealingtemperaturen zu erlauben.
- Am 3'-Ende sollten ein bis zwei G oder C sitzen, um eine bessere Bindung und Elongation zu erhalten, andererseits wird empfohlen, höchstens drei G oder C ans 3'-Ende zu plazieren, weil sonst fehlhybridisierende Primer stabilisiert werden, dadurch steigt die Gefahr von unspezifischen Amplifikationsprodukten.
- Die Sequenz sollte möglichst spezifisch sein für das gewünschte Amplifikationsprodukt, so dass die Primer nur an der richtigen Stelle hybridisieren. Je mehr verwandte Sequenzen in der verwendeten Template-DNA existieren, desto höher ist die Wahrscheinlichkeit für unerwünschte Amplifikationsprodukte. Je komplexer die Template-DNA (d.h. je mehr unterschiedliche DNA-Sequenzen sie enthält, wie z.B. cDNA oder gar genomische DNA), desto größer wird die Wahrscheinlichkeit, Artefakte zu amplifizieren. Man begegnet dem Problem am besten über möglichst hohe Annealingtemperaturen (ca. 55-65 °C) – sofern die Primersequenz das hergibt. Mit steigender Temperatur sinkt

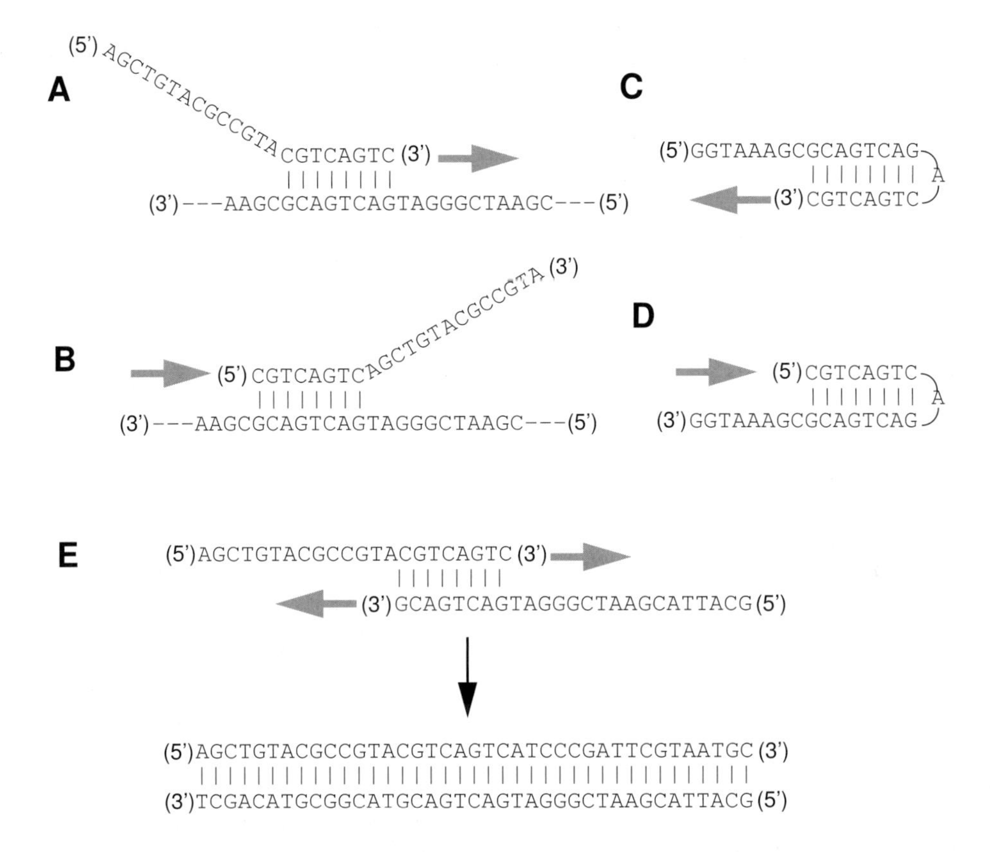

Abb. 20: Probleme beim Primerdesign.
A Hybridisiert das 3'-Ende des Primers an eine andere DNA, kann die Polymerase weitere Basen anhängen, es kommt zur Bildung von unspezifischen Amplifikationsprodukten. **B** Hybridisiert dagegen das 5'-Ende an eine andere DNA, kann die Polymerase aufgrund ihrer 5'→3'-Exonucleaseaktivität Basen vom 5'-Ende entfernen. **C** Treten innerhalb des Primers Hairpinstrukturen am 3'-Ende auf, kann die Polymerase ebenfalls zusätzliche Basen anhängen, der Primer bindet dann nicht mehr spezifisch. **D** Bei Hairpins am 5'-Ende entfernt die Polymerase Basen vom 5'-Ende, der verkürzte Primer bindet später nur noch mit geringer Wahrscheinlichkeit an die Template-DNA. **E** Zwei Primer, deren 3'-Enden komplementär sind, können sich gegenseitig als Template verwenden, die Folge sind Primerdimere, d.h. Hybride aus den beiden Primern, die nicht mehr für die Amplifikation taugen.

allerdings die Annealingwahrscheinlichkeit und damit die Ausbeute. Will man, z.B. zwecks Mutagenese, Mutationen im Primer unterbringen, tut man dies am besten am 5'-Ende.

- Die Primer sollten keine internen Sekundärstrukturen wie Haarnadeln (*hair pins*) bilden, weil diese die Wahrscheinlichkeit des Hybridisierens mit der Template-DNA reduzieren. Das Risiko der Bildung von *hairpins* checkt man am besten über ein entsprechendes Computerprogramm.
- Die Primer dürfen nicht miteinander hybridisieren und sollten eine möglichst geringe Komplementarität an ihren 3'-Enden besitzen – der eine Primer kann sonst als Template für den anderen dienen (s. Abb. 20E). Auf diese Weise entstehen statt des gewünschten Amplifikationsprodukts vor allem

die gefürchteten Primerdimere. Die Menge an nutzbarem Primer wird dadurch drastisch reduziert und die Amplifikationseffizienz sinkt ins Bodenlose.

- Je reiner der Primer, desto günstiger für die Amplifikation, daher sollte man bei kritischen Applikationen möglichst HPLC- oder PAGE-gereinigte Primer verwenden – für die Standard-PCR tut's auch der normale entsalzte Primer.

Übrigens kann man, entgegen der offiziellen Angaben, sowohl Puffer als auch Primer durchaus bei 4 °C lagern, solange man sauber und nucleasefrei arbeitet, wie es sich für den guten Experimentator gehört. Einzig die Nucleotide vertragen eine solche Aufbewahrung überhaupt nicht (obgleich es mittlerweile stabilisierte Nucleotidlösungen gibt, beispielsweise bei Peqlab), und auch die Polymerase lagert man besser bei -20 °C, obwohl ein Enzym, das man eine Stunde lang kochen kann, eigentlich ziemlich robust sein sollte.

Oligonucleotide bekommt man inzwischen fast an jeder zweiten Straßenecke. Unter den größeren Firmen betreiben unter anderem MWG und Roth Primersynthesen. Daneben gibt es eine größere Zahl von Biotechfirmen, die sich auf diesen Bereich spezialisiert haben. Einfach mal aufmerksam die Laborpost durchsehen.

Die **Primerkonzentration** kann ebenfalls einen erheblichen Einfluss auf die Ausbeute haben. Üblicherweise werden für einen 50 µl-Ansatz etwa 10 pmol je Primer eingesetzt[57]. Ist die Ausbeute gering, kann man es auch mit deutlich höheren Mengen an Primer versuchen. Doch Vorsicht, jenseits des Optimums (das, je nach Versuchsansatz, bei ca. 50-200 pmol je 50 µl liegt) sinkt die Ausbeute auch wieder.

- Die **Zyklenanzahl**. Ab einer gewissen Produktmenge (ca. 0,3-1 pmol) kommt es zu einem Plateaueffekt, bei dem die Vermehrungsrate stark abnimmt. Dies hat verschiedene Gründe: Die Akkumulation von Endprodukten (DNA, Pyrophosphat) verlangsamt die Synthese, die Wahrscheinlichkeit des Reannealing zweier fertiger DNA-Stränge reduziert die Neusynthese, die Substratkonzentration nimmt ab (vor allem die Menge an intakten Nucleotiden), die Menge an intakter Polymerase nimmt ab, es kommt zur Kompetition mit unspezifischen Produkten (wie Primerdimeren) und zur verstärkten Fehlhybridisierung. Tatsache ist, dass in diesem Moment die Zahl falscher Produkte steigt und damit der Hintergrund. Außerdem tendiert das Produkt bei zu vielen Zyklen zum "Schmieren", d.h. neben dem gewünschten Produkt entstehen immer mehr falsche Produkte, die sich meist vom richtigen durch ihre Länge unterscheiden und auf dem Agarosegel später als Schmier ober- und unterhalb der richtigen Bande sichtbar werden. Daher passt man für die besten Ergebnisse die Zahl der Zyklen so an, dass die PCR beendet wird, wenn das Plateau erreicht wird. Viel hilft hier nicht viel.
- **Temperaturabhängige Aktivität** der Taq-Polymerase. Obwohl die thermostabilen Polymerasen ihr Arbeitsoptimum im Bereich um 70 °C haben (bei der Taq liegt es bei 74 °C), sind sie auch bei anderen Temperaturen nicht inaktiv. So zeigt die Taq-Polymerase bei 70 °C eine Einbaurate von ca. 2800 Nucleotiden/min, bei 55 °C noch 1400 Nucleotiden/min, bei 37 °C 90 Nucleotiden/min und bei 22 °C immerhin noch etwa 15 Nucleotiden/min. Dies ermöglicht es beispielsweise, Programme mit einem einzigen Annealing/Elongationsschritt bei 60 °C zu verwenden. Während die Restaktivität bei niedrigen Temperaturen bei Verwendung der Taq-Polymerase kein Problem ist und die Ansätze nach der Amplifikation problemlos bei Raumtemperatur über Nacht in der PCR-Maschine stehen können, ohne sich zu verändern, stellt sie bei Polymerasen mit Korrekturaktivität ein Problem dar. Tatsächlich bauen Pfu, Pwo und Tli bei Raumtemperatur nicht nur überschüssige Primer ab, sondern knabbern auch das PCR-Produkt an. Aus diesem Grund müssen PCR-Ansätze, die Polymerasen mit

57. 10 pmol Primer reichen aus für die Synthese von 6,6 µg eines 1 kb-Fragments.

	Taq	Tth	Pfu, Pwo
5' -3' -DNA-Polymerase	+	+	+
Prozessivität	hoch	hoch	gering
5' -3' -Exonuclease	+	+	+
3' -5' -Exonuclease (proofreading)	-	-	+
unspezifischer overhang	+	+	-
ReverseTranskriptase-Aktivität	-	+	-
ungefähre Fehlerhäufigkeit je eingebauter Base	10^{-5}	10^{-5}	10^{-6}

Tab. 10: Eigenschaften thermostabiler Polymerasen.

Korrekturaktivität enthalten, nach abgeschlossener Amplifikation in der Maschine gekühlt werden, bis sie weiterverwendet werden.

- Die **Polymerase**. Die klassische Polymerase für PCR ist die **Taq**-DNA-Polymerase, isoliert aus *Thermus aquaticus*, einem hitzestabilen Bakterienstamm, der in 70 °C heißen Quellen wächst. Dieses Wunderding hat sein Aktivitätsmaximum bei 74 °C und einem pH von über 8 und besitzt neben der 5'-3'-DNA-Polymeraseaktivität auch eine 5'-3'-Exonucleaseaktivität, aber keine 3'-5'-Exonucleaseaktivität. Außerdem besitzt die Taq neben der templateabhängigen (normalen) Polymeraseaktivität noch eine templateunabhängige, die dafür verantwortlich ist, dass an den neu synthetisierten Strang am Ende häufig noch eine zusätzliche Base angehängt wird, die auf dem Templatestrang nicht vorhanden ist, meist ein Adenosin. Die DNA-Syntheserate liegt bei ca. 2800 Nucleotide pro Minute. Die patentrechtliche Situation und der Forschergeist haben uns mittlerweile eine ganze Anzahl neuer thermostabiler Polymerasen mit unterschiedlichen Eigenschaften beschert. Die wenigsten besitzen jedoch die gleiche Syntheserate wie die Taq-Polymerase, so dass deren Beliebtheit bis heute ungebrochen ist. Im Wesentlichen können die Polymerasen in zwei Gruppen eingeteilt werden:

Pfu (aus *Pyrococcus furiosus*), **Pwo** (aus *Pyrococcus woesei*), **Tgo** (aus *Thermococcus gorgonarius*), **Tma** bzw. **UlTma**™ (aus *Thermotoga maritima*) und **Tli** bzw. **Vent**™ (aus *Thermococcus litoralis*): Diese Polymerasen besitzen eine deutlich höhere Temperaturstabilität als Taq (die Halbwertszeit der Pfu bei 95 °C liegt bei ca. 12 Stunden) und zusätzlich eine 3'-5'-Exonuclease-Aktivität, die eine Korrekturaktivität (***proofreading***) erlaubt. Ihre Amplifikationsprodukte besitzen deshalb auch keinen Basenüberhang wie Taq-generierte Produkte, sondern glatte Enden. Der Preis für die Wohltaten: Eine etwas kompliziertere Handhabung (denn die Enzyme "korrigieren" auch einzelsträngige Primer) und eine deutlich verringerte Syntheserate, die mit beispielsweise 550 Nucleotiden pro Minute für Pfu weit unter der der Taq-Polymerase liegt. Der Grund dafür liegt in der unterschiedlichen Prozessivität der Enzyme.
Unter **Prozessivität** versteht man die Zahl der Nucleotide, die eine Polymerase in einem Anlauf an das 3'-Ende einer DNA knüpft, bevor sie wieder abdissoziiert. Dieser Wert spiegelt damit die Polymerisationsgeschwindigkeit und die Dissoziationskonstante (K_d) der Polymerase wider. Die Prozessivität von Pfu liegt bei etwa 9-12 Basen (je Anlauf), die der Taq dagegen bei 35-100! Das macht

verständlich, weshalb die beiden Polymerasen so unterschiedliche Synthesegeschwindigkeiten aufweisen.
Um den exonucleasebedingten Abbau von Primern durch die Polymerase auszugleichen, sollte man höhere Primerkonzentrationen verwenden. Außerdem empfehlen die Hersteller meist, eine deutlich höhere Enzymmenge einzusetzen.

Tth (aus *Thermus thermophilus*), **Tfl** (aus *Thermus flavus*), **Tfi** (aus *Thermus filiformis*) und **Tbr** (aus *Thermus brockianus*): In ihrem Eigenschaftenprofil der Taq sehr ähnlich, besitzen diese Polymerasen zum Teil[58] eine Besonderheit: Ihre Reverse-Transkriptase-Aktivität (die sich in geringem Maße bei allen thermostabilen Polymerasen findet) ist ausgesprochen hoch. Das Enzym kann deshalb sowohl für die cDNA-Synthese als auch für PCR verwendet werden.[59] Wenngleich die RT-Aktivität nicht so hoch ist wie die einer normalen Reversen Transkriptase und die Syntheserate der normalen Polymeraseaktivität nicht so hoch wie die einer Taq, handelt es sich um interessante Enzyme, vor allem, wenn man eine große Zahl von RT-PCRs durchzuführen hat.
Allerdings bieten die Hersteller mittlerweile auch Ein-Tube-Systeme an, die mit klassischen Reversen Transkriptasen arbeiten (z.B. das Titan One Tube RT-PCR Kit von Roche).

Zu diesen zwei Hauptgruppen kommt seit ein paar Jahren eine dritte, naturgemäß sehr heterogene Gruppe, nämlich die rekombinanten thermostabilen Polymerasen. Suchte man bislang sein Glück in der Isolierung von immer neuen DNA-Polymerasen aus bis anhin unbekannten thermostabilen Bakterien, werden nun zunehmend Proteine mit unterschiedlichen Eigenschaften kombiniert, um maßgeschneiderte Enzyme zu entwickeln. Stellvertretend für die große Zahl an Möglichkeiten, die diese Vorgehensweise bietet, sei hier nur ein Beispiel genannt, nämlich die Herculase® DNA Polymerase von Stratagene, eine Fusion zwischen einer DNA-Polymerase und einer DNA-bindenden Domäne, welche dafür sorgt, dass die Polymerase länger an die DNA bindet, wodurch die Prozessivität der Polymerase erhöht wird.

- Die **Fehlerrate** liegt für Polymerasen mit Korrekturaktivität bei ungefähr einem Fehler alle 10^6 Basen (die Werte schwanken etwas je nach angewandtem Test), für solche ohne Korrekturaktivität etwa um Faktor 10 höher. Wer sich genauer informieren will, findet eine eingehendere Untersuchung bei Cline et al. (1996). Nach all den Jahren sieht es übrigens immer noch so aus, als habe Pfu unter allen thermostabilen DNA-Polymerasen die geringste Fehlerrate.
  Was bedeutet dies? Führt man eine PCR mit Taq-Polymerase, 10 000 Template-Molekülen und einem Produkt von 1000 bp Länge durch, wird im ersten Zyklus ein Prozent der neu generierten Fragmente eine Mutation tragen. Im zweiten Zyklus gesellt sich nochmal fast ein Prozent neu mutierter Fragmente dazu usw. usw. Nach dreißig Zyklen muss man mit 25 % Fragmenten rechnen, die eine oder mehrere Mutationen enthalten. Die gleiche PCR mit einer korrekturfähigen Proofreading-Polymerase würde nur etwa 3 % mutierte Fragmente liefern. Und wer nicht glauben mag, dass dies unter Umständen ein massives Problem darstellen kann, der sei darauf hingewiesen, dass die Zahlen für ein 2 kb-Template bereits 45 % versus 7 % lauten. Aus diesem Grunde sollte man, wenn man mittels PCR neue DNA-Abschnitte kloniert, vorsichtshalber drei unabhängige Klone sequenzieren, um am Ende wenigstens einen fehlerfreien Klon in Händen zu halten.
  Die Fehlerrate kann sich aber auch in Abhängigkeit von den verwendeten Bedingungen erhöhen. So zeigt die Taq-Polymerase unter verschiedenen Pufferbedingungen unterschiedliche Fehlerraten (s.Tab. 11 und Abschnitt 9.2).

---

58. Insbesondere Tth und Tfl.
59. Meist nach einer Umpufferung, denn die Reverse-Transkriptase-Aktivität ist Mn^{2+}-, die normale DNA-Polymeraseaktivität dagegen Mg^{2+}-abhängig.

Pufferzusammensetzung	Fehlerrate
20 mM Tris HCl pH 9,2 / 60 mM KCl / 2 mM Mg^{2+}	42×10^{-6}
20 mM Tris HCl pH 8,8 / 10 mM KCl / 10 mM $(NH_4)_2SO_4$ / 2 mM $MgSO_4$ / 100 µg/ml BSA	21×10^{-6}
10 mM Tris HCl pH 8,8 / 50 mM KCl / 1,5 mM $MgCl_2$ / 0,001 % Gelatine	$9{,}6 \times 10^{-6}$

Tab. 11: Die Pufferzusammensetzung verändert die Fehlerrate der Taq-Polymerase.

Die Fehlerrate kann, je nach Versuch, den man plant, ein großes Problem darstellen. Alle Firmen bieten daher eine Vielzahl von Polymerase-Mixen an, bei denen die Vorteile verschiedener Polymerasen kombiniert werden, was beispielsweise die Amplifikation wesentlich längerer PCR-Fragmente ermöglicht (s. Kap. 4.3.3), oder aber zu geringeren Fehlerraten bei der Amplifikation führt. Die genaue Zusammensetzung ist das Geheimnis der jeweiligen Hersteller, meist handelt es sich um Mischungen aus Taq-Polymerase und einer Polymerase mit Korrekturaktivität, zu denen sich häufig auch noch ein mysteriöser Enhancing-Faktor[60] gesellt.
Neuerdings scheinen auch Korrektur-Enzyme ohne Polymerase-Aktivität Anwendung zu finden, mit denen die Fehlerrate der Taq-Polymerase auf 1/6 reduziert wird (so gesehen beim Roche Expand High Fidelity^{PLUS} PCR System). Weil es natürlich auch hier keinen Hinweis auf die Natur dieses Proteins gibt, will ich an dieser Stelle auf eine uralte Publikation von Kunkel et al. (1979) hinweisen, die in diesem Zusammenhang interessant ist, weil hier die genauigkeitsfördernde Wirkung des *Single-strand binding protein* (SSB) von *E.coli* im Zusammenhang mit der *in vitro* DNA-Synthese untersucht wird.

- Die **Enzymkonzentration**. Üblicherweise setzt man in einem Ansatz von 50 µl eine Einheit (*unit*) Taq-Polymerase ein. Vor allem bei Polymerasen mit Proofreadingaktivität benötigt man dagegen wesentlich größere Mengen. Man hält sich dabei am besten an die Angaben der Hersteller.

Literatur:

Kunkel TA, Meyer RR, Loeb, LA (1979) Single-strand binding protein enhances fidelity of DNA synthesis in vitro. Proc. Natl. Acad. Sci. USA 76, 6331-6335

Saiki RK et al. (1985) Enzymatic amplification of beta-globin genomic sequences and restriction site analysis for diagnosis of sickle cell anemia. Science 230, 1350-1354

Breslauer KJ et al. (1986) Predicting DNA duplex stability from the base sequence. Proc. Natl. Acad. Sci. USA 83, 3746-3750

Innis MA et al. (1988) DNA sequencing with Thermus aquaticus DNA polymerase and direct sequencing of polymerase chain reaction-amplified DNA. Proc.Natl.Acad.Sci. USA 85, 9436-9440

Baldino F, Chesselet M-F, Lewis ME (1989) High-resolution in situ hybridization histochemistry. Meth. Enzymol. 168, 761-777

Rychlik W, Spencer WJ, Rhoads RE (1990) Optimization of the annealing temperature for DNA amplification in

60. Selten geben die Hersteller eine Erklärung zum Funktionsmechanismus, daher will ich hier als ein besonderes Schmankerl die Funktionsweise des ArchaeMaxx® Enhancing Factor von Stratagene wiedergeben: Polymerasen mit Proofreading-Aktivität reagieren offenbar nicht sehr positiv auf dUTP, das während der PCR durch die Deaminierung von dCTP entstehen kann (Hogrefe et al. 2002). Der archaische Max verwandelt dUTP in dUMP und rettet so die Situation.

vitro. Nucl. Acids Res. 18, 6409-6412 und Erratum: Nucl. Acids Res. 19, 698
Chou Q (1992) Minimizing deletion mutagenesis artifact during Taq DNA polymerase PCR by E. coli SSB. Nucl. Acids Res. 20, 4371
Cline J et al. (1996) PCR fidelity of Pfu DNA polymerase and other thermostable DNA polymerases. Nucleic Acids Res. 24, 3546-3551
Sheikh SN, Lazarus P (1997) Re-usable DNA template for the polymerase chain reaction (PCR). Nucl. Acids Res. 25, 3537-3542
Hogrefe H et al. (2002) Archaeal dUTPase enhances PCR amplifications with archaeal DNA polymerases by preventing dUTP incorporation. Proc. Natl. Acad.. Sci. USA 99, 596-601

4.2 Neue Entwicklungen

Nichts ist so schön, dass man nicht noch einen obendrauf setzen könnte. Meineserachtens ist die PCR die faszinierendste Methode der Molekularbiologie angesichts der unglaublich vielen Möglichkeiten, die sie bietet; der PCR gehört daher meine ganze Liebe.
Wie erstaunt war ich daher, zu lesen, dass es Leute gibt, die an Alternativen zur PCR arbeiten. Eine Neuentwicklung, die auch mich fasziniert hat, stammt von Vincent et al. (2004), die auf dem Wege sind, eine "Raumtemperatur-PCR" zu entwickeln. Die **Helicase-abhängige Amplifikation** (*helicase-dependent amplification*) will die Tatsache nutzen, dass in Zellen öfter mal ein Doppelstrang getrennt wird, ohne dass das Cytoplasma dazu zum Kochen gebracht wird. Statt dessen nutzt Mutter Natur eine Kombination von DNA-Helicasen und einzelstrangbindenden Proteinen, die im Labor bei DNA-Fragmenten bis 400 Basen Länge bereits eine Amplifikation um den Faktor 10^6 bis 10^7 erlaubt.
New England Biolabs[61] hat mittlerweile ein entsprechendes Kit (IsoAmp® Universal tHDA Kit) auf den Markt gebracht, mit dem mittels einer 90 min-Reaktion bei 65 °C DNA-Fragmente von 70-120 bp Länge amplifiziert werden können. Einen klitzekleinen Haken hat die Sache allerdings noch: Die Primer müssen relativ lange sein, nämlich mindestens 24 Basen, was bedeutet, dass die Primersequenz bei einer typischen Produktlänge von etwa 100 bp gut die Hälfte des Produktes ausmacht.

Literatur:

Vincent M, Xu Y, Kong H (2004) Helicase-dependent isothermal DNA amplification. EMBO Rep. 8, 795-800

4.3 Tipps zur Verbesserung der PCR

Die PCR ist eine Wunderwaffe – wenn sie funktioniert. Doch zeigt sich gerade bei dieser Methode sehr deutlich, dass ein jedes Experiment sein Eigenleben hat. Verwunderlich ist das nicht, denn die Zahl der Templates ist riesig und die der möglichen Primer nahezu unendlich. Die Folge: Jedes Ergebnis ist möglich.

Es gibt im Wesentlichen zwei Möglichkeiten, PCR zu betreiben: Entweder man amplifiziert immer die gleichen Fragmente, mal aus dieser DNA, mal aus jener – dann reicht es aus, die richtigen Bedingungen ein für alle Mal auszutesten und man ist seine Sorgen weitgehend los. Oder man amplifiziert, ganz Wissenschaftler, heute dies, morgen das, mit der Folge, dass man sich mit sich selbst auf ein Standardprotokoll einigt und von Experiment zu Experiment hofft, dass es funktioniert. Wenn es das nicht tut, beginnt die Fehlersuche:

61. Die Firma besitzt das Patent auf diese Methode.

- **Ich bekomme kein Produkt.** Meist hat man dann beim Pipettieren eine Komponente vergessen. Manchmal sind auch die Nucleotide kaputt und hin und wieder verabschiedet sich einer der Primer; letzteres kann trotz Lagerung bei -20 °C passieren, wenngleich das selten ist. Manchmal ist auch die Templatemenge gering, beispielsweise wenn man es mit seltenen mRNAs zu tun hat, dann erhöht man die Zyklenzahl. Mehr als 40 Zyklen sollte man allerdings nur in Ausnahmefällen verwenden.
- **Zusätzlich zu meinem Produkt tauchen etliche unerklärliche Banden auf.** Klassischer Fall von PCR-Artefakten: Die Primer hybridisieren am falschen Ort. Etliche Parameter, an denen man nun schrauben kann, wurden bereits erwähnt: Mg^{2+}-Konzentration besser einstellen, DMSO, Glycin, Formamid (Sarkar et al. 1990) usw. zusetzen, Annealingtemperatur erhöhen. Eine weitere Möglichkeit ist der ***Hot start***. Die zugrundeliegende Idee ist einfach: Zu Beginn der PCR kommt es, wegen der anfänglich noch niedrigen Temperaturen, zu unerwünschten Effekten wie Fehlhybridisierung der Primer oder Primerdimerbildung, die im weiteren Verlauf zu schlechten Ausbeuten oder unspezifischen Produkten führen. Dem soll mit dem *Hot start* begegnet werden, indem eine oder mehrere wichtige Komponenten erst zugefügt werden, wenn die richtige Arbeitstemperatur erreicht ist. War die erste Verwirklichung dieses Gedankens, nämlich das nachträgliche Zupipettieren der Polymerase, noch recht umständlich, bietet sich dem Experimentator heute eine Fülle von Möglichkeiten. Einige Hersteller bieten Wachskügelchen an, die statt Öl verwendet werden und sich erst ab 60 °C verflüssigen. In einem ersten Schritt wird die Hälfte des Ansatzes (ohne Polymerase und Nucleotide) zusammenpipettiert und das Wachs zugegeben, der Ansatz erhitzt, bis sich das Wachs verflüssigt und anschließend wieder abgekühlt, bis das Wachs erstarrt ist und eine feste Schicht bildet. Auf diese feste Schicht wird die zweite Hälfte des Ansatzes einschließlich Nucleotiden und Polymerase pipettiert und die PCR gestartet. Sobald das Wachs schmilzt, sinkt die obere Hälfte des Ansatzes durch das Wachs und die Amplifikation beginnt. Aber Achtung: Ist das Volumen der oberen Hälfte zu klein (< ca. 10 µl), sinkt sie nicht ab und es tut sich gar nichts. Neuere Alternativen inaktivieren die Taq-Polymerase mit einem spezifischen Antikörper, der bei hohen Temperaturen denaturiert und die Taq freigibt (TaqStart™- und TthStart™, Clontech) oder mit Oligonucleotiden, welche bei niedrigen Temperaturen die DNA-Bindungsstelle der Taq blockieren (Dang und Jayasena 1996). Invitrogen bietet HotWax™ Mg^{2+} Beads an, die den Cofaktor Magnesium erst ab 60 °C freigeben und Promega bettet die Taq-Polymerase in Wachskügelchen ein (Kaijalainen et al. 1993). Wie es euch gefällt...
  Eine billige Alternative, die ebenfalls häufig erfolgreich ist, ist der ***cold start***, eine hochtrabende Bezeichnung dafür, dass man alle Komponenten bis zum Start der PCR konsequent auf Eis stellt.
  Wenn das alles nicht hilft, nimmt man einfach andere Primer. Nicht selten verhält sich ein zwanzig, zehn oder manchmal sogar nur zwei (!) Basen entfernt hybridisierender Primer bereits ganz anders und liefert blütenweiße, saubere Banden.
- **Ich bekomme eine einzelne Bande, doch ist die Ausbeute sehr schlecht.** Entweder liegt's an den Primern, beispielsweise weil deren Schmelztemperatur unter der Annealingtemperatur liegt, oder im amplifizierten Fragment steckt ein Sequenzabschnitt, der schwer aufdröselbare Sekundärstrukturen bildet, zum Beispiel hartnäckige Haarnadelstrukturen. Die Zugabe von DMSO oder Formamid kann dann helfen, oder man verwendet statt Taq-Polymerase eine der vielen Polymerasemischungen für extralange PCRs (siehe unten), die häufig mit solchen Sekundärstrukturen besser fertigwerden.
  Wenn die PCR-Reaktion prinzipiell funktioniert, lässt sich die Ausbeute mitunter durch höhere Primermengen (bis 50 pmol je Primer für einen 50 µl Ansatz) noch steigern.
- **Ich bekomme statt einer Bande einen Schmier.** Ein Schmier kann auftreten, wenn das geplante Produkt gerade eben zu lang ist für eine erfolgreiche Amplifikation. Oder man hat zu viel Template-DNA eingesetzt bzw. die Zyklenzahl war zu hoch – wenn die PCR-Reaktion an ihr Ende geraten ist, beginnt die nicht ausgelastete Taq-Polymerase nämlich, Unsinn anzustellen. Oder man versucht, ein PCR-Produkt nochmal mit den gleichen Primern zu amplifizieren, ein Unterfangen, das theoretisch

eigentlich kein Problem sein sollte, in der Praxis aber häufig nicht funktioniert, weil es zur Anhäufung unspezifischer Produkte kommt oder man zu viel Template einsetzt. Auch wenn das Produkt repetitive Sequenzen enthält, beispielsweise bei Amplifikationen von genomischen Fragmenten, kann es zum Schmieren kommen.

- **Ich bekomme Banden, obwohl ich gar kein Template im Ansatz habe.** Jaja, die lieben **Kontaminationen**. Kontaminationen sind das ständige Schreckgespenst des Experimentators. Er kann sie nicht vermeiden und er weiß das, doch wiegt er sich nach vielen problemlosen Amplifikationen gerne in Sicherheit – bis plötzlich nichts mehr klappt, weil *jede* Amplifikation "erfolgreich" ist. Da die meisten von uns immer an den selben Genen arbeiten, bleibt es nicht aus, dass sich die Spuren alter PCRs und Plasmidpräparationen über das gesamte Labor verteilen und irgendwann in den Primern, den Nucleotiden oder der Polymerase landen. Die wichtigste Regel lautet daher, dass man bei allen wichtigen Amplifikationen eine **Negativkontrolle** in Form eines PCR-Ansatzes ohne Template-DNA mit ansetzen sollte. Ich weiß, Negativkontrollen erfreuen sich vor allem bei Akademikern nicht allzu großer Beliebtheit, doch rächt sich der Verzicht auf sie früher oder später garantiert.

  Darüber hinaus gibt es verschiedene Möglichkeiten, die Wahrscheinlichkeit für Kontaminationen einzuschränken. Die vermutlich wichtigste besteht in einem eigenen Satz PCR-Pipetten. Wer sich die nicht leisten kann, hat die Möglichkeit, zu gestopften Spitzen zu greifen, die Kontaminationen von Pipette zu PCR-Ansatz vermeiden helfen – die kosten allerdings auf lange Sicht mindestens genauso viel wie die Pipetten. Wer besonders sicher gehen will, verwendet beides.

  Wer viel Platz im Labor hat, tut gut daran, einen eigenen PCR-Platz einzurichten, an dem nur PCR-Ansätze pipettiert werden. Ansonsten sollte man sich zumindest eine saubere Unterlage gönnen, z.B. einen frischen Bogen Filterpapier. Das Konzept besteht darin, penibel zwischen Prä- und Post-PCR zu trennen. Außerdem sollte man sich genau überlegen, mit wem man seine Lösungen teilt und mit wem nicht. Zu viele Köche verderben leider nicht nur den Brei, sondern auch die PCR.

  Ist es trotz allem zur Kontamination gekommen, muss man die Quelle finden und das Material vernichten. Aus diesem Grund ist es ratsam, alle Lösungen vor dem ersten Gebrauch zu **aliquotieren**, damit man nicht den gesamten Primer- oder Nucleotid-Stock opfern muss, nur weil der neue Praktikant gepfuscht hat.

  Wer häufig an die Grenzen des Amplifizierbaren geht, für den gibt es eine High-Tech-Methode, um eine **Verschleppung (*carry-over*) von Produkten** aus früheren PCRs zu vermeiden. Dazu wird statt dTTP für die Amplifikation dUTP eingesetzt; das Produkt enthält dann Uracil anstelle von Thymin. Wenn man dann bei den nächsten PCRs den Ansatz vor der Amplifikation jeweils mit Uracil-N-Glycosylase inkubiert, werden die Uracile aus eventuell eingeschleppten PCR-Produkten entfernt und diese PCR-Produkte somit als Template für die neue Amplifikation untauglich gemacht. Die Glycosylase wird durch die hohen Temperaturen im Laufe der aktuellen PCR inaktiviert und gefährdet das neue Produkt daher nicht. Diese Methode funktioniert allerdings nur mit der Taq-Polymerase, weil andere Polymerasen kein dUTP akzeptieren. Wer mit dUTP arbeiten will, muss folglich mit einer relativ hohen Fehlerrate leben. Roche bietet seit einiger Zeit einen Enzym-Mix an (Expand High Fidelity^{PLUS} PCR System), der aus Taq und einem Proofreading-Enzym besteht und dUTP-Einbau mit verringerter Fehlerrate kombiniert.

Literatur:

Sarkar G, Kapelner S, Sommer SS (1990) Formamide can dramatically improve the specificity of PCR. Nucl. Acids Res. 18, 7465

Kaijalainen S et al. (1993) An alternative hot start technique for PCR in small volumes using beads of wax-embedded reaction components dried in trehalose. Nucl. Acids Res. 21, 2959-2960

Sharkey DJ et al. (1994) Antibodies as thermolabile switches: high temperature triggering for the polymerase chain reaction. Bio/Technology 12, 506

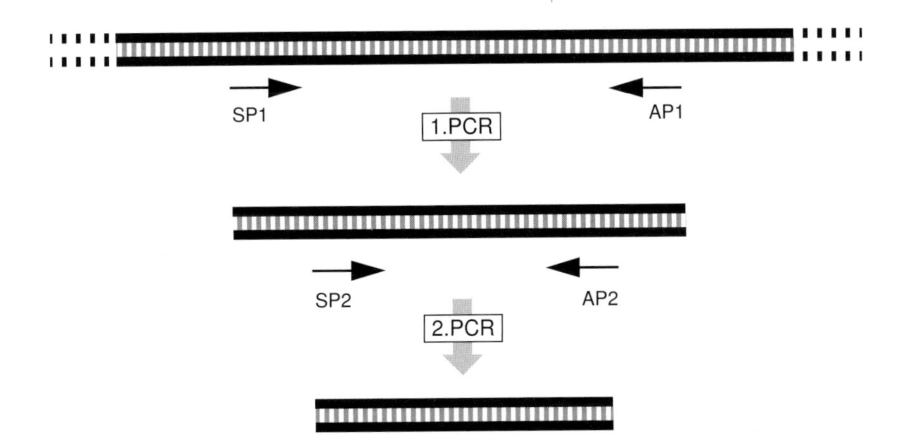

Abb. 21: *Nested* PCR.
AP1 = Antisense-Primer 1, SP1 = Sense-Primer 1.

Dang C, Jayasena SD (1996) Oligonucleotide inhibitors of Taq DNA polymerase facilitate detection of low copy number targets by PCR. J.Mol.Biol. 264, 268-278

4.3.1 *Nested* PCR

Ein klassisches Problem ist, dass zwar theoretisch ein Template-Molekül ausreicht, um die Welt knöchelhoch mit PCR-Produkt zu überziehen, aber in der Praxis will einem das immer genau dann nicht gelingen, wenn man fest darauf baut. Nach etwa vierzig Zyklen nimmt die Menge an Fehlhybridisierungen immer stärker zu, so dass man bei höheren Zyklenzahlen am Ende mit einem wenig befriedigenden Schmier an Produkten dasteht.
Ein Trick, um auch geringste Templatemengen nachzuweisen, ist die *nested* PCR – auf deutsch so viel wie "verschachtelte" PCR. Ein netter Name für ein ganz einfaches Prinzip: Man führt eine PCR durch und verwendet das Produkt als Template für eine zweite Amplifikation mit anderen Primern. Das zweite Primerpaar liegt dabei zwischen dem ersten (s. Abb. 21). Auf diese Weise werden die falschen Amplifikationsprodukte der ersten Runde hinwegselektiert. Über *nested* PCR kann man tatsächlich extrem geringe Templatemengen nachweisen. Die Methode erlaubt die Amplifikation nahezu jeder cDNA aus jedem beliebigen Gewebe, weil jede Körperzelle nahezu alle Gene exprimiert, wenn auch auf einem extrem geringen Niveau – ein Vorgang, den man **illegitime Transkription** nennt (Chelly et al. 1989).

Literatur:

Chelly J et al. (1989) Illegitimate transcription: transcription of any gene in any cell type. Proc. Natl. Acad. Sci. USA 86, 2617-2621

4.3.2 *Multiplex* PCR

Dass Molekularbiologie irgendwie doch etwas mit dem richtigen Leben zu tun hat, sieht man daran, dass es Multiplex nicht nur im Kino, sondern auch im Labor gibt. Es handelt sich wieder einmal um eine dieser Ideen, die aus der Faulheit geboren sind: Wenn man mehrere Amplifikationen auf ein und dieselbe Template-DNA machen möchte, warum sollte man dann nicht einfach entsprechend viele Primer in den Ansatz geben? Wie Chamberlain et al. 1988 zeigten, geht es tatsächlich – sie benutzten bis zu sechs Primerpaare. Dies ist keineswegs die Grenze des Möglichen, 36 Fragmente in einem Tube wurden bereits erfolgreich amplifiziert und es scheint, als seien sogar 100 Primerpaare durchaus machbar.

Voraussetzung ist, dass die Primer keine homologen Sequenzen amplifizieren, weil es sonst leicht zu Fehlannealing der Primer oder auch der Produkte kommt, das Ergebnis ist dann ein Schmier im Agarosegel. Überhaupt wird der Nachweis der einzelnen Fragmente mit steigender Zahl an Primerpaaren immer schwieriger. Bei wenigen Fragmenten reicht es noch aus, dass sich die amplifizierten Fragmente in ihrer Länge unterscheiden. Steigt die Zahl der Fragmente, kann man sich behelfen, indem man fluoreszenzmarkierte Primer verwendet und die PCR-Produkte auf einem automatischen Sequenzierer trennt. Wer viele Fragmente nachzuweisen hat, fährt vermutlich mit einem Nachweis mittels Hybridisierung am besten, beispielsweise mit *hybridization strips* (Cheng et al. 1999) oder Microarrays (s. 9.1.6).

Die *multiplex* PCR bereitet anfangs häufig Probleme, so dass man einige Zeit in die Optimierung der Primer und der PCR-Bedingungen stecken muss. Die Methode eignet sich daher vor allem für Screenings, bei denen immer die gleichen Primer zum Einsatz kommen. Eine gute Anleitung für Einsteiger findet sich bei Zangenberg et al. 1999.

Literatur:

Chamberlain JS et al. (1988) Deletion screening of the Duchenne muscular dystrophy locus via multiplex DNA amplification. Nucl. Acids Res. 16, 11141-11156.

Cheng S et al. (1994) Effective amplification of long targets from cloned inserts and human genomic DNA. Proc.Natl.Acad.Sci. USA 91, 5695-99

Cheng S et al. (1999) A multilocus genotyping assay for candidate markers of cardiovascular disease risk. Genome Res. 9, 936-949

Zangenberg G, Saiki RK, Reynolds R (1999) Multiplex PCR: optimization guidelines. In: Innis MA, Gelfand DH, Sninsky JJ (eds.) PCR Applications. Academic press 1999.

4.3.3 Amplifikation langer DNA-Fragmente (> 5kb)

Die Taq-Polymerase ist zwar sehr effizient, erlaubt aber nur recht kurze Amplifikationen (bis ca. 5kb). Der Grund dafür liegt in der Arbeitsweise der Taq-Polymerase, die nach dem Einbau einer falschen Base ins Stottern gerät, d.h. nur sehr langsam oder gar nicht mit der Elongation fortfährt. In der nächsten PCR-Runde kommt es dann zu Fehlhybridisierungen, die langfristig zu einer Akkumulation falscher Amplifikate führen. Am Ende weist dann das Agarosegel nur einen großen, undurchdringlichen Schmier auf und der Experimentator weiß: Aha, es hat wieder nicht geklappt.

1994 kam es dann zu einem großen Durchbruch. Während die Taq-Polymerase schnell, aber kurzatmig ist und nur die Amplifikation weniger kb erlaubt, ist die Pfu korrekt und langatmig, aber von geringer Ausbeute und daher ebenfalls nicht sonderlich für die Amplifikation langer Fragmente geeignet. Da kam einem Grüppchen schlauer Forscher die Idee, die positiven Eigenschaften der beiden zu vereinigen – indem sie sie einfach mixten (Barnes 1994, Cheng et al. 1994). Es erwies sich, dass eine

Mischung von 11 Teilen Taq und 1 Teil Pfu wahre Wunder vollbrachte. Seither ist es möglich, Fragmente von bis zu 50 kb zu amplifizieren – zumindest manchmal. Die meisten Anbieter von thermostabilen Polymerasen haben mittlerweile auch eine oder mehrere solcher Mixturen im Angebot. Kaufen und ausprobieren. Man sollte allerdings die Erwartungen nicht zu hoch schrauben. Einerseits sind trotz allem die Ausbeuten um so geringer, je länger das Fragment ist, andererseits ist gerade die Amplifikation langer Fragmente aus genomischer DNA – die interessanteste Anwendung – auch am schwierigsten, weil das Risiko, auf repetitive Sequenzen zu stoßen, die eine Amplifikation schwierig bis unmöglich machen, ziemlich hoch ist.
Trotzdem haben die Polymerase-Mixe ihre Daseinsberechtigung, weil sie nicht nur längere Produkte amplifizieren, sondern häufig auch unangenehme Sekundärstrukturen besser auflösen können und daher bei kürzeren Fragmenten, die sich nur mit Mühe amplifizieren lassen, die Ausbeute erheblich erhöhen können.

Grundsätzlich braucht man für die Amplifikation langer Produkte außer einem Polymerasemix auch längere Primer, höhere Nucleotidkonzentrationen und andere (meist höhere) Salzkonzentrationen als bei Standard-PCRs. Man sollte sich auf alle Fälle die Ratschläge des Herstellers zu diesem Thema in Ruhe zu Gemüte führen.

Literatur:

Barnes WM (1994) PCR amplification of up to 35-kb DNA with high fidelity and high yield from lambda bacteriophage templates. Proc.Natl.Acad.Sci. USA 91, 2216-2220

Cheng S et al. (1994) Effective amplification of long targets from cloned inserts and human genomic DNA. Proc.Natl.Acad.Sci. USA 91, 5695-99

4.4 PCR-Anwendungen

Die Anwendungsmöglichkeiten der PCR scheinen unendlich zu sein, zumindest ist ein Ende des Einfallsreichtums derzeit nicht abzusehen. Um zumindest einen Eindruck von den Möglichkeiten zu verschaffen, folgt eine Liste, die hoffentlich zumindest die häufigsten Anwendungen umfasst.

4.4.1 Reverse Transkription - Polymerasekettenreaktion (RT-PCR)

RT-PCR ist ein großes Wort für eine einfache Technik: Erst synthetisiert man aus einer beliebigen RNA cDNA und verwendet diese anschließend als Template für eine PCR.

Die Palette der Anwendungen ist groß. Beispielsweise kann man auf diese Weise die Transkription eines Gens in bestimmten Geweben oder Zellen nachweisen, Spleißvarianten finden oder cDNA-Sonden für Hybridisierungen herstellen. Etliche andere Anwendungen, wie die Quantifizierung der Expression eines Gens, sind pfiffige Modifikationen des RT-PCR-Protokolls und werden weiter unten eingehender besprochen.

Die Reverse Transkription wird meist mit AMV- oder M-MLV-RT durchgeführt (s. 5.3), doch können auch thermostabile DNA-Polymerasen mit Reverse Transkriptase-Aktivität wie Tth oder Tfl verwendet werden, die direkt im Anschluss auch für die PCR-Amplifikation sorgen, die gesamte RT-PCR lässt sich so in einem Tube durchführen (s. 4.1). Der Vorteil liegt im geringeren Aufwand, doch ist die Sensitivität größer, wenn man cDNA-Synthese und PCR getrennt durchführt. Roche vertreibt ein Kit

(*C.therm.* Polymerase One-Step RT-PCR System), bei dem eine Art Reverse Transkriptase, die bei höheren Temperaturen arbeitet als AMV oder M-MLV und damit eine höhere Spezifität gewährleisten soll, mit einer Taq-Polymerase zu einer Ein-Tube-Reaktion kombiniert wurde.

Als Primer kann man Oligo-dT-Primer, Hexamere oder spezifische Primer verwenden, allerdings sind die Ergebnisse mit Hexameren meist am besten.

cDNA bereitet häufig größere **Probleme** bei der PCR als andere Templates wie Plasmide oder genomische DNA. Das liegt manchmal an der mitunter stark schwankenden cDNA-Ausbeute bei der Reversen Transkription, ein anderer Grund ist aber vermutlich, dass die cDNA vieles in erheblichen Mengen enthält, was im PCR-Ansatz ebenfalls vorkommt: Primer, Nucleotide und Salze. In ungünstigen Fällen ändert man durch die mit der cDNA eingeschleppten Mengen die Konzentration einer Komponente derart, dass man den Bereich optimaler Amplifikation verlässt und die Ausbeute sinkt. Eine Reinigung, z.B. mittels Gelchromatographie bzw. *spin columns* (s. 7.1.1), könnte möglicherweise helfen. Übrigens hat auch die Reverse Transkriptase einen hemmenden Effekt auf die Taq-Polymerase (Sellner et al. 1992).
Manchmal erscheint die cDNA auch bei korrekter Lagerung nicht sehr stabil: Bei der ersten Amplifikation geht noch alles gut, während die Banden eine Woche später schon ziemlich schwach auf der Brust sind und noch später gar nichts mehr geht. Die Ursache dafür ist nicht bekannt, denn cDNA ist per se nicht instabiler als andere Nucleinsäuren; möglicherweise hilft es, das Enzym bzw. Kit eines anderen Herstellers zu verwenden.

Literatur:

Sellner LN, Coelen RJ, MacKenzie JS (1992) Reverse Transcriptase inhibits Taq polymerase activity. Nucl. Acids Res. 20,1487-1490

4.4.2 Rapid Amplification of cDNA Ends (RACE)

Da hat man nun im Schweiße seines Angesichts einen cDNA-Klon ergattert und muss feststellen, dass er nicht vollständig ist. Meist screent man die cDNA-Bank ein zweites Mal – doch was tun, wenn auch im zweiten Anlauf kein vollständiger Klon auftaucht? Man versucht's mit der "schnellen Amplifikation von cDNA-Enden" (RACE), auch *anchored* PCR oder *one-sided* PCR genannt.
RACE ist eigentlich nur eine RT-PCR mit anderen Mitteln. Je nachdem, ob das 5'-Ende oder das 3'-Ende verlängert werden soll, unterscheidet sich das Protokoll etwas (s. Abb. 22): Bei der **3'-RACE** führt man die cDNA-Synthese mit einem modifizierten Oligo-dT-Primer – häufig als Ankerprimer bezeichnet – durch, dessen 5'-Hälfte aus einer selbstgewählten Sequenz besteht, lang genug, um das Annealen zweier Primer zu erlauben. Die cDNA amplifiziert man mit einer *nested* PCR (s. 4.3.1) unter Verwendung jeweils eines transkript- und eines ankerspezifischen Primers.
Für die **5'-RACE** verwendet man bei der Reversen Transkription einen transkriptspezifischen Primer und hängt im zweiten Schritt mittels Terminaler Transferase einen Poly-A- (oder Poly-C-) Schwanz an die synthetisierte cDNA. Dann folgt eine *nested* PCR, bei der man in der ersten Amplifikation drei Primer einsetzt: Geringe Mengen Ankerprimer für die Bildung eines amplifizierbaren Templates und normale Mengen an anker- und transkriptspezifischem Primer für die eigentliche Amplifikation. Die zweite Amplifikation läuft wie gewohnt mit zwei Primern.
Clontech bietet ein Kit an (*Marathon™ cDNA amplification kit*), das die Durchführung von 5'- und 3'-RACE erlaubt. Wem das noch zu viel Arbeit ist, der kann sich seine RACE-cDNA dort auch fertig kaufen – für die Kleinigkeit von 600 €.

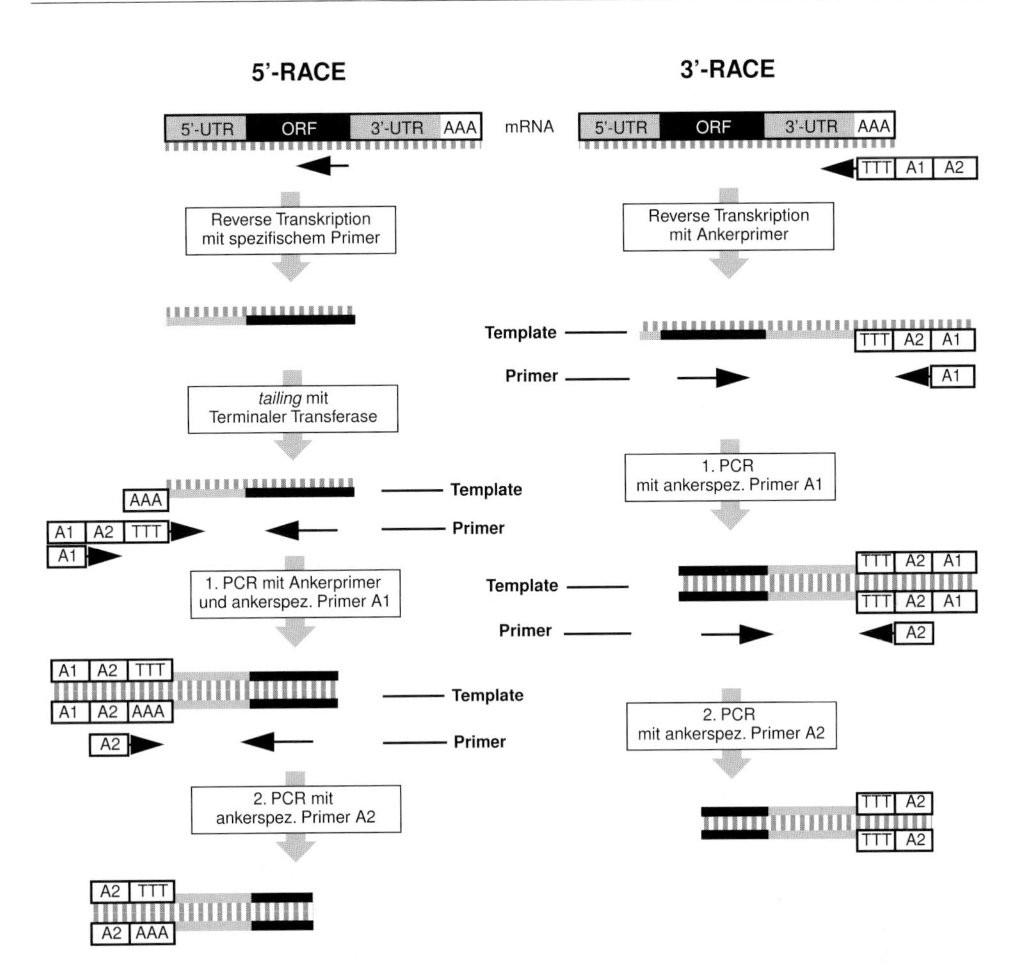

Abb. 22: *Rapid Amplification of cDNA Ends* (RACE).
Die für die RACE eingesetzten Ankerprimer bestehen aus mehreren Kassetten, wovon die erste (hier mit TTT bezeichnet, weil sie in diesem Beispiel aus einer Oligo-dT-Sequenz besteht) für die erste Hybridisierung wichtig ist, während die beiden anderen (A1 und A2) spezifische Sequenzen in das Template einfügen, die für die darauffolgenden PCR-Amplifikationen benötigt werden.

RACE wird auch gerne verwendet, wenn man am genauen Transkriptionsstart der mRNA interessiert ist, beispielsweise bei Promotoruntersuchungen. Gerade dann machen sich allerdings einige Schwachpunkte der (5'-) RACE bemerkbar. So eignet sich der angehängte Poly-A-Schwanz wegen des niedrigen Schmelzpunktes wenig für Amplifikationen, hängt man dagegen einen Poly-C-Schwanz an, ist der Schmelzpunkt zu hoch. Ein anderes Problem ist, dass mRNAs an ihrem 5'-Ende häufig GC-reiche Sequenzen besitzen, bei denen sich die Reverse Transkriptase schwer tut und die DNA-Synthese vorzeitig abbricht. Die Folge: Es fehlen einige Basen am 5'-Ende. Abhilfe bietet ein modifiziertes Protokoll, das zwar deutlich arbeitsaufwendiger ist, aber vollständige 5'-Enden verspricht:

In einem ersten Schritt werden die mRNAs mit Alkalischer Phosphatase dephosphoryliert. Die intakten mRNAs bleiben dabei unverändert, weil deren 5'-Enden durch eine 7-Methylguanosin-Kappe geschützt sind, während die 5'-Enden von teilweise degradierten mRNAs dephosphoryliert werden. Danach entfernt man die Kappe mit *Tobacco Acid Pyrophosphatase* (TAP), wobei ein phosphoryliertes 5'-Ende zurückbleibt. In einem dritten Schritt ligiert man mit T4 Ligase ein RNA-Oligonucleotid an das 5'-Ende der (phosphorylierten) mRNAs. Den benötigten RNA-Primer (oder -Linker) stellt man durch in-vitro-Transkription eines linearisierten Plasmids her. Schließlich führt man eine Reverse Transkription durch, je nach Geschmack mit spezifischen Primern oder zufälligen (*random*) Hexameren, und schließt eine *nested* PCR an, jeweils mit einem gen- und einem linkerspezifischen Primer.
Eine ausführliche Beschreibung von klassischer und modifizierter RACE mit Protokollen findet sich bei Frohman (1994) und Schaefer (1995). Es gibt auch kommerzielle Kits, die auf diesem Prinzip aufbauen, z.B. bei Invitrogen.

Literatur:

Frohman MA et al. (1988) Rapid production of full-length cDNAs from rare transcripts: amplification using a single gene-specific oligonucleotide primer. Proc. Natl. Acad. Sci. 85, 8998-9002

Frohman MA (1994) On beyond classic RACE (rapid amplification of cDNA ends). PCR Meth.Appl. 4, S40-S58

Schaefer BC (1995) Revolutions in rapid amplification of cDNA ends: New strategies for polymerase chain reaction cloning of full-length cDNA ends. Anal.Biochem. 227, 255-273

4.4.3 Amplifikation zufälliger Produkte

Ein schöner, süßer Zeitvertreib!

Dieser Abschnitt beweist, dass PCRisten Wahnsinnige sind, für die jedes Problem ein Nagel ist, weil sie nur einen Hammer haben. Der Titel ist eigentlich ein Widerspruch in sich, weil die Amplifikation von DNA bekanntlich zwei spezifische Primer voraussetzt, mit denen ein definiertes Produkt amplifiziert wird. Statt dessen wurden Anfang der Neunziger reihenweise Protokolle entworfen, die diese Idee über den Haufen warfen. Die ersten waren die *Arbitrarily Primed PCR* (AP-PCR; Welsh und McClelland 1990) oder *Random Amplified Polymorphic DNA* (RAPD; Williams et al. 1990), die ursprünglich für DNA-Fingerprints zwecks genetischen Analysen entwickelt wurden. Ziemlich bald wurde das Verfahren dann unter dem Namen ***RNA arbitrarily primed PCR*** (RAP-PCR; Welsh et al. 1992) und ***Differential display*** (DD; Liang und Pardee 1992) an die Fingerprint-Analyse von RNA angepasst. McClelland und Welsh (1994a und 1994b) geben einen tieferen Einblick in die unendlichen Weiten dieser Methode und bieten ein paar Musterprotokolle.
Die Grundidee kann man in der Frage zusammenfassen: Wie analysiere ich eine große Menge an DNAs, deren Sequenz mir nicht bekannt ist? Die Lösung: Statt zweier spezifischer Primer von üblicherweise 17-23 Basen Länge werden zufällige Primer von etwa 10 Basen Länge verwendet. Die Annealingtemperatur muss dazu auf unter 40 °C gesenkt werden, damit die Primer auch an nur teilweise komplementäre Sequenzen hybridisieren können. Man erhält, wenn man die richtigen Bedingungen gewählt hat, ein Sammelsurium von Banden unterschiedlicher Größe, deren Sequenz einem zwar weiterhin unbekannt ist, doch ist dieses Bandenmuster für das verwendete Template reproduzierbar. Amplifiziert man verschiedene DNAs unter den gleichen Bedingungen, kann man anschließend

durch Vergleich des Bandenmusters Unterschiede zwischen Individuen, Stämmen oder Spezies nachweisen.
Die Kunst besteht darin, die Bedingungen so auszuknobeln, dass die Zahl der entstehenden Banden gerade so groß ist, dass man sie noch auswerten kann. Sind es zu viele, kann man die einzelnen Banden nicht mehr unterscheiden, sind es zu wenige, sinkt die Chance, einen Polymorphismus zu finden. Man kann dazu an der Länge der Primer drehen, degenerierte Primer oder Gemische aus mehreren Primern verwenden oder am Amplifikationsprotokoll herumspielen. In jedem Fall ist es Glückssache. Man sollte sich auch im Klaren darüber sein, dass sich die Bandenmuster von Labor zu Labor und, schlimmer noch, von Tag zu Tag unterscheiden können. Das Paper von Meunier und Grimont (1993) ist in diesem Zusammenhang ganz interessant.
Aus diesem Grund kann man die Methode nicht für kritische Anwendungen wie beispielsweise Vaterschaftstests verwenden. Auch im Forscheralltag erweisen sich viele Musterunterschiede als Artefakte.

Differential Display PCR (DD-PCR)

Die RNA-Variante der zufälligen Amplifikation erfreut sich einiger Beliebtheit, weil man damit zumindest prinzipiell Unterschiede in der Genexpression beispielsweise zwischen zwei verschiedenen Geweben oder zwischen induzierten und nicht-induzierten Zelllinien nachweisen kann.
Man führt dazu eine Reverse Transkription mit einem Ankerprimer durch, der neben dem üblichen Oligo-dT-Abschnitt und einer spezifischen Adaptorsequenz am 5'-Ende zusätzlich am 3'-Ende zwei definierte Basen enthält (z.B. 5'-NNNNNN$(T)_{16}$AG-3').[62] Sinn und Zweck ist es, auf diese Weise nur einen Teil der mRNAs in cDNA umzuschreiben und so die Komplexität der cDNA zu reduzieren. Anschließend amplifiziert man mit einem ankerspezifischen und einem kurzen, zufälligen Primer unter niedriger Stringenz und schaut anhand eines Polyacrylamid-Gels, ob man zwischen den untersuchten RNAs Unterschiede im Bandenmuster findet. Wenn ja, isoliert, kloniert und sequenziert man die betreffende Bande und hat sein Paper schon so gut wie in der Tasche.
Obwohl die Theorie des Ansatzes einleuchtet, ist er in der Praxis recht mühsam, da es sich weniger um eine systematische Suche nach Unterschieden als um ein ausgefeiltes Stochern im Heuhaufen handelt. Hat man einen Unterschied gefunden, beginnen die Schwierigkeiten, die entsprechende Bande zu charakterisieren, nur um am Ende festzustellen, dass es sich um einen Artefakt handelt. Tatsächlich ist die Methode nur dann erfolgreich, wenn der Unterschied in der Expression eines Gens unter zwei verschiedenen Bedingungen einige Größenordnungen beträgt. Subtilere Unterschiede gehen bei dieser Art von Molekularbiologen-Lotto häufig unter. Mehr über die Grenzen der Methode erfahren Sie bei Bertioli et al. (1996), insbesondere über die Probleme, gering exprimierte mRNAs auf diese Weise zu finden. Trotzdem ist sie sehr spannend, weil man mit Sicherheit etwas findet, was einen hoffen lässt.

Positivere Informationen, die Ihnen Lust auf *Differential Display* machen werden, finden Sie bei Liang und Pardee (1997) und unter http://www.genhunter.com (dort finden Sie auch eine Reihe von Kits für diesen Zweck). Man sollte ehrlicherweise sagen, dass es Labors gibt, die offenbar mit dieser Methode zufriedenstellende und interessante Ergebnisse erzielt haben. Außerdem hat *Differential Display* eine große Stärke: Man muss das, was man sucht, nicht zuvor kennen, anders als beispielsweise bei den Microarrays, mit denen man nur bekannte Sequenzen untersuchen kann (s. 9.1.6). Außerdem ist der apparative Aufwand relativ gering, was erklärt, warum Methode sehr beliebt ist – oder zumindest war,

62. Später wurde die Methode dahingehend modifiziert, dass man am 3'-Ende nur noch eine "spezifische" Base einsetzt (siehe Liang et al. 1994). Man reduziert dadurch die Zahl der Ansätze von 12 auf 3 und erhält auch noch weniger Schmier.

denn schaut man die Publikationszahlen der letzten Zeit an, greifen die Labors mittlerweile wesentlich häufiger zu Microarrays (s. 9.1.6) oder SAGE (s. 5.5).

Alles in allem gilt: Eine Wundermethode ist DD-PCR nicht, und ein einzelner Doktorand dürfte damit höchstwahrscheinlich überfordert sein. Aber vielleicht ist sie gerade deswegen besonders für diese Laborarbeiter-Gruppe besonders geeignet:

Das Erdetreiben, wies auch sei,
ist immer doch nur Plackerei

Literatur:

Welsh J, McClelland M (1990) Fingerprinting genomes using PCR with arbitrary primers. Nucl. Acids Res. 18, 7213-7218

Williams JG et al. (1990) DNA polymorphisms amplified by arbitrary primers are useful as genetic markers. Nucl. Acids Res. 18, 6531-6535.

Liang P, Pardee AB (1992) Differential display of eukaryotic messenger RNA by means of the polymerase chain reaction. Science 257, 967-971

Welsh J et al. (1992) RNA fingerprinting by arbitrarily primed PCR. Nucl. Acids Res. 20, 4965-4970

Meunier JR, Grimont PA (1993) Factors affecting reproducibility of random amplified polymorphic DNA fingerprinting. Res. Microbiol. 144, 373-379.

Liang P et al. (1994) Differential display using one-base anchored oligo-dT primers. Nucl. Acids Res. 22, 5763-5764

McClelland M, Welsh H (1994a) DNA fingerprinting by arbitrarily primed PCR. PCR Meth. Appl. 4, S59-S65

McClelland M, Welsh H (1994b) RNA fingerprinting by arbitrarily primed PCR. PCR Meth. Appl. 4, S66-S81

Bertioli DJ et al. (1996) An analysis of differential display shows a strong bias towards high copy number mRNAs. Nucl. Acids Res. 23, 4520-4523

Liang P, Pardee AB (eds.) (1997) Differential display methods and protocols. Methods in Molecular Biology Vol. 85, Humana Press

4.4.4 Klassische quantitative PCR

Viele Fragestellungen drehen sich um die Quantifizierung von Nucleinsäuren, beispielsweise möchte man häufig wissen, wie viel von einer bestimmten mRNA in einem bestimmten Gewebe exprimiert wird. Die PCR für Quantifizierungen einzusetzen ist eigentlich ein Unsinn, wenn man bedenkt, dass die Methode ursprünglich zur gnadenlosen Vermehrung kleinster DNA-Spuren konzipiert wurde, für den rein qualitativen Nachweis also. Doch weil es sich um eine exponentielle Vermehrung handelt, die einer mathematischen Gesetzmäßigkeit folgt, ist eine Quantifizierung prinzipiell durchaus möglich.

Allerdings nur unter Schwierigkeiten. Zwar handelt es sich um einen Vorgang exponentieller Vermehrung von DNA, doch zeigt sich bei genauerem Hinsehen, dass sich die Rate, mit der die DNA vermehrt wird, permanent und in praktisch nicht zu kontrollierender Weise verändert. In der ersten Phase der Amplifikation ist die Templatemenge noch sehr begrenzt und damit die Wahrscheinlichkeit, dass sich Template, Primer und Polymerase treffen, suboptimal, während in der dritten Phase die Menge an Produkten (DNA, Pyrophosphat, Monophosphatnucleotide) derart ansteigt, dass es zur Produkthemmung kommt, die Produktfragmente hybridisieren immer häufiger nicht mit dem Primer, sondern mit anderen Produktfragmenten, die Substrate (Primer und Nucleotide) gehen aus und schließlich geben Polymerase und Nucleotide, so stabil sie auch sein mögen, langsam den Geist auf.

Einen einigermaßen exponentiellen Anstieg findet man daher nur in der Phase dazwischen. Man geht davon aus, dass der Anstieg bis zu einer Produktmenge von 10^{-8} M exponentiell erfolgt (bis zu 10^{-7} M ist die Vermehrung dann noch linear, danach tut sich nicht mehr viel). Nur in dieser Phase besteht ein nachvollziehbarer Zusammenhang zwischen Produktmenge und Templatemenge.

Das Kernproblem ist, dass einem in jedem Fall ein Orientierungspunkt, ein Standard fehlt, an dem man festmachen könnte, wie viel Template man zu Beginn hatte. Verschiedene Ansätze wurden entwickelt, um dieses Problem in den Griff zu bekommen:

- **Verwendung eines externen Standards.** Zusätzlich zur eigentlichen Test-Amplifikation wird ein anderes Gen, das in der Template-DNA sowieso vorhanden ist, als Standard über eine Multiplex-PCR mitamplifiziert. Im Fall der Quantifizierung viraler DNA in einem Gewebe kann das bespielsweise ein Bereich aus der genomischen DNA des Gewebes sein. Die Menge an genomischer DNA im Ansatz kann bestimmt und darüber die Menge an Templatemolekülen für den Standard errechnet werden. Man kann aber auch eine definierte Menge einer DNA, z.B. eines Plasmids, zugeben und als Referenz mitamplifizieren. Danach vergleicht man die Menge von Standard- und Test-Produkt und rechnet auf die Menge an Testtemplate zurück.
  Das Hauptproblem dieser Methode liegt darin, dass zwei verschiedene Fragmente selten genau gleich amplifiziert werden. Nicht alle Primer hybridisieren mit gleicher Effizienz und längere Fragmente vermehren sich schlechter als kurze, so dass es zu drastischen Unterschieden in der Vermehrungsrate kommen kann (s. 4.1), die einen Vergleich der Produktmengen unmöglich machen. Voraussetzung für eine Quantifizierung ist daher, dass sich die Primerpaare und die amplifizierten Produkte in Annealingtemperatur, Größe und GC-Gehalt so weit wie möglich ähneln, um eine gleichartige Amplifikation zu ermöglichen. Anlaß zur Kritik gibt die Methode aber immer, weil man selten Bedingungen finden wird, die wirklich jeden zufriedenstellen.
  Kritisch ist bei diesem Ansatz auch die Anzahl der Zyklen, weil man den exponentiellen Bereich der PCR nicht verlassen will. Die hängt allerdings von der Zahl der Templatemoleküle ab, die man zu Beginn vorliegen hat, und muss letztlich experimentell bestimmt werden. Als Orientierungshilfe kann man folgende Werte heranziehen:

3 000-50 000 Templatemoleküle	20 Zyklen
200-3 000 Templatemoleküle	25 Zyklen
10-400 Templatemoleküle	30 Zyklen

- **Verwendung eines internen Standards (quantitative kompetitive PCR).** Die Antwort auf das eben genannte Problem war die Entwicklung der kompetitiven PCR. Statt aus dem selben Testtemplate ein zweites DNA-Fragment zu koamplifizieren, gibt man dem Ansatz einen sogenannten internen Standard zu, das ist eine definierte Menge eines Standardtemplates, das sich vom Template, das einen interessiert, möglichst wenig unterscheidet, beispielsweise durch eine kleine, aber einfach nachzuweisende Deletion oder eine Schnittstelle. Weil der Rest der beiden Templates identisch ist und das gleiche Primerpaar verwendet wird, kann man davon ausgehen, dass die Amplifikationsbedingungen für beide Templates identisch sind. Man führt dann mehrere Amplifikationen durch, bei denen jeweils gleiche Testtemplatemengen, aber unterschiedliche Mengen an Standardtemplate eingesetzt werden. Nach der PCR werden die Mengen an Standard- und Testprodukt miteinander verglichen, z.B. mittels Elektrophorese oder über Southern Blot. Dort, wo Test- und Standardbande gleich intensiv sind, war die Menge an Test- und Standard-DNA identisch.

  Vorteil: Weil die Amplifikationsbedingungen die gesamte PCR hindurch für beide Fragmente die selben sind, gilt diese Methode als Gold-Standard: Was immer im Laufe der PCR passiert, es verän-

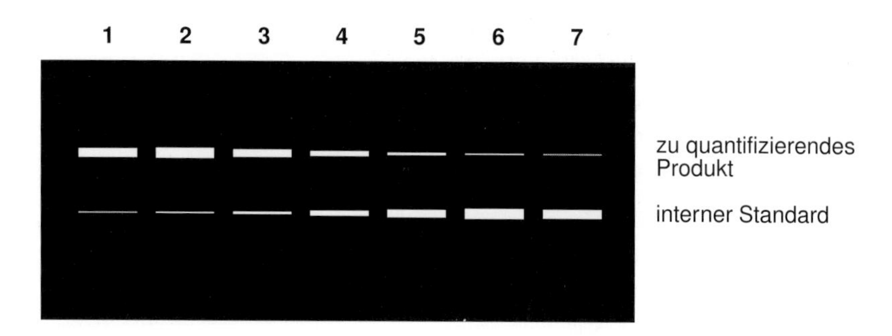

Abb. 23: Das Prinzip der kompetitiven PCR. Dort, wo die Banden von Produkt und Standard gleich stark sind, waren zu Beginn der PCR gleiche Mengen an Test- und Standard-DNA vorhanden.

dert nichts an den Mengenverhältnissen der beiden Produkte. Aus dem selben Grund besteht auch keine Notwendigkeit, im exponentiellen Bereich zu bleiben, die Methode ist also nicht sonderlich kritisch.
Nachteile: Man muss sich für jedes zu quantifizierende Fragment erst einmal einen passenden Standard konstruieren. Bei jeder Quantifizierung muss man mehrere Ansätze mit jeweils unterschiedlichen Mengen an Standard-DNA durchführen, weil eine realistische Bewertung nur bei einem Verhältnis Test- zu Standard-DNA zwischen 1:10 und 10:1 möglich ist – am genauesten wird's, wenn man ein Verhältnis von 1:1 findet. Eine genaue Quantifizierung des PCR-Produkts ist daher recht arbeitsintensiv.

- **Quantitative RT-PCR.** Will man statt DNA mRNA aus Zellen oder Geweben quantifizieren, gerät man in Schwierigkeiten. Zwar kann man eine Reverse Transkription durchführen und die gewünschte cDNA anschließend über einen externen oder internen Standard quantifizieren, doch liefert das nur eine Aussage über die Menge an cDNA im Ansatz, nicht aber über die Menge an mRNA im Ausgangsmaterial.
  Das Problem ist, dass die cDNA-Synthese höchst unterschiedlich verlaufen kann – ihre Effizienz liegt üblicherweise irgendwo zwischen 5 % und 90 %. Eine Quantifizierung liefert unter diesen Bedingungen nur einen Hinweis auf die Mindestmenge an mRNA im Ansatz, aber keinen absoluten Wert, weil man nichts über die Effizienz der cDNA-Synthese und die Integrität der cDNA weiß. Man kann die cDNA-Synthese zwar prinzipiell quantifizieren, aber meist nur mit recht großem Aufwand und nicht sonderlich genau.
  Dieses Problem versucht man wiederum mit einem externen Standard zu lösen. Häufig wählt man als Standard ein Haushaltsgen (*housekeeping gene*), von dem man annimmt, dass es in den untersuchten Ansätzen in einer konstanten Menge exprimiert wird, man bezieht die Menge an spezifischem Produkt dann auf dieses Haushaltsgen, dessen Menge man für eine Konstante hält. β-Actin ist für diesen Zweck beliebt, doch hat sich gezeigt, dass die β-Actin-mRNA-Mengen in sich teilenden Zellen beträchtlich schwanken können, so dass man inzwischen eher Glycerinaldehyd-3-phosphatdehydrogenase (GAPDH) als Standard verwendet (Apostolakos et al. 1993, Zhao et al. 1995). Grundsätzlich aber bleibt das Problem, dass auch Haushaltsgene in einem gewissen Maße rauf- und runterreguliert werden und daher als problematischer Standard angesehen werden müssen. Das andere Problem ist, dass Haushaltsgene häufig stärker exprimiert werden als das untersuchte Gen und der quantitative Vergleich eines stark und eines schwach exprimierten Gens nicht ganz einfach ist.

Wer mehr über das Problem der Quantifizierung von mRNA wissen möchte, findet weitere Hinweise bei Souaze et al. 1995 und McCulloch et al. 1995.

- **Quantifizierung des Produkts.** Bei der kompetitiven PCR kann man die Menge an Test- und Kontrollbande im Agarosegel bereits mit dem Auge abschätzen; wer ein Videodokumentationssystem und ein Programm zur Quantifizierung von DNA-Banden hat, kann das auch in Zahlen fassen. Sonst gibt man der PCR radioaktiv markierte Nucleotide zu, die Banden werden dann durch Autoradiographie nachgewiesen (mit dem bekannten Problem, dass diese leicht in die Sättigung geraten, s. 7.3.1), oder ausgeschnitten und im Szintillationszähler gemessen, oder aber man besitzt einen Phosphor–Imager (s. 7.3.1), der ist empfindlich und einfach in der Handhabung, aber teuer. Auch nicht-radioaktiv markierte Nucleotide können eingebaut werden, der Nachweis ist allerdings problematischer und die Methoden zur Quantifizierung weniger ausgereift.

Literatur:

Hart C et al. (1990) A replication-deficient HIV-1 DNA used for quantitation of the polymerase chain reaction (PCR). Nucl. Acids Res. 18, 4029-4030

Kellogg DE, Sninsky JJ, Kwok S (1990) Quantitation of HIV-1 proviral DNA relative to cellular DNA by the polymerase chain reaction. Anal. Biochem. 189, 202

Murphy LD et al. (1990) Use of the polymerase chain reaction in the quantitation of mdr-1 gene expression. Biochem. 29, 10351

Gaudette MF, Crain WR (1991) A simple method for quantifying specific mRNAs in small numbers of early mouse embryos. Nucl. Acids Res. 19, 1879

Apostolakos MJ, Schuermann WH, Frampton MW, Utel MJ, Willey-JC (1993) Measurement of gene expression by multiplex competitive polymerase chain reaction. Anal. Biochem. 213, 277-284

McCulloch RK, Choong CS, Hurley DM (1995) An evaluation of competitor type and size for use in the determination of mRNA by competitive PCR. PCR Meth. Appl., 4, 219-226

Zhao J, Araki N, Nishimoto SK (1995) Quantitation of matrix Gla protein mRNA by competitive polymerase chain reaction using glyceraldehyde-3-phosphate dehydrogenase as an internal control. Gene 155, 159-165

Souaze F, Ntodou-Thome A, Tran CY, Rostene W, Forgez P (1996) Quantitative RT-PCR: limits and accuracy. Biotechniques, 21, 280-285

Zimmermann K, Mannhalter W (1996) Technical aspects of quantitative competitive PCR. Biotechniques, 21, 268-279

4.4.5 *Real-time quantitative PCR*

Die modernste Methode der Quantifizierung von Nucleinsäuren ist die *real-time quantitative PCR*, auf gut deutsch die quantitative Echtzeit-PCR. Vorweg zur Begriffsklärung: Unglücklicherweise neigen einige Leute dazu, die neue Methode kurz und bündig als *real-time PCR* zu bezeichnen und sie dann der Bequemlichkeit halber mit "RT-PCR" abzukürzen, ein Begriff, der bereits seit Jahren für *reverse transcription-PCR* steht. Bislang scheint man sich noch nicht auf ein offizielles Kürzel geeinigt zu haben; wer dennoch abkürzen will, sollte es mit **RTQ-PCR** oder **RTD-PCR** (*real-time detection PCR*) versuchen, vor allem die letztere Bezeichnung trifft den Kern der Methode sogar wesentlich besser.

Versuche, live dabei zu sein, wenn sich im PCR-Tube etwas tut, gab es schon recht früh. Die hausbackenste Methode bestand darin, alle fünf Zyklen die Maschine anzuhalten und ein Aliquot zu entnehmen. Auf ein Gel aufgetragen, vermittelte das einen netten Überblick über die Entwicklung im Tube und wenn man dem eine Hybridisierung anschloss, konnte man die Geschichte sogar recht gut

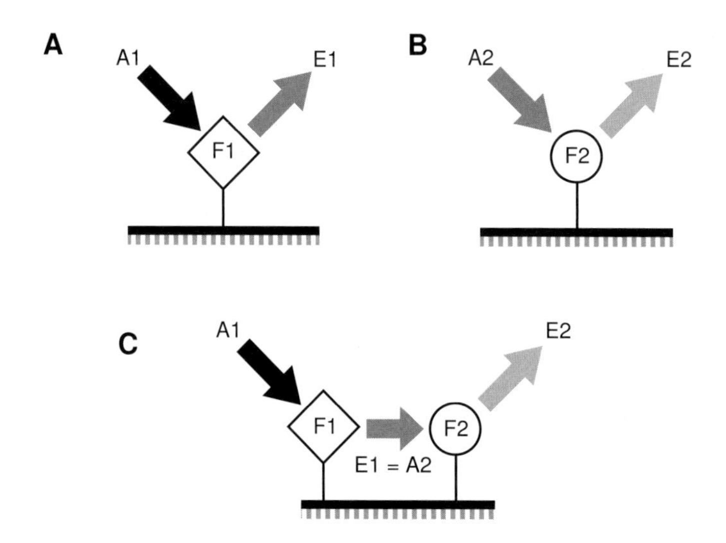

Abb. 24: Das Prinzip des *fluorescence resonance energy transfer* (FRET).
Fluorochrom 1 (F1) besitzt ein charakteristisches Anregungs- und ein typisches Emissionsspektrum (A1 und E1), gleiches gilt für Fluorochrom 2. Überlappen E1 und A2, kann das emittierte Licht von F1 das zweite Fluorochrom anregen und es entsteht Licht der Wellenlänge E2. Dies setzt allerdings voraus, dass die beiden Fluorochrome nahe beieinander lokalisiert sind. Regt man mit Licht der Wellenlänge A1 an, kann man durch Messung von E1 bzw. E2 verfolgen, ob die beiden Fluorochrome getrennt oder benachbart sind.

quantifizieren, doch so richtig nahe am Geschehen war das nicht, ganz abgesehen von der Arbeit, die damit verbunden war, wenn man mehr als nur eine Handvoll Ansätze verfolgen wollte.
Seither hat wieder einmal der Fortschritt Einzug gehalten. Die eine Entwicklung bestand darin, die PCR-Maschine mit UV-Lampe und CCD-Kamera auszustatten und der PCR-Reaktion etwas Ethidiumbromid zuzufügen. Das Ethidiumbromid interkaliert in doppelsträngige DNA, wodurch die Fluoreszenz messbar erhöht wird (Higuchi et al. 1992, Higuchi et al. 1993). Die Methode findet noch heute ihre Anwendung, wenngleich inzwischen andere Farbstoffe verwendet werden, die ein besseres Signal-Hintergrund-Verhältnis liefern, wie Hoechst 33258, YO-PRO-1 und vor allen Dingen SYBR® Green I (Molecular Probes). Der Vorteil ist die universale Verwendbarkeit, weil damit jede beliebige PCR-Reaktion verfolgt werden kann, außerdem ist die Signalstärke hoch, weil jedes DNA-Molekül mehrere Farbstoffmoleküle bindet. Aus dem Vorteil resultiert allerdings auch ein großer Nachteil, weil man nicht zwischen korrektem Produkt und Artefakten unterscheiden kann – ein erhebliches Problem, da Artefakte bei der PCR allgegenwärtig sind.

Das Problem der mangelnden Spezifität wurde bereits zuvor von Holland et al. (1991) gelöst. Dabei wird eine weitgehend unbeachtete Eigenschaft der Taq-Polymerase, die 5'-3'-Exonuclease-Aktivität, genutzt, indem man der PCR-Reaktion ein drittes, radioaktiv markiertes Oligonucleotid zufügt, dessen 3'-Ende (durch ein Didesoxynucleotid oder eine Phosphatgruppe) blockiert ist, damit es nicht als Primer fungieren kann. Das dritte Oligonucleotid wird so gewählt, dass es zwischen den beiden Primern hybridisiert. Stolpert die Polymerase bei der Neustrang-Synthese über das Oligonucleotid, baut es den

Strang ab und setzt so die radioaktive Markierung frei, die sich später über eine Dünnschichtchromatographie von den intakten Oligonucleotiden unterscheiden lässt. Entscheidender Schönheitsfehler war auch hier, dass die Quantifizierung die Entnahme von Aliquots und eine erhebliche Nachbearbeitung erforderte. Die heute gängige Lösung baut dagegen auf der Ausnutzung des Fluoreszenz- (oder Förster) Resonanz-Energie-Transfers (***fluorescence resonance energy transfer*, FRET**) auf, wie sie von Cardullo et al. (1988) eingeführt wurde: Ein Fluoreszenzfarbstoff (Fluorochrom) lässt sich mit Licht einer bestimmten Wellenlänge (A1) anregen und strahlt die aufgenommene Energie anschließend in Form von Licht einer anderen Wellenlänge (E1) wieder ab. Anregungs- und Emissionsspektrum des Fluoreszenzfarbstoffs sind dabei für diesen charakteristisch. Bringt man allerdings ein Fluorochrom (F1) in ausreichende Nähe zu einem zweiten (F2), dessen Anregungsspektrum (A2) dem Emissionsspektrum des ersten Fluorochroms (E1) entspricht, springt zwischen den beiden der Funke über. Die Energie wird, statt als Licht der Wellenlänge E1 abgestrahlt zu werden, direkt an Fluorochrom 2 weitergegeben, das daraus Licht der Wellenlänge E2 macht (s. Abb. 24). Je nach Versuchsaufbau kann man nun während der PCR die Lichtstärke bei Wellenlänge E1 oder E2 verfolgen und sieht daran, ob die beiden Fluorochrome räumlich weit getrennt (Messung von E1) oder nahe beieinander (Messung von E2) sind. Wird E1 gemessen, bezeichnet man Fluorochrom 1 als ***reporter*** (*to report* = berichten) und Fluorochrom 2 als ***quencher*** (*to quench* = löschen), misst man E2, heißen die beiden **Donor** und **Akzeptor**.
Aus der Kombination PCR-Gerät mit Fluoreszenz-Detektion, spezifisches Oligonucleotid und FRET wurden drei mehr oder weniger ähnliche Nachweismethoden gezimmert, genannt *TaqMan®*, *molecular beacons* und *hybridization probes* (s. Abb. 25), deren Unterschiede nicht ganz leicht zu verstehen sind, die aber im Wesentlichen zu den gleichen Ergebnissen führen. Das ***TaqMan***-Prinzip ist das älteste (Livak et al. 1995) und vielleicht auch bekannteste. Hier sitzen Reporter und Quencher auf dem selben Oligonucleotid, vorzugsweise am 5'- und am 3'-Ende. Solange das Oligonucleotid intakt ist, ist die Lichtstärke bei E1 gering, wird der Reporter aber durch die herannahende Polymerase freigesetzt, steigt die Lichtproduktion bei dieser Wellenlänge an. Je mehr DNA synthetisiert wird, desto mehr Reporter-Moleküle werden freigesetzt und entsprechend steigt die Signalstärke. Die ***molecular beacons*** (Tyagi und Kramer 1996) sind eine Weiterentwicklung der *TaqMan*-Primer; neben dem zentral gelegenen spezifischen Bereich enthält das Oligonucleotid hier zusätzlich an 5'- und 3'-Ende komplementäre Sequenzen, die dafür sorgen, dass das Oligonucleotid eine Haarnadelstruktur einnimmt. Dies garantiert, dass *reporter* und *quencher* ausreichend nahe zusammen kommen, um eine Lichtemission zu verhindern, während *TaqMan*-Primern, je nach verwendeter Sequenz, mitunter ungünstige Strukturen bilden und der Abstand zwischen den beiden Fluorophoren zu groß wird für eine vollständige Unterdrückung der Lichtemission. ***Hybridization probes*** dagegen bestehen aus zwei Oligonucleotiden, wobei das eine am 3'-Ende mit einem Acceptor, das andere am 5'-Ende mit einem Donor versehen ist. Die Oligos werden so gewählt, dass sie beide an den gleichen DNA-Strang binden, wobei der Abstand zwischen Akzeptor und Donor 1-5 Nucleotide betragen muss. Gemessen wird in diesem Fall die Lichtstärke bei E2, wobei nur Licht dieser Wellenlänge nachweisbar ist, solange beide Oligos an die DNA gebunden sind.

Wie aber funktioniert die Quantifizierung? Das Prinzip ist grundlegend anders als bei normalen Quantifizierungen, weil hier nicht absolute Mengen an PCR-Produkt gemessen werden. Statt dessen nutzt man die Kinetik der PCR-Reaktion aus: In den frühen PCR-Runden findet eine weitgehend exponentielle Vermehrung der DNA-Fragmente statt, selbst wenn man davon anfangs nicht viel sieht. Akkumuliert das Produkt, steigen auch die störenden Einflüsse. Sei es, dass Primer oder Nucleotide knapp werden, sei es, dass Polymerase oder Nucleotide aufgrund der anhaltend hohen Temperaturen den Geist aufgeben oder die Reaktion durch die Anhäufung von Produkten (Pyrophosphat!) gehemmt

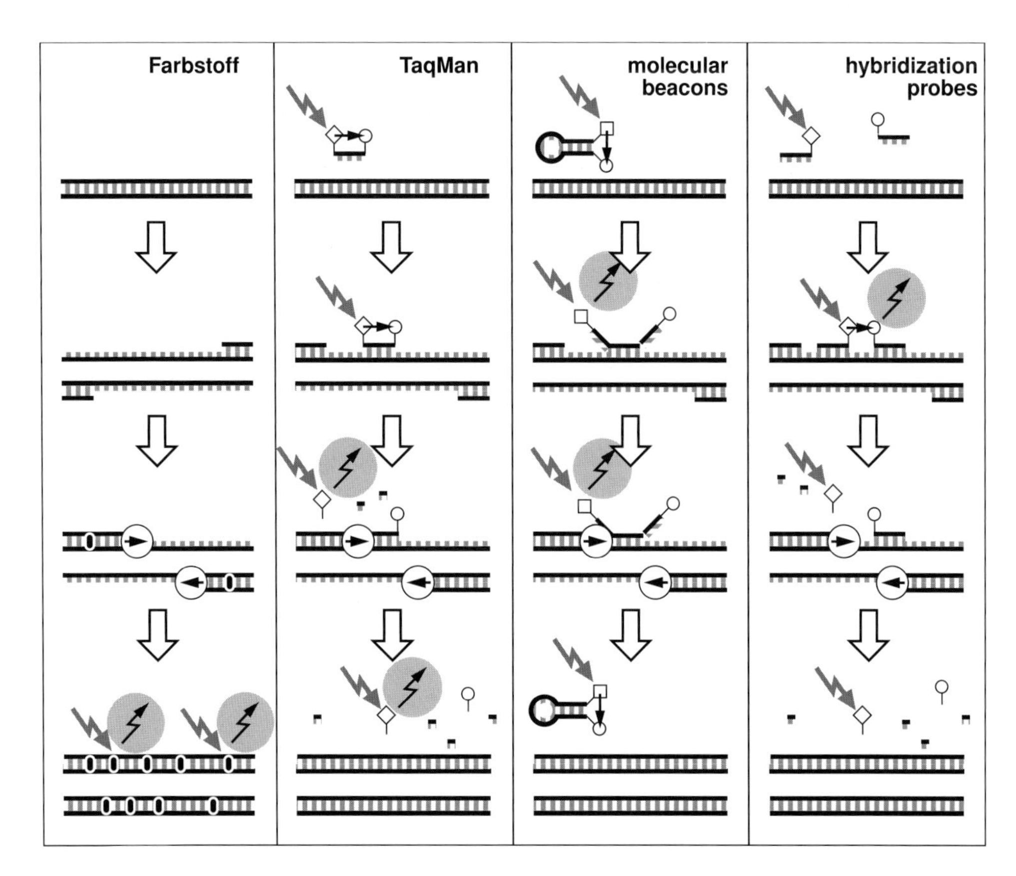

Abb. 25: Die verschiedenen Nachweismethoden der *real-time quantitative* PCR. Farbstoffe wie SYBR green I werden unspezifisch in doppelsträngige DNA eingebaut. *TaqMan*-Sonden und *molecular beacons* fluoreszieren, wenn das Oligonucleotid von der Polymerase abgebaut wurde, *hybridization probes* dagegen, solange beide Oligonucleotide an das *template* binden.

wird, in jedem Fall verlangsamt sich der Prozess zu einem linearen Wachstum und kommt dann gar zum Stillstand, ganz wie man es von den Bakterien kennt (s. Abb. 26). Man nimmt daher als Richtschnur die Zykluszahl, bei der sich das Fluoreszenzsignal gerade deutlich vom Hintergrund abhebt (C_T-Wert[63]), weil zu diesem Zeitpunkt die Vermehrung noch exponentiell ist[64]. Theoretisch könnte man daraus auf die ursprüngliche Templatemenge rückschließen, wenn man wüsste, wie stark die Vermehrungsrate ist (s. Tab. 9). Leider wird die Amplifikation eines bestimmten Fragments von so vielen Faktoren beeinflusst, dass man sich leichter tut, wenn man einfach parallel bekannte Templatemengen amplifiziert und vergleicht, welchen C_T-Wert man für welche Templatemenge erhält. Daraus kann

63. C_T steht je nach Quelle für *cycle threshold* oder *threshold cycle*.
64. In der Praxis wählt man einen Fluoreszenzwert, bei dem sich alle Kurven noch im exponentiellen Bereich befinden, und ermittelt, nach wie vielen Zyklen die Kurven jeweils diesen Wert erreichen. Dieser Wert entspricht dem C_T-Wert.

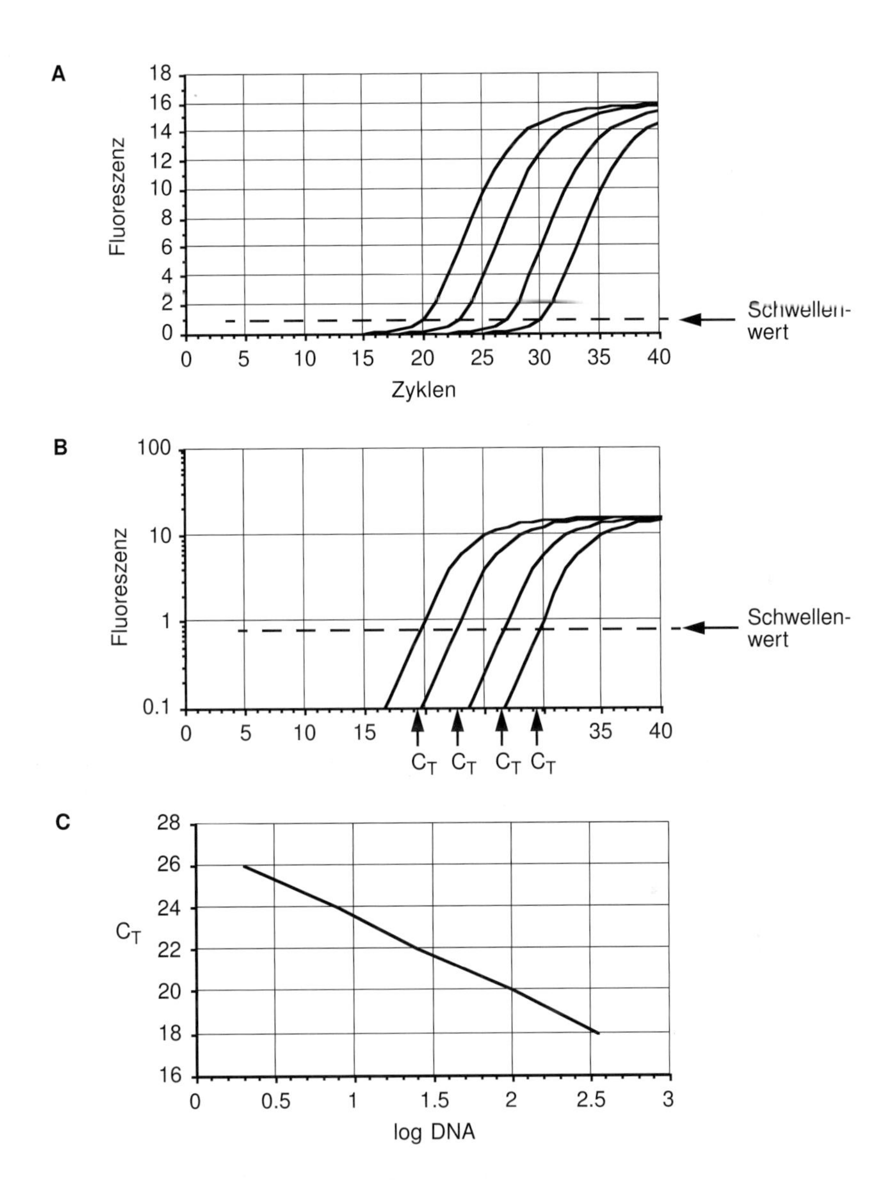

Abb. 26: Das Prinzip der *real-time quantitative PCR.*
A Fluoreszenzkurven für vier Amplifikationen mit unterschiedlichen Template-DNA-Mengen. **B** Gleiche Fluoreszenzkurven mit logarithmischem Maßstab. Die C_T-Werte werden in einem Bereich der Kurve ermittelt, in dem die Amplifikation noch exponentiell verläuft (gerader Bereich der Kurve). **C** Trägt man den ermittelten C_T-Wert gegen den Logarithmus der anfangs eingesetzten DNA-Menge auf, erhält man eine Standardkurve, die es erlaubt, aus den C_T-Werten der Versuchsansätze die jeweils ursprünglich vorhandene DNA-Menge zu ermitteln.

man eine Standardkurve erstellen, aus der sich dann umgekehrt aus einem C_T-Wert auf die Templatemenge schließen lässt (s. Abb. 26).

Die Verwendung spezifischer Oligonucleotid-Sonden erlaubt es prinzipiell, mehrere Fragmente im gleichen Tube zu amplifizieren (*multiplex PCR*, s. 4.3.2) und getrennt nachzuweisen. Allerdings sollte man die Erwartungen nicht allzu hoch schrauben. Da die Emissionsspektren der gemessenen Fluorophore für einen sauberen Nachweis möglichst wenig überlappen sollten, ist die Zahl der verfolgbaren Fragmente in der Praxis auf zwei begrenzt. Trotzdem erleichtert dies die Arbeit mitunter erheblich, weil man so leicht die Expression zweier Gene direkt vergleichen oder in einem Aufwasch gleich zwei Mutationen nachweisen kann.

Mittlerweile bieten viele Hersteller RTD-PCR-taugliche Geräte an, z.B. Applied Biosystems, Roche, BioRad, Stratagene oder Cepheid. Vor dem Kauf sollte man sich im Klaren darüber sein, welche Nachweismethode man verwenden möchte. Aufgrund der unterschiedlichen Bauweisen lassen sich nicht in allen Fällen beliebige Fluorophore einsetzen bzw. mehrere Oligonucleotid-Sonden gleichzeitig einsetzen.
Ungewöhnlich ist der Roche LightCycler® 2.0, ein Gerät, das nicht auf einer üblichen PCR-Maschine aufbaut, sondern mit Glaskapillaren arbeitet (Wittwer et al. 1997). Das macht die Handhabung ein wenig umständlicher, dafür erhält man etwas reproduzierbarere Ergebnisse und vor allen Dingen fantastisch kurze Amplifikationszeiten – eine 35-Zyklen-PCR dauert knapp 30 (!) Minuten.

Vorteil: Endlich sieht man nicht nur das Endergebnis einer PCR, sondern auch, was sich davor abspielt. Relativ einfache Methode mit den präzisesten Ergebnissen.
Nachteil: Natürlich die Kosten. RTD-PCR-taugliche Geräte sind teurer als normale PCR-Geräte, auch wenn es mittlerweile neben den sündhaft teuren großen "Klötzen" auch "Westentaschen"-Versionen für 15-20 000 € gibt. Dazu kommen die Zusatzkosten für die markierten Oligonucleotide. Auch ist die Auswertung nicht ganz so simpel, wie es die Hochglanzbroschüren glauben machen wollen.

Tipp: Sorgen Sie dafür, dass die Auswertung der Daten auch auf einem anderen Gerät erledigt werden kann. Werden Geräte dieser Art stark genutzt (und das werden sie in der Regel), entstehen unkalkulierbare Engpässe durch Kollegen, die bei der Auswertung kein Ende finden.

Literatur:

Cardullo RA, Agrawal S, Flores C, Zamecnik PC, Wolf DE (1988) Detection of nucleic acid hybridization by nonradiative fluorescence resonance energy transfer. Proc. Natl. Acad. Sci. USA 85, 8790-8794

Holland PM, Abramson RD, Watson R, Gelfand DH (1991) Detection of specific polymerase chain reaction product by utilizing the 5'-3' exonuclease activity of Thermus aquaticus DNA Polymerase. Proc. Natl. Acad. Sci. USA 88, 7276-7280

Higuchi R, Dollinger G, Walsh PS, Griffith R (1992) Simultaneous amplification and detection of specific DNA sequences. Biotechnology 10, 413-417

Higuchi R, Fockler C, Dollinger G, Watson R (1993) Kinetic PCR: Real time monitoring of DNA amplification reactions. Biotechnology 11, 1026-1030

Livak KJ, Flood SJA, Marmaro J, Giustu W, Deetz K (1995) Oligonucleotides with fluorescent dyes at opposite ends provide a quenched probe system useful for detecting PCR product and nucleic acid hybridization. PCR Methods and Applications 4, 357-362

Tyagi S, Kramer FR (1996) Molecular beacons: probes that fluoresce upon hybridization. Nature Biotechnol. 14, 303-308

Wittwer CT, Herrmann MG, Moss AA, Rasmussen RP (1997) Continuous fluorescence monitoring of rapid cycle DNA amplification. Biotechniques 22,130-138

Wittwer CT, Ririe KM, Andrew RV, David DA, Gundry RA, Balis UJ (1997) The Light Cycler: a microvolume multisample fluorimeter with rapid temperature control. Biotechniques 22,176-181

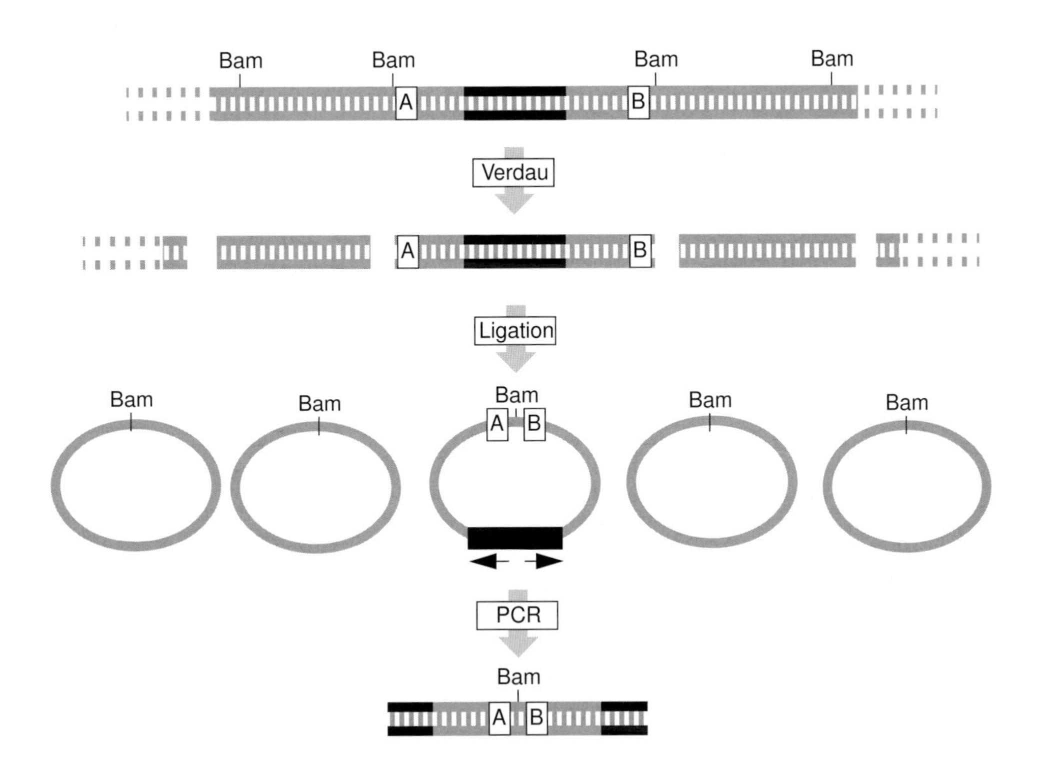

Abb. 27: Das Prinzip der Inversen PCR.

4.4.6 Inverse PCR

Immer nur Sequenzen zwischen zwei bekannten DNA-Sequenzen zu amplifizieren ist langweilig. Wie wär's mit der Umkehrung – Amplifikation von unbekannten Sequenzen, die links und rechts von einer bekannten Sequenz liegen? Das nennt man dann Inverse PCR.

Das Prinzip (s. Abb. 27): Man verdaut seine Template-DNA mit einem Restriktionsenzym und religiert die Fragmente wieder, allerdings muss die DNA-Konzentration so gering sein, dass die Fragmente vorzugsweise mit sich selbst ligieren; es entstehen dabei ringförmige DNAs. Die kann man anschließend als Template für eine PCR verwenden, wobei die Primer diesmal nicht aufeinander zu, sondern voneinander weg orientiert sind. Man erhält ein Produkt, dessen innere Regionen aus unbekannten Sequenzen bestehen, die im Originaltemplate außen lagen – ein wenig kompliziert.

Die Methode ist pfiffig, funktioniert allerdings vor allem bei Templates von mittlerer Komplexität, beispielsweise Cosmid-Klonen.

Literatur:

Ochman H, Gerber AS, Hartl DL (1988) Genetic applications of an inverse polymerase chain reaction. Genetics 120, 621-623

Triglia T, Peterson MG, Kemp DL (1988) A procedure for in vitro amplification of DNA segments that lie outside the boundaries of known sequences. Nucl. Acids Res. 16, 8186

4.4.7 Biotin-RAGE[65] und Supported PCR

Eine weitere Methode, unbekannte Sequenzen zu amplifizieren, die in der Nähe bekannter Sequenzen liegen.

Auch in diesem Fall wird die Template-DNA mit einem Restriktionsenzym verdaut. Anschließend führt man eine Schrumpf-PCR durch, mit nur einem Primer und nur einem Zyklus, unter Zugabe von Biotin-markiertem dUTP, und fischt das "PCR"-Produkt mit Streptavidin-gekoppelter Agarose oder magnetischen Kügelchen (*magnetic beads*) aus dem Reaktionsansatz. Auf diese Weise ist es möglich, das Produkt um einige Größenordnungen anzureichern. Dann wird mit Terminaler Transferase ein Poly-A-Schwanz angehängt (Bloomquist et al. 1992) oder ein Linkerfragment dranligiert (Rudenko et al. 1993) und das so modifizierte Produkt als Template für eine richtige PCR verwendet, mit einem genspezifischen und einem Oligo-dT- bzw. linkerspezifischen Primer.

Literatur:

Bloomquist BT, Johnson RC, Mains RE (1992) Rapid isolation of flanking genomic DNA using Biotin-RAGE, a variation of single-sided polymerase chain reaction. DNA and Cell Biol. 11, 791-797

Rudenko GN et al. (1993) Supported PCR: an efficient procedure to amplify sequences flanking a known DNA segment. Plant Mol. Biol. 21, 723-728

4.4.8 Mutagenese mit modifizierten Primern

Weil man sich maßgeschneiderte Primer für jeden Zweck ganz einfach bestellen kann, eignet sich die PCR auch hervorragend zur Mutagenese. Man führt dazu eine gewöhnliche Amplifikation durch, wobei einer der beiden Primer die gewünschte Mutation enthält. Das einzige Problem dabei liegt in der Primergestaltung. Die Mutationen sollten möglichst nahe am 5'-Ende des Primers lokalisiert sein, denn je näher die Mutation dem 3'-Ende kommt, desto größer wird die Wahrscheinlichkeit, dass die Polymerase die Fehlpaarung nicht toleriert (eine Eigenschaft, die man sich bei ARMS zunutze macht, s. 4.4.9) und die Amplifikation nicht funktioniert. Vor allem bei Polymerasen mit Korrekturaktivität besteht zudem das Risko, dass der Primer bis zu der Stelle mit der Fehlpaarung abgebaut wird – die Mutation geht dann verloren. Will man allerdings eine Restriktionsschnittstelle einfügen, sollte diese nicht ganz am 5'-Ende des Primers liegen, weil viele Restriktionsenzyme dort nur schlecht schneiden (s. Kap. 6). Mehr zum Thema Mutagenese im Abschnitt 9.2.

Literatur:

Kaufman DL, Evans GA (1990) Restriction endonuclease cleavage at the termini of PCR products. BioTechniques 9, 304-305

---

65. Rapid Amplification of Genomic DNA Ends.

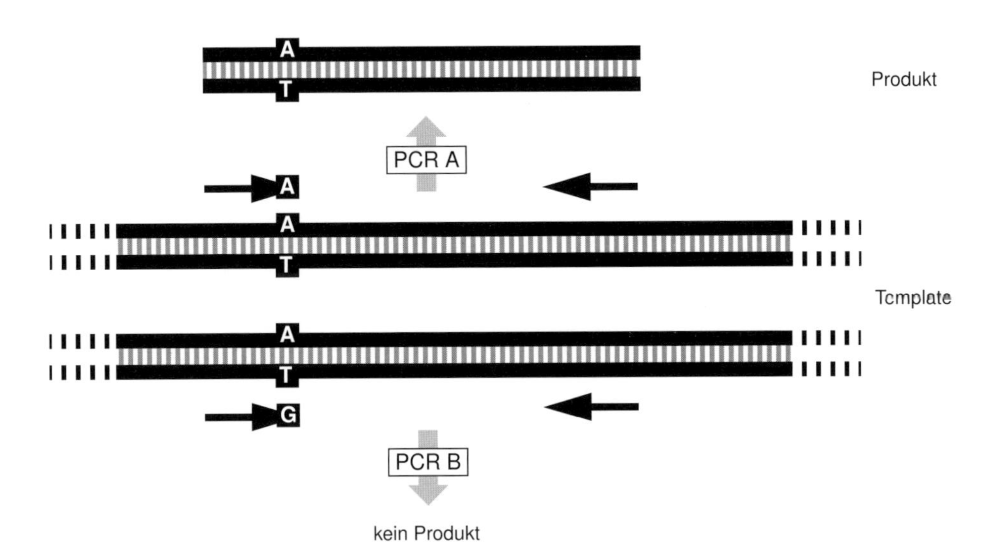

Abb. 28: ***Amplification refractory mutation system*** **(ARMS).**

4.4.9 *Amplification Refractory Mutation System* (ARMS)

Noch eine von diesen amerikanischen Bezeichnungen, die sich so schlecht übersetzen lassen. ARMS oder *Amplification Refractory Mutation System* – in der deutschen Übersetzung eines amerikanischen Lehrbuchs wurde daraus "System der amplifizierungsresistenten Mutation". Naja, wem's hilft...
Die Methode eignet sich zum Nachweis bekannter Punktmutationen. Das Prinzip: Man entwirft zwei Primer, deren Sequenz den beiden Varianten entspricht, die man nachweisen möchte. Wichtig ist dabei, dass die Primer am 3'-Ende mit der Base enden, um die sich die beiden Sequenzen unterscheiden (s. Abb. 28). Als Gegenprimer kann man einen beliebigen Primer verwenden, sofern seine Schmelztemperatur in etwa in der gleichen Größenordnung liegt.
Um die Anwesenheit einer der beiden Varianten in einer beliebigen Template-DNA nachzuweisen, führt man zwei PCR-Amplifikationen durch, jeweils mit dem Gegenprimer und einem der beiden mutationsspezifischen Primer. Wählt man die Bedingungen richtig – entscheidend ist vor allem, dass die Annealingtemperatur ausreichend hoch ist -, gelingt die Amplifikation jeweils nur, wenn die Sequenz von Primer und Template genau übereinstimmen, differieren sie um die bewusste eine Base, erhält man kein PCR-Produkt.

Das Ganze funktioniert tatsächlich, wenngleich nicht ganz problemlos. Damit man es zum Laufen bringt, sollten die Primer ausreichend lang sein und eine Schmelztemperatur von ca. 55 °C besitzen, um recht hohe Annealingtemperaturen zu erlauben. Ferner sollte die Annealingtemperatur während der Amplifikation über der Schmelztemperatur der Primer liegen. Der Temperaturbereich, in dem die differentielle Amplifikation funktioniert, ist relativ schmal, nur wenige Grad entscheiden über Gelingen oder Nichtgelingen. Man muss sich daher in etlichen Test-PCRs an die optimale Temperatur heranschleichen, sofern man keine PCR-Maschine mit Temperaturgradienten zur Hand hat.

Newton et al. (1989) berichten auch, dass bei manchen Sequenzen der Nachweis besser funktioniert, wenn nahe des 3'-Endes des Primers zusätzlich eine weitere Mutation eingefügt wird; die Fehlpaarung destabilisiert die Bindung etwas und ergibt so unter Umständen eine klarere Ja/Nein-Antwort.

Literatur:

Newton CR et al. (1989) Analysis of any point mutation in DNA. The amplification refractory mutation system (ARMS). Nucl. Acids Res. 17, 2503-2516

4.4.10 in-situ-PCR

Eine äußerst faszinierende Anwendung ist die in-situ-PCR auf Gewebedünnschnitte oder Zellen, die die Empfindlichkeit der PCR mit der Auflösung der Histologie vereint. Das fixierte Material wird dazu direkt auf dem Objektträger amplifiziert. Die dadurch bedingten technischen Schwierigkeiten, z.B. eine genaue Kontrolle der Temperaturen und die Gefahr eines Austrocknens des Ansatzes sind mittlerweile zu einem guten Teil behoben durch die Einführung spezieller PCR-Maschinen oder -Aufsätze (z.B. Hybaid, Perkin-Elmer) samt dazugehörigem Zubehör. Die Bedingungen weichen etwas von den Standard-PCR-Bedingungen ab, so benötigt man beispielsweise höhere Mg^{2+}-Konzentrationen und BSA im Reaktionsansatz (Nuovo 1995).

Die Methode wird gerne für den Nachweis von viraler DNA verwendet, doch kann man auch RNA gut nachweisen, indem man vor der Amplifikation eine Reverse Transkription durchführt. Das Vorgehen wird bei Nuovo et al. (1992) genauer beschrieben.
Der Nachweis der Amplifikationsprodukte erfolgt entweder direkt, indem man während der PCR radioaktive oder nicht-radioaktiv markierte Nucleotide einbaut, oder indirekt durch eine anschließende in-situ-Hybridisierung (s. 9.1) – Long et al. (1993) haben sich mit diesem Thema ausführlicher auseinandergesetzt. Der direkte Nachweis ist deutlich bequemer, weil sich radioaktive Produkte durch einfache Autoradiographie nachweisen lassen und fluoreszenzmarkierte Produkte direkt unter dem Mikroskop, und auch Biotin- oder Digoxigenin-Markierungen können ohne allzu großen Aufwand mit Antikörpern sichtbar gemacht werden. Die Schwäche des direkten Nachweises liegt im PCR-typischen Problem, dass man korrekte Amplifikationsprodukte nicht von Artefakten unterscheiden kann. Der indirekte Nachweis über eine klassische in-situ-Hybridisierung ist da deutlich mühseliger, doch wesentlich spezifischer. Für Routineuntersuchungen lohnt es sich, beide Nachweise durchzuführen, bis die PCR-Bedingungen soweit optimiert sind, dass man auf den indirekten Nachweis verzichten kann.

Literatur:

Haase AT, Retzel EF, Staskus KA (1990) Amplification and detection of lentiviral DNA inside cells. Proc. Natl. Acad. Sci. USA 87, 4971-4975

Nuovo GJ et al. (1992) In situ localization of PCR-amplified human and viral cDNAs. PCR Meth.Appl. 2, 117-123

Long AA, Komminoth P, Lee E, Wolfe HJ (1993) Comparison of indirect and direct in situ polymerase chain reaction in cell preparations and tissue sections. Detection of viral DNA, gene rearrangements and chromosomal translocations. Histochemistry 99, 151-162

Nuovo GJ (1995) In situ PCR: protocols and applications. PCR Meth. Appl. 4, S151-167

4.4.11 *Cycle Sequencing*

Die Taq-Polymerase wird schon seit einiger Zeit für Sequenzierungen eingesetzt. Im Gegensatz zur normalen PCR wird dabei nur ein Primer eingesetzt, so dass es nicht zur exponentiellen, sondern nur zu einer linearen Vermehrung kommt.
Die Taq arbeitet bei höheren Temperaturen als klassische DNA-Polymerasen und erlaubt damit teilweise bessere Sequenzierergebnisse, weil GC-reiche Strukturen besser aufgelöst werden können. Vielleicht ist's auch der etwas geringere Pipettieraufwand oder einfach nur die Neigung der PCR-Liebhaber, alle Probleme mit ihrer PCR-Maschine zu lösen, die dem *Cycle sequencing* zu großer Beliebtheit verholfen haben. Mehr zum Thema Sequenzieren in 8.1.

4.4.12 cDNA-Synthese

Mitunter bildet RNA Sekundärstrukturen, die von einer gewöhnlichen Reversen Transkriptase nur schlecht aufgedröselt werden können. Unter Umständen kann man das Problem lösen, indem man die cDNA-Synthese bei einer höheren Temperatur durchführt. So ist die ***Avian Myeloblastosis Virus*** **Reverse Transkriptase** (AMV-RT) bei Temperaturen von bis zu 58 °C aktiv, während ***Moloney Murine Leukemia Virus*** **Reverse Transkriptase** (M-MLV-RT) ihren Geist bereits bei 42 °C aufgibt. Doch ist das alles nichts gegen unsere geliebten thermostabilen Polymerasen.
Die meisten **thermostabilen Polymerasen** besitzen neben ihrer DNA-abhängigen DNA-Polymeraseaktivität auch eine mehr oder minder ausgeprägte RNA-abhängige DNA-Polymeraseaktivität, sprich: Sie können von RNA cDNA synthetisieren, wenn man ihre verborgenen Talente nur ausreichend herauskitzelt. Gute Kandidaten sind die Tth- und die Tfl-Polymerase, die in der Anwesenheit von Mangan (Mn^{2+}) RNA-abhängig, in der Anwesenheit von Magnesium (Mg^{2+}) dagegen DNA-abhängig polymerisieren. Die temperaturbestimmende Komponente ist dann nicht mehr die Polymerase, sondern der Primer, weil man *random*-Hexamerprimern trotz allem die Gelegenheit geben muss, bei Raumtemperatur zu hybridisieren, erst dann kann man die Temperatur langsam auf den gewünschten Wert erhöhen, sonst tut sich gar nichts. Häufig ist es in diesem Fall günstiger, spezifische Primer mit höheren Annealingtemperaturen für die cDNA-Synthese zu verwenden.
Allerdings sollte man sich keinen Illusionen hingeben – was Sensivität, Ausbeute und Transkriptlänge angeht, sind die thermostabilen Polymerasen den klassischen Reversen Transkriptasen weit unterlegen.

4.4.13 Einzelzell-PCR

Nun sind wir schon wieder an der Grenze unsres Witzes,
da, wo euch Menschen der Sinn überschnappt.

Wer Kontakte zu Elektrophysiologen hat, kann sich an einer extremen PCR-Variante versuchen, der Einzelzell-PCR. Es handelt sich dabei um einen Ausflug in die Grenzbereiche des Machbaren.
Dazu wird der Inhalt einer einzelnen Zelle ausgesaugt und dieses winzige bisschen Nichts für eine cDNA-Synthese verwendet. Anschließend führt man eine ganz normale PCR durch, wobei man es wegen der geringen Templatemenge tunlichst mit einer *nested* PCR (s. 4.3.1) versuchen sollte. Nur in

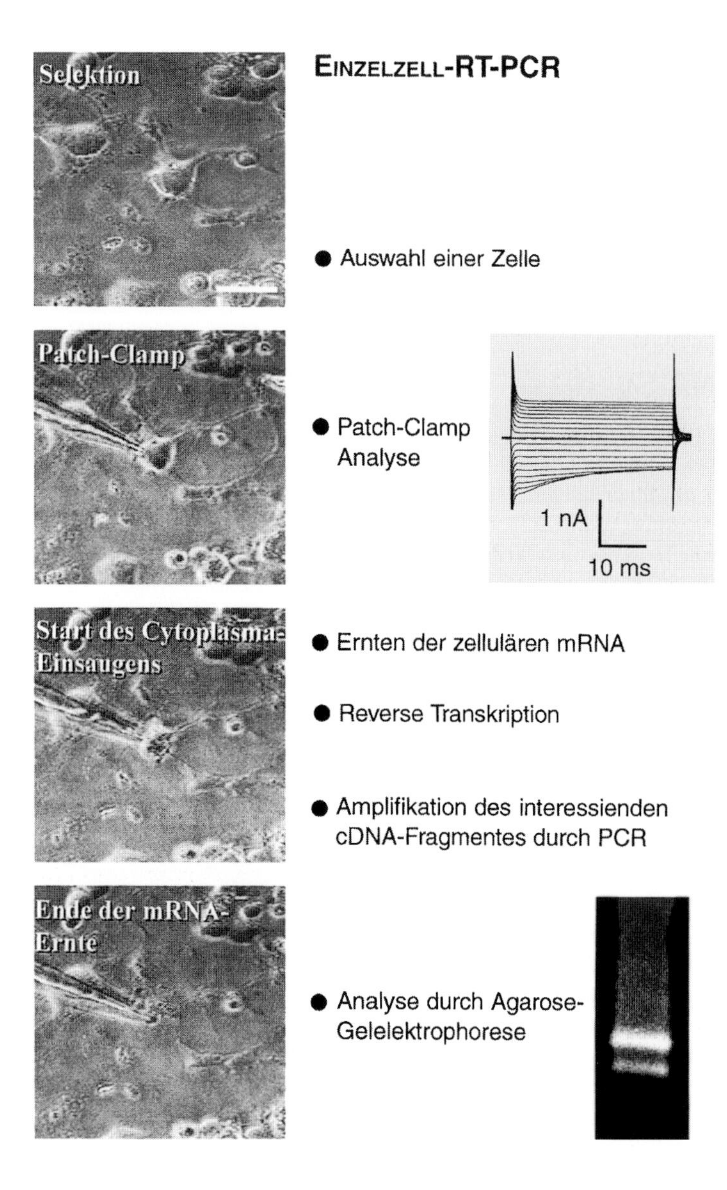

Abb. 29: Das Prinzip der Einzelzell-PCR.
(Abdruck mit freundlicher Genehmigung von F. Kirchhoff)

50 % der Fälle gelingt der Nachweis von Transkripten unter diesen extremen Bedingungen und die Banden sehen auch nicht unbedingt so schön aus wie bei normalen PCRs, doch bleibt die Tatsache, dass es überhaupt funktioniert, unglaublich faszinierend.

5 RNA

Eigentlich wäre der Umgang mit RNA nicht komplizierter als der mit DNA, denn der chemische Unterschied zwischen den beiden Substanzklassen ist gering, wären da nicht die RNasen.
RNasen sind überall. Alle Organismen produzieren RNasen und scheiden sie auch aus – bei uns stecken sie sogar im Schweiß. Da etliche RNasen – im Gegensatz zu ihren Verwandten, den DNasen – keine Cofaktoren wie Mg^{2+} benötigen, um aktiv zu sein und außerdem zum Teil extrem stabil sind (RNase A-Lösung wird DNase-frei gemacht, indem man sie für zwanzig Minuten kocht!), können sie einem das Leben ganz schön schwer machen.

Der Anfänger tut gut daran, sich für den Umgang mit RNA rechtzeitig zu wappnen. Man legt sich sinnvollerweise einen speziellen Satz Pipetten, Pipettenboxen, Tubes, Lösungen usw. zu, das Ganze von oben bis unten mit dem mystischen Schriftzug "RNA" verziert und in einem eigenen Schrank verstaut. Jetzt muss man seinen Kollegen nur noch beibringen, dass die Buchstaben RNA soviel bedeuten wie "Montezumas Rache ist ein Dreck gegen den Ärger, den du bekommst, wenn du deine Finger nicht von diesen Sachen lässt", und der Erfolg ist zur Hälfte gesichert.
Alle Arbeiten sollten mit Handschuhen durchgeführt werden. Wer mehr Erfahrung besitzt, wird lernen, welches die kritischen und welches die unkritischen Punkte sind. Bei richtiger Handhabung ist der Umgang mit RNA nicht viel problematischer als der mit DNA. Bis es soweit ist, sollte man allerdings mit größter Pingeligkeit arbeiten.

Wie inaktiviert man RNasen?

Angesichts der Verbreitung von RNasen und ihrer phantastischen Stabilität ist ihre Inaktivierung eines der größten Probleme beim Umgang mit RNA.
Die verbreitetste Methode, Lösungen RNasefrei zu bekommen, ist die Behandlung mit Diethylcarbonat. Dazu gibt man 1/200 Volumen **Diethylpyrocarbonat** (DEPC) zu, mischt, bis sich die DEPC-Kügelchen aufgelöst haben, inkubiert über Nacht bei Raumtemperatur und autoklaviert die Lösung anschließend. Das DEPC zerfällt dabei zu CO_2 und Ethanol, deswegen riecht die Lösung dann leicht nach Schnaps.
DEPC bindet an primäre und sekundäre Amine, z.B. Histidin, und führt zu kovalenten Bindungen, wodurch die Aktivität der RNasen zerstört wird. Die Aktivität aller anderen Enzyme auch. Schlimmer noch: Alle Substanzen, die primäre Amine enthalten, werden modifiziert, daher kann man die Methode bei vielen Puffern, beispielsweise Tris, nicht anwenden. Da gibt es nur eine Möglichkeit: RNase-freie Substanzen kaufen, diese vor der Verwendung durch Kollegen, die nicht mit RNA arbeiten, in Sicherheit bringen, die Substanzen nur mit RNase-freien Utensilien handhaben und schließlich die Lösungen mit DEPC-behandeltem Wasser ansetzen. In der Praxis führt das dazu, dass man sich einen eigenen Satz Chemikalien nur für RNA-Arbeiten leisten muss.
DEPC ist übrigens nicht ganz unproblematisch: Das Zeug ist carcinogen und giftig und außerdem instabil, wenn es feucht wird. Vor allem aus dem letzten Grund sollte man nur kleinere Mengen bestellen und diese jeweils ganz aufbrauchen.

Glaswaren und andere Utensilien, die hohe Temperaturen vertragen, werden für 4 Stunden bei 180-200 °C gebacken. Ausnahmsweise reicht hier Autoklavieren nicht aus, ist allerdings besser als nichts. Gerätschaften, die keine Hitze vertragen, werden mit Wasserstoffperoxidlösung (1 % v/v) behandelt und anschließend mit DEPC-behandeltem Wasser ausgespült. Auch das Ausspülen mit Chloroform

soll RNasen erfolgreich inaktivieren, allerdings löst Chloroform etliche Plastiksorten auf. Außerdem ist es eine rechte Sauerei und deswegen nicht sonderlich verbreitet.
Molecular Bio-Products (über Fisher Scientific) bietet eine Lösung (RNase AWAY®) an, mit der man – laut Hersteller – Plastik- und Glaswaren von RNasen befreien kann, indem man die Flächen einfach mit der Lösung abwischt. Bis auf die Erklärung, das Produkt sei ungefährlicher als DEPC, schweigt sich der Hersteller allerdings über die Funktionsweise aus.
Eine weitere Alternative ist die Verwendung von möglichst vielen sterilen Einwegutensilien. Beliebt, aber kostspielig.
Während des Versuchs inaktiviert man RNasen durch die Zugabe von RNase-Inhibitoren. Dabei handelt es sich um Proteine, wie sie sich auch in der Natur finden...
Dies bedeutet, dass RNAse-Inhibitoren relativ empfindlich sind und ihrerseits inaktiviert werden können, beispielsweise durch Hitze oder falschen pH. Man sollte sich daher genau überlegen, zu welchem Zeitpunkt man den Inhibitor zugibt; so macht es wenig Sinn, nach der Zugabe die RNA durch Hitze denaturieren zu wollen.

5.1 Methoden der RNA-Isolierung

Das Grundprinzip der RNA-Isolierung sieht ungefähr folgendermaßen aus: Die Zellen werden lysiert, die RNasen inaktiviert und die RNA anschließend aus der Suppe isoliert. Auf diese Weise erhält man am Ende Gesamt-RNA, d.h. ein munteres Gemisch aus ribosomaler RNA (rRNA), Transfer-RNA (tRNA), *messenger* RNA (mRNA) und anderen.
Die mRNA macht daran nur einen Anteil von ca. 2 % aus. Für die meisten Anwendungen reicht das bereits aus, beispielsweise für RT-PCR und Northern Blot Hybridisierung. Für anspruchsvollere Anwendungen, wenn man beispielsweise cDNA-Banken herstellen möchte oder eine höhere Empfindlichkeit braucht, weil man es mit einer seltenen mRNA zu tun hat, muss man aus der Gesamt-RNA anschließend die Poly-A^+-RNA selektieren.

single step-Methode

Es ist vielleicht nicht ganz einsichtig, warum sie *single step method* (Einzelschrittmethode) heißt, denn natürlich braucht man dafür mehr als einen Handgriff. Doch erledigt man tatsächlich durch die schlaue Kombination zweier Prinzipien die wesentliche Arbeit in einem Schritt: Das Material wird zunächst in einer Guanidinisothiocyanatlösung lysiert – GTC ist ein chaotropes Salz, das sehr effektiv Proteine denaturiert und inaktiviert, sogar RNasen. Dann gibt man Phenol zu, damit entfernt man die Proteine, und weil man den pH senkt, lösen sich im sauren Phenol sogar kleinere DNA-Fragmente, die größeren sammeln sich nach der Zentrifugation an der Interphase. Im wässrigen Überstand bleibt die RNA zurück, die man nur noch zu fällen braucht. Weil die Inaktivierung der RNasen sofort nach der Lyse der Zellen stattfindet, ist die Methode sehr stabil und liefert qualitativ hochwertige RNA. Sie hat sich inzwischen zur wichtigsten Methode der RNA-Isolierung gemausert.

Das Protokoll: 100 mg Gewebe werden in 1 ml Denaturierungslösung (4 M Guanidinisothiocyanat / 25 mM Natriumcitrat pH 7,0 / 0,5 % (w/v) *N*-Laurylsarcosin / 0,1 M β-Mercaptoethanol; ohne β-Mercaptoethanol 3 Monate bei Raumtemperatur haltbar, mit nur 4 Wochen) mit Hilfe eines Ultraturrax oder eines Potter Homogenisators homogenisiert. Sehr RNA-reiche Gewebe arbeitet man am besten frisch auf, ansonsten kann man auch tiefgefrorenes Material verwenden. Kultivierte Zellen braucht

man nur in der Denaturierungslösung (1 ml je 10^7 Zellen) zu resuspendieren, sie lysieren dann von alleine.
Je 1 ml Lysat gibt man 100 µl 2 M Natriumacetat pH 4,0, 1 ml Phenol und 200 µl Chloroform zu (dazwischen jeweils gut schütteln) und inkubiert für 15 min auf Eis. Danach wird für 20 min bei 10 000 g zentrifugiert, die wässrige Phase in ein neues Tube überführt und ein gleiches Volumen Isopropanol zugegeben. Nach 30 min auf -20 °C zentrifugiert man für 10 min bei 10 000 g, löst das Pellet in 0,3 ml Denaturierungslösung und fällt ein zweites Mal mit 0,3 ml Isopropanol. Das Pellet wird mit 70 % Ethanol gewaschen, getrocknet und in 100 µl H_2O gelöst, am besten für 15 min bei 60 °C. Wenn die RNA zu trocken ist, löst sie sich schlecht.

Es existiert eine große Zahl kommerzieller Kits zur RNA-Isolierung (z.B. von Qiagen, Macherey-Nagel, Promega, Stratagene, Roche u.v.a.m.). Sie basieren auf der beschriebenen *single-step* Methode (Chomczynski und Sacchi 1987) bzw. einer von Chomczynski und Mackey 1995 beschriebenen Variante. Einige Kits erlauben sogar die Gewinnung von RNA und DNA aus der selben Probe (TRIzol™ von Gibco).

Vorteil: Die Methode kann problemlos für große und kleinste Mengen Material verwendet werden. Sie liefert gute Ausbeuten und ist sehr zuverlässig.

Lyse mit Nonidet P-40

Wenigstens eine Alternative, die ebenfalls funktioniert, sei noch erwähnt:

2 x 10^7 Zellen werden in PBS gewaschen, zentrifugiert (5 min, 1000 rpm) und das Pellet in 375 µl kaltem Lysepuffer[66] resuspendiert. Nach 5 min auf Eis sind die Zellen lysiert. Die Zellkerne werden abzentrifugiert (2 min, 13 000 g), weil man damit viel von der genomischen DNA los wird. Der Überstand wird in einem neuen Gefäß mit 4 µl 20 % (w/v) SDS und 2,5 µl Proteinase K (20 mg/ml) versetzt, gemischt und 15 min bei 37 °C inkubiert. 400 µl Phenol-Chloroform-Lösung zugeben, gut vortexen, und in einer Tischzentrifuge für 5 min bei 13 000 rpm zentrifugieren. Die obere Phase in ein neues Tube überführen, ohne Verschmutzungen aus der Interphase mitzunehmen, und die Phenol-Chloroform-Reinigung wiederholen. Die obere Phase wird schließlich mit 400 µl Chloroform ausgeschüttelt und zentrifugiert, in ein neues Tube überführt, mit Ethanol gefällt, das Pellet getrocknet und in ca. 100 µl DEPC-behandeltem Wasser gelöst.

Nachteil: Die Inaktivierung der RNasen ist weniger effizient, die Methode eignet sich daher besser für RNase-arme Gewebe bzw. Zellen.

Allgemeines

Die Ausbeute bei der RNA-Isolierung unterscheidet sich stark von Gewebe zu Gewebe. So erhält man aus Leber fast dreimal mehr RNA als aus Niere.

Wirklich DNA-freie RNA erhält man durch einen zusätzlichen DNase-Verdau. Dazu werden 50 µl RNA-Lösung, 10 µl DNase-Mix[67] und 40 µl TE-Puffer gemischt und 15 min bei 37 °C inkubiert, dann 25 µl Stopmix[68] zugegeben und eine Phenol-Chloroform-Reinigung durchgeführt.

66. **Lysepuffer:** 50 mM Tris HCl pH 8,0 / 100 mM NaCl / 5 mM MgCl2 / 0,5 % (v/v) Nonidet P-40.
67. **DNase-Mix:** 0,2 µl RNase-freie DNase (2,5 mg/ml) und 0,1 µl Ribonucleaseinhibitor (25-50 u/µl) in 100 mM MgCl2 / 10 mM DTT.
68. **Stopmix:** 50 mM EDTA / 1,5 M Natriumacetat / 1 % (w/v) SDS.

Saubere RNA ist zwar genauso stabil wie DNA und könnte daher eigentlich bei 4 °C gelagert werden, doch können bereits minimale Kontaminationen die ganze Arbeit zunichte machen, so dass man lieber auf Nummer Sicher geht, meistens sogar auf Nummer Ganzsicher, und die RNA bei -70 °C lagert. Kurzfristig reichen auch -20 °C.
Statt in H_2O kann man die RNA auch in Formamid lösen und bei -20 °C oder -70 °C lagern, auf diese Weise ist sie vor RNase-Abbau geschützt (Chomczynski 1992). Für Northern Blots kann die in Formamid gelöste RNA direkt verwendet werden, für eine cDNA-Synthese muss sie vorher mit 4 Volumen Ethanol gefällt werden.
Um sich vor einem unerwünschten Abbau der RNA während der Inkubationszeiten zu schützen, gibt man den Reaktionsansätzen fast immer RNAse-Inhibitoren zu (z.B. RNAsin® von Promega, RNase Block von Stratagene), das sind Gemische von Proteinen, die ein mehr oder weniger breites Spektrum von RNasen blockieren. Sie werden wie Enzyme bei -20 °C gelagert und sind hitzeempfindlich. Letzteres sollte man berücksichtigen, wenn man RNA erhitzt, beispielsweise bei der cDNA-Synthese, und erst anschließend Inhibitoren zugeben. Leider bietet auch die Zugabe von RNase-Inhibitoren keinen vollkommenen Schutz, da alle angebotenen Inhibitoren nur einen Teil der existierenden RNasen hemmen. Am sauberen Arbeiten führt daher kein Weg vorbei.

Konzentrationsbestimmung bei RNA

Üblicherweise wird die Konzentration von RNA-Lösungen über eine OD_{260}-Messung bestimmt. Wie bei der Konzentrationsbestimmung von DNA (s. 2.5 und Abb. 10) gilt auch hier: Nur OD-Werte zwischen 0,1 und 1 sind aussagekräftig, während Werte zwischen 0,02 und 0,1 mit starken Fehlern behaftet sein können. Werte unter 0,02 geben vor allem eine Aussage darüber, ob der Experimentator sich vor der Messung die Finger gewaschen hat, wie alt das Photometer ist oder ob die Küvettenhalterung des Geräts zu viel Spiel hat.
Problematisch ist, dass man häufig mit kleinen Mengen Gewebe oder Zellen arbeitet, was automatisch zu kleinen Ausbeuten führt. Zwar existieren Quartzküvetten mit Volumina von 1 ml bis zu 10 µl, doch steigt mit der Abnahme des Messvolumens die Fehlerrate. Wer Kits verwendet, orientiert sich am besten an den Angaben des Herstellers zu den typischen Ausbeuten.

Literatur:

Chirgwin JJ et al. (1979) Isolation of biologically active ribonucleic acid from sources entriched in ribonuclease. Biochemistry 18, 5294

Chomczynski P, Sacchi N (1987) Single-step method of RNA isolation by acid guanidine thiocyanate-phenol-chloroformextraction. Anal. Biochem. 162, 156-159

Chomczynski P (1992) Solubilization in formamide protects RNA from degradation. Nucl. Acids Res. 20, 3791-3792

Chomczynski P, Mackey K (1995) Substitution of chloroform by bromochloropropane in the single-step method of RNA isolation. Anal. Biochem. 225, 163-164

5.2 Methoden der mRNA-Isolierung

Meistens kommt man mit Gesamt-RNA ganz gut hin, obwohl sie gerade mal zu 2 % aus mRNA besteht. Manchmal kommt man um eine mRNA-Isolierung allerdings nicht herum, sei es, weil man eine cDNA-Bank herstellen möchte, die nicht überwiegend aus ribosomalen Sequenzen bestehen soll, sei es, weil man es mit einem schwach exprimierten Transkript zu tun hat, das man im normalen Northern Blot nicht nachweisen kann.

Die Bezeichnung mRNA-Isolierung ist eigentlich falsch, weil man bei der Reinigung auf RNAs mit einem Poly-A^+-Schwanz selektiert. Leider können auch andere RNAs adenosinreiche Sequenzen enthalten und werden dann durch das Verfahren mitisoliert, umgekehrt existieren mRNAs ohne Poly-A^+-Schwanz, die man dann natürlich verliert. Trotzdem ist es bislang die beste Methode, mRNA aus Gesamt-RNA zu isolieren.

Die Aufreinigung beruht eigentlich immer auf einer Bindung der Poly-A^+-RNA an Oligo-dT-Nucleotide von etwa 20 Basen Länge, die an eine Matrix gebunden sind. Die Matrix kann aus Cellulose, magnetischen Kügelchen oder Latexkügelchen bestehen. Man kann die Aufreinigung im *batch* durchführen, d.h. indem man die Matrix in der RNA-Lösung suspendiert – besonders vorteilhaft bei großen Ansätzen – , oder man bastelt sich ein Säulchen, indem man eine silanisierte Pasteurpipette unten mit einem Stück silanisierter Glaswolle ausstopft und die Matrix draufpipettiert. Magnetische Kügelchen fängt man mit Hilfe eines Magneten ein.

Hier ein Protokoll für Cellulose: Oligo-dT-Cellulose wird in 0,1 M NaOH aufgequollen, mit H_2O gewaschen und schließlich mit Bindungspuffer ([69]) äquilibriert. 1 ml gequollene Oligo-dT-Cellulose reichen aus für 5-10 mg Gesamt-RNA, am besten orientiert man sich an den Angaben des Herstellers. Die Gesamt-RNA wird für 10 min bei 70 °C denaturiert, ein gleiches Volumen 1 M Lithiumchlorid zugegeben und der Mix auf die Cellulose gegeben. Die wird anschließend zweimal mit Bindungspuffer und zweimal mit Waschpuffer ([70]) gewaschen, bevor man die RNA mit 2 mM EDTA / 0,1 % SDS eluiert. Weil man für die Elution ein relativ großes Volumen an Elutionslösung benötigt, konzentriert man die RNA anschließend mit einer Ethanolfällung.

Nach der Aufreinigung hat man den Anteil der mRNA von 2 % auf etwa 50 % gesteigert. Wer mehr will, muss die RNA zweimal reinigen. Die Qualität der Aufreinigung kontrolliert man am besten, indem man ein Aliquot wie für einen Northern Blot auf ein denaturierendes Agarosegel aufträgt und eine Elektrophorese durchführt. Das Gel kann man mit Ethidiumbromid anfärben oder besser noch auf eine Membran blotten und mit Methylenblau färben – die Qualität des Nachweises ist besser. Poly-A^+-RNA erscheint als Schmier von 0-20 kb Fragmenten mit einem Maximum im Bereich von 5-10 kb. Nach zweifacher Aufreinigung sollten die beiden für Gesamt-RNA typischen 18S- und 28S-rRNA-Banden mehr zu sehen sein.

Am einfachsten tut man sich bei der Poly-A^+-RNA-Isolierung, indem man eines der vielen kommerziellen Kits verwendet. Alle Hersteller von Molekularbiologieprodukten haben etwas entsprechendes im Angebot. Active Motif verwendet in seinem mTRAP™-Kit für die mRNA-Bindung negativ geladene ***peptide nucleic acids*** (PNAs), die eine höhere Affinität zum Poly-A^+-Abschnitt haben und so einen bessere Trennung von den ribosomalen RNAs und einen höheren Anteil an mRNAs mit kürzerem Poly-A^+-Schwanz ermöglichen.

---

69. Bindungspuffer: 0,5 M LiCl / 10 mM Tris HCl pH 7,5 / 1 mM EDTA / 0,1 % (w/v) SDS.
70. Waschpuffer: 0,15 M LiCl / 10 mM Tris HCl pH 7,5 / 1 mM EDTA / 0,1 % (w/v) SDS.

RNA kaufen

Die mit Abstand einfachste, aber auch teuerste Variante ist, sich fertige RNA zu kaufen. Clontech und Stratagene bieten Gesamt-RNA und Poly-A^+-RNA von verschiedenen Organismen und Geweben an. Zwar braucht man dafür einen ordentlich gefüllten Geldbeutel – so kosten 5 µg Maushirn Poly-A^+-RNA immerhin ca. 200 € – doch kommt man so an Material, zu dem man meist keinen einfachen Zugang hat, beispielsweise humane Poly-A^+-RNA von Prostata oder Nucleus caudatus (die sind allerdings auch mehr als doppelt so teuer).

5.3 Reverse Transkription (cDNA-Synthese)

Die Abkürzung cDNA steht für *complementary DNA* und war seinerzeit eine kleine Revolution, weil man, kaum hatte man die Reihenfolge DNA-wird-zu-RNA-wird-zu-Protein begriffen, postulierte, das ginge nur in eine Richtung. Weit gefehlt, wie man seit 1970 weiß: Viren können durchaus aus RNA DNA machen; das zuständige Enzym heißt – Gipfel der Originalität – Reverse Transkriptase. In der Molekularbiologie verwendet man cDNA hauptsächlich als Ausgangsmaterial für die PCR und für die Herstellung von cDNA-Banken.
Das Prinzip: Man pipettiert RNA und Primer zusammen, erhitzt den Ansatz auf 70 °C, um die Sekundärstrukturen der RNA aufzuschmelzen, und lässt ihn langsam auf Raumtemperatur abkühlen, damit die Primer hybridisieren können. Danach gibt man Puffer, Nucleotide, RNase-Inhibitoren und Reverse Transkriptase hinzu und inkubiert für 1 h bei 37-42 °C. Am Protokoll gibt's dabei nicht viel zu drehen, um so mehr dafür an den Komponenten:

Die RNA: Ob man Gesamt-RNA oder Poly-A^+-RNA verwendet, hängt vom späteren Verwendungszweck ab. Soll die cDNA als Template für eine PCR herhalten, reicht Gesamt-RNA meistens aus, weil die anschließende Amplifikation enorm ist, falls nötig, lässt sich eine geringe Templatemenge durch einige Zyklen mehr ausgleichen – der Arbeitsaufwand ist wesentlich geringer als der einer Poly-A^+-Reinigung. Wenn man es mit einer nur gering exprimierten mRNA zu tun hat, sollte man allerdings Poly-A^+-RNA einsetzen, ebenso wenn die cDNA als Hybridisierungssonde herhalten soll.

Der Primer: Da hat man die große Auswahl. Der Klassiker sind Oligo-dT-Primer aus 16-20 Thymidinen, die an den Poly-A^+-Schwanz von mRNAs binden. Der Vorteil: Auf diese Weise kann man komplette cDNAs synthetisieren, beginnend am Poly-A^+-Schwanz und am 5'-Ende der mRNA endend. Der Nachteil: Die üblicherweise verwendeten Reversen Transkriptasen synthetisieren cDNAs von durchschnittlich 1-2 kb Länge, während mRNAs durchaus 10 kb lang sein können; dummerweise sitzt der proteinkodierende Teil, der einen ja eigentlich interessiert, meistens in der Nähe des 5'-Endes – die Konsequenz: Lange mRNAs sind häufig nicht oder nur schlecht nachweisbar. In diesem Fall greift man zu zufälligen Hexamerprimern (*random hexamers*), die irgendwo an die mRNA hybridisieren, auf diese Weise sind anschließend alle mRNA-Bereiche in der cDNA vertreten – allerdings auch die nicht-mRNAs! Ist man nur an einer ganz bestimmten mRNA interessiert, kann man auch spezifische Primer verwenden, allerdings muss man dann häufig zuerst einmal die Synthesebedingungen optimieren, sonst fallen die Ausbeuten geringer aus als bei den beiden anderen Primerarten.

Zwei **Reverse Transkriptasen** (RT) machen sich den Rang streitig: Die Reverse Transkriptase aus dem *avian myoblastosis virus* (AMV-RT) ist eine DNA-Polymerase, die RNA- oder DNA-abhängig (!) DNA synthetisiert, außerdem besitzt sie noch eine DNA-Exonuclease-Aktivität und eine RNase H-Aktivität. Ihr Arbeitsoptimum liegt bei 42 °C, doch verträgt das Enzym durchaus Temperaturen bis 60 °C. Die Reverse Transkriptase aus dem *Moloney murine leukemia virus* (MMLV-RT) ist eine RNA-abhängige DNA-Polymerase, ebenfalls mit RNase H-Aktivität, die allerdings schwächer ausfällt als bei der AMV-RT; ihr Arbeitsoptimum liegt bei 37 °C, das Maximum bei 42 °C. Welche der beiden man verwendet, ist Geschmackssache. Die AMV-RT wird häufig bevorzugt, weil bei der höheren Arbeitstemperatur Sekundärstrukturen der RNA etwas besser überwunden werden, doch liefert die MMLV-RT längere cDNA-Transkripte, weil die mRNAs aufgrund ihrer geringeren RNase-Aktivität länger überleben. Einen weiteren Schritt in diese Richtung stellt die Entwicklung von modifizierten MMLV-RTs dar (z.B. MMLV-RT RNase H Minus von Promega, SuperScript™ von Invitrogen), die deutlich höhere Temperaturen vertragen und keine intrinsische RNase H-Aktivität mehr besitzen, das ermöglicht deutlich längere Transkripte. Bei hartnäckigen Sekundärstrukturen, an denen normale RTs scheitern, kann man es auch mit thermostabilen Polymerasen mit RT-Aktivität (s. und 4.4.12) versuchen. Sie haben allerdings deutlich geringere Ausbeuten und werden daher für Standardanwendungen selten eingesetzt.

Wenn man will, kann man die Menge an synthetisierter cDNA auch **quantifizieren**. Man gibt dazu ein wenig radioaktiv markiertes Nucleotid (5-10 µCi) in die Reaktion, nimmt vor der RT-Zugabe noch zwei 1 µl-Aliquots (Aliquot 1 und 2) ab und führt danach die cDNA-Synthese durch. Vom fertigen Produkt nimmt man ein weiteres Aliquot (Aliquot 3). Aliquot 1 wird 1:100 verdünnt und von 1 µl Verdünnung die Gesamtaktivität im Ansatz bestimmt. Aliquot 2 und 3 werden mit Trichloressigsäure gefällt und die Aktivität im Pellet gemessen; die Differenz zwischen beiden Werten ist die Menge an eingebauter Aktivität. Danach heißt es rechnen:

$$\text{cDNA-Menge}\,[\text{ng}] = \left(\frac{\text{eingebaute Akt.}}{\text{Gesamtakt.}}\right) \times \text{Ansatzvol.}\,[\mu\text{l}] \times 4 \times \text{dNTP-Konz.}\left[\frac{\text{nmol}}{\mu\text{l}}\right] \times 330 \left[\frac{\text{ng}}{\text{nmol}}\right]$$

5.4 In-vitro-Transkription (RNA-Synthese)

Mitunter kommt man aber auch in die Verlegenheit, von DNA RNA synthetisieren zu wollen. Obwohl der Molekularbiologe RNA wegen der erhöhten Anforderungen in punkto sauberem Arbeiten nicht sonderlich liebt, eröffnet die in-vitro-Transkription einige interessante Möglichkeiten, z.B.

- die Herstellung von RNA-Sonden. RNA-Sonden binden stärker als DNA-Sonden und sind daher vielfach empfindlicher, d.h. man erhält stärkere Signale. Sie können für jede Art von Hybridisierung (Northern-, Southern-, in-situ-Hybridisierung, *RNase protection assay*) eingesetzt werden.
- Mikroinjektion von RNA in *Xenopus*-Oocyten. Kodiert die RNA für ein Protein, wird dieses anschließend in der Oocyte exprimiert, handelt es sich um eine Antisense-RNA, bindet sie an ihre komplementäre RNA, deren Translation man auf diese Weise unterdrücken kann.
- die in-vitro-Transkription ist der erste Schritt zur in-vitro-Translation (s. 9.3).

Jede DNA, die eine RNA-Polymerase-Bindungsstelle besitzt, kann transkribiert werden, doch nur die wenigsten besitzen eine. Die üblichste Methode ist daher, die gewünschte DNA in einen Vektor zu klonieren, der eine Bindungsstelle enthält. Am besten eignet sich ein Vektor, der links und rechts der Klonierungsstelle eine SP6- bzw. eine T7- oder T3-Bindungsstelle besitzt (s. Tab. 18), auf diese Weise kann man später nach Belieben beide Stränge transkribieren, indem man die entsprechende RNA-Polymerase wählt (s. Abb. 30). Vor der Transkription schneidet man den Klon mit Restriktionsenzymen dort, wo das künftige 3'-Ende der RNA sein soll, auf diese Weise schließt man aus, dass die RNA Vektorsequenzen enthält, und man hat RNAs von definierter Länge. Man sollte allerdings keine Restriktionsenzyme verwenden, die **überhängende 3'-Enden** produzieren (AatII, ApaI, BanII, BglI, Bsp1286I, BstXI, CfoI, HaeII, HgiAI, HhaI, KpnI, PstI, PvuI, SacI, SacII, SfiI, Sph I), weil diese

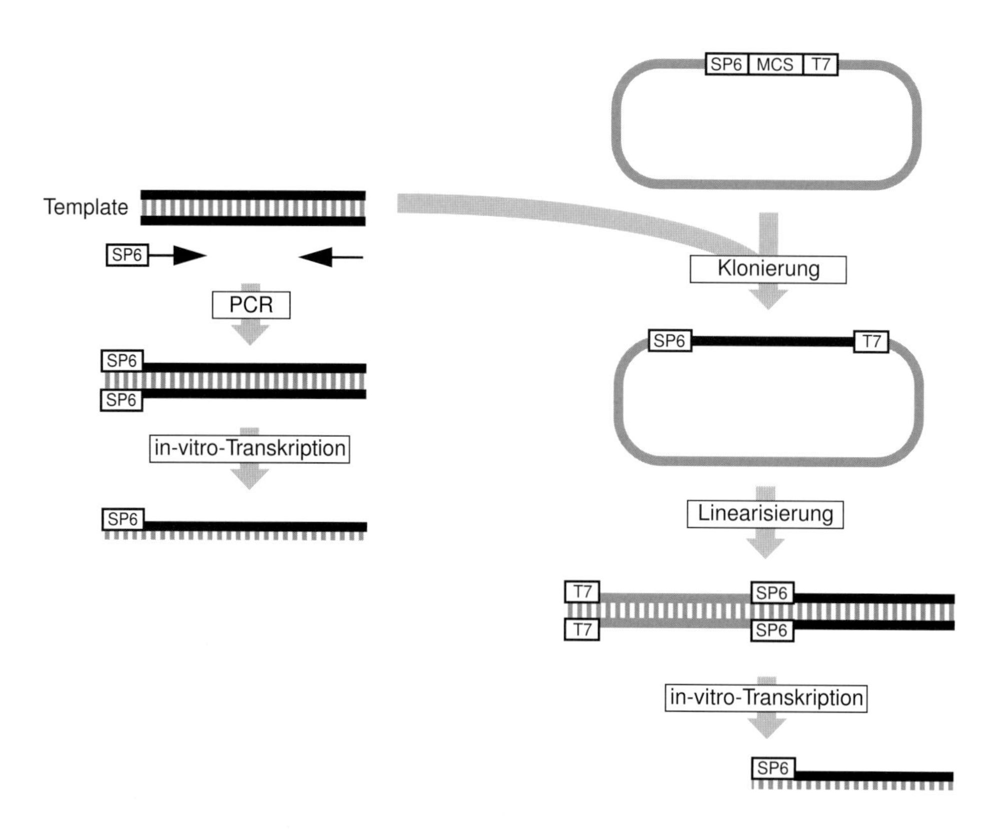

Abb. 30: in-vitro-Transkription. Für die Synthese von RNA im Reagenzglas eignet sich jede DNA, die einen Promotor für eine RNA-Polymerase besitzt. Man kann das Fragment, von dem man RNA synthetisieren möchte, entweder in einen Vektor mit passendem Promotor klonieren, oder man amplifiziert es mittels PCR, wobei einer der beiden Primer am 5'-Ende die benötigte Promotorsequenz trägt. Meist verwendet man für die in-vitro-Transkription virale RNA-Polymerasen, die üblicherweise von SP6, T7 oder T3 stammen und jeweils unterschiedliche Promotoren besitzen.

ebenfalls als Startpunkt für die RNA-Polymerase dienen können (Schenborn und Mierendorf 1985). Wenn es trotzdem sein muss, dann sollte man wenigstens vor der in-vitro-Transkription die Enden der DNA mit Klenow- oder T4 DNA-Polymerase glätten (s. Kap. 6). Alternativ dazu kann man sein Transkriptionstemplate auch über PCR herstellen. Einer der Primer muss dann die Sequenz einer RNA-Polymerase-Bindungsstelle enthalten. Damit die Polymerase ein solches Template später möglichst bereitwillig annimmt, sollte man ans 5'-Ende des Primers zusätzlich etwa 20 weitere Nucleotide hängen.

In jedem Fall aber muss die DNA sauber sein, um eine hohe Ausbeute zu gewährleisten (das bedeutet üblicherweise Cäsiumchloridgradienten-, Ionenaustauschersäulen- oder Glasmilchreinigung). Außerdem muss sie RNase-frei sein, weil sonst die Transkription funktioniert, die synthetisierte RNA aber gleich wieder abgebaut wird. Das Gleiche gilt auch für alle anderen Lösungen und Gegenstände, mit denen man hantiert.

Die eigentliche Transkription ist unproblematisch: 2,5 µg linearisierte Template-DNA, 5 µl 10 x Puffer, 5 µl 50 mM DTT, 5 µl Nucleotide (jeweils 10 mM), 1,5 µl RNase-Inhibitor und 3,5 µl RNA-Polymerase werden zusammenpipettiert und für 60 min bei 37-42 °C inkubiert. Wenn man die RNA-Synthese quantifizieren möchte oder eine radioaktive Sonde herstellen will, gibt man ein radioaktives Nucleotid zu und kontrolliert den Einbau wie bei der cDNA-Synthese (auch nicht-radioaktiv markierte Nucleotide können übrigens eingebaut werden, falls man eine nicht-radioaktive Sonde herstellen möchte). Einfacher und sinnvoller ist es allerdings, ein Aliquot des Ansatzes auf ein Agarosegel aufzutragen und zu trennen, auf diese Weise kann man nicht nur in etwa die Ausbeute abschätzen, sondern sieht auch, ob man eine schöne einzelne Bande vorliegen hat. Es muss übrigens kein denaturierendes Gel sein, ein normales "DNA Gel" reicht für diesen Zweck aus.
Will man die nicht eingebauten Nucleotide loswerden, schließt man an die Transkription eine Gelfiltration (*spin column*) (s. 7.1.1) an. Stört einen dagegen bei der späteren Verwendung das DNA-Template, führt man noch einen DNase-Verdau durch (RNase-freie DNase verwenden!), reinigt den Ansatz mit saurem Phenol-Chloroform (1 Teil Phenol pH 4,5 + 1 Teil Chloroform; die RNA bleibt im Überstand, DNA im Phenol – das gleiche Prinzip wie bei der RNA-Präparation), schüttelt mit Chloroform aus und fällt die RNA mit Salz und Ethanol.

Literatur:

Melton DA et al. (1984) Efficient in vitro synthesis of biologically active RNA and RNA hybridization probes from plasmids containing a bacteriophage SP6 promoter. Nucl. Acids Res. 12, 7035-7056

Schenborn ET, Mierendorf RC (1985) A novel transcription property of SP6 and T7 RNA polymerases: dependence on template structure. Nucl. Acids Res. 13, 6223-6236

5.5 Serial Analysis of Gene Expression (SAGE)

Manchmal ist man einfach spät dran. Dass SAGE erst mit der sechsten Auflage seinen Weg in dieses Buch gefunden hat, ist sicherlich ein Versäumnis. Nun hoffe ich, dass es noch nicht zu spät ist, um diese Scharte auszuwetzen – aber dazu weiter unten mehr.

Das Ausgangsproblem ist recht einfach. Größere Organismen bestehen aus Hunderten verschiedener Zelltypen, die alle das gleiche Genom besitzen, aber höchst unterschiedliche Aufgaben erledigen, was ihnen nur gelingt, weil sie ganz verschiedene Gene exprimieren.
Nur schätzungsweise 20 % der gut 20 000 Gene einer menschlichen Zelle sind zu einem bestimmten Zeitpunkt in einer bestimmten Zelle aktiv. Die interessanten Fragen lauten da natürlich "Welche 20 %?" und "Was ändert sich am Expressionsmuster in der Zelle, wenn sich die Umweltbedingungen, unter denen die Zelle lebt, ändern?"

1995 lautete die Antwort von Velculescu et al. darauf ***Serial Analysis of Gene Expression*** **(SAGE)**. SAGE ist eine Methode, die dem interessierten Forscher einen vollständigen Überblick über die Genaktivität in einer Zelle verschaffen kann, oder, anders ausgedrückt, sie erlaubt einen Schnappschuss vom aktuellen mRNA-Status der untersuchten Zellen. Ursprünglich wurden damit Tumorzellen analysiert, aber natürlich lassen sich so genauso gut normale Zellen untersuchen, z.B. aus verschiedenen Geweben, oder der Einfluss von chemischen Substanzen oder anderer Stressoren auf das Genexpressionsmuster.

Die Methode beruht auf zwei Grundprinzipien. Die erste Idee ist, dass bereits recht kurze Fragmente (9-10 Basen in der ursprünglichen Version von SAGE) eine eindeutige Identifizierung einer mRNA erlauben, vor allem, wenn sie sich an einer 'wohldefinierten' Stelle der mRNA befinden. Für so ein

Nonamer gibt es 4^9 = 262 144 mögliche Sequenzvarianten, womit sich im Prinzip alle 50-100 000 verschiedenen mRNAs, die eine Säugerzelle so generieren kann, eindeutig definieren lassen sollten.[71]
Die zweite Idee ist, dass man viele kurze Fragmente zu einem langen verknüpfen kann, um so die Analyse technisch zu vereinfachen, ohne dadurch an Informationsgehalt zu verlieren. Ein 9-bp-Fragment analysieren zu wollen ist technisch schwierig, vor allem, wenn die Mengen an Material begrenzt sind. Fügt man zehn, dreißig oder fünfzig davon zusammen, erhält man Fragmente, die man mit gebräuchlichen Labormethoden handhaben und untersuchen kann. Und baut man ein paar Kontrollmöglichkeiten ein, dann kann man auch ganz verschiedene Fragmente miteinander verknüpfen, ohne später den Überblick zu verlieren.

Die Methode selbst funktioniert folgendermaßen: Zunächst wird die mRNA aus den Zellen isoliert und mit Hilfe eines biotin-markierten Oligo-dT-Primers in doppelsträngige cDNA transkribiert (s. 5.3). Im nächsten Schritt wird diese cDNA mit einem Restriktionsenzym (***anchoring enzyme*** genannt) verdaut, wobei man bei der Wahl des Enzyms im Prinzip frei ist, doch sollte jedes cDNA-Molekül wenigstens ein Mal geschnitten werden, was bei 4-cuttern am ehesten gegeben ist, weil diese statistisch gesehen alle 256 Basen einmal schneiden (s. 3.1).
Aus diesem Gemisch von kleingehäckselten cDNA-Fragmenten fischt man nun jeweils die 3' -Enden der cDNAs heraus, was nicht allzu schwierig ist, weil diese alle durch das Biotin des Oligo-dT-Primers markiert sind und so ohne größeren Aufwand an Streptavidin-gekoppelte Kügelchen gebunden werden können.
An diesem Punkt hat man nun eine sehr schöne Standardisierung erreicht. Von jeder mRNA bleibt jeweils nur ein Stückchen übrig, das aber genau definiert ist, denn es umfasst exakt den Sequenzbereich von der letzten Schnittstelle des verwendeten Restriktionsenzyms bis zum Poly-A-Schwanz der mRNA. Das Schöne daran ist, dass von allen mRNAs, die vom gleichen Gen stammen, am Ende der Manipulation das gleiche Fragment übrigbleibt, wir haben also weiterhin die gleiche mRNA-Verteilung in unserem Ansatz, nur mit kürzeren Fragmenten und mit genau definierten Enden.
Der cDNA-Pool wird im nächsten Schritt in zwei Teile getrennt und jeder Teil mit einer anderen Adapter-DNA ligiert. Hierfür wird das überstehende Ende genutzt, welches das Restriktionsenzym beim vorherigen Verdau hinterlassen hat.[72] Wichtig ist, dass diese Adapter-Fragmente jeweils eine Erkennungssequenz für ein weiteres Restriktionsenzym (im Weiteren als ***tagging enzyme*** bezeichnet) vom Typ IIS enthalten. **Typ IIS-Restriktionsenzyme** sind insofern eine Besonderheit, als sie, im Gegensatz zu ihren wohlbekannten Typ II-Verwandten, asymmetrisch schneiden, in einem Abstand von bis zu 20 Basen von der Erkennungsstelle, wobei aber der genaue Abstand für jedes Enzym genau definiert ist. So schneidet BsmFI, das von Velculescu et al. verwendet wurde, 10 bzw. 14 Basen[73] rechts von seiner Erkennungssequenz GGGAC.[74]
Anschließend werden die mit Adapter versehenen cDNAs mit dem *tagging enzyme* verdaut. Der 5'-Anteil der früheren mRNAs bleibt an die Streptavidin-Kügelchen gebunden, während vom 3'-Ende jeweils ein DNA-Fragment freigesetzt wird, das aus einem Adapter-Anteil und einem 9 bis 10 Basen langen cDNA-Abschnitt besteht. Der cDNA-Anteil wird als "***tag***" bezeichnet, vermutlich, weil sich aus diesem 'Etikett' die mRNA ableiten lässt, aus der der Abschnitt ursprünglich stammt.

---

71. Das ist allerdings reine Statistik und funktioniert in der Praxis nur teilweise, sonst hätte man SAGE nicht weiterentwickeln müssen.
72. Natürlich nur, wenn man auch ein Enzym gewählt hat, das *sticky ends* produziert.
73. Das Enzym produziert einen 5'-Überhang.
74. Genau, zehn und nicht neun Basen, wie weiter oben beschrieben und berechnet. Die Abweichung entsteht dadurch, dass BsmFI gelegentlich auch im Abstand von nur neun Basen schneidet, mit den entsprechenden Auswirkungen auf die SAGE-Methode.

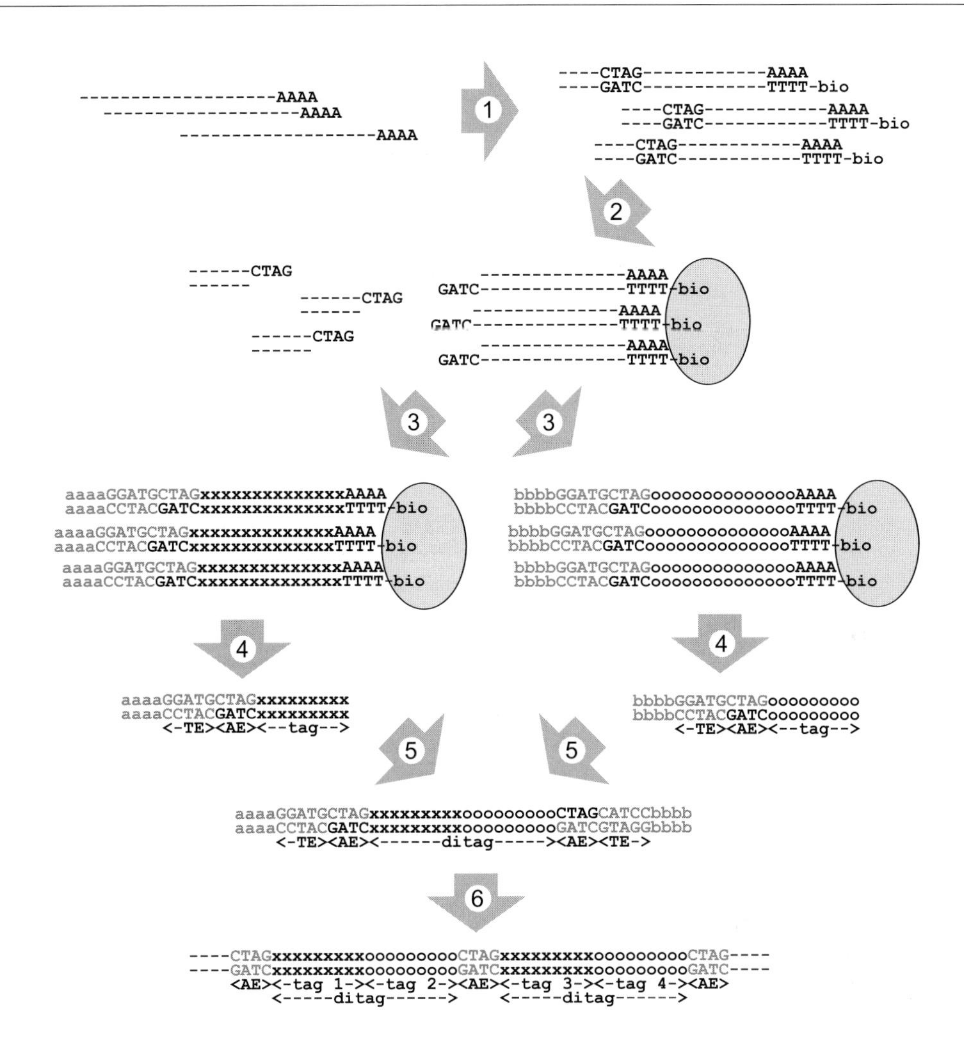

Abb. 31: Das Prinzip der SAGE.
(1) mRNA wird zu cDNA transkribiert. (2) Die cDNA wird an Streptavidin gebunden und mit dem *anchoring enzyme* verdaut. (3) Der Ansatz wird in zwei Hälften geteilt und jede Hälfte mit einem anderen Adapter ligiert. (4) Die *tags* werden durch Verdau mit dem *tagging enzyme* freigesetzt. (5) Die *tags* werden zu *ditags* ligiert und amplifiziert. (6) Die amplifizierten *ditags* werden mit *anchoring enzyme* geschnitten, zu Concatemeren zusammengefügt und kloniert. bio Biotin, aaaa Adapter A, bbbb Adapter B, AE anchoring enzyme, TE tagging enzyme. Nach Velculescu et al. 1995.

Die Enden der freigesetzten Fragmente werden über eine *Fill-in* Reaktion geglättet (s. 6.1) und die beiden Fraktionen anschließend wieder vereinigt und miteinander ligiert. Auf diese Weise entsteht eine Vielzahl von zufällig zusammengesetzten Dimeren[75], die mittels PCR amplifiziert werden. Die PCR erfüllt dabei zwei Aufgaben; einerseits wird so die Menge an Material für die späteren Schritte vergrößert, und andererseits findet eine Selektion auf Fragmente der Bauart AdapterA-TagX-TagY-AdapterB statt, weil nur diese mittels PCR amplifiziert werden können, alle Beiprodukte[76] werden dagegen nicht

vermehrt. Der cDNA-Anteil (TagX-TagY) in diesen Fragmenten wird nun als "***ditag***" bezeichnet, wobei jeder *ditag* eine Länge von 18-20 Basen aufweist.
Nach der Amplifikation werden die PCR-Produkte wiederum mit dem *anchoring enzyme* geschnitten, um die Adapter-Anteile zu entfernen und so die *ditags* freizusetzen. Die *ditags* werden danach (mit Hilfe der *sticky ends*, welche das *anchoring enzyme* hinterlassen hat) zu langen Concatemeren[77] zusammenligiert, diese dann in einen Plasmidvektor kloniert, in Bakterien vermehrt und schließlich Concatemer für Concatemer sequenziert.

Weil die Sequenz eines jeden Concatemers aus vielen *tags* zusammengesetzt ist, besteht die Analyse darin, die einzelnen *tags* aus der Sequenz herauszufiltern. Orientierungshilfe bietet dabei die Erkennungssequenz des *anchoring enzyme*, die ja die beiden Enden der *ditags* flankiert. Ein *tag* besteht folglich aus den neun Basen, welche 5'- bzw. 3'-wärts von der Erkennungssequenz liegen. Dieses einfache System erlaubt eine zuverlässige Orientierung innerhalb der Concatemer-Sequenz, selbst wenn einzelne *ditags* nicht korrekt 'gebaut' sein sollten, also Deletionen oder Insertionen oder gar Adaptersequenzen enthalten.
Die Konstruktion der *ditags* dient aber auch noch einen weiteren interessanten Zweck: *ditags* lassen sich nämlich als interne Kontrolle nutzen. Weil selbst häufige mRNAs nur einen geringen Anteil am mRNA-Pool einer Zelle ausmachen, ist es statistisch gesehen ein seltenes Ereignis, dass sich große Mengen eines bestimmten *ditags* bilden. Ist dies dennoch der Fall, handelt es sich offensichtlich um einen PCR-Artefakt, der bei der anschließenden Analyse eliminiert werden kann.

Das Ergebnis der Analyse besteht dann aus einer Liste von *tags* und der Häufigkeit, mit der man das jeweilige *tag* gefunden hat. Sofern der *tag* eindeutig einer mRNA zugeordnet werden kann, erhält man so eine Aussage über die Anwesenheit und Häufigkeit der mRNAs in der untersuchten Zellpopulation und kann daraus ein "**Transkriptom**" erstellen (ein weiteres in der mittlerweile recht langen Reihe von "-om"-Wörtern).

Die Methode hat recht bald ihren Fan-Club bekommen (siehe http://www.sagenet.org), und auch an Variationen und Verbesserungen hat es nicht gefehlt, um den Hauptmangel, nämlich die Längenbeschränkung der *tags* auf 9 Basen, zu beseitigen. Die wichtigsten sind vermutlich LongSAGE und SuperSAGE.

Bei **LongSAGE** (Saha et al. 2002) wird durch Verwendung eines anderen *tagging enzyme* (*Mme* I) die Länge der erzielten *tags* auf 21 bp erhöht[78]. Mit *tags* dieser Länge kann man auch große Säugergenome auf der Suche nach den passenden Genen durchforsten, was mit den kurzen SAGE-*tags* aufgrund der Vielzahl der resultierenden Treffer nicht gut funktionierte.
Die Zahl der *tags* in einer Sequenz wird dadurch allerdings reduziert, bei Saha et al. ist die Rede von bis zu 30 in einer Sequenzierreaktion.[79]

---

75. Falls Sie sich fragen, weshalb nur Dimere entstehen: Die Adapter wurden so entworfen, dass sie einen inkompatiblen 5'-Überhang aufweisen, der durch die Fill-in Reaktion nicht in glatte Enden verwandelt wird, weil die 3'-Enden mit Didesoxynucleotiden oder anderen Modifikationen versehen wurden.
76. Z.B. Dimere der Bauart AdapterA-TagX-TagY-AdapterA oder AdapterB-TagX-TagY-AdapterB, aber auch all die anderen Artefakte, die bei einer Ligation entstehen können.
77. Erfolgreiche Concatemere enthalten 10 bis >50 *tags*.
78. Genauer gesagt: 17 spezifische Basen plus 4 Basen aus der Erkennungssequenz des verwendeten *anchoring enzyme*; da letzteres für SAGE auch gilt, beträgt der Zugewinn gegenüber SAGE nur 8 Basen, was aber immernoch nahezu eine Verdoppelung der *tag*-Länge darstellt.
79. Limitierend dürfte hier nicht die Länge der Concatemere sein, sondern die typische Leseweite einer Sequenzierreaktion, die bei 600-700 Basen liegt.

Ein Jahr später wurde von Matsumura et al. (2003) die **SuperSAGE**-Methode vorgestellt. Das Prinzip bleibt auch hier unverändert, die Verbesserung resultiert im Wesentlichen aus der Verwendung des Typ III Restriktionsenzyms EcoP15I als *tagging enzyme*, mit dem nun *tags* von 25-27 bp Länge generiert werden können, die das Auffinden der mRNA-Information in genomischen DNA-Sequenzen noch eindeutiger machen. Der Vorteil gegenüber LongSAGE liegt auch darin, dass MmeI 2-Basen-3'-Überhänge produziert, die nicht entfernt werden, so dass nur *tags* mit kompatiblen Enden miteinander ligiert werden können, wodurch die Zufälligkeit der Ligationsreaktion deutlich eingeschränkt wird und die gewissen mRNAs am Ende unterrepräsentiert sein können.

Vorteile: SAGE steht in der Transkriptom-Analyse in Konkurrenz zu den DNA-Microarrays (s. 9.1.6), hat aber durchaus einige Vorteile gegenüber diesen: Da man nicht Signalstärken, sondern Sequenzinformationen erhält, lassen sich auf diese Weise auch mRNAs analysieren, deren Sequenzen noch nicht bekannt sind. Um diesen Vorteil so richtig zu schätzen, muss man daran denken, dass zum Zeitpunkt der Erstpublikation noch kaum ein größeres Genom sequenziert war und damit schlichtweg die Informationen fehlten, um einen Microarray mit passenden Sonden bestücken zu können (mal ganz abgesehen davon, dass die Microarrays auch noch in den Kinderschuhen steckten). Mit der Sequenzinformation in der Hand konnte man dann die passende mRNA aus einer cDNA-Bank isolieren (s. 7.4) und charakterisieren. Auch heute noch ist dieser Aspekt durchaus von Bedeutung. Zwar sind viele Genome mittlerweile publiziert, doch verrät uns die genomische Sequenz in vielen Fällen nicht, wo auf ihr die Gene liegen und welche davon tatsächlich exprimiert werden. Diese Lücke lässt sich mit SAGE schließen.
Der apparative Aufwand ist bei SAGE vergleichsweise gering, die Zahl der Sequenzierungen durch die Concatemere deutlich reduziert. Das erlaubt auch kleineren Labors, sich in die Transkriptom-Analyse zu stürzen.
Nachteile: Dem stehen allerdings gewaltige Nachteile gegenüber. So ist der Durchsatz sehr viel kleiner als bei Microarrays und die Methode damit erheblich langsamer. Will man aber eine wirklich gute Aussage über das Transkriptom einer Zellpopulation treffen, reichen ein paar Tausend *tags*[80] nicht aus. Mit der Zahl der *tags* steigen aber auch die Kosten an, so dass SAGE bei größeren Projekten den *high tech*-Methoden sowohl in Sachen Arbeitsaufwand als auch bei den Kosten deutlich unterlegen ist. Daher arbeiten die großen Transkiptom-Studien gegenwärtig mit Microarrays.

Zum Ausklang dieses Abschnitts fehlt noch eine Erklärung, weshalb der Einstieg in das Thema eher etwas pessimistisch ausfiel.
Der Grund ist recht schnell erklärt. Das Konzept von SAGE besteht darin, mit vergleichsweise geringem Aufwand eine große Zahl kurzer mRNA-Fragmente zu sequenzieren, um so eine Aussage darüber treffen zu können, welches *subset* der vielen Gene in einem Organismus unter welchen Bedingungen tatsächlich exprimiert wird. Für 1995 war dies ein großer Schritt nach vorne. Bereits zehn Jahre später aber wurde mit den neuen Fortentwicklungen im Bereich der Massensequenzierung (*massively parallel sequencing*, s. 8.1) das Ende der SAGE eingeläutet. Wozu cDNA verdauen, adaptieren, schneiden, ligieren und transformieren, nur um am Ende ein paar Zehntausend *tags* in der Hand zu halten, wenn man auf anderem Wege in wenigen Tagen ein paar Millionen *tags* produzieren kann?
Ich könnte mich täuschen, aber mir scheint, dass der SAGE keine große Zukunft mehr beschert sein dürfte.

Literatur:

Velculescu VE, Zhang L, Vogelstein B, Kinzler KW (1995) Serial Analysis of Gene Expression. Science 270, 484-487

80. Bei Saha et al. 2002 wurden beispielsweise 28 000 *tags* untersucht.

Saha S et al. (2002) Using the transcriptome to annotate the genome. Nature Biotech. 19, 508-512
Matsumura H et al. (2003) Gene expression analysis of plant host-pathogen interactions by SuperSAGE. Proc.Natl.Acad.Sci. USA 100, 15718-15723

5.6 RNA-Interferenz (RNAi)

Wie bereits angedeutet erfreut sich RNA bei Molekularbiologen im Allgemeinen nur mäßiger Beliebtheit, die Zahl der Anwendungen ist daher nicht so ungeheuer groß. Dennoch kommt es gelegentlich auch in diesem Bereich zu bahnbrechenden Neuerungen; die aktuellste ist die ***RNA interference* (RNAi)**. Tatsächlich ist RNAi im Augenblick der große "Hype" und hat sich in den letzten Jahren zu dem Zug entwickelt, auf den alle Forscher aufspringen wollen. Kaum ein Forschungsantrag, in dem man sich nicht dieser neuen Technik bedienen will. Das macht zwar nicht immer Sinn, erhöht aber die Chancen auf Drittmittel.

Die Anfänge der RNAi-Geschichte liegen im Jahr 1990, als Napoli et al. und van der Krol et al. davon berichteten, dass die Einführung eines pigmentproduzierenden Gens unter der Kontrolle eines starken Promotors in Petunien nicht zur erhofften tiefvioletten Färbung der Blüten, sondern häufig zu scheckigen oder gar weißen Blümchen führte, weil das eingeführte Gen und das homologe endogene Gen sich gegenseitig unterdrückten, ein Phänomen, das heute als ***post-transcriptional gene silencing* (PTGS)** oder ***RNA silencing*** bezeichnet wird.
In der Folge wurde *RNA silencing* in einer großen Anzahl von Spezies entdeckt, von Pilzen über Fruchtfliegen bis hin zum Menschen; nur in Prokaryonten und niederen Pilzen wie *S. cerevisiae* ist man nicht fündig geworden. Dort, wo man *RNA silencing* vorfindet, zeigt sich, dass es sich um ein überlebenswichtiges Phänomen handelt. Das gilt vermutlich auch für uns, in der Maus zumindest wurde bereits gezeigt, dass der Ausfall der Silencing-Maschinerie tödliche Folgen hat (Bernstein et al. 2003).
Wozu *RNA silencing* ursprünglich entstanden ist, lässt sich nicht eindeutig sagen. Handelt es sich um einen Verteidigungsmechanismus der Zelle gegen Viren oder Transposons? Möglicherweise ja, zumindest ist dies noch heute eine seiner wichtigen Funktionen, die sich in Pflanzen klar nachweisen lässt, aber auch in Säugern; so ist z.B. die unspezifische antivirale Unterdrückung der Genexpression in der Maus nur in den embryonalen Stammzellen abgeschaltet, genau im einzigen Entwicklungsstadium also, in dem sich Transposons im Genom vermehren können. *RNA silencing* verhindert also offenbar, dass die Transposons (die schon jetzt ca. 10 % unserer DNA ausmachen) in unserem Genom die Oberhand gewinnen.
Nach Jahrmillionen der Evolution sind die Aufgaben mittlerweile jedoch erheblich umfassender. *RNA silencing* spielt, wie man mittlerweile weiß, auch bei der Regulation von Transkription, Chromatinstruktur und mRNA-Stabilität eine Rolle. Vor allem im Bereich der Transkriptionsregulation wird wohl noch ein größeres Umdenken stattfinden müssen; meinte man bislang, dass dieser Job hauptsächlich von den ca. 1850 Transkriptionsfaktoren erledigt wird, die wir mit uns herumtragen, schätzt man mittlerweile die Zahl der miRNAs, die ebenfalls in die Regulation eingreifen, auf mehrere Hundert. Während in Pflanzen die regulierenden RNAs weitgehend identisch (bzw. komplementär) zu den Ziel-RNAs sind, ist dies bei Säugern nicht der Fall, so dass eine regulierende RNA Dutzende von mRNAs mit ähnlichen Sequenzabschnitten[81] beeinflussen kann. Auf diese Weise könnten größere Gruppen

81. Die nicht im klassischen Sinne miteinander verwandt sein müssen.

verschiedenster Gene gemeinsam reguliert werden – Pessimisten schätzen, dass ein Drittel unserer Gene davon betroffen sein dürfte.

Wie aber funktioniert *RNA silencing*? Der Durchbruch im Verständnis und für die Anwendung kam 1998, als Fire et al. zeigten, dass doppelsträngige RNA (dsRNA) der Auslöser für den spezifischen Abbau von mRNAs ist, wobei die Sequenz der dsRNA die Spezifität des Abbaus bestimmt. Ausgehend von dieser wichtigen Erkenntnis weiß man mittlerweile erheblich mehr über das Thema, was zur Zeit das Verständnis allerdings eher erschwert. Klar ist, dass es drei verschiedene Pathways gibt, die alle durch dsRNAs aktiviert werden und an denen sogar verwandte Proteine beteiligt sind: die spezifische Inaktivierung von mRNAs (*RNA-targeted silencing, RNA interference*), die Hemmung der Translation (*translational silencing*) und die Hemmung der Transkription (*transcriptional silencing*). Die beiden letzteren sind noch schlecht verstanden, weshalb ich nicht weiter auf sie eingehen will, zumal RNAi für den Laboreinsatz der interessanteste Pathway ist.
Bei der RNA-Interferenz werden in der Zelle durch DNA- oder RNA-abhängige Synthese dsRNAs hergestellt, die von einer speziellen RNase namens Dicer erkannt und zerschnitten werden, wobei kleine dsRNAs entstehen, die 21-23 Nucleotide lang sind[82] und als *short interfering RNA* (siRNA) bezeichnet werden[83]. Eine bemerkenswerte Besonderheit der siRNAs besteht darin, dass sie an den beiden 3'-Enden jeweils einen einzelsträngigen Überhang von 2 Nucleotiden Länge besitzen. Diese siRNAs werden anschließend in einen Riboprotein-Komplex namens *RNA Induced Silencing Complex* (RISC) integriert und dann spezifisch einer der beiden RNA-Stränge entfernt[84]. Der aktivierte RISC kann dann an alle mRNAs binden, die eine komplementäre Sequenz enthalten, um diese zu zerschneiden. Wenige aktivierte RISC reichen so bereits aus, um eine große Zahl an mRNA-Molekülen zu inaktivieren.

Für den Laborarbeiter ist RNAi so interessant, weil sich dadurch völlig neue Möglichkeiten zur Unterdrückung der Expression einzelner Gene ergeben. Bislang griff man vor allem auf die Herstellung transgener Organismen zurück (s. Kap. 9.5), z.B. mittels *knock-out* eines Gens, was jedoch sehr arbeitsaufwendig ist und häufig nur zeigt, dass das Tier ohne dieses Genprodukt stirbt oder man keinerlei veränderten Phänotyp sieht. Oder man kann stabile Zelllinien herstellen, was ebenfalls ein mühseliger Prozess ist. Eine Technik, die schon längere Zeit verwendet wird und der RNAi-Idee ähnelt, ist die Transfektion mit Antisense-Oligonucleotiden. Die Idee dahinter ist, dass der Antisense-Oligo spezifisch an die gewünschte mRNA bindet und die so entstandene doppelsträngige RNA anschließend durch doppelstrangspezifische Nucleasen zerschnitten wird. Die dafür benötigten Mengen an Oligos sind allerdings sehr groß und der Effekt einerseits nicht garantiert und andererseits schwer kontrollierbar.
Erste Versuche mit RNAi in Säugerzellen waren nicht sonderlich erfolgreich, bis man erkannte, dass dsRNAs von mehr als 25-30 Basen Länge die Interferon-Antwort in den Zellen aktivieren, eine unspezifische Immunreaktion gegen Virusinfektionen, bei der die Säugerzellen die Proteinbildung einstellen und die mRNA unspezifisch abbauen.

---

82. Die Angaben unterscheiden sich in diesem Punkt und schwanken zwischen 20 und 28 Nucleotiden.
83. Auf ähnliche Weise werden auch *microRNAs* (miRNAs) gebildet, die allerdings aus Vorläufer-RNAs entstehen, die im Genom kodiert sind, und dann über die anderen Silencing-Pathways agieren, um die Transkription zu steuern. Leider ist im wahren Leben die Zuordnung nicht ganz so strikt, weil miRNAs durchaus auch den RNAi-Pathway einschlagen können.
84. Spezifisch? Ja, spezifisch. Da eines der beiden Enden thermodynamisch instabiler ist, wird beim Trennen der Stränge dort mit dem Entwinden begonnen, womit festgelegt ist, welcher der beiden eigentlich gleichwertigen Stränge entfernt wird.

Das Problem wurde mittlerweile gelöst, indem man synthetische siRNAs in die Zelle einführt. Etliche Hersteller bieten siRNAs an, wobei der Marktführer derzeit Dharmacon sein dürfte. Da ähnlich wie einst bei den Antisense-Oligos bislang nicht garantiert werden kann, dass eine bestimmte siRNA tatsächlich die gewünschte mRNA ausreichend reduziert, kann man auch mit "Pools" von drei verschiedenen siRNAs gegen die gleiche mRNA arbeiten, um die Erfolgschancen zu erhöhen.
Der Transfer der siRNAs erfolgt normalerweise mittels Transfektion oder Injektion. Mittlerweile wurden aber bereits Expressionsvektoren für die dauerhaftere Expression von siRNAs in der Zelle entwickelt (siehe z.B. Brummelkamp et al. 2002 oder Miyagishi und Taira 2002). Auch interessante virale Expressionsvektoren befinden sich darunter. In diesen Vektoren liegen die beiden siRNA-Sequenzen (sense und antisense) häufig auf einem Transkript, das dann eine Haarnadelstruktur ausbildet und deshalb auch als *short hairpin RNA* (shRNA) bezeichnet wird. Diese wird dann von der Nuclease Dicer zu siRNAs zerschnitten (auf ähnliche Weise entstehen auch die miRNAs in der Zelle).
Eine in ihrer Eleganz faszinierende Methode wurde von Kamath et al. (2003) vorgestellt. Dabei wurde der beliebte *C. elegans* mit Bakterien gefüttert, die doppelsträngige RNA (dsRNA) exprimierten. Die dsRNA wurde vom Wurm aufgenommen und führte zu einer Herunterregulierung des betreffenden Gens im gesamten Organismus[85] – ein Versuch, wie er an Einfachkeit kaum zu überbieten ist.

Eine interessante Perspektive von RNAi liegt in der Therapie von Krankheiten, beispielsweise zur Bekämpfung von viralen Infektionen. Es wurde bereits gezeigt, dass siRNAs auch über das Blut aufgenommen werden können (Soutschek et al. 2004), was eine einfache Verabreichung möglich machen würde. Da sich RNA-Sequenzen leicht ändern lassen, ließen sich derartige Medikamente leicht an mutierte Viren anpassen, womit man das Resistenzproblem einfach in den Griff bekäme – solange es dem Virus nicht per Mutation gelungen ist, das RNAi-System selbst auszutricksen. Auch neue Virenstämme würden kein Problem mehr darstellen, da passende siRNAs entwickelt werden könnten, sobald die ersten Informationen über das Virusgenom vorliegen. Auch gegen Krebs wäre ein Einsatz von siRNAs vorstellbar. Ein Problem stellt allerdings gegenwärtig noch dar, dass der Mechanismus, nach dem der aktivierte RISC die passende mRNA auswählt, bei Säugern noch zu wenig verstanden ist. Es bestünde damit das Risiko, dass im Eifer des Kampfes gegen die Krankheit auch ganz andere, beispielsweise wichtige zelleigene Gene stillgelegt würden (der sogenannte *off-target effect*[86]), möglicherweise mit fatalen Folgen. Wenn man es realistisch betrachtet, wird sich wohl auch aus dieser Technik so schnell keine neue Wunderwaffe der Medizin entwickeln.

Tipps: Ambion hat übrigens eine sehr interessante Internetseite zum Thema RNAi (http://www.ambion.com/RNAi), und einige von deren **Tipps zum Design von siRNAs** will ich Ihnen nicht vorenthalten:
- Die Sequenz sollte absolut spezifisch sein, weil bereits einzelne Basen-Fehlpaarungen die Effizienz drastisch senken können.
- Doppelsträngige RNAs von 21 nt Länge sind am effektivsten. Die Sequenz sollte am 5' -Ende mit zwei Adenosinen (AA) beginnen. Ein GC-Gehalt von 30-50 % funktioniert besser als höhere GC-Gehalte.

85. Klingt phantastisch und erinnert an eine spektakuläre Cell-Publikation vor vielen Jahren (Lavitrano et al. 1989), in der die Autoren vorgaben, transgene Mäuse herstellen zu können, indem sie Sperma mit der gewünschten DNA inkubierten (dummerweise für die Autoren gelang es damals niemandem, den Versuch zu reproduzieren). Im Fall des Wurms funktioniert es tatsächlich – wenngleich leider nur dort. Obwohl... Lavitrano ist über all die Jahre am Ball geblieben und berichtet von Erfolgen in Seeigeln, Schweinen und Rindern und meditiert derweilen über der Frage, warum die Erfolgsrate ihrer Methode so stark schwankt.
86. Auch der sense-Strang stellt diesbezüglich ein Problem dar, weil auch er zum ungewollten Silencing wichtiger Gene führen kann.

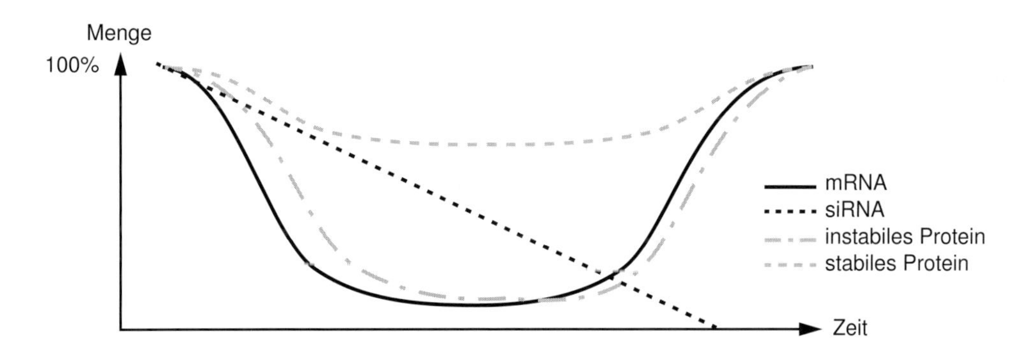

Abb. 32: Mengenentwicklung für mRNA und Protein nach siRNA-Transfektion.
Die schematische Darstellung illustriert, dass eine Transfektion mit siRNA die Menge an mRNA in der Zelle drastisch reduzieren kann. Ist das Protein, welches von der mRNA kodiert wird, eher instabil, besitzt also eine geringe Halbwertszeit, wird auch die Menge an Protein in der Zelle rasch sinken. Ist das Protein stabil und seine Halbwertszeit hoch, reicht die Zeit, in der das mRNA-Niveau in der Zelle gering gehalten wird, nicht aus, um die vorhandene Proteinmenge nennenswert zu senken. Ein funktioneller Test wird in diesem Fall trotz erfolgreicher mRNA-Suprimierung keinen Effekt messen.

- Von Sequenzen aus den nicht-translatierten Bereichen (5' - und 3' -Ende) oder im Anfangsbereich des offenen Leserasters (erste 75 Basen) wird eher abgeraten, da diese Regionen häufig Bindungsstellen für regulatorische Proteine enthalten und diese die Bindung des RISC-Komplexes stören können.
- Sequenzen mit hoher Homologie zu anderen Genen sollten vermieden werden, um später eine spezifische Antwort zu erhalten.
- Verlassen Sie sich nicht auf eine einzelne Sequenz, sondern wählen Sie gleich drei bis vier und testen Sie sie aus, da nicht alle Sequenzen gleich gut funktionieren. Im besten Fall kann man die Expression des angepeilten Gens um über 90 % reduzieren.
- Als geeignete Negativkontrolle werden siRNAs angesehen, welche die gleiche Nucleotidzusammensetzung wie das gewählte siRNA besitzen, aber keine signifikante Homologie zu irgendeiner Stelle des Genoms des gewählten Organismus. Dazu wirbelt man einfach die Sequenz durcheinander und führt anschließend eine Homologiesuche durch, z.B. mit BLAST (http://www.ncbi.nlm.nih.gov/BLAST/).
- Nicht die Herunterregulierung der mRNA ist das Ziel der Arbeit, sondern die Aufklärung der Funktion des Proteins, das durch diese mRNA kodiert wird. Folglich reicht es nicht aus, nachzuweisen, dass sich die mRNA-Menge in den behandelten Zellen verringert hat, man muss auch zeigen, dass sich tatsächlich die Menge an Protein verringert (z.B. mittels Western Blot). Das ist keineswegs immer der Fall.
- Eine verringerte Menge an Protein bedeutet noch lange nicht, dass die entsprechende Funktion in der Zelle gestört ist. So kann die Funktion mitunter auch von verwandten Proteinen übernommen werden, oder die Menge an vorhandenem Protein ist im Normalzustand weit größer als notwendig, so dass auch eine Verringerung um die Hälfte die Abläufe in der Zelle nicht stört. Wo möglich, sollte das RNAi-Experiment daher mit einem funktionellen Test gekoppelt werden, der die Aktivität des betroffenen Enzyms oder Pathways misst.

Die Internetseite von Ambion enthält auch eine Liste von wichtigen Artikeln zum Thema RNAi, die sehr empfehlenswert ist.

Literatur:

Lavitrano M et al. (1989) Sperm Cells as Vectors for Introducing Foreign DNA into Eggs: Genetic Transformation of Mice. Cell 57, 717-723

Napoli C, Lemieux C, Jorgensen R (1990) Introduction of a chalcone synthase gene into Petunia results in reversible co-suppression of homologous genes in trans. Plant Cell 2, 279-289

van der Krol AR et al. (1990) Flavonoid genes in petunia: Addition of a limited number of gene copies may lead to a suppression of gene expression. Plant Cell 2, 291-299

Fire A, Xu S, Montgomery MK, Kostas SA, Driver SE, Mello CC (1998) Potent and specific genetic interference by double-stranded RNA in Caenorhabditis elegans. Nature 391, 806-811

Elbashir SM et al. (2001) Duplexes of 21-nucleotide RNAs mediate RNA interference in cultured mammalian cells. Nature 411, 494-498

Elbashir SM et al. (2001) Functional anatomy of siRNA for mediating efficient RNAi in Drosophila melanogaster embryo lysate. EMBO J 20, 6877-6888

Brummelkamp TR, Bernards R, Agami R (2002) A system for stable expression of short interfering RNAs in mammalian cells. Science 296, 550-553

Miyagishi M, Taira K (2002) U6-promoter-driven siRNAs with four uridine 3' overhangs efficiently suppress targeted gene expression in mammalian cells. Nature Biotechnol. 20, 497-500

Bernstein E et al. (2003) Dicer is essential for mouse development. Nature Genet. 35, 215-218

Kamath RS et al. (2003) Systemic functional analysis of the Caenorhabditis elegans genome using RNAi. Nature 421, 231-237

Soutschek J et al. (2004) Therapeutic silencing of an andogenous gene by systemic administration of modified siRNAs. Nature 432,173-178

6 Die Klonierung von DNA-Fragmenten

Des Löwen Mut,
des Hirsches Schnelligkeit,
des Italieners feurig Blut,
des Nordens Daurbarkeit.

Das Stichwort "Klonieren" (nicht zu verwechseln mit "Klonen" = Herstellen einer identischen Kopie) ist schon mehrmals gefallen, ohne genauer zu erläutern, was das ist und wozu es überhaupt gut ist. Sagen wir es so: Eine Klonierung ist die Einführung eines DNA-Fragments in einen Vektor, der die massenhafte Vermehrung dieser DNA ermöglicht. Erst durch die Klonierung kann man so große Mengen seines Fragments gewinnen, dass man auch mit bloßem Auge etwas davon sehen kann. Früher war der Klonierungsschritt praktisch obligatorisch, um ausreichende DNA-Mengen für ein Experiment zu gewinnen. Seit der Einführung der PCR kommt man prinzipiell auch ohne aus – doch verdrängen wird die PCR die Klonierung nicht, denn als Klon ist die DNA so stabil und unproblematisch im Umgang, dass man sie kaum mehr verlieren kann, was sich von PCR-Fragmenten nicht behaupten lässt.
Die grenzenlose Vermehrung ist allerdings nicht der einzige wichtige Aspekt. Durch den Vektor kann man seinem Fragment auch zusätzliche Eigenschaften verpassen, die die Anwendungsmöglichkeiten erheblich erweitern. So erlauben RNA-Polymerase-Promotoren im Vektor die problemlose in-vitro-Transkription von RNA (s. 5.4), während virale Promotoren im Konstrukt eine Expression von cDNAs in Säugerzellen erlauben (s. 9.4).
Nicht zuletzt kann man auf diese Weise Banken von genomischer DNA oder cDNA aus verschiedensten Organismen und Geweben herstellen. Vor allem in der Vergangenheit war das die einzige Möglichkeit, an neue Gene heranzukommen, weil man auf diese Weise ein wildes Gemisch von Klonen erhält, die man nur noch zu "screenen" (d.h. durchforsten) braucht, bis man den gewünschten Klon isoliert hat (s. 7.4). Weil sich die Klone zwischendurch immer wieder vermehren lassen, kommt man mit recht geringen Ausgangsmengen aus, ganz anders als bei der Isolierung neuer Proteine, für die man zumindest früher Gewebe im Kilo- bis hin zum Tonnenmaßstab benötigte. Da man mit Hilfe der Klonierungstechniken mittlerweile auch cDNA-Expressionsbanken herstellen kann, die einem erlauben, die Klone nach funktionellen Proteinen zu screenen, gehört das allerdings auch schon fast der Vergangenheit an. Inwieweit die Herstellung von DNA-Banken angesichts der Sequenzierung ganzer Genome in der Zukunft für den Laboreinzelkämpfer noch eine Rolle spielen wird, bleibt allerdings abzuwarten.

6.1 Die Grundlagen des Klonierens

Klonierungen sind eine einfache Angelegenheit. Man verdaut Vektor und DNA-Fragment, reinigt sie, ligiert sie miteinander und transformiert die wilde Mischung, die dabei entsteht, in Bakterien. Anschließend muss man nur noch unter den Bakterien eines mit dem gewünschten Klon selektieren und fertig ist die Klonierung. Die Schwierigkeiten liegen im Detail:

Abb. 33: Aufnahmekapazität verschiedener Klonierungsvektoren.

Der Vektor: Meist entscheidet man sich zu Beginn seiner Arbeiten für einen Klonierungsvektor und bleibt bei diesem. Man benutzt auch immer wieder die gleichen Schnittstellen. Obwohl man für die einzelne Ligation nur wenig Vektor benötigt (25-50 ng), sollte man deswegen immer gleich größere Mengen (1-5 µg) präparieren, d.h. ordentlich verdauen und gegebenenfalls dephosphorylieren (siehe unten), aufreinigen, auf eine Konzentration von 25 ng/µl einstellen und wegfrieren. Das ist zwar anfangs mehr Arbeit, doch kommt man so binnen kurzer Zeit zu einem attraktiven Set von ready-to-use-Vektoren, um das einen viele Kollegen beneiden werden. Wichtig ist, dass man dabei konsequent vorgeht, weil man sonst sehr schnell mit vielen schlecht definierten Präparationen dasteht, denen man selbst nicht mehr traut und sie lieber wegwirft.

Verdaut man den Vektor mit zwei Restriktionsenzymen, setzt man ein kleines Stück Polylinker frei, das bei der anschließenden Ligation stört, weil so kleine DNA-Fragmente weit besser in den Vektor ligiert werden als das Fragment, das man eigentlich hineinbekommen möchte. Ist das Polylinkerstückchen kürzer als 10-15 Basen, wird man es bei der Ethanolfällung los, ist es länger, sollte man das Vektorfragment über eine Gelelektrophorese vom Polylinkerfragment trennen und den Vektor aus dem Gel aufreinigen.

Wenn man den Vektor mit nur einem Restriktionsenzym schneidet, entstehen zwei kompatible Enden, die wieder miteinander ligieren können. Man hat damit den Feind in der eigenen Vektor-DNA und der Anteil an Wunschklonen ist meist minimal. Man kann dieses Problem verringern (wenngleich nicht ganz vermeiden), indem man die Vektor-DNA **dephosphoryliert**. Umgangssprachlich spricht man auch von CIPen, weil man dazu üblicherweise die ***calf intestine alkaline phosphatase*** (Alkalische Phosphatase aus Kälberdarm, CIP oder CIAP) verwendet. Das Prinzip: Nach dem Restriktionsverdau bleiben an den 5'-Enden der DNA-Fragmenten Phosphatreste zurück, die für die Ligation benötigt werden. Entfernt man diese mit einer Phosphatase, kann keine Selbstligation des Vektors mehr stattfinden. Das Fragment, das man hineinbefördern möchte, besitzt dagegen noch beide Phosphatreste und kann daher seinerseits immer noch mit der Vektor-DNA ligieren, zumindest mit einem der beiden Stränge (s. Abb. 34). Erstaunlicherweise reicht das aus für eine erfolgreiche Klonierung.

Die Dephosphorylierung ist simpel wie ein Restriktionsverdau: CIP-Puffer und 1 µl CIP zugeben und für 1 h bei 37 °C inkubieren. Das Enzym arbeitet sehr effizient bei Fragmenten mit 5'-Überhang. Bei

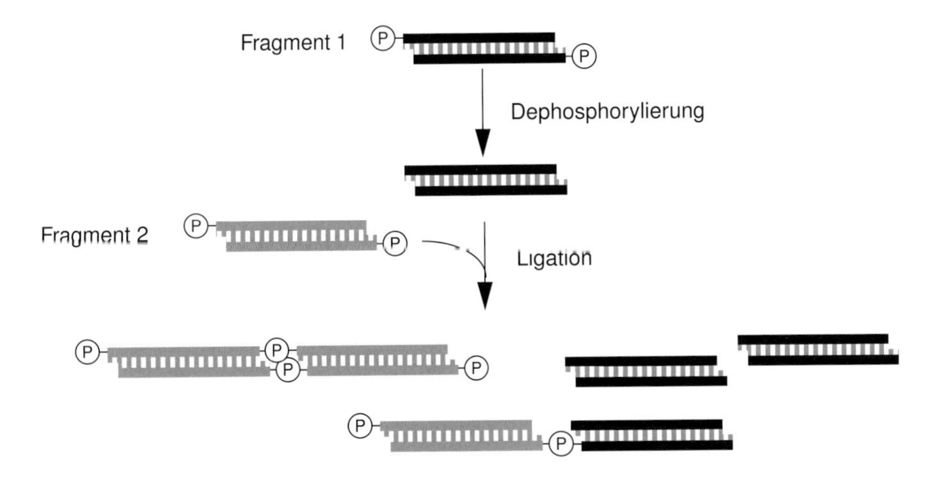

Abb. 34: Ligieren mit dephosphorylierten DNA-Fragmenten.
Man kann die Zahl der möglichen Kombinationen bei einer Ligationsreaktion reduzieren, indem man eines der verwendeten DNA-Fragmente dephosphoryliert. Am häufigsten verwendet man diese Technik bei Klonierungen, um zu verhindern, dass Vektorfragmente, die zwei zueinander kompatible Enden besitzen, mit sich selbst ligieren.

glatten Enden und 3'-Überhang wird dagegen empfohlen, 30 min bei 37 °C und 30 min bei 56 °C zu inkubieren.
Die CIP ist ein tolles Enzym: wahnsinnig stabil, kann über Jahre hinweg bei 4 °C gelagert werden und funktioniert praktisch immer. Diese Stabilität ist allerdings auch ein Problem, nämlich dann, wenn man mit der Reaktion fertig ist. Man muss das Enzym unbedingt inaktivieren, weil es sonst später bei der Ligation auch das DNA-Fragment dephosphoryliert, das man hineinligieren möchte, und Schluss ist's mit der Klonierungsherrlichkeit. Meist löst man das Problem mit einer Phenol-Chloroform- oder einer Glasmilch-Reinigung.
Um dem Experimentator das Leben zu erleichtern, wurde vor einigen Jahren die ***shrimp alkaline phosphatase*** (SAP) lanciert, die durch eine normale Hitzeinaktivierung (20 min bei 65 °C) ausgeschaltet werden kann. Die Erfahrungen dazu sind unterschiedlich – während die einen sehr zufrieden damit sind, schneidet bei anderen die SAP deutlich schlechter ab als die CIP. Hauptvorteil der CIP ist sicherlich ihre große Stabilität. Es reicht aus, die verwendete Charge einmal zu testen, und man kann sicher sein, dass sie auch in Zukunft funktioniert. Da die gelieferten Mengen enorm sind, reicht so ein Tube meist für Jahre.

Das DNA-Fragment: Der schwierigste Schritt ist meist, geeignete Restriktionsschnittstellen für die Klonierung zu finden. Ist dieses Problem gelöst, verdaut man die DNA, trennt die Fragmente über ein Agarosegel und isoliert das gewünschte DNA-Fragment aus dem Gel (s. 3.2.2). Das Fragment wird anschließend in eine Vektor-DNA ligiert, die mit den gleichen Restriktionsenzymen geschnitten wurde.
Mitunter will man einen ganz bestimmten Vektor für die Klonierung verwenden, doch stellt sich heraus, dass er keine passenden Schnittstellen besitzt. Bevor man anfängt, sich verzweifelt die Haare zu raufen, sollte man vorsichtshalber kurz prüfen, ob sich nicht wenigstens ein paar Schnittstellen finden, die kompatible Überhänge produzieren (s. Tab. 12). Die kann man zwar anschließend nicht mehr zer-

	4 Basen	Enzym	2 Basen	Enzym
5'-Überhang	AATT CATG CCGG CGCG CTAG GATC GGCC GTAC TCGA TGCA NNNN	EcoRI - MfeI - Tsp509I[4] BspHI - BspLU11I - NcoI AgeI - BspEI - NgoMI - XmaI AscI[8] - BssHII - MluI AvrII - NheI - SpeI - XbaI BamHI - BclI - BglII - DpnII[4]/ MboI[4]/Sau3AI[4] Bsp120I - EagI - NotI[8] Acc65I - BsiWI - BsrGI SalI - XhoI ApaLI - Ppu10I Alw26I[5]/BsmAI[5], BbsI/ Bbv16II/BpiI/BpuAI, BbvI[5]/ Bst71I[5], BsaI/Eco31I, BsmBI/Esp3I, Bst2BI, FokI[5], SfaNI[5]	CG TA	BspDI/ClaI - BstBI - HinPI[4] - MaeII[4] - NarI - Psp1406I - TaqI[4] AseI - MseI[4]
3'-Überhang	ACGT CATG TGCA	AatII - TaiI[4] NlaIII[4] - SphI NsiI - PstI - Sse8387I[8]	NN	BpmI/GsuI, BseRI, BsgI, BsrDI, BstF5I[5], Eco57I
glatte Enden	AluI[4] - Bst1107I - BstUI[4] - DpnI[4] - DraI - Ecl136II - Eco47III - EcoRV - EheI - FspI - HaeIII[4] - HpaI - MscI - NaeI - NruI - PmeI[8] - PmlI - PvuII - RsaI[4] - ScaI - SmaI - SnaBI - SrfI[8] - SspI - StuI - SwaI[8]			

Tab. 12: Enzyme mit kompatiblen Enden.
Die Tabelle zeigt eine Auswahl von Restriktionsenzymen, die beim Verdau kompatible Enden hinterlassen. Einen umfassenden Überblick bietet der Anhang des New England Biolabs-Katalogs. 4-cutter sind mit [4] gekennzeichnet, 5-cutter mit [5], 8-cutter mit [8]. Eine Besonderheit, die z.B. für die Klonierung von PCR-Fragmenten interessant sein kann, sind Restriktionsenzyme, die außerhalb ihrer Erkennungsstelle schneiden (mit NNNN gekennzeichnet). Mit ihrer Hilfe lassen sich beliebige Überhänge einführen.

schneiden, aber zumindest die Klonierung funktioniert. Fragmente mit glatten Enden lassen sich beliebig ligieren, wenn auch unter größeren Schwierigkeiten.
Dass man kompatible Schnittstellen findet, ist aber eher die Ausnahme. Doch auch in diesem Fall gibt's noch Möglichkeiten: Man kann überhängende Fragmentenden glätten und das Fragment anschließend in einen Vektor mit glatten, dephosphorylierten Enden ligieren.

***Fill-in* Reaktion:** Enden mit 5'-Überhängen können problemlos aufgefüllt werden, indem man eine normale Polymerasereaktion durchführt. Man gibt dazu DNA, T4 DNA-Polymerase oder **Klenow-Fragment** (das ist das große Fragment der DNA-Polymerase I von *E. coli*), Nucleotide (100 µM Endkonzentration je dNTP) und Puffer zusammen und inkubiert für 20 min bei Raumtemperatur (Klenow) bzw. 5 min bei 37 °C (T4 DNA-Polymerase), anschließend wird die Polymerase durch 10-minütiges Erhitzen auf 75 °C inaktiviert. Auch 3'-Überhänge können so geglättet werden, weil beide Enzyme neben der Polymeraseaktivität auch eine 3'-5'-Exonucleaseaktivität besitzen (allerdings wird die Kle-

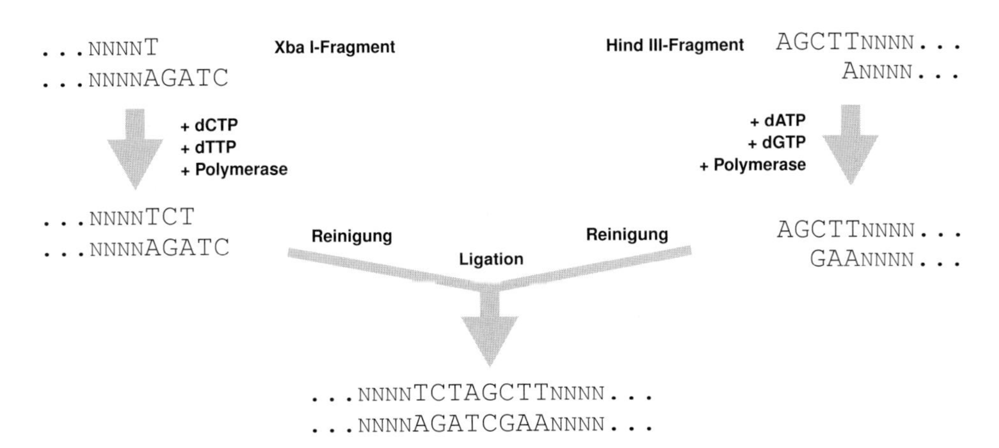

Abb. 35: *partial fill-in* am Bespiel eines Xba I- und eines Hind III-geschnittenen Fragments. Die DNA-Fragmente werden zunächst mit den passenden Nucleotiden aufgefüllt, bis kompatible Enden entstehen, gereinigt und anschließend miteinander ligiert.

now-Polymerase wegen ihrer geringeren Exonuclease-Aktivität selten für diesen Zweck verwendet). In diesem Fall wird nicht aufgefüllt, sondern abgebaut, das Ergebnis ist ein um 2-4 Nucleotide kürzeres Fragment. Wer nun meint, er könne die Nucleotide weglassen, weil das Enzym nur abknabbert, wird böse auf die Nase fallen, weil diese benötigt werden, um den weiteren Abbau zu stoppen. Bei doppelsträngiger DNA sind Abbau und Neusynthese im Gleichgewicht, das Ergebnis ist ein glattes Ende. Sobald jedoch die Nucleotide aufgebraucht sind, liegt das Gleichgewicht auf seiten des Abbaus – es ist daher wichtig, den Ansatz nicht zu lange herumstehen zu lassen.
Schließlich existiert noch die Variante des ***partial fill-in*** (teilweise Auffüllen). Etliche Enzyme bilden Überhänge, die zumindest am 5'-Ende kompatibel sind, z.B. XbaI (5'-ctagA...) und HindIII (5'-agctT...; die überhängenden Basen sind klein geschrieben, die komplementären Basen unterstrichen). Füllt man jeweils die nicht passenden Basen am 3'-Ende des Überhangs auf, bleibt ein 2-Basen-Überhang übrig, der zwar klein ist, sich aber dennoch deutlich besser ligieren lässt als glatte Enden. Das Vorgehen ist das gleiche wie beim Glätten von 5'-Überhängen mit Klenow-Fragment, doch gibt man nur die (beiden) Nucleotide zu, mit denen aufgefüllt werden soll.

Die Ligase: Das Standardenzym für Ligationen ist die T4 DNA-Ligase, weil sie extrem schnell ist und genügsam bezüglich der Pufferbedingungen. Ligationen funktionieren daher nicht nur im passenden Ligasepuffer, sondern auch in fast jedem Restriktionspuffer, sofern man etwas ATP (Endkonzentration 1-5 mM; nicht dATP verwenden!) zugibt, ohne das läuft nämlich überhaupt nichts. Je Ligationsansatz (20-50 µl) setzt man 0,5-1 Weiss-Einheit ein (eine ausführliche Definition der Weiss-Einheit findet man beispielsweise im Promega-Katalog). Leider macht sich in diesem Bereich ein gewisser Wildwuchs breit und etliche Hersteller belieben, ihre Enzymaktivitäten anders zu definieren – man erkennt sie manchmal daran, dass die Anzahl an Einheiten je µl astronomisch hoch ist. Meist liegt man richtig, wenn man 0,5-1 µl Enzym einsetzt, sonst richtet man sich nach den Herstellerangaben.

Die DNA-Mengen: Es wird empfohlen, etwa drei- bis fünfmal mehr DNA-Fragment als Vektor einzusetzen. Doch vorsichtshalber eine Warnung an alle Rechenschwachen: Nicht die "Menge" in Nanogramm ist gemeint, sondern die Anzahl an Molekülen. Das bedeutet: Rechnen.

Erste Möglichkeit: Man rechnet alles in Mol um, sicherlich die wissenschaftlichere Methode, aber die Tatsache, dass man im Bereich sehr kleiner Zahlen operiert, d.h. mit fmol und pmol (zu deutsch: Femtomol und Picomol), schreckt viele. Dabei ist's gar nicht so schwer. Ein kleiner Ausflug in die Welt des Mols:
Ein **Mol** entspricht 6,02 x 10^{23} Molekülen – zugegeben, für unsere Zwecke hätte man sich wirklich etwas Praktischeres einfallen lassen können, aber es hilft nichts, das Mol ist *die* Mengeneinheit der Chemiker. Die **molare Masse** ist die Masse von einem Mol eines bestimmten Moleküls.
(Gl. 1)

Molare Masse (eines DNA-Fragments) [g/mol] = DNA-Masse [g] / DNA-Menge [mol]

Sie wird auch als Molmasse bezeichnet, ist zahlenmäßig identisch mit der relativen Molekülmasse, die früher als Molekulargewicht bezeichnet wurde, und geistert als *molecular weight* durch die englischsprachige Fachliteratur, wo sie mit M_w abgekürzt wird. Alles klar? Dieses M_w findet man auf allen Chemikalienbehältern. Auf DNA steht es leider nicht drauf, aber man kann es errechnen: Eine Base hat eine durchschnittliche Molare Masse von 330 g/mol, ein Basenpaar folglich 660 g/mol. Die Molare Masse eines DNA-Fragments errechnet sich folglich aus der Anzahl der Basenpaare multipliziert mit 660:
(Gl. 2)

Molare Masse (einer DNA) = Molare Masse (eines Basenpaars) x Anzahl der Basenpaare

Die Molare Masse eines 1 kb-Fragments beträgt folglich 660 kg/mol.
Durch simple Umformung erhält man aus Gleichung 1 eine Gleichung, mit der man die DNA-Menge ermitteln kann:
(Gl. 3)

DNA-Menge [mol] = DNA-Masse [g] / Molare Masse (der DNA) [g/mol]

und durch Einsetzen von Gleichung 2
(Gl. 4)

DNA-Menge [mol] = Masse [g] / (Molare Masse eines Basenpaars [g/mol] x Anzahl der Basenpaare)

oder
(Gl. 5)

DNA-Menge [pmol] = Masse [pg] / (660 [g/mol] x Anzahl der Basenpaare)

Beispiel: 20 ng einer DNA von 1 kb Länge entsprechen 0,03 pmol oder 30 fmol oder 3 x 10^{-14} mol. Man sieht an diesem Beispiel bereits, dass man sehr schnell in Bereiche stößt, in denen man kaum noch die Einheiten kennt. Trotzdem hat man es nicht mit Nichts zu tun – im obigen Beispiel entspricht das immerhin 1,8 x 10^{10} Molekülen. Es lohnt sich, solche Berechnungen häufiger durchzuführen, um ein Gefühl dafür zu bekommen, was man so in den Händen hält und welche Ausbeuten man aus einem Versuch erwarten kann. Rechnen Sie ruhig einmal aus, wie viel eines 1 kb-DNA-Fragments Sie mit 10 pmol Primer mittels PCR herstellen können, wie viel Nucleotide Sie dafür brauchen und das vergleichen Sie anschließend mit den DNA-Mengen, die Sie tatsächlich aus einer PCR-Reaktion erhalten – Sie werden erstaunt sein!
Die andere Möglichkeit, die richtige Menge an Fragment-DNA zu bestimmen, ist einfacher. Die Empfehlung, fünfmal mehr Fragment als Vektor zu verwenden, führt zu
(Gl. 6)

$$\text{DNA-Menge}_{\text{Fragment}} = 5 \times \text{DNA-Menge}_{\text{Vektor}}$$

Durch Einsetzen von Gleichung 5 und Umformen erhält man

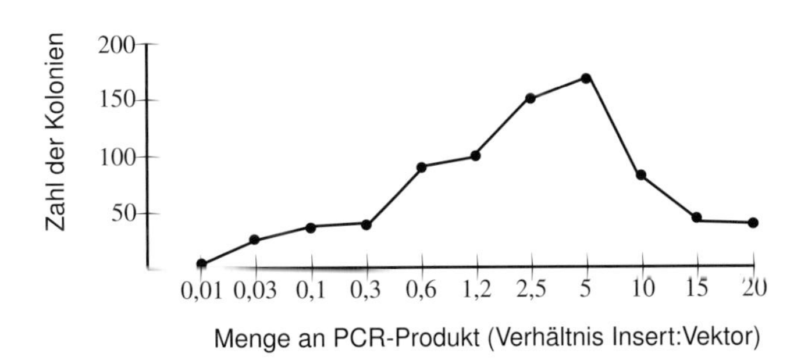

Abb. 36: Klonierungseffizienz in Abhängigkeit vom Verhältnis Insert zu Vektor.
100 ng eines 4,9 kb-Vektors wurden mit unterschiedlichen Mengen (0,8-500 ng) eines 1,1 kb-PCR-Fragments ligiert, ein Teil des Ansatzes in Bakterien transformiert und die Zahl der entstandenen Kolonien gezählt.
Die Grafik wurde aus dem In-Fusion™ PCR Cloning Kit User Manual von Clontech übernommen.

(Gl. 7)

$$\text{Masse}_{\text{Fragment}} \text{ [ng]} = 5 \times \text{Masse}_{\text{Vektor}} \text{ [ng]} \times \text{Länge}_{\text{Fragment}} \text{ [bp]} / \text{Länge}_{\text{Vektor}} \text{ [bp]}$$

Setzt man standardmäßig 25 ng Vektor-DNA für die Ligation ein, vereinfacht sich das Ganze zu
(Gl. 8)

$$\text{Masse}_{\text{Fragment}} \text{ [ng]} = 125 \text{ [ng]} \times \text{Länge}_{\text{Fragment}} \text{ [bp]} / \text{Länge}_{\text{Vektor}} \text{ [bp]}$$

Achten Sie darauf, die Mengenverhältnisse einzuhalten. Sowohl das Unter- wie auch das Überschreiten senkt die Ausbeute an Kolonien deutlich. Das liegt daran, dass bei der Ligationsreaktion ein Ende eines Fragments mit einem anderen Ende kombiniert wird. Die Zahl der Freiheitsgrade ist dabei sehr groß. So dürfen die beiden Enden durchaus auf dem gleichen Fragment liegen, es können aber auch drei, vier, fünf oder noch mehr Fragmente auf diese Weise miteinander verknüpft werden. Dass nur zwei Fragmente miteinander ligiert werden, und dann noch genau ein Vektor- mit genau einem Insertfragment, das ist ein relativ seltenes Ereignis, das um so seltener wird, je größer der Überschuss an Vektor oder Insert ist. Einen Eindruck davon vermittelt Ihnen Abb. 36.

Die Ligation: Lehrbuchgemäß ligiert man bei 14-16 °C für eine bis mehrere Stunden. Es geht allerdings auch einfacher, bei Fragmenten mit überstehenden Enden reicht meist eine Inkubation von 1 h bei Raumtemperatur aus, bei einfachen Klonierungen (viel Fragment-DNA, Enden mit 4-Basen-Überhang) genügen sogar 15-30 min. Die Ligation von glatten Enden ist dagegen wesentlich schwieriger, weil die Reaktion nur mit geringer Effizienz abläuft. Man inkubiert dann für 4-18 h bei 16 °C oder besser über Nacht bei 4 °C. Die Verwendung von 15 % Polyethylenglycol (PEG) und reduzierten ATP-Konzentrationen soll die Ausbeute erhöhen.

1-2 µl eines 20 µl -Ansatzes reichen anschließend aus, um eine erfolgreiche Bakterientransformation durchzuführen. Das Prozedere ist in 6.4 beschrieben.

Ein Warnhinweis an dieser Stelle: Manch einer von Ihnen wird bereits über fix und fertige Ligationsansätze gestolpert sein, die seit einigen Jahren auf dem Markt existieren. Die Tubes enthalten Puffer, ATP und Ligase in lyophilisierter Form, Sie geben nur noch Ihre DNA und Wasser dazu und los geht' s. So verführerisch es ist, auf den Gefrierschrank verzichten zu können, man sollte dennoch auf Pro-

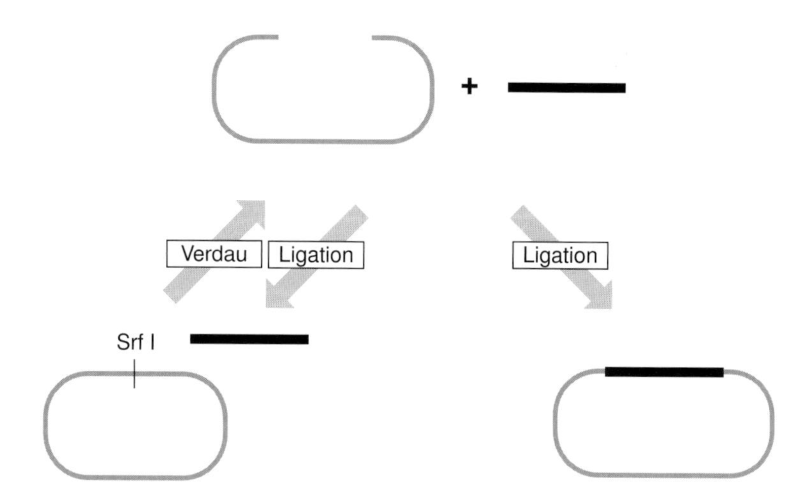

Abb. 37: Das Prinzip des pCR-Script-Kits von Stratagene.
Geschnittener Vektor und Fragment werden in Gegenwart von SrfI mit T4 DNA-Ligase ligiert. Der Vektor ligiert präferentiell mit sich selbst, doch weil auf diese Weise die Restriktionsstelle wiederhergestellt wird, schneidet ihn das Restriktionsenzym wieder auf. Eine Ligation mit dem Fragment zerstört dagegen die Restriktionsschnittstelle. Das geht prinzipiell mit jedem Restriktionsenzym, sofern es nicht im Fragment schneidet und die Enden des Fragments mit einem anderen Enzym geschnitten wurden als der Vektor. Das von Stratagene verwendete System ist besonders praktisch, weil SrfI ein 8-cutter ist und daher mit geringer Wahrscheinlichkeit im Insert schneidet. Weitere Restriktionsenzyme, die glatte Enden hinterlassen, finden Sie in Tab. 12.

bleme gefasst sein – so fällt unter Umständen die Effizienz deutlich geringer aus als bei einem klassischen Ansatz oder das Kit erweist sich als nicht für eine anschließende Elektroporation geeignet.

6.1.1 Klonieren von PCR-Produkten

Eine besondere Herausforderung stellt die Klonierung von PCR-Produkten dar. Der klassische Weg, beschrieben von Scharf et al. (1986), besteht darin, an den 5' -Enden der beiden verwendeten Primer jeweils eine Restriktionsschnittstelle unterzubringen. Nach der Reinigung wird das PCR-Produkt geschnitten und in einen passenden Vektor kloniert. Die Schwierigkeit besteht darin, dass einige Restriktionsenzyme an den Enden eines Fragments nur schlecht schneiden (Kaufman und Evans 1990). Da man den Erfolg einer solchen Operation nur sehr schlecht überprüfen kann, ähnelt der Vorgang ein wenig einem Glücksspiel. Ein weiterer Nachteil der Methode besteht darin, dass man nicht immer zwei Primer mit Restriktionsschnittstellen zur Hand hat.

Findige Geister arbeiten deshalb schon seit einiger Zeit an einer simpleren und allgemeiner anwendbaren Methode. Eine klassische Lösung besteht darin, das PCR-Fragment in einen glatt, z.B. mit EcoRV geschnittenen Vektor zu klonieren (Scharf et al. 1986). Amplifiziert man mit Pfu oder Pwo, funktioniert das auch ganz gut, verwendet man, wie so meistens, die Taq-Polymerase, ist die Ausbeute nur mittelmäßig, weil diese die Neigung hat, an das 3'-Ende der synthetisierten DNA eine zusätzliche Base anzuhängen (siehe unten). Ist die Base am 5'-Ende des Primers ein T, ist die Chance, ein glattes Ende zu erhalten, noch am größten. Andernfalls kann man die Enden wie oben beschrieben mit T4

5' Nucleotid des Primers	3' Modifikation des synthetisierten Strangs
A	-T, +A
C	+G > +A > +C
G	+A > +C
T	(+A)

Tab. 13: 3'-Endmodifikationen durch die Taq-Polymerase.
Die Taq-Polymerase produziert selten Fragmente mit glatten Enden; welche Base an das 3'-Ende des neu synthetisierten DNA-Stranges angehängt (+) bzw. nicht angehängt (-) wird, hängt dabei von der 5'-Base des komplementären Primers ab.

DNA-Polymerase glätten, um die Effizienz der Klonierung zu erhöhen. Stratagene bietet für diesen Zweck ein ähnliches Kit an, das mit der Pfu-Polymerase arbeitet.

Um bei der Klonierung den Anteil an Klonen mit Insert zu erhöhen, bieten sich einige ganz pfiffige Methoden an. Die eine wird von Stratagene in Form eines Kits (pCR-Script®) vertrieben, kann aber auch für den Hausgebrauch adaptiert werden. Erstaunlicherweise scheint diese Methode noch keinen Namen zu besitzen, weshalb ich die Gelegenheit ergreifen möchte, sie "***cut-ligation***" zu taufen: Das Fragment wird in einen mit SrfI geschnittenen Vektor ligiert und während der Ligation gleichzeitig mit SrfI verdaut (s. Abb. 37). Vektor-DNA, die mit sich selbst ligiert, wird auf diese Weise gleich wieder linearisiert, während das Hineinligieren des Fragments die Schnittstelle zerstört und die gewünschten Ligationsprodukte deshalb nicht mehr zerschnitten werden – man spart sich dadurch das Dephosphorylieren des Vektors. Man kann die Methode auch mit EcoRV oder SmaI und einem Feld-Wald-und-Wiesen-Vektor durchführen. Der Vorteil von SrfI liegt darin, dass das Enzym ein Acht-*cutter* ist. Die Wahrscheinlichkeit, dass das Fragment selbst eine Srf I-Schnittstelle besitzt, die dann ebenfalls geschnitten würde, ist dadurch relativ gering.
Der andere Weg besteht darin, das Fragment in den Vektor **pZErO** von Invitrogen zu klonieren. Dessen *multiple cloning site* liegt in einem Killergen; wird dort ein Fragment hineinligiert, ist die Expression des Gens unterbrochen und die Bakterien überleben die spätere Transformation, ligiert der Vektor mit sich selbst, segnen sie das Zeitliche und tauchen erst gar nicht als Kolonien auf der Platte auf. Der Anteil an Wunschklonen unter den Kolonien ist dadurch sehr viel höher als üblich.
Ein anderer Ansatz basiert auf der Entdeckung, dass die Taq-Polymerase (aber auch ihre "Verwandten" wie die Tfl- und die Tth-Polymerase) keine Fragmente mit glatten Enden produziert, sondern meist einen unspezifischen Überhang von einer Base schafft (Clark 1988). Diese Base ist in der Mehrzahl der Fälle ein Adenosin, allerdings nicht immer (Hu 1993, Costa und Weiner 1994). Eine Base Überhang ist nicht viel, aber besser als nichts. Durch die Konstruktion eines Vektors mit Thymidin-Überhang (Marchuck et al. 1991) lassen sich PCR-Fragmente leichter klonieren als in Vektoren mit glatten Enden. Die Methode wird als **TA-Klonierung** bezeichnet und natürlich gibt's dafür Kits mit fertigem T-Vektor, z.B. bei Invitrogen. Man kann den Vektor aber auch selbst herstellen, indem man

glatt geschnittenen Vektor mit Taq-Polymerase und dTTP im passenden Puffer für 2 Stunden bei 70 °C inkubiert und anschließend reinigt.
Und wo Sie schon mal Ihren TA-Vektor in der Schublade liegen haben, könnte es ja sein, dass Sie ausnahmsweise mal ein PCR-Fragment hineinklonieren wollen, das mit einer Polymerase mit Korrekturaktivität amplifiziert wurde. Hier ein Kurzprotokoll, wie Sie mit wenig Aufwand Ihrem Fragment den nötigen A-Überhang verpassen können: PCR durchführen, Tube auf Eis stellen, 0,5-1 Einheiten Taq-Polymerase zugeben (eine weitere Zugabe von Puffer oder Nucleotiden ist nicht notwendig) und für 10 min bei 72 °C inkubieren. Anschließend auf Eis stellen und direkt weiterverarbeiten.

Wenn man mit TA-Überhang klonieren möchte, sollte man seinen Primer entsprechend anpassen, weil die Base am 5'-Ende des Primers einen wesentlichen Einfluss auf die Art des Überhangs hat. Am besten wählt man für das 5'-Ende des Primers ein Adenosin oder ein Guanosin (s. Tab. 13).

Eine Variante der TA-Klonierung ist das **TOPO TA Cloning® Kit** von Invitrogen.[87] Statt einer Ligase wird hier ein mit *Vaccinia* **Topoisomerase I** "aktivierter" TA-Vektor verwendet: Die Topoisomerase erkennt die Schnittstelle (C/T)CCTT, schneidet die DNA und bleibt über eine 3' -Phophotyrosyl-Bindung kovalent gebunden. Weil der TOPO-Vektor zwei benachbarte Schnittstellen enthält und so beide DNA-Enden durch Topoisomerase blockiert sind, wird eine Selbstligation verhindert. Laut Hersteller ist die Ligationsreaktion nach 5 min beendet und damit deutlich schneller als eine übliche T4-Ligase-Reaktion. Das ist fantastisch schnell, hat aber den kleinen Nachteil, dass man den aktivierten Vektor jeweils kaufen muss. Außerdem können (wegen der 3' -Phophotyrosyl-Bindung) nur Fragmente mit freien 5' OH-Enden ligiert werden, also PCR-Fragmente[88] oder dephosphorylierte DNA. Wie das Ganze im Detail funktioniert, kann man bei Shuman (1994) nachlesen.
Ein ähnliches Kit (Zero Blunt® TOPO Cloning Kit) existiert übrigens auch für die Klonierung von PCR-Fragmenten, die mit einer Polymerase mit Korrekturaktivität amplifiziert wurden und daher kein überhängendes Adenosin besitzen. Auch andere DNA-Fragmente mit glatten Enden können damit kloniert werden, doch gilt auch hier, dass die Enden dephosphoryliert sein müssen.

Weitere ligase-freie Klonierungssysteme finden sich z.B. bei Clontech, so deren In-Fusion™ PCR Cloning Kit, das sich einer Cre-Rekombinase bedient. Die Funktionsweise von rekombinase-basierenden Systemen wird in Kap. 6.1.2 genauer erklärt. Die Klonierung setzt voraus, dass die Primer passende Rekombinase-Erkennungssequenzen enthalten, außerdem benötigt man einen passenden Vektor.

Literatur:

Scharf SJ, Hirn GT, Erlich (1986) Direct cloning and sequence analysis of enzymatically amplified genomic sequences. Science 233, 1076-78

Clark JM (1988) Novel non-templated nucleotide addition reactions catalized by procariotic and eucariotic DNA polymerases. Nucl. Acids Res. 16, 9677-9686

Kaufman DL, Evans GA (1990) Restriction endonuclease cleavage at the termini of PCR products. BioTechniques 9, 304-305

Marchuck D, Drum M, Saulino A, Collins FS (1991) Construction of T-vectors, a rapid and general system for direct cloning of unmodified PCR products. Nucl. Acids Res. 19, 1154]

Hu G (1993) DNA polymerase-catalyzed addition of non-templated extra nucleotides to the 3' end of a DNA fragment. DNA Cell Biol. 12, 763-70

Costa GL, Weiner MP (1994) Increased cloning efficiency with the PCR Polishing Kit. Strategies 7/2, 48

Shuman S (1994) Novel approach to molecular cloning and polynucleotide synthesis using vaccinia DNA topoisomerase. J. Biol. Chem. 269, 32678-32684

87. Alternativ bietet Stratagene mittlerweile das ähnlich geartete StrataClone™ PCR Cloning Kit anW
88. Weil Primer, wie alle synthetisierten Oligonucleotide, an ihrem 5'-Ende keine Phophatgruppe tragen.

6.1.2 Klonieren mit Rekombinase-Systemen

Meist ist die Klonierung des PCR-Fragments erst der Anfang des Experiments. Ist das Fragment erfolgreich durchsequenziert, wird es in den eigentlichen Bestimmungsvektor (normalerweise einen Expressionsvektor) umkloniert.

Wer seine cDNAs häufig umklonieren muss, für den könnte es interessant sein, die Verwendung eines der Rekombinase-Systeme ins Auge zu fassen, die vor nicht allzu langer Zeit auf den Markt gekommen sind. Diese Systeme erleichtern ein wenig die Klonierungsarbeit, vor allem aber liefern sie eine höhere Ausbeute an positiven Klonen, was unterm Strich den Aufwand deutlich reduziert. Für den Jungforscher, der für seine Doktorarbeit fast beliebig viel Zeit hat, mag das weniger ausschlaggebend sein, doch wer im Rahmen umfangreicherer Projekte viel umkloniert, wird froh sein, diesen Schritt vereinfachen zu können. Interessant ist außerdem, dass diese Systeme aufgrund ihrer hohen Spezifizität erstmals die Möglichkeit bieten, den Klonierungsprozess weitgehend zu automatisieren.
Drei mit einer Rekombinase arbeitenden Klonierungssysteme gibt es bislang, von Life Technologies (GATEWAY™), Invitrogen (GATEWAY™ und Echo™) und Clontech (Creator™). GATEWAY™ basiert auf dem Rekombinasesystem des Bakteriophagen λ, während Echo™ und Creator™ die Cre Rekombinase des Bakteriophagen P1 verwenden. Obwohl die Logik der Systeme im Prinzip in allen Fällen die gleiche ist – eine Rekombinase sorgt für die Rekombination zweier verschiedener DNA-Stränge, wobei die Rekombination an spezifischen Erkennungsstellen erfolgt, die auf beiden Strängen vorhanden sein müssen – unterscheiden sich die drei Systeme technisch gesehen relativ stark voneinander, was dem Verständnis nicht unbedingt förderlich ist.

Am einfachsten ist sicherlich das Echo™-System zu erklären (s. Abb. 38A). Die cDNA wird hier in einen Donor-Vektor kloniert, der eine loxP-Erkennungssequenz enthält, die vor der cDNA liegt. Das Donor-Konstrukt wird mit einem passenden Akzeptor-Vektor, der ebenfalls eine loxP-Sequenz besitzt, rekombiniert. Der jeweilige Akzeptor-Vektor enthält sämtliche Elemente, die für die Expression der cDNA in einem bestimmten System (Bakterien, Hefe-, Insekten- oder Säugerzellen) benötigt werden; durch die "Verschmelzung" der beiden Vektoren erhält man so ein neues, fertiges Expressionskonstrukt. Die Fusion der beiden Vektoren ist so nur möglich, weil der Donor-Vektor einen R6Kγ-Replikationsursprung besitzt, der Akzeptor-Vektor dagegen einen normalen ColE1-Ursprung und die beiden Ursprünge im gleichen Plasmid koexistieren können. Das loxP-Element, das von der Cre-Rekombinase erkannt wird, besteht aus zwei *inverted repeats*, d.h. zwei identischen Abschnitten mit umgekehrter Orientierung, von 13 bp Länge, die durch eine nicht-symmetrische 8 bp-Sequenz voneinander getrennt sind; dadurch ist gewährleistet, dass die Rekombination nur in einer definierten Orientierung abläuft. Mehr Infos zur Vektorfusion finden Sie bei Liu Q et al. 1998, Details zum Cre-loxP System bei Hoess et al. 1982 und Abremski et al. 1983.

Beim Creator™-System (s. Abb. 38B) dagegen besitzt der Donor-Vektor zwei loxP-Sequenzen, zwischen die die cDNA kloniert wird. Zusätzlich enthält der Donor-Vektor zu Selektionszwecken zwischen den loxP-Sequenzen noch ein Chloramphenicol-Resistenzgen und im Vektor-*backbone* ("Rückgrat") ein SacB-Gen (das Sucrase-Gen aus *Bacillus subtilis*), das in Gegenwart von 5 % Sucrose das Wachstum von gram-negativen Bakterien hemmt (Gay et al. 1985). Durch Rekombination wird der Bereich zwischen den beiden loxP-Sequenzen in den gewünschten Akzeptor-Vektor eingefügt, wobei die unerwünschten Produkte der Reaktion durch die Zugabe von Chloramphenicol und

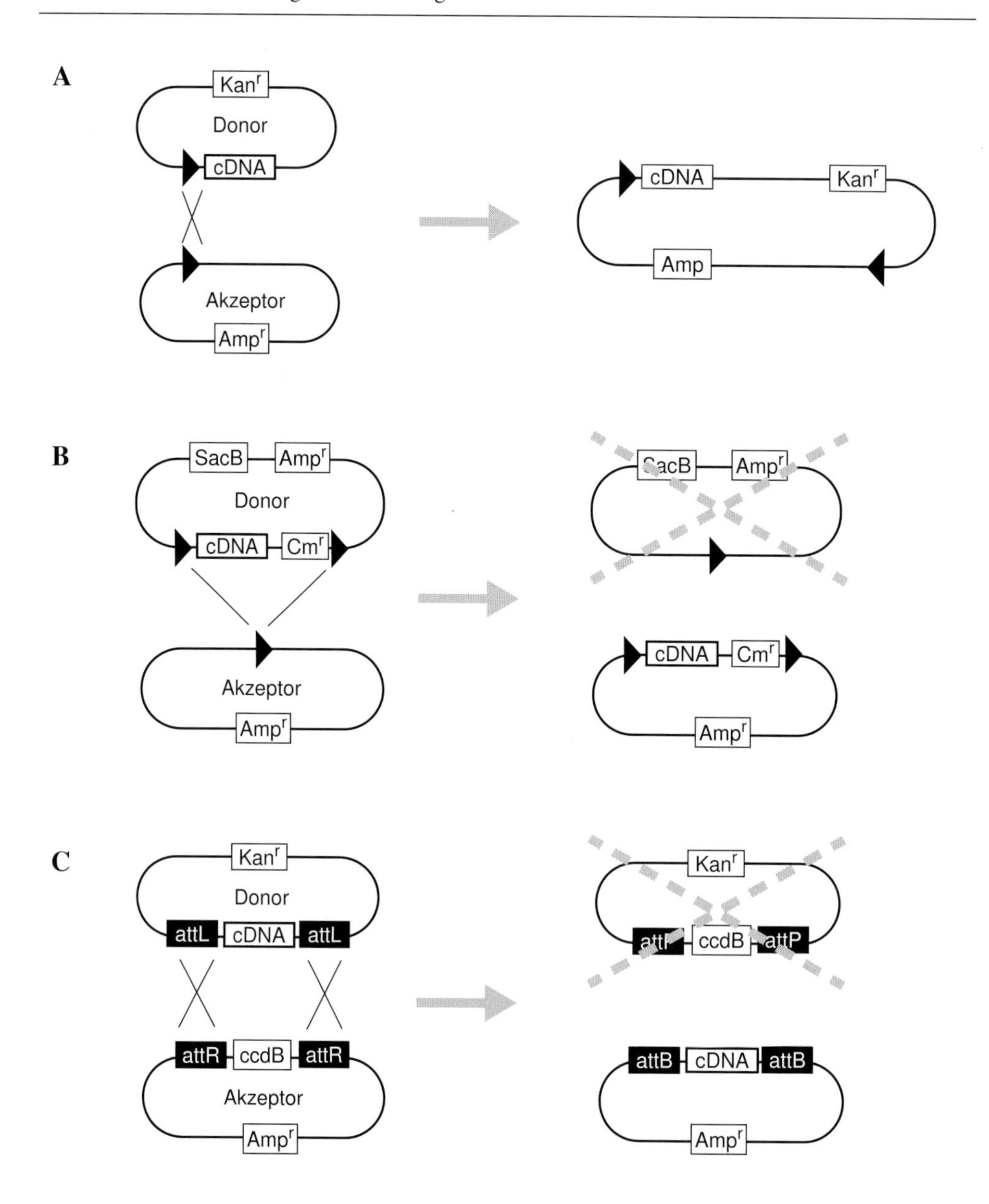

Abb. 38: Die drei Rekombinase-Systeme im Überblick.
A Echo-System, **B** Creator-System, **C** Gateway-System. Erläuterungen siehe Text.
Kan^r Kanamycin-Resistenz, Amp^r Ampicillin-Resistenz, Cm^r Chloramphenicol-Resistenz. Rekombinase-Erkennungssequenzen sind schwarz dargestellt.

Sucrose unterdrückt werden. Statt einer Fusion kommt es hier also zur Übertragung eines DNA-Fragments vom Donor- auf den Akzeptor-Vektor.

Gateway™ (s. Abb. 38C) wiederum basiert auf dem Rekombinationssystem des Bakteriophagen λ, das insgesamt vier Erkennungssequenzen verwendet, die auf spezifische Weise miteinander rekombiniert werden (attB x attP ↔ attL x attR). Das klingt komplizierter, als es ist: Jede dieser att-Erkennungssequenzen besteht aus zwei Kassetten, die miteinander kombiniert werden können nach dem Schema AB x CD ↔ AD x CB. Jeder Vektor besitzt zwei (gleiche) att-Sequenzen, was bedeutet, dass während der Rekombination die DNA-Abschnitte, die zwischen den att-Sequenzen liegen, zwischen Donor- und Akzeptor-Vektor ausgetauscht werden. Die unerwünschten Rekombinationsprodukte werden durch das Resistenzgen im Vektor-*backbone* (Kanamycin im einen, Ampicillin im anderen Fall) und durch das Killergen CcdB (s. 6.2.1), das zunächst im Akzeptor-Vektor und nach der Rekombination im Donor-Vektor sitzt, wegselektiert. Einzig, dass der Donor-Vektor bei diesem System als *entry vector* und der Akzeptor-Vektor als *destination vector* bezeichnet wird, mag beim Vergleich der Systeme etwas verwirren.

Allen Systemen gemeinsam ist die Tatsache, dass die Rekombination in einer definierten Orientierung erfolgt und dass der Akzeptor-Vektor über die Verwendungsmöglichkeiten des Expressionskonstrukts entscheidet. Das Gateway™-System zeichnet sich zusätzlich durch zwei Besonderheiten aus. Erstens erlaubt es eine direkte Klonierung von PCR-Fragmenten in den Donor-Vektor, sofern man die Primer mit dem notwendigen attB-Sequenzen versehen hat (die eine Länge von immerhin 25 bp besitzen). Zweitens erhält man für dieses System neben einer Reihe fertiger Akzeptor-Vektoren auch ein Kit, mit dem man seinen Lieblingsvektor in einen Gateway-kompatiblen Akzeptor-Vektor verwandeln kann, was im Einzelfall ganz nützlich sein kann.

In Abhängigkeit von der angebotenen Palette an Akzeptor-Vektoren (und vom eigenen Geldbeutel) kann man mit all diesen Systemen schnell Konstrukte für verschiedene Expressionssysteme herstellen – die man anschließend am besten an befreundete Labors verteilt und auf die Rückmeldung wartet, in welchem System die Proteinexpression am besten funktioniert. Sollte sich die cDNA in diesen Vorversuchen als toxisch für die Wirtszelle erweisen, könnte man beispielsweise das Fragment ohne allzu großen Zeitaufwand in einen Vektor mit einem regulierbaren Promotor umklonieren. Oder falls unerwarteterweise alles klappt, könnte man schnell mal verschiedene Fusionsproteine herstellen, um zu sehen, wie man sein Protein am besten aufgereinigt bekommt. Das ungefähr ist die Idee, die hinter den Rekombinase-Systemen steckt (wobei in der Praxis natürlich alles nicht ganz so problemlos funktioniert). Wenn solch seltsame Projekte Sie interessieren, sollten Sie sich im Detail mit den verschiedenen Rekombinase-Systemen auseinandersetzen, um zu entscheiden, welches davon für ihre Zwecke geeignet sein könnte. Viel Spaß dabei.

Vorteil: Hoher Prozentsatz an positiven Klonen, man ist nicht abhängig von geeigneten Restriktionsschnittstellen und die Orientierung bleibt trotzdem bei der Umklonierung erhalten.
Nachteil: Für alle Rekombinase-Systeme gilt, dass die passenden Erkennungssequenzen vorhanden sein müssen, sonst läuft gar nichts. Man muss sich daher ganz zu Beginn auf ein System festlegen, ein nachträglicher Ein- oder Umstieg bringt häufig eher Mehrarbeit als Zeitgewinn, weil alle Ausgangsklone neu erstellt werden müssen.
Und schließlich sollte man auch die Lizenzbedingungen nicht vergessen – soviel Gentechnologie ist natürlich von A bis Z durch Patente geschützt. Wer mit dem Gedanken spielt, irgendwann mal den Pfad der reinen Grundlagenforschung zu verlassen, tut besser daran, rechtzeitig für Klarheit sorgen, was die möglichen künftigen Kosten oder Eigentümerfragen angeht. Viele Patente (vor allem amerika-

nische) erheben übrigens auch Ansprüche auf mögliche spätere Nutzungen, an die bei der Beantragung des Patents nicht einmal gedacht wurde.

Nicht nur Viren können ihre DNA in fremde Organismen plazieren, auch **Transposons** können sich im Genom ihres Wirts vermehren. Zwar ist der Mechanismus im Gegensatz zu den oben genannten Phagensystemen sehr unspezifisch, doch lässt sich auch das für Laborzwecke nutzen. Ein Beispiel findet sich bei Epicentre, die ein Tn5-Transpositionssystem vertreiben (EZ-Tn5™), mit welchem eine beliebige Sequenz, die sich zwischen zwei transposonspezifischen *mosaic end* Sequenzen befindet, an zufälliger Stelle in eine DNA integriert werden kann, eine Methode, die zuerst von Goryshin und Reznikoff 1998 beschrieben wurde. Da die inserierte Sequenz genau bekannt ist, lässt sich dies z.B. für eine Art **Schrotschuss-Sequenzierung** von Plasmiden, Cosmiden oder BACs mit unbekanntem Insert zu nutzen. Die Sequenz wird in die zu sequenzierende DNA integriert, das Produkt in Bakterien transformiert und vermehrt und die resultierenden Klone mit insertspezifischen Primern sequenziert, um die DNA-Sequenzen links und rechts der Insertionsstelle zu charakterisieren. Da das Insert in jedem Klon an einer anderen Stelle sitzt, lässt sich so auch das längste Cosmid komplett analysieren, wenn man nur genügend Klone sequenziert – alles eine Frage der Statistik. Auch andere Sequenzen lassen sich auf diese Weise zufällig einfügen, beispielsweise Promotorsequenzen zur Suche nach offenen Leserastern oder funktionellen Proteindomänen.

Literatur:

Hoess RH, Ziese M, Sternberg N (1982) P1 site-specific recombination: nucleotide sequence of the recombining sites. Proc.Natl.Acad.Sci. USA 79, 3398-3402

Abremski K et al. (1983) Studies on the properties of P1 site-specific recombination: evidence for topologically unlinked products following recombination. Cell 32, 1301-1311

Gay P et al. (1985) Positive selection procedure for entrapment of insertion sequence elements in gram-negative bacteria. J. Bacteriol. 164, 918-921

Goryshin IY, Reznikoff WS (1998) Tn5 in vitro transposition. J. Biol. Chem. 273, 7367-7374

Liu Q et al. (1998) The univector plasmid-fusion system, a method for rapid construction of recombinant DNA without restriction enzymes. Curr. Biol. 8, 1300-1309

6.2 Mit welchen Vektoren klonieren?

Die Entscheidung für den richtigen Vektor ist die halbe Miete bei der Klonierung. Davon hängt schließlich ab, was man später mit dem Klon anfangen kann und was nicht. Deshalb hier ein Überblick über die verschiedenen Arten von Klonierungsvektoren.

6.2.1 Plasmide

Plasmide sind zirkuläre, doppelsträngige DNA-Moleküle, die sich unabhängig vom bakteriellen Genom in Bakterien vermehren können. Die Minimalausstattung eines Plasmids besteht aus einem **Replikationsstart** (*origin of replication, ori*), einem **Selektionsgen** (meist ein Antibiotikaresistenzgen, s. Tab. 14) und einer Klonierungsstelle (*cloning site*), um fremde DNA ins Plasmid einschleusen zu können. Darüber hinaus kann noch eine Menge anderer Sequenzen drinstecken, beispielsweise ein zweiter Selektionsmarker oder ein Promotor zwecks Expression des eingeschleusten Gens.

Plasmidvektoren sind üblicherweise 2,5-5 kb lang, je nachdem, was sie so an Eigenschaften besitzen. Weil die Größe eines Plasmids im Prinzip nicht beschränkt ist, kann man jede Menge DNA in sie hin-

Antibiotikum	Wirkung	Arbeitskonzentration	Vorratslösung
Ampicillin (Amp)	tötet sich teilende Zellen	50-100 µg/ml	50 mg/ml in H_2O
Chloramphenicol (Cm)	bakteriostatisch	20-170 µg/ml	34 mg/ml in Ethanol
Kanamycin (Kan)	bakteriozid	30 µg/ml	50 mg/ml in H_2O
Streptomycin (Sm)	bakteriozid	30 µg/ml	50 mg/ml in H_2O
Tetracyclin (Tet)	bakteriostatisch	10 µg/ml in Flüssigkulturen 12,5 µg/ml in Platten	12,5 mg/ml in Ethanol

Tab. 14: Die gebräuchlichsten Antibiotika und ihre Anwendung.

einklonieren, das macht sie zu wunderbaren Werkzeugen in der Molekularbiologie. In der Praxis erweisen sich Plasmide allerdings doch als recht beschränkt, man verwendet sie daher meist für die Klonierung von Fragmenten von 0-5 kb Länge. Auch längere Fragmente können in Plasmide eingeschleust werden, doch wird die Klonierung üblicherweise um so schwieriger, je länger das Fragment ist.

Der Replikationsursprung entscheidet über die Zahl der Plasmidkopien, die ein Bakterium enthält. Sind es weniger als zwanzig, bezeichnet man es als ***low-copy***-Plasmid, während richtige ***high-copy***-Plasmide in mehreren Hundert Kopien je Bakterium vorliegen können. Üblicherweise verwendet man *high-copy*-Plasmide, weil die Ausbeute bei Plasmidpräparationen höher ist, doch kann die große Kopienzahl manchmal hinderlich sein.

Die Klonierungsstelle enthält Schnittstellen, die in der Regel nur einmal im Vektor vorkommen. Dies erlaubt, den Vektor für die Klonierung zu schneiden, ohne ihn in tausend kleine Stückchen zu zerlegen. Theoretisch reicht eine einzige solche Schnittstelle aus, aber um die Vektoren möglichst vielseitig zu machen, enthalten die meisten gängigen Plasmidvektoren zehn bis zwanzig davon, man spricht dann von einer ***multiple cloning site*** (MCS).
Die Klonierungsstelle kann in einem Gen liegen, das inaktiviert wird, wenn ein DNA-Fragment in den Vektor kloniert wird. Dies erlaubt eine einfachere Selektion der gewünschten Klone nach der Klonierung – eine sehr nützliche Eigenschaft, wenn man bedenkt, dass häufig nur ein kleiner Teil der Kolonien, die man nach einer Klonierung auf der Agarplatte vorfindet, auch den gewünschten Klon enthält. Am häufigsten wird die **Blau-weiß-Selektion** verwendet, die auf einer Unterbrechung des lacZ'-Gens beruht. LacZ' kodiert für das N-terminale α-Fragment der β-Galactosidase, das alleine keine β-Galactosidase-Aktivität besitzt. Bringt man es aber zusammen mit dem ebenfalls inaktiven C-terminalen ω-Fragment, wird diese Aktivität auf wundersame Weise wieder hergestellt, ein Vorgang, der als **α-Komplementation** bezeichnet wird. Mehr Informationen dazu findet man bei Ullmann und Perrin (1970). Bakterienkolonien, in denen das LacZ-Gen durch die Insertion eines DNA-Fragments zerstört ist, bleiben nach Inkubation mit IPTG und X-Gal[89] weiß, während Klone ohne Insertion das α-Fragment exprimieren und sich blau färben. Statt X-Gal kann man auch Bluo-Gal (5-Bromo-3-indolyl-β-D-Galactopyranosid) verwenden, das einen etwas dunkleren Blauton ergibt, und für diejenigen, die Ergebnissen nur trauen, wenn sie schwarz auf weiß vor ihnen liegen, bietet Sigma einen Farbstoff

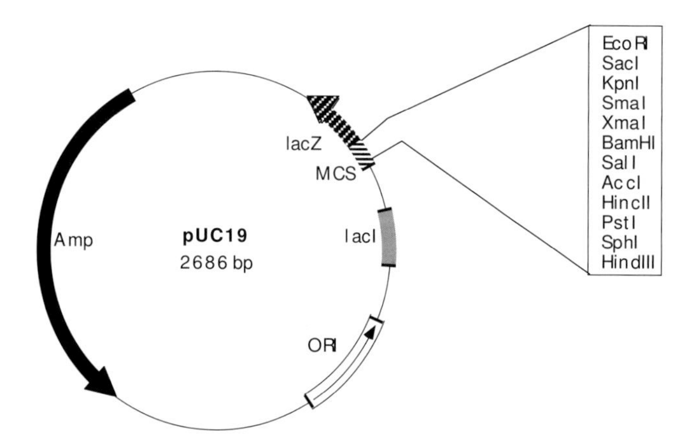

Abb. 39: Typische Karte eines Plasmid.s
Amp = β-Lactamase, ORI = Replikationsursprung, lacI = Lac-Promotor, lacZ = α-Fragment der β-Galactosidase, MCS = *multiple cloning site* mit einer Reihe singulärer Schnittstellen.

namens S-Gal™ (3,4-Cyclohexenoesculetin-β-D-galactopyranosid) an, mit dem lacZ-positive Bakterienkolonien schwarz angefärbt werden.
Die Sache funktioniert allerdings nur, wenn man auch einen Bakterienstamm verwendet, der das ω-Fragment exprimiert. Man sollte sich im Zweifelsfall davon überzeugen, dass die Bakterien das entsprechende Gen besitzen – es trägt die Bezeichnung LacZΔM15. Ein anderes Problem ist, dass sich die Blaufärbung erst so richtig entwickelt, wenn die Bakterienkolonien einen Durchmesser von mindestens 1 mm besitzen. Auch ist die Blaufärbung häufig nicht so recht eindeutig. Man findet oft blassblaue Kolonien oder weiße mit einem blauen Zentrum. Ein Grund dafür ist, dass die Färbung noch recht schwach ist, wenn die Platten aus dem Brutschrank kommen und sich erst nach 1-2 Stunden im Kühlschrank zur vollen Pracht entwickelt.[90] Es kann aber auch daran liegen, dass das Insert zu klein ist, so dass trotz erfolgreicher Klonierung geringe Mengen funktionelles α-Fragment exprimiert werden oder aber ein Fusionsprotein entsteht, das noch immer die Funktion des α-Fragments erfüllen kann. Dieses Phänomen tritt vor allem bei Inserts unter 1 kb Länge auf. Es lohnt sich daher häufig, auch solche Kolonien zu picken.

Ein sehr interessantes System sind die bereits erwähnten pZErO-Plasmide von Invitrogen. Deren Klonierungsstelle liegt in einem Killergen, **CcdB**, dessen Produkt die bakterielle DNA-Gyrase (**Topoisomerase II**) vergiftet – ein für das Bakterium absolut tödlicher Vorgang. Zusätzlich enthält der Vektor auch, wie üblich, eine Antibiotikaresistenz. Mit dem Antibiotikum kann man so auf Bakterien selektieren, die ein Plasmid enthalten, von denen nur diejenigen überleben, bei denen das Killergen lahmge-

89. Klassischerweise verteilt man für die Blau-weiß-Selektion 50 µl IPTG-Lösung (100 mM) und 50-100 µl X-Gal-Lösung (4 % in Dimethylformamid) auf einer LB-Agar-Platte, bevor man die Bakterien ausstreicht und über Nacht inkubiert. Alternativ dazu kann man IPTG und X-Gal auch direkt in die Bakterienlösung geben, bevor man sie auf der Platte verteilt.

90. Vermutlich hängt dies damit zusammen, dass es sich um eine Reaktion in mehreren Schritten handelt, wobei nur der erste Schritt (Hydrolyse des X-Gal zu Galactose und 5-Brom-4-chlor-indoxyl) durch die β-Galactosidase katalysiert wird, während der zweite und dritte Schritt (Oxidation mit dem Luftsauerstoff und Dimerisierung zu 5,5'-Dibrom-4,4'-dichlor-indigo) nicht enzymvermittelt sind.

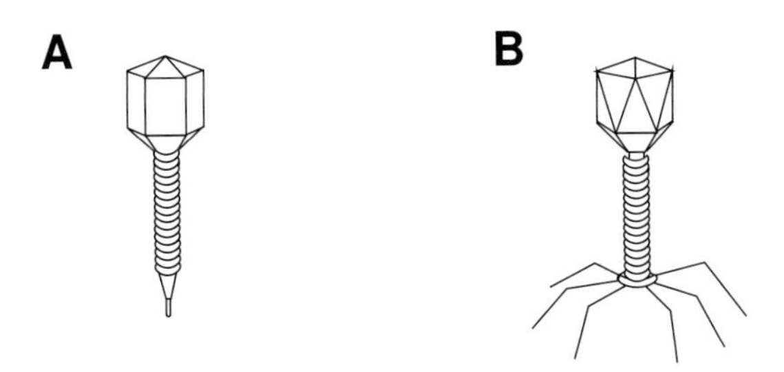

Abb. 40: Der Phage λ (A) und (der Schönheit wegen) der Phage T4 (**B**), wie man sie in den Lehrbüchern antrifft. Der Aufbau der Phagen ist sehr komplex und wenig variabel. Das Capsid bietet nur Platz für eine begrenzte Menge DNA, wodurch die Länge der klonierbaren Fragmente stark limitiert wird.

legt wurde, meistens durch die Einklonierung eines Stücks DNA. Das schöne daran: (Fast) alle Klone, die wachsen, enthalten auch ein Insert, man spart sich dadurch viele zusätzliche Screeningarbeit. Zur Wirkungsweise von CcdB siehe Bernard und Couturier 1992 und Bernard et al. 1993.

Etliche Klonierungssysteme wurden speziell für die Klonierung von PCR-Fragmenten entwickelt; einige davon sind in Kap. 6.1.1 beschrieben.

Das sind nur einige Beispiele für die Möglichkeiten, die Plasmidvektoren bieten. Die Zahl der kommerziell und nicht-kommerziell erhältlichen Plasmidvektoren ist inzwischen kaum noch zu überblicken, für jede Anwendung gibt es ein praktisches Konstrukt und im nächsten Jahr entwickelt jemand anderes etwas noch praktischeres. Man sollte sich vielleicht, bevor man mit dem Klonieren beginnt, die Zeit nehmen und sich einen Überblick darüber verschaffen, was der Markt gerade an Plasmiden für einfache Klonierungen, PCR-Klonierungen oder an Expressionsvektoren bietet – man kann sich damit manchmal viel Arbeit sparen. Jeder größere Molekularbiologieanbieter hat etliche Vektoren im Programm. Besonders interessant ist der Katalog von Invitrogen, die sich auf dieses Gebiet spezialisiert haben.

Literatur:

Ullmann A, Perrin D (1970) in: Beckwith J, Zipser D (Hrsg.) The Lactose operon. Cold Spring Harbor, S.143-72.

Bernard P, Couturier M (1992) Cell killing by the F plasmid CcdB protein involves poisoning of DNA-topoisomerase II complexes. J. Mol. Biol. 226, 735-745

Bernard P et al. (1993) The F plasmid CcdB protein induces efficient ATP-dependent DNA cleavage by gyrase. J. Mol. Biol. 234, 534-541.

6.2.2 Phagen

Phagen sind Viren, die spezifisch Bakterien befallen und daher für uns harmlos sind. Viele kluge Menschen haben bereits viele kluge Bücher über Phagen geschrieben, weil sie zu den frühesten "Labortierchen" des Homo laboriensis gehören. Letzteres ist vermutlich auch der Grund, weshalb sie bereits früh für Klonierungszwecke missbraucht wurden. Inzwischen haben sie allerdings etwas an Bedeutung verloren, weil sie deutlich schwieriger zu handhaben sind als Plasmide oder Cosmide.

Der wichtigste Phage für die Molekularbiologie ist λ (**lambda**). Er ist in seiner Wildtypform ein Phage mit einem linearen, doppelsträngigen DNA-Genom von 48,5 kb Länge, das in eine Proteinhülle verpackt wird (s. Abb. 40). Einmal zusammengebastelt, kann dieses Objekt selbsttätig *E. coli* infizieren und sich darin vermehren. Weil in der Phagenhülle noch ein wenig Platz ist, kann man in ein λ-Genom (je nach verwendetem Vektor) bis zu 12 kb einfügen, ohne dass es den Phagen stört. Von λ abgeleitete Vektoren, die nach diesem Prinzip funktionieren, nennt man **Insertionsvektoren** (***insertion vectors***). Weil das λ-Genom in Blöcke von funktionell zusammenhängenden Genen organisiert ist und nicht alle Gene für die Vermehrung des Phagen notwendig sind, kann man Teile des Genoms herausschneiden und durch fremde DNA ersetzen. Vektoren, die nach diesem Prinzip funktionieren, nennt man ***replacement vectors***; sie fassen 9-24 kb Fremd-DNA. Insgesamt muss das λ-Genom 38-53 kb lang sein, um verpackt werden zu können. Diese Eigenschaft war vor allem in der frühen Zeit der Klonierung ein wichtiger Grund für die Verwendung von λ – kein anderer Vektor erlaubte die Insertion so großer DNA-Fragmente.

λ-DNA (oder das, was der Experimentator daraus gemacht hat) kann in vitro zu funktionierenden Phagen verpackt werden. Die Effizienz dieses Vorgangs liegt bei nur etwa 10 % (das bedeutet, dass maximal ein DNA-Molekül von zehn so verpackt wird, dass ein Bakterium damit infiziert werden kann), doch liegt diese Rate deutlich über der für Plasmide, von denen bei der Transformation höchstens eines von hundert oder tausend tatsächlich in einem Bakterium ankommt und dort vermehrt wird. Allerdings ist das Verpacken teuer, weshalb man λ nur für die Herstellung von DNA-Banken verwendet, beispielsweise von cDNA oder ganzen Genomen oder für Expressionsbanken. Das Herstellen einer solchen Bank ist allerdings nicht ganz trivial und kann jemanden, der noch keine Erfahrung auf diesem Gebiet besitzt, durchaus mehrere bis viele Monate kosten, und so mancher hat am Ende entnervt aufgegeben.

Klassische, häufig verwendete λ-Vektoren sind die Replacementvektoren EMBL3, λ2001 und Charon 4 und die Insertionsvektoren λgt10 und λgt11. Technisch interessant ist λZAP (von Stratagene), der in seinem Genom ein Plasmid (bzw. Phagemid), Bluescript SK$^-$, enthält, in dessen *multiple cloning site* die Fremd-DNA kloniert wird. Hat man den Phagen seiner Wünsche gefunden, isoliert man mit Hilfe eines Helferphagen den Plasmidteil des Phagen und schleust ihn in *E. coli* ein, wo er sich als normales Plasmid vermehrt. Da Plasmide weit leichter zu vermehren und aufzureinigen sind als Phagen, ist der Experimentator damit aus dem Schneider.

Etliche Phagen-Vektoren besitzen RNA-Polymerase-Promotoren und erlauben so eine in-vitro-Transkription der Fremd-DNA. Andere besitzen eine Klonierungsstelle in einem induzierbaren Phagengen und ermöglichen so die Herstellung einer Bank von Fusionsproteinen. λ-Klonierungssysteme findet man bei Stratagene und Promega.

Vorteil: Das Screening von Phagenbanken ist eine seit vielen Jahren bewährte Standardmethode und relativ einfach. Das Prozedere ist in 7.4 beschrieben.

Nachteil: Hat man seinen Klon isoliert, tut man sich häufig etwas schwer, große Mengen an DNA zu gewinnen. In der Praxis stößt man dabei auf viele Probleme, die man mit Plasmiden nicht hat. Bis heute gibt es eigentlich kein wirklich schnelles, zuverlässiges Protokoll zur Gewinnung sehr sauberer λ-DNA – am ehesten wird man noch mit Anionenaustauscher-Säulen Erfolg haben. Am häufigsten tritt das Problem auf, dass die Präparation Schmutz enthält, der eine weitere Bearbeitung, z.B. Restriktionsverdaus, schwer bis unmöglich macht. Außerdem bestehen selbst bei den Replacementvektoren fast zwei Drittel der DNA aus Vektorsequenzen. Wer kann, sollte die Abschnitte, die ihn interessieren, in Plasmide umklonieren. λZAP®-Banken sind sehr arbeitssparend, weil der Plasmidanteil samt inserierter DNA in vivo ausgeschnitten wird. Das funktioniert mit hoher Effizienz, relativ wenigen Arbeitsschritten und dauert nur 1-2 Tage.

Ein weiterer Phage von Bedeutung ist **M13**, ein filamentöser Phage, dessen Genom als doppel- und als einzelsträngige DNA vorliegen kann. Darin liegt auch schon der größte Vorteil: Einzelsträngige DNA lässt sich wesentlich besser sequenzieren als doppelsträngige.
Ende der siebziger und Anfang der achtziger Jahre wurde eine Reihe auf M13 basierende M13mp-Vektoren konstruiert, die einen Polylinker zur Einführung von DNA-Fragmenten und ein lacZ-Gen zur blau-weiß-Selektion von Klonen mit DNA-Inserts enthielten. Die doppelsträngige Form kann aus infizierten Bakterien isoliert und wie Plasmide für Klonierungen verwendet werden. Die Konstrukte werden wie Plasmide in Bakterien transformiert – statt Bakterienkolonien erhält man allerdings Phagenplaques. Aus den Plaques kann man infizierte Bakterien gewinnen, die Phagenpartikel mit einzelsträngiger DNA an das Medium abgeben.
Trotzdem ist die Arbeit mit M13-Phagen relativ beschwerlich, da sich einerseits doppelsträngige DNA häufig nicht in großen Mengen isolieren lässt, andererseits mitunter Teile der mühsam in den M13-Vektor klonierten DNA rausgeworfen werden. Ein eleganterer Weg bestand in der Konstruktion von Plasmidvektoren mit einem M13- bzw. f1-Replikationsursprung (***phagemids***), die sich in Bakterien wie normale Plasmide vermehren lassen. Erst wenn diese Bakterien zusätzlich mit einem M13 Phagen infiziert werden, wird neben M13 auch einzelsträngige Phagemid-DNA verpackt und in das Medium sekretiert. pUC oder pBluescript sind Beispiele für solche Phagemide.

6.2.3 Cosmide

Eine interessante Weiterentwicklung der Phagenvektoren sind die Cosmide. Sie sind eigentlich Plasmide mit den typischen Plasmideigenschaften – zirkuläre, doppelsträngige DNA mit einem Replikationsursprung, einem Selektionsmarker und einer Klonierungsstelle -, die zusätzlich eine für λ typische und wichtige Sequenz besitzen, die ***cos site***, einen Abschnitt von ca. 200 bp Länge. Das λ-Genom, ein lineares DNA-Molekül, besitzt an den beiden Enden 12 Basen lange, einzelsträngige, komplementäre Überhänge, die durch die Spaltung der *cos site* beim Verpackungsvorgang entstehen. Einmal ins Bakterium eingeschleust, finden sich die beiden Enden und werden von bakteriellen Enzymen ligiert. Das nunmehr zirkuläre λ-Genom wird im Bakterium repliziert, und weil die zuständige DNA-Polymerase immerzu im Kreis rennt, entsteht eine sehr lange Kopie, die aus vielen aneinandergereihten λ-Genomen besteht. λ-spezifische Enzyme schneiden dieses Concatemer an den *cos sites* und generieren auf diese Weise wieder handliche, lineare λ-Genome mit einzelsträngigen Überhängen, die in Phagenpartikel verpackt werden können.
So ähnlich funktioniert das bei Cosmiden auch, nur anders. Der Cosmidvektor wird verdaut und mit der gewünschten DNA ligiert. Das wilde Gemisch, das dabei entsteht, wird mit Hilfe eines *packaging extracts* an den *cos sites* geschnitten und in Phagenhüllen verpackt, wobei alles eingepackt wird, das zwischen 37 und 52 kb groß ist und zwei *cos*-Enden besitzt. Diese Partikel sind infektiös wie Phagen, doch sobald die DNA in ein Bakterium eingeschleust und ligiert ist, verhält sie sich wie ein Plasmid. Bedingt durch die Größenselektion, die mit dem Verpackungsvorgang einhergeht und angesichts der geringen Größe des Vektoranteils (nur ca. 5-6 kb), sind die so klonierten DNA-Fragmente deutlich größer als alles, was man mit Phagenvektoren erreichen kann. Cosmide eignen sich daher sehr gut, um genomische Banken zu konstruieren, weil man deutlich weniger Klone benötigt, um ein ganzes Genom abzudecken.

Nachteil: Mit Cosmiden kommt man bereits in Größenbereiche, für die die molekularbiologischen Standardprotokolle nicht mehr unbedingt gültig sind. Die Herstellung von Cosmid-Banken ist daher eine absolut nicht triviale Angelegenheit. Wer sich daran versuchen will, sollte sich an Leute mit

Erfahrung wenden. Problematisch an Cosmiden ist außerdem, dass es bei Klonen dieser Größe bereits zu Rekombinationen innerhalb der hineinklonierten Sequenzen kommen kann.
Vorteil: Die DNA wird in Bakterien vermehrt, nicht als Phagen. Hat man erst einmal den Klon seiner Wahl, ist die Gewinnung von DNA und die Lagerung des Klons ziemlich einfach. Die Größenordnung der klonierten DNA-Fragmente macht eine Analyse ohne allzu große Probleme möglich.

Literatur:

Ish-Horowitz D, Burke JF (1981) Rapid and efficient cosmid cloning. Nucl. Acids Res. 9, 2989-2998
Gibson TJ et al. (1987) Lorist 2, a cosmid with transcriptional terminators insulating vector genes from interference by promoters within the insert: Effect on DNA yield and cloned insert frequency. Gene 53, 275-281

6.2.4 PACs und BACs

Einen weiteren Quantensprung stellt die Entwicklung von PACs und BACs dar, die die Klonierung von weit größeren DNA-Fragmenten erlauben. BAC bedeutet ***Bacterial Artificial Chromosome*** (künstliches Bakterienchromosom), diese Vektoren können Fragmente bis 300 kb Länge aufnehmen. Sie basieren auf den F-Faktoren, den natürlich vorkommenden Sexfaktor-Plasmiden von *E. coli* (siehe Shizuya et al. 1992).
PAC ist die Abkürzung für ***P1 Artificial Chromosome*** (künstliches P1 Chromosom). Die Grundelemente der PAC-Vektoren stammen von P1, einem temperenten Phagen mit einem Genom von ca. 100 kb Länge (siehe Ashworth et al 1995; Ota und Amemiya 1996).

Vorteil: BACs und PACs sind zirkuläre Moleküle, die in Bakterien vermehrt werden und ähnlich leicht zu präparieren sind wie Plasmide. BAC- und PAC-Banken lassen sich ähnlich leicht analysieren wie Cosmidbanken, weil die Bakterien incl. BAC bzw. PAC auf Agarplatten gezogen und dann mittels Kolonie-Lift-Hybridisierung gescreent werden können.
Die Transformation ist einfacher als bei YACs (s. unten).
Nachteil: Die Herstellung entsprechender Banken ist ebenfalls nicht trivial.

Literatur:

Shizuya H et al. (1992) Cloning and stable maintenance of 300-kb-pair fragments of human DNA in *Escherichia coli* using an F factor-based vector. Proc. Natl. Acad. Sci. USA 89, 8794
Ashworth LK et al. (1995) Assembly of high-resolution bacterial artificial chromosome, P1-derived artificial chromosome, and cosmid contigs. Anal. Biochem. 224, 564-571
Ota T, Amemiya CT (1996) A nonradioactive method for improved restriction analysis and fingerprinting of large P1 artificial chromosome clones. Genet. Anal. 12, 173-178

6.2.5 YACs

Unter den Mega-Klonierungsvektoren sind die YACs die ältesten. YAC steht für ***Yeast Artificial Chromosome*** (künstliches Hefechromosom). Ihr größter Vorteil: Sie erlauben die Klonierung extrem langer DNA-Fragmente, d.h. von mehreren hundert kb bis über 1 Mb Länge – das sind die größten Klone, die man bislang erreicht. Daher erfreuen sich YACs großer Beliebtheit bei denen, die ganze Genome analysieren wollen.
Das Prinzip ähnelt ein wenig dem Plasmid bzw. Cosmid: Man führt einige typische Elemente ein, die für die korrekte Vermehrung notwendig sind. Im Fall von YACs sind das Replikationsursprung, Cen-

tromer und Telomere von Hefechromosomen, die in die zu klonierende DNA eingefügt werden müssen. Die Konstrukte können anschließend in Hefesphaeroblasten transformiert und dort vermehrt werden. Im Gegensatz zu den zuvor beschriebenen Vektoren sind YACs nicht zirkulär, sondern bestehen aus linearer DNA.

Nachteil: Die Klonierung von YACs ist zu kompliziert, als dass man sie selbst machen könnte. Wer wirklich das Bedürfnis hat, sollte sich in ein Labor begeben, das sich darauf spezialisiert hat. Doch meist dürfte das gar nicht notwendig sein, weil mittlerweile viele YAC-Banken existieren, die für Normalforscher zugänglich sind. Ganze Chromosomen sind dort bereits in YACs kloniert und kartiert worden.

Ein großes Problem sind Modifikationen der DNA in den Hefezellen – ein Problem, das allgemein für besonders große DNA-Klone gilt, aber in YACs deutlich ausgeprägter ist. So landen häufig zwei verschiedene DNA-Fragmente im gleichen YAC (chimäre YAC-Klone), das kann Kartierungen erheblich erschweren. Frühe YAC-Banken enthalten immerhin 40-50 % chimäre Klone. Neuere Banken liegen da zwar besser, doch kann man nur durch eine in-situ-Hybridisierung an Chromosomen (FISH, s. 9.1), bei der man das untersuchte YAC als Sonde verwendet, feststellen, ob es sich um eine Chimäre handelt, sprich mehrere verschiedene Chromosomen markiert werden. Außerdem kann es zu Rekombinationen innerhalb eines YACs kommen, bei dem Teile vertauscht werden oder verloren gehen.

Auch die Handhabung von YACs ist nicht ganz problemlos. Schon die Präparation ist nicht einfach, da man die hefeeigenen Chromosomen von den künstlichen Chromosomen trennen muss. Das geht nur anhand der unterschiedlichen Größe der Chromosomen, wofür man die Pulsfeldgelelektrophorese (s. 3.2.5) braucht – und wenn das YAC zufällig die gleiche Größe wie eines der Hefechromosomen hat, bleibt einem nichts anderes übrig, als es über eine Hybridisierung zu identifizieren. Das YAC muss anschließend aus der Agarose isoliert werden, die Menge an DNA, die man durch eine Aufreinigung gewinnen kann, ist dadurch weit geringer als bei anderen Vektoren. Und weil die YACs so groß sind, braucht man für den Umgang mit ihnen spezielle Protokolle.

Das Screening von YAC-Banken hat ebenfalls seine eigenen Schwierigkeiten. Da Hefekolonien nicht wie Bakterienkolonien von der Agarplatte auf eine Membran transferiert und dann gescreent werden können, müssen die Hefeklone Stück für Stück isoliert und analysiert werden – ein Verfahren, das für den Einzelnen nicht praktizierbar ist. Der Experimentator tut also gut daran, die Vorarbeit anderen zu überlassen und nur mit definierten YAC-Klonen zu arbeiten. Am geschicktesten ist es, den Klon in kleinere Fragmente zu zerlegen und diese in einen anderen Vektor umzuklonieren, der sich leichter handhaben lässt.

Vorteil: Der Umgang mit YACs wird schon seit längerem praktiziert, man kann daher auf mehr Erfahrungswerte zurückgreifen als bei anderen Mega-Klonierungsvektoren.

Literatur:

Burke DT, Carle GF, Olson MV (1987) Cloning of large segments of exogenous DNA into yeast by means of artificial chromosome vectors. Science 236, 806-812

Imai T, Olson MV (1990) Second-generation approach to the construction of yeast artificial-chromosome libraries. Genomics 8, 297-903

6.3 Welche Bakterien?

Nicht alle Bakterien sind gleich. Es existiert inzwischen eine Unmenge verschiedener Bakterienstämme mit gut charakterisierten Eigenschaften. Dies ist nicht der richtige Ort, um auf all die kleinen und großen Unterschiede einzugehen, statt dessen nur einige allgemeine Hinweise:
Vektor und Bakterienstamm bilden ein Gespann, das mehr oder weniger gut miteinander auskommt. Das eine Plasmid mag sich mehr in diesem Stamm wohlfühlen, das andere in jenem. Die Firmen, welche die Plasmide verkaufen, geben auch immer Angaben zu den Stämmen, die verwendet werden können. Das muss nicht bedeuten, dass man keine anderen Bakterien verwenden kann, doch funktionieren die angegebenen mit Sicherheit.
Arbeitet man mit Phagen, benötigt man einen Bakterienstamm, der für den jeweiligen Phagen permissiv ist. **M13** benötigt beispielsweise einen Stamm mit F'-Episom. Andere Phagen benötigen andere Stämme – man erkundigt sich dazu am besten bei der Person, von der man die Phagen bekommen hat.
Wer beim Klonieren die **Blau-weiß-Selektion** nutzen möchte (s. 6.2.1), braucht einen Stamm, der das LacZ-Gen im Vektor komplementiert, sonst wird sich nie eine Kolonie blau anfärben lassen. Entsprechende Stämme besitzen das ω-Fragment der β-Galactosidase und sind in der Genotyp-Beschreibung als lacZΔM15 ausgewiesen.

Darüber hinaus unterscheiden sich die Bakterien auch in ihren **Methylierungs-** und **Restriktionssystemen**. Ersteres kann Schwierigkeiten machen, wenn man Plasmid-DNA-Präparationen mit methylierungssensitiven Restriktionsenzymen schneiden möchte. Die meisten Stämme sind Dam- und Dcm-positiv, doch existieren auch Stämme, denen diese Methylasen fehlen. Gegebenenfalls muss man seinen DNA-Klon in einen solchen Bakterienstamm transformieren und die Plasmid-Präparation wiederholen. Das bakterielle Restriktionssystem dagegen kann Schwierigkeiten beim Klonieren bereiten, weil beispielsweise DNA, die mittels PCR amplifiziert wurde, nicht methyliert ist und von den Bakterien als fremd erkannt und abgebaut werden kann. Säuger-DNA wiederum weist ein anderes Methylierungsmuster als die bakterielle DNA auf und wird daher unter Umständen ebenfalls als fremd erkannt. Am günstigsten sind in diesem Fall Stämme, denen die entsprechenden Restriktionssysteme fehlen, d.h. die den Phänotyp $McrA^-$ $McrBC^-$ Mrr^- HsdR (r_K^- m_K^-) besitzen.

Eine Liste von Bakterienstämmen und ihren Eigenschaften findet sich in den *Current Protocols in Molecular Biology*, und ein hübscher Überblick über die Restriktionssysteme der Stämme ist im Anhang des New England Biolabs-Katalogs abgedruckt.

6.4 Herstellen kompetenter Zellen und Transformation

DNA in Bakterien einzuschleusen ist für den braven Klonierer ein Alltagsjob. Wenn die Methode erst mal steht, ist es auch eine triviale Angelegenheit, die erst wieder spannend wird, wenn die kompetenten Bakterien alle sind und das ganze Labor betet, dass die neuen genauso gut wie die alten werden mögen. Klappen die Transformationen dann nur noch mäßig, ist die Hölle los. Schließlich ist dieser Schritt mindestens genauso entscheidend für das Gelingen der gesamten Klonierung wie die vorherige Ligation. Bei schwierigen Ligationen ist eine effiziente Transformation sogar der einzige Weg, die Situation zu retten und wenigstens eine handvoll positiver Klone zu bekommen.

Die klassische Methode, Bakterien transformationskompetent zu machen, funktioniert mit Calciumchlorid. Es existiert eine ganze Reihe weiterer Protokolle, um Bakterien mit Hilfe von Chemikalien kompetent zu machen, und noch viel mehr Varianten davon, die häufig eine höhere **Kompetenz**, d.h.

eine höhere Anzahl an transformierten Bakterien ergeben. Einen Quantensprung in der Transformation von Bakterien stellt die Elektroporation dar. Bewegt man sich bei chemisch kompetenten Bakterien in einem Bereich von 10^6 bis 10^8 Kolonien je µg Test-DNA, wobei letzteres schon ein sehr guter Wert ist, kann man mittels Elektroporation selbst mit schlechteren Bakterienpräparationen eine Kompetenz von 10^7 erreichen, mit guten sogar Werte von 10^{10}. Wer kann, der sollte sich daher ein Elektroporationsgerät zulegen. Die Kosten hängen stark von der Ausstattung des Gerätes ab. Ein Gerät, das sich für die Elektroporation von Bakterien eignet, kann man bereits für 1500 € bekommen, während ein Gerät, das sowohl für Bakterien als auch für eukaryotische Zellen geeignet ist, mit ca. 6000 € zu Buche schlägt.

Die Protokolle zur Herstellung kompetenter Bakterien gehen immer von Bakterienkulturen in LB-Medium aus. Die Bakterienausbeuten können durch Verwendung anderer, reicherer Medien erhöht werden, doch sollte man diese erst sorgfältig austesten, denn nicht jedes Medium funktioniert gleich gut mit jeder Methode.

Bei allen Protokollen kann man die kompetenten Bakterien aufbewahren, indem man sie aliquotiert (günstig sind meist Aliquots von 100-400 µl), in flüssigem Stickstoff schockfriert und bei -70 °C aufbewahrt. Allerdings ist die Kompetenz danach meist um Faktor 10 geringer.

Calciumchlorid-Methode

Der Urahn der Transformationsprotokolle: Man beimpft 400 ml LB-Medium mit 1 ml einer Übernachtkultur und inkubiert es bei 37 °C auf einem Flachbettschüttler bei 200 bis 300 Upm. Das Volumen des Erlenmeyerkolbens sollte wenigstens das Fünffache des Volumens an Medium betragen, außerdem sollte er eine Schikane besitzen, um eine gute Belüftung der Kultur zu ermöglichen. Die Kultur lässt man wachsen, bis sie eine $OD_{595\ nm}$ von 0,6 besitzt. Das dauert etwa 4 Stunden, doch können die Zeiten je nach Versuchsbedingungen durchaus stark variieren. Höhere ODs führen zu einer geringeren Kompetenz. Alle folgenden Schritte werden auf Eis bzw. bei 4 °C durchgeführt: Die Kultur wird auf Eis abgekühlt, dann für 5-10 min bei 3000 g zentrifugiert und das Pellet in 100 ml $CaCl_2$-Lösung[91] resuspendiert. Danach wird nochmals zentrifugiert, resuspendiert und wieder zentrifugiert. Das Pellet wird danach in 10 ml $CaCl_2$-Lösung resuspendiert und kann dann verwendet werden. Die Suspension hält sich auf Eis mehrere Tage, wobei die Kompetenz ihr Maximum nach ca. 12-24 h erreicht. Dies hängt allerdings vom verwendeten Bakterienstamm ab.
Die Transformation läuft folgendermaßen ab: 100 µl kompetenter Bakterien werden mit der zu transformierenden DNA (üblicherweise setzt man 5 µl eines 20 µl Ligationsansatzes oder 1 ng Plasmid-DNA ein) gemischt und für 10-30 min auf Eis gestellt. Danach stellt man die Bakterien für 2 min auf 42 °C (Hitzeschock), gibt 1 ml LB-Medium zu und inkubiert für 30-60 min bei 37 °C. Anschließend plattiert man die Bakterien auf einem selektiven Medium (z.B. LB-Amp-Platten) aus und inkubiert sie über Nacht bei 37 °C.

Tipps: Der **Hitzeschock** ist eine mysteriöse Sache. Keiner weiß, wieso er funktioniert, doch wird jeder bestätigen, dass er genau zwei Minuten dauern muss. Oder genau sechzig Sekunden. Oder genau 45 Sekunden bei 37 °C. Sonst wird' s nicht funktionieren. Wer nach besten Ergebnissen lechzt, testet am besten selbst die optimalen Bedingungen aus, denn wie so meist hängt auch hier der Erfolg vom Medium, dem Bakterienstamm, der DNA und dem Luftdruck ab. Wer die Bequemlichkeit liebt und keine übermäßig hohe Kompetenz braucht[92], weil er beispielsweise ein bereits vorhandenes Plasmid

91. **$CaCl_2$-Lösung:** 60 mM $CaCl_2$ / 15 % Glycerin / 10 mM PIPES pH 7,0; sterilisieren durch Autoklavieren oder Filtrieren.

erneut transformieren möchte, kann auch auf den Hitzeschock verzichten und die Bakterien nach 30 min Inkubation auf Eis direkt ausplattieren.
Chemisch kompetente Bakterien sind empfindlich gegen zu große DNA-Mengen. Sie sind ein typisches Beispiel für Viel-hilft-nicht-immer-viel. Wer wider Erwarten geringe Ausbeuten erhält, sollte es daher nicht nur mit mehr, sondern auch mal mit weniger DNA versuchen.
Es wurde berichtet, dass die Kompetenz der Bakterien besser wird, wenn sie bei niedrigeren Temperaturen wachsen. Allerdings benötigen sie dafür deutlich mehr Zeit, bei 18 °C etwa 24 h.

Rubidiumchlorid-Methode

Diese Methode ist eine Variante der Calciumchlorid-Methode, die eine etwas höhere Kompetenz liefert.
Man beimpft und inkubiert 500 ml LB-Medium wie für die Calciumchlorid-Methode und pelletiert die Bakterien, sobald die Kultur eine OD_{595nm} von 0,4-0,7 aufweist. Das Pellet wird in 150 ml TFB I[93] resuspendiert, für 15 min auf Eis gestellt, dann nochmals zentrifugiert und das Pellet in 20 ml TFB II[94] resuspendiert. Die Bakterien werden noch frisch verwendet oder in 400 µl Aliquots in flüssigem Stickstoff eingefroren und bei -70 °C gelagert.
Die Transformation läuft ab wie bei $CaCl_2$-Zellen.

TSS-Methode

Weil der wahre Experimentator ein fauler Mensch ist, fand sich in der Zwischenzeit jemand, der eine Ein-Arbeitsschritt-Methode zur Generierung kompetenter Zellen entwickelt hat (siehe Chung et al. 1989). Ich gebe sie hier wieder, weil sie so schön einfach ist.
Man beimpft und inkubiert 100 ml LB-Medium wie für die Calciumchlorid-Methode beschrieben. Sobald die Kultur eine $OD_{595\ nm}$ von 0,4-0,7 aufweist, pelletiert man die Bakterien und resuspendiert sie in 10 ml 1 x TSS[95].
Die noch einfachere Variante lautet: Die Kultur mit dem gleichen Volumen eiskaltem 2 x TSS[96] mischen und auf Eis stellen. In beiden Fällen können die Bakterien direkt für die verwendet oder aliquotiert und weggefroren werden.
Für die Transformation mischt man 100 µl kompetente Bakterien mit der DNA (0,1-10 ng), inkubiert die Mischung für 5-60 min auf 4 °C, gibt dann 900 µl LB-Medium mit 20 mM Glucose zu und inkubiert für 30-60 min bei 37 °C. Danach wird ausplattiert und über Nacht inkubiert.

Anmerkung: Die Methode soll Kompetenzen bis zu 5 x 10^7 Kolonien je µg DNA ermöglichen. Mir persönlich ist das noch nicht gelungen, aber ich würde mich sehr über Erfolgsberichte freuen.

Literatur:

Chung CT, Niemela SL, Miller RH (1989) One-step preparation of competent Escherichia coli: Transformation and storage of bacterial cells in the same solution. Proc. Natl. Acad. Sci. USA 86, 2172-2175

---

92. Gemeint ist natürlich die Kompetenz der Bakterien, die des Lesers steht außer Zweifel.
93. **TFB I:** 10 mM $CaCl_2$ / 15 % (v/v) Glycerin / 30 mM Kaliumacetat pH 5,8 / 100 mM Rubidiumchlorid / 50 mM Manganchlorid.
94. **TFB II:** 10 mM MOPS pH 7,0 / 10 mM $RbCl_2$ / 75 mM $CaCl_2$ / 15 % Glycerin.
95. **1 x TSS:** LB-Medium pH 6,5 mit 10 % (w/v) PEG 8000 / 5 % DMSO / 20-50 mM $MgSO_4$;
an anderer Stelle habe ich folgende Variante gefunden: LB pH 6,5 mit 40 % PEG 6000 / 5 % DMSO / 50 mM $MgCl_2$.
96. **2 x TSS:** LB-Medium pH 6,5 mit 20 % (w/v) PEG 8000 / 10 % DMSO / 40-100 mM $MgSO_4$.

Elektroporation

Sie ist derzeit der Königsweg. Die Präparation der Bakterien ist sehr einfach und die Kompetenzen, die man erreicht, sehr hoch. Bei gewöhnlichen Transformationen kämpfen viele Leute eher mit dem Problem, dass ihre Ausbeuten zu hoch sind und sie keine Kolonien, sondern Bakterienrasen erhalten. Ein anderer positiver Aspekt ist, dass die Bakterien bei dieser Methode wesentlich toleranter gegenüber großen DNA-Mengen sind als beispielsweise bei der Calciumchlorid-Methode, die bei 1 µg DNA im Ansatz praktisch keine transformierten Zellen mehr liefert.
Elektroporationsgeräte findet man z.B. bei Stratagene, BTX oder BioRad.

Man beimpft und inkubiert 500 ml LB-Medium wie für die Calciumchlorid-Methode und pelletiert die Bakterien, sobald die Kultur eine OD_{595nm} von 0,4-0,7 aufweist. Das Pellet resuspendiert man sorgfältig in 100 ml kaltem H_2O und zentrifugiert die Bakterien gleich anschließend wieder runter, wie üblich bei 4 °C. Dies wiederholt man weitere drei Mal und resuspendiert dann das Pellet in 2-5 ml einer kalten 10 % (v/v) Glycerinlösung. Die Bakterien können so für einige Stunden auf Eis aufbewahrt werden, oder man friert 100-200 µl Aliquots in flüssigem Stickstoff ein und lagert sie bei -70 °C.
Für die Transformation mischt man 50 µl kompetente Bakterien mit DNA, gibt die Mischung in eine Elektroporationsküvette mit 2 mm Elektrodenabstand und verfährt dann entsprechend den Angaben des Geräteherstellers. Die Einstellung beträgt üblicherweise 2,5 kV / 25 µF / 200-400 Ω. Direkt nach dem Puls gibt man 200-1000 µl SOC-Medium (s. 12.2) zu den zutiefst geschockten Bakterien in die Küvette, überführt alles in ein 1,5 ml Gefäß und stellt es für 30 min auf 37 °C. Danach plattiert man einen Teil auf selektiven LB-Agar-Platten aus und inkubiert über Nacht. Wie viele der Bakterien man ausplattiert ist weitgehend Erfahrungssache und abhängig von der verwendeten DNA und den lokalen Einflüssen. Meist geben 10 % des Ansatzes noch weit mehr Kolonien als man gerne hätte.

Weil frische Zellen deutlich bessere Ergebnisse liefern als tiefgefrorene, gebe ich noch eine schnelle **Variante der Bakterienreinigung** an, die nur 30 min dauert: 100 ml TB-Medium (s. 12.2) werden wie für die Calciumchlorid-Methode beschrieben angeimpft und für 5-6 Stunden inkubiert, bis die Kultur eine $OD_{595\ nm}$ von 2 aufweist – weil sich die Bakterien in TB wesentlich wohler fühlen als in LB (s. 2.2.1), kann man sie weit dichter wachsen lassen, ohne an Kompetenz zu verlieren. Die Kultur wird dann auf zwei laborübliche 50 ml Polypropylengefäße mit Schraubdeckel (z.B. von Falcon) verteilt und in einer Kühlzentrifuge mit Ausschwingrotor bei 4 °C und 6000 g für 5 min zentrifugiert. Das Pellet wird in einer geringen Menge Flüssigkeit (ca. 1 ml) auf dem Vortex sorgfältig resuspendiert, mit kaltem Wasser auf 50 ml aufgefüllt und erneut zentrifugiert. Nachdem man die Bakterien drei- bis fünfmal derart gewaschen hat, resuspendiert man sie in 2 ml 10 % (v/v) Glycerin und lagert sie bis zur Verwendung auf Eis.

Tipps: Entscheidend für ein gutes Gelingen ist der **Salzgehalt der Bakterien**. Ist er zu hoch, explodiert einem der Transformationsansatz in der Küvette. Im Zweifelsfall erhöht man einfach die Zahl der Waschschritte beim Herstellen der kompetenten Zellen. Je salzärmer die Bakterien werden, desto weniger fest fällt das Pellet aus. Während dies das Resuspendieren erleichtert, ist es beim Entfernen des Überstands eher hinderlich. Da ist es besser, einen Waschschritt mehr einzuplanen als jedes Mal mit dem ganzen Überstand auch das halbe Pellet zu verlieren.
Wie gesagt, wenn der Ansatz zu viel Salz enthält, explodiert er während der Elektroporation. Dieser Vorgang ist normal im Leben eines Forschers, aber natürlich nicht wünschenswert. Sollte es trotz ordentlich gewaschener Bakterien häufiger dazu kommen, liegt das am zu hohen Salzgehalt der DNA-Lösung – in den meisten Fällen dürfte es sich dabei um einen Ligationsansatz handeln. Entweder reduziert man dann die Menge an DNA-Lösung im Ansatz – mit 2 µl eines Ligationsansatzes sollte man

sich auf der sicheren Seite befinden – oder man reduziert den Salzgehalt, indem man die DNA mittels Ethanol fällt und gut mit 70 % Ethanol wäscht. Eine ungewöhnliche, aber gut reproduzierbare Methode ist die **Fällung mit Butanol**: Man gibt zur DNA-Lösung eine 5-10fache Menge n-Butanol, mischt so lange, bis die wässrige Phase verschwunden ist und zentrifugiert den Ansatz bei Raumtemperatur. Der Überstand wird abgenommen und das häufig nicht sichtbare Pellet sorgfältig mit 70 % Ethanol gewaschen. Die DNA wird dann getrocknet und in H_2O gelöst.
Die Bakteriendichte zum Zeitpunkt, an dem man mit dem Waschen beginnt, ist übrigens kein sakrosankter Wert, sondern wird vor allem durch das verwendete Bakterienmedium bestimmt. LB ist, obwohl es sich zum Standard in der ganzen Welt gemausert hat, ein ziemlich mittelmäßiges Medium, in dem die Bakterien sich schon sehr früh nicht mehr wohlfühlen. So beträgt die Verdoppelungszeit der Bakterien in einer LB-Kultur bei einer OD von 0,2 bereits 55 min, während sie in einer *Terrific Broth*-Kultur (TB) noch bei 32 min liegt (s. Abb. 3), die Bakterien fühlen sich also in TB-Medium wesentlich wohler. Allgemein kann man die Bakterien in Medien, die reicher sind als LB, weit dichter wachsen lassen, ohne Einbußen in der Kompetenz zu erhalten.

Elektroporationsküvetten können übrigens wiederverwendet werden – eine Nachricht, über die sich ärmere Labors sicher freuen werden. Bei einem Stückpreis von 2,50 € lässt sich auf diese Weise im Laufe eines Jahres ein hübsches Sümmchen sparen. Einfach die Küvette nach jeder Nutzung mit destilliertem Wasser mehrere Male sorgfältig ausspülen, anschließend die verbliebene Flüssigkeit herausklopfen. Die Küvette kann sofort wiederverwendet oder aber trocken aufbewahrt werden. Die Betonung liegt dabei auf trocken, da die Elektroden aus Aluminium bestehen, das bei feuchter Lagerung leicht korrodiert, dadurch wird die Küvette unbrauchbar. Gut gepflegt verrichtet so eine Küvette ihren Dienst mehrere Monate, bis ihr schließlich ein ungereinigter Ligationsansatz den Garaus machen wird. Das Problem des ***carry-over*** ist erstaunlich gering, doch sollte man sich bei schwierigen Klonierungen vorsichtshalber eine frische Küvette gönnen, sonst stellt sich nach drei Tagen Arbeit womöglich heraus, dass die drei Klone auf der Platte von der vorherigen Transformation stammen.
Alle Protokolle stimmen darin überein, dass die Überlebensrate der frisch transformierten Bakterien um so schlechter ist, je länger man braucht, um sie mit Medium zu versorgen, bereits nach einer Minute sind über 90 % der Bakterien tot. Statt SOC kann man auch LB oder andere Medien verwenden, doch ist die Überlebensrate meist schlechter.

Literatur:

Dower WJ, Miller JF, Ragsdale CW (1988) High efficiency transformation of *E. coli* by high voltage electroporation. Nucl. Acids Res. 16, 6127-6145

Wie testet man die Kompetenz der Bakterien?

Die Qualität der Bakterienpräparation kann bei allen Methoden sehr unterschiedlich ausfallen. Daher empfiehlt es sich, die Kompetenz der Bakterien zu testen. Das erspart einem die üblichen Zweifel, wenn man wieder einmal vor einer leeren Platte steht und nicht weiß, ob die Ligation nicht funktioniert hat oder die Bakterien nicht wollten.
Die Kompetenz einer Charge Bakterien wird immer in Anzahl Kolonien je µg DNA angegeben. Obwohl es dafür eigentlich keine Konvention gibt, verwendet man für den Test eine Vektor-DNA wie pBR322 oder pUC18. Das erlaubt Vergleiche zwischen verschiedenen Labors. Grundsätzlich ist die Transformationseffizienz für große DNA-Stücke (> 10 kb) schlechter als für kleine und für Ligationsansätze schlechter als für gereinigte Plasmid-DNA.
Stratagene berichtet von großen Unterschieden in der Effizienz verschiedener Bakterienstämme (siehe deren Hauszeitschrift Strategies 10, 37). Demnach soll die Effizienz von XL2-Blue für große DNAs

(in diesem Fall ein 25 kb-Plasmid) 8mal größer sein als von DH10B, bei XL10-Gold sogar 80mal. Das ist vor allem interessant für die Klonierung großer Fragmente, z.B. für DNA-Banken.
Weil einerseits kein Mensch 10^8 Kolonien auf einer Platte auszählen kann, andererseits bei vielen Methoden die Ausbeute sinkt, wenn man zu viel DNA einsetzt, verwendet man für den Test nur geringe Mengen an DNA, entsprechend der Kompetenz, die man erwartet. Bei einer erwarteten Kompetenz von 10^7 Kolonien / µg DNA liefern 10 pg DNA etwa 100 Kolonien, eine Anzahl, die sich auf einer Petrischale noch gut auszählen lässt. Für den Test sollte man frisch verdünnte DNA verwenden, weil DNA in niedrigen Konzentrationen (< 10 ng/µl) nicht sonderlich stabil ist und so eine geringere Kompetenz vortäuscht. Andererseits sollte die verwendete DNA-Menge auch nicht zu gering sein – für die Elektroporation wird berichtet, dass die Effizienz bei Mengen von unter 5 pg stark abnimmt.
Wenn man die Bakterien einfrieren und lagern möchte, führt man den Test besser an einem tiefgefrorenen Aliquot durch, um spätere Enttäuschungen zu vermeiden, weil die Kompetenz frischer Bakterien etwa zehnfach höher ist.
Wer Bakterien mit besonders hoher Kompetenz benötigt, tut sich am leichtesten, wenn er diese kauft, z.B. bei Stratagene oder Promega. Der Zeitaufwand, dessen es bedarf, um extrem gute Zellen herzustellen, ist für den normalen Experimentator zu groß.

Literatur:
Hanahan D (1983) Studies on transformation of *Escherichia coli* with plasmids. J. Mol. Biol. 166, 557-580

6.5 Probleme beim Klonieren

Und hat mit diesem kindisch-tollen Ding
der Klugerfahrne sich beschäftigt,
so ist fürwahr die Torheit nicht gering,
die seiner sich am Schluss bemächtigt.

Wie überall kann auch beim Klonieren allerlei schiefgehen. Entweder man erhält überhaupt keine Kolonien oder keiner der Klone enthält das gewünschte Insert. Manchmal findet man sogar heraus, weshalb es nicht klappt:

- Beispielsweise kann die **Ligase** den Geist aufgeben. Am besten überprüft man das mit einem einfachen Test, indem man 1 µg verdaute DNA (z.B. Größenmarker-DNA ohne Blaumarker) für 30 min ligiert. Der größte Teil der DNA sollte dann im Agarosegel als hochmolekularer Schmier erscheinen.
- Weniger offensichtlich ist die Möglichkeit, dass es an **ATP** fehlen kann. Manche Hersteller haben das notwendige ATP im 10 x Ligationspuffer, andere nicht, man sollte daher aufpassen, welchen Puffer man verwendet. Wenn der Puffer älter ist oder längere Zeit bei 4 °C gelagert wurde, kann das ATP im Puffer zerfallen sein. In diesem Fall hilft die Zugabe von etwas frischem ATP (Endkonzentration 5 mM).
- Es kann aber auch an der **DNA** liegen. Manche Reinigungsmethoden können die Ligation stören, z.B. verschiedene Glasmilch-Kits. Dann sollte man auf die Reinigung verzichten und die verdaute, nur hitzeinaktivierte DNA direkt für die Ligation einsetzen. Das klappt immer, hat aber den kleinen Schönheitsfehler, dass ein großer Teil der Klone nicht das gewünschte Insert enthält. Dieses Problem

muss man dann mit einer geeigneten Screeningmethode in den Griff bekommen – oder man ist fleißig und macht viele viele Minipräps.

- **Große Fragmente** (> 3-5 kb) lassen sich grundsätzlich schlechter in Vektoren ligieren als kleine, außerdem werden sie mit geringerer Effizienz von den Bakterien aufgenommen. Offenbar hängt das auch ab vom verwendeten Bakterienstamm – manche akzeptieren große Fragmente besser als andere (s. 6.4).
- Manchmal enthält das Fragment, das man klonieren möchte, eine Sequenz, die vom **bakteriellen Restriktionssystem** erkannt und geschnitten wird. Das ist relativ selten, deswegen vergisst man diese Möglichkeit gerne. Charakteristisch dafür ist, dass der Klon ganz prächtig wächst, wenn es einem erst mal gelungen ist, ihn nach vielen vergeblichen Transformationen endlich zu "erzwingen". Man kann das Problem häufig überwinden, indem man einen Dam$^-$ Dcm$^-$ Bakterienstamm mit defektem Methylierungssystem für die Klonierung verwendet (s. 3.1).
- Vielleicht liegt's auch daran, dass die klonierte DNA für ein Produkt kodiert, das für das Bakterium **toxisch** ist. Je nach verwendetem Vektor kann es zu einer mehr oder minder starken Expression kommen, die die Bakterien stark im Wachstum behindert. Ich hatte lange den Verdacht, dass diese Erklärung mehr die Tatsache widerspiegelt, dass man schlicht keine Ahnung hat, weshalb die betreffende Klonierung nicht klappt, bis ich's mit eigenen Augen gesehen habe. In einem solchen Fall hilft nur, die Klonierungsstrategie neu zu überdenken.

Unterm Strich zeigt die Erfahrung, dass Klonierungen entweder funktionieren oder nicht. Wenn sie funktionieren, ersäuft man in Klonen und hat eher das Problem, wie man ihre Zahl auf ein sinnvolles Maß reduziert. Bekommt man statt dessen nur zehn Klone, enthält mit hoher Wahrscheinlichkeit keiner von ihnen das gewünschte Insert. Hat man aber viele Klone und keiner enthält das gewünschte Insert, sollte man besser das Klonierungskonzept noch einmal überdenken.

6.6 Die Lagerung von Klonen

Hat man endlich seinen Klon gefunden, will man ihn natürlich behalten. In der **Flüssigkultur** überleben die Bakterien leider nicht länger als eine Woche, das ist für Lagerungszwecke unbefriedigend, außerdem machen sich häufig nach einigen Tagen Hefen in der Kultur breit. Auf einer **Agarplatte** halten die Bakterien sich immerhin schon vier Wochen, am besten verschließt man dazu die Platte mit Parafilm, sonst trocknet sie vorher aus. Diese Methode ist ganz praktisch, wenn man beispielsweise nach einer Transformation mit dem Wegwerfen warten möchte, bis man den gewünschten Klon gefunden und sicher charakterisiert hat, für die längerfristige Aufbewahrung taugt sie allerdings nicht.
Besser ist da schon die Lagerung bei Raumtemperatur in sogenannten **Agar-*stabs***. Es handelt sich dabei um kleine Gefäße (1,5-5 ml) aus Glas oder Plastik mit Schraubverschluss (z.B. Cryotube Vials von Nunc), die zu zwei Dritteln mit sterilem *stab*-Agar (LB-Medium mit 0,6 % (w/v) Agar; eine Zugabe von 10 mg Cystein je Liter soll die Überlebensdauer der Bakis erhöhen) gefüllt werden. Die Gefäße können auf Vorrat angelegt werden; bei Bedarf impft man sie mit Bakterien an, indem man ein längliches, steriles Objekt (Zahnstocher, Impföse) durch die Bakterienkultur oder die Agarplatte mit den gewünschten Bakterien zieht und anschließend mehrfach herzhaft in den *Stab*-Agar stößt, ohne ihn dabei allzu sehr umzupflügen. Man inkubiert den *stab* für etwa 8 Stunden bei 37 °C und lagert ihn anschließend dunkel, trocken und fest verschlossen bei Raumtemperatur. Die Bakterien sollen auf diese Weise jahrelang überleben, doch sind drei bis höchstens sechs Monate vermutlich realistischer. Um die Bakterien wiederzubeleben, sticht man mit einer sterile Impföse in den *stab*, streicht sie auf einer LB-Agar-Platte aus und inkubiert diese über Nacht bei 37 °C.

Will man seine Bakterien wirklich lange aufbewahren, sollte man aber am besten **Glycerin-** oder **DMSO-Stocks** anlegen und diese bei -70 °C lagern. Dazu versetzt man 1 ml einer frischen Bakterienkultur mit 1 ml Glycerinlösung[97] oder 1 ml DMSO-Lösung (7 % (v/v) Dimethylsulfoxid), gibt die Mischung in ein geeignetes 2 ml Gefäß (vorzugsweise mit Schraubverschluss, normale Tubes können schon mal aufspringen und ihren Inhalt in Raum und Zeit verteilen, wenn sie wieder wärmer werden) und lagert dieses bei -20 °C oder -70 °C, wobei letzteres die Überlebensdauer erhöht. Der wichtigste Vorteil der DMSO-Lösung ist, dass sie sich im Gegensatz zu Glycerin leicht pipettieren lässt – dafür stinkt sie etwas, zumindest dem Teil der menschlichen Bevölkerung, der DMSO riechen kann. Um die Bakterien wieder zum Leben zu erwecken, kratzt man die Oberfläche mit einem sterilen, aber stabilen Objekt (z.B. einem Zahnstocher) an und impft damit eine LB-Agar-Platte an. Die Bakterien wachsen dann über Nacht bei 37 °C wieder hoch.
Und schließlich wäre da noch die **Gefriertrocknung** (und ihre Sparversion, die **Vakuumtrocknung**), eine eigentlich klassische Methode der Bakterienlagerung, die allerdings wegen des nicht unerheblichen apparativen Aufwandes und der eher geringen Flexibilität im normalen Klonierungslabor bestenfalls ein Schattendasein fristet. Die Bakterien werden dazu ggf. eingefroren, das Wasser durch Anlegen von Vakuum entfernt und die ganze Pracht anschließend in Glasröhrchen unter Sauerstoffausschluss eingeschmolzen. Je nach Lagerung (und Mikroorganismus) kann die Überlebensrate bis zu 30 Jahre betragen. Das Öffnen der Ampulle verpflichtet allerdings zum Anzüchten der Bakterien – Teilmengen lassen sich hier nicht entnehmen. Wer sich dafür interessiert, sei an die Fachliteratur verwiesen, z.B. Bast (2001).

Die wahrscheinlich sicherste Methode aber ist die Lagerung als **DNA-Stock** bei -20 °C. Sofern die DNA nucleasenfrei ist, geht sie nicht kaputt, selbst wenn ein Labor-GAU den Gefrierschrank schachmatt setzen sollte. Allerdings sollte die Konzentration möglichst über 0,1 µg/µl liegen, bei niedrigeren Konzentrationen kann es schon mal vorkommen, dass die DNA zerbröselt, die Gründe dafür sind nicht ganz klar. Das Wiederbeleben ist etwas mühseliger als bei Bakterienstocks, weil man dazu die DNA erst in Bakterien transformieren muss (s. 6.4).
Wer ein wenig Risiko nicht scheut, kann es auch mit einer Methode versuchen, die ich seit längerem verwende und die ich hiermit auf den Namen "**Pökel-DNA**" taufen möchte: Eine stattliche Menge DNA (z.B. 10 µg) wird mit der fünffachen Menge eines Puffers mit chaotropem Salz (6 M Guanidiumthiocyanat oder Natriumperchlorat) gemischt, wie man es bei der Glasmilchreinigung zu tun pflegt. Die Mischung ist bei 4 °C und vermutlich auch bei Raumtemperatur für einige Monate stabil. Benötigt man die DNA, muss man eine Glasmilchreinigung durchführen (s. 3.2.2). Der Nachteil (größerer Arbeitsaufwand) ist gleichzeitig auch ein Vorteil, weil die Versuchung, sich am DNA-Stock zu vergreifen, wenn man "eben mal schnell" etwas DNA für einen Verdau braucht, sehr gering ist. Außerdem spart man kostbaren Platz im Gefrierschrank.
Wo wir gerade beim Thema sind: Die meisten modernen Minipräp-Kits beruhen auf einer alkalischen Lyse der Bakterien mit anschließender Glasmilch-Reinigung, wobei die Glasmilch aus Gründen der leichteren Handhabung durch eine Silica-Membran in einem Minifilterchen ersetzt wurde. Weil bei der Elution nur ca. 90 % der DNA von der Membran gelöst werden, kann man die Filterchen (trocken und bei Raumtemperatur) aufbewahren und im Falle eines großen Notfalls einfach eine zweite Elution durchführen. Die so gewonnene DNA-Menge sollte auf alle Fälle für eine erneute Transformation ausreichen.
Und noch eine interessante Idee, DNA zu lagern (von einem amerikanische Spötter als "**Lewinsky-Methode**" bezeichnet): Einen Tropfen DNA-Lösung auf ein sauberes Blatt Filterpapier tropfen, die betreffende Stelle mit einem Stift einkreisen, trocknen lassen und aufbewahren. Zum Reaktivieren

97. **Glycerinlösung:** 65 % (v/v) Glycerin / 0,1 M $MgSO_4$ / 25 mM Tris·HCl pH 8.

muss man die Stelle ausschneiden, in H_2O eluieren und mit der Lösung eine Transformation durchführen.
Die "noble" Variante davon gibt es bei Whatman (CloneSaver™ Card) zu einem einigermaßen erträglichen Preis. Es handelt sich dabei um kleine "Heftchen" mit einer Membran, die das richtige Plätzchen für jeweils 96 Proben ausweist. Die rosafarbene Membran färbt sich dort, wo sie mit Flüssigkeit in Kontakt kommt, weiß, was all denen hilft, die sich grundsätzlich nicht merken können, wo sie die letzte Probe aufgetragen haben. Das Besondere ist, dass die Membran mit einer lysogenen Substanz beschichtet ist; trägt man Bakterien oder andere Zellen auf, so werden laut Herstellerbeschreibung die Zellen zerlegt, die Proteine inaktiviert und die DNA an die Membran gebunden. Einfache DNA-haltige Lösungen funktionieren natürlich auch. Die DNA wird reaktiviert, indem man ein kleines Stückchen Membran ausstanzt, welches für eine Transformation oder auch für PCRs verwendet werden kann.

Literatur:

Bast E. Mikrobiologische Methoden: Eine Einführung in grundlegende Arbeitstechniken. Spektrum Akademischer Verlag, Heidelberg, 2. Aufl. (2001)

7 Wie man DNA aufspürt

DNA aufzuspüren, das heißt zumeist: Hybridisieren. Wie man DNA und RNA auf eine Membran transferiert, ist bereits in Abschnitt 3.3 erklärt worden, jetzt werden wir uns damit beschäftigen, was man damit anschließend anstellt.
Es gibt im Wesentlichen sechs Anwendungsbereiche für die Hybridisierung:
• beim **Southern Blot** hat man restriktionsverdaute DNA im Gel getrennt und will nun nachweisen, welches der vielen Fragmente die gesuchte Sequenz enthält.
• der **Northern Blot** enthält größengetrennte RNA aus verschiedenen Geweben bzw. Zellen und sagt einem, wie groß die der Sonde entsprechende mRNA ist, sofern sie im betreffenden Gewebe überhaupt exprimiert wird.
• beim **Dot Blot** spart man sich die Trennung nach Fragmentgröße, weil man nur daran interessiert ist, wie viel vom gesuchten Fragment in den aufgetragenen DNA- oder RNA-Proben vorhanden ist.
• **DNA-Banken** bestehen aus einem Gemisch verschiedener Klone, aus dem man den gewünschten erst noch herausfischen muss. Der einzige Weg dazu besteht darin, all die Klone auszuplattieren, auf Membranen zu transferieren, zu hybridisieren, zu isolieren, wieder auszuplattieren... bis man nach etlichen solcher Zyklen – hoffentlich – mit einem oder mehreren spezifischen Klonen dasteht.
• Außerdem muss man auch noch die **in-situ-Hybridisierung** und die **Fluoreszenz-in-situ-Hybridisierung** dazuzählen, die in Abschnitt 9.1 näher beschrieben sind. Im einen Fall weist man damit im Gewebe nach, ob und wo eine bestimmte mRNA exprimiert wird, im anderen Fall kann man bestimmen, auf welchem Chromosom und an welcher Stelle ein Gen versteckt ist.
Bis vor zehn Jahren war die Hybridisierung die sensitivste Methode, DNA bzw. RNA nachzuweisen – seither hat ihr die PCR in all den Bereichen den Rang abgelaufen, in denen es nur um die Frage geht, *ob* eine bestimmte Nucleinsäure vorhanden ist[98]. Die Stärke der Hybridisierung bleibt weiterhin, dass sie einem zusätzlich Auskunft darüber gibt, *wo* diese Nucleinsäure steckt.

Das Vorgehen ist bei allen Hybridisierungen gleich: Man macht sich eine markierte Sonde, hybridisiert damit seine Membran (oder was man so hybridisieren möchte), wäscht und weist nach, was an Sonde hängen geblieben ist.

7.1 Herstellung von Sonden

Entscheidend bei der Herstellung von Sonden ist, dass man sich im Klaren darüber ist, wofür man die Sonde einsetzen will.
Man hat die Wahl zwischen **Oligonucleotid-, DNA- und RNA-Sonden**. Die RNA-Sonden hybridisieren am besten, weil die Stabilität von RNA-RNA-Hybriden am höchsten ist, gefolgt von RNA-DNA-Hybriden, während die Bindung zwischen DNA-DNA-Hybriden am schwächsten ist. Sie sind aber auch am mühseligsten herzustellen, weil man an sie nur über in-vitro-Transkription (s. 5.4) herankommt. Die meisten Mollis verwenden daher DNA-Sonden.
Die zweite entscheidende Frage ist die Art der Markierung. Klassiker sind die **radioaktiv markierten Sonden**, für die mittlerweile eine Menge Erfahrungswerte existieren, was die Sache ungeheuer erleichtert, weil sich für fast jedes Problem irgendwo irgendjemand findet, der einem weiterhelfen

---

98. Eine Alternative zur PCR, bei der die Templatemenge sogar quantifiziert werden kann, ist der enzymatische Nachweis von DNA, s. Kap. 2.5.

	Oligo-nucleotide	dsDNA	ssDNA	RNA
5'-End-Markierung	+*†	+*	+*	+*
3'-End-Markierung	+	(+)	+	-
Nicktranslation	-	+	-	-
random labeling	-	+	+	-
fill-in	-	+	-	-
PCR	-	+	(+)	-
Photo-Biotinylierung	-	+°	+°	+°

Tab. 15: Welche Markierungsmethode für welche Art Sonde?
Die meisten Methoden eignen sich sowohl für radioaktive als auch für nicht-radioaktive Markierungen. Die Ausnahmen sind mit * (nur radioaktiv) bzw. ° (nur nicht-radioaktiv) gekennzeichnet.
† Oligonucleotide können mit 5'-Markierungen bestellt werden.

kann. Die Sensitivität radioaktiver Nachweise ist anerkanntermaßen hoch, außerdem ist der Nachweis außerordentlich direkt – nach Hybridisierung und Waschen braucht man nur noch einen Film aufzulegen oder den Ansatz in einen Counter zu stellen. Das macht Quantifizierungen sehr einfach und auch zuverlässig. Nachteilig sind die Strahlung (obwohl die Gefährlichkeit der Mengen an Radioaktivität, mit denen man im Labor umgeht, zumeist überschätzt wird, weil die Kontaminationsmonitore immer so angsteinflößend rattern und fiepen), die geringe Halbwertszeit (von ^{32}P oder ^{35}S) und die lange Halbwertszeit (z.B. von ^{3}H oder ^{14}C) – das mag widersprüchlich klingen, doch sind im einen Fall die Sonden recht kurzlebig, im anderen Fall hat man Probleme mit der Entsorgung der Abfälle. Außerdem braucht man in jedem Fall eine Genehmigung für den Umgang mit Radioaktivität, ein Verwaltungsakt, den nur ein ganzes Institut tragen kann.
Seit einigen Jahren drängen daher mehr und mehr **nicht-radioaktive Nachweismethoden** auf den Markt, die inzwischen eine gute Alternative zu den radioaktiven Sonden darstellen. Der Umgang ist weitgehend ungefährlich – auch wenn die Hersteller vor möglichen Gefährdungen warnen, für den Fall, dass ein Held auf die Idee kommt, das Zeug zu essen -, die Markierungen können daher problemlos am Arbeitsplatz durchgeführt werden. Wer bereits in einem korrekt organisierten Isotopenlabor gearbeitet hat und mit dem Aufwand vertraut ist, den ein sauberes Arbeiten mit Radioaktivität erfordert, wird dies vermutlich für den wichtigsten Pluspunkt halten. Der andere riesige Vorteil ist die lange Haltbarkeit nicht-radioaktiver Sonden. Während ^{32}P eine Halbwertszeit von 14 Tagen hat und eine ^{32}P-markierte Sonde daher nach zwei bis vier Wochen kaum noch zu verwenden ist, können nicht-radioaktiv markierte Sonden im Gefrierschrank über Jahre hinweg aufbewahrt werden. Noch dazu können die Sonden unter Umständen mehrfach verwendet werden. Wer immer wieder die gleichen Hybridisierungen durchführt, braucht so nur alle Schaltjahre einen größeren Markierungsansatz durchzuführen. Der Wermutstropfen ist, dass die Methoden relativ jung sind, man verwendet daher meist einige Zeit darauf, das jeweilige System so weit zu etablieren, dass die Sensitivität so hoch ausfällt wie bei radioaktiven Methoden und der Hintergrund genauso gering. Da außerdem fast alle Nachweisme-

thoden indirekt sind und eine Inkubation mit Antikörpern und einen enzymatischen Nachweis erfordern, ist die Quantifizierung problematischer als mit Radioaktivität.
Schließlich hat man auch noch die Wahl der **Markierungsmethode**. Nicht jede Methode eignet sich für jede Art von Sonde und die spätere Verwendung der Sonde spielt auch eine wichtige Rolle. Der folgende Abschnitt soll daher einen Überblick über die Palette der verfügbaren Markierungsmethoden bieten.

7.1.1 Methoden zur Herstellung markierter Sonden

Nick Translation

Die *Nick Translation* ist vermutlich die älteste unter den vorgestellten Methoden, wird aber immer noch recht gerne angewandt. Das Prinzip: Die Template-DNA wird zunächst mit DNase I in Gegenwart von Mg^{2+}-Ionen angedaut. Unter diesen Bedingungen schneidet das Enzym nur einen der beiden Stränge, der Doppelstrang bleibt daher in seiner Struktur erhalten. Im zweiten Schritt bearbeitet man das Template mit DNA-Polymerase I in Gegenwart von Nucleotiden, von denen eines markiert sein sollte. Die Polymerase erkennt die Schnitte (*nicks*), die die DNase I gesetzt hat, und verlängert dort das freie 3'-Ende, während das vor ihr liegende 5'-Ende gleichzeitig abgebaut wird. Der alte Strang wird so durch einen neuen mit Markierung ersetzt. Die Methode funktioniert mit Templatemengen von 20 ng bis 1 µg.

Die eigentliche Kunst besteht darin, die richtige DNase I-Konzentration zu wählen. Ist sie zu hoch, zerlegt man die Template-DNA in kleine Stückchen, ist sie zu niedrig, setzt man nur hier und dort einen Schnitt und die spezifische Aktivität fällt gering aus. Ein guter Orientierungswert sind ca. 20 pg DNase I auf 0,5 µg DNA. Hat man die optimale Konzentration erwischt, erhält man Fragmente von 400-800 bp Länge mit einer hohen spezifischen Aktivität. Durch eine anschließende Ligation kann man die Fragmentlängen sogar noch erhöhen, und die spezifische Aktivität lässt sich in die Höhe treiben, indem man mehrere markierte Nucleotide einsetzt. Auch nicht-radioaktive Markierungen sind möglich, indem man Biotin- oder Digoxigenin-markierte dNTPs verwendet.
DNase I erhält man bei allen Firmen, die Enzyme vertreiben und einige bieten das Ganze sogar als Kit an, z.B. Promega.

Literatur:

Kelly RB et al. (1970) Enzymatic synthesis of deoxyribonucleic acid. XXXII. Replication of duplex deoxyribonucleic acid by polymerase at a single strand break. J. Biol. Chem. 245, 39-45

Rigby PWJ, Dieckmann M, Rhodes C, Berg P (1977) Labeling deoxyribonucleic acid to high specific activity in vitro by nick translation with DNA polymerase I. J. Mol. Biol. 113, 237-251

Random priming

Bei dieser Methode wird die doppelsträngige Template-DNA denaturiert und mit **Zufallshexameren** (*random primers*) hybridisiert, die dann als Primer für eine DNA-Polymerase, meist T7 Polymerase oder Klenow-Fragment, dienen. Die Markierung erfolgt wahlweise über den Einbau radioaktiv oder nicht-radioaktiv markierter Nucleotide. Markiert man radioaktiv, benötigt man dafür [α-^{32}P]-dNTPs. Man kommt mit kleinen Templatemengen (ca. 25 ng) aus und kann spezifische Aktivitäten von $5x10^8$ bis $4x10^9$ cpm/µg DNA erreichen. Die Länge der synthetisierten Fragmente kann je nach den Bedingungen unterschiedlich ausfallen. Stratagene meint, dass eine Länge von 500-1000 Nucleotiden typisch sei, es kann aber auch deutlich weniger sein, Promega spricht beispielsweise von 250-300 Nucleotiden.

Der Vorteil dieser Art der Markierung liegt darin, dass anschließend alle Bereiche des Templates im Fragmentmix vorhanden sind. Außerdem ist die Methode unproblematischer als die *Nick Translation*, weil die Primerkonzentration, anders als die DNase-Konzentration, kein kritischer Faktor ist.
Random priming wird besonders bei radioaktiven Markierungen gerne verwendet, weil man auf diese Weise auch eine gewisse Amplifikation erreicht, da die zuerst synthetisierten Stränge von der nächsten herannahenden Polymerase verdrängt werden und die DNA dadurch mehrfach abgelesen werden kann, dadurch erreicht man hohe spezifische Aktivitäten. Doch Vorsicht: Sonden mit hoher spezifischer Aktivität zerfallen schneller und müssen daher rasch verwendet werden.
Bei nicht-radioaktiv markierten Nucleotiden bedarf es keiner gar so hohen Einbaurate – 10-30 markierte Nucleotide je kb DNA reichen bereits aus -, weil sich bei einer höheren Markierungsrate sowieso nur die Antikörper, mit denen anschließend hybridisiert wird, gegenseitig ins Gehege kommen. Außerdem erfolgt der Nachweis am Ende über eine Alkalische Phosphatase- oder Meerrettichperoxidase-Reaktion, die für eine weitere Verstärkung des Signals sorgt.
Kommerzielle Kits gibt's bei den meisten Bioscience-Firmen.

Zufallsprimer kann man übrigens auch **selber herstellen**: DNA (z.B. aus Kalbsthymus oder Heringssperma) wird dazu mit DNase I in der Gegenwart von Mn^{2+} verdaut – das Enzym schneidet unter diesen Bedingungen beide Stränge – und anschließend denaturiert. Man erhält so eine bunte Mischung einzelsträngiger Oligonucleotide von 6-12 Basen Länge.

Neuerdings gibt es (z.B. bei Fermentas) sogenannte *Exo-Resistant Random Primer*, deren letzte drei Basen am 3'-Ende über Thiophosphat-Bindungen miteinander verknüpft sind. Die können von DNA-Polymerasen mit Proofreading-Aktivität (d.h. die eine 3'-Exonuclease-Aktivität besitzen) nicht abgebaut werden, was die Ausbeute bei der DNA-Synthese erhöhen soll – sofern man solche Polymerasen verwendet.

Literatur:
Feinberg AP, Vogelstein B (1983) A technique for radiolabeling DNA restriction endonuclease fragments to high specific activity. Anal. Biochem. 132, 6-13

5'-Markierung mit Polynucleotidkinase

Bei dieser Methode erfolgt die Markierung durch den Austausch des Phosphatrestes am 5'-Ende durch ein radioaktives Phosphat. Die zu markierende DNA wird dazu am 5'-Ende dephosphoryliert und anschließend mit radioaktiv markiertem Phosphat rephosphoryliert.
Die 5'-Markierung funktioniert mit allen Nucleinsäuren, unabhängig von ihrer Länge, hat aber den Nachteil, dass je Molekül nur eine einzige Markierung eingebaut wird – die Stärke des Signals ist dementsprechend gering. Man wendet die 5'-Markierung daher vorzugsweise bei Oligonucleotiden an, weil sich da wenige Alternativen bieten. Außerdem verändert die 5'-Markierung nicht die Eigenschaften der Oligonucleotide, so dass man sie beispielsweise problemlos als Primer für PCR-Amplifikationen verwenden kann.

Für die **Dephosphorylierung** inkubiert man die DNA mit Alkalischer Phosphatase (s. Kap. 6). Bei synthetischen Oligonucleotiden kann man sich diesen Schritt allerdings sparen, weil sie gar keinen Phosphatrest am 5'-Ende tragen. Die eigentliche Markierung führt man dann mit der T4 Polynucleotidkinase (PNK) und radioaktiv markierten Nucleotiden durch. Doch Vorsicht: Anders als bei allen anderen radioaktiven Markierungen benötigt man hier [γ-^{32}P]-NTPs, weil ausschließlich das letzte der

drei Phosphate auf die DNA übertragen wird. Erfahrungsgemäß sorgt dieser Punkt bei Anfängern häufig für einige Verwirrung. Hier ein typisches Markierungsprotokoll:
10 pmol Template in 29 µl Volumen werden mit 15 µl [γ-^{32}P]-ATP (3000 Ci/mmol, 10 mCi/ml), 5 µl 10 x Kinasepuffer und 1 µl T4 Polynucleotidkinase (10 u/µl) für 10-30 min bei 37 °C inkubiert und die Reaktion anschließend durch die Zugabe von 2 µl 0,5 M EDTA gestoppt.

3'-Markierung mit Terminaler Transferase

Auch das 3'-Ende lässt sich markieren, wenn auch nach einem ganz anderen Prinzip und mit einem anderen Enzym. Anders als gewöhnliche Polymerasen kann die **Terminale Deoxynucleotidyl Transferase** (TdT) unspezifisch Desoxynucleotide an das 3'-Ende von einzel- und doppelsträngiger DNA hängen, auf deutsch: Sie braucht keinen Gegenstrang. Das Ergebnis ist ein homopolymerer Schwanz aus lauter gleichen Basen (sofern man nur ein dNTP eingesetzt hat) von variabler Länge. Das zeigt auch schon das Dilemma: Einerseits erhält man mehr als nur eine Markierung je Molekül und das ist gut, andererseits wird der Anteil der unspezifischen Sequenz am Gesamtfragment mit der Zahl der Markierungen größer, womit die Gefahr steigt, dass solche Sonden unspezifisch binden. Man kann das Problem umgehen, indem man markierte Didesoxynucleotide verwendet, auf diese Weise wird nur ein einziges Nucleotid je Molekül eingebaut – womit man wieder so weit wäre wie bei der 5'-Markierung. Ein Unterschied bleibt allerdings: Mit der Terminalen Transferase kann man auch nicht-radioaktiv markierte Nucleotide einbauen.
Einzelsträngige DNA ist dem Enzym offenbar lieber, deshalb lässt sich doppelsträngige DNA mit 3'-Überhängen besser markieren als solche mit glatten Enden.
3'-markierte Oligonucleotide verwendet man beispielsweise für in-situ- und Northern Blot Hybridisierungen. Terminale Transferase (und ein Protokoll, wie man sie einsetzt) findet man bei Roche, Promega, Stratagene u.a.

Auffüllen von Enden (*Fill-in*)

Die Vorgehensweise ist die gleiche wie beim Glätten von DNA-Enden (s. Kap. 6), bei dem einzelsträngige 5'-Überhänge einer doppelsträngigen DNA mit Hilfe von Klenow oder T4 DNA-Polymerase aufgefüllt werden, mit dem Unterschied, dass man wenigstens ein (radioaktiv) markiertes Nucleotid für die Füllreaktion einsetzt. Wie für das *Random priming* benötigt man dafür [α-^{32}P]-dNTPs. Auch nicht-radioaktiv markierte Nucleotide können natürlich eingesetzt werden.

Nachteil: Ähnlich wie bei der 5'-Markierung ist die Zahl der Markierungen je Molekül gering, die Signalstärke daher niedrig.

PCR

Natürlich darf die PCR in diesem Zusammenhang nicht fehlen. Die Markierung erfolgt hier über eine normale PCR-Amplifikation, der man markierte Nucleotide hinzufügt.
Die Ausbeuten an Sonde sind enorm, die spezifische Aktivität allerdings nicht sonderlich hoch, weshalb sich dieser Ansatz weniger für radioaktive Markierungen eignet. Bei nicht-radioaktiven Markierungen ist die Zahl der eingebauten markierten Moleküle weniger kritisch, eine Markierung über PCR bietet sich daher geradezu an. Roche vertreibt einen Nucleotidmix, der bereits (Digoxigenin-) markierte und unmarkierte Nucleotide im passenden Verhältnis enthält und alternativ zum normalen Nucleotidmix eingesetzt wird – die Markierung ist damit ein Kinderspiel.

Auch einzelsträngige Sonden lassen sich auf diese Weise herstellen, indem man bei der Amplifikation nur einen Primer verwendet. Die Vermehrung verläuft dann allerdings nur linear, die Ausbeute ist entsprechend geringer.

Photobiotinylierung

Diese Methode ist ein wenig exotisch, daher wurde sie an's Ende der Liste verbannt. Statt markierte Nucleotide auf biederem enzymatischem Weg einzubauen, arbeitet man hier mit **Photobiotin** (*N*-(4-Azido-2-nitrophenyl)-*N*'-(*N*-*d*-biotinyl-3-aminopropyl)-*N*'-methyl-1,3-propandiamin), einem photoaktivierbaren Analogon von Biotin, das in einer lichtinduzierten Reaktion kovalent an die DNA gebunden wird. Die Sensitivität derartig markierter Sonden soll allerdings geringer sein als bei enzymatisch markierten Sonden.

Literatur:

Forster AC et al. (1985) Non-radioactive hybridization probes prepared by the chemical labeling of DNA and RNA with a novel reagent, photobiotin. Nucl. Acids Res. 13, 745-761

Reinigung markierter Proben

Häufig möchte man nach der Markierung die markierte DNA von den nicht eingebauten markierten Nucleotiden trennen, die selbst bei der erfolgreichsten Markierungsreaktion bei weitem in der Mehrzahl bleiben. Einerseits können sie den Hintergrund bei einer folgenden Hybridisierung erhöhen, weil auch freie Nucleotide an Membranen oder Gewebe binden können, andererseits kann man sonst nicht kontrollieren, wie gut die Markierung funktioniert hat.

Am einfachsten gelingt einem das durch eine **Ethanolfällung mit Ammoniumacetat**: Der Markierungsansatz wird auf eine Ammoniumacetatkonzentration von 3 M gebracht, 2,5 Volumen Ethanol zugegeben, für 30 min bei -20 °C gefällt und anschließend zentrifugiert. Das Pellet resuspendiert man in 2 M Ammoniumacetat und wiederholt die Fällung. Auf diese Weise behält man DNA-Fragmente mit einer Länge ab 15 Nucleotide aufwärts zurück. Die Verluste an Material können allerdings bis zu 50 % betragen.

Die Alternative ist eine **Gelchromatographie** (*size exclusion chromatography*) mit selbst hergestellten Säulchen. Sie ist unter den Reinigungsmethoden die anschaulichste, weil man ausnahmsweise mal sieht, was man macht. Man stopft dazu ein Stückchen silanisierte Glaswolle in eine Pasteurpipette und überschichtet es mit ca. 2 ml in TE-Puffer vorgequollenem Sephadex G-50 (gibt's bei Pharmacia oder Sigma). Der Markierungsansatz wird mit 5 µl Dextranblau-Orange-G-Lösung (jeweils 0,01 % w/v) versetzt und auf das Sephadex aufgetragen. Darauf pipettiert man mehrere Milliliter TE-Puffer. Man kann dann schön verfolgen, wie sich die blaue Farbe sehr rasch vom Orange trennt. Dextranblau ist ein sehr großes Molekül und verhält sich daher in der Gelchromatographie wie die DNA-Fragmente, Orange G dagegen ist klein und läuft wie die Nucleotide. Die blaue Fraktion wird gesammelt und gemessen, die orangefarbene bleibt in der Säule. Wenn sich die blaue und die orangefarbene Fraktion nicht ordentlich trennen, dann ist die Trennstrecke zu kurz und man muss mehr Sephadex einsetzen. Statt Orange G kann man auch Bromphenolblau verwenden, das gibt's in jedem Labor.

Viele Hersteller vertreiben ***spin columns***, die nach dem gleichen Prinzip funktionieren, aber einfacher in der Handhabung sind, weil die Säulchen bereits fertig sind und die Trennung über eine kurze Zentrifugation erfolgt. Die Reinigung geht dadurch sehr flott, doch sind die Säulchen relativ teuer.

$$\text{spezifische Aktivität} = \frac{\text{gesamte eingebaute Aktivität}}{\text{eingesetzte DNA – Menge}}$$

$$= \frac{\text{gemessene Aktivität} \times \text{Verdünnung} \times \dfrac{\text{Ansatzvolumen}}{\text{gemessenes Volumen}}}{\text{eingesetzte DNA – Menge}}$$

Abb. 41: Berechnung der spezifischen Aktivität.

Bestimmung der spezifischen Aktivität

Um den Erfolg einer radioaktiven Markierung zu messen, muss man erstens wissen, wie viel DNA man als Template eingesetzt hat und zweitens die Sonde aufreinigen. Dann braucht man nur noch ein Aliquot im Szintillationszähler zu messen, aus den gemessenen Zerfällen pro Minute (*counts per minute* oder cpm) die Gesamtaktivität der gereinigten Sonde errechnen und diese durch die verwendete DNA-Menge zu dividieren, schon erhält man die spezifische Aktivität der Sonde (s. Abb. 41). Je höher die spezifische Aktivität, desto höher die Sensitivität der Sonde. Wie hoch die spezifische Aktivität sein muss, damit es überhaupt Sinn macht, mit der Sonde weiterzuarbeiten, hängt vom jeweiligen Versuch ab, doch sollte ein Sonde normalerweise eine spezifische Aktivität von 10^8 cpm/µg DNA oder mehr haben. Wem es zu mühselig ist, die spezifische Aktivität zu bestimmen, der sollte sich anfangs auf die Erfahrungswerte der Kollegen verlassen und diese später um die eigenen Erkenntnisse erweitern.

Nicht-radioaktive Sonden sind dagegen weit mühseliger zu überprüfen. Weil man die Markierung nicht direkt messen kann, behilft man sich meist mit einer Testhybridisierung. Man trägt dazu eine Verdünnungsreihe der Template-DNA auf eine Membran auf und hybridisiert wie im Ernstfall. Die geringste gerade noch nachweisbare DNA-Menge gibt einem eine Vorstellung von der Sensitivität der Sonde.

7.2 Hybridisierung

Die eigentliche Hybridisierung ist eine Wissenschaft für sich. Die Bedingungen unterscheiden sich erheblich, je nachdem, ob man eine Membran mit DNA oder einen Gewebeschnitt hybridisiert und mit welcher Stringenz man das tut.
Am häufigsten wird man vermutlich Southern Blot Hybridisierungen durchführen, d.h. man versucht irgendeine DNA, die man auf irgendeine Membran befördert hat, nachzuweisen. Nehmen wir einmal diesen Normalfall an, um die Einzelheiten durchzusprechen.

Der Hybridisierungspuffer

Die Membran, auf der die DNA gebunden ist, bindet auch alles andere wie der Teufel: Fingerabdrücke, Dreck von der Arbeitsfläche und nicht zuletzt die Sonde. Man muss daher erst einmal blockieren, um die verbleibenden freien Bindungsstellen abzusättigen, ein Vorgang, für den sich der Begriff

Prähybridisierung eingebürgert hat. Meistens verwendet man als Prähybridisierungspuffer den gleichen wie anschließend für die Hybridisierung, nur eben ohne die Sonde. Nach meiner Erfahrung ist die wichtigste Komponente daran das SDS, so dass eine 10 % (w/v) SDS-Lösung den gleichen Dienst tut, aber wesentlich einfacher herzustellen ist. Nach 30 min sanftem Schaukeln in der Prähybridisierungslösung ist die Membran schließlich blockiert.

Für den Hybridisierungspuffer gibt's vermutlich fast so viele Rezepte wie Forscher. Eine typische Zusammensetzung ist 5 x SSC / 5 x Denhardt's (s. 12.2) / 25 mM NaH_2PO_4 pH 6,5 / 0,1 % SDS / 100 µg/ml einzelsträngige Heringssperma-DNA. Wer niedrigere Hybridisierungstemperaturen vorzieht, gibt außerdem 50 % (v/v) Formamid zu. Bei Boehringer Mannheim fand sich einst ein minimierter Hybridisierungspuffer, der aus 0,5 M NaH_2PO_4 pH 7,2 / 7 % (w/v) SDS / 1 mM EDTA besteht – man sieht daran, wie weit die Spanne der Möglichkeiten ist.

Die Hybridisierungsgefäße

Üblicherweise führt man die Hybridisierung in **Plastikschalen** (am besten mit Deckel) durch, wie man sie in jedem Supermarkt in verschiedensten Größen bekommt. Die Inkubation erfolgt am besten in einem heizbaren Schüttelwasserbad. Man kann auf diese Weise beliebige Mengen an Membranen hybridisieren, allerdings sollte man nicht mehr als zehn in einer Schale unterbringen, weil die untenliegenden Membranen sonst durch das Gewicht der oberen zu sehr aufeinandergepresst werden und keine Hybridisierungslösung mehr an die Membranen gelangt. Der Nachteil von Schalen ist die große Flüssigkeitsmenge, die man für Hybridisierung und Waschen benötigt.
Eine flüssigkeitssparende Alternative ist die **Hybridisierung in Plastiktüten**. Man schweißt die Membranen dazu in eine geeignete Plastikfolie ein – dafür braucht man ein Folienschweißgerät und einiges Geschick, weil die Handhabung schwierig ist und man meist eine ziemliche Sauerei produziert. Roche hat Tüten mit Schrauböffnungen ("*hybridization bags*") im Angebot, die eine saubere Befüllung und Entleerung erlauben – man sollte sich den Luxus wirklich gönnen.
Eine weitere Möglichkeit sind **Hybridisierungsröhren**. Sie sind leicht zu handhaben, leicht zu reinigen und man benötigt nur wenig Hybridisierungslösung – für eine Membran von 10 x 13 cm reichen bereits 5-10 ml aus. Eine rundum praktische Lösung also. Leider benötigt man für die Hybridisierung einen Drehofen, der nicht unbedingt zur Grundausstattung eines jeden Labors gehört, und die Zahl der Membranen, die man in einer Hybridisierungsröhre unterbringen kann, ist ebenfalls stark beschränkt. Ein wenig tricksen kann man aber: Wenn man Gazestreifen dazwischenlegt, kann man zwei bis drei Membranen übereinanderlegen, ohne dass sie aneinander kleben. Vorsicht: Die DNA-Seite der Membran muss in jedem Fall zum Inneren der Röhre schauen.
Hybridisierungsöfen und -flaschen findet man bei Biostep, Hybaid, Stratagene, Hoefer und Biometra.

Die Hybridisierungstemperatur

Die Temperatur ist einer der entscheidenden Punkte bei der Hybridisierung. Über die Temperatur steuert man die Spezifität der ganzen Geschichte. Doch welche Temperatur ist die richtige? Nun, prinzipiell gibt's dafür eine Gleichung:

$$T_m = 81{,}5\ °C - 16{,}6 \times (\log_{10}[Na^+]) + 0{,}41 \times (\%\ G{+}C) - 0{,}63 \times (\%\ Formamid) - 600/L$$

($[Na^+]$ = Natriumkonzentration in mol/l, % G+C = Anteil von Guanin und Cytosin, L = Länge der Sonde in Basen)

(N.B. $\log[Na^+]$ ergibt üblicherweise einen negativen Wert, dadurch verwandelt sich "- 16,6" in "+ 16,6")

Die Schmelztemperatur T_m ist die Temperatur, bei der die Hälfte der Nucleotide in einer Doppelhelix dissoziiert sind. Die optimale Hybridisierungstemperatur liegt offiziell 25 °C unter der T_m, aber das ist nicht die ganze Wahrheit. Denn für das Gelingen spielen noch weit mehr Faktoren eine Rolle, beispielsweise die Sequenz der Sonde. Je einzigartiger sie ist, desto einfacher die Angelegenheit, doch wenn sie große Homologie zu allerlei anderen Sequenzen aufweist, muss man mit der Hybridisierungstemperatur wesentlich höher gehen, um Fehlhybridisierungen zu vermeiden – aber dann wird das Signal schwächer! Und wenn die Sonde stabile Sekundärstrukturen ausbildet, kann es passieren, dass es gar nicht funktioniert.
Am Ende bleibt die richtige Temperatur eine Frage der Erfahrung. In der Praxis fährt man ganz gut mit 65 °C (42 °C bei 50 % Formamid) für eine spezifische Hybridisierung. Will man mit geringerer Spezifität hybridisieren, um homologe Sequenzen zu erwischen, muss man experimentell bestimmen, wie tief man mit der Temperatur geht.
Auch die Dauer der Hybridisierung ist Erfahrungssache. Mit vier Stunden fährt man ganz gut, bei schwierig nachzuweisenden Signalen hybridisiert man dagegen besser über Nacht. Häufig ergibt sich die Hybridisierungsdauer auch aus dem Zeitplan: Wenn man den Tag über mit Fragmentreinigung und Markierung beschäftigt ist, wird man die Hybridisierung über Nacht durchführen.

Waschen

Der andere entscheidende Punkt ist das richtige Waschen. Es trägt zur Spezifität ungefähr genauso viel bei wie die Hybridisierung selbst, manche halten es sogar für wichtiger. Hat man vorher versucht, möglichst viel Sonde einigermaßen spezifisch dranzuhybridisieren, will man nun alles Unspezifische wegwaschen.
Typischerweise wäscht man für 2 x 15 min mit 2 x SSC / 0,1 % (w/v) SDS bei der gleichen Temperatur, mit der man zuvor hybridisiert hat. Man kann die Spezifität erhöhen, indem man die Ionenstärke der Waschlösung senkt (z.B. 0,1 x SSC / 0,1 % SDS) oder die Waschtemperatur erhöht. Hybridisiert man mit niedriger Spezifität, hilft nur Ausprobieren: kürzere Waschzeiten, geringere Temperatur, höhere Ionenstärke. Mit radioaktiven Sonden tut man sich dabei wesentlich leichter, weil man zwischendurch immer wieder mal mit dem Kontaminationsmonitor prüfen kann, ob man schon ausreichend gewaschen hat.

7.3 Nachweis der markierten DNA

7.3.1 Autoradiographie

Von allen Sonden lassen sich die radioaktiv markierten am einfachsten nachweisen: Film drauf und exponieren. Die Expositionszeit ist abhängig von der Signalstärke und kann von 30 min bis zu mehreren Tagen variieren.
Die **Empfindlichkeit** der Röntgenfilme ist dagegen ein gewisses Problem. Die Schwärzung des Films ist nur in einem sehr limitierten Bereich linear und proportional zur Signalstärke der Sonde. Das liegt in der Natur der Sache: Röntgenfilme bestehen aus einer mit Silberbromidkristallen beschichteten Plastikfolie. Licht, β- oder γ-Strahlung können diese Kristalle in einen "aktivierten" Zustand versetzen und die aktivierten Kristalle können anschließend zu schwarzen Silberkörnern reduziert werden, indem man den Film entwickelt. Dieser aktivierte Zustand ist allerdings ziemlich instabil und tatsäch-

lich braucht man etwa 5 Photonen je Kristall, um eine 50 %ige Wahrscheinlichkeit zu erhalten, dass das Kristall bei der anschließenden Entwicklung reduziert wird. Man kann zwar die Stabilität des aktivierten Zustands erhöhen, indem man den Film bei -70 °C exponiert, doch löst das nicht das grundsätzliche Problem, dass schwache Signale unterrepräsentiert werden, weil sie die Aktivierungsschwelle nicht überschreiten können, während starke Signale ab einer gewissen Expositionszeit keine stärkere Schwärzung, sondern bestenfalls einen breiteren Fleck liefern. Hat man auf ein und der selben Membran starke und schwache Signale, muss man häufig zwei Filme auflegen, den einen kurz, den anderen lang.

Ein Trick, die Empfindlichkeit des Films zu erhöhen, besteht im **Vorblitzen**. Die Silberbromidkristalle werden dazu mit gerade so viel Licht angeregt, dass schon das kleine bisschen Strahlung eines schwachen Signals ausreicht, um sie zu aktivieren. Die richtige Lichtmenge muss man empirisch ermitteln. Optimal ist gerade so viel Licht, dass der vorgeblitzte Film nach Entwicklung eine um 0,15 höhere OD_{540nm} hat als ein nicht vorgeblitzter Film. Weil sich die verschiedenen Filmsorten in ihrer Empfindlichkeit unterscheiden, muss man die richtigen Bedingungen für jeden Film austesten, indem man die Wellenlänge des verwendeten Lichts, den Abstand (wenigstens 50 cm) und die Länge des Lichtblitzes variiert. Wohl dem, der dafür ein Stroboskop zur Verfügung hat.

Literatur:

Laskey RA, Mills AD (1975) Quantitative film detection of ^{3}H and ^{14}C in polyacrylamide gels by fluorography. Eur. J. Biochem. 56, 335-341

Laskey RA, Mills AD (1977) Enhanced autoradiographic detection of ^{32}P and ^{125}I using intensifying screens and hypersensitized film. FEBS Lett. 82, 314-316

Laskey RA (1980) The use of intensifying screens or organic scintillators for visualizing radioactive molecules resolved by gel electrophoresis. Meth. Enzymol. 65, 363-371

Verstärkerfolien

Verbreiteter ist die Verwendung von Verstärkerfolien (*intensifying screens*). Das Prinzip: Strahlung, die den Film passiert, ohne Kristalle anzuregen, fällt auf die Folie, wird absorbiert und dort in Form von Licht wieder abgegeben. Dieses trifft wieder auf den Film und aktiviert ihn hoffentlich im zweiten Anlauf. Damit das Ganze funktioniert, muss die Kassette auf -70 °C gebracht werden – bei Raumtemperatur kann man die Folien genauso gut weglassen (Lasley und Mills 1977).
Verstärkerfolien gibt's bei DuPont und Fuji.

Nachteil: Funktioniert nur mit starken β-Strahlern wie ^{32}P oder γ-Strahlern wie ^{125}I. Die Signale werden unschärfer, weil das Licht stärker streut. Außerdem sind die Folien reichlich teuer.

Fluorographie

Signale von schwachen β-Strahlern wie ^{3}H, ^{14}C, ^{33}P und ^{35}S können auf einem anderen Wege verstärkt werden. Das Prinzip ähnelt dem der Verstärkerfolien – man bringt die radioaktive Probe in räumliche Nähe zu einem organischen Szintillator, der die Energie von auftreffenden Teilchen oder Quanten in Form von Licht wieder abgibt. Dieses Prinzip wird hauptsächlich zur Bestimmung von Radioaktivität mittels Szintillationszählern verwendet, dafür mischt man dann vor der Messung ein Aliquot der Probe mit einer geeigneten Szintillationsflüssigkeit. Für Acrylamidgele gibt's spezielle Szintillationslösungen (z.B. Amplify von Amersham), in denen das Gel nach der Elektrophorese für 30 min inkubiert wird. Danach wird das Gel normalerweise getrocknet und exponiert.

Storage Phosphor

"**PhosphorImager**™" ist der Name eines Geräts, das Molecular Dynamics 1989 auf den Markt brachte; ähnliche Geräte werden inzwischen auch von Fuji, Bio-Rad und Canberra Packard vertrieben. Die Technik, *storage phosphor*, ist sehr interessant, wenngleich die zugrundeliegende Physik den einfachen Molekularbiologen überfordern dürfte. In einfachen Worten: Man benötigt einen mit BaFBr:Eu-Kristallen (!) beschichteten "Schirm" (*screen*), in dessen Kristallen Elektronen durch ionisierende Energie in einen angeregten, aber stabilen Zustand (Eu → Eu^{2+}) versetzt werden können. Nach erfolgreicher Exposition mit der hybridisierten Membran werden die Kristalle von einem Laserstrahl abgetastet und dabei noch ein bisschen mehr angeregt, diesmal aber in einen instabilen Zustand (Eu^{2+} → Eu^{3+}) überführt, woraufhin die Elektronen in ihren Grundzustand zurückfallen (Eu^{3+} → Eu), nicht ohne vorher ein Quäntchen Licht abzugeben, das dann gemessen wird. Die Methode ist für radioaktive Isotope (β- und γ-Strahler wie ^{14}C, ^{35}S, ^{32}P, ^{33}P, ^{125}I, ^{131}I) und UV-Licht geeignet.
Die Methode ist 10 bis 100mal empfindlicher als Röntgenfilme und liefert daher schnellere Ergebnisse bzw. detektiert auch schwächere Signale. Mindestens genauso interessant ist die Tatsache, dass das System weniger schnell gesättigt wird, so dass sehr starke und sehr schwache Signale durch eine einzige Exposition erfasst werden können. Der lineare Signalbereich geht über 5 Größenordnungen (100 000:1) und ist daher für Quantifizierungen weit besser geeignet als Röntgenfilme. Die Daten werden mit einem Computer erfasst und können daher ohne weiteren Aufwand densitometrisch ausgewertet werden.

Vorteil: Schnell, empfindlich, quantifizierbar. High tech.
Nachteil: Die Kosten für ein solches Gerät sind sehr hoch (je nach Ausstattung ab 40 000 €). Da man den PhosphorImager nur zum Einlesen der auf dem Screen gespeicherten Signale benötigt, reicht es auch aus, wenn eine befreundete Arbeitsgruppe in Fußweite ein Gerät besitzt, die Auswertung kann man bei entsprechender Ausrüstung (Analyseprogramm, Graustufendrucker) auch im heimischen Labor vornehmen. Die Screens sind zwar wiederverwendbar, aber empfindlich gegen Kontaminationen mit radioaktiven Sonden, die einem bei späteren Expositionen als Hintergrund erhalten bleiben. Außerdem sind sie reichlich teuer (ab 750 €), und wer das System häufig nutzt, wird mehrere davon benötigen. Die Auflösung ist mit ≥50 µm geringer als beim Röntgenfilm.

Literatur:
Johnston RJ, Pickett SC, Barker DL (1990) Autoradiography using storage phosphor technology. Electrophoresis 11, 355-360
Reichert WL et al. (1992) Storage phosphor imaging technique for detection and quantitation of DNA adducts measured by the ^{32}P-postlabeling assay. Carcinogenesis 13, 1475-1479

7.3.2 Nicht-radioaktive Nachweismethoden

Ein System in die Flut der nicht-radioaktiven Nachweismethoden zu bringen ist nicht ganz einfach, weil die größte Gemeinsamkeit die "Nicht-Radioaktivität" ist. Versuchen wir's.
Zunächst einmal kann man direkte und indirekte Nachweise unterscheiden. Der **direkte Nachweis** ist allerdings selten, eigentlich existiert er nur für fluoresceinmarkierte Sonden, die man mit UV-Licht nachweisen kann, entweder im Mikroskop oder im FluorImager (siehe unten), doch ist die Empfindlichkeit nur mäßig hoch, weil die Zahl der Markierungen je Molekül meist recht gering ist.
Eine **halbdirekte Nachweismethode** ist (bzw. war) das Lightsmith®-System von Promega, bei dem Alkalische Phosphatase direkt an die (Oligonucleotid-) Sonde gekoppelt wird. Die Phosphatase wird dann "direkt" durch eine enzymatische Reaktion nachgewiesen. Das soll laut Hersteller so sensitiv

sein wie radioaktiv markierte Oligonucleotide. Die Markierung der Sonde funktioniert allerdings besser bei aminomodifizierten Oligonucleotiden, die man speziell synthetisieren lassen muss. Sehr erfolgreich scheint das System allerdings nicht gewesen zu sein, im aktuellen Promega-Katalog findet sich davon jedenfalls keine Spur mehr. Amersham hat (zur Zeit noch) zwei ähnliche Systeme im Angebot, wovon das eine mit Alkalischer Phosphatase arbeitet (AlkPhos Direct), das andere mit Meerrettichperoxidase (ECL Direct).
Am verbreitetsten jedoch ist der **indirekte Nachweis**. Ob die Sonde mit Biotin, Digoxigenin (DIG) oder Fluorescein markiert ist, der Vorgang ist immer der gleiche: Die Markierung wird von einem spezifischen Antikörper (gegen DIG bzw. Fluorescein) oder Streptavidin (bindet an Biotin) erkannt, an das ein Enzym (je nach System Alkalische Phosphatase oder Meerrettichperoxidase) gekoppelt ist. Dieses lässt sich dann über eine der unten aufgelisteten enzymatischen Reaktionen nachweisen (s. Abb. 42). Das Prinzip ist somit das gleiche wie bei der Immunfärbung aus der Welt der Proteinfritzen.
Die Schwäche der Methode liegt in den vielen Zwischenschritten, die ein Problem darstellen, wenn man die Signale quantifizieren möchte: Nach Hybridisierung mit der Sonde und Waschen wird die Membran blockiert, mit dem Antikörper inkubiert, nochmals gewaschen und schließlich Substrat für den Nachweis zugegeben. Je mehr Zwischenschritte, desto mehr Unwägbarkeiten. Die Empfindlichkeit des indirekten Nachweises ist dagegen kein Problem, man kann, bei geeignetem Substrat, die gleichen Nachweisgrenzen erreichen wie mit radioaktiv markierten Proben.
Roche (bzw. das einstige Boehringer Mannheim) hat im Laufe der letzten Jahre ein umfassendes nichtradioaktives Programm entwickelt, das verschiedenste Anwendungen DIG-markierter Sonden beinhaltet. Wer sich einen Überblick verschaffen will, kann bei Roche Handbücher zum Thema anfordern. Mir ist ein *Nonradioactive in situ hybridization – Application manual* und *The DIG system user's guide for filter hybridization* bekannt. Ausführliche Infos (u.a. alle Beipackzettel!) zu diesen und auch allen anderen Roche Produkten findet man auch im Internet (http://www.roche-applied-science.com/).

Farbnachweis

Alkalische Phosphatase (**AP**) wird mit 5-Brom-4-chlor-3-indolylphosphat (**BCIP**) oder Nitroblautetrazolium (**NBT**) nachgewiesen, **Meerrettichperoxidase** (**HRP**) mit **Chlornaphthol**; dabei entsteht ein dunkler Farbniederschlag, der gut sichtbar ist – die entsprechenden Protokolle findet man bei Maniatis und in den Current Protocols (s. 13.2). Der Farbnachweis funktioniert auf Nitrocellulose- und Nylonmembranen.
Roche bietet für den AP-Nachweis ein *Multicolor Detection Set* an, mit dem man seine Banden grün, blau bzw. rot färben kann. Das erlaubt Mehrfachnachweise, doch sind diese Farben schlechter zu sehen.

Nachteil: Von allen Substraten sind die chromogenen die insensitivsten.

Chemilumineszenz

Im Gegensatz zu den chromogenen Substraten produzieren die chemilumineszenten Substrate Licht, das man mit Hilfe eines Röntgenfilms nachweisen kann. Alkalische Phosphatase und Meerrettichperoxidase benötigen unterschiedliche Substrate, die auch extrem unterschiedliche Kinetiken aufweisen. Während die HRP-Reaktion sehr stark und sehr schnell ist – bei einigen älteren Systemen ist nach zehn Sekunden bereits alles vorbei – ist die AP-Reaktion sehr viel langsamer und kann, nach einer ca. halbstündigen Inkubationsphase, etwa zwei Tage anhalten. Demgemäß liegen die Expositionszeiten bei HRP-Systemen im Sekunden- bis Minutenbereich, während sie bei AP-Systemen zwischen 5 min

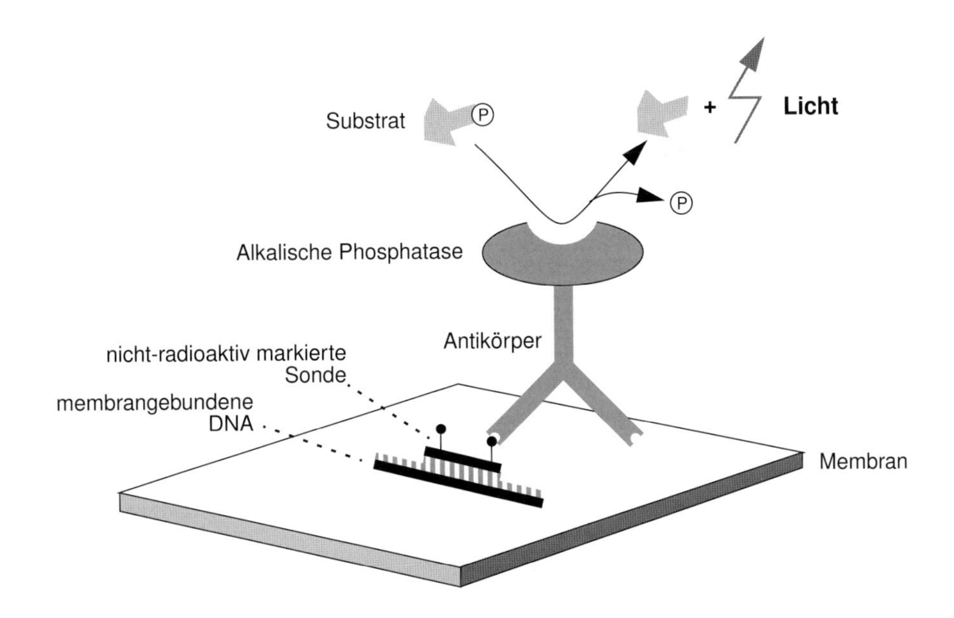

Abb. 42: Das Prinzip des indirekten nicht-radioaktiven Nachweises ist im Wesentlichen für Farbnachweis, Chemilumineszenz und Fluoreszenz identisch: Nach der Hybridisierung mit einer markierten Sonde wird ein spezifischer, enzymgekoppelter Antikörper an die Sonde gebunden und anschließend eine Nachweisreaktion durchgeführt. Je nach verwendetem Substrat entsteht dabei ein Farbstoff, Licht (hier dargestellt) oder eine Substanz, die nach Anregung durch einen Laser Licht abstrahlt.

(bei sehr starken Signalen) und mehreren Stunden liegen. Das mag den Eindruck erwecken, HRP-Signale seien günstiger, weil schneller und stärker, doch wer kann schon abschätzen, ob er den Film besser zwanzig Sekunden oder zwei Minuten auflegt? Und noch bevor der Film entwickelt ist, ist die Reaktion zu Ende. Also neues Substrat drauf und neues Glück. Dieses Problem wurde auch von den Herstellern erkannt, weshalb mittlerweile die meisten HRP-Systeme eine stark gedrosselte Kinetik aufweisen, die weitgehend derjenigen der AP-Systeme ähnelt.
Die Lichtproduktion ist in etwa vergleichbar mit der Schwärzung durch Radioaktivität – tatsächlich geht es sogar ein ganzes Stück schneller. Das erlaubt einem einerseits, in kürzerer Zeit mehrere Filme nacheinander aufzulegen, während man andererseits mit einer Zweistundenexposition die gleiche Signalstärke erreicht wie bei einer Übernachtexposition mit radioaktiv markierten Sonden. Bei schwachen Signalen ist allerdings eine gewisse Vorsicht angebracht. Der Hintergrund scheint bei AP-Systemen stärker zu sein als bei radioaktiven Sonden, was dazu führt, dass man Signale, die man nach zwei Stunden nicht sieht, vermutlich auch nach Übernacht-Exposition nicht sehen wird, weil der Film zwar insgesamt stärker geschwärzt ist, aber leider das Verhältnis von Hintergrund zu Signal das gleiche bleibt. Ob HRP-Systeme in diesem Punkt besser abschneiden, ist fraglich. Das ECL-System (ein HRP-System von Amersham, das in der Proteinbiochemie gerne verwendet wird) beispielsweise liefert im Fall von Western Blot-Nachweisen sehr schöne Ergebnisse, die allerdings extrem unlinear sind: Starke Signale kommen bombig, schwache Signale gar nicht (!) und im Bereich dazwischen entspricht eine Verfünffachung des Signals einer Verdoppelung der Menge an nachzuweisendem Material. Eine

Quantifizierung ist unter diesen Umständen völlig unmöglich, das System eignet sich so ausschließlich zum qualitativen Nachweis.
Passende **Substrate** gibt's bei Lumigen, Applied Biosystems oder über die Firma, von der man das nicht-radioaktive Markierungssystem bezogen hat. Die Substrate sind normalerweise das Teuerste am ganzen Nachweis, mit einem kleinen Trick kommt man allerdings mit so geringen Mengen aus, dass den Herstellern die Augen tränen: Die Membran mit der DNA auf eine Folie legen – am besten eignen sich zu diesem Zweck sogenannte Prospekthüllen, wie man sie in jedem Schreibwarengeschäft findet –, je nach Membrangröße 0,5-2 ml Substratlösung auf die Membran pipettieren und dann eine zweite Folie auflegen. Auf diese Weise verteilt sich das Substrat gleichmäßig in einem dünnen Film auf der gesamten Membran.

Vorteil: Die Chemilumineszenznachweissysteme sind erstaunlich stabil, sie halten sich über Jahre – praktisch für all jene, die nur hin und wieder hybridisieren.
Nachteil: Probleme bereiten die Membranen. Nitrocellulosemembranen funktionieren nicht gut mit Chemilumineszenzsubstraten, weil das Signal gequencht (unterdrückt) wird. Das DIG-System benötigt positiv geladene Nylonmembranen, und da sind auch nicht alle Hersteller und alle Produktionschargen gleich gut. Für dieses und für andere Systeme gilt: Entweder man testet selbst eine ganze Reihe von Membranen aus oder man beißt in den sauren Apfel und kauft vom Vertreiber des Systems auch die Membranen, die speziell für das System angeboten werden.

Fluoreszenz

Eine Zeit lang hatte Amersham Fluoreszenzsubstrate für die Alkalische Phosphatase im Angebot, die ähnlich verwendet wurden wie die oben beschriebenen Chemilumineszenz-Substrate. Weil Fluoreszenzfarbstoffe nicht von alleine strahlen, sondern erst mit Licht geeigneter Wellenlänge angeregt werden müssen, benötigte man für den Nachweis einen FluorImager - eine Entwicklung, die sich aufgrund der hohen Anschaffungskosten für das Gerät offenbar nicht durchsetzen konnte.
Dennoch ist das Nachweisprinzip nicht ganz tot; für die Fluoreszenz-in-situ-Hybridisierung (FISH, s. 9.1.4) wird es noch immer eingesetzt. Bei Roche findet sich übrigens ein Substrat (HNPP Fluorescent Detection Set), das sich für FISH wie auch für klassiche Membran-Hybridisierungen eignet.

7.4 Screenen von rekombinanten DNA-Banken

Eine **DNA-Bank** (***library***) ist, vereinfacht ausgedrückt, ein Gemisch von Klonen, das man erhält, wenn man ein Gemisch von DNA-Fragmenten in einen Vektor kloniert. Weil es alle möglichen Arten von DNA-Fragmenten und Vektoren gibt, kann man, je nach Schwerpunkt des Interesses, die Banken einteilen

- gemäß dem Ursprung der DNA, z.B. in genomische und cDNA-Banken.
- entsprechend dem verwendeten Vektor in Plasmid-, Phagen-, Cosmid-, PAC-, BAC- oder YAC-Banken.
- anhand ihrer Eigenschaften. Interessant sind hierbei vor allem die Expressionsbanken. Eine Expressionsbank enthält cDNA-Fragmente, die in einen Vektor mit Promotor kloniert wurden. Die Expression kann bei Bedarf induziert werden und die Klone werden anschließend anhand der Eigenschaften des exprimierten Proteins, z.B. durch einen funktionellen Test, gescreent. Darüber kann man allerdings ein eigenes Buch schreiben.

Dieser Abschnitt beschreibt kurz die einzelnen Arbeitsgänge, die beim Screenen einer Bank anfallen, um eine Vorstellung vom Arbeitsaufwand zu vermitteln. Die Herstellung einer solchen Bank bleibt dabei absichtlich außen vor, weil dies ein recht mühseliger Prozess ist, für den es einer gehörigen Portion Erfahrung bedarf, um ein einigermaßen befriedigendes Ergebnis zu erhalten. Manch einer hat schon seine halbe Doktorarbeit an ein solches Unterfangen verschwendet. In der Praxis wird man daher vor allem DNA-Banken verwenden, die man von anderen Arbeitsgruppen bekommen oder bei einer Gentech-Firma gekauft hat. Von denen bekommt man dann auch ein detailliertes Screening-Protokoll.

Ausplattieren der Bank
Am häufigsten wird man es mit Phagen- und Cosmidbanken zu tun haben. Es ist erstaunlich, wie wenig Ausgangsmaterial man dabei benötigt – bei Phagenbanken reichen weniger als 100 µl Phagensuspension aus, um jeden vorhandenen Klon zu finden.
Entscheidend ist dabei die Komplexität der DNA-Bank. Um eine realistische Chance zu haben, die gewünschte Sequenz auch zu finden, sollte man drei- bis fünfmal mehr Klone ausplattieren als die Bank unabhängige Klone enthält, auf diese Weise hat man die Statistik einigermaßen auf seiner Seite, so dass jeder Klon wenigstens einmal vertreten sein dürfte. Die Zahl der auszuplattierenden Klone hängt allerdings auch von der Häufigkeit der gesuchten Sequenz ab. Sucht man in einer cDNA-Bank nach einer sehr häufigen Sequenz, wird man schon mal unter diesen Richtwert gehen, nicht zuletzt, weil der Arbeitsaufwand um so geringer ist, je weniger Filter man zu jonglieren hat. Im Normalfall muss man allerdings mit zwanzig 14-cm-Agarplatten und einer entsprechenden Anzahl von Filtern rechnen.

Filter ziehen
Nach dem erfolgreichen Ausplattieren müssen die Klone für die Hybridisierung auf Membranen transferiert werden, ein Vorgang, den man als "Filter ziehen" bezeichnet. Das Vorgehen unterscheidet sich dabei etwas für Phagen und Bakterien.
Phagen werden gemeinsam mit Bakterien ausplattiert. Die Phagen lysieren die Bakterien und bilden im Bakterienrasen sogenannte Plaques. Diese Plaques wimmeln nur so von Phagenpartikeln, deshalb reicht es aus, eine passende Nylon- oder Nitrocellulosemembran für wenige Minuten auf die Agarplatte zu legen und anschließend wieder vorsichtig abzuziehen, in dieser Zeit heften genügend Phagen an die Membran, um später ein gutes Hybridisierungssignal zu liefern. Die Membran wird anschließend wie ein Southern Blot denaturiert und gebacken oder mit UV-Licht gecrosslinkt. Von einer Agarplatte kann man problemlos zwei bis drei Filter ziehen, bei mehr wird's schwierig, weil sich die Membranen jedesmal mit Flüssigkeit vollsaugen, der Agar dadurch zu trocken wird und an der Membran kleben bleibt. Die Platten werden anschließend aufbewahrt, sie enthalten immer noch genügend Partikel, um daraus die Phagen für die nächste Screeningrunde zu picken.
Bei Cosmiden gestaltet sich das Filterziehen schwieriger, weil die DNA in den Bakterien drinsteckt und diese bekanntlich in Form von Kolonien wachsen. Kolonien können recht groß werden, und wenn man auf eine solche Platte eine Membran legt, schmieren die Bakterien über die halbe Platte. Man schlägt daher einen anderen Weg ein: Man plattiert die Bakterien auf Agarplatten aus, legt darauf die Membran und inkubiert erst anschließend die Bakterien bei 37 °C. Weil die Membranen recht grobporig sind, wachsen die Bakterien auf dem Agar, wandern aber auch durch die Membran und bilden Kolonien auf der Membranoberfläche. Ein Teil der Bakterien bleibt außerdem an der Membran kleben, die man dann nur noch abziehen und wie oben behandeln muss. Danach kann man eine neue Membran auflegen und die Platte erneut inkubieren. Eine dieser Membranen wird anschließend bei -70 °C weg-

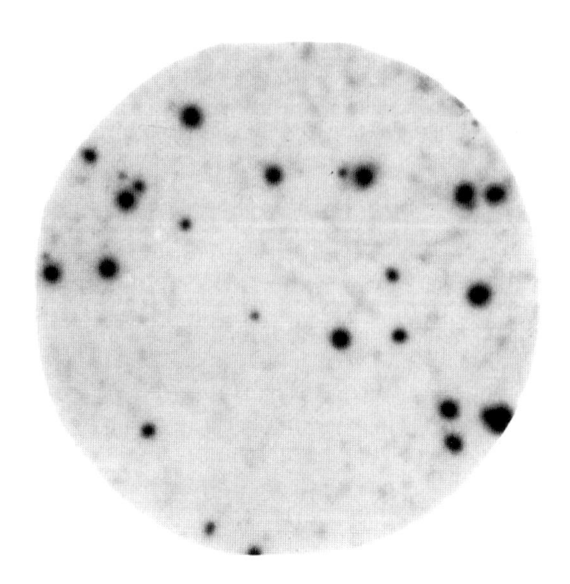

Abb. 43: Phagenscreening.
Autoradiographiesignal einer Phagen-cDNA-Bank nach der zweiten Screeningrunde. Hier besteht kein Zweifel mehr, dass es sich um einen positiven Klon handelt.

gefroren – von dieser "Master"-Membran kann man nach der Hybridisierung die Bakterien für die nächste Screeningrunde gewinnen.
Wichtig ist in jedem Fall, dass man **Markierungen** auf Platte und Membranen anbringt, damit man sie später in Übereinklang bringen kann. Gerade bei runden Filtern wird es einem sonst nie gelingen, das positive Signal von der Membran mit der Agarplatte bzw. dem Master zur Deckung zu bringen. Der klassische Weg besteht darin, mit einer Kanüle ein Loch durch die Membran in den Agar zu stechen. Ruhig herzhaft reinstechen – man hat anschließend immer noch genügend Probleme, die Löcher im Agar wiederzufinden. Außerdem müssen die Lochmuster asymmetrisch sein, sonst hilft die Aktion recht wenig.

Filter hybridisieren
Die Hybridisierung läuft nicht anders ab als bei Southern oder Northern Blots, nur ist die Zahl der Filter meistens höher und die Filter sind größer. Die Probleme liegen damit mehr in der technischen Durchführung, weil man häufig keine ausreichend große Hybridisierungsgefäße hat. Außerdem ist die Zahl der Filter ein Problem. Hat man es mit mehr als zehn Filtern zu tun, neigen diese dazu, durch das Eigengewicht aufeinanderzukleben, die Sonde dringt nur in die Randregionen des Filters und der größte Teil der Membran bleibt davon unberührt.
Gewaschen wird ebenfalls wie bei anderen Hybridisierungen, bei 65 °C mit 0,1-2 x SSC / 0,1 % SDS, wenn man hohe Spezifität wünscht, oder bei entsprechend niedrigeren Temperaturen, wenn man nach Sequenzen mit geringerer Homologie sucht. Wichtig ist vor allem, mit einem ausreichenden Flüssigkeitsvolumen zu waschen, die Filter müssen einzeln schwimmen.

Filter exponieren
Auch der Nachweis der positiven Klone wird durch die Dimension und die Zahl der Membranen erschwert. Am einfachsten tut man sich mit radioaktiven Sonden, da braucht man nur eine ausreichende Zahl von Kassetten für die Exposition. Meistens exponiert man mit Verstärkerfolien (s. 7.3.1) bei -70 °C, um Zeit zu sparen. Unter diesen Umständen ist es besonders wichtig, darauf zu achten, dass die Filme nicht nass werden. Wenn man – Ungeduld ist Trumpf – die Kassetten noch im gefrorenen Zustand öffnet, bleiben die feuchten Filme an der Unterlage kleben; reißt man sie dann mit Gewalt ab, kommt's zu hässlichen schwarzen Flecken auf dem Film, die unter Umständen sämtlichen Signale überdecken.
Bei nicht-radioaktiven Sonden folgen noch Antikörperhybridisierung und Nachweis. Das kann aufgrund der großen Flüssigkeitsmengen reichlich teuer werden. Zumindest bei der Substratlösung kann man sparen: Man pipettiert wenige Milliliter davon direkt auf die Membran und legt dann eine Plastikfolie darüber. Auf diese Weise verteilt sich die kleine Flüssigkeitsmenge einigermaßen gleichmäßig über die gesamte Membran. Anschließend wird exponiert.

Für die **Exposition** verwendet man am besten alte Filme als Unterlage (*support*) für die Membranen, die sind einerseits stabil, andererseits flexibel und haben normalerweise bereits die richtige Größe für die Kassetten. Lästigerweise muss man die Filme mit Plastikfolie überkleben, weil sonst die Membranen unwiederbringlich festkleben. Auch sollte man unbedingt Marker auf der Unterlage anbringen, damit man anschließend belichteten Film und Membranen genau in Übereinklang bringen kann. Sehr gut eignen sich **Leuchtmarker**, wie man sie beispielsweise in Gestalt von Dinosauriern und Micky-Mäusen in Spielwarenläden findet. Amersham bietet ganz praktische fluoreszierende selbstklebende Folien an (TrackerTape™), die man zurechtschneiden und beschriften kann.
Unterlage und Membranen müssen anschließend mit einer weiteren Lage Frischhaltefolie eingewickelt werden, weil sich Feuchtigkeit und Röntgenfilme schlecht vertragen. Der Kampf mit der Frischhaltefolie gehört zu den schwierigsten Handgriffen, für die man meist die Hilfe eines Kollegen benötigt. Roth hat eine Folie im Angebot, die zwar deutlich teurer ist, aber weniger klebt und sich für solche Zwecke wesentlich besser eignet.

Klon ausfindig machen
Nach dem Entwickeln des Films fängt die eigentliche Arbeit an. Auf dem Film muss zunächst die Position der Membranen markiert werden, erst dann sollte man ernsthaft nach Signalen suchen, weil man sonst in ein heilloses Durcheinander gerät. Hat man ein Signal gefunden, muss man bei Phagen Film und Agarplatte zur Deckung bringen, die Agarregion, in der das Signal liegt, recht großzügig ausstechen und die Phagen in Phagenpuffer eluieren. Bei Bakterienbanken schneidet man die entsprechende Region von der Mastermembran aus und legt eine kleine Kultur davon an.
In beiden Fällen steht man am Ende mit einem Gemisch von Phagen bzw. Bakterien da, weil man leider gar nicht so genau stechen oder schneiden kann, dass man nur den gewünschten Klon erwischt. Umgekehrt steigt mit dem Versuch, möglichst genau zu sein, das Risiko, am Wunschklon vorbeizupicken, daher sollte man beim Stechen bzw. Ausschneiden lieber etwas großzügiger sein. Mit steigender Praxis wird man sich später automatisch in größerer Präzision üben, um so die Zahl der notwendigen Screeningrunden zu reduzieren.
Zumindest ist der gesuchte Klon in diesem Gemisch deutlich angereichert und man beginnt mit der nächsten Screeningrunde: Eluierte Klone ausplattieren, Filter ziehen, hybridisieren... Je nach Erfahrung und Händchen braucht man drei bis fünf solcher Screeningrunden, bis man zu einem Einzelklon kommt. Man kann übrigens, wenn man zügig arbeitet, die Hybridisierungssonde recyclen. Wer geschickt und flott arbeitet, kommt so unter Umständen mit einer einzigen Markierung aus.

Screeningspezifische Probleme: Am einfachsten tut man sich, wenn man nach der ersten Screening–runde nur ein Signal erhält. Meist sind's allerdings mehr, zwischen zehn und mehreren Hundert. Alle diese müssen isoliert und neu ausplattiert werden. Wie bekommt man das in den Griff?
Erfahrungsgemäß sind eine Vielzahl der Signale **Artefakte**. Entweder man zieht zu Beginn von jeder Platte zwei Filter und hybridisiert beide mit der gleichen Sonde, besser noch mit zwei verschiedenen, sofern möglich. Nur Signale, die auf beiden Filtern erscheinen, werden anschließend berücksichtigt. Oder man findet Kriterien, nach denen man die Signale auswählt – beispielsweise nur die stärksten oder nur die schwächeren, runden – oder man findet eine alternative, einfache Screeningmethode, um zwischen guten und schlechten Klonen zu unterscheiden. Beispielsweise kann man, wenn man Sequenzen aus den gesuchten Klonen kennt, das Phageneluat oder den Bakterienmix als Template für eine PCR verwenden. Eine andere Taktik besteht darin, potentielle Klone zu poolen, indem man bei der nächsten Ausplattierung ein vielversprechendes und zwei bis fünf weniger versprechende Signale gemeinsam ausplattiert.

Bankenscreenen in der Zukunft
Soweit zum guten alten traditionellen Bankenscreening. Ich weiß nicht, wie lange Forscher noch auf diese Weise nach Klonen fischen werden, doch dürften sie zu einer aussterbenden Rasse gehören. Die Zukunft gehört den maschinell gedotteten ***High density filter libraries***. Die Klone werden dazu vereinzelt und von speziellen Robotern in geordneten Mustern auf die Membranen aufgetragen. Screening wird so zum reinen Vergnügen: Es genügt, die Membranen einmal zu hybridisieren, die Koordinaten der Signale zu bestimmen und diese an die Institution weiterzugeben, von der man die Membran bekommen hat, der gewünschte Klon kommt dann per Post.
In Deutschland ist das Ressourcenzentrum in Berlin eine gute Anlaufadresse, über die man, zur Zeit noch zu günstigen Kosten, Membranen von verschiedensten Banken beziehen kann. Nähere Informationen kann man über's Internet bekommen (http://www.rzpd.de).
Und in absehbarer Zeit, wenn die meisten Genome durchsequenziert sein werden, wird man für's Screenen nur noch einen Computer brauchen, mit dem man die Genbanken durchstöbert, und die größte Schwierigkeit wird darin bestehen, herauszubekommen, wo man den gewünschten Klon bestellen kann. Die Hände wird sich nur noch schmutzig machen müssen, wer sich nicht mit den Standardtierchen der Forschung begnügen kann. Aber mal ehrlich: Hat jemand, der nach Genen der Großen Egelschnecke sucht, es besser verdient?

7.5 Two-hybrid system

Wenn man es genau nimmt, fällt die Suche nach der Funktion eines Proteins nicht wirklich in die Zuständigkeit des Hardcore-Molekularbiologen, dessen Daseinsberechtigung vielmehr darin liegt, den Anderen die notwendigen DNA-Konstrukte zur Verfügung zu stellen. Doch halte ich es weder für eine akzeptable Einstellung, den Blick auf fremde Arbeitsfelder zu verschließen, noch glaube ich, dass sich eine solche Einstellung noch länger durchhalten lässt, auch wenn sie bislang recht verbreitet war. Das menschliche Genom ist durchsequenziert, genauso wie die Genome vieler seiner Lieblingstierchen, und die Zeit naht, in der es nichts Neues mehr zu klonieren gibt und der Job des Mollis nur noch darin besteht, verschiedene bereits existierende Sequenzen miteinander zu kombinieren. Man könnte eine solche Tätigkeit als "akademischen Klempner" bezeichnen, wenn die Erfahrung nicht lehren würde, dass diese Arbeiten künftig von Technischen Assistenten und Praktikanten erledigt werden, also Nichtakademikern. Wenn Sie zum bedauernswerten Häuflein der Akademiker gehören sollten, werden Sie also noch einen Scheit zulegen müssen, um Ihre Daseinsberechtigung zu verteidigen.

Warum nicht mit dem *two-hybrid system*? Wir wissen zwar mittlerweile, dass der Mensch ca. 25 000 Gene besitzt,[99] doch hilft uns dies etwa ebensoviel wie die Angabe, aus wie vielen Bauteilen der Eiffelturm besteht. Die entscheidende Frage der kommenden Jahre ist vielmehr, welches Protein mit welchem interagiert, in welcher Form und mit welchem Ergebnis. Das *two-hybrid system* ist eine Methode, die erste Frage zu beantworten, die nach dem "Wer mit wem". Sie erlaubt einem, (hoffentlich neue) Bindungspartner von Proteinen zu finden, über die man nur weiß, dass sie wohl an irgendein anderes Protein binden müssen, um aktiv zu sein. Es ist vermutlich mittlerweile das Beliebteste einer ganzen Reihe von Screeningsystemen, mit denen man aus speziellen Expressionsbanken ein Protein fischen kann, das mit dem eigenen Lieblingsprotein interagiert. Ungewöhnlich ist, dass es ein auf Hefe basierendes System ist.

Das Prinzip: Man bastelt eine Sonde (auch als Köder oder *bait* bezeichnet), indem man ein Fusionsprotein kloniert, das aus den essentiellen Teilen des Wunschproteins und der DNA-bindenden Domäne des Bakterienproteins LexA zusammengesetzt ist. LexA ist ursprünglich ein Repressor, der spezifisch an den LexA-Operator bindet. Auch andere Proteine können für ein "Reporter"-Konstrukt verwendet werden, sofern damit ein (zuvor stilles) Signalsystem aktiviert werden kann, beispielsweise Transkriptionsfaktoren, Kinasen und Phosphatasen.

Nun benötigt man eine spezielle Hefemutante, die ein geeignetes, durch LexA aktivierbares Reportersystem besitzt. Verschiedene Möglichkeiten sind hier denkbar. Der Stamm EGY48 beispielsweise besitzt zwei Selektionssysteme, einerseits ein LEU2-Gen, dessen Promotorregion durch den LexA-Operator ersetzt wurde und andererseits ein β-Galactosidase-Gen, das ebenfalls durch einen LexA-Operator gesteuert wird. LEU2 ist essentiell für die Leucin-Synthese, fehlt das Enzym, können die Hefen auf Leucin-freiem Medium nicht mehr wachsen.

Der Hefestamm wird mit dem zuvor hergestellten Sonden-Konstrukt transformiert, welches das Wunschprotein-LexA-Fusionsprotein exprimiert. Die neue Hefe-Zelllinie unterscheidet sich im Idealfall funktionell erst mal in nichts vom ursprünglichen Stamm, und das ist gut so. Zusätzlich muss man die Hefe nun mit einer speziellen cDNA-Bank transformieren, die man zuvor gekauft, organisiert oder selbst hergestellt hat. Der Clou daran ist, dass es sich dabei um eine Bank aus Fusionsproteinen handelt, in der die cDNAs mit der Aktivierungsdomäne (*acidic activator* oder "*acid blob*") eines besonders aktiven Proteins gekoppelt wurden, beispielsweise VP16 oder Gal4-AD. Die Fusionsproteine stehen unter der Kontrolle eines Promotors, der einem erlaubt, die Expression zu steuern, z.B. einem Galactose-abhängigen GAL1-Promotor.

Lässt man nun die doppelt transformierten Hefen auf einem Spezialmedium wachsen, das Galactose, aber kein Leucin enthält, wird einerseits die Expression der cDNA-Konstrukte induziert, andererseits kommt die Hefezelle in größte Probleme, weil ihre Versorgung mit Leucin zusammenbricht. Nur diejenigen Zellen überleben diese Behandlung, die ein Fusionsprotein aus der cDNA-Bank exprimieren, dessen cDNA-Teil an Ihr Wunschprotein bindet. Nur so gelangen die DNA-bindende Domäne der Sonde und die Aktivator-Domäne des Fusionsproteins in ausreichende räumliche Nähe, um die Expression derjenigen Gene zu aktivieren, die unter der Kontrolle des LexA-Operators stehen – das plötzlich lebenswichtig gewordene LEU2-Gen, das die Leucin-Versorgung der Hefezelle wieder herstellt und andererseits auch das LacZ-Gen, das für die β-Galactosidase kodiert. Die Verwendung von zwei Reportersystemen erlaubt eine doppelte Selektion, um die Zahl an falsch Positiven zu vermindern: In zwei bis fünf Tagen wachsen diejenigen Hefezellen, die die "guten" Fusionsproteine enthalten, trotz Leucin-freiem Medium zu Kolonien heran, und streicht man diese anschließend auf X-Gal-haltigem Medium aus, färben sich die "richtig guten" Kolonien blau.

---

99. Ist es nicht erstaunlich, dass man 2007, also sechs Jahre nach der Erstpublikation des menschlichen Genoms, immer noch nicht wusste, wieviele Gene dieses Genom enthält?!

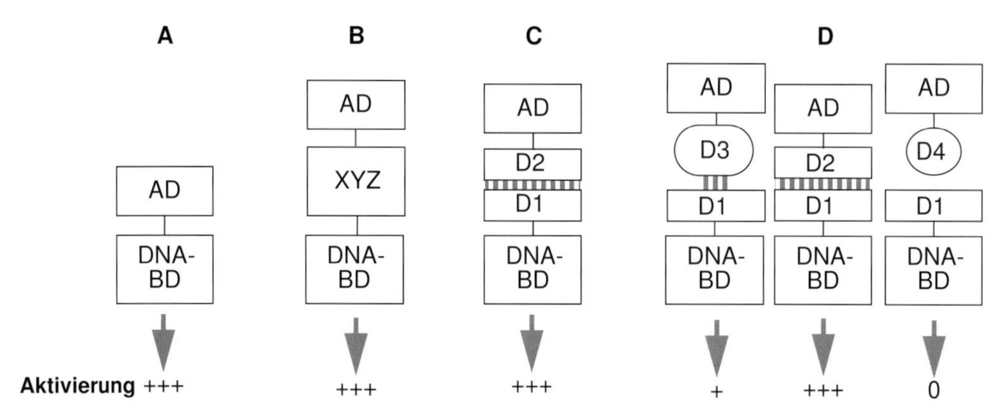

Abb. 44: Prinzip des *two-hybrid system*.
Im Detail ist das *two-hybrid system* relativ verwirrend. Vielleicht hilft es, sich vorzustellen, dass es sich dabei im Grunde nur um einen klassischen Aktivator mit DNA-bindender Domäne und Aktivator-Domäne handelt (**A**). Domänen sind bekanntlich erstaunlich stabile und selbständige Bauteile von Proteinen, die räumlich (fast) beliebig voneinander getrennt werden können. Im Fall des *two-hybrid system* begnügt man sich nicht damit, eine sehr lange Aminosäuresequenz XYZ zwischen die beiden Domänen zu plazieren (**B**), sondern fügt statt dessen zwei Domänen ein, die nur aufgrund ihrer gegenseitigen Affinität aneinander binden, zerlegt den Aktivator also in zwei Proteine, von denen eines an die DNA-bindet, während das andere die Transkription aktiviert (**C**). Damit sind Sie praktisch beim *two-hybrid system* angelangt: die DNA-bindende Domäne (z.B. LexA) wird mit Ihrem Wunschprotein D1 fusioniert, die aktivierende Domäne (der "acid blob") mit verschiedenen cDNAs D2-D4, und Ihnen bleibt nur noch die Aufgabe, den Klon zu finden, der zu einer maximalen Aktivierung führt, also offensichtlich am besten an Ihr Wunschprotein D1 bindet (**D**). **AD**: *acidic activation domain*, **DNA-BD** *DNA-binding domain*, **D1-D4** Domäne 1-4

Sollte Ihnen das Prinzip des *two-hybrid system* an dieser Stelle noch immer unklar sein, hilft Ihnen vielleicht Abb. 44 beim Verständnis weiter.
Aus den positiven Kolonien isoliert man dann das Plasmid mit dem cDNA-Konstrukt und analysiert es im Detail; wenn alles gut gelaufen ist, kodiert dieses Konstrukt für den oder einen der gesuchten Bindungspartner des Sondenproteins.

Die genannten Gene sind nur Beispiele, tatsächlich ist die zur Verfügung stehende Auswahl an DNA-bindenden Proteindomänen (LexA, GAL4), Aktivatordomänen und Reportergenen mit den Jahren deutlich größer geworden. Die Kunst besteht darin, ein System zu finden, das ein möglichst starkes Signal-Hintergrund-Verhältnis liefert, soll heißen eine möglichst geringe Hintergrundexpression der Reportergene verursacht, andererseits aber in Anwesenheit des passenden Bindungspartners zu einer möglichst starken Expression der Reporterproteine führt.

In der Praxis ist das Prozedere natürlich wesentlich mühseliger. In einem ersten Schritt muss überprüft werden, dass die Sonde nicht bereits alleine eine Aktivierung der Reportergene verursacht. Dies benötigt unter günstigen Umständen eine Woche. Gegebenenfalls müssen verschiedene Konstrukte und eventuell auch verschiedene Systeme getestet werden, mitunter ein zeitraubendes Unterfangen. Zu berücksichtigen ist dabei, dass alle Komponenten zusammenpassen müssen – vor allem die cDNA-Bank zum Rest.
Der zweite Schritt besteht aus der eigentlichen Suche nach Bindungsproteinen. Um die Ausmaße in handhabbaren Dimensionen zu halten, werden mehrere Selektionen durchgeführt. Zunächst werden

die transformierten Hefezellen in einem geeignetem Minimalmedium auf Zellen selektiert, die ein Plasmid aus der cDNA-Bank enthalten. Danach werden die überlebenden Hefen mit Leucin-freiem Minimalmedium auf Zellen selektiert, die einen Bindungspartner für die Sonde exprimieren, und schließlich werden die verbliebenen Kolonien auf β-Galactosidase-Expression getestet. Wenn alles klappt, dauert dieser zweite Schritt ca. eine Woche.
Anschließend werden die Plasmide aus den positiven Hefekolonien isoliert, zur Gewinnung ausreichender DNA-Mengen in Bakterien transformiert und mit diesem Material weitere Hefetransformationen und Tests durchgeführt, um die Spezifität der Interaktion nachzuweisen. Dies kann ebenfalls in einer Woche erledigt sein. Natürlich beziehen sich die Zeitangaben darauf, dass alles klappt. In der Praxis dauert in der Molekularbiologie alles etwa doppelt so lange wie vorgesehen, vorausgesetzt, es treten keine größeren technischen Probleme auf.

Wie bei allen Screeningmethoden sind auch hier die Erfolgsaussichten nicht abschätzbar. Ein Problem ist beispielsweise, dass die gefischte cDNA nicht immer den physiologisch relevanten Partner des Sondenproteins darstellt, obwohl sie zu eindeutig positiven Signalen führen. Manche Proteine werden offenbar mit den verschiedensten Sonden gefischt, beispielsweise ribosomale Proteine, Ferritin, Ubiquitin und andere. Bei manchen ist der Grund einleuchtend (*heat shock*-Proteine beispielsweise spielen eine Rolle bei der Faltung des Sonden-Fusionsproteins), bei anderen ist der Zusammenhang dagegen bislang völlig unklar. Eine nette Liste von falsch Positiven (und mehr Infos zum *two-hybrid system*) findet sich auf der Internetseite von Erica Golemis (http://www.fccc.edu/research/labs/golemis/ unter Interaction Trap At Work). Aus dieser Liste geht übrigens auch hervor, wie häufig falsch Positive mitunter sein können!
Weil mehrfach ausplattiert wird, kann mitunter die Zahl an positiven Klonen sehr groß sein, obwohl sich dahinter nur eine Handvoll verschiedener Plasmide verbirgt. In diesem Fall lohnt es sich, die Plasmid, die man am Ende aus den Hefezellen isoliert, vorzusortieren, beispielsweise durch Restriktionsverdaus. Die Bandenmuster erlauben einem, die Klone ohne allzu großen Arbeitsaufwand in Gruppen von offensichtlich verwandten Plasmiden einzuteilen.
Unklar ist auch, wie viele der physiologisch relevanten Partner eines Proteins mit dieser Methode gefunden werden können. Einerseits besagen Berechnungen, dass es möglich sein sollte, auch Pärchen mit geringer Affinität zu fischen, andererseits wurde berichtet, dass es in einigen Fällen nicht gelang, bereits bekannte Bindungspartner mittels *two-hybrid system* zu "fischen". Man sollte folglich nicht mit dem Ziel starten, sämtliche interagierenden Proteine finden zu wollen, wenn man nicht am Ende in eines dieser berühmten Frustrationslöcher fallen möchte.

Ziemlich ausgefeilte Systeme findet man bei Clontech, Invitrogen, Display Systems Biotech, Origene Technologies, Stratagene und vermutlich etlichen anderen Firmen. Je nachdem, worauf man es abgesehen hat, findet man mit einigem Suchen die eine oder andere ausgefeilte Variante und gelegentlich auch eine substanzielle Verbesserung des Systems. So gibt es neben *two-hybrid* auch *one-hybrid* Systeme zum Auffinden von Proteinen, die spezifische DNA-Sequenzen binden und "*three-hybrid*" Systeme, für den Fall, dass noch ein dritter Partner an der Bindung beteiligt ist, z.B. eine RNA oder ein weiteres Protein (von denen man allerdings zwei zuvor kennen muss). Das System von Invitrogen exprimiert ein Zeomycin-Resistenz-Gen, was einem zusätzliche Freiheiten in der Wahl der Hefestämme und cDNA-Banken gibt, offenbar ist die Arbeit mit Zeomycin aber etwas nervig.

Das Internet liefert einige interessante Seiten zum Thema, die zum Teil auch über allfällige Stolpersteine aufklären (z.B. http://www.uib.no/aasland/two-hybrid.html und http://www.fccc.edu/research/labs/golemis/InteractionTrapInWork.html). Hoffen wir, dass sie zum Zeitpunkt, da Sie dieses lesen, noch nicht verschwunden sind.

Literatur:
Fields S, Song O (1989) A novel genetic system to detect protein-protein interactions. Nature 340, 245-246
Bartel L, Fields S (1997): The Yeast Two-Hybrid System. Oxford University Press

7.6 Phage display

Das Auffinden von Proteinen, die mit anderen Proteinen interagieren, ist ein wichtiger Aspekt bei der Aufklärung der Zusammenhänge und Abläufe in uns, um uns und um uns herum. Deswegen gibt es auch mehr als eine Methode, um dies zu bewerkstelligen.
Eine Alternative zum Two-Hybrid-System ist das sogenannte ***Phage display***, das von George Smith 1985 entwickelt wurde. Die Schönheit des Systems besteht darin, dass hier ein Peptid in ein Oberflächenprotein eines filamentösen Phagen (meist pIII oder pVIII von M13, fd oder f1) kloniert wird. Der Phage exprimiert anschließend das Fusionsprotein und baut es in seine Hülle ein. Das fremde Peptid wird dadurch auf der Phagenoberfläche präsentiert (*displayed*) und steht für Bindungsexperimente zur Verfügung.
Stellt man eine ganze Phagenbank mit verschiedenen Peptiden her, kann man anschließend in dieser Bank über eine Methode namens ***Biopanning*** nach dem geeigneten Peptid suchen. Im wesentlichen handelt es sich dabei um eine Affinitätsreinigung: Man koppelt das Protein, für das man einen passenden Bindungspartner sucht, an eine Oberfläche (z.B. eine Platte, eine Membran oder geeignete Kügelchen), inkubiert diese mit der Phagenbank und eluiert anschließend die gebundenen Phagen. Diese werden dann vermehrt und einer erneuten Selektion unterzogen. Nach 3-4 Runden charakterisiert man schließlich die Klone, die übrig geblieben sind. Dies wird dadurch stark erleichtert, dass jeder Phagenpartikel, der das Peptid auf seiner Oberfläche trägt, auch dessen Sequenz in seinem Genom mit sich trägt, es reicht also aus, eine Phagen-DNA-Präparation durchzuführen und den Insertionsort zu sequenzieren, um die Sequenz des Bindungspartners zu erhalten.
Die Methode eignet sich, um Bindungspartner für Proteine zu suchen (z.B. Rezeptoren für charakterisierte Liganden oder Liganden für sogenannte *orphan receptors*) oder auch für andere Moleküle wie beispielsweise DNA (z.B. DNA-bindende Proteine), um Epitope und Protein-Protein-Interaktionen zu charakterisieren (z.B. bei Antikörpern) und um Substrate oder Inhibitoren für Enzyme zu finden.
Einige Hersteller (z.B. New England Biolabs) bieten fertige *Phage display* **Peptid-Banken** an, die im Prinzip sämtliche Varianten von Sieben-Aminosäure-Peptiden enthalten und damit eine umfassende Sammlung von kleinen Epitopen enthalten sollten; oder man fragt bei George Smith an (siehe unten). Oder man besorgt sich einen passenden Vektor und stellt selbst eine Bank her. Ein Wermutstropfen ist allerdings, dass die Phagen auf lange Peptide störrisch reagieren; am besten funktioniert die Methode bei Peptiden bis ca. 8 Aminosäuren Länge, bei längeren Peptiden muss man mit Tricks arbeiten.
Ein anderer Nebeneffekt der Methode ist, dass Peptide, die man findet, zwar gut an das gewünschte Protein binden, was allerdings nicht zwingend bedeutet, dass man es mit dem natürlichen Bindungspartner zu tun hat. Das ist schlecht, wenn man nach solchen sucht, aber durchaus willkommen, wenn man neue Peptide entdecken will.
Detailliertere Informationen zum Thema finden Sie z.B. bei Kay et al. (1996). Ausführliches Infomaterial findet sich auch auf einer Internetseite von George P. Smith (http://www.biosci.missouri.edu/smithgp/). Interessant erscheint mir auch noch ein Artikel von Zakharova et al. (2005) zur Aufreinigung von Phagenpartikeln.

Bei Invitrogen findet sich eine Variante der Methode, bei der die Peptide nicht in Phagen, sondern in Bakterien exprimiert und auf deren Pili präsentiert werden (FliTrx™-Random Peptide Display

Library). Auch einen Vektor (pDisplay) findet man dort, mit dem man das Gleiche mit Säugerzellen bewerkstelligen kann – wobei hier natürlich der Vorteil der einfachen Selektion entfällt.

Literatur:

Smith GP (1985) Filamentous fusion phage: Novel expression vectors that display cloned antigens on the virion surface. Science 228, 1315-1317

Smith GP, Scott JK (1993) Libraries of peptides and proteins displayed on filamentous phage. Methods Enzymol. 217, 228-257

Kay BK, Winter J, McCafferty (1996) Phage display of peptides and proteins. A laboratory manual. Academic Press

Smith GP, Petrenko VA (1997) Phage display. Chem. Rev. 97, 391-410

Zakharova MY et al. (2005) Purification of filamentous bacteriophage for phage display using size-exclusion chromatography. BioTechniques 38, 194-198

8 DNA-Analyse

Wenn man schließlich einen neuen Klon gefunden hat, ist der nächste Schritt die Analyse. Die kann man unterschiedlich weit treiben, je nachdem, wie viel Zeit und Energie zu investieren man gewillt ist. Die einfachste Variante ist die **Kartierung mittels Restriktionsfragmentanalyse (Restriktionskartierung)**. Die DNA wird dazu mit verschiedenen Restriktionsenzymen – einzeln und paarweise – verdaut, im Agarosegel getrennt und die resultierenden Fragmentgrößen bestimmt (s. Abb. 45). Die einzelnen Fragmente miteinander zu kombinieren, bis man eine verlässliche Restriktionskarte seines Klons in Händen hält, gleicht einem Puzzle, und bei DNAs von über 10 kb Länge bedarf es schon einiger kombinatorischer Intelligenz, um die Stückchen zu einem sinnvollen Ganzen zusammenzusetzen, aber die Analyse ist recht flott – Verdau und Gel lassen sich problemlos in einem halben Tag erledigen – und verschafft einem für den Anfang eine gute Vorstellung davon, womit man es überhaupt zu tun hat. Wenn man das Gel zusätzlich blottet und mit einer passenden, bekannten Sonde hybridisiert, kann man sich weitere Informationen verschaffen, anhand derer man auch längere Klone charakterisieren kann, das dauert dann allerdings etwas länger.
Man sollte den Wert einer guten Restriktionskarte nicht unterschätzen. Mit ihrer Hilfe kann man einzelne Fragmente gezielt subklonieren oder isolieren und als Sonde verwenden, ohne dazu den ganzen Klon durchsequenzieren zu müssen. Und steht man nach einem Screening mit mehreren Klonen da, zeigt einem das Restriktionsmuster, ob die Klone miteinander verwandt oder gar identisch sind.
Doch am Ende führt kein Weg daran vorbei, der Experimentator von heute muss sequenzieren, um glücklich zu sein. Nur was so ähnlich aussieht wie GAACTTGCT macht ihn wirklich zufrieden.

Vielleicht haben Sie aber gar keinen neuen Klon, sondern suchen nach Mutationen in einer bekannten Sequenz? Auch dann ist die Sequenzierung die beste Wahl – aber nicht unbedingt die schnellste und auch nicht unbedingt die billigste. Deswegen beschäftigen sich die späteren Abschnitte dieses Kapitels mit den verschiedenen Möglichkeiten, Mutationen aufzuspüren.

8.1 Sequenzierung

Die Sequenzierung hat mittlerweile eine gewisse Historie hinter sich[100]. Vielleicht finden Sie noch einen Altvorderen (zum Beispiel Ihren Chef), der Ihnen von den wilden Zeiten der Maxam-Gilbert-Sequenzierung (Maxam und Gilbert 1977) erzählt, als das Lesen von Sequenzen eine Art intellektuelles Puzzlespiel war. Die Details stehen in jedem besseren Biochemie-Buch. Andere Altvordere, etwas jüngere, können von der immer noch aufregenden Zeit berichten, als man schon nach Sanger sequenzierte (Sanger et al. 1977), aber noch mit der Klenow-Polymerase und Erfahrung im Interpretieren der Bandenmuster Gold wert war.
Diese Zeiten sind vorbei. Die Sanger-Sequenzierung mit T7- oder Taq-Polymerase ist schon lange zur Standardmethode geworden, inzwischen unterscheidet man nur noch zwischen viel Arbeit und wenig. Das hängt natürlich, wie meistens, vom vorhandenen Budget ab. Wer wenig Geld hat, muss mit Handarbeit vorlieb nehmen. Mehr oder weniger ausgefuchste Apparaturen für klassische Sequenzgele findet

100. Sollten Sie sich für die Geschichte der Sequenzierung interessieren, dann lesen Sie am besten den Reviewartikel von Hutchison 2007, der an weiten Teilen dieser Entwicklung direkt beteiligt war.

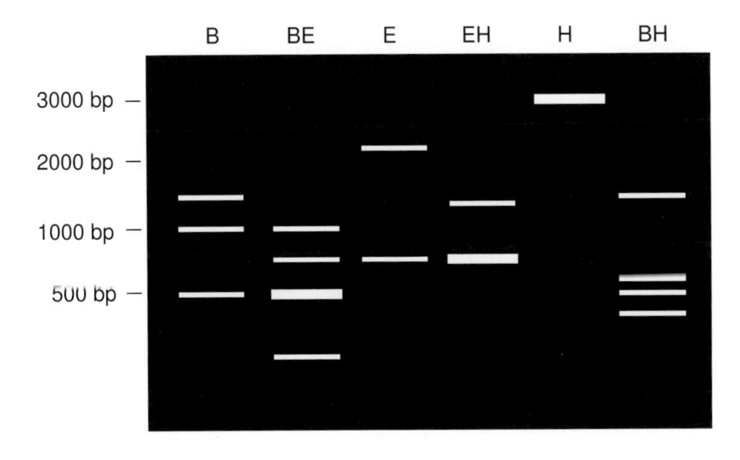

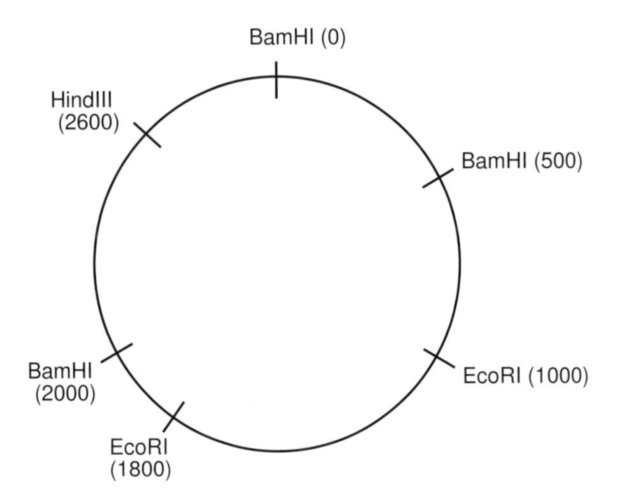

Abb. 45: Restriktionsfragmentanalyse eines fiktiven 3 kb-Plasmids.
Das Beispiel zeigt einen Verdau mit BamHI, EcoRI, HindIII und deren Kombinationen und die daraus resultierende Restriktionskarte.
Beim ersten Mal erscheint einem ein solches Gel als unauflösbares Puzzle, doch hat man erst einmal den Bogen raus, macht es regelrecht Spaß. Am einfachsten tut man sich, wenn man die Reihenfolge einhält: 1. Größe aller Fragmente ermitteln. 2. Anzahl der Schnittstellen je Restriktionsenzym feststellen. 3. Welche Fragmente enthalten weitere Schnittstellen, d.h. werden bei einem Doppelverdau zerschnitten? 4. Wie können die Fragmente zu einem logischen Ganzen zusammengesetzt werden? Der letzte Schritt erfordert etwas kombinatorische Fähigkeiten und stellt damit einen netten Kontrast zur täglichen Pipettiererei dar. Das obige Beispiel kann übrigens als Übung verwendet werden.

man bei BioRad, Hoefer usw., man kann sich aber auch etwas in der Werkstatt seines Vertrauens bauen lassen.

Wer reicher ist, wird sich einen der automatischen Sequenzierer leisten, die nicht zuletzt wegen der wie Pilze aus dem Boden schießenden Genom-Projekte immer stärkere Verbreitung finden. Schauen Sie ruhig, ob Sie nicht eine Arbeitsgruppe mit einem solchen Gerät kennen. Sie sparen sich viel Arbeit, weil die Sequenzierreaktion meist einfacher durchzuführen ist, weil nicht radioaktiv, und man sich um die Bedienung des Gerätes nicht selbst kümmern muss.
Wer einen eher geringen Bedarf an Sequenzierungen hat, kann auch sequenzieren lassen, beispielsweise bei MWG, JenaGen, GATC Biotech oder Microsynth,[101] mit Fixpreis je Base und vollständiger Dokumentation – die einfachste Variante.

Literatur:

Hutchison CA (2007) DNA sequencing: bench to bedside and beyond. Nucl.Acids Res. 35, 6227-6237

Maxam AM, Gilbert W (1977) A new method for sequencing DNA. Proc. Nat. Acad. Sci. USA 74, 560-564

Sanger F, Nicklen S, Coulson AR (1977) DNA sequencing with chain-terminating inhibitors. Proc. Nat. Acad. Sci. USA 74, 5463-5467

8.1.1 Radioaktive Sequenzierung

Beginnen wir mit der radioaktiven Sequenzierung, dem Klassiker der manuellen Sequenzierung. Früher[102] gehörte diese Technik zum Handwerkzeug eines jeden Studenten in einem molekularbiologischen Labor, heute dient es mir nur noch als historischer Einstieg in das Thema.
Das Prinzip: Die zu sequenzierende DNA wird denaturiert, mit einem Primer hybridisiert und dieser mit Hilfe einer Polymerase verlängert, ähnlich wie bei der PCR (s. 4.1). Zusätzlich zu den vier üblichen 2'-Desoxynucleotiden enthält der Ansatz allerdings auch noch eine gewisse Menge eines fünften Nucleotids, das sich insofern von den anderen unterscheidet, als ihm am dritten C-Atom der Ribose die notwendige Hydroxyl-Gruppe fehlt, an die üblicherweise das nächste Nucleotid geknüpft wird. Wird statt eines dNTPs ein solches 2',3'-Didesoxynucleotid eingebaut, kann der Strang nicht weiter verlängert werden. Der Einbau erfolgt nach den Gesetzen der Statistik, je nachdem, ob die Polymerase von der benötigten Base gerade die Desoxy- oder die Didesoxyvariante erwischt. Die neuen DNA-Stränge, die in diesem Ansatz synthetisiert werden, haben folglich sehr unterschiedliche Längen. Ob die Fragmente eher kürzer oder eher länger ausfallen, hängt von der Konzentration der Didesoxynucleotide ab – das ist von Interesse, wenn man sich seinen Sequenziermix selbst ansetzt. Früher verwendete man übrigens tatsächlich noch unterschiedliche Sequenzierkits, je nachdem, ob man hinterher kurze oder lange Sequenzen erhalten wollte.
Das Didesoxynucleotid, das eingesetzt wird (ddATP, ddCTP, ddGTP oder ddTTP), bestimmt also, mit welcher Base die neu synthetisierten DNA-Fragmente enden. Daher setzt man vier Ansätze an, mit jeweils einem Didesoxynucleotid, und trennt die so synthetisierten Fragmente anschließend in einem denaturierenden Acrylamidgel entsprechend ihrer Länge auf. Da die Fragmente radioaktiv markiert sind (s. unten), kann man bestimmen, wie weit sie gelaufen sind, indem man einen Röntgenfilm auflegt und nach ausreichender Expositionszeit (meist über Nacht) entwickelt. Die Laufstrecke entspricht der Länge der Fragmente und die Spur des jeweiligen Ansatzes verrät einem, mit welchem Nucleotid das Fragment endet. So "hangelt" man sich von unten nach oben, links der Film, rechts der Notizzettel, bis der Laufunterschied zwischen den Fragmenten so gering ist, dass man nicht mehr entscheiden kann, welches nun die nächste Base ist. Die Leseweite wird folglich weitgehend durch das Gel (Konzentration, Spannung, Elektrophoresezeit) bestimmt (s. unten).

---

101. Um nur ein paar Anbieter zu nennen, die ich auf die Schnelle im Internet gefunden habe.
102. D.h. bis etwa in die Mitte der Neunziger Jahre.

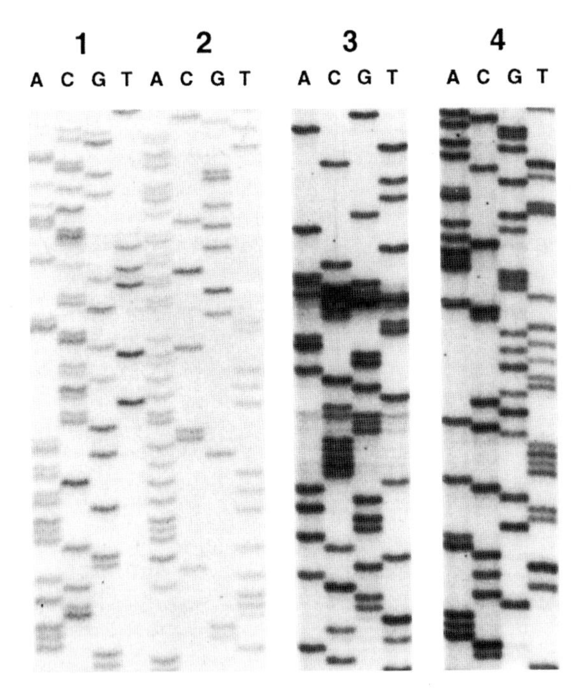

Abb. 46: Radioaktive Sequenzierung.
Sequenz 3 weist neben vielen hübschen Banden auch eine kleine Kompression auf.

Die radioaktive Markierung der synthetisierten Fragmente kann auf dreierlei Weise erfolgen:
• man verwendet einen **5'-markierten Primer** (s. 7.1.1),
• man gibt **radioaktiv markierte Nucleotide** zu, die dann während der Synthese eingebaut werden, oder
• das **Didesoxynucleotid** ist markiert.
Die Verfahren haben jeweils ihre Vor- und Nachteile. Die stärksten Signale erhält man durch den Einbau markierter Nucleotide, weil so jedes neue Fragment mehrfach markiert wird, dadurch verkürzen sich die Expositionszeiten erheblich, und weil Zeit alles ist, sequenziert man meist nach dieser Methode. Allerdings verpasst man auf diese Weise die ersten Basen nach dem Primer, weil in die sehr kurzen Fragmente noch keine oder nur sehr wenige Markierungen eingebaut sind. Dem kann man mit markierten Primern begegnen: Weil die Markierung im Primer sitzt, ist die Signalstärke für alle Fragmente gleich, unabhängig von ihrer Länge. Verwendet man dagegen markierte Didesoxynucleotide, werden nur diejenigen Fragmente markiert, die korrekt mit einem Didesoxynucleotid enden. Auch dieses Verfahren hat seine Vorteile, weil gerade bei schwer aufzulösenden Strukturen die Polymerasen vorzeitig aufgeben und die Synthese einfach abbrechen. Das passiert bei der Verwendung von markierten Didesoxynucleotiden zwar auch, doch sieht man diese Fragmente später nicht, weil sie nicht markiert sind. Allerdings tragen auch diese Fragmente nur eine einzige Markierung, und man braucht dazu vier radioaktiv markierte Didesoxynucleotide – vermutlich der Hauptgrund, weshalb dieses Verfahren bei der radioaktiven Sequenzierung selten angewandt wird.

Markiert wird normalerweise mit **^{32}P** oder **^{35}S**. Welches von beiden man verwendet, ist ein wenig Geschmackssache. ^{32}P besitzt eine höhere Strahlungsenergie, die **Expositionszeiten** sind dadurch kürzer, außerdem kann man Verstärkerfolien verwenden, was die Exposition weiter verkürzt. Leider führt diese Eigenschaft auch zu weniger scharfen Banden, weil nicht nur die unmittelbar benachbart liegende Filmfläche geschwärzt wird. Darunter leidet die **Auflösung** und man kann seine Sequenz weniger weit lesen. Bei ^{35}S steht's genau umgekehrt: Die Strahlungsenergie ist so schwach, dass bereits eine Frischhaltefolie zwischen Gel und Film einen großen Teil der Strahlung wegfängt, das erhöht die Expositionszeiten etwas, doch werden die Banden schärfer, weil nur die Regionen des Films geschwärzt werden, die praktisch direkt über der strahlenden Bande liegen. Wenn man nicht täglich sequenziert, kann auch die wesentlich längere Halbwertszeit (^{35}S: 87 Tage, ^{32}P: 14 Tage) ein wichtiger Aspekt sein, weil man nicht ständig neue Nucleotide kaufen muss. ^{33}P ist in den letzten Jahren ein wenig in Mode gekommen; es liegt mit seinen Eigenschaften zwischen ^{35}S und ^{32}P, ähnelt aber in Strahlungsenergie und Halbwertszeit mehr dem ^{35}S.

Als Template kann man jede beliebige doppelsträngige DNA verwenden, wenn sie nur sauber genug ist. Einzelsträngige DNA funktioniert allerdings noch immer etwas besser und liefert längere Sequenzen. Der Aufwand, sie herzustellen, ist allerdings höher (s. 6.2.2 und 2.2.6).

Wie bereits erwähnt, wurde die Sequenzierung früher mit der Klenow Polymerase durchgeführt, solange, bis die T7 DNA-Polymerase entdeckt und kloniert wurde, die wesentlich gleichmäßigere Bandenmuster lieferte und so die Interpretation der Ergebnisse erheblich erleichterte – auf einmal konnten auch Leute ohne Erfahrung Sequenzen lesen! Die moderne Alternative ist das ***Cycle sequencing*** mit der allgegenwärtigen *Taq* DNA-Polymerase – in einem gewissen Sinnne eine weitere Anwendung der PCR. Weil man nur einen Primer einsetzt, erhält man zwar keine exponentielle Amplifikation, sondern nur eine lineare, doch reicht das häufig aus, um die benötigte Templatemenge deutlich zu reduzieren. Ein anderer Vorteil sind die höheren Temperaturen beim *Cycle sequencing*, mit denen sich hartnäckige Sekundärstrukturen und GC-reiche Sequenzen wesentlich besser überwinden lassen. Solche Strukturen sind gefürchtet, weil sie zu Kompressionen (Bereichen von 2-20 Basen, die nicht lesbar sind; ein Beispiel hierfür finden Sie in Abb. 46) oder Syntheseabbrüchen führen können. Verschiedene Techniken wurden entwickelt, um diesem Problem Herr zu werden, beispielsweise der Einbau von 7-deaza-dGTP, wodurch solche Strukturen destabilisiert werden, doch ist ein Erfolg dadurch keineswegs garantiert.

Die vier Sequenzieransätze werden anschließend nebeneinander auf ein denaturierendes Polyacrylamidgel (4-6 % (v/v) Acrylamid / 8 M Harnstoff in TBE (s. 12.2)) aufgetragen (meist in der Reihenfolge GATC oder ACGT) und die synthetisierten Fragmente mittels Elektrophorese bei ca. 3000 V entsprechend ihrer Größe getrennt. Denaturierend muss das Gel sein, weil die einzelsträngige DNA, genauso wie RNA, zur Bildung von Sekundärstrukturen neigt und so das Laufverhalten im Gel verändert wird (ein Effekt, den man bei der SSCP bewusst ausnutzt, s. 8.2.2), eine saubere Trennung nach Größe ist dann nicht mehr möglich. Das Gel wird anschließend in 10 % (v/v) Essigsäure fixiert, von der Glasplatte auf Filterpapier überführt, getrocknet und schließlich autoradiographiert – auf gut deutsch: ein Röntgenfilm aufgelegt. Eine Exposition über Nacht reicht normalerweise aus, sofern die Sequenzierung einigermaßen funktioniert hat.
Danach beginnt das eigentliche Geschäft, das Lesen der Sequenz. Man beginnt am unteren Rand des Films und muss entscheiden, in welcher der vier Spuren das jeweils nächstgrößere Fragment liegt, d.h. welche der vier Basen als nächste folgt (s. Abb. 46). Schlechte Sequenzierungen lassen sich etwa 200 Nucleotide weit lesen, gute 400, sehr gute sogar 600, allerdings muss man dazu meist zwei Gele mit unterschiedlichen Elektrophoresezeiten fahren.

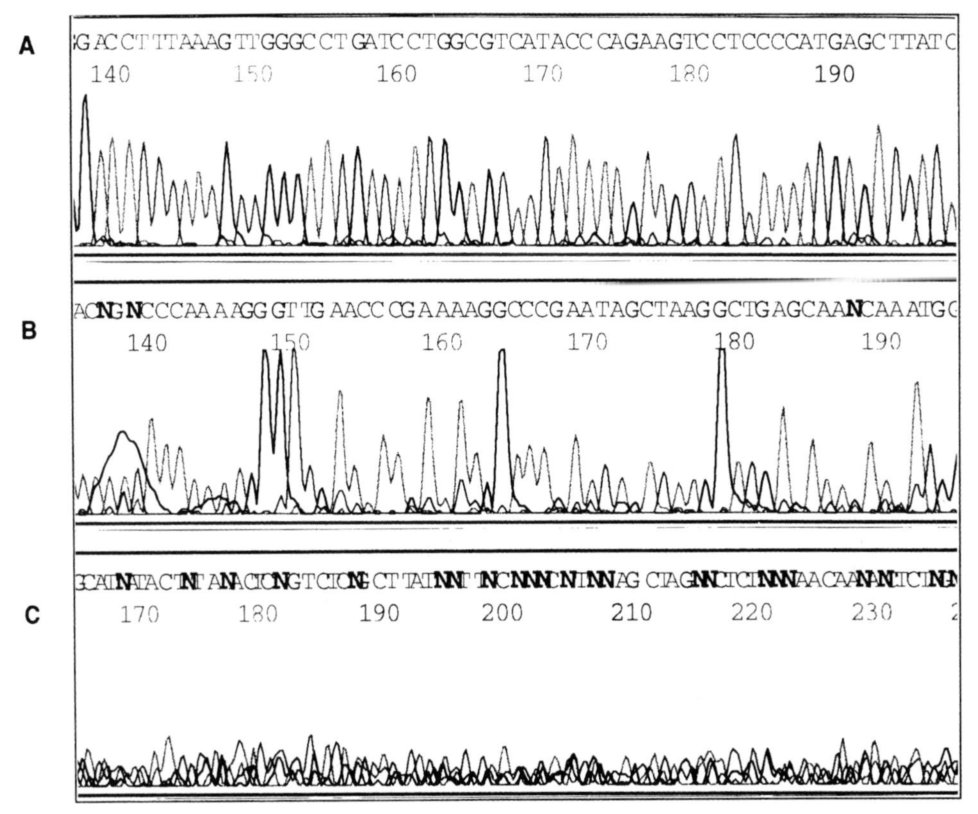

Abb. 47: Nicht-radioaktive Sequenzierung.
Auch der Einsatz teurer Geräte macht die Ergebnisse nicht automatisch besser: **A** Schöne Sequenz, **B** mäßige, aber noch auswertbare Sequenz, **C** ein absolut unschönes Resultat. Im Original ist diese Abbildung übrigens ansprechend vierfarbig.

8.1.2 Nicht-radioaktive Sequenzierung und automatische Sequenziergeräte

Man muss aber nicht radioaktiv sequenzieren, wenn man nicht will, es gibt auch eine nicht-radioaktive Alternative von Promega (SILVER SEQUENCE™), bei der man die DNA-Fragmente mittels einer klassischen **Silberfärbung**[103] nachweist: Das Gel wird zunächst in Essigsäure gewässert, um die DNA zu fällen und Harnstoff und Elektrophoresepuffer herauszuwaschen, dann wird es in einer Silbernitrat-Formaldehyd-Lösung inkubiert und anschließend in einer alkalischen Natriumcarbonat-

103. Die Silberfärbung ist eine typische Methode aus der Proteinbiochemie und in der Molekularbiologie so ungebräuchlich, dass viele gar nicht wissen dürften, dass das auch mit DNA geht. Um so mehr liegt mir am Herzen, die Methode hier zu erwähnen – als Beispiel dafür, dass man öfters mal über seinen Tellerrand hinaus schauen sollte.

Lösung mit Formaldehyd und Natriumthiosulfat entwickelt. Die Reaktion wird durch Essigsäure gestoppt. Das Gel kann anschließend auf Filterpapier geblottet und getrocknet werden, auf diese Weise erhält man eine gute Dokumentation seiner Arbeit.
Die Silberfärbung ist schneller als eine Autoradiographie, die üblicherweise 12-24 h braucht, erfordert aber mehr Handgriffe, bedeutet also Mehrarbeit. Ein anderes Problem ist der rein praktische Aspekt: Gele dieser Größenordnung lassen sich nicht einfach in einer Tupperware-Box fluten.

Aber das ist zugegebenermaßen eine einigermaßen exotische Vorgehensweise. Normalerweise geht nicht-radioaktiv Sequenzieren einher mit **automatischen Sequenzierern**. Die DNA wird mit **Fluoreszenzfarbstoffen** markiert, die vom Gerät während der Elektrophorese mittels Laser angeregt und gemessen werden. Die Leseweiten sind dadurch deutlich länger als bei der Sequenzierung von Hand, unter optimalen Bedingungen sind Standardleseweiten von 500 bis 1000 Nucleotiden durchaus realistisch, im normalen Betrieb liegen sie bei ca. 300 bis 500 Nucleotiden.
Die Markierung sitzt entweder im Primer (den man mit einer entsprechenden Modifikation bestellen muss, was die Freiheiten bei der Sequenzierung etwas einschränkt) oder an den Didesoxynucleotiden. Markierte Desoxynucleotide werden dagegen nicht verwendet, weil Fluoreszenzfarbstoffe große Moleküle sind, die das Laufverhalten der Fragmente erheblich beeinflussen; die Laufunterschiede können mit dem Computer korrigiert werden, aber nur, wenn das Fragment eine genau definierte Zahl von Markierungen enthält – in einfachsten Fall genau eine.
Markierte Didesoxynucleotide bieten einen gewaltigen Vorteil: Die vier Didesoxys können mit verschiedenen Farbstoffen markiert werden, auf diese Weise kann die Sequenzierreaktion in einem einzigen Gefäß durchgeführt werden und man braucht auf dem Gel nur eine einzige Spur je Sequenz, das spart Arbeit und erhöht den Durchsatz. Aus patentrechtlichen Gründen gab's vierfarbige Sequenzierungen lange Zeit nur von Applied Biosystems, später hat Pharmacia allerdings in diesem Punkt gleichgezogen.

Wie bei der radioaktiven Sequenzierung kann man grundsätzlich nach Belieben T7- oder Taq-Polymerase verwenden. Nach der Sequenzierung wird der Ansatz noch kurz aufgereinigt (geeignete Methoden werden in Abschnitt 2.3 besprochen), dann gibt man ihn bei der Person ab, die für das Sequenziergerät zuständig ist – die Dinger sind zu teuer, als dass man selbst Hand anlegen dürfte, das mag den einen oder anderen frustrieren, doch erspart es einem ebenfalls viel Arbeit.
Das Ergebnis kann man sich anschließend in Form eines vierfarbigen Ausdrucks abholen, eine Farbe für jede Base. Die Auswertung ist wesentlich einfacher als bei Autoradiogrammen, ein wenig Erfahrungssache ist es aber trotzdem noch. Man kommt nicht drum herum, die ausgedruckte Sequenz zu kontrollieren und wird bald feststellen, dass auch hier bestimmte Eigenheiten auftreten. So tun sich beispielsweise beim *Dye Terminator Cycle Sequencing Kit* von Applied Biosystems die Gs mitunter extrem schwer. Außerdem können nicht eingebaute markierte Nucleotide bzw. Primer zu einem starken Hintergrund führen, der das Lesen der ersten 100 Basen stark erschwert. Das ist der Grund, weshalb die Hersteller der Kits empfehlen, die Ansätze vor dem Auftragen zu reinigen, beispielsweise durch eine Ethanolfällung. In anderen Punkten sollte man dagegen den Herstellern nicht blind vertrauen. So kann es beispielsweise sein, dass man wesentlich mehr Template-DNA für ein ordentliches Ergebnis benötigt als angegeben – in meinen Händen meist ganze 2-5 µg!. Da hilft nur Ausprobieren.

Automatische Sequenziergeräte werden von ABI (Applied Biosystems), Licor und Amersham angeboten.

8.1.3 Schrotschuss-Sequenzierung

Die Schrotschuss-Sequenzierung ist keine Technik, sondern ein Prinzip. So richtig populär wurde die Methode vor allem, weil Craig Venter sie einst angewandt hat, um das humane Genomsequenzierungsprojekt HUGO ganz übel zu überrumpeln.[104] Während die Herren in den Forschungsinstituten das humane Genom brav in wohldefinierte Abschnitte zerlegten und diese der Reihe nach kartierten und sequenzierten, legte sich Venters Firma Celera Genomics eine Unmenge an Sequenzierern zu, zerhäckselte das Genom in kleine Stückchen und sequenzierte diese, wie es gerade kam. Die Sequenzen wurden anhand ihrer Überlappungen erst ganz zum Schluss geordnet[105]; eine Methode, die nicht frei von Fehlern ist, aber Venter erlaubte, die Damen und Herren vom HUGO-Projekt trotz seines Spätstarts auf der Zielgeraden noch einzuholen, ja beinahe sogar zu überholen.
Der klassische Ansatz von Venter besteht darin, die betreffende DNA in kleine Fragmente von 1-2 kb Länge zu zerlegen und diese in ein Vektorsystem zu klonieren (siehe Venter et al. 1998). Aus der so erhaltenen Bank isoliert man jeweils einzelne Klone und sequenziert deren Insert. Der Rest ist eine Frage der Statistik: Sequenziert man nur genug Klone, muss jeder Abschnitt der Ausgangs-DNA irgendwann erfasst worden sein. In der Praxis klappt die Methode um so besser, je kleiner das Genom ist; bei sehr großen DNAs bereitet sie dagegen gewisse Probleme. Man braucht spezielle Software, um aus den Millionen angefallenen Sequenzierungen eine durchgehende Sequenz zu erstellen, manche DNA-Fragmente lassen sich in ein Vektorsystem vielleicht nicht klonieren und fehlen dann in der Bank, so dass man mehrere Vektorsysteme verwenden muss, damit die Gesamtheit der Banken möglichst das gesamte Genom repräsentiert. Und nicht zuletzt stellen die vielen repetitiven Sequenzen und Transposons in unserem Genom ein großes Problem bei der Auswertung dar. Für mittelgroße DNAs ist die Methode jedoch sehr erfolgreich, und auch alle großen Sequenzierprojekte nutzen heutzutage dieses Prinzip, weil man so sehr viel schneller zu sehr viel mehr Sequenzdaten kommt. Auch wenn die verbleibenden Lücken dann 'konventionell' gestopft werden müssen, geht die Arbeit so viel flotter von der Hand.

Schrotschuss-Sequenzierung lässt sich übrigens auch im Labormaßstab durchführen, z.B. durch Einsatz eines *in vitro* Transpositionssystems, wie es am Ende von Kap. 6.1.2 beschrieben wird.

Literatur:

Venter JC et al. (1998) Shotgun sequencing of the human genome. Science 280, 1540-1542

Adams MD et al. (1991) Complementary DNA Sequencing: Expressed Sequence Tags and Human Genome Project. Science 252, 1651-1656

8.1.4 Kurioses zum Thema Sequenzieren: Octamere

Wem ist es nicht schon einmal passiert, dass er einen Klon in die Hand gedrückt bekam und nach kurzer Zeit von heftigen Zweifeln ob der Identität dieses Plasmids befallen wurde, weil beim Versuch, das Ding zu klonieren oder zu amplifizieren, nichts zusammenpassen will? Am besten sequenziert man dann das *Corpus delicti* schnell an, um Klarheit zu schaffen. Dumm nur, wenn man keinen passenden Primer zur Hand hat. Vielleicht kann die folgende Methode dabei nützlich sein.

104. Auch wenn Venter sie bereits sehr viel früher zur Sequenzierung der *expressed sequence tags* (EST) eingesetzt hat (siehe Adams et al. 1991).

105. Und zum Teil auch unter Zuhilfenahme der akurat geordneten Daten, die aus den öffentlichen Forschungsprojekten kamen.

Der Trick besteht darin, statt der üblichen Primer von 16-25 Nucleotiden Länge **Octamere** zu verwenden. Octamere sind die kürzesten Oligonucleotide, die sich noch recht zuverlässig zum Sequenzieren eignen, sofern man die Annealingtemperatur ausreichend (d.h. auf ca. 30 °C) senkt. Andererseits kommt ein bestimmtes Octamer rein statistisch gesehen in einer zufälligen Sequenz etwa alle 65 500 Nucleotide vor, berücksichtigt man beide Stränge, erhöht sich die Trefferwahrscheinlichkeit sogar auf 1:33 000. Wer sich rechtzeitig einige Dutzend solcher Octamere zugelegt hat, sollte folglich mit einer guten Wahrscheinlichkeit einen darunter finden, der auch in der Sequenz des zweifelhaften Klons auftaucht. Und wer hartnäckig genug ist und all seine Octamerprimer ausprobiert, kann auf diese Weise mit etwas Glück sogar völlig unbekannten Plasmiden Sequenzinformationen entlocken.
Einige Regeln bezüglich der Gestaltung der Octamerprimer sind natürlich zu beachten. Wer sich für die Details interessiert, sei an die unten aufgeführten Literaturstellen verwiesen.

Literatur:

Hardin SH, Jones LB, Homayouni R, McCollum JC (1996) Octamer-primed cycle sequencing: design of an optimized primer library. Genome Res. 6, 545-550.

Jones LB, Hardin SH (1998) Octamer-primed cycle sequencing using dye-terminator chemistry. Nucl. Acids Res. 26, 2824-2826

Ball S, Reeve MA, Robinson PS, Hill F, Brown DM, Loakes D (1998) The use of tailed octamer primers for cycle sequencing. Nucl. Acids Res. 26, 5225-5227

8.1.5 Minisequenzierung

Beim ***Minisequencing*** (auch als ***Primer Extension Method*** oder ***Solid Phase Minisequencing*** bezeichnet) muss man sich ein wenig vom klassischen Bild befreien, das man mit dem Schlagwort Sequenzieren verbindet. Tatsächlich handelt es sich nämlich nicht um eine Methode, unbekannte DNA-Sequenzen zu bestimmen, sondern um eine Art, ganz bestimmte, genau definierte Mutationen mit relativ geringem Aufwand nachzuweisen. Deswegen trifft die Bezeichnung *primer extension* den Kern der Sache auch wesentlich besser. In der einfachsten Version der Methode amplifiziert man nämlich die zu untersuchende DNA mittels PCR, wobei einer der beiden Primer am 5' -Ende mit Biotin markiert ist. Dank des Biotin-Markers kann man das PCR-Produkt anschließend an Streptavidin binden, welches seinerseits an eine beliebige feste Phase gebunden ist. Durch Denaturieren mit alkalischer Lösung und anschließendes Waschen entfernt man dann den nicht-markierten DNA-Strang und erhält einzelsträngige Template-DNA, an welche man den "Sequenzierprimer" hybridisiert. Dieser Primer ist so gestaltet, dass die zu untersuchende Base direkt auf die letzte 3' -Base des Primers folgt. Mittels DNA-Polymerase und einem markierten Didesoxynucleotid führt man nun eine "DNA-Synthese" durch, welche aus maximal einem Schritt besteht: Ist das zugegebene Didesoxynucleotid (z.B. ddATP) komplementär zur nächsten Base der Template-DNA (z.B. ein T), dann wird genau ein Nucleotid eingebaut, ansonsten erfolgt kein Einbau. Danach wird wieder gewaschen und das Syntheseprodukt untersucht. Enthält es eine Markierung, dann war die erste Base hinter dem Primer offensichtlich komplementär zum eingesetzten Nucleotid, wenn nicht, dann war es eine der drei anderen Basen.

Das klingt zunächst unsinnig, doch ist die Methode sehr interessant, wenn man eine große Zahl von Proben auf eine ganz bestimmte Mutation hin untersuchen möchte. So stellt sich beispielsweise bei *single nucleotide polymorphisms* (SNPs, s. Kap. 9.8) die Frage, wie häufig diese denn in einer Population vertreten sind. Verwendet man streptavidin-beschichtete 96- oder 384-well-Platten, lässt sich diese Frage in wesentlich kürzerer Zeit und mit geringeren Kosten beantworten als wenn man 500 DNA-Proben auf klassischem Wege sequenziert.

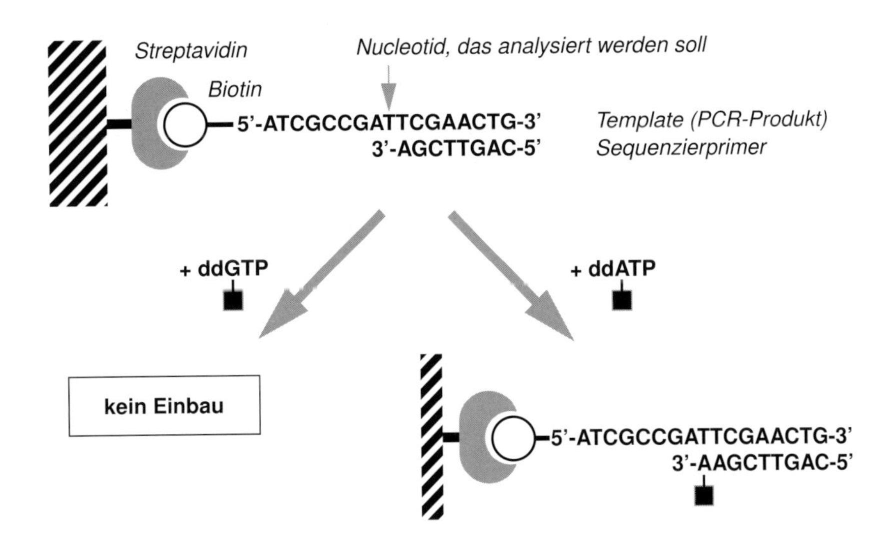

Abb. 48: Das Prinzip der Minisequenzierung.
An den Sequenzierprimer wird ein einziges Didesoxynucleotid angehängt, aber nur, wenn das eingesetzte Nucleotid komplementär zur nächsten Base des Templates (hier ein T) ist. Der Einbau lässt sich anschließend anhand der Markierung des Didesoxynucleotids nachweisen.

Natürlich gibt es etliche Varianten der Methode. Lassen sich die Markierungen unterscheiden (wie beispielsweise ^{3}H und ^{32}P oder Digoxygenin und Fluorescein oder Fluoreszenzfarbstoffe), dann kann man durchaus mehr als ein markiertes Nucleotid pro Ansatz einsetzen und so eventuell die Zahl der Ansätze reduzieren oder aber heterozygote von homozygoten Genotypen klar unterscheiden. Wenn man das Template nicht an eine feste Phase bindet, kann man Multiplex-Ansätze entwerfen, in denen mehr als eine Mutation untersucht wird, indem man mehrere Templates mit ihren jeweiligen Sequenzierprimern in einem Ansatz vereinigt; die Primer müssen sich dazu in ihrer Länge unterscheiden und können im Anschluss an die "Sequenzierreaktion" je nach Markierung mittels eines Sequenziergels oder eines Sequenzierers darauf analysiert werden, ob ein Nucleotid angehängt wurde oder nicht.
Besonders interessant ist der Einsatz von **DNA-Chips** (s. Kap. 9.1.6) für die Minisequenzierung. Durch eine einfache Umkehrung der Anordnung – der Sequenzierprimer wird auf dem DNA-Chip fixiert und das Template an den Primer hybridisiert – lassen sich Hunderte von Basen schnell und mit geringem Aufwand "sequenzieren". Dies wird vermutlich die zukunftsträchtigste Umsetzung der Minisequenzierung sein.

Literatur:

Sokolov BP (1990) Primer extension technique for the detection of single nucleotide in genomic DNA. Nucl. Acids Res. 18, 3671

Pastinen T et al. (1997) Minisequencing: a specific tool for DNA analysis and diagnosis on oligonucleotide arrays. Genome Res. 7, 606-614

Syvänen A-C (1999) From gels to chips: "Minisequencing" primer extension for analysis of point mutations and single nucleotide polymorphisms. Hum. Mutat. 13, 1-10

8.1.6 Pyrosequenzierung zum Ersten

Die schwedische Firma Biotage vertreibt seit ein paar Jahren ein neues System, mit dem sich kurze DNA-Fragmente recht flott analysieren lassen. Das System basiert auf einer Methode namens ***Pyrosequencing*** – eine Wortschöpfung, die sich aus *pyros* (griech. Feuer, weil Licht produziert wird[106]) und *sequencing* zusammensetzt – die mit dem Sequenzieren, wie man es als klassischer Molekularbiologe kennt, nur noch wenig zu tun hat.

Die Methode: Das Prinzip unterscheidet sich erheblich von der Sanger-Sequenzierung, weil hier keine markierten Nucleotide und auch keine Didesoxynucleotide eingebaut werden. In gewisser Weise handelt es sich um eine Art "*back to the roots*", da man sich beim Versuchsaufbau offensichtlich wieder der Qualitäten der klassischen gekoppelten Reaktion erinnert hat.
Zunächst amplifiziert man mittels PCR aus dem Probenmaterial ein Proben-Fragment, wobei einer der beiden verwendeten Primer mit Biotin markiert sein muss. Das DNA-Fragment wird anschließend an streptavidin-gekoppelte Kügelchen (z.B. aus Sepharose oder paramagnetische *Dynabeads*) gebunden und mit NaOH denaturiert. Der biotin-markierte Strang bleibt dabei an das Kügelchen gebunden, während der komplementäre Strang fortgewaschen wird; zurück bleibt ein einzelsträngiges Template. Bis zu diesem Punkt ist die Versuchsanordnung identisch mit der Minisequenzierung (s. Abb. 48).
In einer Mikrotiterplatte pipettiert man nun Template, Sequenzierprimer, den notwendigen Enzymmix (DNA-Polymerase, ATP-Sulfurylase, Luciferase und Apyrase) und den Substratmix (Adenosin-5'-phosphosulfat (APS) und Luciferin) zusammen und stellt den Ansatz in die Maschine. Der Primer hybridisiert zunächst an das Template, und was dann folgt, ist eine Art schrittweise DNA-Synthese[107]: Die Maschine gibt eines der vier notwendigen Nucleotidtriphosphate zu und lässt der Reaktion freien Lauf. Was passiert? Wenn das zugegebene dNTP komplementär zur nächsten Base des Templates ist, wird es von der DNA-Polymerase eingebaut, wobei als Nebenprodukt ein Molekül Pyrophosphat (PPi) freigesetzt wird. Die ATP-Sulfurylase synthetisiert aus PPi und APS ein Molekül ATP, das dann in einer weiteren Reaktion von der Luciferase zusammen mit Luciferin in Licht und Oxyluciferin umgewandelt wird. Für (nahezu) jedes eingebaute dNTP entsteht so ein Lichtquant. Die Lichtproduktion wird während der gesamten Zeit mittels CCD-Kamera erfasst, quantifiziert, ausgewertet und in Form von Signalpeaks dargestellt. Sollten zwei oder drei gleiche Nucleotide im Template aufeinanderfolgen, dann werden in einer Runde mehrere Nucleotide eingebaut und die Lichtproduktion fällt doppelt bzw. dreimal so hoch aus wie normal; wird kein Nucleotid eingebaut, bleibt es dagegen zappenduster im *well*.

Um überschüssige dNTPs zu entfernen und die Reaktion rasch zu beenden, werden parallel zur oben beschriebenen Nachweisreaktion die dNTPs von der ebenfalls zugegebenen Apyrase zu dNDP und Phosphat abgebaut. Auf diese Weise ist innerhalb einer Minute das gesamte dNTP aufgebraucht und der Zyklus damit beendet. Weitere 5 Sekunden später kann bereits das nächste Nucleotid zugegeben und ein neuer Zyklus gestartet werden. Die Apyrase-Reaktion scheint im ersten Moment widersinnig, weil neben den dNTPs auch das frisch gebildete ATP abgebaut wird, das man doch für die Lichtproduktion benötigt. Möglich ist das Nebeneinander auch nur, weil der Abbau durch die Apyrase deutlich langsamer erfolgt als die eigentliche Nachweisreaktion.

Kleine Anmerkung: Bei bekannten Sequenzen bietet es sich an, nicht stur die vier Basen in immergleicher Reihenfolge nacheinander durchzunudeln, wie man es bei unbekannten Sequenzen machen müs-

---

106. Eine andere Interpretation lautet, das "Pyro-" leite sich vom Pyrophosphat ab, das für die Nachweisreaktion genutzt wird.
107. Diese Art des Sequenzierens wird daher als "***sequencing by synthesis***" bezeichnet.

ste – das spart Zeit und Material. Wer sich mit dem (wissenschaftlich gesehen ziemlich unbefriedigenden) Werbematerial von Pyrosequencing auseinandersetzt, wird anfangs allerdings einige Schwierigkeiten haben, die Reihenfolge der Zyklen bzw. dNTP-Zugaben nachzuvollziehen, die in den Beispielen angegeben wird. So wird beispielsweise zu Beginn der Sequenzierung ein Nucleotid eingesetzt, das gar nicht eingebaut wird (und so eine Aussage über den Signal-Hintergrund erlaubt) und wenn die Sequenz eine Folge von mehreren gleichen Basen beinhaltet, wird das passende Nucleotid zweimal nacheinander zugegeben (zur Kontrolle, ob der Einbau bei der ersten Zugabe vollständig erfolgte). Verwirrend. Man kann sich vorstellen, wie komplex die Angelegenheit wird, wenn man Multiplex-Ansätze analysieren möchte (bis zu drei *single nucleotide polymorphisms* oder SNPs in einem Ansatz sollen möglich sein). Zum Glück gibt es eine Software, die sich um derlei Widrigkeiten kümmert.

Wegen der geringen Leseweite der Sequenzen (20-30 Basen) war die Methode allerdings nur begrenzt einsetzbar, aufgrund ihres hohen Durchsatzes von etlichen Tausend Proben am Tag[108] aber durchaus interessant. Mittlerweile hat sich Biotage aus dem eigentlichen Sequenziermarkt zurückgezogen und vertreibt nun Analysegeräte für die klinische Forschung, z.B. zur schnellen Analyse von SNPs, DNA-Methylierungsmustern oder zur schnellen Bestimmung von bösen krankheitsbringenden Mikroben. Doch war dies nicht das Ende des *Pyrosequencing*, sondern nur der Vorhang zum zweiten Akt.

Literatur:

Nyren P, Pettersson B, Uhlen M (1993) Solid phase DNA minisequencing by an enzymatic luminometric inorganic pyrophosphate detection assay. Anal. Biochem. 208, 171-175

Ronaghi M et al. (1996) Real-time DNA sequencing using detection of pyrophosphate release. Anal. Biochem. 242, 84-89

Ronaghi M, Uhlen M, Nyren P (1998) A sequencing method based on real-time pyrophosphate. Science 281, 363-365

8.1.7 Pyrosequenzierung zum Zweiten

2005 wurde die *Pyrosequencing* dann vom Status einer netten Methode zum Sequenzieren vieler kleiner Fragmente in eine neue Dimension katapultiert, die sie zu einer ernsthaften Konkurrenz für die gute alte Sanger-Sequenzierung werden lässt und diese, so wage ich zu spekulieren, womöglich eines nicht allzu fernen Tages sogar weitgehend verdrängen wird.

Die im vorigen Abschnitt beschriebene Methode wurde von der Firma mit dem seltsamen Namen *454 Life Sciences* derart miniaturisiert, dass man an die Grenzen seiner Glaubensbereitschaft stößt. Die Vorgehensweise sieht ungefähr folgendermaßen aus (siehe Margulies M et al. 2005)[109]: Man zerlegt ein Genom[110] in zufällige kleine Stücke, versieht diese mit einem biotin-markierten[111] Adapter und lässt sie anschließend an winzige 28 µm-Kügelchen binden, und zwar so, dass pro Kügelchen jeweils

108. Diese Zahlen stammen von 2004; Biotage ist sich seither treu geblieben und gibt immer noch relativ schlechtes Info-Material heraus, das es schwer macht, sich ein Bild von den Leistungen ihrer neuen Geräte zu verschaffen.

109. Wer eine Vorstellung davon bekommen möchte, wie komplex eine derartige Miniaturisierung einer Methode ist und wie viele Detailprobleme es zu lösen gilt, dem sei die Lektüre dieses Artikels wärmstens empfohlen.

110. Demonstriert wurde die Methode am 0,6 Mb Genom von *Mycoplasma genitalium* und an *Streptococcus pneumoniae* mit einem 2,1 Mb Genom, die jeweils in einer Sequenzierlauf durchsequenziert wurden.

111. Dass es sich bei der Markierung um Biotin handelt, ist eine Vermutung von mir, genaue Angaben dazu konnte ich leider nicht finden.

nur ein DNA-Fragment gebunden wird. Die Kügelchen werden anschließend jeweils in einem Tröpfchen einer PCR-Emulsion eingefangen und die DNA in diesem "Tröpfchen-Reaktor" mittels PCR um den Faktor 10^7 vermehrt (eine Methode, die man als ***emulsion PCR*** (**ePCR**) bezeichnet und die auch bei anderen modernen Sequenziermethoden eingesetzt wird). Für die Sequenzierung werden die Kügelchen mit den gebundenen PCR-Produkten aus ihren Tröpfchen befreit und in die Wells einer PicoTiterPlate™, also einer Fiberglasplatte mit Vertiefungen von 44 µm Durchmesser und 55 µm Tiefe[112] transferiert. Interessant ist dabei ein weiteres Detail: Damit die für die Reaktion benötigten Enzyme nicht nach jeder Reaktion ausgewaschen und ständig neu zugegeben werden müssen, fügt man sie ebenfalls in Kügelchen-gebundener Form den Wells zu!
Anschließend wird das Ganze wie oben beschrieben einer Pyrosequenzierung unterzogen, d.h. ein dNTP nach dem anderen zugegeben und jeweils gemessen, ob ein Einbau stattfindet. Durch die extreme Miniaturisierung und Optimierung kann eine große Zahl von Sequenzierreaktionen parallel durchgeführt werden, die (bei der 2005er-Version des Sequenzierers) jeweils eine Leseweite von bis zu 100 Basen erreichen. Gemäß den Autoren können so bis zu 25 Millionen Basen in einem Fünf-Stunden-Lauf bestimmt werden. Dazu kommen allerdings noch die Vorbereitungsarbeiten, die ihrerseits zusätzliche zwei Tage in Anspruch nehmen. Da die klassische Sequenzierung eines solchen Genoms ca. drei Wochen dauert, kann man die Methode dennoch mit Recht als schnell bezeichnen.

Das größte Handicap ist die derzeit noch geringe Leseweite. 100 Basen sind nicht sonderlich viel, schon gar nicht, wenn man es mit großen Genomen zu tun hat. Das Problem ist hierbei allerdings nicht die schiere Größe des Genoms, denn bei 25 mio Basen pro Lauf ist auch die Sequenzierung eines Säugergenoms von 3 Milliarden Basen Länge nur eine Fleißarbeit. Es ist die große Zahl an Transposons und repetitiven Sequenzen in den großen Genomen[113], welche die eigentliche Schwierigkeit darstellt. Da die Methode auf dem Prinzip der Schrotschuss-Sequenzierung (s. 8.1.8) beruht, muss die Sequenz aus den Ergebnissen der Millionen Einzelsequenzierungen (immerhin ca. 250 000 pro Lauf) zusammengepuzzelt werden, was immer dann besonders gut gelingt, wenn man es mit klar voneinander unterscheidbaren, "einzigartigen" Sequenzen zu tun hat. Sind sich die Sequenzen allerdings sehr ähnlich, wie dies bei repetitiven DNAs zu sein pflegt, dann scheitert dieser Ansatz schnell, und um so schneller und gründlicher, je kürzer das jeweilige Sequenzstückchen ist.[114]
Allerdings ist "Scheitern" in den meisten Fällen sicherlich ein viel zu großes Wort. Denn ist erst einmal ein Referenzgenom für einen Organismus erstellt, dann kann man dieses als Vorlage für das Zusammenbasteln der nicht-repetitiven Abschnitte verwenden, die sich mit dieser Methode ja gut und schnell erfassen lassen, während man an den repetitiven Abschnitten größtenteils sowieso nicht interessiert ist.
Ein weiteres Handicap der Methode besteht allerdings darin, dass sie sich mit Homopolymeren schwer tut. Folgen mehr als acht gleiche Basen aufeinander, kommt das System an die Grenzen des Nachweisbaren und kann gegebenenfalls nicht mehr unterscheiden, ob es sich nun um zwölf oder vierzehn A's handelt.

---

112. Das rechnerische Fassungsvermögen pro Well liegt bei gerade mal 75 pl und die Zahl der Wells bei stolzen 1,6 Millionen! Fiberglas verwendet man, um die Lichtreaktion in den einzelnen Wells besser messen zu können.

113. Die immerhin 40-45 % in einem Säugergenom ausmachen; siehe dazu Biémont und Vieira 2006.

114. Dies ist allerdings kein exklusives Problem der Pyrosequenzierung, sondern gilt genauso für die Sanger-Sequenzierung, sobald man zur Schrotschuss-Sequenzierung greift. Es sei nur an das menschliche Genom erinnert, das aus ähnlichen Gründen zum Zeitpunkt seiner Publikation 2001 (Lander et al. 2001; Venter et al. 2001) keineswegs zu 100 Prozent komplett war, und auch 2008 immer noch nicht als "komplett" deklariert wurde!

Das "*454 Sequencing*" wird deshalb weiter optimiert. Erlaubte das erste System GS20 nur Leseweiten von 100 Basen, kommt das Nachfolgersystem GS FLX bereits auf auf Leseweiten von 200-300 Basen.[115] Das klingt nach wenig, doch darf man nicht vergessen, dass die gute alte Sanger-Sequenzierung 1977 auch nur Leseweiten von 300 Basen erlaubte und der heutige Standard bei automatisierten Sequenziersystemen in der Praxis auch nur bei 700 Basen liegt.

Die Methode hat jedenfalls das Potential für eine große Zukunft; lassen wir uns überraschen. Weitere Informationen können Sie bei *454 Life Sciences* finden (http://www.454.com). Oder Sie kaufen sich bei Roche Diagnostics das aktuellste Genome Sequencer System und lassen sich von deren Leuten alles erklären.

Literatur:

Biémont C., Vieira C. (2006) Genetics: junk DNA as an evolutionary force. Nature 443, 521-524

Green RE et al. (2006) Analysis of one million base pairs of Neanderthal DNA. Nature 444, 330-336

Lander ES et al. (2001) Initial sequencing and analysis of the human genome. Nature, 409, 860-921

Levy S, Sutton G et al. (2007) The Diploid Genome Sequence of an Individual Human. PLoS Biol. 5,e254. doi:10.1371/journal.pbio.0050254

Margulies M et al. (2005) Genome sequencing in microfabricated high-density picolitre reactors. Nature 437, 376-380

Venter JC et al. (2001) The sequence of the human genome. Science, 291, 1304-1351

Wheeler DA et al. (2008) The complete genome of an individual by massively parallel DNA sequencing. Nature 452, 872-876

8.1.8 Weitere Methoden der Massen-Parallelsequenzierung

Sollten Sie gedacht haben, das sei es zu dem Thema Sequenzieren schon gewesen, müssen Sie sich wie ich eines besseren belehren lassen. Seit ca. 2005 explodiert der Markt für neue Sequenziermethoden nämlich förmlich. Wer die Sangersche Sequenzierung für so pfiffig gehalten hat, dass sie nicht mehr zu toppen sei, dürfte sich zur Zeit verwundert die Augen reiben.
Neben der oben beschriebenen 454 Sequenzierung haben nämlich seither zwei weitere kommerzielle Systeme das Licht des Tages erblickt und die Welt des "***massively parallel sequencing***" weiter bereichert, und es scheint, als sei das erst der Anfang der Entwicklung.

Solexa Technologie (Illumina)

Die von Solexa (die Firma gehört mittlerweile zu Illumina) entwickelte Technologie basiert auf zwei Konzepten, der *clonal single molecule array*™ Technologie zur DNA-Amplifizierung und der *DNA sequencing by synthesis* Technologie (Ju et al. 2006), die eine Fortentwicklung der Sangerschen Didesoxy-Methode darstellt.
Die Amplifikation wird bei Solexa bewerkstelligt, indem DNA-Moleküle mit zwei verschiedenen Adaptern versehen und dann in einzelsträngiger Form (ungeordnet!) an die Oberfläche der Durchflusszelle (*flow cell*) gebunden werden, in der später die Sequenzierung stattfindet. Der Rest der Oberfläche wird gesättigt mit Primern, die komplementär zu den verwendeten Adaptern sind – ein bisschen so, wie man die freien Bindungsstellen einer Hybridisierungsmembran vor der Hybridisierung blockiert (s. 7.2).

115. Für 2008 stellte 454 Life Science sogar Leseweiten von 500 Basen in Aussicht.

Die **Vermehrung** erfolgt dann durch einen Prozess, der als ***solid-phase bridge amplification*** bezeichnet wird und recht lustig klingt: Man gibt Nucleotide und Polymerase zu und lässt das freie Ende des (einzelsträngigen) DNA-Moleküls in der Flüssigkeit wiegen wie einen Seegrashalm, bis es an einen benachbarten Primer gebunden hat. Der Primer kann dann von der Polymerase als Startpunkt für die Synthese des Gegenstrangs genutzt werden. Das Ergebnis ist dann ein Doppelstrang, der bogenförmig auf der Oberfläche sitzt, wobei die beiden Enden jeweils nur an einem Strang an die Oberfläche gebunden sind. Denaturiert man das Ganze, so erhält man wieder zwei sich in der Flüssigkeit wiegende Einzelstränge, das Original und der eben synthetisierte Gegenstrang, der "kopfüber" auf der Oberfläche sitzt. Da beide Enden der DNA-Fragmente mit Adaptern versehen wurden und beide passenden Primer an die Oberfläche gebunden sind, können sowohl Original als auch die Kopie im nächsten Zyklus erneut vermehrt werden. Weil die neu synthetisierten Stränge jeweils 'nicht weit vom Stamm fallen', bilden sich so nach einigen Zyklen regelrechte Cluster identischer DNA-Fragmente, die sehr viel dichter gepackt sein können, als dies mit den Kügelchen bei der Emulsions-PCR erreicht wird.
Die **Sequenzierung** erfolgt über eine fast klassisch anmutende Kettenabbruch-Methode. Man nimmt Polymerase, Sequenzierprimer und vier fluoreszenzmarkierte Nucleotide, hybridisiert den Primer an das zuvor generierte Template und baut ein Nucleotid ein. Nur eines, wohlgemerkt, weil die 3'-OH-Gruppe der markierten Nucleotide mit einer kleinen Schutzgruppe versehen ist, die eine weitere Elongation verhindert. Nach einem Waschschritt kann dann für jeden Cluster die Identität des eingebauten Nucleotids anhand des jeweiligen Fluoreszenzsignals bestimmt werden.
Die zweite Besonderheit, der eigentliche Clou, besteht darin, dass im nächsten Schritt sowohl die Fluoreszenzmarkierung als auch die Schutzgruppe entfernt werden, so dass erneut ein unmarkiertes, freies 3'-OH-Ende entsteht, an das ein neues markiertes Nucleotid angefügt werden kann; der Kettenabbruch, der bei Sangers Didesoxy-Methode noch unwiderruflich ist, wird so zu einer reversiblen Angelegenheit.
Der Zyklus Verlängern-Waschen-Messen-Entfernen wird dann so lange wiederholt, bis die Fluoreszenzsignale unter die Nachweisgrenze rutschen.[116]

Gegenüber der 454 Sequenzierung besitzt diese Methode einen großen Vorteil: Weil ein Nucleotid nach dem anderen eingebaut und gemessen wird, stellen homopolymere Abschnitte (im Prinzip) kein Problem dar und können zuverlässig detektiert werden, egal, ob man es mit fünf A's oder mit fünfzehn zu tun hat.[117]
Die aktuelle Schwierigkeit besteht allerdings derzeit darin, dass die verwendeten *reversible dye terminator* Nucleotide nicht sonderlich effizient eingebaut werden. Die Leseweite pro Sequenzierreaktion ist dadurch auf 30-40 Basen beschränkt, nicht zuletzt auch, weil die Vermehrungsrate bei der *solid-phase bridge amplification* deutlich niedriger ist als bei anderen PCR-Methoden – anscheinend wird ein DNA-Fragment gerade mal um Faktor 1000 vermehrt, was die Signalstärke deutlich limitiert.
Auch verursachen die modifizierten Nucleotide und die ebenfalls modifizierte Polymerase, die wegen der ungewöhnlichen Nucleotide verwendet werden muss, mehr Sequenzierfehler in Form von Basensubstitutionen, weshalb jeder Sequenzbereich mehrfach abgedeckt sein muss, um daraus weitgehend zuverlässige Consensus-Sequenzen erstellen zu können.

---

116. Ein wenig irritierend war die Angabe in einem *Specification Sheet* von Illumina, der *sequencing by synthesis*-Schritt würde 48-72 Stunden in Anspruch nehmen. Angesichts der derzeit noch sehr kurzen Leseweiten von 30-40 Basen scheint mir das sehr viel zu sein.
117. Was sich allerdings durch die geringe Leseweite relativiert, weil ein Abschnitt von 20 A's de facto unbrauchbar wird; die verbleibenden spezifischen Basen erlauben es nicht, eine solche Sequenz zuverlässig irgendeiner Region des Referenzgenoms zuordnen zu können, wodurch diese (eine) Sequenz nutzlos ist.

Kompensiert wird dies durch die Tatsache, dass durch die verwendete Amplifikationsmethode sehr hohe Clusterdichten erreicht werden können, so dass trotz der geringen Leseweite durchaus 1 Gigabase[118] Sequenz pro Geräte-Lauf erzielt werden können.

SOLiD (Applied Biosystems)

Applied Biosystems baut dagegen auf ein komplett anderes Prinzip namens SOLiD (*Supported Oligonucleotide Ligation and Detection system*). Es handelt sich dabei um eine Sequenzierung nach dem Hybridisierungs-Ligations-Prinzip. Ligation? Ja, man kann die Ligationsreaktion auch zum Sequenzieren missbrauchen, wenn man nur entsprechend viele Primer einsetzt.
Die ursprüngliche Methode ist bei Shendure et al. (2005) beschrieben: Auch hier erfolgt die **Vermehrung** bei der '454 Sequenzierung' mit einer Emulsions-PCR (ePCR), allerdings in sehr viel kleineren Dimensionen; verwendet man bei '454' 28 µm-Kügelchen, sind sie hier gerade mal 1 µm groß. Nach der PCR werden die Kügelchen (ungeordnet) auf einem Objektträgersystem fixiert.
Dann beginnt die eigentliche **Sequenzierung**. Der erste Schritt besteht darin, einen Ankerprimer ("*anchor primer*") an den Adapter des Templates zu hybridisieren. Für die eigentliche Sequenzierung werden dann ganz besondere Oligonucleotide verwendet. Es handelt sich dabei um degenerierte Octamere[119], deren erste beiden Nucleotide genau definiert sind[120], während die restlichen sieben Positionen zufällig sind, weil bei der Synthese für jede dieser Positionen alle vier Nucleotide zur Verfügung gestellt wurden; es handelt sich also in Wahrheit jeweils um ein Gemisch von Primern, die nur in den ersten beiden Positionen übereinstimmen. Jedes Oligonucleotid ist mit einem Fluoreszenzfarbstoff markiert, doch hier beginnt die Geschichte kompliziert zu werden. Denn insgesamt werden sechzehn Oligo-Gemische synthetisiert[121], doch stehen nur vier Fluoreszenzfarbstoffe für die Markierung zur Verfügung, so dass jeweils vier Oligo-Gemische mit dem gleichen Farbstoff markiert werden müssen: AA, CC, GG und TT blau; AC, CA, GT und TG grün; AG, CT, GA und TC gelb; AT, CG, GC und TA rot[122]. Dann werden alle Oligo-Gemische zu einem großen Sequenzierprimer-Gemisch vereinigt und dieses für die Hybridisierung mit dem Template eingesetzt. Von all den vielen Primern – immerhin 65 536 verschiedene Oligos schwimmen jeweils im Ansatz herum – hybridisiert genau der eine mit der passenden Sequenz in direkter Nähe zum Ankerprimer und wird mit diesem ligiert, alle anderen werden dagegen beim folgenden Waschschritt hinfortgewaschen.
Danach wird die Fluoreszenzmarkierung des Sequenzierprimers nachgewiesen: Für jeden Sequenzierschritt wird ein Bild gemacht und die Lichtsignale später dem jeweiligen Kügelchen zugeordnet. Ungewöhnlich ist, dass man aus dem einzelnen Lichtsignal, im Gegensatz zur gewohnten Sanger-Sequenzierung, noch keine Schlüsse auf das dahinterstehende Nucleotid ziehen kann, weil jede Farbe ja für vier Dinucleotidkombinationen steht.
Danach werden die Template-DNAs, an denen keine Hybridisierung stattgefunden hat, mit einer Schutzgruppe versehen, um sie von der weiteren Sequenzierung auszuschließen, von den korrekt hybridisierten Oligos wird die Farbstoffgruppe (und einige benachbarte Nucleotide) entfernt und ab

---

118. Eine Gigabase ist eine Milliarde Basen – für alle, die mit diesen Dimensionen im Bereich der Sequenzierung noch Schwierigkeiten haben sollten.
119. Siehe dazu auch den Abschnitt zur Octamer-Sequenzierung (8.1.4).
120. In der ursprünglichen Version waren es noch das vierte und das fünfte Nucleotid – offenbar, weil die verwendete T4 DNA-Ligase in diesem Bereich am empfindlichsten ist für Fehlhybridisierungen. Seit 2008 hat Applied Biosystems auf das erste und zweite Nucleotid umgestellt.
121. Für jede Dinucleotidkombination eines: AANNNNNNN, ACNNNNNNN, AGNNNNNNN usw.
122. So stellt es zumindest Applied Biosystems dar; ob dies auch den tatsächlich verwendeten Fluoreszenzfarbstoffen entspricht, ist nicht sicher, spielt aber für uns auch keine Rolle.

geht es in die nächste Hybridisierungsrunde. Insgesamt sieben Hybridisierungsrunden werden beim derzeitigen Stand der Technik durchgeführt, dann geht der Methode die Puste aus, weil die Lichtsignale zu schwach werden[123]. Die Informationsausbeute ist zu diesem Zeitpunkt noch recht mager; zwar hat man für fünf Dinucleotide Farbinformationen erhalten, doch sind diese nicht eindeutig, und außerdem liegen dazwischen jeweils drei Nucleotide, über die man keine Information besitzt, gemäß dem folgenden Muster: 1-2-x-x-x-6-7-x-x-x-11-12-x-x-x...
Daher wird nun der neu ligierte Strang durch Denaturierung entfernt[124] und die ganze Geschichte beginnt von vorne. Die zweite Durchführung verläuft genau wie die erste, wobei allerdings ein anderer Ankerprimer verwendet wird, dessen Position genau um ein Nucleotid gegenüber dem ersten versetzt ist. Nach weiteren sieben Hybridisierungsrunden hat man nun Informationen über die Nucleotide 2-3-x-x-x-7-8-x-x-x-12-13-x-x-x...
Und weiter geht's: Nächste Denaturierung, nächster Ankerprimer, nächstes Informationsmuster (diesmal 3-4-x-x-x-8-9-x-x-x-13-14-x-x-x). Nach insgesamt fünf Durchführungen kombiniert man die erhaltenen Informationen und besitzt nun für jede Nucleotidposition zwei Farbinformationen, nämlich jeweils für das Pärchen Nucleotid+Vordermann und Nucleotid+Hintermann.
Für die ersten sechs Basen sieht die Info dann beispielsweise folgendermaßen aus: Blau-Grün-Grün-Blau-Gelb. Das ist nicht sehr befriedigend für alle, die es gerne mit genau definierten Sequenzen zu tun haben, doch sobald man eine Base in dieser Sequenz kennt, lassen sich die restlichen Basen aufgrund des Farbcodes eindeutig zuordnen.
Tatsächlich aber ist eine Decodierung gar nicht zwingend notwendig. Für die Analyse vergleicht man im Normalfall das Sequenzierergebnis mit einer Referenz-DNA, und wenn man deren Sequenz in den Farbcode übertragen hat, ist eine Zuordnung der sequenzierten Schnipsel zur Referenz problemlos möglich.
Anfangs erscheint die Methode, die gewohnte Welt der Basen (bei Applied Biosystems als "*base space*" bezeichnet) durch eine Welt der Farben ("*color space*") zu ersetzen, ziemlich kompliziert – vielleicht wäre es einfacher zu verstehen, wenn man sechzehn Fluoreszenzfarbstoffe zur Verfügung hätte. Denn neu ist das Farbkonzept ja nicht, die Sanger-Sequenzierung der letzten Jahre arbeitete ja auch mit Fluoreszenzfarbstoffen, allerdings mit einer Farbe pro Base. Der entscheidende Unterschied ist, dass bei SOLiD jede Base immer im Zusammenhang mit ihrer Nachbarbase detektiert und 'bezeichnet' wird. Das hat aber auch Vorteile.
Findet man nämlich bei einer ***Resequenzierung*** (so bezeichnet man in der Literatur jede Sequenzierung, deren Ergebnis nicht für sich steht, sondern mit einer Referenzsequenz verglichen werden muss, um eine Aussage zu erlauben) eine Abweichung von der Referenzsequenz, hat man bei der SOLiD-Sequenzierung die Möglichkeit, bis zu einem gewissen Grad eine Fehleranalyse durchzuführen.
Am besten kommt dies bei Punktmutationen zum Zuge. Aufgrund des verwendeten Dinucleotid-zu-Fluoreszenzfarbe-Codes führt nämlich jede Punktmutation in einer Sequenz zu einer Veränderung in *zwei* Farbwerten. Ein Beispiel: Die Basensequenz CCT ergibt den Farbcode Blau-Gelb. Mutiert man die mittlere Base dieser Sequenz z.B. zu CGT, so führt dies zum Farbcode Rot-Grün.
Wird dagegen bei einer Resequenzierung eine Abweichung in nur einem Farbwert festgestellt, bedeutet dies zwangsläufig, dass es sich um einen Sequenzierfehler handeln muss, und die entsprechende Sequenz wird eliminiert.

Es geht aber noch besser: Mutiert man die Sequenz zu CTT, ergibt dies den Farbcode Gelb-Blau, während CAT zu Grün-Rot führt. Damit wären bereits alle Möglichkeiten für eine Punktmutation in der mittleren Position erschöpft. Jede andere Farbkombination an dieser Stelle wäre auf die Mutation von

123. Da in jeder Runde ein Teil des Templates wegen fehlender Hybridisierung 'ausfällt'.
124. Sie erinnern sich: Anker- und Sequenzierprimer sind jeweils nur an das Template hybridisiert worden.

zwei Basen zurückzuführen (Gelb-Gelb bedeutet in diesem Kontext beispielsweise CTC), was ein sehr seltenes Ereignis ist, oder man hat es mit einem Sequenzierfehler zu tun.
Diese Fähigkeit, viele Sequenzierfehler aus den Daten der Sequenzierung selber erkennen zu können, erhöht die Genauigkeit der Methode im Vergleich zu anderen Sequenziermethoden erheblich.

Obwohl die Methode zum gegenwärtigen Zeitpunkt nur Sequenzfetzen von gerade mal 25-35 Basen Länge liefert, kommen aufgrund der großen Zahl an parallel durchgeführten Sequenzierreaktionen laut Firmenangaben pro Lauf stolze 4 Gigabasen und mehr zusammen.[125]
Das SOLiD-Konzept geht davon aus, dass große Leseweiten künftig überflüssig werden, weil bald für die meisten Organismen ein Referenzgenom existiert – die Sequenz muss nur lang genug sein, um sie mit Sicherheit dem richtigen Genomabschnitt zuordnen zu können. Entscheidender, meint man bei Applied Biosystems, sei künftig die Zuverlässigkeit der generierten Sequenz.

Methoden in der Entwicklung

Die drei beschriebenen Methoden sind diejenigen, die am schnellsten kommerzialisiert wurden, möglicherweise aber noch nicht das Ende der Entwicklung. Die Sequenzier-Freaks haben noch ein paar weitere Pfeile im Köcher.
Deamer und Akeson (2000) beschreiben beispielsweise die Möglichkeit, einzelsträngige DNA-Moleküle mithilfe eines geeigneten elektrischen Feldes durch sogenannte Nanoporen[126] zu zwingen. Die DNA generiert beim Durchgang durch solche Poren ein elektrisches Signal, das sich messen lässt. Sollte es gelingen, die Auflösung dieses Signals bis auf einzelne Basen zu erhöhen, wäre damit die Sequenzierung *einzelner* DNA-Moleküle möglich.
Jett et al. haben 1989 die Möglichkeit gezeigt, mit Exonucleasen zu sequenzieren, indem man einen fluoreszenzmarkierten DNA-Strang Base für Base verdaut und die freigesetzte Fluoreszenz bestimmt. Die Firmen VisiGen und Helicos stehen offenbar mit ihren entsprechenden Produkten kurz vor der Marktreife

Der Möglichkeiten gibt es offenbar noch viel mehr – Applied Biosystems hat nach eigener Aussage über 40 *high-throughput sequencing* Technologien evaluiert, bevor sie Agencourt Personal Genomics und deren SOLiD-Technologie übernommen haben. Unter diesen 40 Technologien sind auch einige, die das Potential haben, eines Tages richtig *große* Genome für wenig Geld zu sequenzieren.
Wer sich intensiver mit dem Thema auseinandersetzen möchte, kann sich durch die Lektüre von Chan (2005) inspirieren lassen.

Literatur:
Chan EY (2005) Advances in sequencing technology. Mutat.Res. 573, 13-40
Deamer DW, Akeson M (2000) Nanopores and nucleic acids: prospects for ultrarapid sequencing. Trends Biotechol. 18, 147-151
Jett JH et al. (1989) High-speed DNA sequencing: an approach based upon fluorescence detection of single molecules. J.Biomol.Struct.Dyn. 7, 301-309
Ju J et al. (2006) Four-color DNA sequencing by synthesis using cleavable fluorescent nucleotide reversible terminators. Proc.Natl.Acad.Sci. USA 103, 19635-19640
Shendure J et al. (2005) Accurate multiplex polony sequencing of an evolved bacterial genome. Science 309, 1728-1732

125. Für 2009 verspricht Applied Biosystems Leseweiten von 50 Basen und einen Output von bis zu 9 Gigabasen pro Lauf.
126. Bei denen es sich, wie der Name suggeriert, um speziell gebaute Poren mit einem Durchmesser von 2 nm handelt.

8.1.9 Die Zukunft der Sequenzierung

Die Stimmung ist in Fachkreisen offenbar so enthusiastisch, dass man das 1000-Dollar-Genom, also die Sequenzierung eines individuellen menschlichen Genoms zum Preis von 1000 Dollar[127], als Ziel ausgerufen hat. Als Anreiz wurde ein 10 Millionen-Dollar-Preis ausgelobt für die erste Gruppe, die in zehn Tagen hundert menschliche Genome für weniger als 10 000 Dollar das Stück zu 98 % durchsequenziert (siehe http://genomics.xprize.org). Es ist also Bewegung in diesem Bereich.

Die Masse der Forscher hat dagegen eher reserviert reagiert auf das Erscheinen der neuen Sequenziermethoden und mäkelte erst einmal an geringen Leseweiten, zu hohen Fehlerraten und den Kosten der Infrastruktur herum. Warum? War es die Tatsache, dass es sich um Entwicklungen aus der Industrie handelte, der man in Forscherkreisen traditionell eher misstraut? War es die Befürchtung, dass die erheblichen Investitionen in Sequenzierer in den letzten Jahren mit einem Schlag obsolet geworden sein könnten? Oder war es einfach die Tatsache, dass die Didesoxy-Sequenzierung nach Sanger uns nun bereits seit dreißig Jahren getreulich begleitet[128] und längst zu den Standardmethoden der Laborarbeit gehört wie Agarosegel und Computer?
Doch egal, wie groß das Misstrauen derzeit noch sein mag – die Aussicht auf solche Sequenzierraten wird die Forschung grundlegend verändern.

Das Sequenzieren alter Prägung wird sich wohl erhalten, weil auch in Zukunft das Bedürfnis vorhanden sein wird, das 500-bp-PCR-Fragment, das man letzte Woche kloniert hat, schnell durchzusequenzieren, um die Korrektheit der Sequenz zu bestätigen.
Die große Forschung wird sich allerdings in eine andere Richtung entwickeln. Drei Arten von Projekten lassen sich mittels Massensequenzierung künftig verfolgen, von denen man früher träumte, aber vor der Umsetzung doch meistens zurückschreckte:

1. Die **Sequenzierung ganzer Genome** (*Whole Genome Assembly,* WGA). Bei kleinen Organismen mit ihren kleinen Genomen schrumpft der Arbeitsaufwand so künftig auf das Niveau einer Semesterarbeiten zusammen – ein faszinierender Gedanke. Aber auch vor großen Genomen schreckt man nicht zurück. So haben 454 Life Science und das Max-Planck-Institut für Evolutionäre Anthropologie 2006 eine Kollaboration zur Sequenzierung des Neandertaler-Genoms verkündet. Die erste Million Basenpaare wurde im November 2006 bereits publiziert (Green et al. 2006), und die Fertigstellung ist für 2009 geplant. Zuvor hat man sich allerdings noch den Scherz erlaubt, James D. Watson komplett zu sequenzieren; die Sequenz wurde ihm im Mai 2007 übergeben und ist mittlerweile öffentlich zugänglich (siehe Wheeler et al. 2008).[129]
Einerseits wird der Ehrgeiz der Forscher dahin gehen, nach Möglichkeit die Genome aller Arten dieser Welt zu erfassen, andererseits wird sehr viel mehr Energie und Geld in das gehen, was man heute als "***Resequencing***" bezeichnet, nämlich jedem, der es will, sein persönliches Genom zu erstellen, mit all

---

127. Nur zum Vergleich: Das *Human Genome Project* kostete geschätzte 3 Milliarden Dollar, allerdings verteilt über einen Zeitraum von 15 Jahren (Chan 2005).
128. Das ist mehr als eine Generation – gibt es überhaupt noch aktive Forscher, die sich an die Zeit *vor* Sanger erinnern können?
129. Watsons Genom ist übrigens nicht das erste eines menschlichen Individuums, das publiziert wurde – der Hansdampf Craig Venter war da schneller (Levy et al. 2007). Interessant sind vielmehr die unterschiedlichen Zeiträume, die für die beiden Projekte benötigt wurden. Venter verwendete für seine Arbeit all die Sequenzen, die seit 2000 bei seinem Human-Sequenzierprojekt bei Celera angefallen waren – immerhin 60 % der damaligen Sequenzen beruhten auf Venters DNA. Das Auffüllen der verbliebenen Lücken kostete aber immer noch 3 Jahre und 10 Mio Dollar, während Watsons gesamtes Genom in nur zwei Monaten sequenziert wurde, für gerade mal 1 Mio Dollar.

den Konsequenzen, die sich dann im medizinischen Bereich daraus ergeben werden (von möglichen anderen Konsequenzen ganz zu schweigen).

2. Mittels ***Ultra Broad Sequencing*** kann man sich einen vollständigen Überblick über alle Individuen in einer Probe verschaffen, einschließlich der Anzahl, in der sie vorkommen. So wurde von Sogin et al. 2006 anhand der Analyse von rRNAs in acht Wasserproben aus der Tiefsee die Diversität der darin enthaltenen Lebewesen analysiert – **Metagenomik** nennt sich diese Disziplin.[130] So ließe sich ein altbekanntes Problem lösen, dass nämlich bislang in Bodenproben u.ä. nur diejenigen Mikroorganismen nachweisbar sind, die sich unter Laborbedingungen vermehren lassen – was für die allermeisten Mikroorganismen[131] nicht gilt, so dass man erstaunlich wenig darüber weiß, wer so alles im Boden unter unseren Füßen vor sich hin lebt.
Auch die **Transkriptom-Analyse**, also die Erfassung aller in einem bestimmten Zelltypen unter bestimmten Bedingungen exprimierten Gene, fällt in diese Kategorie. Für diese Form der Untersuchungen waren die Methode der Wahl bislang die *Serial Analysis of Gene Expression* (SAGE, s. 5.5) und die Microarrays (s. 9.1.6). In Zukunft wird es die Sequenzierung sein.[132]
Auch die vollständige Erfassung der microRNAs (miRNAs) und anderer kleiner RNAs, die sich so in Pflanz' und Tier finden lassen (im Zusammenhang mit der RNA-Interferenz – RNAi, s. 5.6 – zur Zeit ein heißes Thema), wird durch die neuen Methoden massiv beschleunigt werden.
Und schließlich fallen in diese Kategorie auch die Untersuchungen zu den Wechselwirkungen zwischen DNA-Bindungsproteinen und Transkriptionsfaktoren mit diversen DNA-Abschnitten. Die Methode der Wahl ist hier derzeit die Chromatin-Immunopräzipitation (ChIP), bei der die Proteine reversibel an die DNA gebunden, die Komplexe immunpräzipitiert und die so isolierten DNA-Schnipsel analysiert werden – mit den neuen Sequenziermethoden keine große Sache mehr.

3. ***Ultra Deep Sequencing*** folgt im Grunde genommen dem selben konzeptionellen Ansatz wie das *Ultra Broad Sequencing*, lediglich das Verständnis von "Individuen" ist anders. Man versucht hierbei, durch die Sequenzierung einer großen Zahl an DNA-Fragmenten eines eingeschränkteren DNA-Pools solche Varianten oder Mutationen zu erfassen, die nur in geringen Mengen im untersuchten Pool vorkommen. So lassen sich beispielsweise die genaue Verteilung von mRNA-Varianten[133] eines Gens in einem Zelltyp untersuchen, oder man kann den Anteil und den Degenerationsgrad von Tumorzellen in einer Biopsie bestimmen.
Und weil sich mit dieser Form der Massenanalyse auch Varianten erfassen lassen, die weniger als 1 % der Gesamtpopulation ausmachen, könnte man künftig beispielsweise bei HIV-infizierten Patienten vor und während der Therapie alle vorhandenen Virus-Varianten erfassen und die Medikamente dann jeweils so wählen, dass die Bildung resistenter Viren frühzeitig vermieden wird.

Der limitierende Faktor der Zukunft wird voraussichtlich die Bioinformatik sein. Wir stehen an einem Punkt, dass wir mehr Sequenzen produzieren können als sich mit gegenwärtigen Computern und Soft-

130. Die spektakulärere Publikation zum Thema Metagenomik ist Venter et al. 2004, doch wurden diese Daten noch mit Sequenzierern der alten Generation generiert – und dennoch über 1,3 Gigabasen!
131. Man schätzt ihren Anteil auf 99 % aller existierenden Mikroorganismen.
132. Hier ein aktuelles Beispiel: Sultan et al. (2008) haben mit der Solexa-Technologie das Transkriptom zweier humaner Zelllinien, HEK293T und Ramos B-Zellen, untersucht und erschlagen uns mit einer Unmenge an Zahlen, die dabei angefallen sind. Für jede Zelllinie erhielten sie ca. 4 Mio auswertbare Sequenzen, von denen z.B. nur 80 % bislang bekannten Exons zugeordnet werden konnten, was die Charakterisierung einer ganzen Menge bislang unbekannter Gene erwarten lässt. Interessant ist, dass die Autoren sagen, sie konnten mit dieser Methode 25 % mehr Gene nachweisen als bei den parallel durchgeführten Microarray-Hybridisierungen.
133. Z.B. Spleiß- oder RNA-Editing-Varianten.

ware analysieren lassen. War vor zwanzig Jahren noch das Hauptproblem der Forschung, an Sequenzen heranzukommen, könnten wir in ein paar Jahren an ihnen regelrecht ersticken. Oder an den Kosten, die ihre Auswertung verursacht.

Und noch ein anderes Problem wird den Alltag der Experimentatoren der Zukunft ein wenig komplizierter machen. Reichte es bislang, 'etwas zum Sequenzieren zu geben', wird man sich künftig überlegen müssen, was man am besten mit welcher Methode sequenziert – weil halt jede dieser Methoden ihre Vor- und Nachteile hat!

Literatur:

Sogin ML et al. (2006) Microbial diversity in the deep sea and the underexplored "rare biosphere". Proc.Natl. Acad.Sci. USA 103, 12115-12120

Venter JC et al. (2004) Environmental Genome Shotgun Sequencing of the Sargasso Sea. Science 304, 66-74

Sultan M et al. (2008) A Global View of Gene Activity and Alternative Splicing by Deep Sequencing of the Human Transcriptome. Science (published online, 3. Juli 2008) DOI: 10.1126/science.1160342

8.2 Methoden zur Analyse von DNA auf Mutationen

Auch wenn das Sequenzieren die eindeutigsten Ergebnisse liefert, ist es nicht immer die Methode der Wahl bei der Suche nach Mutationen – sei es, weil die Kosten zu hoch sind, sei es, weil man keinen Zugang zu einem automatischen Sequenzierer besitzt und der Arbeitsaufwand einer manuellen Sequenzierung zu hoch wäre.
Zum Glück gibt's Alternativen, einfachere und kompliziertere, billigere und teurere.

8.2.1 Restriktionsfragment-Längenpolymorphismus (RFLP)

Die Suche nach RFLPs ist die einfachste Untersuchungsmethode und damit die Großmutter der Mutationsanalyse. Das Prinzip ist banal: Man verdaut die zu untersuchende DNA mit verschiedenen Restriktionsenzymen, trennt diese mittels Gelelektrophorese auf und vergleicht die Bandenmuster von normaler und untersuchter DNA (s. Abb. 49). Veränderungen im Bandenmuster weisen auf Mutationen hin.

Vorteil: Man kann auch sehr komplexe Gemische von DNA-Fragmenten analysieren, indem man das Gel blottet und mit einer geeigneten Sonde hybridisiert. Auf diese Weise lassen sich Abschnitte von mehreren kb in genomischer DNA analysieren, ohne zuvor die entsprechenden Abschnitte mühselig zu isolieren, zu amplifizieren oder sonstwie aufzureinigen.
Nachteil: Man kann nur relativ große Mutationen (Deletionen, Insertionen) damit nachweisen – die Veränderung muss groß genug sein, dass sich normales und mutiertes Fragment in ihren Laufeigenschaften sichtbar unterscheiden. Punktmutationen kann man nur nachweisen, wenn sie eine der Schnittstellen zerstören oder eine neue schaffen – reine Glückssache.

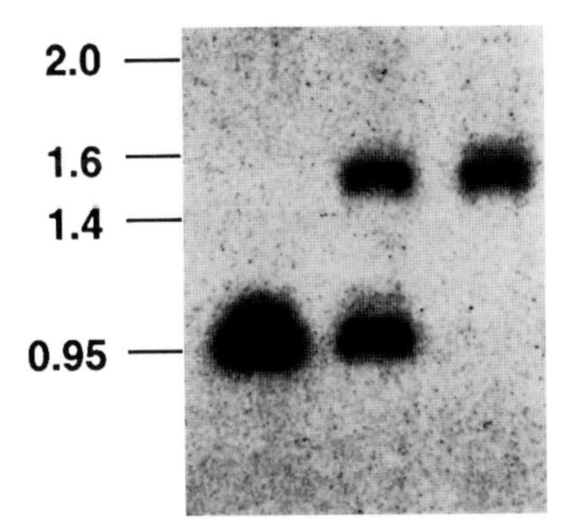

Abb. 49: Southern Blot mit Restriktionsfragment-Längenpolymorphismus.
Das Photo zeigt die Hybridisierung der genomischen DNA dreier Mäuse mit unterschiedlichem Genotyp. w Wildtyp-Maus, h heterozygote Maus, s homozygote Mutante.

8.2.2 *Single-strand conformation polymorphism* (SSCP)

Single-strand conformation polymorphism bedeutet Einzelstrang-Konformationspolymorphismus. Ein langes, kompliziertes Wort für ein interessantes Konzept:
Nucleinsäurestränge haben eine starke Neigung zur Basenpaarung. RNA und einzelsträngige DNA paaren, in Ermangelung eines komplementären Strangs, mit sich selbst und nehmen dabei seltsame Konformationen ein, die hoch komplex und kaum vorhersagbar sind. Die Konformation ist von verschiedensten Faktoren abhängig, unter anderem von der Sequenz und der Temperatur. Mit etwas Glück kann man eine Temperatur finden, bei der die Mutation einer einzigen Base zu einer Konformationsänderung führt, welche die Laufeigenschaften des Fragments im (Polyacrylamid-) Gel verändert (s. Abb. 50). Hat man diese Bedingungen gefunden, kann man mit dieser Methode viele DNA-Proben in kurzer Zeit untersuchen. Ihre größte Anwendung findet die Methode gegenwärtig beim Screenen von Patienten auf Mutationen, die für Krankheiten verantwortlich sein könnten.

Für die SSCP wird mittels PCR aus einer beliebigen DNA ein Fragment von ca. 250 bp Länge amplifiziert. 50-100 ng des Produkts in 10 µl Volumen werden mit 1 µl 0,5 M NaOH / 10 mM EDTA und 1 µl Blaumarker (50 % (w/v) Saccharose mit Bromphenol- und Xylencyanolblau) versetzt und für 5 min bei 55 °C denaturiert. Sofort im Anschluss trägt man die Probe auf ein nichtdenaturierendes 5-10 % Polyacrylamidgel auf und trennt die DNA elektrophoretisch. Am Ende des Laufs wird die DNA gefärbt und das Gel ausgewertet.
Entscheidend ist, dass die Elektrophoreseapparatur temperierbar ist, damit während des gesamten Gellaufs eine konstante, **definierte Temperatur** gehalten werden kann. Üblicherweise fährt man für jede Probe mehrere Gele bei verschiedenen Temperaturen, beispielsweise 10 °C, 15 °C, 20 °C und 25 °C,

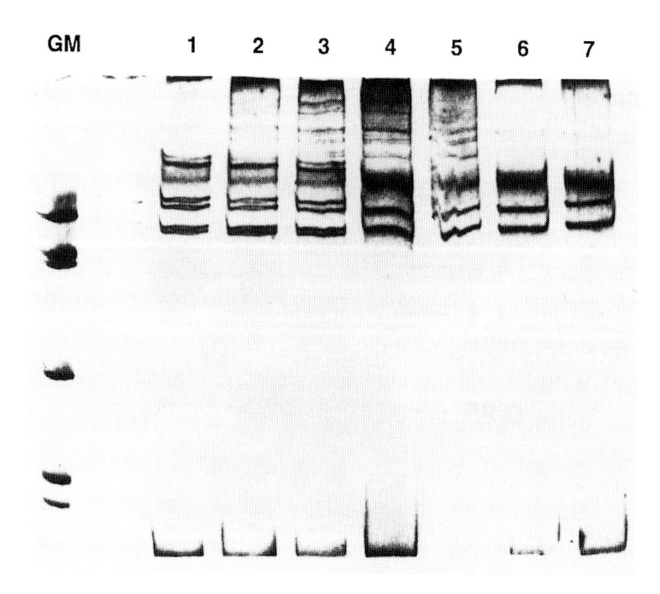

Abb. 50: ***single-strand conformation polymorphism.***
Ein silbergefärbtes SSCP-Gel, aus dem Leben gegriffen. Die Spuren 1-3 zeigen DNA von heterozygoten Personen mit einem normalen und einem punktmutiertem Allel, die Spuren 4-7 DNA von Personen mit zwei normalen Allelen. GM Größenmarker. (Mit freundlicher Genehmigung von Nicoletta Milani und Cord-Michael Becker.)

in der Hoffnung, bei einer der Temperaturen einen Polymorphismus zu sehen. Wer immer nur nach einer bestimmten Mutation sucht, braucht nur einmal die optimalen Bedingungen zu etablieren und kommt später mit einem einzigen Gel aus.

Die DNA lässt sich auf verschiedenen Wegen nachweisen. Im ursprünglichen Protokoll von Orita et al. (1989) wurde die DNA **radioaktiv** markiert und anschließend durch Autoradiographie nachgewiesen. Eine ein wenig arbeitsaufwendigere, aber dafür schnellere und nicht-radioaktive Alternative ist die **Silberfärbung**. Silbergefärbte Gele können getrocknet und aufbewahrt werden.
Auch eine Färbung mit **Ethidiumbromid** ist möglich, wie von Yap und McGee 1992 beschrieben, allerdings lässt die Sensitivität stark zu wünschen übrig, schwache Banden können dadurch leicht übersehen werden. Vielleicht sind andere Farbstoffe wie **SYBR Green I** von Molecular Probes aufgrund der höheren Sensitivität besser dafür geeignet.

Ein nützlicher "Missbrauch" der SSCP findet sich bei Suzuki et al. (1991): Die Autoren haben ein Gemisch von Allelen eines DNA-Fragments mittels SSCP getrennt, die einzelnen Banden anschließend aus dem Gel isoliert, erneut amplifiziert und jedes Allel getrennt sequenziert.

Vorteile: Für die Analyse können beliebige Primer verwendet werden. Die Methode lässt sich relativ leicht an große Probenmengen anpassen.
Nachteile: Die Länge der Fragmente, die mittels SSCP analysiert werden können, ist auf etwa 250 Basen begrenzt, bei längeren Fragmenten nimmt die Wahrscheinlichkeit, eine Mutation nachweisen zu können, stark ab. Da sich jede Mutation anders auf das Denaturierungs- und Laufverhalten auswirkt, müssen für jede Fragmentanalyse immer mehrere Gele bei verschiedenen Temperaturen gefahren wer-

den, was den Aufwand entsprechend vervielfacht – sofern man nicht nach einer bestimmten Mutation sucht, für die man die Bedingungen genau kennt. Allgemein geht man davon aus, dass die Wahrscheinlichkeit, eine beliebige Mutation mittels SSCP zu entdecken, bei 60-85 % liegt. Aber auch die Reproduzierbarkeit ist mitunter etwas problematisch, sie liegt häufig nur bei ca. 80 %.

Literatur:

Orita M et al. (1989) Detection of polymorphisms of human DNA by gel electrophoresis as single-strand conformation polymorphisms. Proc. Natl. Adac. Sci USA 86, 2766-2770

Orita M et al. (1989) Rapid and sensitive detection of point mutations and DNA polymorphisms using the polymerase chain reaction. Genomics 5, 874-879

Yap EPH, McGee JOD (1992) Nonisotopic SSCP detection in PCR products by ethidium bromide staining. Trends Genet. 8, 49

Hayashi K, Yandell DW (1993) How sensitive is PCR-SSCP? Hum. Mutat. 2, 338-346

Suzuki Y, Sekiya T, Hayashi K (1991) Allele-specific polymerase chain reaction: a method for amplification and sequence determination of a single component among a mixture of sequence variants. Anal. Biochem. 192, 82-84.

8.2.3 Denaturierende Gradientengelelektrophorese (DGGE)

Die Idee der DGGE ist im Ansatz der SSCP nicht unähnlich, weil man auch hier durch geeignete Bedingungen die Laufeigenschaften der Fragmente verändern möchte. Ein wichtiger Vorteil gegenüber der SSCP ist, dass man auch Fragmente von über 500 bp Länge analysieren kann.

Bei der DGGE nutzt man die Tatsache, dass DNA-Fragmente nicht mit einem Schlag denaturieren, sondern in **Schmelzdomänen** (*melting domains*) unterteilt werden können, die unterschiedliche Schmelztemperaturen haben. Solche teilgeschmolzenen DNA-Fragmente zeigen bei der Elektrophorese ein verändertes Laufverhalten. Das wäre an sich nur ein ulkiges Phänomen, wenn das Schmelzverhalten der Domänen nicht von ihrer Sequenz abhängen würde. Das bedeutet, dass Mutationen das Schmelzverhalten der betroffenen Domäne ändern. Bereits eine Punktmutation macht sich dabei bemerkbar.

Prinzipiell gilt das Phänomen für jedes DNA-Fragment, doch lässt sich der Effekt am besten zeigen, wenn das Fragment einen Bereich mit deutlich höherer Schmelztemperatur enthält, der die beiden Stränge zusammenhält, während andere Bereich gerade schmelzen. Man kann einen solchen Bereich künstlich einfügen, indem man einen der beiden PCR-Primer am 5'-Ende mit einer sogenannten **GC-Klammer** (*GC clamp*) versieht, also einer GC-reichen Sequenz von 25-30 Basen Länge.

Die nächste Schwierigkeit besteht darin, während des Gellaufs das Fragment in einem teilgeschmolzenen Zustand zu halten, damit man die veränderten Laufeigenschaften des DNA-Fragments ausnutzen kann. In der Praxis verwendet man bei der DGGE Temperaturen von 50 °C bis 60 °C in Kombination mit einer denaturierenden Substanz, beispielsweise Harnstoff oder Formamid. Doch wie viel Harnstoff?

Die Leute von BioRad, die eine Gelapparatur für die DGGE entwickelt haben (DCode System), empfehlen folgendes Vorgehen: In einem ersten Schritt fährt man mit seiner Wildtyp-Probe ein Gel mit einem isovertikalen Gradienten (d.h. von links nach rechts) von 0 % bis 80 % Harnstoff, um die Bedingungen zu ermitteln, bei denen eine teilweise Denaturierung des DNA-Fragments erfolgt (s. Abb. 51B). Unter diesen Bedingungen ist die Wahrscheinlichkeit einer Veränderung der Laufeigenschaften durch eine Mutation am größten. Das Schmelzverhalten ist konstant für das jeweilige Fragment, so dass ein einziges Gel zur Bestimmung der Schmelzkurve eines bestimmten PCR-Produkts ausreicht.

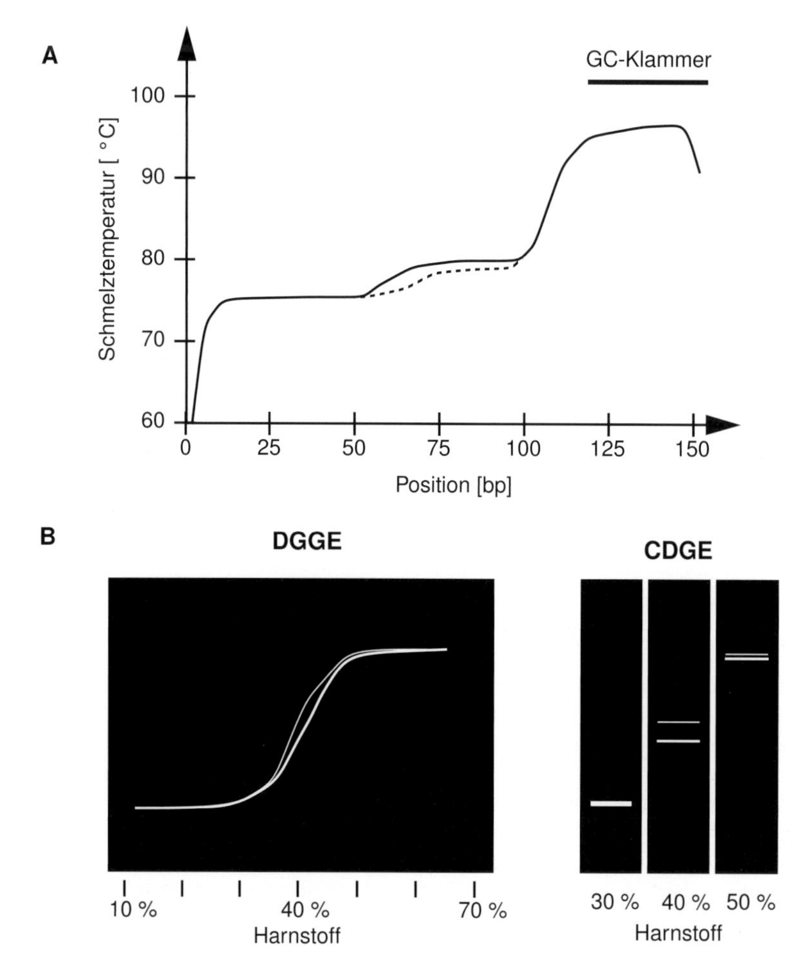

Abb. 51: Denaturierende Gradientengelelektrophorese (DGGE) und konstante denaturierende Gelelektrophorese (CDGE).
A Theoretische Schmelzkurve eines 150 bp-Fragments mit GC-Klammer (einem GC-reichen Abschnitt von 25-30 Basen Länge). Die gestrichelte Linie zeigt die durch eine Punktmutation verursachte Änderung der Schmelzkurve. **B** DGGE der beiden Fragmente in einem 10-70 %-Harnstoffgradienten. Die mutierte DNA ist dünner dargestellt. CDGE der beiden selben Fragmente bei 30 %, 40 % und 50 % Harnstoff. Mit einem 40 %-Harnstoff-Gel würde man die Mutation höchstwahrscheinlich entdecken, bei 30 % nicht und bei 50 % wäre es vermutlich Glückssache.

Für die eigentliche Analyse hat man dann zwei Möglichkeiten:

- Man trägt die Probe ebenfalls auf ein Gel mit isovertikalem Gradienten auf, wobei man sich, der besseren Auflösung wegen, auf den Bereich beschränken wird, in dem eine teilweise Denaturierung stattfindet, beispielsweise 30-60 % Harnstoff. Auf diese Weise wird man eine Mutation mit höchster Wahrscheinlichkeit entdecken (angeblich zu 95-99 %). Allerdings braucht man dazu je Probe ein Gel.

- Die Alternative besteht darin, auf **CDGE** (*constant denaturing gel electrophoresis*) umzusteigen, das ist ein DGGE-Gel mit einer konstanten Harnstoff- oder Formamidkonzentration in dem Bereich, den man zuvor mit einem DGGE-Gel ermittelt hat. Das Ergebnis sieht anschließend ähnlich wie bei einem SSCP-Gel aus, weil die DNA-Fragmente als Banden laufen, wobei Mutationen zu einem veränderten Laufverhalten führen (s. Abb. 51C). Die teildenaturierenden Bedingungen sind konstant über das ganze Gel, wodurch die Trennung zwischen normalen und mutierten Fragmenten verbessert wird.

Vorteil: Die Zahl der Proben, die mit einem Gel analysiert werden können, ist bei der CDGE wesentlich größer.
Nachteil: Weil man nicht weiß, in welchem Bereich der Schmelzkurve sich die Mutation auf die Laufeigenschaften auswirkt, riskiert man, dass einem eine Mutation entgeht, weil die Harnstoffkonzentration falsch gewählt war. Man kann mehrere Gele mit verschiedenen Harnstoffkonzentrationen fahren, doch steigt damit wieder der Arbeitsaufwand.

Literatur:

Fischer SG, Lerman LS (1983) DNA fragments differing by single base-pair substitutions are separated in denaturing gradient gels: Correspondence with melting theory. Proc. Natl. Acad. Sci. USA 80, 1579-1583

Borresen A-L et al. (1991) Constant denaturant gel electrophoresis as a rapid screening technique for p53 mutations. Proc. Natl. Acad. Sci. USA 88, 8405-8409

8.2.4 *Temporal temperature gradient electrophoresis* (TTGE)

Eine weitere Variante der DGGE ist die TTGE, bei der man die Konzentration der denaturierenden Substanz konstant hält und statt dessen einen **Temperaturgradienten** verwendet. BioRad bewirbt die Methode als "heiße" Alternative zu DGGE und SSCP.
Wie für die DGGE braucht man ein PCR-Fragment mit GC-reichem Abschnitt, der den Doppelstrang bei steigenden Temperaturen zusammenhält. Außerdem benötigt man eine Apparatur, mit der man einen Temperaturgradienten fahren kann, d.h. die Temperatur während des Laufs kontinuierlich um 1—3 °C pro Stunde erhöhen kann. Ab einer bestimmten Temperatur – die wieder von der Sequenz abhängig ist – beginnt die DNA zu schmelzen und ihre Laufeigenschaften zu verändern. Mutationen führen zu Veränderungen der Schmelzeigenschaften und damit zu einem veränderten Laufverhalten, das sich am Ende als Unterschied im Bandenmuster zeigt.
Um erfolgreich zu sein, sollte man wie bei der DGGE eine Vorstellung davon haben, unter welchen Bedingungen es zur Denaturierung kommt, damit man Harnstoffkonzentration und Temperaturgradient in einer sinnvollen Größenordnung hält. BioRad bietet ein Programm an, das anhand der Sequenz die optimalen Bedingungen berechnen soll. Ohne das hilft nur Ausprobieren bzw. eine isovertikale DGGE.

Vorteil: Hoher Durchsatz, da man viele Proben auf ein Gel auftragen kann. Die Erfolgsrate soll bei 95-99 % liegen. Kein Gradientengel, daher einfach zu gießen.
Nachteil: Man braucht wie bei der DGGE spezielle Primer, außerdem eine Gelapparatur, mit der man die Temperatur kontrollieren kann. BioRad bietet ein solches Gerät (*DCode universal mutation detection system*) an, komplett mit Gelgießständen für ca. 4500 €, die Software zur Analyse des Schmelzverhaltens gibt's für 150 €. Unter Umständen lange Gellaufzeit.

Literatur:

Riesner D et al. (1989) Temperature-gradient gel electrophoresis of nucleic acids: analysis of conformational transitions, sequence variations, and protein-nucleic acid interactions. Electrophoresis 10, 377-389

Wiese U et al. (1995) Scanning for mutations in the human prion protein open reading frame by temporal temperature gradient gel electrophoresis. Electrophoresis 16, 1851-1860

8.2.5 Heteroduplexanalyse (HA)

Unter dem Begriff Heteroduplexanalyse laufen zwei unterschiedliche Methoden. Bei der molekularbiologischen werden eine Standard-DNA und eine zu analysierende DNA getrennt amplifiziert, anschließend gemischt, denaturiert und langsam abgekühlt (ca. 1-2 °C pro Minute), um die Bildung von Heteroduplices aus Standard- und Proben-DNA zu erlauben. Der Ansatz wird dann auf ein Polyacrylamidgel aufgetragen und einer mehrstündigen Elektrophorese unterzogen. Geringe Unterschiede in den Laufeigenschaften führen dann (hoffentlich) zu unterschiedlichen, mutationsspezifischen Bandenmustern.

Die Methode ist in der Genetik recht beliebt bei der Analyse von stark polymorphen Genen. Sie ist technisch einfach, eignet sich aber weit besser für den Nachweis großer Veränderungen als für Punktmutationen. Außerdem hängt der Erfolg von verschiedensten Faktoren ab wie der Fragmentlänge oder dem verwendeten Acrylamid.

Wer sich für Details interessiert, kann sich bei Zimmermann et al. (1993) und D'Amato und Sorrentino (1995) kundig machen.

Literatur:

Zimmermann PA, Carrington MN, Nutman TB (1993) Exploiting structural differences among heteroduplex molecules to simplify genotyping the DQA1 and DQB1 alleles in human lymphocyte typing. Nucl. Acids Res. 21, 4541-4547

D' Amato M, Sorrentino R (1995) Short insertions in the partner strands greatly enhance the discriminating power of DNA heteroduplex analysis: resolution of HLA-DQB1 polymorphisms. Nucl. Acids Res. 23, 2078-2079.

8.2.6 *Amplification refractory mutation system* (ARMS)

Das *amplification refractory mutation system* (ARMS) ist eine PCR-Anwendung, die sich speziell für den Nachweis bekannter Mutationen eignet. Durch spezifische Primer – jede Mutation benötigt ihren eigenen – kann man DNA-Proben auf das Vorhandensein der jeweiligen Mutation untersuchen. Die Methode ist in 4.4.9 beschrieben.

8.2.7 Enzymatische Spaltung von Fehlpaarungen (*enzyme mismatch cleavage*, EMC)

Eine weitere, eigentlich ganz praktische Methode zur Detektion sowohl von Punktmutationen als auch von größeren Veränderungen. Das Prinzip: Mutierte (bzw. zu analysierende) und normale DNA werden getrennt amplifiziert. Die normale DNA wird radioaktiv markiert, entweder durch Phosphorylierung der Primer oder des Produkts. Mutierte und normale DNA werden gemischt, erhitzt und langsam wieder abgekühlt. Dadurch entstehen DNA-Heteroduplices, die aus einem mutierten und einem nor-

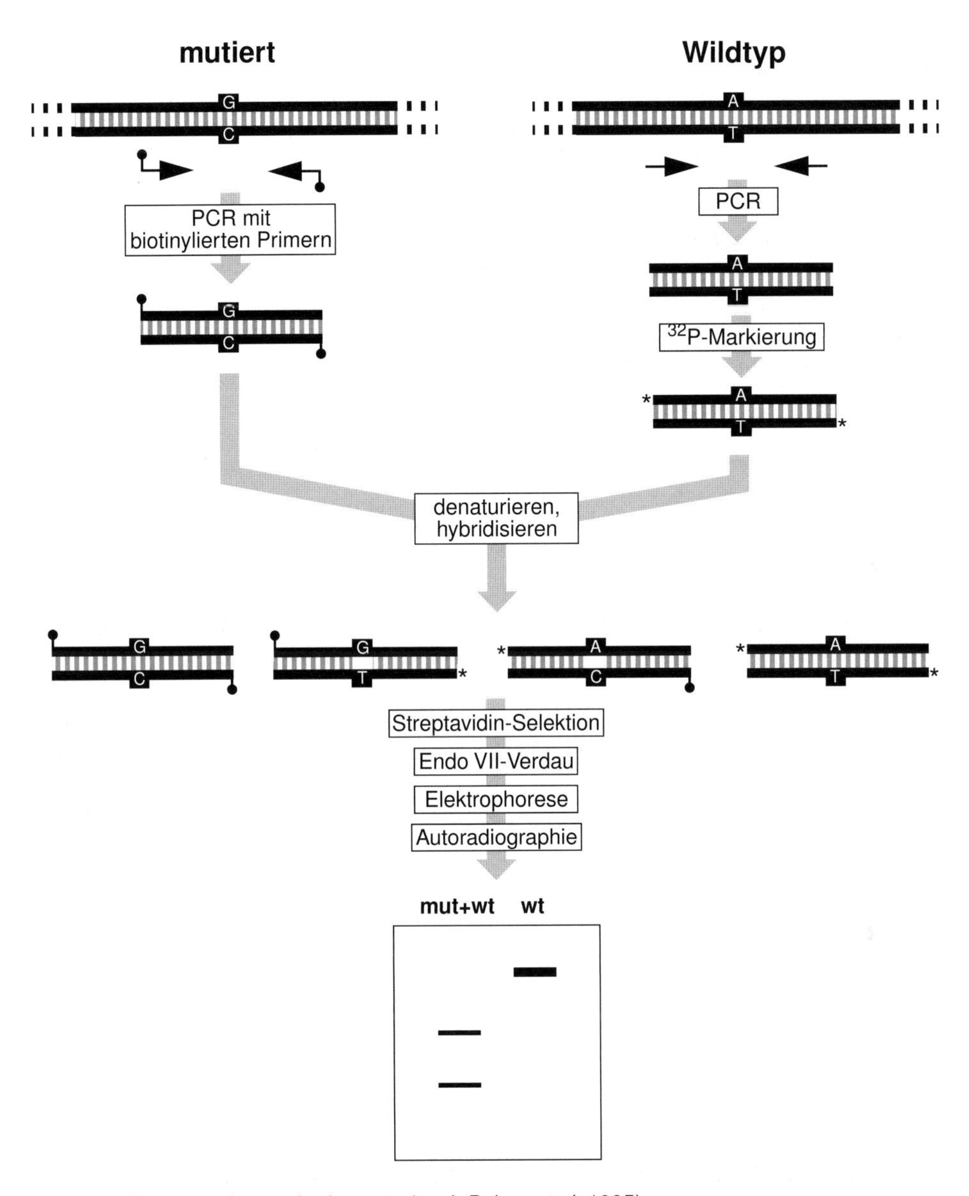

Abb. 52: ***Enzyme mismatch cleavage*** (nach Babon et al. 1995).

malen Strang bestehen. Ist eine Mutation vorhanden, kommt es zu Fehlpaarungen (*mismatches*), die die Struktur des Doppelstranges verändern. **Endonuclease VII** (des Phagen T4) erkennt relativ spezifisch diese Fehlpaarungen und spaltet dort die DNA. Die Spaltprodukte werden anschließend elektrophoretisch getrennt und autoradiographiert. Wenn eine Mutation vorliegt, ist das radioaktive Fragment kleiner als vorher (s. Abb. 52).

Ein Problem ist der relativ hohe Hintergrund: Endonuclease VII schneidet nicht nur in fehlgepaarten Regionen, sondern auch normale doppelsträngige DNA, wenn auch mit einer wesentlich geringeren Geschwindigkeit. Da nach der Rehybridisierung häufig mehr Homoduplices als Heteroduplices im Ansatz sind, erhält man trotzdem ein ziemlich starkes Hintergrundmuster, das von verdauten Homoduplices stammt und in dem die interessanten Banden schlichtweg verschwinden können.
Babon et al. (1995) schlagen eine Modifikation des Protokolls vor, die zu einem deutlich reduziertem Hintergrund führt. Dazu wird für die Amplifikation der zu analysierenden DNA ein **biotinmarkierter Primer** verwendet, während die normale DNA mit unmarkierten Primern amplifiziert wird. Man kann dann nach der Heteroduplexbildung die biotinmarkierten Doppelstränge durch die Bindung an streptavidingekoppelte paramagnetische Kügelchen (*Dynabeads* von Dynal) von den radioaktiv markierten normalen Homoduplices reinigen, die für einen Großteil des Hintergrunds verantwortlich sind. Nach dem Endonuclease VII-Verdau erhält man so ein wesentlich besseres Signal-zu-Hintergrund-Verhältnis.

Vorteil: Man erhält neben der Aussage, dass eine Mutation vorhanden ist, anhand des Bandenmusters auch eine Information über den Ort.
Nachteil: Nicht immer sind die Signale stark, weil manche Fehlpaarungen schlecht geschnitten werden. Mitunter sind die Signale sogar so schwach, dass man Mutationen übersieht.

Literatur:
Babon J, Youil R, Cotton RGH (1995) Improved strategy for mutation detection – a modification to the enzyme mismatch cleavage method. Nucl. Acids Res. 23, 5082-5084

8.2.8 *Protein truncation test* (PTT)

Der *protein truncation test* (soviel wie "Proteinverkürzungsnachweis") fällt ein wenig aus dem Rahmen, weil er mit Proteinen zu tun hat, etwas, wovon der hartgesottene Molekularbiologie lieber die Finger lässt, weshalb ich ihn ganz ans Ende gedrängt habe.
Das Prinzip: Man isoliert RNA, macht davon cDNA und amplifiziert daraus das Fragment seiner Träume, wobei einer der beiden Primer am 5'-Ende eine T7-Promotorsequenz enthält (s. Abb. 52). Das PCR-Produkt kann dann in vitro transkribiert und translatiert werden und die Länge des synthetisierten Proteins wird per SDS-Polyacrylamidgelelektrophorese (SDS-PAGE) ermittelt.
Die Methode ist recht beliebt bei der Analyse einiger Gene wie Dystrophin (Duchennesche Muskeldystropie) oder BRCA (Brustkrebs), bei denen bekannt ist, dass es häufig zur Verstümmelung (*truncation*) des Proteins kommt. Promega bietet ein Kit für die gekoppelte Amplifikation und Translation an (TNT® T7 Quick Coupled Transcription/Translation System).

Vorteil: Eignet sich auch für die Analyse langer DNA-Fragmente. Man erhält eine Information über den Ort der Mutation.
Nachteil: Eignet sich nur für den Nachweis von Mutationen, die die Länge des synthetisierten Proteins deutlich verändern; Punktmutationen, die zu Aminosäureaustauschen führen, bleiben unentdeckt, ebenso kleinere Insertionen und Deletionen, sofern sie nicht das Leseraster verändern. Viele Arbeitsschritte, erheblicher Hintergrund, zumeist Verwendung von Radioaktivität notwendig.

Literatur:
Roest PA et al. (1993) Protein truncation test (PTT) for rapid detection of translation-terminating mutations. Hum. Mol. Genet. 2, 1719-1721
Hogervorst FBL (1997) Promega Notes 62, 7

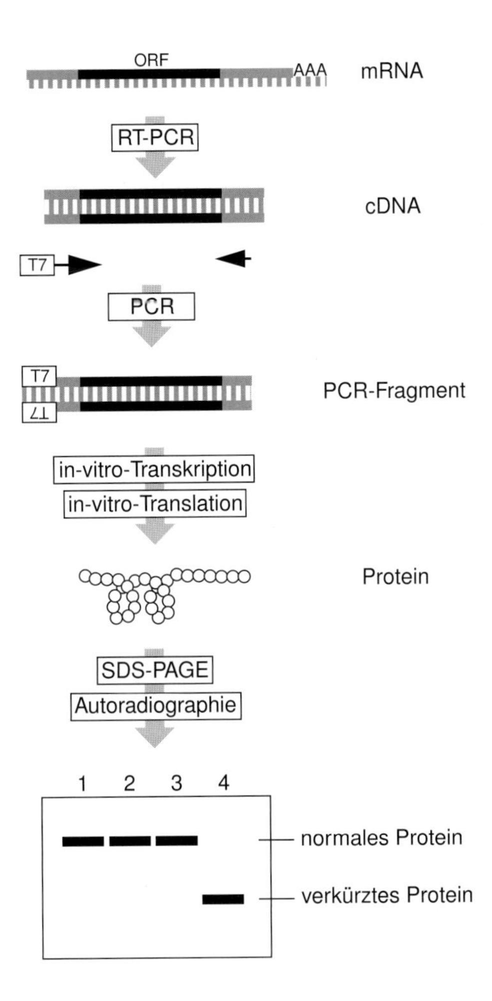

Abb. 53: *Protein truncation test.* Dazu wird die mRNA amplifiziert und in vitro translatiert. Auf diese Weise lassen sich alle Mutationen des Gens erfassen, die zu einer Größenänderung des kodierten Proteins führen.

9 Untersuchung der Funktion von DNA-Sequenzen

Herr Doktor, nicht gewichen! Frisch!

Leider ist das Klonieren von DNA kein Selbstzweck, sondern meistens nur schnödes Mittel. Leider, weil Klonieren einfach, relativ schnell und sauber ist. Bakterien sind geduldig, DNA noch viel mehr. Genau betrachtet, beginnen die wahren Probleme eigentlich erst, wenn man mit seinen Konstrukten etwas anfangen will. Unglücklicherweise kommt man nicht darum herum.

Arbeitet man mit cDNA, wird man erst einmal schauen, in welchen Geweben das zugehörige Gen überhaupt exprimiert wird. Das korrekteste Vorgehen wäre, einen für das betreffende Protein spezifischen Antikörper zu nehmen und damit etwas Histologie zu betreiben. Das Problem ist, dass man in der Praxis meist keinen spezifischen Antikörper besitzt, oder er eignet sich nicht für die Histologie oder die Proteinmengen sind zu gering, um sie sauber nachzuweisen. Außerdem handelt dieses Buch von Molekularbiologie, und die gibt sich mit solch unwägbaren Dingen wie Proteinen ungern ab. Wieviel schöner ist es doch, die Expression indirekt über die Existenz der mRNA nachzuweisen, über **Ribonucleaseprotektion**, **in-situ-Hybridisierung** oder **in-situ-PCR**!

Der nächste Schritt besteht darin, seine DNA in einen **Expressionsvektor** zu klonieren, ein Plasmid, das neben den üblichen Plasmidkomponenten (bakterieller Replikationsursprung und Antibiotikaresistenz) zusätzlich ein Gen mit Promotor und kodierendem Bereich enthält. Je nachdem, ob man einen Promotor oder eine cDNA untersuchen möchte, ersetzt man den einen oder den anderen Bereich durch die DNA, die einen interessiert.
Nun, in Wahrheit sind das natürlich zwei verschiedene Arten von Problemen, für die es verschiedene Vektoren gibt. Wer **Promotoren** untersucht, will wissen, wann und wie stark diese aktiv sind. Dafür wählt man einen Vektor mit einem leicht nachweisbaren Reportergen, vor das man seinen Promotor setzen kann. Auch Enhancersequenzen lassen sich so untersuchen, indem man einen Vektor verwendet, der bereits einen basalen Promotor besitzt, dessen Aktivität vom einklonierten Regulationselement rauf- oder runterreguliert werden kann. Früher oder später wird sich dann die Frage stellen, in welchem Abschnitt der DNA die Aktivität genau steckt und man wird auf die Mutagenese zurückgreifen, um hier und dort Sequenzen zu entfernen, bis man weiß, wie der Hase läuft. Die Wahl des richtigen Reportergens ist bei dieser Art von Untersuchung entscheidend, in 9.4.8 werden dazu einige Möglichkeiten vorgestellt.
Wer dagegen mit **cDNAs** arbeitet, will für gewöhnlich etwas über die Funktion seines Proteins herausbekommen. Für diesen Zweck steht eine Flut von Expressionsvektoren zur Verfügung, die bereits einen Promotor liefern und nur darauf warten, ein offenes Leseraster verpasst zu bekommen. An Promotoren hat man die freie Auswahl: Bakterielle Promotoren erlauben die Expression des Proteins in Bakterien – ein Weg, der gerne beschritten wird, wenn man große Mengen an Protein gewinnen möchte, weil sich Bakterien in fast beliebigen Mengen züchten lassen -, virale Promotoren wie der des Zytomegalie-Virus (CMV) oder von *Simian virus 40* (SV40) erlauben recht hohe Expression in Säugerzellen, an denen man dann häufig auch gleich funktionelle Untersuchungen durchführen kann. Zelltypspezifische Promotoren erlauben eine auf bestimmte Gewebe beschränkte Expression – interessant beispielsweise bei der Herstellung transgener Tiere – und sogar regulierbare Promotoren existieren (s. 9.6).

Auch hier stellt sich häufig die Frage der Mutagenese, um mit Hilfe kleinerer Mutationen genauer definieren zu können, welche Bereiche des Proteins funktionell von Bedeutung sind und welche nicht, oder aber um "schnell mal" ein Antikörperepitop einzubauen und ein bisschen Proteinologie zu betreiben.

9.1 Untersuchung der Transkription in Geweben

Je nachdem, ob einen mehr interessiert, wie stark ein Gen in einem bestimmten Gewebe exprimiert wird oder ob man eher wissen möchte, wo überhaupt eine Expression stattfindet, wird man zu unterschiedlichen Methoden greifen: Quantifizieren kann man besser mit dem *ribonuclease protection assay* oder über *real-time quantitative PCR*, während in-situ-Hybridisierung und in-situ-PCR einen viel besseren Überblick über das Wo verschaffen. Wer dagegen an Unterschieden in der Genexpression in verschiedenen Geweben oder Zelllinien interessiert ist, für den sind vermutlich Microarrays interessanter, während man mittels Chromatin-Immunpräzipitation herausfinden kann, welche Regionen der DNA für die Regulation der Genexpression wichtig sind.

9.1.1 *Ribonuclease protection assay* (RPA)

Mit dieser Methode kann man die Menge einer bestimmten mRNA in einer Gesamt-RNA, die man aus seinem Lieblingsgewebe isoliert hat, nachweisen und quantifizieren. Der Trick besteht darin, die RNA mit einer radioaktiv markierten RNA-Sonde zu hybridisieren. Anschließend wird sämtliche nicht hybridisierte RNA durch einen Verdau mit einzelstrangspezifischen RNasen abgebaut, die Fragmente elektrophoretisch getrennt und die Menge an verbleibender Sonde bestimmt, die proportional zur ursprünglich vorhandenen mRNA-Menge ist.

Die Herstellung der **Sonde** ist etwas mühselig, weil man zunächst ein geeignetes DNA-Template benötigt, von dem man dann per in-vitro-Trankription (s. 5.4) Antisense-RNA synthetisiert. Markiert wird die Sonde, indem man bei der Synthese eines der vier Nucleotide durch das entsprechende radioaktiv markierte Nucleotid ersetzt. Das DNA-Template wird anschließend durch einen DNase-Verdau entfernt, die Probe gereinigt und die Aktivität bestimmt. Weil man es mit RNA zu tun hat, gelten die für RNA üblichen Sauberkeitsregeln.

Die Ausbeute an markierter Sonde ist normalerweise hoch, doch selbst wenn sie einmal niedrig ausfallen sollte, ist noch nicht alles verloren, denn die spezifische Aktivität ist auf alle Fälle hoch, weil jedes vierte eingebaute Nucleotid radioaktiv markiert ist.

Die Sonde wird dann mit Gesamt-RNA bei etwa 45 °C über Nacht inkubiert, der gesamte Ansatz mit einem RNase A / RNase T1-Gemisch für eine Stunde bei 30 °C inkubiert, Phenol-Chloroform-gereinigt, mit Ethanol gefällt und am Ende in einem denaturierenden Polyacrylamidgel elektrophoretisch getrennt. Die verbleibende Menge an unverdauter Sonde wird anschließend durch Autoradiographie nachgewiesen. Das Signal kann auch quantifiziert werden, indem man entweder den Film einscannt und auswertet oder aber die Signale ausschneidet und die Aktivität im Szintillationszähler misst. Die Menge an Signal gibt dann Auskunft über die Menge der untersuchten mRNA im Ausgangsmaterial.

Übrigens: Für diejenigen, die sich nicht die Mühe machen möchten, den Assay selbst auf die Beine zu stellen, hat Ambion eine Reihe verschiedener RPA-Kits im Angebot. Pierce bietet dafür ein Chemilumineszenz-Detektionskit an.

Literatur:
Williams DL et al. (1986) Measurement of apolipoprotein mRNA by DNA-excess solution hybridization with single-stranded probes. Meth. Enzymol. 128, 671-689

9.1.2 *Real-time quantitative PCR* (RTQ-PCR)

Wenn es um die Quantifizierung von Nucleinsäuren geht, dürfte die RTQ-PCR mittlerweile zur Lieblingsmethode avanciert sein, zumindest dort, wo man ein passendes PCR-Gerät zur Verfügung hat – die Erfahrung zeigt jedenfalls, dass diese Geräte fast immer hoffnungslos überbelegt sind.
Die Beliebtheit rührt sicherlich daher, dass die Zahl der Handgriffe, die es zum Ansetzen einer RTQ-PCR braucht, sehr viel geringer ist als bei der Durchführung eines *ribonuclease protection assays*. Die vor allem bei Ungeübten manchmal etwas langwierige Auswertung vor dem Computer schreckt heute, da jeder in diesem Gewerbe Tätige es gewohnt ist, jeden Tag Stunden vor dem Bildschirm zu verbringen, auch keinen mehr. Weitere Vorteile sind, dass die RTQ-PCR schneller ist und man wesentlich mehr Ansätze auf einmal untersuchen kann. Noch dazu ist sie wesentlich flexibler – ob Sie nun 96 Proben auf eine einzige mRNA untersuchen möchten oder 48 Proben auf die eine und 48 auf die andere, der Arbeitsaufwand ist nur unwesentlich höher. Ein Nachteil ist allerdings, dass der Nachweis indirekt erfolgt, gemessen wird nämlich nicht die Menge an mRNA im Ansatz, sondern die Menge an cDNA, die man aus der RNA durch Reverse Transkription gewonnen hat – ein kleiner, aber feiner Unterschied, weil dieser zusätzliche Schritt einen erheblichen Anteil an der Fehlermarge hat. Wer pingelig genaue Resultate benötigt, muss daher zunächst einmal dafür sorgen, dass seine Ergebnisse (nachweislich) reproduzierbar und die Abweichungen von einem Versuch zum nächsten gering sind – vorausgesetzt, Sie gehören zu der seltenen Spezies von Wissenschaftlern, die Wert darauf legen, Ergebnisse mit Hand und Fuß abzuliefern. In diesem Punkt bleibt der *ribonuclease protection assay* auch weiterhin überlegen – dort wird tatsächlich RNA quantifiziert.
Der technische Hintergrund der RTQ-PCR ist ausführlich in 4.4.5 erklärt.

9.1.3 in-situ-Hybridisierung

Mit der in-situ-Hybridisierung weist man mRNA vor Ort (in situ), das heißt in der Zelle nach (eine andere Art der in-situ-Hybridisierung ist die Fluoreszenz-in-situ-Hybridisierung (FISH), bei der die Lokalisation einer bestimmten DNA-Sequenz auf einem Chromosom bestimmt wird – davon später). Das Ziel besteht darin, die mRNA eines bestimmten Gens sichtbar zu machen, um auf diese Weise die gewebs- oder zelltypspezifische Expression eines Proteins und mitunter auch den zeitlichen Verlauf zu verfolgen.
Man braucht dazu ein Präparat, in dem man die mRNA nachweisen möchte; das können auch Zellen aus der Zellkultur sein, so richtig interessant aber wird es erst mit Gewebedünnschnitten (s. Abb. 54). Ferner bedarf es, wie für die Southern Blot Hybridisierung, einer wie auch immer markierten Sonde. Üblicherweise verwendet man Oligonucleotide oder in vitro synthetisierte RNA-Fragmente, die radioaktiv oder nicht-radioaktiv markiert werden. Der Rest ist dann recht einfach: Man hybridisiert, wäscht und weist seine Sonde entsprechend ihrer Markierung nach.

Für die Herstellung von **Gewebedünnschnitten** benötigt man einen Kryostaten, den man meistens nicht hat. In den Unikliniken sind normalerweise Kryostaten für die Diagnostik vorhanden, beispielsweise im Pathologischen Institut, aber an die darf man nicht ran – was nicht heißen soll, dass man es

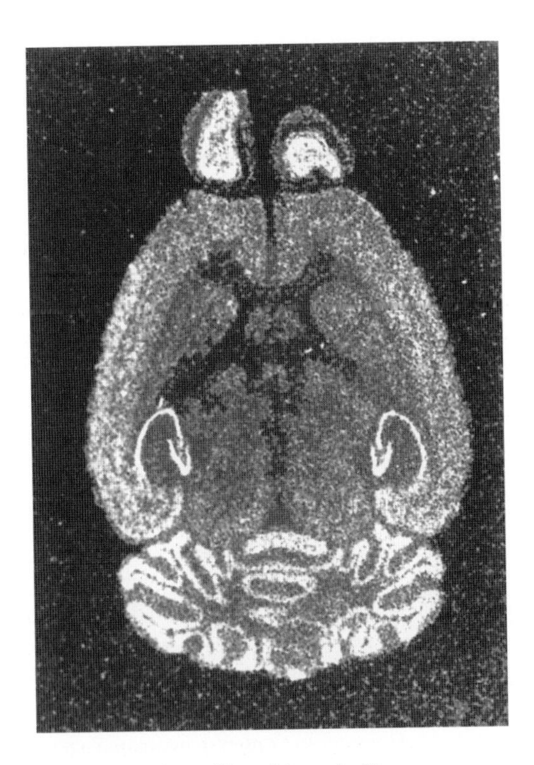

Abb. 54: in-situ-Hybridisierung an einem Maushirnschnitt.

nicht mit einer netten Anfrage versuchen könnte, doch sind die Leute dort kaum von der Vorstellung zu begeistern, einen Anfänger an ihr gutes Stück zu lassen. Außerdem sind die Geräte zu den normalen Arbeitszeiten von Diagnostikern besetzt und deren Arbeit hat dort Vorrang vor allem. Manchmal lässt sich jemand zu einer Kollaboration breitschlagen und macht einem die Schnitte. Ansonsten hilft nur, sich auf die Suche nach einer Forschergruppe mit Kryostat und großem Herz zu machen.
Ist dieses Problem gelöst, werden die 10-20 µm dicken Dünnschnitte auf Poly-L-Lysin-beschichtete Objektträger gezogen, mit Glutaraldehyd oder Formaldehyd fixiert und danach entwässert. So konserviert lassen sie sich in 95 % Ethanol über einen längeren Zeitraum aufbewahren.

Die Wahl der **Sonde** ist ein ziemlich heikler Punkt, weil davon der Erfolg der Hybridisierung abhängt. Am einfachsten ist es, eine Oligonucleotidsonde zu verwenden, weil die Herstellung simpel ist: Man bestellt sie einfach. Um eine ausreichende Hybridisierung zu erhalten, sollte das Oligonucleotid etwa 50 Nucleotide lang sein, einen GC-Gehalt um die 50 % besitzen und sicherheitshalber HPLC-gereinigt sein. Außerdem sollte man die Sequenz vorher mit einem entsprechenden Computerprogramm auf mögliche Sekundärstrukturen überprüfen, die einem das Leben schwer machen könnten. Aufgrund ihrer geringen Länge verzeihen Oligonucleotidsonden allerdings keine Sequenzabweichungen, man sollte sich daher seiner Sequenz sicher sein. Zwar können die Oligos prinzipiell mit einer Kinase durch Übertragung eines radioaktiven Phosphatrestes an das 5'-Ende des Oligos markiert werden, doch lässt sich so höchstens eine Markierung je Molekül einbauen, der Nachweis ist entsprechend insensitiv. Man verwendet daher eher die Terminale Desoxynucleotidtransferase (TdT), die unspezifisch Nucleotide an das 3'-Ende von einzel- oder doppelsträngigen Nucleinsäuren hängt (s. 7.1.1). Die

Zahl der angehängten Nucleotide hängt von den Markierungsbedingungen und der Zeit ab, die man dem Enzym gibt. Die Länge des unspezifischen Schwanzes ist ein kritischer Faktor, weil einerseits mit zunehmender Länge die Zahl der Markierungen steigt, doch andererseits der Anteil unspezifischer Sequenz im Oligo steigt und damit die Gefahr der Fehlhybridisierung. Die Markierung funktioniert ziemlich flott und kann in einer Stunde erledigt werden. Sowohl radioaktiv als auch nicht-radioaktiv (Biotin-, Digoxigenin-) markierte Nucleotide können verwendet werden. Die Wahl des geeigneten Radioisotops ist bei der radioaktiven Markierung ein wenig problematisch. Je größer die Emissionsenergie ist, desto schneller hat man ein Ergebnis, doch um so unschärfer ist das Bild, das man bei der Autoradiographie erhält. Daher eignet sich ^{32}P nur für ungenaue Nachweise, während ^{33}P und ^{35}S die schärferen Bilder liefern, dafür aber gut viermal länger exponiert werden müssen.
Nota bene: Roche hat der nicht-radioaktiven in-situ-Hybridisierung mit Digoxigeninmarkierten Sonden ein ganzes *Application Manual* gewidmet, in dem diese und die anderen DIG-basierenden Markierungsmethoden ebenso wie die Hybridisierungs- und Waschbedingungen ausführlich beschrieben sind. Anruf genügt.

Doppelsträngige DNA-Sonden können ebenfalls verwendet werden. Der Vorteil ist, dass die verwendeten Fragmente normalerweise wesentlich länger sind und doppelsträngige DNA leicht zu erhalten ist, der Nachteil, dass die Sonde vor der Hybridisierung denaturiert werden muss und anschließend mit sich selbst hybridisiert. Außerdem ist das Risiko eines unspezifischen Hintergrundsignals höher. Die Markierung erfolgt wie bei Sonden für Membranhybridisierungen über *Nicktranslation* oder *random-primed labeling* (Oligomarkierung) mit radioaktiv oder nicht-radioaktiv markierten Nucleotiden. Die einfachste Art, doppelsträngige Sonden herzustellen, ist die Amplifikation mittels PCR. Die Markierung erfolgt dann über den Einbau markierter Nucleotide während der Amplifikation.

Die besten Ergebnisse erhält man aber mit einzelsträngigen RNA-Sonden, weil RNA-RNA-Hybride deutlich stabiler sind als DNA-RNA-Hybride. Außerdem kann man einzelsträngige RNA-Sonden, die unspezifisch gebunden haben, durch RNase-Verdau zerlegen und anschließend abwaschen, das reduziert den Hintergrund. Der Nachteil liegt im größeren Aufwand bei der Herstellung der Sonden. RNA-Sonden werden durch in-vitro-Transkription hergestellt, doch dazu muss die DNA-Vorlage zuvor in einen entsprechenden Vektor kloniert werden, der einen Transkriptionsstart für RNA-Polymerasen enthält. Außerdem sind RNA-Sonden empfindlicher gegen RNase-Kontaminationen.

Nach der Markierung sollte man die Sonde auf alle Fälle mit geeigneten Gelchromatographiesäulchen oder über Ethanolpräzipitation reinigen und auf den Einbau markierter Nucleotide überprüfen – bei radioaktiven Sonden mit den Szintillationszähler, bei nicht-radioaktiven richtet man sich nach den Vorschlägen der Hersteller. Angesichts des Arbeitsaufwands und der Expositionsdauer, die bei radioaktiven Sonden mindestens einige Tage, häufig sogar einige Wochen beträgt, lohnt sich die Mühe.

Die **Hybridisierung** erfolgt auf dem Objektträger, mit einem formamidhaltigen Puffer und in einer feuchten (wasserdampfgesättigten) Kammer über Nacht. Die Hybridisierungstemperatur hängt von der Art der verwendeten Sonde ab, liegt aber im Allgemeinen zwischen 37 °C und 50 °C. Anschließend werden die Schnitte gewaschen und getrocknet. Eine ausführliche Erörterung zur Wahl der Sonden und der Hybridisierungsbedingungen findet sich bei Wisden et al. 1991.

Der **Nachweis** der Sonde hängt von der Art der Markierung ab. Am einfachsten hat man es mit radioaktiven Sonden: Film drauf und ab in die Ecke, je nach Sonde und Menge an Ziel-mRNA für eine bis mehrere Wochen. Eine deutlich bessere Auflösung erhält man, wenn man den Objektträger dippt, das heißt mit Filmemulsion beschichtet und dann exponiert. Das Prozedere ist allerdings nicht ganz einfach und weil man das Präparat nur einmal entwickeln kann, bedarf es einiger Erfahrung, um zu entscheiden, wann man die Exposition abbricht. Man behilft sich meist, indem man zunächst einen Film

auflegt und daraus die Signalstärke abschätzt. Aber auch das ist Erfahrungssache. Der Vorteil: Der Objektträger kann anschließend unter dem Mikroskop betrachtet werden, die Auflösung erreicht so fast die zelluläre Ebene.
Bei nicht-radioaktiv markierten Sonden ist die Auswahl größer. Fluoreszenzfarbstoff-markierte Sonden kann man direkt im UV-Mikroskop sehen, alle anderen werden über eine Inkubation mit spezifischen Antikörpern oder Bindungsproteinen (Avidin, Streptavidin) nachgewiesen. Die sind mit einem Fluoreszenzfarbstoff gekoppelt, den man wiederum im UV-Mikroskop betrachten kann, oder mit einem Enzym wie Meerrettichperoxidase oder Alkalische Phosphatase, das durch den Umsatz eines chromogenen Substrats (z.B. Diaminobenzidin bzw. BCIP/NBT) nachgewiesen wird.
Ein großer Vorteil nicht-radioaktiver Sonden ist, dass man am gleichen Präparat mehrere Sonden nachweisen kann: Die braunen Präzipitate der Meerrettichperoxidase-Nachweisreaktion können nämlich - sofern sie stark genug sind – gut von den blauen der Alkalischen Phosphatase unterschieden werden, und beide interferieren nicht mit fluoreszenzmarkierten Sonden.

Literatur:

Polak JM, McGee JOD (Hrsg.) (1991): In situ Hybridization : Principles and Practice. Oxford Univ. Press.
Wisden W, Morris BJ (Hrsg.) (1994): In situ Hybridization Protocols for the Brain. Academic Press.

9.1.4 Chromosomale Lokalisierung eines Gens (FISH)

Eigentlich gehört die **Fluoreszenz-in-situ-Hybridisierung** (**FISH**) von Chromosomen überhaupt nicht in einen Abschnitt, der sich mit Transkription beschäftigt, doch ist sie der in-situ-Hybridisierung ziemlich geistesverwandt.
Hybridisiert wird dabei nicht an mRNA in Geweben, sondern an **Interphasenkerne** oder **Metaphasenchromosomen**. Blut- oder Tumorzellen aus Kurzzeitkulturen werden dazu mit einer hypotonen Lösung zum Anschwellen gebracht, fixiert und auf einen Objektträger getropft. Die Zellen zerplatzen dabei und verteilen ihren Inhalt auf dem Objektträger. Dann wird fixiert, die DNA auf den Objektträgern denaturiert und mit einer nicht-radioaktiv markierten Sonde hybridisiert. Nach dem Waschen bindet man an die verbliebene Sonde einen Fluorochrom-gekoppelten Antikörper und wertet die ganze Sache mit einem Fluoreszenzmikroskop aus.
Diese Beschreibung klingt banal, die Durchführung ist es jedoch keineswegs – das Ganze ist weitgehend Erfahrungssache. Die Herstellung der Chromosomenpräparate ist kritisch, weil sie über einen Großteil des Erfolgs entscheidet. Einerseits sollten die Chromosomen innerhalb einer so präparierten Metaphase nicht zu dicht liegen, damit sie nicht überlappen und etwas in die Breite gehen können, andererseits dürfen sie auch nicht zu weit voneinander entfernt liegen, weil die mikroskopische Auswertung sonst langwierig wird und einzelne Chromosomen "verloren gehen" können. Ist die Spreitung[134] der Chromosomen nicht ausreichend, funktioniert die Hybridisierung schlecht und die Chromosomen lassen sich schwerer identifizieren. Außerdem können Reste von Cytoplasma und zellulären Strukturen den Zugang der Sonde zu den Chromosomen behindern und ein starkes Hintergrundsignal verursachen.

Weil man es mit wesentlich weniger "*target*"-Material als beim mRNA-Nachweis zu tun hat, muss die **Sonde** entsprechend länger sein. Für ein eindeutig identifizierbares Signal sollte man eine DNA von mehreren kb Länge verwenden, die mit *Nicktranslation* oder *Random priming* nicht-radioaktiv mar-

134. **Spreitung** ist die bei langkettigen organischen Molekülen zu beobachtende Eigenschaft, sich auf der Oberfläche von Wasser zu einzelnen, nicht mehr zusammenhängenden Molekülen aufzulösen.

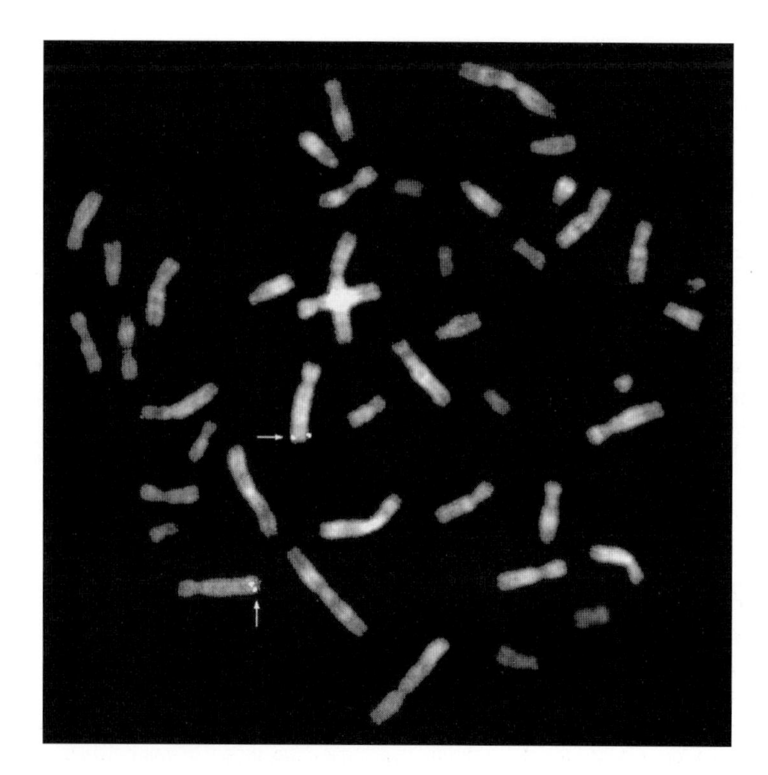

Abb. 55: Fluoreszenz-in-situ-Hybridisierung (FISH).
Das Bild zeigt menschliche Metaphasechromosomen nach Hybridisierung mit einer FITC-markierten Sonde (→) und DAPI-Färbung. Während das ungeübte Auge nur hellere und dunklere Flecken sieht, ergab eine eingehende Analyse dieses Experiments, dass die Sonde an die chromosomalen Banden 4q33-34 hybridisiert hat! (Mit freundlicher Genehmigung von Ruthild G. Weber, Zeljko Nikolic, Cord-Michael Becker und Peter Lichter.)

kiert wird. Der für den Nachweis verwendete Fluorochrom-markierte Antikörper erscheint später im Fluoreszenz-Mikroskop als helles Signal, während die Chromosomen mit einer Gegenfärbung – meist verwendet man 4',6-Diamidino-2-phenylindol-dihydrochlorid (DAPI) – sichtbar gemacht werden, die auch eine Identifizierung der einzelnen Chromosomen ermöglicht. Die nicht-radioaktive Markierung ist in diesem Fall von großem Vorteil, weil sie nette Doppelfärbungen erlaubt, indem man beispielsweise eine Digoxigenin- und eine Biotin-markierte Sonde verwendet, die man dann mit unterschiedlichen Fluorochromen, beispielsweise grünem FITC und rotem Cy3, nachweist. Durch Übereinanderlegen der DAPI-, Cy3- und FITC-Färbungen erhält man dann ansprechende blau-rot-grüne Abbildungen, die z.B. die genaue Lokalisierung eines Gens auf einer Chromosomenbande erlauben und garantiert jeden überzeugen werden.

Nachteil: Nichts, was man selber machen könnte. Wer das Bedürfnis nach Fluoreszenz-in-situ-Hybridisierungen verspürt, sollte sich an einen Experten wenden.

Literatur:

Lichter P et al. (1990) High-resolution mapping of human chromosome 11 by in situ hybridization with cosmid clones. Science 247, 64-69

Lichter P, Bentz M, Joos S (1995) Detection of chromosomal aberrations by means of molecular cytogenetics: painting of chromosomes and chromosomal subregions and comparative genomic hybridization. Meth. Enzymol. 254, 334-359

9.1.5 in-situ-PCR

Auch im Bereich des in-situ-RNA-Nachweises beginnt die PCR der klassischen Hybridisierung den Rang streitig zu machen. Die in-situ-PCR verbindet dabei die zelluläre Auflösung der in-situ-Hybridisierung mit der höheren Empfindlichkeit des PCR-Nachweises.
Die Amplifikation wird dabei direkt an fixierten Zellen bzw. Gewebedünnschnitten durchgeführt. Der Nachweis erfolgt über den Einbau markierter Nucleotide oder durch eine anschließende in-situ-Hybridisierung (womit wieder bewiesen wäre, dass neue Methoden die alten meist doch nicht überflüssig machen). Mehr zum Thema in-situ-PCR in 4.4.10.

9.1.6 Microarrays

Ich muss gestehen, dass ich unschlüssig war, wo die ***high density DNA microarrays***, in der freien Presse auch als **DNA-Chips** oder **Gen-Chips** bezeichnet, einzuordnen sind – bei den Hybridisierungsmethoden oder unter den Methoden zur DNA-Analyse? Schließlich sind sie bei den Methoden zur Transkriptionsanalyse gelandet, weil dies im Moment sicher die häufigste Anwendung ist. Doch worum handelt es sich überhaupt?
Die Grundidee ist simpel und eigentlich nichts Neues, handelt es sich doch im Wesentlichen um einen "Dot Blot mit anderen Mitteln". Tatsächlich kann man die Anfänge noch früher definieren: Ein "*array*" ist eine (mehr oder weniger) geordnete Menge, eine "Anordnung" gewissermaßen, und der Southern Blot somit der Urahn aller *DNA arrays*, auch wenn damals noch niemand auf die Idee kam, ihn als solchen zu bezeichnen. Daraus entwickelte sich rasch das Screening von DNA-Banken auf Filtermembranen, das man in den letzten Jahren zur Zeitersparnis und zur Erhöhung der Erfolgsquote zunehmend systematisierte – das Ergebnis waren die "*gridded libraries*", bei denen jeder Klon seine definierte Position auf der Filtermembran hat und die das Fischen neuer Klone auf die Arbeitsfolge 'Hybridisieren-Film entwickeln-Klon bestellen' reduzieren. Von dort war es nur noch ein kleiner Schritt, die Zielrichtung umzukehren und statt unbekannter Klone, die man mit bekannten Sonden hybridisierte, nunmehr bekannte cDNAs zu dotten, die man mit unbekannten Sonden, nämlich mRNAs aus bestimmten Zellen oder Organen, hybridisierte und aus den Signalen schloss, welches Gen wo wie stark exprimiert wird (***Reverse Northern***). Solche Membranen werden auch als ***macroarrays*** bezeichnet und sind für normale molekularbiologische Labors durchaus interessant (siehe 3.3.3), weil das Teuerste daran die Herstellung bzw. der Kauf der Membran ist, während die Ausrüstung für Hybridisierung und Quantifizierung der Signale üblicherweise bereits vorhanden ist, mit Ausnahme der Software für die Quantifizierung. Allerdings stoßen *macroarrays* schnell an ihre Grenzen, weil man die DNA-Flecken auf den Nylonmembranen aus technischen Gründen nicht kleiner als 300 µm machen kann, weshalb man auf einer gerade noch handhabbaren Membran (22 x 22 cm) nur wenige tausend cDNAs unterbringt. Bei 25-30 000 menschlichen Genen hätte man es dann mit fünfzehn bis zwanzig Membranen zu tun!

Der erste große Durchbruch bestand darin, statt der flexiblen Nylonmembran feste Trägermaterialien wie beschichtetes Glas oder aminiertes Polypropylen zu verwenden (Schena et al. 1995). Deren glatte Oberfläche bietet eine ganze Reihe von Vorteilen. So stellen Diffusionsprozesse während der Hybridi-

sierung ein weit geringeres Problem dar als bei porösen Membranen (Livshits und Mirzabekov 1996), wodurch sowohl Hybridisierung als auch Waschen schneller ablaufen. Weil alle Moleküle in einer Ebene angeordnet sind, kann man die Signalstärke der einzelnen Punkte des *arrays* genauer quantifizieren, und nicht zuletzt erleichtert das feste Trägermaterial die Konstruktion kleinster Hybridisierungskammern und die Automatisierung des gesamten Prozesses.
Durch die Zuhilfenahme von Robotern (sogenannte *arrayer*) gelingt es mittlerweile, ***high density DNA microarrays*** mit bis zu 30 000 cDNAs auf einem Objektträger herzustellen. Nicht alle Microarrays sind jedoch so klein, üblich sind zur Zeit bis zu 10 000 cDNAs. Dazu werden zwischen 0,25 und 30 nl (!) DNA-Lösung aufgetragen, die daraus resultierenden *dots* besitzen eine Größe zwischen 50 und 250 µm und enthalten bis zu 15 ng DNA. Prinzipiell kann man hierfür jede Form von Nucleinsäure einsetzen, üblicherweise werden aber klonierte cDNAs oder PCR-Produkte von 0,6-2,4 kb Länge verwendet, in letzter Zeit auch verstärkt synthetische Oligonucleotide von ca. 80 bp Länge – auf diese Weise umgehen die Hersteller die zeitraubende Suche nach cDNA-Klonen, außerdem lässt sich so beispielsweise zwischen Spleißvarianten eines Gens oder stark homologen Proteinen unterscheiden. Hybridisiert werden diese *arrays* oft noch mit klassischen radioaktiv markierten Sonden, die Auswertung erfolgt dann am besten mit einem PhosphorImager (s. 7.3.1).

Wirklich grenzenlos wurde die Methode allerdings erst durch eine zweite große Weiterentwicklung, nämlich der Synthese von verschiedenen Oligonucleotiden auf kleinstem Raum direkt auf dem Trägermaterial. Unter Zuhilfenahme von photolithographischen Techniken, wie sie bei der Halbleiterherstellung verwendet werden (s. Abb. 56; Fodor et al. 1991), gelingt es mittlerweile, ***high density synthetic oligonucleotide arrays*** mit 300 000 verschiedenen Oligonucleotiden herzustellen, von denen jedes eine Fläche von weniger als 10 μm^2 einnimmt. Andere verwenden dazu eine Art Tintenstrahldrucker oder entwickeln andere schlaue Ideen. Auch *arrays* mit einer Million Oligonucleotiden und mehr scheinen bereits in greifbare Nähe zu rücken.
Die Länge der Oligos beträgt nur 20-25 Nucleotide, wodurch die Gefahr von Fehlhybridisierungen im Vergleich zu cDNA *arrays* erheblich steigt. Um trotzdem zuverlässige Ergebnisse zu erhalten, werden für jedes zu untersuchende Gen 16-20 spezifische Oligonucleotide synthetisiert. Außerdem stellt man jedem dieser *perfect match oligos* einen sogenannten *mismatch oligo* zur Seite, der sich nur in einem einzigen Nucleotid von ersterem unterscheidet, um so besser zwischen echtem Signal und Fehlhybridisierung unterscheiden zu können. Dies reduziert die Zahl der Gene, die sich mit einem solchen *array* untersuchen lassen, zur Zeit auf rund 8000.
Die eigentliche Stärke der *oligonucleotide arrays* liegt also weniger in der Zahl der messbaren Gene (obwohl hier sicher in naher Zukunft deutliche Steigerungen zu erwarten sind) als vielmehr in der Tatsache, dass sie problemlos am Reißbrett entworfen werden können, die Notwendigkeit, umfangreiche Banken mit cDNA-Klonen anzulegen, entfällt dadurch.

Die Herstellung der *targets* (umgekehrt zur klassischen *Southern Blot*-Hybridisierung sitzt hier die Sonde auf dem Chip, während die Ziel-DNA = *target* in der Flüssigkeit schwimmt) erfolgt im Allgemeinen, indem man vom Untersuchungsobjekt (i.a. kultivierte Zellen oder Gewebe) RNA gewinnt und davon cDNA synthetisiert; die Markierung erfolgt durch die Zugabe von fluoreszenzmarkierten Nucleotiden bei der Reversen Transkription. Der Microarray wird dann mit dem *target* hybridisiert und anschließend für jeden Punkt des *arrays* die Signalstärke bestimmt. Verwendet man für die Herstellung eines zweiten *targets* ein anderes Fluorochrom, kann man mit beiden *targets* gleichzeitig hybridisieren und braucht nur die Differenz zwischen den Signalen beider Fluorochrome zu bestimmen, um eine Aussage über die Unterschiede im Genexpressionsmuster zwischen den beiden untersuchten Versuchsbedingungen zu erhalten. So bequem dies ist, hat die Methode allerdings auch Nachteile. Da die Anregungs- und Emissionsspektren von Fluorochromen mehr oder weniger stark

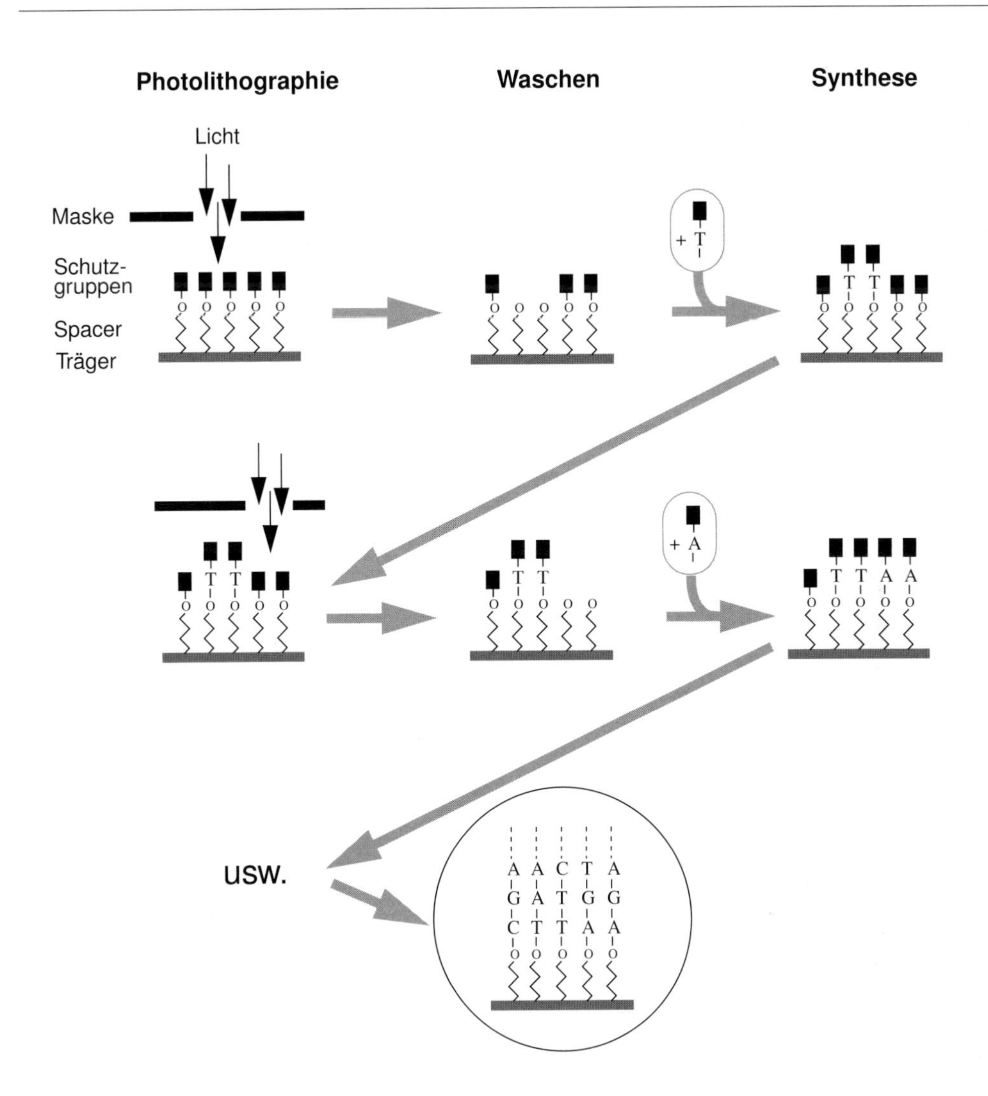

Abb. 56: Photolithographie.
In einem ersten Schritt wird das Trägermaterial mit einem Laser bestrahlt. Durch die Verwendung einer photolithographischen Maske entsteht ein bestimmtes Muster; dort, wo Licht auftrifft, werden photolabile Schutzgruppen abgespalten und reaktive Gruppen freigesetzt, an die in einem zweiten Schritt ein Nucleotid gekoppelt wird. Da das neue Nucleotid wiederum mit einer photolabilen Schutzgruppe versehen ist, kann man mit dem ersten Schritt der nächsten Synthese beginnen. Mit nur 4 x N Synthesezyklen (wobei N die Länge der synthetisierten Oligonucleotide ist) kann man so Hunderttausende verschiedener Oligonucleotide herstellen, wobei die Zahl der verschiedenen Oligos auf einem Chip nur durch die Auflösung der Belichtungsvorrichtung begrenzt ist. Je nach Trägermaterial beträgt die Ausbeute zwischen 0,1 pmol (Glas) und 10 pmol (Polypropylen) Primer je mm^2.

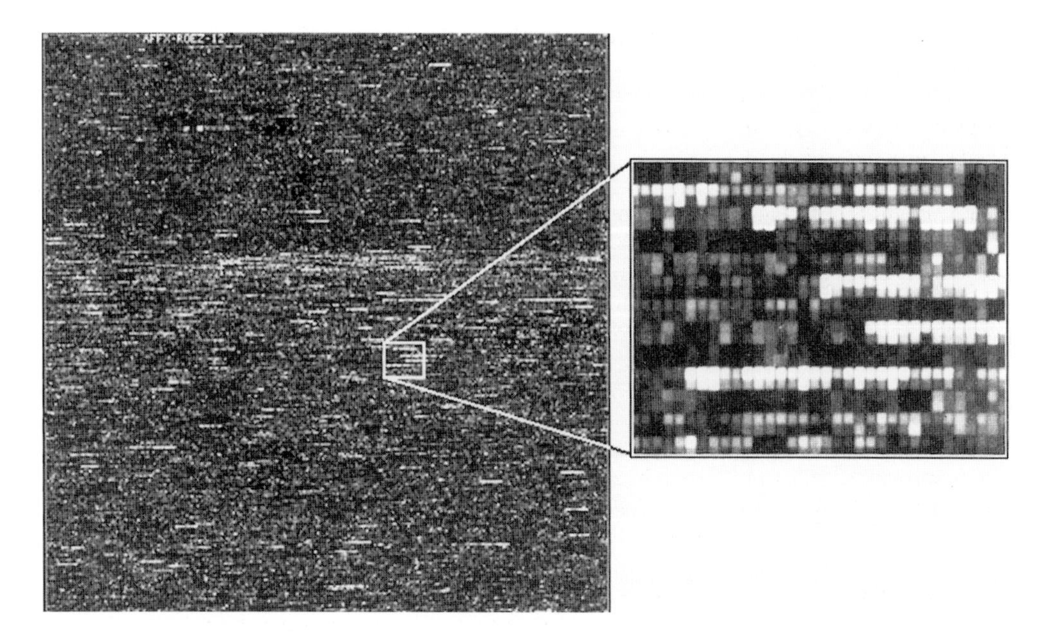

Abb. 57: Ein *high density synthetic oligonucleotide array* nach erfolgreicher Hybridisierung. Je Gen sind 16-20 Oligonucleotide nebeneinander angeordnet, die dazugehörigen *mismatch oligos* sitzen jeweils darunter. Das eigentliche Signal errechnet sich aus der Differenz der Signalstärke von *perfect match* und *mismatch oligo*. (Mit freundlicher Genehmigung von Christophe Grundschober und Patrick Nef).

überlappen, führen starke Signale eines Farbstoffs auch zu einem gewissen Hintergrund bei der Messung des anderen, was in der Praxis zu Beschränkungen bei der Messung von Intensitätsunterschieden führt. Außerdem wird es mit zunehmender Verwendung von Microarrays bald nicht mehr ausreichen, nur zwei Zustände miteinander zu vergleichen.
Es existiert im Übrigen eine breite Palette weiterer Methoden der Herstellung von *targets* bzw. des Nachweises hybridisierter Fragmente. Beispielhaft sei hier nur das ***minisequencing*** (s. Kap. 8.1.5) genannt. Dabei wird ein *oligonucleotide array* mit einem unmarkierten *target* hybridisiert und anschließend eine Art Sequenzierreaktion durchgeführt, wobei allerdings nur ein einziges, markiertes Didesoxynucleotid angeboten wird. Dies führt dazu, dass ein einziges Nucleotid angehängt wird, sofern der 3' -Bereich des Oligonucleotids auf dem*array* und die *target*-DNA genau komplementär zueinander sind (Nikiforov et al. 1994, Pastinen et al. 1997). Wiederholt man die Minisequenzierung mit einem weiteren, anders markierten Dideoxynucleotid, kann man ebenfalls mehrere Nachweise mit einer einzigen Hybridisierung durchführen.

Die Anwendungen für Microarrays konzentrieren sich auf zwei Bereiche, die Expressionsanalyse und den Nachweis von DNA-Varianten, z.B. für die Suche nach Mutationen und Polymorphismen oder die Analyse des Genotyps. Der Löwenanteil entfällt zur Zeit noch auf die **Expressionsanalyse**. Die Empfindlichkeit der Methode ist bereits jetzt ausreichend hoch, um in Säugerzellen die Expression von Genen zu bestimmen, von deren Transkripten nur wenige Exemplaren je Zelle vorliegen, bei der Hefe lassen sich sogar weniger als ein Transkript je Zelle nachweisen. Bei kleineren, durchsequenzierten Organismen wie *Saccharomyces cerevisiae* kann man bereits jetzt die Expression aller 6000 Gene mit

einem einzigen Microarray verfolgen, was einen Quantensprung in der Analyse dieses possierlichen Zeitgenossens bedeutet.
Ein Großteil des künftigen Erkenntnisfortschritts liegt dabei in der Analyse. So geht man bereits jetzt weg vom simplen Vergleich zweier Bedingungen hin zum Vergleich vieler verschiedener Experimente. Durch *clustering*-Analysen (Eisen et al. 1998) wird so ersichtlich, welche Gruppen von Genen gemeinsam herauf- und herunterreguliert werden, dies erlaubt, die Funktion von Genen zu verstehen, über deren Aufgabe bislang wenig bekannt ist.
Die **Genotypisierung** dagegen steckt derzeit noch etwas in den Kinderschuhen. Der Grund dafür liegt vermutlich darin, dass die Genome höherer Organismen sehr groß sind und damit einen zu hohen Grad an Komplexität aufweisen, um saubere und reproduzierbare Ergebnisse zu liefern. Subfraktionen herzustellen ist schwierig, mühselig und fehlerträchtig. Um die Techniken schrittweise zu verbessern, müsste man sich langsam von Organismen mit kleineren Genomen zu den großen Brocken wie Säugergenomen voranarbeiten, doch weil die wirklich großen finanziellen Mittel nur für Arbeiten am Menschen fließen, fehlt es diesem Bereich zur Zeit noch an *manpower* und Geld, weshalb die technische Entwicklung entsprechend langsamer läuft. Untersuchungen an Einzellern (im weitesten Sinne) wie Bakterien, Hefen oder Mitochondrien sind aber bereits heute möglich. Mit *oligonucleotide arrays* kann man so die Verteilung von Allelen und das Vorhandensein von Polymorphismen einzelner Nucleotide (*single nucleotide polymorphisms*, SNP) bestimmen. Man kann sogar sequenzieren, indem man statt eines *mismatch oligos* deren drei einsetzt und so für eine bestimmte Position alle vier möglichen Nucleotide abdeckt. Idealerweise liefert nur einer der vier Oligos ein starkes Signal und erlaubt so den Rückschluss auf die Sequenz des *targets*. Auf diese Weise lassen sich auch Punktmutationen bestimmen – das Auffinden anderer Mutationen wie Insertionen, Deletionen oder Rearrangements bereitet mit dieser Methode allerdings Schwierigkeiten.

Dies bedeutet nicht, dass sich das Anwendungsspektrum in nächster Zeit nicht noch erheblich erweitern wird.[135] Wir stehen erst ganz am Anfang der Entwicklung. Schon jetzt ist abzusehen, dass Microarrays billiger werden und der Verbreitungsgrad bald zunehmen wird. Im gleichen Maße werden schlaue Köpfe Verbesserungen und neue Anwendungen entwickeln, wie es einst bei der PCR geschehen ist. Schon bald wird es zu einer Flut von Untersuchungen kommen, von denen man aufgrund des hohen Arbeitsaufwandes früher nicht einmal zu träumen wagte. Ein Beispiel: Weil sich durch geeignete Methoden der Fraktionierung alle Fragestellungen bearbeiten lassen, an denen Nucleinsäuren beteiligt sind, könnte man ribosomenbesetzte mRNAs isolieren und so untersuchen, welche der mRNAs in einer Zelle tatsächlich translatiert werden und welche Änderungen sich durch bestimmte Einflüsse von außen ergeben. Wo man mit klassischen Methoden bestenfalls Informationen über eine Handvoll Gene bekommen hätte, kann man dann mit ein paar kleinen *arrays* das gesamte Genom abdecken.

Nachteile: Die RNA-Mengen, die für einen Nachweis benötigt werden, können zum Teil erheblich sein, zwischen 100 ng und 20 µg. Dies stellt vor allem dort ein Problem dar, wo die Mengen an Aus-

135. Ein interessantes Beispiel hierfür sind die ***Gene copy number variants*** (**CNV**), also Varianten der Anzahl an Genkopien, deren Bedeutung man erst mit der Sequenzierung und Analyse des menschlichen Genoms realisiert hat. Zwar wusste man schon vorher, dass manche Gene in mehr als einer Kopie auf einem Chromosom vorliegen können, doch wird man sich erst jetzt bewusst, wie häufig dieses Phänomen ist – immerhin 1447 solcher Regionen hat man beim Menschen schon entdeckt (Redon et al., 2006) – und welche Bedeutung dies für die phänotypischen Unterschiede zwischen den einzelnen Menschen haben dürfte. Die Methode der Wahl für die schnelle und umfassende Quantifizierung von Genkopien sind zur Zeit die Microarrays.

gangsmaterial begrenzt sind, beispielsweise bei Biopsiematerial oder bei der Untersuchung kleiner Hirnregionen.
Genotyping bzw. Mutationssuche in Genomen ist bislang bei höheren Eukaryonten nicht möglich, weil die Komplexität des Genoms zu groß ist. Geeignete Methoden zur Fraktionierung oder zur ausschnittweisen Amplifikation des Materials müssen erst noch entwickelt werden.
Und schließlich wären da noch die Kosten, die bislang genauso enorm sind wie die potentiellen Anwendungsmöglichkeiten. Wer autonom sein möchte, benötigt *arrayer*, *reader*, Computer mit Software für die Auswertung, die Materialien und schließlich Leute, die damit umgehen können; bei Gesamtkosten von schätzungsweise einer Viertel Million € fällt dies eher in die Kompetenz größerer Institute. Doch selbst wenn man Zugang zu den notwendigen Maschinen hat, schlägt ein einzelner Microarray immernoch mit ein paar Hundert Euro zu Buche – und mit einem ist es nicht getan. Allerdings werden die Preise in den nächsten Jahren sicherlich fallen.
Außerdem steckt die Technik zur Zeit noch ein wenig in den Kinderschuhen; wer sich in diese Gefilde wagt, muss bereit sein, viel Entwicklungsarbeit zu leisten. Zur Zeit kämpft die Forschergemeinde noch mit der Reproduzierbarkeit der so gewonnenen Ergebnisse. Weil die Methode sensitiv ist, schlagen auch kleine Variationen bei der Versuchsdurchführung stärker durch als früher – das gleiche Experiment wenige Wochen später nochmals durchgeführt kann deutlich abweichende Ergebnisse liefern; viel Raum für den "Voodoo-Faktor" also. Außerdem steckt die Analyse der gewonnenen Daten noch in den Anfängen. Natürlich kann man die Unterschiede zwischen zwei Hybridisierungsexperimenten recht leicht ermitteln, doch kommen die wirklich interessanten Erkenntnisse aus dem Vergleich vieler Versuche, wenn beispielsweise verschiedene Zelllinien für unterschiedliche Zeiträume mit unterschiedlichen Wachstumsfaktoren behandelt werden. Dies führt zu einer Unmenge von Daten, die in vieldimensionalen Matrizen angeordnet und dann daraus irgendwie Gesetzmäßigkeiten herausgefiltert werden müssen. Biologen haben traditionell einen Horror vor Mathematik – für die brechen jetzt schlechte Zeiten an.
Dazu kommt noch ein weiteres Problem: Kann man eine Staatsidee ergründen, indem man misst, wo sich die Bürger dieses Staates zu bestimmten Zeitpunkten aufhalten und was sie tun? Kann man die Wahrnehmung eines Menschen (oder, noch viel komplizierter, einer Ameise) verstehen, indem man herausfindet, welches seiner Neurone wann feuert? Kann man die Funktionsweise einer Zelle verstehen, indem man die Expressionsstärke ihrer Gene verfolgt? Dies ist ein Problem, an dem wir sicherlich noch einige Zeit zu knabbern haben werden.
Dazu werden sich die ethisch-moralischen Probleme gesellen. Mit einem Microarray kann man bald für wenig Geld jedermann auf die häufigsten tausend oder zehntausend Erbkrankheiten untersuchen, ein gefundenes Fressen für Versicherungen oder Eugenetiker. Die selbe Technik wird es erlauben, mit wenig Aufwand Krankheiten haarklein zu charakterisieren, beispielsweise den Virussubtyp bei HIV-Infektionen oder Typ und Entwicklungsstadium bei Krebserkrankungen, was wiederum maßgeschneiderte Behandlungen ermöglichen wird. Weil die genetische Variabilität des Menschen recht gering ist (Gagneux et al. 1999), könnte man andererseits mit Microarrays bald klare Zusammenhänge zwischen Genotyp und Verhalten herstellen und auf dieser Basis genetisch determinierte Psychogramme erstellen, die Partnerwahl, Jobsuche und die Berechtigung zum Halten von Haustieren bestimmen könnten. Wie soll sich der verantwortungsvolle Forscher angesichts dieser Perspektiven verhalten?

Tipp: Wer sich intensiver mit dem Thema Microarrays auseinandersetzen möchte, dem sei zum Einstieg das unten aufgeführte Sonderheft von Nature Genetics (Januar 1999) besonders ans Herz gelegt.

Literatur:
Fodor SPA et al. (1991) Light-directed, spatially addressable parallel chemical synthesis. Science 251, 467-470
Nikiforov TT et al. (1994) Genetic bit analysis: a solid phase method for typing single nucleotide polymorphisms.

Nucl. Acids Res. 22, 4167-4175
Schena M et al. (1995) Quantitative monitoring of gene expression patterns with a complementary DNA microarray. Science 270, 467-470
Livshits MA, Mirzabekov AD (1996) Theoretical analysis of the kinetics of DNA hybridization with gel-immobilised oligonucleotides. Biophys. L. 71, 2795-2801
Pastinen T, Kurg A, Metspalu A, Peltonen L, Syvanen AC (1997) Minisequencing: a specific tool for DNA analysis and diagnostics on oligonucleotide arrays. Genome Res. 7, 606-614
Eisen MB, Spellman PT, Brown PO, Botstein D (1998) Cluster analysis and display of genome-wide expression patterns. Proc. Natl. Acad. Sci. USA 96, 14863-14868
Sonderheft "The Chipping Forecast" (1999). Nature Genet. 21, 1-60
Gagneux P et al. (1999) Mitochondrial sequences show diverse evolutionary histories of African hominoids. Proc. Natl. Acad. Sci. USA 96, 5077-5082
Redon R et al. (2006) Global variation in copy number in the human genome. Nature 444, 444-454

9.1.7 Chromatin-Immunopräzipitation (ChIP)

Entscheidend ist ja nicht, was man mit DNA alles machen kann, sondern was die DNA für die Wirtszelle macht. Im wesentlichen "bewahrt" sie das Genom und wird im Bedarfsfall transkribiert. Die Regulierung der Transkription erfolgt u.a. über Transkriptionsfaktoren, die sich in bestimmten Momenten an bestimmte DNA-Abschnitte anlagern und so Einfluss auf die Transkriptionsmaschinerie der Zelle nehmen.
Wozu das Ganze gut sein soll, ist eine teleologische Frage, die bis heute nicht eindeutig beantwortet ist. Aber wo die Transkriptionsfaktoren binden, das lässt sich mit molekularbiologischen Methoden untersuchen.

Verschiedene Methoden wurden hierfür entwickelt, wobei das ***DNase I footprinting*** (Galas und Schmitz 1978) sicherlich eine der wichtigsten ist. Bei dieser Methode werden Proteinextrakte aus Zellen präpariert und an radioaktiv markierte DNA-Fragmente gebunden, welche Erkennungssequenzen für Proteine aus dem Extrakt enthalten. Anschließend werden die DNA-Komplexe mit der unspezifischen Endonuclease DNase I derart verdaut, dass jedes DNA-Fragment (statistisch gesehen) einmal geschnitten wird. Weil die DNA-bindenden Proteine während dieser Prozedur immer noch gebunden sind, kann die DNase nur die Bereiche schneiden, die nicht durch die darauf sitzenden Proteine geschützt sind. Trennt man dieses DNA-Gemisch anschließend auf einem Acrylamidgel auf, erhält man ein Bandenmuster. Hat kein Protein gebunden, beträgt der Abstand von Bande zu Bande eine Base[136], andernfalls sieht man eine Lücke im Bandenmuster in dem Bereich, in dem ein Protein gebunden hatte.

So hilfreich die Methode in ihrer Zeit war – sonderlich lebensnah ist das Ergebnis nicht, weil die Protein-DNA-Bindung im Reagenzglas generiert wird und nur aussagt, ob im Zellextrakt Proteine existieren, die unter den gewählten Versuchsbedingungen an die DNA binden können, nicht aber, ob sie das auch tatsächlich in vivo tun und wann.

Hierfür eignet sich besser die **Chromatin-Immunopräzipitation (ChIP)**, die 1997 von Orlando, Strutt und Paro vorgestellt wurde. ChIP baut auf einer viel älteren Methode auf (Solomon und Varshavsky 1985), bei der DNA-bindende Proteine mit Formaldehyd reversibel an die interessierende DNA gebunden werden, und erweitert diese um einen Selektionsschritt, um auf diese Weise gezielt die

136. Sofern die Versuchsbedingungen richtig gewählt wurden.

Bindungsstellen bestimmter Transkriptionsfaktoren (oder anderer Proteine) analysieren zu können. Die besondere Stärke von ChIP ist, dass man damit für jedes DNA-Bindungsprotein, für das man einen passenden Antikörper besitzt, dessen Bindungsstellen auf dem Chromatin bestimmen kann.

Zunächst werden hierzu lebende Zellen durch die Zugabe von **Formaldehyd** fixiert. Das Formaldehyd verknüpft in einer Kondensationsreaktion Amino- und Iminogruppen kovalent miteinander. Voraussetzung dafür ist, dass die Moleküle in räumlicher Nähe zueinander liegen, wie das bei Transkriptionsfaktoren und DNA gerne der Fall ist.
Die optimale Fixierungsdauer muss ausgetestet werden, liegt aber meist zwischen 30 und 60 min. Bei zu geringer Fixierung wird wenig Protein an die DNA gebunden, fixiert man zu lange, kommt es zu verschiedenen Problemen bei den späteren Arbeitsschritten, die ebenfalls zu einer geringen DNA-Ausbeute führen.
Danach werden die Zellen **lysiert**, um das Chromatin freizusetzen, und die DNA mit Hilfe von Ultraschall **zerkleinert** (im Englischen als *sonication* bezeichnet), bis man Fragmente von 200-1000 bp Länge erhält. Die Verwendung von Ultraschall mag befremdlich erscheinen, ist aber in diesem Fall die Methode der Wahl, weil formaldehyd-fixierte DNA sich sehr schlecht enzymatisch spalten lässt. Es gibt aber auch Protokolle, die Nucleasen aus Micrococcen verwenden.
Im ursprünglichen Protokoll folgt dann eine Cäsiumchlorid-Dichtegradienten-Zentrifugation (s. 2.3.4), um die DNA-Protein-Komplexe von unerwünschtem Material wie Protein-Aggregaten, DNA-Aggregaten und Protein-Lipid-Komplexen zu **reinigen**. Häufig wird auf diesen Schritt allerdings verzichtet, weil es in vielen Organismen auch ohne geht und die Reinigung aufgrund der Zentrifugationsdauer von 24-78 h sehr zeitaufwendig ist.
Darauf folgt der wichtigste Schritt, nämlich die **Immunpräzipitation** des Materials. Hierzu wählt man einen geeigneten Antikörper gegen den zu untersuchenden Transkriptionsfaktor aus, lässt ihn an die Protein-DNA-Komplexe binden und reinigt die gebundenen Komplexe mittels Bindung der Antikörper an Protein A-gekoppelte Sepharose oder *magnetics beads* auf. Die Selektion erfolgt hier über die Spezifität des Antikörpers, dessen Eignung für formaldehyd-fixiertes Material im Vorfeld getestet werden muss; polyklonale Antikörper eignen sich deswegen meist besser für diesen Schritt als monoklonale (passende Antikörper werden oft als “ChIP-grade” bezeichnet).
Das gefällte Material wird dann mit **Proteinase K** verdaut, um die gebundenen Proteine weitgehend zu entfernen, und mit **Hitze** (z.B. 65 °C für 16 h) traktiert, um die Kondensationsreaktion vom Versuchsbeginn umzukehren. Das Besondere an der Formaldehydfixierung ist nämlich, dass sie reversibel ist und bei geeignetem pH und Hitze durch eine Hydratisierungsreaktion wieder aufgehoben werden kann.
Die DNA wird anschließend mit einer Phenol-Chloroform-Extraktion (s. 2.3.1) **gereinigt**, einer Ethanolfällung unterzogen[137] und kann dann analysiert werden.
Typischerweise erhält man am Ende eines Versuchsansatzes aus ursprünglich 30-60 µg DNA etwa 1-10 ng analysierbare DNA; sind es deutlich mehr, hat vermutlich die spezifische Selektion versagt.

Für die Analyse gibt es verschiedene Methoden. Ursprünglich wurde das Material häufig mittels PCR vermehrt und dann in Southern Blots als Sonde eingesetzt. Später kam dann die Analyse durch quantitative PCR hinzu. Noch ein wenig später erlaubten dann DNA-Microarrays eine wesentlich präzisere Analyse (eine Methode, die auf den netten Namen ChIP-on-chip oder ChIP-CHIP hört; siehe Ren et al. 2000 und Iyer et al. 2001). Die Analysemethode der Zukunft ist aber sicherlich die Sequenzierung unter Verwendung der neuesten Sequenziermethoden (s. 8.1.7 und 8.1.8), die die präzisesten Aussagen

137. Um die Ausbeute zu erhöhen, wird die DNA dazu mit einem sogenannten Carrier wie Glykogen, GenElute® LPA (Sigma) oder Pellet Paint™ (Novagen) versetzt.

über Menge und Sequenz der isolierten DNA-Fragmente erlauben, und dies bei vergleichsweise moderaten Kosten (zumindest wenn man es in Relation zur Datenmenge setzt, die man so erhält).

Vorteile: ChIP eignet sich grundsätzlich für die Untersuchung aller Interaktionen zwischen Proteinen und DNA, seien es Transkriptionsfaktoren, Histone oder andere DNA-bindende Proteine. Dabei sind es verschiedene Aspekte, die die Methode so interessant machen. So erlaubt die schnelle Fixierung lebender Zellen regelrechte Momentaufnahmen des Protein-DNA-Bindungsstatus in Abhängigkeit von den aktuellen Lebensbedingungen der Zellen und ermöglicht so die detaillierte Analyse der zellulären Abläufe, die durch Veränderungen von außen induziert werden.[138]
Schön ist außerdem, dass man mit der Methode auch neue DNA-Sequenzen als Bindungsstellen identifizieren kann, während man beim *DNase I footprinting* nur bekannte DNA-Bindungsstellen untersuchen konnte. Der besondere Reiz liegt darin, dass man nicht, wie bis dahin, nur direkt bindende Proteine untersuchen kann. Viele Transkriptionsfaktoren agieren ja in Zusammenarbeit mit anderen Proteinen; sofern sie dabei Komplexe miteinander bilden, wird der gesamte Komplex von Proteinen und bindenden DNA-Abschnitten durch die Formaldehyd-Fixierung fest miteinander verbunden, so dass auch DNA-Segmente, die nicht direkt mit dem untersuchten Protein wechselwirken, sondern mit einem anderen Protein des Komplexes, ebenfalls mit der Methode erfasst werden können. Dies gibt einen umfassenden Überblick über tatsächliche Wirkungs-Zusammenhänge in der lebenden Zelle. ChIP leistet so einen wichtigen Beitrag, um die DNA-Welt mit der belebten Proteinwelt zu verknüpfen.
Nachteil: Etwas limitierend ist die Tatsache, dass die *sonication* kaum Fragmente von weniger als 200 bp Länge liefert. Somit lässt sich nicht die genaue Bindungsstelle, sondern nur die Bindungsregion bestimmen.

Literatur:
Solomon MJ, Varshavsky A (1985) Formaldehyde-mediated DNA-protein crosslinking: a probe for in vivo chromatin structures. Proc.Natl.Acad.Sci. USA 82, 6470–6474
Galas DJ, Schmitz A (1987) DNase footprinting. A simple method for the detection of protein-DNA binding specificity. Nucl. Acids Res. 5, 3157-3170
Orlando V, Strutt H, Paro R (1997) Analysis of Chromatin Structure by in vivo Formaldehyde Cross-Linking. Methods 11, 205-214
Orlando V (2000) Mapping chromosomal proteins in vivo by formaldehyde-crosslinked-chromatin immunoprecipitation. Trends Biochem. 25, 99-104
Ren B et al. (2000) Genome-wide location and function of DNA binding proteins, Science 290, 2306-2309
Iyer VR et al. (2001) Genomic binding sites of the yeast cell-cycle transcription factors SBF and MBF. Nature 409, 533-538

9.2 Mutagenese

Die Mutagenese gehört mit zu den wichtigsten Zeitvertreiben im Umgang mit Nucleinsäuren und ist doch nicht einfach zu vermitteln. Da jede Art von Mutation erlaubt ist, bei der am Ende wieder ein Stück doppelsträngiger DNA herauskommt, gibt es auch kein allgemeingültiges Protokoll dafür. Die Konzeption einer sinnvollen Mutagenese gehört damit zu den intellektuell anspruchsvollsten Aufgaben in diesem Gewerbe – ohne damit andeuten zu wollen, man müsse unbedingt intelligent sein, um sich daran zu versuchen.

138. Weniger pathetisch ausgedrückt: Man kann z.B. Schritt für Schritt analysieren, wie Zellen reagieren, wenn man ihnen Capsaicin ins Medium gibt oder die Temperatur im Inkubator auf 45 °C erhöht.

Hier eine kleine Liste von Vorschlägen, weshalb man sich an einer Mutagenese versuchen sollte:

- Man hält die cDNA für ein Protein in den Händen und will die Funktion einzelner Domänen des Proteins untersuchen; dazu mutiert man einzelne Aminosäuren, die man für wichtig hält, um zu sehen, was passiert.
- Man untersucht Patienten auf Mutationen, hat am Ende tatsächlich eine Mutation entdeckt und befindet sich nun in der unangenehmen Situation, nachweisen zu müssen, dass diese Mutation ursächlich verantwortlich ist für die Krankheit oder, etwas bescheidener, dass die Mutation überhaupt etwas an der Funktion des Proteins verändert.
- Man will einen Teil eines Proteins gegen den eines anderen austauschen, um damit irgendeine wilde Theorie zu belegen.
- Man hat die cDNA für ein Protein, aber keinen spezifischen Antikörper; eine Überschlagsrechnung ergibt, dass man schneller ein Epitop, gegen das bereits ein Antikörper existiert, in das Protein einfügt, als man einen spezifischen Antikörper gegen das Protein generiert.
- Man will eine Markierung einfügen, die es einem erlaubt, das Protein später spezifisch aufzureinigen.
- Man hat ein Stück DNA, das offensichtlich die Expression eines Gens reguliert, doch ist das Stück über 5 kb lang und irgendjemand hat die Frage in den Raum gestellt, wie viel davon denn tatsächlich notwendig ist.
- Man hat den wirklich wichtigen Bereich dieser Regulatorsequenz auf dreißig Basen eingegrenzt und geht nun auf's Ganze: Man mutiert jede einzelne Base von Anfang bis Ende und schaut, was passiert.

Das ist eine Reihe von Gründen, die mir in fünf Minuten eingefallen sind. Jeder kann wahrscheinlich aus eigener Erfahrung noch eine Handvoll hinzufügen.

Was auch immer der Beweggrund ist, fast immer will man eine zielgerichtete Mutation in eine bereits existierende DNA einführen. Der zweite Schritt besteht daher in der Bestellung eines **Oligonucleotids** mit der passenden Mutation. Das geht schnell, weil Oligonucleotide heutzutage innerhalb von drei bis vier Arbeitstagen synthetisiert und geliefert werden, und kostet nicht viel, weil die Preise für Oligonucleotide in den vergangenen Jahren stetig gesunken sind. Die Bestellung geht so schnell, dass man darüber gerne den ersten Schritt vergisst, nämlich die Konzeption des Oligonucleotids.

Das Oligonucleotid mit der Mutation wird anschließend als Primer für eine **DNA-Synthese** eingesetzt. Klassischerweise verwendete man dazu T4- oder Klenow-DNA-Polymerase, doch greifen wegen der wesentlich größeren Ausbeuten die meisten Experimentatoren zu thermostabilen Polymerasen. Die Taq-Polymerase ist in diesem Fall wegen ihrer hohen Fehlerrate weniger empfehlenswert, besser verwendet man Polymerasen mit Korrekturaktivität wie die Pfu. Nach der Synthesereaktion wird der Template-DNA-Strang häufig zerstört, um den Anteil an mutierten Klonen zu erhöhen, und die Mischung in Bakterien transformiert. Danach braucht man die auftauchenden Kolonien nur noch auf Klone mit der richtigen Mutation zu **screenen**.

Auch wenn viele Methoden und Hersteller gern wahre Wunder versprechen, ist der Anteil der Klone mit Mutation meist wesentlich geringer als man gerne hätte. Angepriesen werden Ausbeuten von 90 % mutierten Klonen und mehr, doch ist man in der Praxis mit 50 % schon gut bedient, oft sind es nur 10 % und manchmal sogar noch weniger. Man tut daher gut daran, von vornherein eine Möglichkeit einzuplanen, wie man ohne übertriebenen Arbeitsaufwand mutierte Klone von nicht mutierten unterscheiden kann. Das kann auch später einmal nützlich sein, weil es in der Praxis immer wieder passiert, dass man unbemerkt ein paar Klone vertauscht und dann wochenlang ahnungslos mit einer ganz anderen Variante arbeitet als vermutet.

Fügt man größere DNA-Abschnitte ein, kann man diese als Sonde für's Screenen der Bakterienkolonien verwenden – das Vorgehen ist dann vergleichbar mit dem Screenen einer Bank (s. 7.4). Bei klei-

neren Mutationen fügt man am besten gleichzeitig eine neue Restriktionsschnittstelle ein, anhand derer man später durch einen simplen Restriktionsverdau den Klon innerhalb von ein bis zwei Stunden überprüfen kann. Möglich ist das, weil der genetische Code bekanntlich degeneriert ist und die Einführung stiller Mutationen erlaubt, welche die Nucleotid-, nicht aber die Aminosäuresequenz verändern. Eine oder mehrere Basen eines Tripletts können so mutiert werden, ohne dass sich die Aminosäure ändert.
Die Schnittstelle muss nicht direkt die Mutation betreffen, es reicht auch aus, wenn sie in der Nähe liegt. Am einfachsten ist das Zerstören einer Schnittstelle – wenn denn eine vorhanden ist. Man sollte allerdings bedenken, dass einem die Schnittstelle später einmal fehlen könnte – nichts ist bei Klonierungen hinderlicher als Klone ohne günstige Schnittstellen. Das Einfügen einer Restriktionsschnittstelle ist daher sinnvoller, allerdings ist's auch schwieriger, die passende Mutation auszuknobeln. Shankarappa et al. haben sich 1992 dieses Problems angenommen. Herausgekommen ist eine recht unübersichtliche Papierversion und ein heute primitiv anmutendes Computerprogramm namens **SILMUT**, das einen in die Urzeiten der Computerära zurückversetzt, aber höchst hilfreich ist bei der Suche nach stillen Mutationen, um Schnittstellen für Restriktionsenzyme einzuführen. Das Prögrämmchen existiert als DOS- und als Mac-Version und ist im Internet zu finden (http://iubio.bio.indiana.edu/soft/molbio/ibmpc/). Wer keinen Zugang zu Computern oder zum Internet hat (z.B. weil gerade ein Atomkrieg ausgebrochen ist oder Heerscharen von pubertierenden Gören sämtliche Computer im Haus zum Spielen nutzen) oder keinen Computer mehr besitzt, auf dem ein so altes Programm noch läuft, kann sich mit Tab. 16 behelfen.
Wer nostalgische Anfälle liebt, aber nicht, wenn es um Arbeit und Karriere geht, dem sei die Software **GENtle** von Magnus Manske empfohlen (http://gentle.magnusmanske.de/). Es handelt sich um ein schönes Freeware-Programm für Windows, Linux und Mac, in das man sich zwar ein wenig einarbeiten muss, mit dem sich dann aber alle Alltags-DNA-Analysearbeiten erledigen lassen, so auch die Suche nach Möglichkeiten zur stillen Mutation[139].

Techniken der Mutagenese
Es fällt mir schwer, angesichts der vielen verschiedenen Bedürfnisse eine Ordnung in die Vorgehensweise zu bringen, wie man am besten mutiert. Versuchen wir's mit einer Liste:

1. Ich will eine Base gezielt mutieren (*site-directed mutagenesis*),
Variante A: Ich bestelle einen Primer, der in der Mitte die gewünschte Mutation trägt, und einen zweiten, der genau komplementär dazu ist, außerdem noch zwei, die links bzw. rechts (*upstream* bzw. *downstream*) davon liegen (s. Abb. 58). Mit je einem mutierten und einem der äußeren Primer amplifiziere ich getrennt die linke und die rechte Hälfte, reinige die beiden PCR-Produkte und benutze sie als Primer in einer zweiten PCR, mit wenigen Zyklen und ohne weiteres Template. Da die Produkte im Bereich der mutierten Primer überlappen, können sie miteinander hybridisieren und werden dann verlängert. Das fertige PCR-Produkt, das nun die gewünschte Mutation trägt, kann anschließend auf klassische Weise kloniert werden. Die Methode ist einfach und funktioniert zuverlässig, setzt allerdings voraus, dass man links und rechts von der mutierten Stelle passende Schnittstellen für die Klonierung zur Verfügung hat. Man kann die Ausbeute der zweiten PCR steigern, indem man auch die beiden flankierenden Primer zugibt und die normale Zyklenzahl beibehält.
Wie bereits erwähnt, sollte man für Mutagenesen mittels PCR lieber Polymerasen mit Korrekturaktivität verwenden (s. 4.1). Zum einen ist deren **Fehlerrate** um Faktor 10 niedriger als bei der Taq-Polyme-

139. Ein anderes hübsches Feature ist, dass man sich das Ergebnis des Verdaus einer Sequenz mit einem oder mehreren Restriktionsenzymen als Agarosegel anzeigen lassen kann, inklusive Größenmarker. Zum Verlieben!

1.AS	2.AS	3.AS	Sequenz	RE
G	A		(GGC'GCC)	Nar I
GR*	A	HLPQR	(GA'GCT'C)	Sac I
GRW	A	HLPQR	(GG'GCC'C)	Apa I
EKQ*	A	CFLSWY*	(AA'GCT'T)	Hind III
APST	A	ADEGV	(CT'GCA'G)	Pst I
			(CC'GCG'G)	Sac II
			(CA'GCT'G)	Pvu II
EKQ*	A	CFLSWY*	(AG'GCC'T)	Stu I
APST	A	ADEGV	(CG'GCC'G)	Eag I
FILV	A	IKMNRST	(TC'GCG'A)	Nru I
DHNY	A	CFLSWY*	(AC'GCG'T)	Mlu I
CGRS	A	HLPQR	(GT'GCA'C)	ApaL I
LMV	A	IKMNRST	(TG'GCC'A)	Bal I
ATGKLMPQRSTVW*	A	P	(G'GCG'CC)	Nar I
A	C		(GCA'TGC)	Sph I
ACDFGHILNPRSTVY	C	RS	(C'TGC'AG)	Pst I
ATGKLMPQRSTVW*	C	T	(G'TGC'AC)	ApaL I
I	D		(ATC'GAT)	Cla I
V	D		(GTC'GAC)	Sal I
ATGKLMPQRSTVW*	D	P	(G'GAT'CC)	BamH I
AEGIKLPQRSTV*	D	L	(A'GAT'CT)	Bgl II
ACDFGHILNPRSTVY	D	R	(C'GAT'CG)	Pvu I
ACDFGHILNPRSTVY	D	HQ	(T'GAT'CA)	Bcl I
L	E		(CTC'GAG)	Xho I
E	F		(GAA'TTC)	EcoR I
A	G		(GCC'GGC)	Nae I
P	G		(CCC'GGG)	Sma I
S	G		(TCC'GGA)	BspE I
ATGKLMPQRSTVW*	G	P	(G'GGC'CC)	Apa I
AEGIKLPQRSTV*	G	L	(A'GGC'CT)	Stu I
ACDFGHILNPRSTVY	G	R	(C'GGC'CG)	Eag I
ACDFGHILNPRSTVY	G	HQ	(T'GGC'CA)	Bal I
V	H		(GTG'CAC)	ApaL I
ATGKLMPQRSTVW*	H	A	(G'CAT'GC)	Sph I
ACDFGHILNPRSTVY	H	G	(C'CAT'GG)	Nco I
D	I		(GAT'ATC)	EcoR V
GR*	I	HLPQR	(GA'ATT'C)	EcoR I
GRW	I	HLPQR	(GG'ATC'C)	BamH I
EKQ*	I	CFLSWY*	(AG'ATC'T)	Bgl II
APST	I	ADEGV	(CG'ATC'G)	Pvu I
LMV	I	IKMNRST	(TG'ATC'A)	Bcl I
ATGKLMPQRSTVW*	I	S	(G'ATA'TC)	EcoR V
ACDFGHILNPRSTVY	I	CW*	(C'ATA'TG)	Nde I
E	L		(GAG'CTC)	Sac I
K	L		(AAG'CTT)	Hind III
Q	L		(CAG'CTG)	Pvu II
ATGKLMPQRSTVW*	L	A	(G'CTA'GC)	Nhe I
ACDFGHILNPRSTVY	L	DE	(T'CTA'GA)	Xba I
AEGIKLPQRSTV*	L	V	(A'CTA'GT)	Spe I

1.AS	2.AS	3.AS	Sequenz	RE
ATGKLMPQRSTVW*	L	T	(G'TTA'AC)	Hpa I
H	M		(CAT'ATG)	Nde I
CGRS	M	HLPQR	(GC'ATG'C)	Sph I
APST	M	ADEGV	(CC'ATG'G)	Nco I
V	N		(GTT'AAC)	Hpa I
ATGKLMPQRSTVW*	N	S	(G'AAT'TC)	EcoR I
G	P		(GGG'CCC)	Apa I
R	P		(AGG'CCT)	Stu I
			(CGG'CCG)	Eag I
W	P		(TGG'CCA)	Bal I
ATGKLMPQRSTVW*	P	A	(G'CCG'GC)	Nae I
ACDFGHILNPRSTVY	P	G	(C'CCG'GG)	Sma I
ACDFGHILNPRSTVY	P	DE	(T'CCG'GA)	BspE I
L	Q		(CTG'CAG)	Pst I
P	R		(CCG'CGG)	Sac II
S	R		(TCG'CGA)	Nru I
			(TCT'AGA)	Xba I
T	R		(ACG'CGT)	Mlu I
CGRS	R	HLPQR	(GC'CGG'C)	Nae I
GRW	R	HLPQR	(GG'CGC'C)	Nar I
DHNY	R	CFLSWY*	(AT'CGA'T)	Cla I
APST	R	ADEGV	(CT'CGA'G)	Xho I
			(CC'CGG'G)	Sma I
FILV	R	IKMNRST	(TC'CGG'A)	BspE I
CGRS	R	HLPQR	(GT'CGA'C)	Sal I
ACDFGHILNPRSTVY	R	G	(C'CGC'GG)	Sac II
ACDFGHILNPRSTVY	R	DE	(T'CGC'GA)	Nru I
AEGIKLPQRSTV*	R	V	(A'CGC'GT)	Mlu I
A	S		(GCT'AGC)	Nhe I
G	S		(GGA'TCC)	BamH I
R	S		(AGA'TCT)	Bgl II
			(CGA'TCG)	Pvu I
T	S		(ACT'AGT)	Spe I
*	S		(TGA'TCA)	Bcl I
ATGKLMPQRSTVW*	S	S	(G'AGC'TC)	Sac I
AEGIKLPQRSTV*	S	IM	(A'TCG'AT)	Cla I
AEGIKLPQRSTV*	S	FL	(A'AGC'TT)	Hind III
ACDFGHILNPRSTVY	S	RS	(C'TCG'AG)	Xho I
ACDFGHILNPRSTVY	S	CW*	(C'AGC'TG)	Pvu II
ATGKLMPQRSTVW*	S	T	(G'TCG'AC)	Sal I
G	T		(GGT'ACC)	Kpn I
ATGKLMPQRSTVW*	V	P	(G'GTA'CC)	Kpn I
P	W		(CCA'TGG)	Nco I
GR*	Y	HLPQR	(GA'TAT'C)	EcoR V
GRW	Y	HLPQR	(GG'TAC'C)	Kpn I
APST	Y	ADEGV	(CA'TAT'G)	Nde I
CGRS	*	HLPQR	(GC'TAG'C)	Nhe I
FILV	*	IKMNRST	(TC'TAG'A)	Xba I
DHNY	*	CFLSWY*	(AC'TAG'T)	Spe I
CGRS	*	HLPQR	(GT'TAA'C)	Hpa I

Tab. 16: Einfügen einer Restriktionsschnittstelle in eine proteinkodierende DNA-Sequenz. Um eine Restriktionsschnittstelle einzufügen, benötigt man zunächst die Aminosäuresequenz des betreffenden Bereichs. Man sucht dann zuerst in der zweiten Spalte nach der zweiten Aminosäure, anschließend in der ersten Spalte nach der ersten Aminosäure und, falls notwendig, versucht man noch die dritte Aminosäure zu finden. War man in allen Fällen erfolgreich, verrät einem die vierte Spalte, welche Restriktionsschnittstelle man einfügen kann.
AS Aminosäure, RE Restriktionsenzym, * Stopcodon

rase, zum anderen produzieren sie glatte Enden, während die Taq meist eine unspezifische Base anhängt und so einen 3'-Überhang produziert. Das stört beim Direktklonieren von PCR-Produkten, aber auch, wenn man eine solches PCR-Produkt wie in diesem Fall als Primer einsetzen möchte. *Proofreading*-Polymerasen haben aber auch ihre Nachteile. So ist die Ausbeute an Produkt häufig niedriger und nicht selten werden die mutierten Primer als falsch erkannt und "korrigiert" – die Konsequenz ist oft der völlige Abbau des Primers. Daher sollte man höhere Primerkonzentrationen als sonst verwenden.

Variante B: Ich bestelle einen Primer, der in der Mitte die gewünschte Mutation trägt. Ich generiere eine einzelsträngige Template-DNA (mittels eines M13-Vektors, s. 9.6) in einem *E. coli dut⁻ ung⁻* F' Stamm(z.B. CJ236). Es ist bei dieser Methode wichtig, den richtigen Bakterienstamm zu verwenden, weil in *ung⁻* Bakterien ein gewisser Anteil an Uridin statt Thymidin in die DNA eingebaut wird. Die Template-DNA wird mit dem mutierten Primer hybridisiert, mit T4 DNA-Polymerase und T4 DNA-Ligase zu einem normalen Doppelstrang aufgefüllt und das Produkt in einen beliebigen *E. coli*-Stamm transformiert, der allerdings *ung*$^+$ sein sollte. Diese Bakterien enthalten nämlich Uracil-N-Glycosylase, die das Uracil aus dem Templatestrang entfernt, welcher danach als defekt erkannt und abgebaut wird. Eine ausführliche Beschreibung der Methode findet sich bei Kunkel (1985). Die Methode ist ein netter Trick, um den Anteil an mutierten Klonen zu erhöhen, setzt aber voraus, dass man die passenden Bakterien zur Hand und die Template-DNA in einem M13-Vektor vorliegen hat – was natürlich meistens nicht der Fall ist.

Variante C: Zum Glück existiert auch eine Alternative zur Variante B, die ohne spezielle Bakterienstämme auskommt (s. Abb. 59; Weiner et al. 1994). Der Abbau des Templatestrangs wird dabei aus der Zelle in das Tube verlegt, außerdem funktioniert sie auch mit normaler doppelsträngiger Plasmid-DNA. Man braucht dazu zwei Primer, einen Strang- und einen Gegenstrangprimer, die beide die gewünschte Mutation enthalten. Mit einer *Proofreading*-Polymerase führt man nun wenige PCR-Zyklen durch und verdaut das PCR-Produkt anschließend mit **DpnI**, einem 4-*cutter* mit einer ungewöhnlichen Eigenschaft: DpnI schneidet spezifisch methylierte und hemimethylierte DNA, nicht aber unmethylierte. Die meisten Bakterienstämme besitzen das *dam*-Methylierungssystem, so dass die Plasmid-DNA normalerweise methyliert ist[140] und deshalb abgebaut wird, andernfalls kann man auch in vitro methylieren. Ist die Template-DNA zerhäckselt, transformiert man das Gemisch in Bakterien, die die PCR-Fragmente zu einem ordentlichen Plasmid zusammenligieren und vermehren. Die Ausbeute an mutierten Klonen ist bei dieser Variante erfreulich hoch. Stratagene hat die notwendigen Komponenten in ein Kit gepackt und verkauft es unter dem Namen "*QuikChange® XL site-directed mutagenesis kit*".

2. Ich will gezielt einige wenige nahe beieinander liegende Mutationen einfügen. Funktioniert im Prinzip genauso wie unter 1. beschrieben. Man muss allerdings darauf achten, dass der völlig homologe Bereich am 3'-Ende des Oligonucleotids ausreichend lang ist (> 8 Basen), weil die Polymerase das Oligonucleotid sonst nicht als Primer akzeptiert.

140. Im Gegensatz zum PCR-Produkt.

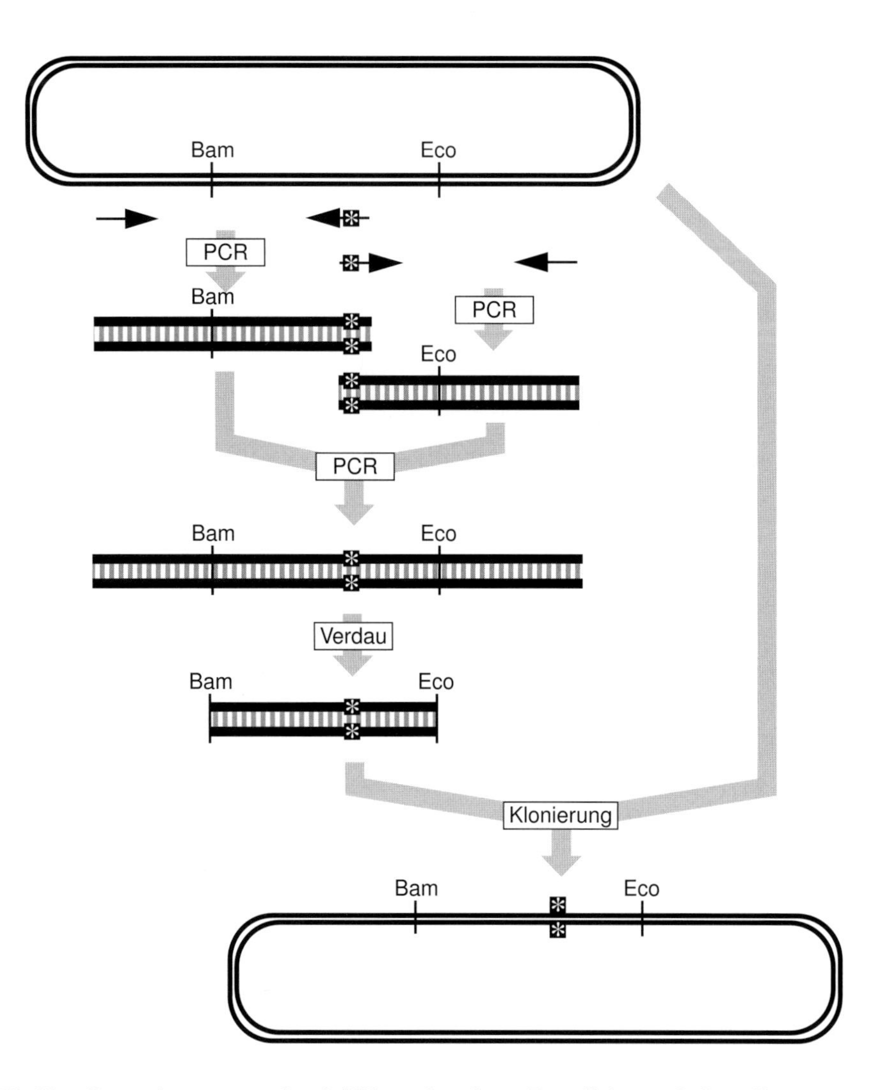

Abb. 58: ***Site-directed mutagenesis*** **mit Hilfe vorhandener Restriktionsschnittstellen.**

3. Ich möchte eine oder mehrere zufällige Punktmutationen einführen. Manchmal will man mutieren, ohne genau zu wissen, an welchem Nucleotid man drehen muss. Dann ist es besser, die Mutation dem Zufall zu überlassen und sich auf ein gutes Screening-System zu verlassen, mit dem man die gewünschte Mutante herausfischt. Eine anschließende Sequenzierung verrät einem dann, wo man mit der Mutation hätte ansetzen müssen bzw. in welcher Region man mit gezielteren Mutationen weitermachen kann.

Variante A: Wenn die für Mutationen in Frage kommende Region klein ist, arbeitet man am besten mit degenerierten Oligonucleotiden. Bei der Bestellung des Primers gibt man für die zu mutierenden

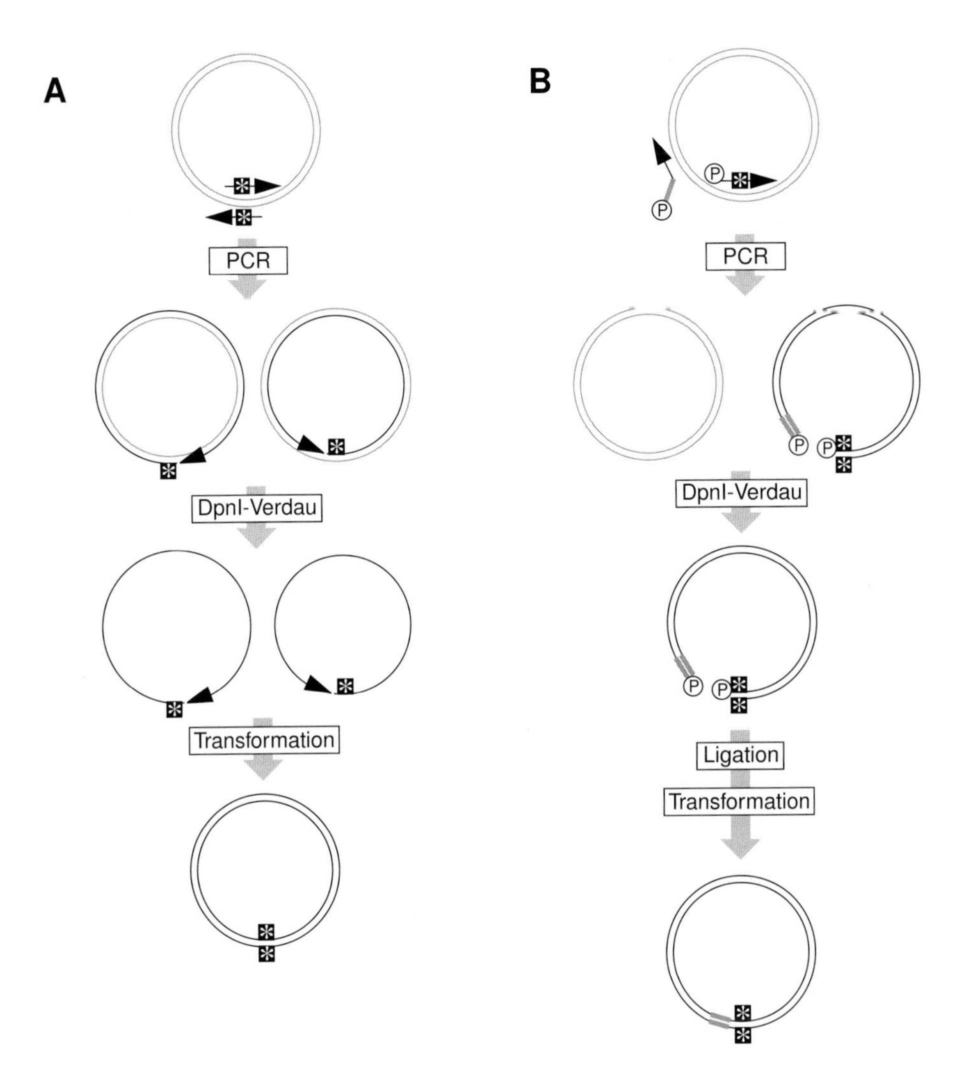

Abb. 59: Mutagenese mit DpnI.
A Die einfachere Variante basiert auf zwei komplementären mutierten Primern. **B** Die zweite Variante bietet eine größere Flexibilität, sie erlaubt Punktmutationen ebenso wie kleine Insertionen und sogar größere Deletionen. Um das PCR-Produkt ligieren zu können, muss man es zuvor phosphorylieren. Praktischer ist es allerdings, für die PCR bereits phosphorylierte Primer einzusetzen.

Positionen statt einer definierten Base ein N an. Bei der Synthese werden dann beim entsprechenden Syntheseschritt statt einer alle vier Basen zugegeben, von denen nach dem Zufallsprinzip je Oligo eine eingebaut wird. Da je N vier verschiedene Oligovarianten entstehen, enthält der Tube, den man anschließend zugeschickt bekommt, ein Gemisch von 4^n Oligos (n steht für die Anzahl an Ns, die man bestellt hat). Statt alle vier kann man auch "Teilmengen" einsetzen, beispielsweise "irgendeine Base,

aber nicht C" oder "irgendein Purin" – den entsprechenden Code für die Bestellung verrät Ihnen Ihr Oligohersteller.
Am einfachsten tut man sich, wenn links und rechts von der zu mutierenden Region je eine Restriktionsschnittstelle liegen. Dann bestellt man zum degenerierten Oligo einfach einen komplementären Oligo, hybridisiert die beiden miteinander und fügt dieses Fragment in den gewünschten Klon ein. Wenn der Klon keine geeigneten Schnittstellen besitzt, kann man diese wie unter 1. beschrieben einführen. Lassen sich keine Schnittstellen in der Nachbarschaft unterbringen, muss man die Mutationen ebenfalls wie unter 1. beschrieben einführen.
Variante B: Ist der Bereich, in dem die Mutationen liegen sollen, etwas größer, nutzt man am besten etwas, was man normalerweise nach Kräften vermeidet: die hohe Fehlerrate der Taq-Polymerase. Durch Veränderung der PCR-Bedingungen lässt sich die Fehlerrate sogar noch etwas in die Höhe schrauben. Vor allem die Veränderung der dNTP-Konzentrationen und die Zugabe von Mangan (bis zu 640 µM $MnSO_4$) zeigen einen deutlichen Effekt. Darüber hinaus wirken sich auch eine Erhöhung der Menge an Taq-Polymerase, der Magnesium-Konzentration und des pH-Werts negativ auf die Genauigkeit aus. Leider wirken sich die Veränderungen unterschiedlich auf die Art der auftretenden Mutationen aus. So führen hohe dGTP-Konzentrationen vorzugsweise zu Mutationen von A bzw. T zu G oder C und damit zur Erhöhung des GC-Anteils der Sequenz. Eine ausführliche Untersuchung findet sich bei Cadewell und Joyce (1992), die zum Ergebnis kommen, dass Nucleotidkonzentrationen von 0,2 mM dGTP / 0,2 mM dATP / 1 mM dCTP / 1 mM dTTP ([141]) zu einer Vervierfachung der Fehlerrate führen, ohne dabei bestimmte Mutationen zu bevorzugen. Die Mutationsrate lag dabei bei 0,66 % je Base. Wer gerne mit Kits arbeitet, kann dazu auf das Diversify™ PCR Random Mutagenesis Kit von Clontech zurückgreifen. Nach deren Angaben liegt die Mutationsrate je nach Bedingungen bei 2-8 Mutationen je 1000 Basen.
Zusätzlich dazu lässt sich die Fehlerrate mit einem einfachen Trick weiter steigern – indem man die Zyklenzahl erhöht. Am besten führt man dazu nacheinander zwei normale PCR-Reaktionen durch, wobei das Produkt der ersten über ein Agarosegel gereinigt und dann als Template der zweiten eingesetzt wird. Auf diese Weise verhindert man, nach der zweiten Amplifikation mit einem unspezifischen Schmier statt einer Bande dazustehen.

4. Ich möchte ein zusätzliches Triplett einfügen. Die Vorgehensweise ist die gleiche wie bei Variante 1A. Links und rechts vom eingefügten Triplett sollte ein ausreichend langes homologes Stück liegen, damit der Primer ordentlich hybridisiert.

5. Ich möchte noch mehr Basen einfügen. Das Prinzip ist ähnlich wie bei Variante 1C: Man bestellt zwei Primer, deren 5'-Hälfte aus der eingefügten Sequenz besteht, die 3'-Hälfte ist homolog zur Templatesequenz. Man amplifiziert mit zwei außen liegenden Primern zwei Fragmente, aus denen man mit einer zweiten PCR aufgrund ihrer homologen Enden ein großes Fragment schmiedet (s. Abb. 60A). Zu beachten ist, dass der homologe 3'-Anteil des Primers ausreichend lang ist, damit er mit dem Template hybridisiert, d.h. je nach Sequenz 15-25 Basen. Den nicht homologen 5'-Anteil kann man dagegen so lange machen, wie es die Oligonucleotidsynthese erlaubt. Grundsätzlich sind Primerlängen von 100 Nucleotiden und mehr möglich, doch sinkt die Ausbeute an korrekten Primern ab 50 Nucleotiden erheblich. Weil die Oligonucleotidsynthese in 3'→5'-Richtung erfolgt, fehlt einem dann unter Umständen genau der Teil, den man einfügen wollte. Sehr lange Primer sollte man daher unbedingt HPLC-reinigen lassen. Außerdem muss zumindest die zweite PCR mit einer Polymerase mit Korrekturaktivität durchgeführt werden, weil die Taq-Polymerase unspezifische Überhänge produziert, die nicht verlängert werden können.

---

141. Bei 7 mM $MgCl_2$, 0,5 mM $MnCl_2$ und 5 Einheiten Taq-Polymerase; $MnCl_2$ vor dem Enzym zugeben!

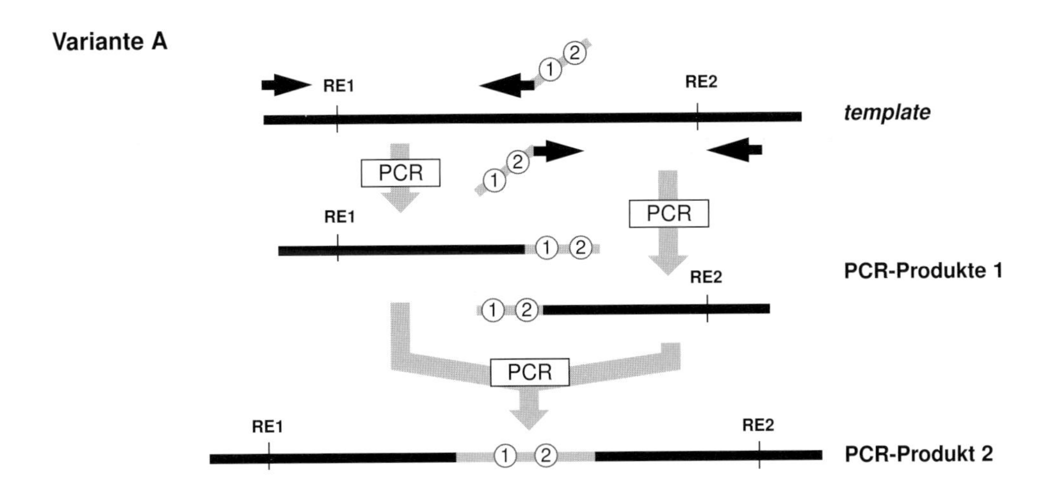

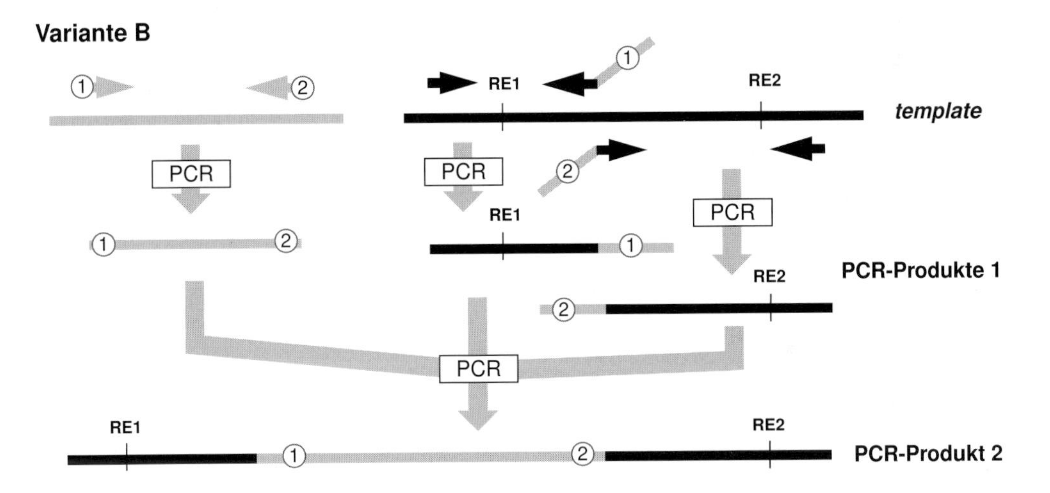

Abb. 60: Einfügen von Fragmenten beliebiger Länge.
Variante A ist technisch recht einfach, die Länge der Insertion ist allerdings durch die Länge der Primer beschränkt; bis zu 100 bp sind realistisch. Variante B erlaubt das Einfügen beliebiger Fragmente, ist allerdings technisch anspruchsvoll; die Ausbeuten sind beim Zusammenfügen von drei Fragmenten mittels PCR häufig recht bescheiden (s. Text). **RE** Restriktionsschnittstelle; (1) und (2) sind Marken, die eine leichtere Orientierung ermöglichen sollen.

Variante B: Im Prinzip kann man auf diese Weise sogar Fragmente beliebiger Länge einfügen, auch wenn das technisch etwas knifflig ist (s. Abb. 60B). In der ersten Runde amplifiziert man getrennt die drei benötigten Fragmente (5'-Hälfte, Insert, 3'-Hälfte), wobei man bei der Wahl der Primer darauf achten muss, dass die Sequenzen von 5'-Hälfte und Insert bzw. Insert und 3'-Hälfte wenigstens 20 Basen überlappen. Die Fragmente werden dann gereinigt (eine Gelreinigung ist meistens empfehlenswert, um die Erfolgschancen zu erhöhen) und gemeinsam in einer zweiten PCR als Template einge-

setzt. Im Prinzip müsste dann ein Fragment dem anderen als Primer dienen und das gewünschte neue Fragment einschließlich Insertion entstehen, doch in der Praxis gestaltet sich die Sache meist etwas schwieriger, häufig muss man etwas herumspielen, bis es klappt. Sie können beispielsweise die drei Fragmente zusammen und ohne zusätzliche Primer in einer zweiten PCR mit wenigen Zyklen einsetzen, so dass die Fragmente gleichzeitig als Primer und Template fungieren, und das Produkt als Template für eine weitere, dritte PCR verwenden, bei der Sie dann wie gewohnt zwei flankierende Primer einsetzen. Sie können auch gleich der zweiten PCR geringe Mengen an flankierenden Primern zugeben, das PCR-Produkt über ein Gel reinigen und das Fragment mit der richtigen Länge in einer dritten PCR als Template einsetzen. Oder Sie geben einfach alles zusammen – Fragmente und flankierende Primer – und amplifizieren das Ganze, in der Hoffnung, dass es schon klappen wird.
Wenn man den Dreh erst mal raus hat, eröffnet einem die Methode ungeheure Möglichkeiten, weil man so natürlich nicht nur Fragmente einfügen, sondern gleichzeitig auch Deletionen vornehmen kann. Man kann sogar drei beliebige Fragmente vereinen, völlig egal, Hauptsache, die Sequenzen an den Enden der Fragmente passen zueinander.

6. Ich möchte eine gezielte Deletion vornehmen. Auch das kann man mit Variante 1A erreichen. Am einfachsten tut man sich mit einem mutierten Primer von ca. 40 Nucleotiden, der zu den jeweils zwanzig Basen vor und hinter der Deletionsstelle homolog ist. Als zweiter "mutierter" Primer reicht ein 20-mer, das komplementär zur 5'-Hälfte des 40-mers ist. Auf diese Weise kann man Deletionen beliebiger Größe produzieren.
Aber auch Variante 1C eignet sich gut für diesen Zweck und hat sogar den Vorteil, schneller zu sein. Eigentlich ist sie sogar die vielseitigste Methode, weil sie, je nachdem, wie man die Primer wählt, Deletionen, Insertionen, Punktmutationen oder eine Kombination aus allen dreien erlaubt. Man verwendet wieder einen Strang- und einen Gegenstrangprimer, doch überlappen die beiden diesmal nicht. Wieder wird amplifiziert und mit DpnI verdaut, diesmal wird allerdings das übriggebliebene PCR-Produkt in einen dritten Schritt phosphoryliert und ligiert, bevor man schließlich transformiert. Auch dies wird von Stratagene als Kit namens "*ExSite™ PCR-based site-directed mutagenesis kit*" verkauft

7. Ich möchte eine ungezielte Deletion vornehmen. Das klingt zwar etwas unsinnig, schließlich möchte man im Allgemeinen nicht wild drauflosmutieren, doch kommt es beispielsweise bei Promotorstudien gar nicht so sehr darauf an, einen bestimmten Bereich zu deletieren, sondern mit möglichst geringem Aufwand zu einer großen Zahl von Klonen mit unterschiedlich umfangreichen Deletionen zu kommen. Die Methode der Wahl ist dann die ***nested deletion***, erstmals 1984 von Henikoff beschrieben. Der Templateklon wird dazu mit zwei Restriktionsenzymen geschnitten, wovon das eine einen 3'-Überhang produzieren muss (s. Tab. 17), das andere einen 5'-Überhang (zur Not geht auch ein glattes Ende). Das geschnittene Template wird anschließend mit **Exonuclease III** (Exo III) verdaut, die die wunderbare Eigenschaft besitzt, nur an 3'-Enden von doppelsträngiger DNA zu knabbern, während einzelsträngige 3'-Enden, wie man sie bei einem 3'-Überhang vorfindet, verschont bleiben. Die Reaktion ist sehr schnell und schwer kontrollierbar, so dass man am besten zu verschiedenen Zeitpunkten (zwischen 1 und 30 min) Aliquots entnimmt und die Reaktion stoppt. Am angedauten Ende bleibt ein Einzelstrang zurück, der mit einer einzelstrangspezifischen Nuclease, z.B. *mung bean nuclease*, abgebaut wird. Zurück bleibt ein Doppelstrang mit glatten Enden, den man ligiert und transformiert. Die Größe der Deletion hängt von der Inkubationszeit ab, für eine genaue Charakterisierung muss man die resultierenden Klone allerdings sequenzieren. Wichtig ist, dass die verwendete Template-DNA nicht mit Phenol gereinigt wurde, weil sonst nichts läuft.
Auch wenn das Template keine Schnittstelle für Enzyme mit 3'-Überhang besitzt, ist noch nicht alles verloren, weil Enden, die mit α-Thio-dNTPs aufgefüllt wurden, ebenfalls vor einem Exo III-Abbau sicher sind. Nur steigt der Arbeitsaufwand erheblich, weil man erst mit einem Restriktionsenzym

	4 Basen Überhang	2 Basen Überhang
4-cutter	ChaI, NlaIII, Tai I	Hha I
6-cutter	AatII, ApaI, BbeI, KpnI, NsiI, PstI, SacI, SphI	PvuI, SacII
8-cutter	FseI, Sse8387 I	PacI, SgfI

Tab. 17: Restriktionsenzyme mit 3'-Überhang.

schneiden, auffüllen und dann mit dem Restriktionsenzym schneiden muss, an dem die Deletion starten soll.
Am einfachsten macht man sich das Leben, wenn man sich für die *nested deletion* ein entsprechendes Kit kauft, z.B. bei Promega (Erase-A-Base®), Takara (Deletion Kit for Kilo-Sequencing), Epicentre (Discrete-Delete Deletion Kit) oder Stratagene (Exo Mung bean Deletion Kit).

Ich hoffe, diese Liste von Vorschlägen reicht aus, um ein paar nützliche Ideen zu liefern. Sonst müssen Sie Ihre eigene Kreativität spielen lassen oder Kollegen ausquetschen. Es gibt so viele schöne Spielarten der Mutagenese...

Literatur:

Henikoff S (1984) Unidirectional digestion with exonuclease III creates targeted breakpoints for DNA sequencing. Gene 28, 351-359

Kunkel Ta (1985) Rapid and efficient site-specific mutagenesis without phenotypic selection. Proc. Natl. Acad. Sci. USA 82, 488-492

Cadwell RC, Joyce GF (1992) Randomization of genes by PCR mutagenesis. PCR Methods Appl. 2, 28-33

Shankarappa B, Sirko DA, Ehrlich GD (1992) A general method for the identification of regions suitable for site-directed silent mutagenesis. BioTechniques 12, 382-384

Shankarappa B, Vijayananda K, Ehrlich GD (1992) SILMUT: A computer program for the identification of regions compatible for the introduction of restriction enzyme sites by site-directed silent mutagenesis. BioTechniques 12, 882-884

Weiner MP, Costa GL, Schoettlin W, Cline J, Mathur E, Bauer JC (1994) Site-directed mutagenesis of double-stranded DNA by the polymerase chain reaction. Gene 151, 119-123

9.3 in-vitro-Translation

Eigentlich fällt das Thema nicht in den Arbeitsbereich des Molekularbiologen, weil der gar nicht weiß, was er mit dem synthetisierten Protein anfangen soll. Vielleicht aber fällt dem Einen oder Anderen beim Lesen dieser Zeilen doch eine Anwendung ein. Die Welt besteht schließlich nicht nur aus puristischen Mollis.

Die in-vitro-Translation kann man in drei Teile gliedern:

1. Man muss eine Template-DNA generieren, die für ein Protein kodiert. Üblicherweise kloniert man dazu eine cDNA in einen Vektor mit SP6-, T3- bzw. T7-RNA-Polymerase-Promotor (s. Tab. 18), doch eignet sich auch ein PCR-Fragment, das am 5'-Ende eine entsprechende Promotorsequenz

	Sequenz
SP6 Promotor	5'-ATT TAGGT GACAC TATAG AATAC-3'
T3 Promotor	5'-TTA TTAAC CCTCA CTAAA GGGAA G-3' 5'-AAA TTAAC CCTCA CTAAA GGGAA T-3'
T7 Promotor	5'-TAA TACGA CTCAC TATAG GGCGA-3' 5'-TAA TACGA CTCAC TATAG GGAGA-3'

Tab. 18: Häufig verwendete RNA-Polymerase-Promotorsequenzen.
Die angegebenen Sequenzen finden sich in vielen Vektoren mit RNA-Polymerase-Promotoren. Die unterstrichenen Abschnitte stellen den Transkriptionsstart dar; sie sind später Teil des Transkripts (*leader sequence*).

trägt. Man kann ein solches Fragment leicht herstellen, indem man die Promotorsequenz an das 5'-Ende eines der Primer anhängt.

2. Von diesem Template macht man mittels in-vitro-Transkription (s. 5.4) RNA. Wichtig ist dabei, dass die DNA ausreichend sauber ist, weil sonst die RNA-Ausbeute gering ausfällt. Am besten eignet sich, wie immer, Cäsiumchloridgradienten-, Anionenaustauschersäulen- oder Glasmilch-gereinigte Plasmid-DNA. Auch PCR-Produkte müssen entsprechend gereinigt werden. Plasmide sollte man vor der Transkription am 3'-Ende, d.h. hinter dem kodierenden Teil, schneiden, um eine effiziente Termination der Transkription zu garantieren und eine einheitliche RNA-Population zu erhalten. Wenn für die RNA-Synthese das GTP durch 90 % Diguanosin-GTP ($m^7G(5')ppp(5')G$) und 10 % GTP ersetzt wird, erhält man überwiegend RNA mit einer 5'-Cap-Struktur, auf diese Weise erhöht man anschließend die Translationseffizienz (Song et al. 1995). Bei längeren RNA-Transkripten (ab ca. 1 kb) sollte man den Anteil an GTP allerdings erhöhen, weil sonst die RNA-Syntheserate leidet. Promega schlägt beispielsweise ein 5:1-Verhältnis für Transkripte zwischen 0,3 und 3 kb vor.

   Den Erfolg der RNA-Synthese kontrolliert man vorsichtshalber mittels Gelelektrophorese, weil das Ergebnis recht unterschiedlich ausfallen kann. Am schönsten ist es, ein Aliquot zu entnehmen und damit ein denaturierendes Gel oder gar einen Northern Blot durchzuführen (s. 3.3.2), doch reicht es meist aus, wenn man das Aliquot auf ein normales Agarosegel aufträgt. Zwar kann man damit nicht die Größe der RNA kontrollieren, doch bekommt man so zumindest eine Vorstellung von der Menge an synthetisierter RNA und sieht, ob man eine einheitliche Bande erhält.

3. Die Translation der RNA und damit die Proteinsynthese führt man entweder mit einem Weizenkeimextrakt (*wheat germ extract*) oder einem Reticulocytenlysat durch, das sind *die* beiden eukaryotischen Translationssysteme. Man kann solche Extrakte selbst herstellen, doch stehen Arbeitsaufwand und Erfolgsaussichten in keinem Verhältnis zu dem Geld, das man einspart (obwohl solche Extrakte reichlich teuer sind), daher greift man zur einfachen Variante und kauft sie lieber (z.B. bei Promega). Beide Extrakte funktionieren prinzipiell, doch mag im Einzelfall der eine besser tun als der andere. Für die Durchführung richtet man sich einfach nach den Angaben des Herstellers. Das Protokoll sieht üblicherweise so aus: Alle Komponenten werden zusammenpipettiert und der Ansatz für 60 min bei 30 °C inkubiert. Anschließend kontrolliert man den Erfolg über eine SDS-Polyacrylamidgelelektrophorese (SDS-PAGE). Meist führt man die Translation in Gegenwart von ^{35}S-Methionin durch, dann kann das Protein durch eine Autoradiographie nachge-

wiesen werden, steht ein proteinspezifischer Antikörper zur Verfügung, kann man es auch über eine Western Blot-Hybridisierung immunologisch nachweisen. Hat man ein Enzym synthetisiert, kann man unter Umständen auch einen funktionellen Nachweis durchführen.

Eine ausführlichere Beschreibung der in-vitro-Translation und ihrer Fallstricke findet man bei Krieg und Melton (1987) und im *Promega Application Guide*.

Die zellfreie Proteinsynthese hat den Vorteil , dass sie die Verwendung einer ganz bestimmten RNA als Template erlaubt. Auf diese Weise reduziert man im Vergleich zur heterologen Expression in Zellen ganz erheblich den Hintergrund. In-vitro-Translation ermöglicht die Markierung eines bestimmten Proteins, dessen Werdegang man später, in einem anderen Experiment, verfolgen möchte. Man kann auf diese Weise auch Proteine synthetisieren, deren Aktivität man untersuchen möchte, oder man kann schauen, ob eine cDNA überhaupt für ein Protein kodiert. Es existiert auch eine "molekularbiologische" Anwendung, nämlich die Suche nach Mutationen mit Hilfe des *Protein Truncation* Tests (s. 8.2.8).

Man sollte sich allerdings im Klaren darüber sein, dass zwar nur ein Protein neu synthetisiert und somit markiert wird, der Mix aber trotzdem voll von Proteinen ist, die aus dem Zellextrakt stammen und letztlich die Mehrzahl der Proteine im Ansatz ausmachen.

Literatur:

Krieg PA, Melton DA (1987) In vitro RNA synthesis with SP6 RNA polymerase. Meth. Enzymol. 155, 397-415

Song HJ, Gallie DR, Duncan RF (1995) m7GpppG cap dependence for efficient translation of Drosophila 70-kDa heat-shock-protein (Hsp70) mRNA. Eur. J. Biochem. 232, 778-788

Promega (1996): Protocols and Applications Guide, S.260-276

9.4 Expressionssysteme

Bei der Expression von Proteinen ist die Wahl des richtigen Systems sicherlich das größte Problem. Wenn man direkt mit den transfizierten Zellen funktionelle Untersuchungen anstellen möchte, sind die Freiheitsgrade deutlich eingeschränkt, da man sinnvollerweise auf ein System zurückgreifen wird, aus dem das Protein stammt, das man untersuchen möchte – so haben elektrophysiologische Ableitungen von Ionenkanälen der Maus an Bakterien wenig Sinn. Allerdings gilt auch dies nur *cum grano salis*, da man solche Messungen bis heute auch an *Xenopus*-Oocyten durchführt, obwohl so ein afrikanischer Krallenfrosch nicht gerade zu den nächsten Verwandten unserer Labormaus gehört.

Ansonsten aber hat man die freie Auswahl. Das ideale Expressionssystem gibt es allerdings nicht, alle haben sie ihre Vor- und Nachteile. Am schlimmsten ist, dass man bei allen auf unerwartete Probleme stoßen kann, denn so richtig vorhersagbar ist keines von ihnen. Dazu kommt noch die Qual der Wahl des richtigen Transfektionssystems, das man zu Beginn auch noch optimieren muss, wenn man Wert auf eine maximale Ausbeute legt – nein, trivial ist die ganze Angelegenheit sicherlich nicht.

9.4.1 Bakterielle Expressionssysteme

Weil *E. coli* zu den am besten untersuchten Organismen gehört, hat man schon früh damit begonnen, sie auch für die heterologe Expression von Proteinen zu verwenden, um auf diese Weise große Mengen von rekombinanten Proteinen zu gewinnen.

Die cDNA wird dazu in einen bakteriellen Expressionsvektor kloniert, der im Großen und Ganzen wie ein normales Plasmid aussieht, mit dem Unterschied, dass vor der *multiple cloning site* ein bakterieller

Promotor sitzt, der die Expression des klonierten Gens kontrolliert. Das Konstrukt wird dann in ein Bakterium transformiert und los geht's.

Meist fügt man am Anfang oder ans Ende seiner cDNA eine zusätzliche kodierende Sequenz ein, um auf diese Weise ein Fusionsprotein mit bestimmten hilfreichen Eigenschaften zu generieren. So erlaubt der beliebte Histidin-*tag* (eine Polyhistidin-Sequenz von 6-8 Aminosäuren Länge) eine einfache Aufreinigung des exprimierten Proteins über *immobilized metal affinity chromatography* (IMAC) Säulen. Wenn man außerdem eine Protease-Schnittstelle, z.B. für Thrombin, eingefügt hat, kann man den *tag* (das Wort bedeutet übrigens so viel wie Markierung) nach der Aufreinigung auch wieder entfernen. Statt Polyhistidin kann man auch andere *tags* verwenden, beispielsweise *c-myc*. Solche Markierungen sind allerdings nicht typisch für bakterielle Expressionssysteme, sondern mehr Ausdruck des allgemeinen Problems, dass man das gewünschte Protein nach erfolgreicher Expression aus der Unmenge aller Proteine des jeweiligen Expressionssystems herausfischen muss. Mehr bakterienspezifisch sind da schon Fusionsproteine mit Thioredoxin, mit denen man das Problem der unlöslichen Proteine zu lösen versucht (siehe unten).
Eine nette Auswahl an prokaryotischen Expressionssystemen findet man bei Invitrogen.

Vorteil: Bakterien sind einfach zu manipulieren, einfach zu halten und der Umgang ist billig.
Nachteil: Die Expression macht häufig Schwierigkeiten, wobei jedes Protein seine eigenen Probleme schafft. Die überexprimierten Proteine sind häufig im Bakterium nicht löslich, sie akkumulieren dann in **Einschlusskörperchen** (***inclusion bodies***), die man zuerst aufreinigt – das geht recht einfach -, um anschließend zu versuchen, die Aktivität der Proteine wiederherzustellen – das ist ziemlich schwierig, vor allem bei großen Proteinen gelingt es meist nicht. Marston und Hartley (1990) haben dem Problem einen ausführlichen Artikel gewidmet. Ein andermal dagegen ist die Expression nicht sonderlich hoch, oder sie sinkt im Laufe der Zeit rapide ab, oder das Protein lässt sich nicht aufreinigen, oder ...

Literatur:
Schein CH (1989) Production of soluble recombinant proteins in bacteria. Bio/Technology 7, 1141-1148
Marston FAO, Hartley DL (1990) Solubilization of protein aggregates. Meth. Enzymol. 182, 264-276

9.4.2 Baculovirus-Expressionssysteme

Das Baculovirussystem ist vielleicht etwas ungewöhnlich, existiert nun aber auch schon seit über 20 Jahren. Es erfreut sich einiger Beliebtheit, weil es die Vorteile eines viralen Transfektionssystems (hohe Transfektionsraten, hohe Ausbeuten) mit einer einfachen Handhabung kombiniert.
Baculoviren – üblicherweise verwendet man das *Autographa californica Nuclear Polyhedrosis Virus* (AcMNPV) bzw. modifizierte Varianten davon – sind doppelsträngige DNA-Viren mit einem Genom von ca. 130 kb Länge, die spezifisch **Insektenzellen** transfizieren. Für Menschen dagegen sind Baculoviren ungefährlich, weil die Viruspromotoren in Säugern weitgehend inaktiv sind (Carbonell et al. 1985), was das Sicherheitsproblem deutlich reduziert – man kann diese Arbeiten nämlich in einem normalen S1-Labor durchführen. Weil das virale Genom so groß ist, erlaubt es auch die Klonierung großer DNAs. Außerdem benötigen Baculoviren keine Helferviren und produzieren einen hohen Titer. Weil die Expression in Insektenzellen erfolgt und Insekten bekanntlich zu den Eukaryoten gehören, besitzen die Proteine anschließend viele der eukaryotischen Proteinmodifikationen wie Glycosylierungen, Phosphorylierungen oder Acylierungen, auf die man in bakteriellen Expressionssystemen verzichten muss. Auch die Prozessierung und der Transport der Proteine erfolgt in Insektenzellen ähnlich wie in Säugerzellen, so dass die Expression von cytoplasmatischen, sekretierten und membranständi-

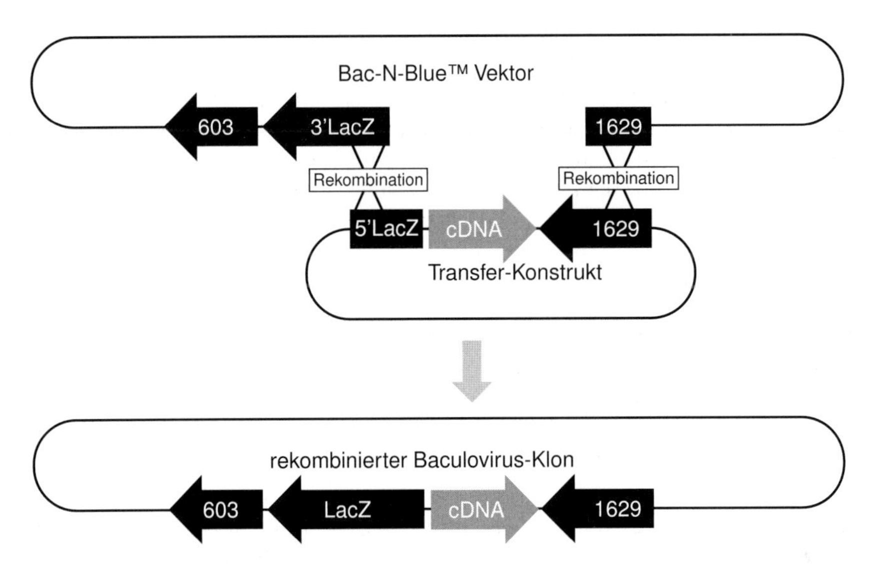

Abb. 61: Herstellung von rekombinanten Baculoviren am Beispiel des Bac-N-Blue-Systems von Invitrogen (nach Invitrogen).

gen Proteinen möglich ist, was bei Bakterien Schwierigkeiten bereitet. Außerdem wachsen Insektenzellen schneller als Säugerzellen und benötigen keinen CO_2-Inkubator.
Wie allgemein für virale Transfektionssysteme typisch ist die **Expressionsrate** im Baculovirussystem sehr hoch, was die Gewinnung von 1-500 mg Protein je Liter Kultur erlaubt. Die Mehrzahl der überexprimierten Proteine bleiben in der Zelle gelöst, ein unschätzbarer Vorteil gegenüber bakteriellen Expressionssystemen, wo gerade dieser Punkt die größten Schwierigkeiten macht. Und weil man die Zellen als Suspension kultivieren kann, kann man ohne größere Schwierigkeiten Präparationen im großen Maßstab durchführen.

Die Herstellung rekombinanter Viren ist einfacher, als man angesichts des riesigen Genoms erwarten würde: Man kloniert seine cDNA in einen speziellen Transfervektors von ca. 5 kb Länge, der links und rechts der Klonierungsstelle längere virusspezifische Sequenzabschnitte besitzt. Dieses Konstrukt wird dann gemeinsam mit der Wildtyp-Virus-DNA in die Insektenzellen transfiziert. Durch Rekombination kommt es zum Austausch von Virus- und Konstrukt-DNA entlang der homologen Sequenzen – jetzt muss man nur noch die gewünschten Viren finden, isolieren und überprüfen, ob sie das gewünschte Protein korrekt exprimieren, schon steht der grenzenlosen Proteinexpression nichts mehr im Weg.
Ursprünglich tauschte man das Polyhedrin-Gen im Virusgenom gegen die eigene cDNA aus, die rekombinanten Viren ließen sich dann daran erkennen, dass in den von ihnen gebildeten Plaques keine "**Ausschlusskörperchen**" (***occlusion bodies***) mehr sichtbar waren, die Plaques erschienen dadurch unter dem Mikroskop nicht mehr so weißlich. Man kann sich vorstellen, dass das bei einer Rekombinationsrate von 0,2-5 % ein wenig in Arbeit ausartete. Die Erkenntnis, dass linearisierte Virus-DNA weit häufiger rekombiniert, steigerte die Rekombinationsrate immerhin auf an die 30 %, doch die größte Erleichterung kam durch die Entdeckung, dass das **Protein 1629** für die Vermehrung des Virus

essentiell ist. Deletiert man Teile des 1629-Gens und steckt sie statt dessen in den Transfervektor, wird das Protein 1629 in den rekombinierten Viren wieder vervollständigt, während die nichtrekombinierten Viren übelnehmen und nicht wachsen (Kitts und Possee 1993). Die Wahrscheinlichkeit, dass die überlebenden Viren die gewünschte cDNA enthalten, konnte so auf über 90 % erhöht werden. Eine entsprechend modifizierte Baculovirus-DNA und die passenden Transfervektoren gibt es bei Clontech. Invitrogen ging sogar noch einen Schritt weiter: Sie konstruierten ein Baculovirus, das zusätzlich das 3'-Ende der **β-Galactosidase** enthält. Das 5'-Ende steckt im Transfervektor, so dass die korrekt rekombinierten Klone eine intakte β-Galactosidase exprimieren, die Plaques lassen sich dann leicht durch eine Blaufärbung nachweisen.

Nachteil: Das perfekte Expressionssystem ist Baculovirus ebenfalls nicht. Zwar finden viele der säugertypischen Modifikationen auch in den Insektenzellen statt, doch leider nicht alle und auch nicht immer genauso wie in Säugerzellen. So findet man beispielsweise Glycosylierung, doch unterscheidet sich die Zusammensetzung der verwendeten Zucker erheblich von dem, was man in Säugerzellen so vorfindet. Im Einzelfall kann das ziemliche Schwierigkeiten bereiten.

Literatur:

Carbonell LF, Klowden MJ, Miller LK (1985) Baculovirus-mediated expression of bacterial genes in dipteran and mammalian cells. J.Virol. 56, 153-160

Kitts PA, Possee RD (1993) A method for producing recombinant baculovirus expression vectors at high frequency. Biotechniques 14, 810-817

O'Reilly DR, Miller LK, Luckow VA (1994) The baculovirus expression vectors: a laboratory manual. W.H. Oxford University Press, New York u.a.

Richardson CD (Hrsg.) (1995): Baculovirus expression protocols. Humana Press, Totowa 1995

9.4.3 Weitere Expressionssysteme

Hefen

Klar, wie kann man seit Jahrzehnten Hefegenetik betreiben, ohne auf die Idee zu kommen, sie als Expressionssystem zu verwenden. Invitrogen benützt *Pichia pastoris*, eine methylotrophe Hefe, weil die Expression sehr hoch ist (je nach Toxizität des Proteins zwischen 1 und 12 000 µg/Liter Kultur) und durch die Zugabe von Methanol kontrolliert wird. Die Zucht von Hefen ist recht billig und kann leicht im großen Maßstab durchgeführt werden. Eine genauere Beschreibung findet sich bei Brandes et al. 1996. Achtung, setzen Sie sich mit den Lizenzbedingungen auseinander, bevor Sie das System einsetzen, damit Ihre hochfliegenden Pläne zur Rettung der Welt am Ende nicht an patentrechtlichen Auseinandersetzungen scheitern.

Auch Clontech hat ein paar Hefeexpressionsvektoren im Angebot, die einen Cu^{2+}-induzierbaren Promotor für die Steuerung der Expression nutzen (Macreadie et al. 1989, Ward et al. 1994).

Drosophila

Ebenfalls bei Invitrogen findet sich ein neueres Expressionssystem, das *Drosophila*-Zelllinien verwendet (*Drosophila Expression System*, DES™). Anders als beim Baculovirussystem arbeitet man hier mit normalen Expressionsvektoren, die Transfektionsmethoden sind die selben wie bei Säugerzellen. Im Gegensatz zu Säugerzellen benötigen Insektenzelllinien aber keinen CO_2-Inkubator.

Das System eignet sich sowohl für transiente wie auch für stabile Transfektionen (s. 9.4.7). Letztere sollen deutlich schneller gehen als bei Säugerzellen, weil die verwendete Zelllinie mehrere Hundert Kopien des Konstrukts ins Genom integriert, dadurch ist die Expressionsrate in den Zellen durchge-

hend hoch und man kann auf eine klonale Selektion der Zellen verzichten. Dadurch soll es laut Hersteller möglich sein, innerhalb eines Monats stabil transfizierte Zellen zu erhalten.
Ein ernsthafter Nachteil des Systems ist sicherlich der Patentschutz, der die Nutzung deutlich einschränkt. So muss sich jeder Verwender registrieren lassen und sich verpflichten, das System nicht weiterzugeben, es nicht kommerziell zu nutzen und jede Erfindung oder Entdeckung zu melden, damit die Herren von SmithKline Beecham (der Patentinhaber) sich überlegen können, ob sie daraus Profit schlagen wollen. Den meisten Forschern dürfte das wenig behagen, weil es einerseits die Kooperationsmöglichkeiten stark einschränkt und andererseits kaum Vergnügen bereitet, in diesen Zeiten zunehmender Kommerzialisierung von vornherein auf eine Ausschlachtung einer bahnbrechenden Entdeckung zu verzichten.

***Xenopus*-Oocyten**
Ein Exot unter den Expressionssystemen sei ebenfalls erwähnt, nämlich die Oocyte des afrikanischen Krallenfroschs *Xenopus laevis*. Eigentlich handelt es sich um einen Klassiker, der derzeit ein kleines Revival erlebt. Froschoocyten sind nämlich hübsch groß – stecknadelkopfgroß, wie man so schön sagt – und damit experimentell gut zugänglich. Man kann ihnen per Mikroinjektion eine Portion in vitro transkribierte RNA verpassen, die sie getreulich in Protein umsetzen (gewöhnliche Plasmid-DNA funktioniert übrigens auch, sofern man sie in den Zellkern injiziert). Weil Frösche Eukaryoten sind, besitzen die Proteine anschließend viele der notwendigen Modifikationen, anders als bei Bakterien. Besonders in der Elektrophysiologie waren die Tierchen beliebt, weil elektrische Ableitungen bei dieser Größe recht einfach sind. Doch auch zur Proteingewinnung eignet sich das System erstaunlich gut, weil die Oocyte eine einzige, riesige Zelle ist, die ganz auf Proteinsynthese programmiert ist. Bereits zehn Oocyten liefern Ausbeuten, die für viele Experimente ausreichend sind.

Literatur:
Macreadie IG, Jagadish MN, Azad AA, Vaughan PR (1989) Versatile cassettes designed for the copper inducible expression of proteins in yeast. Plasmid 21, 147-150
Ward AC, Castelli LA, Macreadie IG, Azad AA (1994) Vectors for Cu(2+)-inducible production of glutathione S-transferase-fusion proteins for single-step purification from yeast. Yeast 10, 441-449
Brandes HK, Hartman FC, Lu TY, Larimer FW (1996) Efficient expression of the gene for spinach phosphoribulokinase in Pichia pastoris and utilization of the recombinant enzyme to explore the role of regulatory cysteinyl residues by site-directed mutagenesis. J. Biol. Chem. 271, 6490-6496

9.4.4 Heterologe Expression in Säugerzellen

Vorweg eine kleine Begriffsklärung für diejenigen, die wie ich mit diesem Begriff etwas auf Kriegsfuß stehen: Heterolog ist eine Expression dann, wenn dabei ein Protein produziert wird, das in der Zelle (so) nicht vorkommt – das Gegenstück ist die homologe Expression.

Für die Expression in Säugerzellen eröffnen sich im Wesentlichen zwei Möglichkeiten: Entweder man traktiert die Zellen mit nackter DNA oder mit Viren. Darüber hinaus gibt es noch weitere Möglichkeiten, beispielsweise kann man auch mit RNA transfizieren, doch sind solche Techniken eher die Ausnahme.
Nackte DNA, das bedeutet üblicherweise, dass man spezielle Expressionsplasmide verwendet, die sich einerseits problemlos in Bakterien vermehren lassen, um so ausreichende DNA-Mengen zu erhalten, und andererseits alles enthalten, was eine DNA so braucht, um in einer Säugerzelle exprimiert zu werden – d.h. einen eukaryontischen Promotor, ein offenes Leseraster, das für das gewünschte Protein kodiert, nach Möglichkeit ein Intron, das die Zelle später herausspleißen kann, und ein Polyadenylie-

rungssignal, damit die RNA, die die Zelle von diesem Plasmid transkribiert, später wie eine richtige *messenger* RNA (mRNA) aussieht. Darüber hinaus kann das Plasmid im Einzelfall noch allerlei anderen nützlichen Firlefanz enthalten. Das Plasmid wird mit einer der in 9.4.5 beschriebenen Methoden in die gewünschten Zellen transfiziert und von diesen anschließend (hoffentlich) bereitwillig exprimiert. Vom Sicherheitsaspekt her sind Expressionsplasmide unproblematisch, die Arbeiten sind alle in S1-Labors durchführbar, sofern die cDNA, die exprimiert werden soll, nicht für irgendetwas Giftiges oder Infektiöses kodiert.
Dies ist ein wesentlicher Unterschied zu den **viralen Expressionssystemen** (Retroviren, Adenovirus, Adeno-assoziiertem Virus, Herpes simplex Virus und Alphaviren, d.h. Sindbis und Semliki Forest Virus), die mit wenigen Ausnahmen eines S2-Labors bedürfen. Der Grund liegt auf der Hand: Jedes Virus ist ein kleines, hocheffizientes Transfektionssystem. Was für die Arbeit im Labor ein Vorteil ist, weil man so, sofern man die richtige Zelllinie gewählt hat, bis zu 100 % der Zellen infizieren kann, während die anderen Transfektionsmethoden (s. 9.4.5) sich meist mit Erfolgsraten im Bereich von 10-20 % begnügen müssen, das ist vom Sicherheitsaspekt her ein großes Problem. Da durch Mutation, Rekombination und Kontamination in vielen Fällen während der Arbeit Wildtyp-Viren entstehen können, die sich dann unter Umständen unkontrolliert und hemmungslos vermehren und verbreiten, ist der Gesetzgeber im Umgang mit säugerspezifischen Virussystemen ziemlich restriktiv. Das ist sicherlich auch ganz gut so, wer möchte sich schon gerne mit Herpes-, Adeno- oder Retroviren infizieren. Trotzdem sind Viren als Expressionssysteme höchst interessant, weil sie neben der hohen Transfektionsrate häufig auch hohe Expressionsraten haben. Einige Viren, z.B. Retroviren, integrieren sogar selbständig in das Wirtsgenom, eine Eigenschaft, die die Herstellung stabil transfizierter Zellen stark vereinfacht.
Um das Risiko im Umgang mit den Laborviren zu reduzieren, wird heftig an Systemen gearbeitet, die nicht nur ein, sondern nach Möglichkeit zwei oder drei Sicherheitssysteme enthalten, um das Risiko von "Rückmutationen" und die unbeabsichtigte Produktion von pathogenen Viren zu minimieren. Die Anstrengungen sind deshalb so groß, weil virale Systeme als Hoffnungträger im Bereich der Gentherapie angesehen werden.[142] Im Hinblick auf eine mögliche therapeutische Anwendung müssen die Systeme logischerweise so sicher sein, dass das Risiko einer Freisetzung gefährlicher Viren nahezu bei Null liegt.
Ein weiterer Nachteil von Viren sind ihre Genome, die meist erheblich größer sind als Plasmid-Expressionsvektoren, die Herstellung von Konstrukten ist daher oft mühseliger. Meist ist außerdem die DNA-Menge, die man einbauen kann, begrenzt.

Vorteil der heterologen Expression in Säugerzellen: Für all jene, die Säugerproteine exprimieren wollen, sind Säugerzellen die beste Wahl, weil in den meisten Fällen Modifikationen und Faltung so aussehen werden, wie sie sollen. Wählt man die richtige Zelllinie, hat man außerdem gleich alle Proteine in der Zelle vorliegen, mit denen das eigene Protein interagiert, was funktionelle Untersuchungen sehr erleichtert. An Zelllinien herrscht kein Mangel, was gleichzeitig auch ein Problem ist, weil eine jede von ihnen ihre Eigenheiten besitzt, die es zu ergründen gilt. *American Type Culture Collection* (http://www.atcc.org) bietet übrigens eine sehr gute Auswahl verschiedenster Zelllinien. Ein deutsches Pendant ist die Deutsche Sammlung von Mikroorganismen und Zellkulturen GmbH (DSMZ), Braunschweig (http://www.dsmz.de), ein europäisches die *European Collection of Cell Cultures* mit Sitz in England (http://www.ecacc.org.uk/).
Nachteil: Die Expression in Säugerzellen setzt voraus, dass man Zugang zu einem funktionierenden **Zellkulturlabor** hat. Man wird dort nicht mit offenen Armen aufgenommen werden, denn wer kloniert, panscht begeistert und häufig recht nachlässig mit Myriaden von Bakterien herum – und das wissen die Jungs und Mädels von der Zellkulturfront! Deren Lebensziel ist dagegen ein ganz anderes,

142. Wenngleich sich die Begeisterung mittlerweile ein wenig gelegt zu haben scheint.

nämlich ihre Sensibelchen von Zellen vor allem Unbill dieser Welt zu schützen, das heißt in der Praxis unter anderem vor Bakterien. Wer in die Zellkultur einsteigen möchte, und sei es nur zum Zweck einer gelegentlichen Transfektion, tut gut daran, die Probleme der Zellkulturisten zu erkennen und ernstzunehmen. Es ist tatsächlich nicht sehr erheiternd, Wochen und Monate lang verschiedene *batches* von Medien und Plastikwaren auszutesten, um die optimalen Wachstumsbedingungen für seine Zellen herauszufinden, oder kurz vor Weihnachten oder Ostern Feiertagsdienste mit den Kollegen auszuhandeln, während andere sich in Vorfreude auf ihren Skiurlaub ergehen, nur weil Säugerzellen nicht länger als vier Tage auf gutes Zureden verzichten mögen. Dieser Frust kann sich dann zu regelrechtem Hass steigern, wenn die Früchte mühevoller, oft wochenlanger Arbeit im Autoklaven landen, weil ein unachtsamer, aber naseweiser Bakifritze den gesamten Brutschrank mit niederträchtigen Bakterien und Pilzen verseucht hat. Derartige Ereignisse führen mitunter zum hochkantigen Rausschmiss aus dem Zellkulturlabor und können auch sonst das Arbeitsklima nachhaltig beeinträchtigen. Man sollte sich daher eingehendst in die Arbeit in einem Zellkulturlabor einweisen lassen und vorsichtshalber eine offensiv-pingelige Sauberkeit und sterile Arbeitsweise an den Tag legen. Man wird zwar trotzdem nicht verhindern können, bei der nächsten Kontaminationswelle als Hauptverdächtiger angesehen zu werden, doch hilft ein guter Leumund erheblich, auch diese Krise zu überstehen.
Anders ausgedrückt: Arbeiten in der Zellkultur ist noch lästiger als der Umgang mit RNA!

Literatur:

Boris-Lawrie KA, Temin HM (1993) Recent advances in retrovirus vector technology. Curr. Opin. Genet. Dev. 3, 102-109

Morgan SJ, Darling DC (1994): Kultur tierischer Zellen. Spektrum Akademischer Verlag

Martin BM (1994): Tissue Culture Techniques: An Introduction. Birkhäuser

Miller AD (1996): Retroviral vectors. In: Dracopoli N et al. (Hrsg.): Current Protocols in Human Genetics. S. 12.5.1-12.5.19. Wiley

Riviere I, Sadelain M (1996) Methods for the construction of retroviral vectors and the generation of high-titer producers. In: Robbins P (Hrsg.): Methods in Molecular Medicine: Gene Therapy Protocols. Humana Press

Pollard JW, Walker JM (Hrsg.) (1997): Basic Cell Culture Protocols (Methods in Molecular Biology, 75) Humana Press

9.4.5 Transfektionsmethoden

Die Zahl der Methoden, DNA in eine kleine, wehrlose Zelle zu befördern, ist erstaunlich groß. Auch wenn sich die methodischen Ansätze zum Teil stark unterscheiden, leiden sie alle am gleichen Problem: Die Effizienz, d.h. der Anteil an transfizierten Zellen, ist sehr stark vom Zelltyp und den jeweiligen Bedingungen abhängig. Wer Zellen transfizieren möchte, sollte sich daher zuvor kundig machen, welche Methode sich bei vergleichbaren Versuchen und Zelllinien bereits bewährt hat.

Womit lässt sich transfizieren? Prinzipiell kann jede **DNA** verwendet werden, sie muss nur so sauber sein, dass die Zellen die Prozedur überleben. Üblicherweise verwendet man über einen Cäsiumchloridgradienten gereinigte DNA (s. 2.3.4) oder über kommerzielle Anionenaustauschersäulen gesäuberte DNA (s. 2.3.2); einige Experten empfehlen, diese DNA noch einer zusätzlichen Phenol-Chloroform-Reinigung zu unterziehen. Auch **RNA** kann für die Transfektion verwendet werden.

Für die Expression von Proteinen in eukaryotischen Zellen existiert mittlerweile eine wahre Flut von **Expressionsvektoren**, die fast keinen Wunsch offenlassen. Am einfachsten informiert man sich in den Katalogen von Firmen wie Invitrogen, Clontech oder Promega, doch hilft auch eine intensive Literatursuche, um sehr interessante Vektoren zutage zu fördern.

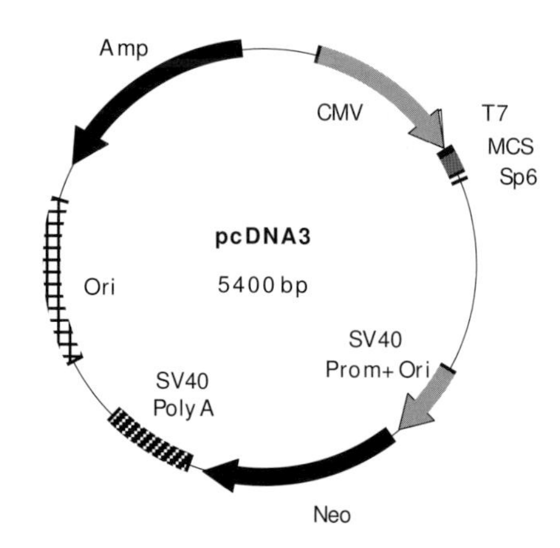

Abb. 62: Aufbau eines typischen eukaryotischen Expressionsvektors (pcDNA3 von Invitrogen). CMV = CMV-Promotor, T7 = T7 RNA Polymerase Promotor, MCS = multiple cloning site, Sp6 = Sp6 RNA Polymerase Promotor, SV40 Prom+Ori = SV40 Promotor und eukaryotischer Replikationsstart, Neo = Aminoglykosid-Phosphotransferase, SV40 PolyA = SV40 Polyadenylierungssignal, Ori = bakterieller Replikationsstart, Amp = β-Lactamase.

Eukaryotische Expressionsvektoren sind fast immer Shuttlevektoren, d.h. die DNA wird in Bakterien vermehrt und benötigt dazu die üblichen Elemente wie Replikationsursprung und Resistenzgen. In der eukaryotischen Zelle findet nur die Expression des gewünschten Gens statt, dafür braucht's zusätzlich einen eukaryotischen Promotor und den kodierenden Bereich des Gens, das man exprimieren möchte. Je nachdem, ob man ein Protein exprimieren oder Promotorstudien betreiben möchte, sucht man sich einen Vektor, der die jeweils andere Komponente beisteuert und eine geeignete *multiple cloning site* besitzt.

Am einfachsten lassen sich die Transfektionsmethoden nach dem Mechanismus einteilen, über den die DNA von der Zelle aufgenommen wird:

- durch **Endo- bzw. Phagocytose** (DEAE-Dextran, Calciumphosphat, Transferrin)
- durch **Fusion mit der Zelle** (Lipofektion, Liposomenfusion, Protoplastenfusion)
- durch **Diffusion** (Elektroporation)
- durch **Gewalt** (Mikroinjektion, Beschuss)
- durch **virale Aufnahmemechanismen** (Virensysteme)

Mit den meisten Methoden können nicht nur Plasmid-DNAs, sondern auch RNA und Oligonucleotide in die Zellen transferiert werden. Welcher Methode man letztlich den Vorzug gibt, ergibt sich meist aus technischen Überlegungen und den örtlichen Sachzwängen. So benötigt man beispielsweise für die Mikroinjektion einen Mikromanipulator und jemanden, der damit umgehen kann, während es für den Umgang mit den meisten viralen Systemen einer S2-Genehmigung bedarf – besitzt das Institut bzw. die Gruppe keine, sollte man lieber gleich eine andere Methode wählen, sofern es nicht überzeugende Gründe gibt, viel Administrationsgeplänkel und mehrmonatige Wartezeiten auf sich zu nehmen. Alternativen gibt's genug, machen Sie sich selbst ein Bild:

Calciumphosphat-Präzipitation

Sie gehört zu den verbreitetsten Methoden, denn sie ist einfach, billig und bedarf keiner Apparate. Das Prinzip: Man mischt DNA, Calcium und Phosphatpuffer, auf dass sich ein feinkörniger Niederschlag aus Calciumphosphat ($Ca_3(PO_4)_2$) und DNA bilde, den man auf die Zellen pipettiert, die diese Kristalle dann per Endocytose aufnehmen – wie dies im Detail funktioniert, ist nicht bekannt und für die Durchführung einer Transfektion auch nicht wichtig. Ein Teil der Zellen transportiert die DNA bis zum Kern, wo sie transkribiert und anschließend translatiert wird. Die Zahl der exprimierenden Zellen liegt bei 5-30 %, je nach verwendetem Zelltyp.
Die Calciumphosphat-Präzipitation lässt sich ohne großen technischen Aufwand durchführen. Das klassische Protokoll verwendet für die Präzipitation einen N-2-Hydroxyethylpiperazin-N'-2-ethansulfonsäure- (**HEPES-**) Puffer, doch liefert der *N,N*-Bis(2-hydroxyethyl)-2-aminoethansulfonsäure- (**BES-**) Puffer höhere Transfektionseffizienzen.

5 x 10^5 Zellen werden in einer 10 cm-Schale mit 10 ml Medium ausplattiert und für 24-48 h kultiviert (das entspricht ein bis zwei Zellteilungen). 500 µl $CaCl_2$-DNA-Lösung (20 µg DNA in 500 µl 0,25 M $CaCl_2$) und 500 µl 2 x BBS[143] werden gut gemischt und für 5-20 min bei Raumtemperatur inkubiert, bis sich ein feines Präzipitat bildet. Das Calciumphosphat-DNA-Gemisch wird dann tropfenweise auf die Schalen mit den Zellen pipettiert, vorsichtig verteilt und die Zellen für 12-24 h in einen Brutschrank mit 3 % CO_2 gestellt. Am nächsten Tag werden die Zellen zweimal mit 5 ml PBS gewaschen, 10 ml Medium zugegeben und die Zellen in einem Inkubator mit 5 % CO_2 weiterkultiviert. Bei transienter Transfektion erreichen die Zellen ihr Expressionsmaximum 48-72 h nach Zugabe der DNA.

Kritisch sind:

- die **Qualität der DNA**. Ist sie zu schmutzig, wird sich kein Präzipitat bilden, oder die Zellen sterben. Es empfiehlt sich daher, die Plasmid-DNA über einen Cäsiumchloridgradienten aufzureinigen, oder man verwendet kommerzielle Säulen zur DNA-Reinigung und führt anschließend zusätzlich eine Phenol-Chloroform-Reinigung durch. Trotz dieser Spezialbehandlung ist es nicht ungewöhnlich, dass zwei DNA-Präparationen unterschiedlich schnell mit Calciumphosphat präzipitieren.
- die **DNA-Menge**. Die angegebene Menge ist ein Richtwert, das Optimum muss man selbst ermitteln.
- der **pH der BBS-Lösung**. Der pH muss genau auf 6,95 eingestellt sein. Bereits kleine Abweichungen können sämtliche Präzipitationsversuche in ein Trauerspiel verwandeln. Man sollte zuvor auf alle Fälle das pH-Meter neu eichen, aber weil selbst das meist nicht ausreicht, hält man am besten als Referenz eine BBS-Lösung bereit, die in der Vergangenheit gut funktioniert hat, oder man setzt mehrere Lösungen mit unterschiedlichem pH an, die man anschließend austestet. Gute BBS-Lösungen können mehrere Monate bei -20 °C gelagert und mehrmals aufgetaut und wieder eingefroren werden. Schlechte sind schon am nächsten Tag unbrauchbar.
- das **Präzipitat**. Sind DNA und BBS-Lösung in Ordnung, bildet sich nach 1-15 min ein feines Präzipitat. Am besten kontrolliert man dies, indem man einen Tropfen des Ansatzes unter dem Mikroskop betrachtet. Ersatzweise kann man auch den gesamten Ansatz kontrollieren – wenn das Präzipitat sichtbar wird, erscheint die Lösung dem geübten Auge leicht bläulich – um diesen Unterschied zu sehen, muss man allerdings glasklare Gefäße verwenden[144] (als Referenz nimmt man am besten ein Gefäß mit dem gleichen Volumen an Wasser). Die Transfektionseffizienz ist am größten, wenn die

143. **2 x BBS:** 50 mM BES / 280 mM NaCl / 1,5 mM Na_2HPO_4 pH 6,95; mit NaOH auf pH 6,95 einstellen und sterilfiltrieren, bei -20 °C lagern.
144. Also nicht die üblichen Polyethylen- oder Polypropylen-Tubes, sondern solche aus Polystyrol, oder tatsächlich Glasgefäße.

Calciumphosphatkristalle noch sehr klein sind. Das Präzipitat kann im Notfall auch eingefroren und direkt nach dem Auftauen zur Transfektion verwendet werden.

- der **Zustand der Zellen**. Die Zellen sollten sich im exponentiellen Wachstum befinden. Sind die Zellen bereits zu dicht gewachsen und teilen sich nicht mehr, dann wird's höchstwahrscheinlich nix mit der Transfektion. Außerdem sollten die Zellen gesund sein – Zellen, die kränkeln, kann man auch nicht transfizieren. Dies kann auch passieren, wenn die Zelllinie zu lange in Kultur gehalten wurde.
- der **CO_2-Gehalt** des Inkubators. 3 % CO_2 ± 0,5 % sind am besten. Die Transfektion kann auch bei 5 % CO_2 durchgeführt werden, doch sinkt die Effizienz deutlich, weil der pH des Mediums nicht im optimalen Bereich bleibt.

Vorteil: Billig und ohne großen technischen Aufwand durchführbar.
Nachteil: Sehr empfindlich gegen kleine Abweichungen des pH, der DNA-Qualität und anderer Kleinigkeiten.

Literatur:

Chen C, Okayama H (1988) Calcium phosphate-mediated gene transfer: A highly efficient system for stably transforming cells with plasmid DNA. BioTechniques 6, 632-638

Transfektion mit Polykationen (DEAE-Dextran)

Die älteste der Transfektionsmethoden (ihre Anfänge gehen in die sechziger Jahre zurück) nutzt DEAE-Dextran, um die DNA in die Zellen einzuschleusen. Das Prinzip: Die DNA wird an Polykationen gebunden und die Dextran-DNA-Komplexe auf die Zellen pipettiert, von denen sie per Endocytose aufgenommen und exprimiert werden.
Wieder werden 5 x 10^5 Zellen in einer 10 cm-Schale mit 10 ml Medium ausplattiert und für 24-48 h kultiviert. Dann mischt man 4 µg Plasmid-DNA in 40 µl TBS (s. 12.2) und 80 µl DEAE-Dextran (10 mg/ml in TBS) und verteilt das Gemisch tropfenweise auf der Zellkulturschale. Die Schale wird für 2-8 h in den Inkubator gestellt, anschließend das Medium abgesogen, die Zellen für 1 min in 5 ml DMSO-Lösung (10 % (v/v) Dimethylsulfoxid in PBS) inkubiert, dann mit 5 ml PBS gewaschen und mit 10 ml Medium bis zur Ernte weiterkultiviert.

Wie für die Calciumphosphat-Präzipitation muss man die optimalen Transfektionsbedingungen selbst ermitteln, insbesondere was DEAE-Dextran-Konzentration, DNA-Konzentration und Dauer der Transfektion angeht. DEAE-Dextran ist für die Zellen toxisch, dehnt man die Inkubation zu lange aus, werden die Zellen wie die Fliegen sterben.

Vorteil: Billig und ohne großen technischen Aufwand durchführbar. Weit toleranter gegenüber kleinen Abweichungen als die Calciumphosphat-Präzipitation, daher einfacher in der Anwendung und besser reproduzierbar.
Nachteil: Wegen seiner Cytotoxizität ist DEAE-Dextran wenig für die Herstellung stabil transfizierter Zellen geeignet.

Literatur:

Lopata MA, Cleveland DW, Sollner-Webb B (1984) High-level expression of a chloramphenicol acetyltransferase gene by DEAE-dextran-mediated DNA transfection coupled with a dimethylsulfocide or glycerol shock treatment. Nucl. Acids Res. 12, 5707

Sussman DJ, Milman G (1984) Short-term, high-efficiency expression of transfected DNA. Mol. Cell. Biol. 6, 3173-3179

Transfektion mit Transferrin-Polykation-Konjugaten

Das Prinzip ist ähnlich wie bei der vorigen Methode, doch wird in diesem Fall gezielt ein rezeptorvermitteltes Endocytosesystem genutzt. **Transferrin** (ein Eisentransportprotein) wird mit Polylysin oder basischen, positiv geladenen Proteinen, die die saure, negativ geladene DNA gut binden können, kovalent gekoppelt. Dieses "Transporter"-Konstrukt wird anschließend mit DNA beladen und die Zellen für 24 Stunden mit dieser Mischung inkubiert. Der Prozedur hat man den hübschen Namen "Transferrinfektion" verpasst.

Literatur:

Wagner E et al. (1990) Transferrin-polycation conjugates as carriers for DNA uptake into cells. Proc. Natl. Acad. Sci. USA 87, 3410-3414

Transfektion mit kationischen Liposomen (Lipofektion)

Die Lipofektion ist inzwischen verbreiteter als die Calciumphosphat-Präzipitation, weil sie genauso einfach anzuwenden ist, aber häufig deutlich höhere Transfektionseffizienzen liefert. Sie ist unter den aufgeführten Methoden eine der jüngeren (die erste Beschreibung stammt von Felgner et al. 1987), die in dieser kurzen Zeit schon einige tiefgreifende Umwälzungen erfahren hat. Die Lipofektion der ersten Generation war noch ein Ein-Komponenten-System, bei dem nur das Lipid N[1-(2,3-dioleyl-oxy)propyl]-N,N,N-trimethylammoniumchlorid (**DOTMA**) verwendet wurde. Bald zeigte sich, dass man die Effizienz deutlich verbessern konnte, indem man das kationische Lipid mit einem ungeladenen Helferlipid, z.B. L-Dioleoylphosphatidylethanolamin (DOPE), mischte, um so die Fusion mit der Zelle zu erleichtern (Rose et al. 1991). Mittlerweile sind wir bei der dritten Generation von Lipidgemischen angelangt, die zusätzlich DNA-kompaktierende Substanzen enthalten.
Das Prinzip der Prozedur ist dennoch im Großen und Ganzen das selbe geblieben: Das Lipid oder Lipidgemisch in wässrigen Lösung wird einer Ultraschallbehandlung unterzogen, bei der sich Liposomen bilden. Diese bekommt man in Form eines lyophilisierten Lipidfilms geliefert (es sei denn, man möchte sparen und stürzt sich selbst in das Abenteuer der Liposomenproduktion), den man nur noch in Wasser resuspendieren und mit Zellkulturmedium und der DNA mischen muss. Die Mischung wird zu den Zellen pipettiert und für eine Stunde oder mehr inkubiert. In dieser Zeit fusionieren die Liposomen-DNA-Komplexe mit der Zellmembran und die DNA gelangt irgendwie in den Zellkern. Danach wechselt man das Medium (oder auch nicht) und inkubiert die Zellen weitere 8-48 h, bis die Expression ihren Höhepunkt erreicht hat.

Der Teufel steckt im Detail. Alle Experten, ja selbst die Hersteller sind sich einig, dass man nicht darum herum kommt, seine Bedingungen in aufopferungsvollen Messreihen zu **optimieren**, weil die Unterschiede von einer Zelllinie zur nächsten enorm sind. Und der zu definierenden Parameter gibt es mittlerweile viele. Da gilt es, das optimale Lipid zu finden, die richtige Lipidmenge, das beste Verhältnis von geladenen zu ungeladenen Lipiden, die richtige DNA-Menge, man muss herausfinden, ob man besser Medium mit oder ohne Serum verwendet, wie dicht man seine Zellen wachsen lässt, wie lange man transfiziert, wann man sie am besten erntet und so weiter und so fort. Wehe dem, der mit mehr als einer Zelllinie arbeiten möchte oder gar mit primären Zellkulturen! Unterm Strich scheinen sich die Zellen in zwei Kategorien einteilen zu lassen: Bei den einen sind **Transfektionsraten** von 90-95 % durchaus realistisch, während man bei denen der anderen Kategorie eine Sektflasche öffnen darf, wenn es einem gelingt, die 20 %-Marke zu erreichen.

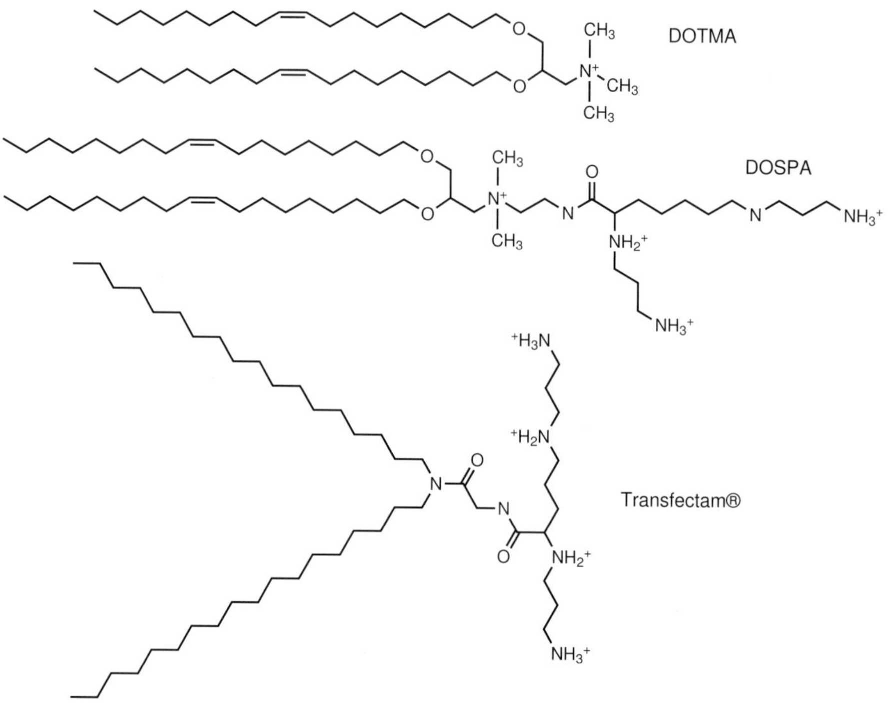

DOTMA

DOSPA

Transfectam®

Abb. 63: Einige Beispiele für kationische Lipide.

Ganz so dramatisch wie hier beschrieben ist es dann allerdings doch nicht, vor allem, wenn man sich mit weniger als dem Optimum begnügen kann. Sonst wäre die Methode nicht so beliebt, wie sie ist.

Ein typisches Protokoll sieht ungefähr folgendermaßen aus: 10^6 Zellen werden in einer 10 cm-Schale mit 10 ml Medium ausplattiert und für 24-48 h kultiviert. 5 µg Plasmid-DNA wird in 5 ml serumfreiem Medium verdünnt, 25-50 µl Liposomensuspension zugegeben, gut gevortext und die Mischung für 5-10 min inkubiert. Die Zellen werden einmal mit serumfreiem Medium gewaschen, das Medium entfernt und die Liposomen-DNA-Mischung zugegeben. Nach 3-5 h Inkubation im Zellinkubator gibt man 5 ml serumhaltiges Medium zu und inkubiert für weitere 16-24 h. Danach wird das Transfektionsmedium gegen normales Medium ausgetauscht und die Zellen bis zur endgültigen Verwendung weiterkultiviert.

Vorteil: Geringe Empfindlichkeit gegen pH-Änderungen und eine höhere Transfektionseffizienz als mit Calciumphosphat – das ist allerdings stark vom Zelltyp abhängig. Auch nichtmitotische Zellen können transfiziert werden.
Nachteil: Die Kosten – die Liposomenlösungen sind relativ teuer, bei kommerziellen Lipofektionssystemen muss man mit 2,50 € je Transfektion rechnen.

Literatur:

Felgner PL et al. (1987) Lipofectin: A highly efficient, lipid-mediated DNA/transfection procedure. Proc. Natl. Acad. Sci. USA 84, 7413-7417

Rose JK, Buonocore L, Whitt M (1991) A new cationic liposome reagent mediating nearly quantitative transfection of animal cells. BioTechniques 10, 520-525
Zhou X und Huang L (1994) DNA transfection mediated by cationic liposomes containing lipopolylysine: characterization and mechanism of action. Biochim. Biophys. Acta 1189, 195-203

Liposomenfusion

Auch neutrale Phospholipide können für die Transfektion verwendet werden. Dazu wird eine Mixtur aus Wasser, DNA und Phospholipiden mit Ultraschall bearbeitet, bis sich Liposomen bilden, die in ihrem Inneren DNA-Lösung enthalten. Die Liposomen können unter Zuhilfenahme von Polyethylenglykol (PEG) mit der Plasmamembran der Zellen fusioniert werden. Dabei fusionieren allerdings nicht nur Zellen mit Liposomen, sondern auch Zellen mit Zellen. Daher eignet sich die Methode weniger für die Herstellung stabil transfizierter Zellen.

Literatur:

Itani T, Ariga H, Yamaguchi N, Tadakuma T, Yasuda T (1987) A simple and efficient liposome method for transfection of DNA into mammalian cells grown in suspension. Gene 56, 267-276

Protoplastenfusion

Diese Methode ist die Frucht einer originellen Überlegung: Wenn man Liposomen mit DNA beladen und fusionieren kann, wieso soll man sich die Mühe machen, diese herzustellen, wo doch Bakterien eigentlich nichts anderes sind als große, mit Plasmid-DNA gefüllte Liposomen!
Die Bakterien werden dazu mit Chloramphenicol behandelt, um den Anteil an Plasmid-DNA zu erhöhen, und die Zellwand mit Lysozym verdaut. Man erhält auf diese Weise Protoplasten, die wie Liposomen mit den Zellen fusioniert werden können.

Natürlich bekommt der versierte Zellkulturologe graue Haare bei der Vorstellung, die Bakterien, die er sonst fürchtet wie der Teufel das Weihwasser, freiwillig, ohne Not und in großer Zahl zu seinen Zellen zu geben – das Problem wird durch den Einsatz großer Mengen Antibiotika gelöst. Abgesehen davon ist der gleichzeitige Transfer von Plasmid-DNA und bakteriellem Chromosom insgesamt nicht ganz unproblematisch, weshalb sich die Methode nicht so recht durchgesetzt hat.

Literatur:

Sandri-Goldin RM, Goldin AL, Levine M, Glorioso J (1983) High-efficiency transfer of DNA into eukaryotic cells by protoplast fusion. Methods Enzymol. 101, 402-411

Elektroporation

Sie erfreut sich zunehmender Beliebtheit, weil sie einfach und zuverlässig ist und das Gefühl von High-tech vermittelt. Die Effizienz ist ähnlich wie bei der Calciumphosphattransfektion.
Die Elektroporation von eukaryotischen Zellen funktioniert prinzipiell wie die von Bakterien (s. 6.4): Durch einen kurzen elektrischen Impuls wird die Zellmembran kurzfristig permeabilisiert und die DNA erhält die Gelegenheit, aus der Lösung in die Zelle zu passieren, vermutlich durch Diffusion. Eukaryotische Zellen sind allerdings sehr viel empfindlicher als Bakterien, man verwendet daher weit weniger harsche Bedingungen.

Ca. 10^7 Zellen werden in 0,5 ml Elektroporationspuffer (z.B. Zellkulturmedium ohne FCS oder phosphatgepufferte Sucroselösung[145] oder PBS) suspendiert, in einer 4 mm-Küvette bei 0 °C und einer

Feldstärke von 2-4 kV/cm mit 20-80 µg DNA elektroporiert, anschließend so schnell wie möglich in 9,5 ml frisches Medium überführt und wie üblich kultiviert. Nach 24-72 h können die Zellen geerntet und weiterverarbeitet werden.
Die Bedingungen (Höhe der Feldstärke, Dauer des Impulses) müssen für jeden Zelltyp optimiert werden, wobei man sich meist an dem umfangreichen Dokumentationsmaterial orientieren kann, das jeder Hersteller bereithält – normalerweise wird es mit dem Gerät geliefert. Optimal sind die Bedingungen, wenn 50 % der Zellen lysieren; sind es weniger, wird zu wenig DNA aufgenommen, sind es mehr, sinkt die Ausbeute.
Wer gerne im großen Maßstab arbeitet, für den gibt es mittlerweile auch 96-well-"Küvetten" (gesehen bei Btx).

Vorteil: Einfach. Funktioniert bei vielen Zelltypen, auch dort, wo die Calciumphosphat-Methode versagt. Über die verwendete DNA-Konzentration kann man die Menge an DNA in der transfizierten Zelle besser beeinflussen als bei anderen Methoden.
Nachteil: Man benötigt ein spezielles Elektroporationsgerät, weil die verwendeten Feldstärken und Widerstände in einem anderen Bereich liegen als für die Elektroporation von Bakterien. Viele Geräte decken allerdings beide Bereiche ab, z.T. durch die Verwendung von Zusatzmodulen. Man findet sie z.B. bei BTX, BioRad oder Gibco. Man benötigt mehr Zellen und DNA als bei Calciumphosphat- oder DEAE-Dextran-Transfektion.

Literatur:
Potter H, Weir L, Leder P (1984) Enhancer-dependent expression of human κ immunoglobulin genes introduced into mouse pre-B lymphocytes by electroporation. Proc. Natl. Acad. Sci. USA 81, 7161-7165
Baum Cet al. (1994) An optimized electroporation protocol applicable to a wide range of cell lines. Biotechniques 17, 1058-1062

Transfektion durch Beschuss (*particle delivery*)

Ursprünglich entwickelt für die Transfektion von Pflanzenzellen, wird die Methode inzwischen auch für Säugerzellen verwendet. Kleine Wolfram- oder Goldpartikel werden dazu mit DNA beladen (besser gesagt beschichtet) und dann mit hoher Geschwindigkeit auf die Zellen geschossen. Das funktioniert bei Zellen in Kultur, aber auch beim lebenden Tier, beispielsweise bei Leber, Haut und Milz. Allerdings ist die Eindringtiefe gering, so dass die Transfektion nur an der Oberfläche erfolgt. Das Gerät zur Methode gibt's bei BioRad unter dem martialischen Namen *Helios Gene Gun System*.

Vorteil: Funktioniert offenbar dort recht gut, wo andere Methoden versagen, weil die DNA in die Zellen "gezwungen" wird.
Nachteil: Viele Handgriffe, große Ansätze kosten daher viel Zeit. Die Transfektionseffizienz ist häufig nicht sonderlich hoch.

Literatur:
Johnston SA, Tang DC (1994) Gene gun transfection of animal cells and genetic immunization. Methods Cell Biol. 43, 353-365

---

145. **Sucroselösung:** 270 mM Sucrose / 7 mM K_2HPO_4 pH 7,4 / 1 mM $MgCl_2$.

Mikroinjektion in den Zellkern

Die Mikroinjektion gehört zu den wenigen Methoden, bei denen man tatsächlich sieht, was man tut. Mit Hilfe einer extrem feinen Glaskapillare wird die zu transfizierende Zelle angestochen und die DNA-Lösung direkt in den Zellkern injiziert. Wer weiß, wie groß eine Zelle ist, kann sich vorstellen, was das in der Praxis bedeutet: Die Angelegenheit ist mühselig und mit einem hohen Arbeitsaufwand verbunden, und am Ende des Tages steht man mit einer vergleichsweise geringen Ausbeute da. Die Anwendung beschränkt sich daher auf spezielle Fragestellungen, beispielsweise die Herstellung transgener Tiere.

Vorteil: Man kann die DNA-Menge je Zelle gut kontrollieren. Die Effizienz ist hoch, weil die DNA gezielt in den Zellkern injiziert wird.
Nachteil: Der apparative Aufwand ist hoch und die Methode verlangt erhebliche experimentelle Erfahrung und Geschicklichkeit.

9.4.6 Kotransfektion mehrerer Gene

Bei allen vorgestellten Methoden ist die Art der zu transfizierenden DNA (zumindest für die Transfektion) unerheblich, sofern sie nur ausreichend sauber ist. Das hat den Vorteil, dass man problemlos verschiedene DNAs miteinander mischen und gemeinsam transfizieren kann. Da die Zelle in jedem Fall viele DNA-Moleküle aufnimmt – sofern sie es überhaupt tun -, ist die Wahrscheinlichkeit, dass von einem DNA-Gemisch mehrere Moleküle von jeder DNA aufgenommen werden, sehr hoch, oder umgekehrt: Eine Zelle, die eine DNA exprimiert, wird auch die anderen exprimieren.

Das ist aus verschiedenen Gründen interessant: Einerseits besteht ein untersuchtes System häufig nicht nur aus einem Protein – so enthalten Neurotransmitterrezeptoren beispielsweise oft zwei und mehr verschiedenen Untereinheiten -, so dass die Transfektion nur eines Plasmids mit nur einem Gen wenig Sinn macht. Zwar kann man prinzipiell mehrere cDNAs auf einem Plasmid unterbringen, aber das ist mühsam und macht einen unflexibel, weil man für jede Kombination ein eigenes Expressionskonstrukt braucht.
Viel häufiger ist aber der Fall, dass man die **Effizienz** der Transfektion kontrollieren möchte, bevor man weitere Arbeit in den Versuch investiert, doch das entstehende Protein kann gar nicht oder nur sehr umständlich nachgewiesen werden. Die Lösung: Man kotransfiziert mit einem anderen cDNA-Konstrukt, beispielsweise einem β-Galactosidase-exprimierenden Plasmid. Die erfolgreich transfizierten Zellen können dann durch eine Blaufärbung sichtbar gemacht werden. Eine solche Kontrolle ist sehr eindeutig und leicht durchzuführen, allerdings sind die Zellen anschließend tot. Deswegen erfreut sich GFP (*green fluorescent protein*) bei dieser Art von Problemen einer zunehmenden Beliebtheit, weil es sich ohne technischen Aufwand und ohne Materialverluste mit einem (inversen) Fluoreszenzmikroskop nachweisen lässt. GFP existiert in verschiedenen Varianten (s. 9.4.8).
Eine weitere Anwendung von Kotransfektionen ist der Wunsch nach einem internen Standard. So weist man die Aktivität von Promotoren häufig über ein nachgeschaltetes Reporterprotein wie Chloramphenicoltransferase oder Luciferase nach (s. 9.4.8). Um die Effekte unterschiedlicher Transfektionseffizienzen auszuschließen, standardisiert man häufig gegen ein zweites Reporterproteinkonstrukt mit einem konstitutiv exprimierendem Promotor, das man kotransfiziert hat.

9.4.7 Transiente und stabile Transfektionen

Egal welche Transfektionsmethode man verwendet, die Lebensdauer der aufgenommenen DNA ist immer auf wenige Tage beschränkt, danach ist die fremde DNA in der Zelle vollständig abgebaut, man spricht daher von **transienter Transfektion**. Ganz selten passiert es, dass die aufgenommene DNA in das Genom der Zelle integriert wird und dort vor dem Abbau erst einmal geschützt ist. Die Wahrscheinlichkeit dafür hängt von der Transfektionsmethode, den Zellen und anderen Faktoren ab, liegt aber maximal in der Größenordnung von 10^{-4}, d.h. nur eine Zelle von zehntausend wird **stabil transfiziert**.
Auch die Konformation der DNA beeinflusst den Vorgang: Für die transiente Transfektion verwendet man besser *supercoiled* ("überdrehte") Plasmid-DNA, weil die DNA in dieser Konformation mit höherer Effizienz transkribiert wird. Die stabile Transfektion dagegen funktioniert besser mit linearisierter DNA, weil diese mit höherer Effizienz ins Genom integriert wird. Zu beachten ist, dass die Fragmente während der Transfektion in der Zelle zu größeren Einheiten ligiert werden, die dann ins Genom integrieren. Daher findet man bei späteren Analysen meistens mehrere Kopien der ursprünglichen DNA im Genom.

Man kann auf stabil transfizierte Zellen selektionieren, wenn das DNA-Konstrukt einen Selektionsmarker enthält. Die Selektion stabil transfizierter Zellen erfolgt prinzipiell auf zwei Wegen: durch Komplementation oder durch dominante Marker. Bei der **Komplementation** verwendet man Zellen mit einem definierten Defekt, die nur in speziellen Medien wachsen, mit denen der Defekt kompensiert wird. Zusammen mit dem Gen seiner Träume transfiziert man dann ein Gen, dessen Produkt den Defekt behebt (komplementiert) – das Gen kann dabei entweder auf dem gleichen Plasmid liegen oder auf einem zweiten, unabhängigen. Zumeist verwendet man Zellen mit Defekten im Nucleotidstoffwechsel, vor allem in den Enzymen Thymidinkinase (TK), Hypoxanthin-Guanin-Phosphoribosyl-Transferase, Adenin-Phosphoribosyl-Transferase oder Dihydrofolatreduktase (DHFR). Die Selektion über **dominante Marker** funktioniert ähnlich, bis auf die Tatsache, dass man normale Zellen verwendet und mit einem dominanten Reportergen kotransfiziert, zumeist einem Resistenzgen. Die selektiven Bedingungen schafft man durch Zugabe einer zytotoxischen Substanz ins Medium, die durch das Resistenzgen entschärft wird. Die verbreitetsten dominanten Marker sind die Aminoglykosid-Phosphotransferase (APH, *neo*; Neomycin/G418-Resistenz), die Xanthin-Guanin-Phosphoribosyltransferase (XGPRT, *gpt*), die Hygromycin-B-Phosphotransferase (HPH; Hygromycin-B-Resistenz) und die Chloramphenicol-Acetyltransferase (CAT).

Der große Vorteil dominanter Marker liegt darin, dass man nicht auf spezielle Zelllinien mit spezifischen Defekten angewiesen ist, sondern transfizieren kann, was einem unter die Finger kommt. Sehr beliebt ist das Neomycinresistenzgen Aminoglykosid-Phosphotransferase (APH), meist als *neo* bezeichnet.

Nach der Transfektion werden die Zellen für zwei Teilungen in nichtselektivem Medium kultiviert, anschließend stellt man um auf ein selektives Medium, in dem nur die Zellen überleben, die DNA aufgenommen haben. Von denen überleben nur diejenigen die nächsten Wochen, welche die transfizierte DNA ins Genom integriert haben und dessen Gene exprimieren. Nach zehn Teilungen beginnt man dann mit der klonalen Selektion: Einzelne Zellen bzw. Kolonien werden isoliert und getrennt weiterkultiviert, um genetisch einheitliche Zelllinien zu erhalten, die man dann auf ihre Eignung für die späteren Versuche untersucht. Da die DNA-Konstrukte zufällig in das Genom integrieren und die Umgebung, in der sich das Konstrukt befindet, dessen Expression stark beeinflusst, unterscheiden sich die Zelllinien zum Teil erheblich in ihren Eigenschaften. Mitunter ist es sogar ausgesprochen mühselig, einen Klon zu finden, der das gewünschte Protein in ausreichendem Maß exprimiert.

Wer Zugang zu einem **FACS (*fluorescence activated cell sorting*)-Gerät** hat, dem eröffnet sich noch eine weitere Möglichkeit der Selektion. Dazu werden die transfizierten Zellen mit einem Fluoreszenzfarbstoff markiert – entweder durch Inkubation mit einem für das gewünschte Protein spezifischen, fluoreszenzmarkierten Antikörper oder durch Kotransfektion mit GFP – und anschließend mit dem Zellsortierer von nicht exprimierenden Zellen getrennt.

Die Etablierung stabiler Zelllinien dauert ca. zwei Monate. Damit sind die Schwierigkeiten allerdings nicht ausgestanden, denn eine Eigenart stabil transfizierter Zelllinien ist, dass sie nicht stabil sind. Das Problem tritt grundsätzlich bei allen Zelllinien auf, weil es im Laufe der Zeit zu Veränderungen des Genoms kommt, wodurch sich die Eigenschaften der Zellen ändern. Bei transfizierten Zellen ist das Phänomen deutlich verstärkt – die Gründe dafür sind nicht so recht klar -, so dass die Expression des mühsam hineinklonierten Konstrukts im Laufe der Zeit sinken wird. Das ist normal und nicht zu ändern und macht die Haltung stabil transfizierter Zelllinien recht lästig. Die beste Möglichkeit, damit umzugehen, ist:

- die Zelllinie unter konstantem Selektionsdruck zu halten, d.h. häufig oder immer in selektivem Medium kultivieren, um den Anteil an veränderten Zellen ohne Konstrukt gering zu halten.
- hin und wieder klonale Selektion zu betreiben, d.h. einzelne Klone herauszupicken, auf ihre korrekte Identität zu überprüfen und diese für die weitere Kultur zu verwenden.
- die Zellen nicht ewig in Kultur halten, weil sich die Zellen auf alle Fälle verändern, statt dessen
- frühe Zellpassagen einfrieren, aus denen man später neue, unveränderte Zellen reaktivieren kann.

Oder aber man findet eine Möglichkeit, die Fragestellung mit transient transfizierten Zellen zu beantworten.

9.4.8 Reportergene

Häufig befindet man sich in der Verlegenheit, nachweisen zu wollen oder zu müssen, wo oder ob überhaupt eine Expression stattfindet. Man behilft sich dann mit Reportergenkonstrukten.
Ein Reportergen ist, banal ausgedrückt, ein Protein, das man nachweisen kann. Wie es zu dieser flapsigen Gleichsetzung von Protein und Gen kommen konnte ist nicht ganz klar angesichts des mühsamen Ringens um eine korrekte, allumfassende Definition des Begriffs "Gen" noch vor nicht allzu vielen Jahren. Tatsache ist, dass "Reportergen" sowohl das ganze Konstrukt als auch das nachzuweisende Protein bedeuten kann, manchmal, bei Fusionsproteinen, sogar nur den Teil des Proteins, der die nachzuweisende Aktivität besitzt. Prinzipiell kann jede DNA, die für irgendetwas kodiert, das man irgendwie nachweisen kann, als Reportergen dienen. In der Praxis wählt man aber Expressionskonstrukte, die für einfach und mit hoher Sensitivität nachzuweisende Proteine kodieren.

Am häufigsten verwendet man Reportergene bei **Promotorstudien**: Man kloniert dazu seinen Promotor vor ein Protein, das sich leicht nachweisen lässt und nach Möglichkeit geringen oder gar keinen schädlichen Einfluss auf die Zelle hat, in der man das Konstrukt später exprimieren möchte. Die Menge an Protein bzw. Proteinaktivität zeigt einem dann, wie aktiv der Promotor ist, und in transgenen Tieren kann man untersuchen, in welchen Geweben eine Expression erfolgt und in welchen nicht.
Ist man mehr am Verbleib eines bestimmten Proteins interessiert, kann man ein **Fusionsprotein** schmieden, halb eigenes Protein, halb Reportergen, und wenn man Glück hat bzw. das richtige System wählt, behält so ein Fusionsprotein die Eigenschaften des eigenen Proteins und gewinnt die Aktivität des Reportergens hinzu, über die das Fusionsprotein dann nachgewiesen werden kann. Das Risiko besteht allerdings, dass das Fusionsprotein statt dessen ein Eigenleben entwickelt.

Am häufigsten werden Reportergene als Kontrolle eingesetzt, z.B. um zu sehen, ob eine Transfektion überhaupt funktioniert hat, oder als Standard, z.B. bei Promotorstudien.

Die Palette an handelsüblichen Reportergenen ist recht groß, was einem die Qual der Wahl lässt. Am wichtigsten ist in der Praxis die Frage, ob man einen quantitativen oder einen qualitativen Nachweis wünscht. Gute quantitative Reporter benötigen nämlich häufig ganz spezielle Nachweisbedingungen, während gute qualitative Reporter sich unter Umständen lausig quantifizieren lassen.

Literatur:

Alam J, Cook JL (1990) Reporter genes: Application to the study of mammalian gene transcription. Anal. Biochem. 188, 245-254

Reportergene für den quantitativen Nachweis:

Chloramphenicol-Acetyltransferase (CAT)

Die CAT ist der Klassiker unter den Reportergenen. Das Enzym katalysiert, wie der Name schon andeutet, die Übertragung eines Acetylrests von Acetyl-CoA auf **Chloramphenicol**. Das zu untersuchende Zelllysat wird dazu mit Acetyl-CoA und [^{14}C]-markiertem Chloramphenicol inkubiert. Acetyliertes und nicht acetyliertes Chloramphenicol werden anschließend durch eine Dünnschichtchromatographie (DC) voneinander getrennt und die DC-Platte autoradiographiert. Das gibt ein hübsches Bild und ist prinzipiell auch quantifizierbar, indem man den Röntgenfilm einscannt und auswertet. Besser ist es allerdings, die radioaktiven Flecken von der Platte zu kratzen und die Aktivität in einem Szintillationszähler zu messen. Weil man aber überlicherweise mehr als nur einen Ansatz hat, wird die Analyse dann etwas mühselig.
Alternativ zu [^{14}C]-Chloramphenicol kann man auch [^{3}H]-markiertes **Acetyl-CoA** einsetzen. Die Verwendung von [^{3}H] statt [^{14}C] macht dann die Sache etwas billiger. Auch nicht-radioaktive Nachweismethoden wurden entwickelt, so ein anti-CAT-Antikörper (Roche), der eine Auswertung mittels ELISA erlaubt. Gemessen wird dabei nicht die CAT-Aktivität, sondern die Menge an vorhandener CAT. Molecular Probes bietet ein Kit (*FAST CAT Chloramphenicol Acetyltransferase Assay Kit*) mit einem fluoreszierenden Derivat von Chloramphenicol an, das eine höhere Sensitivität bietet als der radioaktive Assay.
Die CAT ist mit einer Halbwertszeit von 50 Stunden in der Zelle ziemlich stabil. Das kann von Vorteil sein, wenn man beispielsweise möglichst große Ausbeuten haben will, oder aber von Nachteil, wenn man die Kinetik der Induktion bzw. Inhibition der CAT-Expression nachweisen möchte.

Vorteil: Ein Klassiker, daher existieren viele Erfahrungswerte. Weithin akzeptiert für Promotorstudien. Gutes Signal-zu-Hintergrund-Verhältnis.
Nachteil: Der Enzymassay ist recht einfach und zuverlässig, aber zeitaufwendig. Zelllysat herstellen, Acetylierung, Aufreinigung, Chromatographie, Autoradiographie – das dauert, mindestens 24 Stunden. Die Sensitivität ist geringer als bei moderneren Systemen. Benötigt Radioaktivität, die zudem recht teuer ist.

Literatur:

Gorman CM, Moffat LF, Howard BH (1982) Recombinant genomes which express chloramphenicol acetyaltransferase in mammalian cells. Mol. Cell Biol. 2, 1044-1051

Neumann JR, Morency CA, Russian KO (1987) A novel rapid assay for chloramphenicol acetyltransferase gene expression. BioTechniques 5, 444

Luciferase

das Enzym, das liebeshungrige **Glühwürmchen** zum Ergrünen bringt, ist schneller und sensitiver als CAT und kommt ohne Radioaktivität aus. Wegen seiner hohen Sensitivität erfreut es sich gerade bei der Untersuchung schwächerer Promotoren zunehmender Beliebtheit und wegen seiner relativ kurzen Halbwertszeit von ca. 3 h eignet es sich gut für Induktionsstudien.

Die Reaktion ist einfach – Luciferin, ATP und Mg^{2+} werden zum Zelllysat pipettiert und sofort zu Licht umgesetzt, wobei die Lichtproduktion proportional zur Luciferasemenge ist. Weil die Reaktion auch sehr schnell ist (Halbwertszeit < 1 s), braucht man ein geeignetes Luminometer und sollte in der Lage sein, einigermaßen zügig zu arbeiten. Die Kinetik der Reaktion kann durch CoA, Pyrophosphat und Nucleotide verlangsamt werden (Ford et al. 1995). Promega, wo man sich auf das Luciferase-System konzentriert und ein ganzes Sortiment von Luciferase-Vektoren im Angebot hat, bietet auch ein fertiges Testsystem an, das eine deutlich langsamere Kinetik und höhere Lichtintensitäten besitzt als der klassische Luciferase-Nachweis. Die Krönung ist Promegas Dual-Luciferase™ Reporter Assay System, das auf der Verwendung von zwei Luciferasen mit unterschiedlichen Eigenschaften beruht, der des Glühwürmchens (*Photinus pyralis*), mit der man die Aktivität des eigenen Promotors nachweist, während die kotransfizierte **Quallen-Luciferase** (aus *Renilla reniformis*) unter der Kontrolle eines konstitutiven Promotors steht und so zur Standardisierung verwendet werden kann. Bestechend ist die einfache und schnelle Handhabung: Man misst zuerst die Glühwürmchenluciferaseaktivität und gibt anschließend in die gleiche Messküvette Renilla-Puffer zu, der die Glühwürmchenreaktion stoppt und die Renillareaktion startet.

Vorteil: Die Sensitivität ist 10-1000mal höher als mit CAT.
Nachteil: Man braucht ein Luminometer, um die Enzymaktivität zu messen. Die Handhabung bedarf wegen der schnellen Kinetik der Reaktion einiger Praxis und Gleichmäßigkeit, sonst fallen die Messwerte eher zufällig aus.

Literatur:
Ford SR, Buck LM, Leach FR (1995) Does the sulfhydryl or the adenine moiety of CoA enhance firefly luciferase activity? Biochim. Biophys. Acta 1252, 180-184

β-Galactosidase

Es handelt sich um das gleiche Enzym, wie man es auch beim Klonieren für den Nachweis positiver Klone mittels Blau-weiß-Detektion verwendet. Der Nachweis ist schnell, sensitiv und nicht radioaktiv. Es steht einem eine ganze Palette verschiedener Substrate zur Verfügung: Für den colorimetrischen Nachweis arbeitet man mit *o*-Nitrophenyl-β-D-galactopyranosid (ONPG), der fluorometrische Nachweis erfolgt mit 4-Methylumbelliferyl-β-D-galactosid (MUG), das allerdings nicht gerade sehr sensitiv ist. Am empfindlichsten ist der chemilumineszente Nachweis mit **1,2-Dioxetan-Substraten**, z.B. Galacton® (Applied Biosysems) oder Lumi-Gal® 530 (Lumigen). Die Lichtproduktion wird mit einem Luminometer oder einem Szintillationszähler gemessen. Die Sensitivität ist dann mit Luciferase vergleichbar, auch der lineare Bereich der Messung wird dadurch erhöht.

β-Galactosidase kann als interner Standard für andere Nachweise (CAT, Luciferase) verwendet werden, indem man mit einem entsprechenden Reporterkonstrukt kotransfiziert, denn die Zelllysate, die man für diese Tests benötigt, können auch für den β-Galactosidase-Nachweis herhalten.

Literatur:
Hall CV et al. (1983) Expression and regulation of *Escherichia coli lacZ* gene fusions in mammalian cells. J. Mol. Appl. Genet. 2, 101-109

Bronstein I, Edwards B, Voyta JC (1989) 1,2-dioxetanes: novel chemiluminescent enzyme substrates.

Applications to immunoassays. J. Biolumin. Chemilumin. 4, 99-111
Jain VK, Magrath IT (1991) A chemiluminescent assay for quantitation of beta-galactosidase in the femtogram range: application to quantitation of beta-galactosidase in lacZ-transfected cells. Anal. Biochem. 199, 119-124

Humanes Wachstumshormon (*human growth hormone*, hGH)

hGH wird von den transfizierten Zellen sekretiert, der Nachweis erfolgt bequem über die Messung der hGH-Konzentration im Medium. Dadurch kann die hGH-Expression über einen längeren Zeitraum verfolgt werden, ohne die Zellen dafür opfern zu müssen. Der Nachweis erfolgt immunologisch über einen ***radio immuno assay*** (RIA) mittels radioaktiv markierten Antikörpern, ist recht schnell und einfach. Die Sensitivität ist allerdings nicht immens, wenngleich etwas höher als beim CAT-Nachweis. hGH-Expressionskonstrukte mit einem konstitutiv exprimierenden Promotor eignen sich ebenfalls gut als interner Standard für CAT, Luciferase und β-Galactosidase).

Literatur:

Selden RF, Howie KB, Rowe ME, Goodman HM, Moore DD (1986) Human growth hormone as a reporter gene in regulation studies employing transient gene expression. Mol. Cell Biol. 6, 3173-3179

Sekretierte Alkalische Phosphatase (SEAP)

Die SEAP ist eine verkürzte Version der plazentalen Alkalischen Phosphatase des Menschen (*human placental alkaline phosphatase*, PLAP), die nicht in der Membran verankert ist und daher, wie hGH, sekretiert wird und so Untersuchungen an der lebenden Zelle ermöglicht. Weil die SEAP sehr hitzeresistent ist und auch weniger sensitiv gegen den Phosphataseinhibitor L-Homoarginin, hat man wenig Probleme mit Hintergrund durch endogene alkalische Phosphatasen. Der Nachweis erfolgt colorimetrisch mit p-Nitrophenylphosphat, das ist schnell, einfach, billig und unsensitiv. Alternativ existiert auch ein Lumineszenz-Nachweis, bei dem die Alkalische Phosphatase D-Luciferin-*O*-Phosphat in Luciferin umsetzt, das mittels Luciferase nachgewiesen werden kann. Am sensitivsten ist der Nachweis über Chemilumineszenzsubstrate, z.B. CSPD® (Applied Biosystems), und anschließende Messung mit Luminometer oder Szintillationszähler – außerdem ist so der lineare Messbereich am größten.

Vorteil: Eignet sich gut für Kinetik-Studien, da nur das Medium untersucht wird, die Zellen können anschließend weiterverwendet werden. Kann wie hGH als interner Standard verwendet werden, ist aber billiger und sensitiver.

Literatur:

Berger J, Hauber J, Hauber R, Geiger R, Cullen BR (1988) Secreted placental alkaline phosphatase: a powerful new quantitative indicator of gene expression in eukaryotic cells. Gene 66, 1-10

Reportergene für den qualitativen Nachweis:

Typischerweise verwendet man qualitative Reporter für den Nachweis der Expression in (lebenden) Zellen, um zu sehen, ob eine bestimmte Zelle transfiziert ist oder nicht, oder in ganzen Organismen, um einen Überblick darüber zu bekommen, in welchen Geweben ein Promotor aktiv ist. Wichtig ist dabei eine klare Ja-Nein-Antwort und natürlich ein geringer technischer Aufwand, nicht zuletzt, weil man es mit Zellen auf einer Schale oder Gewebedünnschnitten auf einem Objektträger zu tun hat.

Luciferase kann prinzipiell auch für den qualititativen Nachweis verwendet werden, weil mittlerweile Substrate existieren, die die Plasmamembran überwinden und so zum Enzym in die Zelle kommen können. Allerdings ist die Sensitivität gering.

Auch die **β-Galactosidase** eignet sich neben den quantitativen Anwendungen auch für qualitative Nachweise, indem man einfach X-Gal (5-Brom-4-Chlor-3-indolyl-β-D-galactosid) als Substrat verwendet. Zellen und Gewebeschnitte, aber auch ganze transgene Embryonen, z.B. von Fliegen oder Mäusen, können damit angefärbt werden. Die blauweißen Nachweise der gewebe- und entwicklungsspezifischen Regulation einzelner Gene gehören zu den interessantesten Aufnahmen in wissenschaftlichen Veröffentlichungen – wenngleich sich zärteren Gemütern beim Anblick von gefärbten Mäuseembryonen die Nackenhaare aufrichten.

Vorteil: Die blaue Farbe sticht ins Auge. Deutlicher geht's vermutlich nicht mehr.
Nachteil: Das Material muss vor der Färbung fixiert werden.

Green fluorescent protein (GFP)

Was leuchtet so anmutig-schön?

Die Klonierung von GFP (Prasher et al. 1992) hat eine Art kleine Revolution eingeläutet. GFP ist ein fluoreszierendes Quallenprotein aus *Aequorea victoria*, das, durch blaues oder UV-Licht angeregt, grünes Licht abstrahlt. Weil es dazu keines Substrats und keiner weiteren Kofaktoren bedarf, kann es sehr einfach und sehr direkt nachgewiesen werden – eine UV-Lampe reicht bereits aus. Weil GFP nicht allzu cytotoxisch ist, kann man damit sogar ganze Tiere anfärben. Wer' s nicht glaubt, der sei auf die dezent grün fluoreszierenden GFP-Mäuse von Okabe et al. (1997) verwiesen, die sich offenbar bester Gesundheit erfreuten[146].
Das Anwendungsspektrum ist enorm. GFP funktioniert in den verschiedensten Species, von der Qualle über Bakterien, Hefen, Pflanzen bis hin zu Tieren wie Drosophila, Zebrafischen oder Mäusen. Weil die Anregungs- und Emissionsmaxima ähnlich denen von Fluorescein sind, kann man GFP-positive Zellen mit den gleichen Methoden nachweisen wie solche, die mit Fluorescein-gekoppelten Antikörpern gefärbt wurden, d.h. im UV-Licht, unter dem Fluoreszenzmikroskop oder im Zellsorter (FACS) – mit dem Unterschied, dass man sich die Färbung spart.

War die Situation beim Erscheinen der ersten Auflage dieses Buches noch sehr übersichtlich, hat sich das Angebot bei den fluoreszierenden Proteinen in den letzten Jahren derartig stark entwickelt, dass ein umfassender Überblick den Rahmen dieses Abschnitts bei weitem sprengen würde. Ich werde mich daher auf eine kurze Zusammenfassung der aktuellen Situation beschränken.
Obwohl es sich rasch zeigte, dass es des gesamten 28 kDa-Proteins bedarf, um eine funktionierende Fluoreszenz zu erhalten, sind die für diese Eigenschaft wichtigsten Aminosäuren mittlerweile charakterisiert und mutiert worden. Das Ergebnis war eine ganze Palette von GFP-Varianten, die auf unterschiedlichste Aspekte hin optimiert wurden. So wurden die Emissionsmaxima systematisch verändert, um eine Palette von fluoreszierenden Proteinen zu erhalten, die im Wellenbereich zwischen Blau und Gelb leuchten (s. Tab. 19). Parallel dazu wurden weitere Proteine mit fluoreszierenden Eigenschaften

146. Dennoch lässt sich offenbar in der Zellkultur ein cytotoxischer Effekt nachweisen, weshalb bei der Entwicklung etlicher neuerer Varianten speziell auf eine geringe Cytotoxizität geachtet wurde.

isoliert, beispielsweise aus der Seeanemone *Discosoma striata* und aus Riffkorallen der Klasse *Anthozoa*, unter denen sich auch Varianten fanden, die den Farbbereich von Orange bis Rot abdecken. Die große Farbpalette erlaubt mittlerweile beeindruckende Doppel- und Dreifachmarkierungen, wie man sie aus der Immunfluoreszenzmikroskopie kennt. Darüber hinaus wurden die Absorptions- und Emissionsmaxima der Proteine vielfach optimiert auf die Filtersets, die in der UV-Mikroskopie üblicherweise verwendet werden, um stärkere Signale zu erhalten. Mitunter kann dies zu Verwirrung führen, denn wenn im Katalog von "red-shift"-Variante die Rede ist, bedeutet dies keineswegs, dass das Protein rot leuchtet, sondern dass das Anregungsspektrum in Richtung Rot verschoben wurde.
Ein Problem von GFP ist seine langsame Reifung bei 37 °C. Neu synthetisiertes GFP braucht in der Säugerzelle Stunden, bis es die richtige Konformation eingenommen hat, so dass transfizierte Zellkulturen erst nach zwei bis drei Tagen ihre maximale Leuchtintensität erreichen. Mittlerweile sind einige Mutationen bekannt, welche die Reifung bei 37 °C erheblich beschleunigen. Die meisten kommerziell erhältlichen Varianten dürften auf rasche Reifung optimiert sein, wenngleich man dies vielleicht vorsichtshalber im Katalog kontrollieren sollte.
Ein weiterer Aspekt, den man auch von bakteriellen Genen kennt, ist die Codonnutzung in Quallen, die sich erheblich von der in Säugern unterscheidet. Das kann Konsequenzen für die Proteinexpression haben. Enthält so ein Quallengen viele Codons, die in Säugern selten genutzt werden und für die dementsprechend wenige tRNA-Moleküle in der Zelle vorhanden sind, gerät die Translation häufig ins Stocken und die Menge an synthetisiertem Protein in der Zelle fällt geringer aus als gewünscht, worunter die Signalintensität leidet. Die Gene neuer Varianten von fluoreszierenden Proteinen werden daher mittlerweile standardmäßig auf die Codonnutzung in Säugerzellen optimiert.

Der Markt für fluoreszierende Proteine scheint ein sehr vielversprechender zu sein, weshalb sich einerseits zu den frühen Anbietern Clontech und Qbiogene (früher Quantum) noch einige neue hinzugesellt haben wie Invitrogen, Evrogen oder MBL, und andererseits ein gewisses Hauen und Stechen stattzufinden scheint; zumindest musste Clontech 2005 seine gesamte Palette an Fluoreszenzproteinen umstellen, weil die Lizenz für die bisherigen Produkte von Aurora Biosciences nicht verlängert wurde. Alle Firmen bieten jeweils nicht nur das nackte Protein an, sondern meist eine ganze Palette von Vektoren zur Herstellung von Fusionsproteinen, für Promotorstudien, bakterielle Expressionsvektoren und etliches anderes mehr.

Aber nicht nur die Industrie, auch den Einfallsreichtum der Forscher regt GFP ähnlich an wie die PCR. Mit zu den faszinierendsten Entwicklungen gehören sicherlich die destabilisierten GFP-Varianten mit Halbwertszeiten von zwei bis vier Stunden statt der üblichen 12 bis 24, mit denen sich endlich auch Echtzeit-Expressionsstudien durchführen lassen (z.B. zur Promotorregulation) und die Entwicklung pH-sensitiver GFP-Varianten, mit der sich die Transmissionsaktivität an einzelnen neuronalen Synapsen nachweisen lässt (Miesenböck et al. 1998). Genauso aufregend ist eine neue Variante von DsRed, einem Protein der Koralle *Discosoma*, die in den ersten Stunden nach der Synthese des Proteins grün leuchtet (Emissionsmaximum 500 nm) und anschließend, im Verlauf von mehreren Stunden, zu einem rot-leuchtenden Protein mit einem Emissionsmaximum von 580 nm reift. Durch das Verhältnis von grüner zu roter Fluoreszenz lassen sich Änderungen in der Promotor-Aktivität gut von außen beobachten (Terskikh et al. 2000).
Eine weitere neue Entwicklung sind photoaktivierbare Fluoreszenzproteine, deren Emissionseigenschaften sich ändern, wenn man sie intensiv bestrahlt (Patterson und Lippincott-Schwartz 2002; Chudakov et al. 2003; Chudakov et al. 2004; Wiedenmann et al. 2004). Auf diese Weise lassen sich die zu einem bestimmten Zeitpunkt in der Zelle vorhandenen Fluoreszenzprotein-Moleküle "markieren" und ihr weiteres Schicksal verfolgen.

	Anregungsmaximum (nm)	Emissionsmaximum (nm)	Farbe
EBFP	380	440	blau
SuperGlo BFP	387	450	blau
GFP	395 (475)	508	grün
ECFP	433 (453)	475 (501)	cyan
SuperGlo GFP	474	509	grün
EGFP	488	507	grün
EYFP	513	527	gelb-grün
DsRed	558	583	rot
HcRed	588	618	rot

Tab. 19: Anregungs- und Emissionsmaxima verschiedener fluoreszierender Proteine. Drei Faktoren bestimmen die Eigenschaften der GFP-Varianten: das Anregungsspektrum, das Emissionspektrum und die Leuchtstärke. Um ein optimales Ergebnis zu erhalten, braucht man ein leuchtstarkes GFP und Anregungs- und Sperrfilter, die optimal auf die verwendete Variante abgestimmt sind, d.h. eine Anregung im Absorptionsmaximum und eine Beobachtung im Emissionsmaximum erlauben. Die Praxis sieht häufig anders aus, weil entweder der ideale Filter noch nicht existiert oder die Maxima zu nahe beieinander liegen, um eine saubere Trennung zu ermöglichen, oder man will mit mehreren fluoreszierenden Molekülen arbeiten, deren Anregungsspektren leider überlappen. Mitunter ist es auch ganz einfach die Finanzlage, die zu Kompromissen zwingt, weil nicht genügend Geld vorhanden ist, um sich für jedes fluoreszierende Molekül ein eigenes Filterset zuzulegen. Die Tabelle beruht auf den Angaben von Clontech und Qbiogene. Werte in Klammern geben Nebenmaxima an.

Sogar *fluorescence resonance energy transfer* (FRET, s. 9.1.6) ist mit den fluoreszierenden Proteinen möglich, sofern das Emissionsspektrum des einen mit dem Anregungsspektrum des anderen überlappt, wie es beispielsweise bei sgBFP und sgGFP der Fall ist (s. Tab. 19), oder beim cyanfarbenen CFP und dem gelben YFP. Stellt man Fusionsproteine mit den passenden Fluoreszenzproteinen her, kann man verfolgen, ob und gegebenenfalls unter welchen Bedingungen sich die beiden Proteine so nahe kommen, dass ein Energietransfer vom Einen zum Anderen möglich ist (Mitra et al. 1996).

Vorteil: Die natürliche Fluoreszenz erlaubt faszinierende Untersuchungen. So kann man mit Fusionsproteinen, die N- oder C-terminal einen GFP-Anteil tragen, die Lokalisation von Proteinen in der lebenden Zelle bestimmen. Man kann in Echtzeituntersuchungen ihre Wanderung verfolgen. Man kann die Aktivität von Promotoren in vivo untersuchen, indem man entsprechende transgene Tiere herstellt. GFP-exprimierende Zellen können in FACS-Geräten sortiert werden, et cetera pp. Dank spezifischer Antikörper lassen sich GFP und GFP-markierte Proteine auch immunologisch nachweisen, z.B. im Western Blot.

Nachteile: Eine Quantifizierung der Expression anhand der Fluoreszenz ist schwierig, weil GFP schwächer leuchtet als die üblichen Fluoreszenzfarbstoffe. Bei Verwendung der auf FITC angepassten Standardfilter beträgt die Leuchtstärke nur ein Zehntel derjenigen von FITC! Durch Wahl geeigneter UV-Lampen und Filter (Anregung bei 395 nm, Emission bei 509 nm) lässt sich das auf ein Drittel der

FITC-Leuchtstärke steigern, mehr ist nicht drin. Erfolgversprechender ist da die Verwendung von GFP-Varianten mit hoher Leuchtstärke, deren Anregungsmaxima für FITC-Filter optimiert wurden. Für die bunten Varianten gilt sinngemäß das Gleiche.
GFP muss "reifen", d.h. die Fluoreszenz entwickelt sich erst einige Zeit (1-3 h) nachdem das Protein bereits immunologisch nachweisbar ist. Die zeitliche Auflösung für kinetische Untersuchungen ist daher nicht berauschend. Fusionsproteine mit einer kurzen Halbwertszeit können aus dem selben Grund überhaupt nicht nachgewiesen werden. Bei den anderen Varianten ist die Situation zum Teil noch schlimmer. So braucht DsRed ein bis zwei Tage, bis es nachweisbar ist, die volle Fluoreszenz erhält man sogar erst nach drei bis fünf Tagen! Bei DsRed-Express, einer neuen Variante, geht das etwas schneller, bereits 8-12 h nach Transfektion sollen bereits erste Signale nachweisbar sein, das wäre etwa so schnell wie bei EGFP.
Das Gen für Wildtyp-GFP stammt aus einer Qualle, die Häufigkeit der Codons unterscheidet sich daher von der in anderen Organismen, wodurch es zu Verzögerungen in der Translation der mRNA kommt. EGFP (Clontech) ist durch stille Mutationen auf die Codonverteilung im Menschen optimiert worden und wird daher (laut Hersteller) 5-10mal stärker exprimiert. Sofern man mit Säugermaterial arbeitet.
Fluoreszierende Proteine neigen zum Aggregieren in der Zelle, was bei *in vivo* Experimenten ein Problem darstellen kann, da es die Funktion der Zelle beeinflusst. Wer mit Fusionsproteinen arbeitet, muss ebenfalls aufpassen, dass er nicht auf die Nase fällt.

Tipp: Im Internet gibt' s eine interessante Seite mit *Green Fluorescent Protein Applications*" unter "http://www.yale.edu/rosenbaum/gfp_gateway.html", auf der sich viele Buchtipps und Links finden.
Eine schöne 15-seitige Einführung findet man bei Nikon unter dem Titel "Introduction to fluorescent proteins" unter "http://www.microscopyu.com/articles/livecellimaging/fpintro.html".
Der Artikel von Shaner et al. (2005) setzt sich mit der Frage auseinander, wie man aus der Vielzahl der mittlerweile vorhandenen fluoreszierenden Proteine das für den gewünschten Zweck geeignete herausfindet.

Literatur:

Prasher DC et al. (1992) Primary structure of the *Aequorea victoria* green-fluorescent protein. Gene 111, 229-233

Chalfie M et al. (1994) Green fluorescent protein as a marker for gene expression. Science 263, 802-805

Mitra RD, Silva CM, Youvan DC (1996) Fluorescence resonance energy transfer between blue-emitting and red-shifted excitation derivatives of the green fluorescent protein. Gene 173, 13-17

Okabe M et al. (1997) ' Green mice' as a source of ubiquitous green cells. FEBS Lett. 407, 313-319

Miesenböck G, De Angelis DA, Rothman JE (1998) Visualizing secretion and synaptic transmission with pH-sensitive green fluorescent proteins. Nature 394, 192-195

Terskikh A et al. (2000) "Fluorescent timer": protein that changes color with time. Science 290, 1585-1588

Patterson GH, Lippincott-Schwartz J (2002) A photoactivatable GFP for selective photolabeling of proteins and cells. Science 297, 1873-1877

Chudakov DM et al. (2003) Kindling fluorescent proteins for precise in vivo photolabeling. Nature Biotechnol. 21, 191-194

Chudakov DM et al (2004) Photoswitchable cyan fluorescent protein for protein tracking. Nature Biotechnol. 22, 1374-1376

Wiedenmann J et al. (2004) EosFP, a fluorescent marker protein with UV-inducible green-to-red fluorescence conversion. Proc. Natl. Adac. Sci. USA 101, 15905-15910

Shaner NC, Steinbach PA, Tsien RY (2005) A guide to choosing fluorescent proteins. Nature Methods 2, 905-909

9.5 Transgene Mäuse

Wie überall gibt's in der Molekularbiologie Techniken, die in Mode sind. Die Herstellung transgener Mäuse gehört dazu. Man findet heute kaum noch eine Publikation einer Mäuse- oder Menschen-cDNA, für die nicht gleichzeitig eine *Knock-out*-Maus hergestellt wurde, in der das betreffende Gen außer Funktion gesetzt ist. Das war anfangs ungeheuer aufregend und ist es in gewisser Weise noch immer, denn nur selten entspricht der Phänotyp dieser Tiere den Vorhersagen. Meistens sind die Tiere völlig normal und unterscheiden sich höchstens in Details von ihren Wildtyp-Verwandten. Die Erklärungsversuche fallen dann ziemlich hilflos aus, und der Forscher versucht sich anschließend in Doppel-*Knock-outs*, in der Hoffnung, irgendwann einen Phänotyp zu sehen, wenn er nur genügend Gene kaputt gemacht hat. Manchmal kommt auch gar nichts dabei heraus, weil alle Tiere noch in utero sterben und der Forscher mit Verwunderung erkennen muss, dass sein Gen, welches eigentlich nur für Hängeohren verantwortlich sein sollte, im frühen Embryo überlebenswichtig ist. Und schließlich gibt's noch die Variante, dass der beobachtete Effekt überhaupt nichts mit der bekannten Funktion des Gens zu tun hat.
Doch selbst wenn der Phänotyp den Vorhersagen entspricht, stellt sich meist das Problem, dass diejenigen, welche die Tierchen herstellen, hauptamtlich Molekularbiologie betreiben und gar nicht die Expertise besitzen, eine ordentliche, umfassende Analyse durchzuführen. Man sollte sich daher vor der Herstellung transgener Mäuse überlegen, ob man jemanden kennt, der anschließend etwas Sinnvolles mit den Tierchen anfangen kann.

Trotzdem ist die Herstellung transgener Tiere eine aufregende Angelegenheit und vom Ansatz her eigentlich ganz in Ordnung, weil sie eine zukunftsträchtige Perspektive eröffnet. In einer Zeit, in der sich das Ende der Entdeckung neuer Gene deutlich abzeichnet und man gezwungen sein wird, das Leben mit den paar tausend Genen zu erklären, die man hat, ist es hilfreich, sich auf die Aufgabe der Gene zu konzentrieren. Das Zusammenspiel der Gene im Organismus zu untersuchen ist eine Aufgabe, die unsere Arbeitsplätze wenigstens für die nächsten zehn Jahre sichern wird. Man sollte sich allerdings im Klaren darüber sein, dass die Herstellung einer transgenen Maus auch heute noch eine Arbeit von vielen Monaten ist – vorausgesetzt, die entsprechenden Einrichtungen sind vorhanden.

Zunächst sollte man klarstellen, dass nicht jede Methode, Gene in ein Tier zu importieren schon die Herstellung von transgenen Tieren ist. Grundsätzlich unterscheidet man zwei Formen des Gentransfers:
Im einen Fall erfolgt der **Gentransfer in somatische Zellen** eines Organismus. Die DNA wird dabei nicht an die nächste Generation weitergegeben und wird meist nur vorübergehend in der betreffenden Zelle exprimiert. Es handelt sich sozusagen um das in vivo-Pendant zur Transfektion weniger Zellen in Zellkultur.
Im anderen Fall erfolgt der **Gentransfer in die Keimbahn** und wird anschließend von einer Generation an die nächste weitervererbt. Erst das sind richtige transgene Tiere. Ist das Gen, das man eingeschleust hat, bereits im Genom vorhanden, spricht man von **homologem Gentransfer**, ist es diesem Organismus fremd, bezeichnet man das als **heterologen Gentransfer**. Das DNA-Konstrukt kann entweder an einer zufälligen Stelle ins Genom integrieren (***random integration***) oder man fügt es durch **homologe Rekombination** (*homologous recombination*) an einer ganz bestimmten Stelle ein. Letzteres gibt einem die Möglichkeit, ein einzelnes Gen gezielt zu verändern. Verhindert die Mutation eine weitere Expression des Gens, nennt man das auf Neudeutsch einen ***knock-out***. Meistens wird dazu ein Exon im 5'-Bereich der kodierenden Region durch den verwendeten Selektionsmarker unterbrochen, es kann dadurch kein funktionelles Protein mehr gebildet werden. Eine andere Möglichkeit besteht darin, wichtige Teile des Gens zu deletieren. Man kann mittels homologer Rekombination aber auch

subtilere Mutationen einführen, beispielsweise kleine Deletionen oder Punktmutationen, bei denen die Funktion des Proteins nur verändert wird. Man bezeichnet das Ergebnis häufig als ***knock-in***, in Analogie zum *knock-out*.

Literatur:

Schenkel J (1995): Transgene Tiere. Spektrum Akademischer Verlag

9.5.1 Methoden des Gentransfers

Für den Gentransfer in Mäuseembryonen existieren im Wesentlichen die drei folgenden Techniken:

Mikroinjektion von DNA in die befruchtete Eizelle

Zunächst gewinnt man dazu befruchtete Eizellen, indem man ein Weibchen mit Hormonen zur Superovulation stimuliert, um eine möglichst große Ausbeute an Eizellen zu erhalten. Nach erfolgreicher Verpaarung wird das Tier gemeuchelt, die Eizellen entnommen und mittels extrafeiner Kapillaren, Mikromanipulatoren und viel Know-how die Transgen-DNA in den männlichen Vorkern der befruchteten Eizellen injiziert (s. 9.4.5). Weil die prokaryotischen Sequenzen des Vektors die Expression des Transgens stören, injiziert man inzwischen keine kompletten Plasmide mehr, sondern nur noch das gereinigte Insert. Diejenigen Zellen, die die Prozedur überleben, werden anschließend in ein scheinschwangeres Weibchen implantiert und von diesem ausgetragen. Nach knapp drei Wochen kommen dann die ersten transgenen Mäuschen zur Welt.
Der ganze Vorgang ist, wie man sich vorstellen kann, ziemlich komplex. Daher sollte man diese Arbeiten Leuten mit Erfahrung überlassen, sofern man sich nicht auf die Herstellung transgener Tiere spezialisieren möchte. Es ist deswegen wichtig, gute Beziehungen zu einem Tierstall mit transgener Einheit zu haben. Keine Angst: Ist der Mäusenachwuchs erst mal da, bleibt für den Molekularbiologen immer noch genug zu tun.

Die Ausbeute, d.h. die Wahrscheinlichkeit, aus einem befruchteten Ei eine Maus mit integriertem Transgen zu erhalten, liegt, wenn alles klappt, bei 10-20 %. Um diese paar Tierchen zu finden, wird den Jungmäusen im Alter von drei bis vier Wochen, wenn sie von der Mutter abgesetzt werden, ein Stück Schwanzspitze abgenommen – manche kommen auch mit dem Stückchen Haut aus, das bei der Ohrmarkierung der Tiere anfällt -, aus dem man genomische DNA isoliert und über Southern Blot Hybridisierung oder PCR auf die Anwesenheit des Transgens testet. Die positiven Tiere dienen dann als Ursprungs- oder F0-Generation, im Englischen als *founder generation* bezeichnet, aus denen einzelne Mäuselinien gezüchtet werden. Weil der Integrationsort für jede Maus ein anderer ist, steht am Anfang einer jeden Linie eine einzige Maus, oder umgekehrt ergibt eine jede Maus eine eigene Linie. Je mehr positive Mäuse, desto mehr Linien und umso mehr Arbeit. Es ist daher wichtig, dass man Zugang zu einem funktionierenden Tierstall mit kompetenten Personal hat, wenn man nicht einen Großteil seiner Zeit mit Zucht und Pflege der Mäuse verbringen möchte.

Das F0-Tier wird dann mit einer normalen Maus verpaart, und weil die Vererbung der integrierten DNA gemäß der Mendelschen Regeln verläuft, wird nur die Hälfte der entstehenden F1-Generation ein Exemplar des Transgens besitzen. Tatsächlich sind es alles in allem sogar etwas weniger als die Hälfte, weil die F0-Tiere, je nachdem, ob die Integration des Transgens noch im Einzellstadium oder erst später im Mehrzellstadium erfolgt ist, entweder aus lauter genetisch gleichen Zellen bestehen oder aber ein sogenanntes "Mosaik" aus genetisch unterschiedlichen Zellen darstellen können. Daher kann

es passieren, dass eine F0-Maus im Schwanzspitzentest durchaus positiv ist und trotzdem keinen transgenen Nachwuchs liefert, weil das Transgen zwar im Schwanz, aber nicht in den Keimbahnzellen steckt.
Homozygote transgene Tiere erhält man erst in der F2-Generation, die aus der Verpaarung der F1-Tiere hervorgeht, und zumeist kann man erst an diesen feststellen, ob ein Phänotyp vorhanden ist oder nicht und mit den eigentlichen Untersuchungen beginnen.
Und weil von der Befruchtung der Eizellen bis zur Geschlechtsreife der daraus entstandenen Tiere jedes Mal 9 Wochen vergehen, ist die Herstellung transgener Tiere selbst unter günstigen Bedingungen eine recht zeitraubende Angelegenheit.

Wie bei der Herstellung stabil transfizierter Zelllinien integrieren auch bei der Mikroinjektion in die Eizelle meist mehrere, direkt gekoppelte Kopien des Transgens – die Kopienzahl kann zwischen einer Handvoll und mehreren Dutzend liegen. Das Expressionsniveau kann sich daher allein aufgrund der Kopienzahl von einer transgenen Mauslinie zur anderen stark unterscheiden.
Eine weitere Parallele zur stabilen Transfektion ist, dass die DNA an einem willkürlichen Ort im Genom integriert. Die Umgebung hat dabei einen großen Einfluss auf das Expressionsniveau. Integriert das Transgen in eine transkriptionell inaktive Heterochromatinregion, wird sich die Maus auch vom schönsten DNA-Konstrukt völlig unbeeindruckt zeigen. Es reicht daher nicht aus, die Anwesenheit des Transgens im Genom nachzuweisen, man muss auch die exprimierte Menge überprüfen.
Andererseits kann es auch passieren, dass das Transgen in ein Gen integriert. Weil es am Integrationsort zu erheblichen Umstrukturierungen der genomischen DNA kommen kann, ist der Effekt mitunter katastrophal. Nicht selten erhält man aus einem solchen Experiment etliche Tiere mit einem seltsamen Phänotyp, der mit dem Transgen offensichtlich überhaupt nichts zu tun hat, sondern die Folge von Störungen und Zerstörungen am Integrationsort ist. Hin und wieder erweisen sich diese Unfälle sogar als interessanter als die eigentliche transgene Maus.

Vorteil: Die Methode erlaubt die Verwendung sehr langer DNAs, die durchaus mehrere Dutzend Kilobasen (50-80 kb) lang sein dürfen.

Transfektion früher embryonaler Teilungsstadien mit Retroviren

Retroviren, diese kleinen Transfektionsmonster mit der eingebauter Integrationsgarantie, erlauben die Veränderung von Mausembryonen im Mehrzellstadium. Wie bei der Mikroinjektion erfolgt die Integration an einer beliebigen Stelle des Genoms, doch wird üblicherweise nur eine Kopie integriert, ohne dass es zu größeren Veränderungen am Integrationsort kommt. Weil die Integration in jeder Zelle an einem anderen Ort erfolgt, sind die F0-Tiere in jedem Fall **Mosaike**, d.h. bestehen aus Zellen mit unterschiedlichem Genom. Nur wenn auch die Keimbahnzellen infiziert wurden, werden in der F1-Generation ebenfalls transgene Tiere auftauchen. Erst bei diesen macht dann eine Analyse Sinn, weil in der F0-Generation die Zellen der Schwanzspitze und die der Keimbahn auf alle Fälle verschieden sind.

Vorteil: Die Methode ist einfacher, die technischen Schwierigkeiten liegen vor allem im Bereich Gewinnung und Reimplantation der Embryonen. Die Integration der DNA in das Genom ist genauer, die Charakterisierung des Integrationsortes fällt daher wesentlich leichter. Man kann mit dieser Methode nach dem Zufallsprinzip Tiere mit verändertem Phänotyp generieren, um anschließend zu analysieren, welches Gen durch die Integration gestört wurde.
Nachteile: Die Größe der Fremd-DNA ist durch die Begrenzungen des Virussystems beschränkt. Außerdem ist die Herstellung von Retroviren etwas mühseliger als die eines gewöhnlichen Expressi-

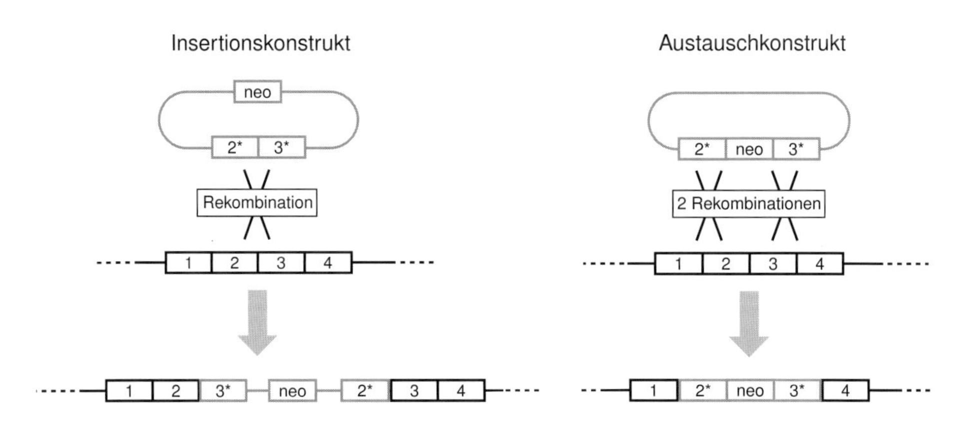

Abb. 64: Insertions- und Austauschkonstrukte. (Nach Ausubel et al.)

onsklons. Erst die F1-Tiere können auf das Vorhandensein des Transgens analysiert werden – etwa 15 Wochen nach der Transfektion.

Übertragung modifizierter embryonaler Stammzellen in Blastocysten

Diese Methode unterscheidet sich erheblich von Mikroinjektion und viraler Transfektion, weil ein Großteil der Arbeit in der Zellkultur erledigt wird, bevor man überhaupt in die Nähe einer Maus kommt. Ein weiterer Vorteil ist, dass man wesentlich zielgerichteter vorgehen kann, weil man sein Konstrukt über homologe Rekombination (*homologous recombination*) einführt und am Ende ein definiertes transgenes Tier erhält. Die ES-Zell-Technologie ermöglicht die Generierung von *knock-out*-Mäusen, d.h. die gezielte Inaktivierung eines bestimmten Gens. Die zufällige Integration von DNA-Konstrukten ins Genom (*random integration*) ist natürlich auch möglich.

Man gewinnt dazu **embryonale Stammzellen (ES)** aus frühen embryonalen Stadien, genauer gesagt aus den inneren Zellen der Blastocyste. Daraus werden dann permanente Zelllinien hergestellt, die wie andere Zelllinien manipuliert werden können. Dieser Ansatz ermöglicht es, die ES-Zellen nach Belieben zu transfizieren und zu selektieren, bis man die gewünschte Mutation erzielt hat.
Embryonale Stammzelllinien kann man sich mittlerweile von Kollegen besorgen bzw. kommerziell erwerben. Die eigentliche Arbeit beginnt daher mit der Herstellung eines DNA-Konstrukts, das die gewünschte Mutation enthält (*targeting construct*). Zwei Typen von Konstrukten werden dabei verwendet: Bei **Insertionskonstrukten** (*insertion constructs*) wird das gesamte Konstrukt in das gewünschte Gen integriert, die normale Genstruktur wird dabei durch das Einfügen neuer Sequenzen zerstört. **Austauschkonstrukte** (*replacement constructs*) dagegen enthalten zwei flankierende homologe Sequenzen, zwischen denen eine Mutation sitzt. Durch ein doppeltes Cross-over in den beiden homologen Regionen wird die Originalsequenz durch die entsprechende mutierte Sequenz ersetzt. Diese Vorgehensweise erlaubt auch das Einführen subtilerer Mutationen, beispielsweise einer Punktmutation, weil bei einem intelligenten Vorgehen die Struktur des Gens nicht zerstört wird.

Der zweite Schritt besteht darin, das Konstrukt in die ES-Zellen zu transfizieren. Bei einigen wenigen Zellen kommt es dabei zur **homologen Rekombination**, d.h. Teile des Zielgens werden gegen den

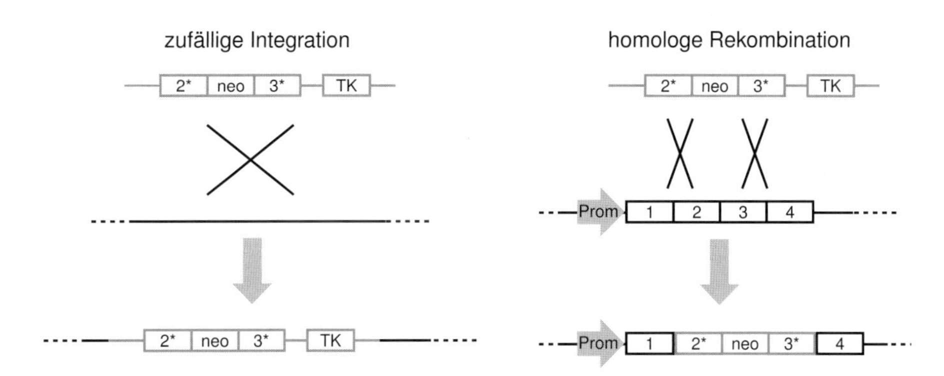

Abb. 65: Zufällige Insertion und homologe Rekombination. Integrieren DNA-Fragmente in das Genom, so geschieht das zumeist zufällig, während eine homologe Rekombination nur selten erfolgt. Es gibt verschiedene Techniken, auf letzteres Ereignis zu selektieren. Eine Möglichkeit ist, den Selektionsmarker (hier das *neo*-Gen) unter die Kontrolle des geneigenen Promotors zu stellen, so dass es nur bei homologer Rekombination zur Expression kommt. Eine andere Möglichkeit ist die Verwendung von negativen Selektionsmarkern (hier das Thymidinkinase-Gen), das bei der zufälligen Integration mit integriert wird. (Nach Ausubel et al.)

mutierten Teil des Konstrukts ausgetauscht. Hat man diese Zellen erst einmal identifiziert, werden sie in Blastocysten injiziert und diese in eine **Ammenmaus** (*foster mouse*) implantiert. Die entstehenden F0-Tiere sind Chimären aus normalen und genetisch veränderten Zellen, je nachdem, wie sich die ES-Zellen in der Blastocyste eingenistet haben. Stammen die Keimbahnzellen von den veränderten ES-Zellen ab, werden auch die F1-Tiere das Transgen tragen. Frühestens in der F2-Generation erhält man dann die ersten Tiere, die homozygot für die Mutation sind.

Je nachdem, wie hoch die Ansprüche an die Mutation sind, die man einführen möchte, gibt es verschiedene Vorgehensweisen bzw. Methoden, nach denen man seinen DNA-Konstrukt plant und anschließend die Selektion durchführt. Am einfachsten ist natürlich die zufällige Integration, für die man ein normales DNA-Konstrukt mit einem dominanten **"positiven" Selektionsmarker** (s. 9.4.7) benötigt. Das Vorgehen ist das gleiche wie bei der Herstellung stabil transfizierter Zelllinien: Die Zellen werden über mehrere Tage einer ordentlichen Portion Antibiotikum ausgesetzt, ein Liebesakt, den nur stabil transfizierte Zellen überleben.
Schwieriger ist die homologe Rekombination, weil es einer zweiten Selektionsrunde bedarf, um an Zellen heranzukommen, bei denen eine Integration am richtigen Ort stattgefunden hat. Dazu arbeitet man mit einem ganz pfiffigen Trick: Man baut in sein DNA-Konstrukt zusätzlich einen sogenannten **"negativen" Marker** ein, der außerhalb des Bereichs liegt, der durch homologe Rekombination ausgetauscht werden soll. Für diesen Zweck wird gerne das Gen für die Herpes-simplex-Virus-Thymidinkinase (HSV-TK) oder für Diphterietoxin verwendet. Bei der zufälligen Integration wird das gesamte Konstrukt ins Genom integriert, so dass die Zellen neben dem Resistenzgen auch den negativen Marker exprimieren, Zellen, bei denen es zur homologen Rekombination kam, enthalten dagegen nur das Resistenzgen. Zunächst wird mit dem Antibiotikum wie üblich auf stabil transfizierte Zellen selektiert. Gibt man anschließend ein Substrat zu, das vom negativen Marker in ein toxisches Produkt umgesetzt wird (z.B. Gancyclovir im Fall von Thymidinkinase), werden zusätzlich alle Zellen getötet, die den

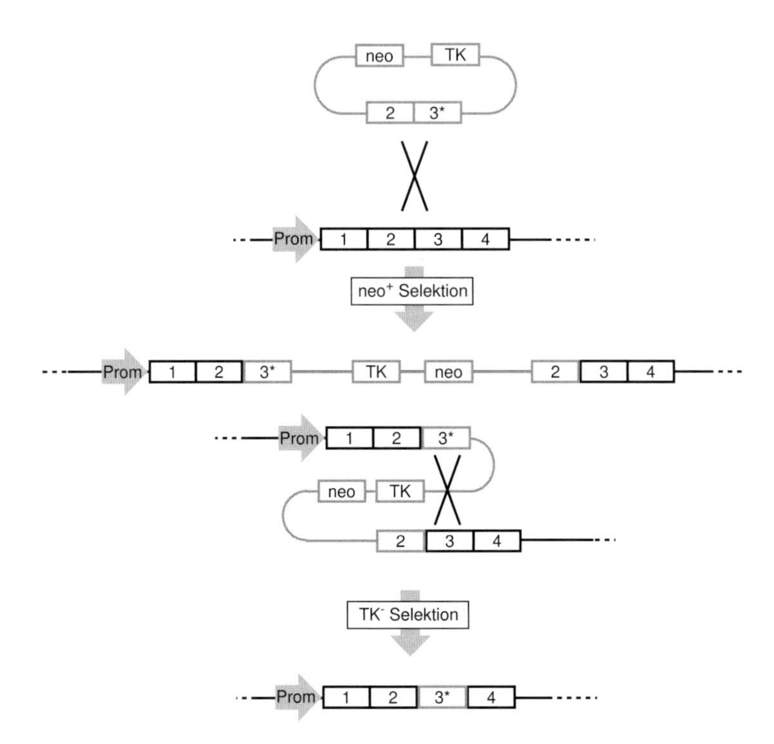

Abb. 66: "*hit-and-run*"-Austausch. Ein zweistufiges Verfahren, bei dem man erst auf die Anwesenheit des positiven Selektionsmarkers, anschließend auf die Abwesenheit des negativen Selektionsmarkers screent. Am Ende steht ein Klon, der außer der gewünschten Mutation keine weiteren Veränderungen enthält. (Nach Ausubel et al.)

negativen Marker exprimieren, während die Zellen, bei denen es zur homologen Rekombination kam, überleben. Die ganze Prozedur wird als **Positiv-negativ-Selektion** bezeichnet.

Wird das Gen, das einer homologen Rekombination unterzogen werden soll, in der Zelllinie normalerweise exprimiert, kann man den endogenen Promotor für eine positive Selektion nutzen. Das Resistenzgen wird dazu derart in das DNA-Konstrukt kloniert, dass bei einer korrekten homologen Rekombination ein Fusionsprotein mit Resistenzgenaktivität entsteht, dessen Expression durch den endogenen Promotor kontrolliert wird. Bei zufälliger Integration dagegen findet mangels Promotor keine Expression statt – es sei denn, das Konstrukt integriert in Reichweite eines aktiven Promotors. Man spart sich auf diese Weise einen negativen Selektionsmarker. Gerade für die Herstellung von *knock-out*-Mäusen ist dieses Verfahren praktisch, weil man auf diese Weise gleichzeitig verhindert, dass weiterhin ein normales Genprodukt gebildet wird.

Man kann mittels homologer Rekombination sogar Mutationen einführen, ohne weitere Spuren zu hinterlassen. Auf diese Weise lassen sich einzelne Punktmutationen setzen, ohne die Genstruktur durch das Einfügen eines Resistenzgens zu stören. Man benötigt dazu einen sogenannten "***hit and run***"- (oder "*in and out*"-) Vektor, der einen positiven und einen negativen Selektionsmarker enthält, diesmal aber beide fernab des Sequenzabschnitts, der ausgetauscht werden soll (s. Abb. 66). Dieses Konstrukt wird zuerst durch homologe Rekombination an der gewünschten Stelle integriert und anschließend auf Klone selektiert, die mit einer zweiten homologen Rekombination den gesamten Vektoranteil wieder losgeworden sind und die gewünschte Mutation zurückbehalten haben. Klingt in dieser kurzen Schilderung sehr gut, ist aber alles in allem mit einer erheblichen Screeningarbeit verbunden.

Vorteil: Die ES-Zell-Technologie ist von allen Methoden zur Herstellung von transgenen Tieren sicherlich die günstigste, weil sie das weiteste Anwendungsspektrum bietet, von der simplen Integration eines Transgens bis zur gezielten Punktmutation. Die Selektion findet in vitro statt und nicht erst am lebenden Tier. Das ist ethisch gesehen angenehmer und man reduziert das Durcheinander im Tierstall.

Soviel in aller Kürze zum Thema Transgene Mäuse. Wer mehr darüber erfahren möchte, findet mittlerweile eine große Zahl von Büchern auf dem Markt, z.B. das von Joyner (1993).

Literatur:

Robertson EJ (1991) Using embryonic stem cells to introduce mutations into the mouse germ line. Biol. Reprod. 44, 238-245

Mansour SL, Thomas KR, Deng CX, Capecchi MR (1990) Introduction of a lacZ reporter gene into the mouse int-2 locus by homologous recombination. Proc. Natl. Acad. Sci. USA 87, 7688-7692

Joyner AL (Hrsg.) (1993):Gene targeting: a practical approach. Oxford University Press.

9.6 Regulation der Transgenexpression

9.6.1 Das Tet-System

Ein Gen in eine Zelle hineinzubekommen ist eine Sache, seine Expression zu kontrollieren eine andere. Häufig ist die An- oder Abwesenheit eines Proteins für die Zelle tödlich, so dass einem ohne die Möglichkeit einer Expressionskontrolle die erfolgreich transfizierten Zellen wegsterben, noch bevor man sie gefunden hat. Aber selbst wenn die Zelle überlebt, kann das Fehlen eines Proteins für die Entwicklung eines ganzen Organismus fatale Folgen haben. Nicht selten sterben aus diesem Grunde homozygote *knock-out*-Mäuse bereits *in utero*, weil die Entwicklung des Embryos völlig durcheinander gerät. Um wieviel praktischer wäre es da, wenn man einen Schalter hätte, mit dem man die Expression eines Gens an- oder ausschalten könnte oder, o Höchstes der Gefühle, die Expression gar fein regulieren könnte! Der Traum wurde 1992 von Gossen und Bujard erfüllt mit der Entwicklung eines Systems, das nun als *Tet expression system* durch die Kataloge von Clontech geistert.

Das Tet-System besteht aus zwei Komponenten, einem **Regulator-** und einem **Antwort-Plasmid**. Das Regulatorkonstrukt kodiert für den ***tetracycline-responsive transcriptional activator*** (**tTA**), ein Fusionsprotein aus dem Tet-Repressor des Tn10-Transposons und der VP16-Aktivierungsdomäne des Herpes simplex Virus (alles klar?), das unter der Kontrolle eines CMV-Promotors steht und daher konstitutiv exprimiert wird. Das Antwort-Plasmid dagegen enthält die zu exprimierende cDNA, die unter der Kontrolle des ***tet responsive element*** (TRE) steht.

Beide Plasmide werden mit den üblichen Methoden stabil in eine Zelllinie transfiziert. In der Abwesenheit von Tetracyclin bindet tTA an das TRE und aktiviert die Transkription des dahinterliegenden Gens. Gibt man dagegen Tetracyclin zu, entsteht ein Tetracyclin-tTA-Komplex, der nicht mehr an das TRE-Element bindet, und die Expression sinkt. Clontech nennt diese Variante **Tet-Off**, damit man sie leichter unterscheiden kann vom **Tet-On-System**, das auf einer mutierten Version von tTA basiert, die

nur in Anwesenheit von Doxycyclin (Dox), einem Tetracyclinderivat, an das TRE bindet und daher als ***reverse tTA*** (**rtTA**) bezeichnet wird (Gossen et al. 1995).
Weil die Inaktivierung bzw. Aktivierung der Transkription von der verwendeten Tetracyclin- bzw. Dox-Menge abhängt, lässt sich die Expression des selbstgebastelten Konstrukts einfach und elegant um den Faktor 1000 und mehr rauf- bzw. runterregulieren. Die Antwort erfolgt beim Tet-On System mit einer Verzögerung von 12-24 Stunden, Tet-Off reagiert vor allem in Tieren deutlich langsamer, weil die Verweildauer von Dox im Körper des Tiers sehr lang ist.
Clontech wäre keine Biotech-Firma, wenn sie einem nicht für einen entsprechenden Obulus das Leben ein wenig erleichtern würde, indem sie verschiedene bereits mit Tet-Off bzw. Tet-On stabil transfizierte Zelllinien anbietet. Im Programm befinden sich auch verschiedene Antwortplasmide, und ein Retrovirussystem (RetroTet™) wird ebenfalls vertrieben. Ein monoklonaler Antikörper gegen tTA zum Nachweis der tTA-Expression rundet das Programm ab.
Bidirektionale Tet-Expressionsvektoren (namens pBI) erlauben die Kontrolle von zwei Genen durch ein einziges TRE, die beiden Gene werden auf diese Weise koreguliert. Man kann so beispielsweise die zwei Untereinheiten eines Proteins in gleichen Mengen exprimieren oder die Expression seines Proteins indirekt über ein Reportergen verfolgen. Versionen mit eingebautem *enhanced green fluorescent protein* (EGFP), β-Galactosidase oder Luciferase werden von Clontech bereits angeboten.

Die **Probleme** bei der Herstellung der Tet-gesteuerter Zelllinien sind ähnlich wie bei anderen stabilen Transfektionen: Die Expression von tTA kann zu niedrig sein, weil die Integration des Regulatorplasmids in einer Region erfolgte, in der die Transkription gehemmt ist, oder die Expression des Gens auf dem Antwortplasmid kann zu hoch bzw. nicht regulierbar sein, weil die Integration des Antwortplasmids in der Nähe eines endogenen Promotors bzw. Enhancers erfolgte. Kotransfektion der beiden Plasmide kann zu Kointegration führen, dann kann das Antwortplasmid unter die Kontrolle des Promotors auf dem Regulatorplasmid geraten und eine hohe konstitutive Expression ist die Folge.
Ein ganz spezifisches Problem dieses Systems sind Reste von Tetracyclin im **foetalen Kälberserum** (FCS), das häufig als Zusatz für Medien in der Zellkultur verwendet wird. In der Landwirtschaft wird mit Antibiotika nur so herumgewütet und die Rückstände in den Seren reichen bereits aus, um das Tet-System zu beeinflussen. Doch keine Angst, in seiner grenzenlosen Güte bietet Clontech auch getestetes Serum an.

Ursprünglich wurde das Tet-System für die Zellkultur entwickelt, doch eignet es sich auch zur Herstellung transgener Tiere, Pflanzen oder Hefen. Die Anwendungsmöglichkeiten, die daraus erwachsen, sind besonders faszinierend. So könnte man eine Bank von transgenen Tet-On- bzw. Tet-Off-Mäusen herstellen, deren tTA-Expression unter der Kontrolle gewebsspezifischer Promotoren steht. Verpaart man diese mit Mäusen, deren Transgen durch tTA reguliert wird, ließe sich nicht nur die Menge, sondern auch der Ort der Expression genau bestimmen. Und weil es viel einfacher ist, Mäuse miteinander zu verpaaren als Transgene herzustellen, ließe sich auf diese Weise problemlos die Rolle einzelner Gene in bestimmten Geweben zu definierten Zeitpunkten untersuchen. Eine grandiose Perspektive!

Vorteil: Sehr spezifische Kontrolle eines Gens. Hohes Expressionsniveau im On-Zustand.

Literatur:

Gossen M, Bujard H (1992) Tight control of gene expression in mammalian cells by tetracycline-responsive Promotors. Proc.Natl.Acad.Sci. USA 89, 5547-5551

Gossen M et al. (1995) Transcriptional activation by tetracyclines in mammalian cells. Science 268, 1766-1769

Baron U e.t al (1997) Tetracycline-controlled transcription in eukaryotes: novel transactivators with graded transactivation potential. Nucl. Acids Res. 25, 2723-2729

9.6.2 Das Ecdyson-System

Auch Invitrogen hat ein induzierbares Säugerexpressionssystem im Angebot, das vom Prinzip her ähnlich funktioniert wie das Tet-System. In diesem Fall enthält das Regulatorplasmid die Untereinheiten des *Drosophila*-Ecdyson-Rezeptor, das Antwortplasmid den passenden ecdyson-induzierbaren Promotor. Induziert wird durch die Zugabe des Ecdyson-Analogons Muristeron A, das für eine 200fache Expressionssteigerung sorgt. Das System soll laut No et al. 1996 und Invitrogen ebenfalls feinregulierbar sein, bei transgenen Mäusen einsetzbar sein und dabei sogar noch einen größeren Unterschied in der Expression zwischen An- und Aus-Zustand aufweisen als das Tet-System.

Literatur:

No D, Yao TP, Evans RM (1996) Ecdysone-inducible gene expression in mammalian cells and transgenic mice. Proc. Natl. Acad. Sci. USA 93, 3346-3351

9.7 Gentherapie

Was sagst du, Freund? das ist kein kleiner Raum:
Da sieh nur hin! du siehst das Ende kaum.
Ein Hundert Feuer brennen in der Reihe;
man tanzt, man schwatzt, man kocht, man trinkt, man liebt -
nun sage mir, wo es was Bessers gibt!

Zum Abschluss sei noch ein Stichwort erwähnt, das seit geraumer Zeit durch die Medien geistert und mal als Wunderwaffe, mal als Teufelswerk propagiert wird. Sie ist natürlich weder das Eine noch das Andere – prinzipiell ist die Gentherapie der Versuch, Erbkrankheiten an der Wurzel zu packen: Wenn das Problem eine Mutation in einem Gen ist, dann lasst uns doch diese Mutation reparieren, lautet die zugrundeliegende Idee. Eigentlich ist das ein Problem der Medizin und gehört gar nicht in ein Buch über Molekularbiologie, doch bietet es sich an, auch dieses Thema zu streifen, wenn man schon über transgene Tiere spricht.

Man unterscheidet in der Gentherapie zwischen **somatischer Gentherapie**, das ist der Versuch, in die (somatischen) Zellen eines erwachsenen Organismus Kopien einer normalen Version des mutierten Gens einzuführen, um seine Funktion zu substituieren, und der **Keimbahntherapie**, bei der man das Gleiche versucht, aber an Keimbahnzellen, wovon erst die kommenden Generationen profitieren. Das entspricht in ungefähr der transienten bzw. stabilen Transfektion einerseits und der Herstellung von transgenen Tieren andererseits, und damit dürfte auch schon deutlich werden, wo die Probleme liegen. Die Keimbahntherapie ist praktisch die Herstellung eines transgenen Menschen. Vor allem aus der Befürchtung heraus, dass auf diese Weise Herrenmenschen mit blauen Augen und von großer Statur im Reagenzglas gezüchtet werden könnten, hat man in Deutschland diese Form der Therapie verboten. Man kann zwar davon ausgehen, dass unser Embryonenschutzgesetz nur so lange Bestand haben wird, bis es Amerikanern oder Koreanern gelungen sein wird, die ersten Erbkrankheiten auszurotten, trotzdem ist dieses Verbot sinnvoll angesichts der Unmengen an Ausschuss, die bei der Produktion von transgenen Mäusen entstehen und bei Experimenten am Menschen genauso zu erwarten wären. Auch ist es meines Erachtens fraglich, ob die Kosten für solche Spielereien in irgendeinem sinnvollen Verhältnis stehen zum Nutzen, wenn man bedenkt, dass die Bevölkerung der Erde jedes Jahr um 100 Millionen Menschen anwächst, von denen die meisten auch ohne diese High-Tech-Medizin, zumindest

anfangs, gesund sind (mal ganz abgesehen davon, dass es seltsam anmutet, Zehntausende von Euro in die Gentherapie eines Embryos zu stecken, wenn es anschließend am Geld für einen Kindergartenplatz mangelt). Sinnvoll wäre die Keimbahntherapie nur, wenn es gelänge, Embryonen punktgenau und "ausschussfrei" zu mutieren – auf die Gefahr hin, dass in Zukunft die Kinderproduktion den gleichen modischen Strömungen unterliegen könnte wie heute die Bekleidungsindustrie.
Eine Variante des Problems könnte uns jedoch trotz aller Vorsicht blühen. Nachdem Wilmut et al. im Februar 1997 die Weltöffentlichkeit mit ihrem Klon-Schaf Dolly schockten, das aus einer somatischen Zelle generiert wurde, ist es erstmals denkbar, die Keimbahntherapie an normalen Körperzellen durchzuführen, wie man sie durch eine einfache Blutentnahme gewinnen kann oder vielleicht gar durch einen simplen Schleimhautabstrich. Die ersten schlauen Köpfe überlegen bereits, ob man so nicht Ersatzteilkörper herstellen könnte, die uns später einmal mit Austauschnieren und -herzen versorgen werden. Im Moment steckt die Technik allerdings noch in den Kinderschuhen. Um Dolly zu erhalten, bedurfte es noch ganzer 277 Versuche, daher arbeitet man gegenwärtig eifrig an einer Verbesserung der Methodik – bislang mit mäßigem Erfolg. Neben Mäusen, Rinder und anderen Haustieren wurde bereits am Menschen herumgeklont. Die Marschrichtung ist damit vorgegeben: Bald wird die Erfolgsquote steigen und damit auch die Gefahr des Missbrauchs. In einer Welt, in der man sechzigjährigen Frauen zu Nachwuchs verhilft, in der Kinder geboren werden, die ihre Existenz einer Eispende, einer Samenspende, einer Leihmutter, einem zahlungsunwilligen Auftraggeber und einem Richter mit Herz für ungeborenes Leben verdanken, in einer Welt, in der Ärzte ernsthaft über Kopftransplantationen nachdenken, könnte Geldmangel zum einzigen ernstzunehmenden Hindernis für die Realisierung globalen Blödsinns dieser Art werden. Zum Glück verschafft uns Mutter Natur noch einmal eine kurze Verschnaufpause – nach der Klonierung etlicher Tierarten sieht es im Augenblick so aus, als bestünde das Problem nicht nur darin, ein Lebenwesen erfolgreich zu klonieren, sondern auch darin, ihm eine normale Entwicklung zu ermöglichen – bislang jedenfalls zeigten sich bei fast allen klonierten Tieren seltsame Wachstumsabnormalitäten, verursacht durch Transkriptionsstörungen wegen unnatürlicher Imprintingmuster im Genom (Rideout et al. 2001). Dolly musste übrigens im jugendlichen Alter von 5 Jahren eingeschläfert werden, weil Arthritis und andere abnormale Alterszipperlein das Experiment zur Tierquälerei ausarten ließen.

Die somatische Gentherapie ist da schon wesentlich sinnvoller und auch realistischer. Die ersten Versuche sind bereits angelaufen. Spektakulär waren beispielsweise die Ansätze, Cystische Fibrose (Mukoviszidose) bei Mäusen durch Lipofektion zu behandeln (Hyde et al. 1993). Weil es sich dabei um transiente Transfektionen handelt, deren Nutzen zeitlich sehr begrenzt ist, arbeitet man bereits heftig daran, Methoden zur längerfristigen bis hin zur stabilen Transfektion zu entwickeln. Die größten Hoffnungen setzt man zur Zeit offenbar auf virale Vektoren, weil sie so wunderbar effektiv sind – allerdings auch schwer zu kontrollieren, wie der erste spektakuläre Todesfall vor nicht allzu langer Zeit auf eindringliche Weise zeigte (Teichler Zallen 2000). Auch die Zelltypspezifität ist derzeit noch ein Problem. Ein Weg, gezielter vorzugehen, besteht darin, körpereigene Zellen, z.B. Lymphocyten, zu entnehmen und in vitro zu transfizieren, zu selektieren und Ausschuss zu produzieren, bis man schließlich behandelte Zellen erhält, die man wieder in den Körper einschleusen kann.

Wie erfolgreich all diese Ansätze sein werden, ist eine spannende Frage, da durch transiente Transfektionen keine dauerhafte Heilung möglich ist und wiederholte Behandlungen das Risiko allergischer Reaktionen steigen lassen. Langfristige Besserung ist nur durch die Integration von DNA-Konstrukten in das Genom der Zellen möglich, was wiederum das Risiko der Zelldegeneration und damit der Krebsbildung in sich birgt.
Trotzdem stehen die Zeichen gut. Die Jungs (und Mädels) von der Gentherapiefront haben seit 1994 ihre eigene Zeitschrift (mit dem überaus originellen Namen *Gene therapy*) und auch eine *American*

Society of Gene Therapy gibt's mittlerweile, damit ist dieser Forschungsrichtung ein langes Leben bestimmt und wir können freudig der Dinge harren, die da kommen werden.

Wunder sollte man allerdings vorerst von der Gentherapie nicht erwarten. Vielleicht wird sie ja langfristig eher einen gegenteiligen Effekt haben. So wie die Verfügbarkeit und teilweise hemmungslose Anwendung der Antibiotika nach fünfzig Jahren zur Entstehung von Krankheitserregern geführt hat, die gegen nahezu alles resistent sind, was die Trickkiste zu bieten hat und manchen das Leben kosten, der sich eigentlich nur den Blinddarm herausnehmen lassen wollte, könnte auch die Gentherapie, wenn sie erst einmal funktioniert, einen "*effet pervers*" haben. Sind die schlimmen Erbkrankheiten erst einmal heilbar, wird kein Grund mehr bestehen, sie nicht mehr an seine Kinder zu vererben. Und weil Mutationen von alleine entstehen, aber nicht mehr von alleine verschwinden, könnten die leichten und schweren Erbkrankheiten irgendwann so alltäglich werden wie heute die Fehlsichtigkeit. Ob der Menschheit und den Menschen damit letztendlich gedient ist, bleibt noch zu sehen. Aber das ist ein zu weites Feld ...

Literatur:

Lavitrano M et al. (1989) Sperm cells as vectors for introducing foreign DNA into eggs: Genetic transformation of mice. Cell 57, 717-723

Hyde SC et al. (1993) Correction of the ion transport defect in cystic fibrosis transgenic mice by gene therapy. Nature 362, 250-255

Wilmut I et al. (1997) Viable offspring derived from fetal and adult mammalian cells. Nature 385, 810-813

Teichler Zallen D (2000) US gene therapy in crisis. Trends Genet. 16, 272-275

Rideout WM, Eggan K, Jaenisch R (2001) Nuclear cloning and epigenetic reprogramming of the genome. Science 293, 1093-1098

9.8 Genomik

Seitdem das menschliche Genom entschlüsselt ist, erobert ein neues Schlagwort die Herzen und die Medien: Genomik, von den Amerika-Gläubigen auch gerne als *Genomics* bezeichnet. Ein Grund für die Beliebtheit könnte sein, dass nur wenige wissen, was unter diesem Begriff genau zu verstehen ist. Tatsache ist, dass man sich schwertut, eine gute Definition zu finden – in den Lehrbüchern sucht man "Genomik" noch vergeblich, während es in der Fachliteratur bereits verwendet wird, als handle es sich um die selbstverständlichste Sache der Welt.

Am Anfang steht, wen wundert' s, der Begriff *Gen*, der interessanterweise lange vor der Entdeckung der DNA als Träger aller Erbinformation geprägt wurde. Gen bedeutete ursprünglich soviel wie "kleinste Einheit in der Welt der Erbinformation", und die Forschungsrichtung dazu wird als **Genetik** bezeichnet. Die Genetik setzt sich mit dem Sinn und Zweck der Gene und ihrem Zusammenspiel auseinander – von einzelnen Genen üblicherweise. Diese Forschung hat wichtige Erkenntnisse gebracht, man denke nur an die Aufklärung der Ursache vieler Erbkrankheiten, aber gleichzeitig zeigten sich auch zunehmend ihre Grenzen. Denn nur wenige dieser Krankheiten ließen sich wirklich durch Mutationen in nur einem einzigen Gen erklären, und in etlichen Fällen war noch nicht einmal ein logischer Zusammenhang zwischen dem betroffenen Gen bzw. den Proteinen, für die sie kodierten, und dem Krankheitsbild zu erkennen. Relativ schnell wurde klar, dass mit diesem Ansatz der große Durchbruch nicht gelingen konnte.

Zum Glück fand in den Neunziger Jahren eine gewaltige technische Entwicklung statt. Seltsamerweise waren es diesmal keine neuen Techniken, die das Antlitz der Forschung veränderten, sondern die Weiterentwicklung, Vereinfachung und Miniaturisierung längst etablierter Methoden; heraus kamen dabei beispielsweise die nichtradioaktive Sequenzierung (s. 8.1.2) oder die Hybridisierung im Kleinformat

(Microarrays, s. 9.1.6). Gleichzeitig wurden ungeheure Anstrengungen unternommen, um all die Techniken, die zum Standardrepertoire des Molekularbiologen gehören, zu automatisieren. Plasmid-Minipräps durchzuführen und die so gewonnene DNA zu sequenzieren, ein Arbeitsgang, der normalerweise einen Werktätigen mehrere Tage in Atem hält, kann heutzutage vollautomatisch von einer Maschine durchgeführt werden – schneller, da an keinen Acht-Stunden-Arbeitstag gebunden, zuverlässiger und im 96- oder 384-well-Format. Selbst die dazu notwendige Klonierung kann heutzutage bis zu einem gewissen Punkt automatisiert werden (s. 6.1.2).
Miniaturisierung und Automatisierung zusammen erlaubten erstmals die Generierung wirklich großer Datenmengen, die Grundvoraussetzung für vorher unvorstellbare Projekte wie die Sequenzierung ganzer Organismen. Seitdem hat eine vermutlich unaufhaltsame Entwicklung eingesetzt, weg vom einzelnen Gen hin zu Untersuchungen der Gesamtheit aller Gene eines Organismus, gemeinhin als **Genom** bezeichnet. Was dem Gen die Genetik, das ist dem Genom die **Genomik**[147]. Der Gerechtigkeit halber sollte man darauf hinweisen, dass auch die Genomik noch nicht das Ende der Entwicklung ist. Da fast jedes Gen für ein Protein kodiert, das letztendlich die Arbeit erledigt, stellt die Untersuchung aller Proteine einer Zelle (das sogenannte **Proteom**) und deren Zusammenspiel die eigentliche Krönung der biologischen Erforschung des Kleinsten dar. Die entsprechende Forschungsrichtung nennt sich **Proteomik** und bemüht sich seit einigen Jahren redlich, wenngleich bislang ohne die spektakulären Erfolge, wie sie die Genomik vorzuweisen hat. Der große technische Durchbruch wird in der Proteomik vermutlich noch einige Zeit auf sich warten lassen, weil Proteine einfach viel unterschiedlicher, sozusagen "individueller" sind als DNA, doch bin ich davon überzeugt, dass sie mit der Genomik, was die Bedeutung angeht, langfristig zumindest gleichziehen wird. Ich kann dem Jungforscher daher nur raten, sich auf dem Laufenden zu halten, was die Proteomik angeht. Gleiches gilt im Prinzip für die **Glykomik** (engl. *glycomics*), die sich mit der Analyse der Zuckerketten von extrazellulären Proteinanteilen beschäftigt, einer bislang weitgehend vernachlässigten Forschungsrichtung.

Wie jede bessere Forschungsrichtung zerfällt auch die Genomik in unterschiedliche Richtungen mit unterschiedlichen Fragestellungen. Wie klar sich die verschiedenen Forschungsrichtungen gegeneinander abgrenzen lassen, sei allerdings dahin gestellt. Da sich alle mehr oder weniger mit dem selben Gegenstand beschäftigen, liegt der Unterschied vor allem im Ziel, auf das hingearbeitet wird.
Unter dem Begriff **Strukturelle Genomik** vereint man, was man vermutlich auch als Vorarbeiten bezeichnen könnte: das Erstellen von Genbibliotheken, Genkarten, die vollständige Sequenzierung ganzer Genome und schließlich die Aufbereitung der Sequenzdaten.
Die **Komparative Genomik** ist bemüht, einen Zusammenhang zwischen Genom und Phänotyp herzustellen. Haben Sie sich nie gefragt, warum Neger[148] schwarz sind? Bestimmt. Aber ist Ihnen auch aufgefallen, dass nicht alle Neger gleich schwarz sind? Oder dass nicht alle Schwarzen Neger sind? Sind die Gene, die fürs Schwarzsein sorgen, bei afrikanischen, asiatischen und australischen Schwarzen die gleichen? Warum werden wir Europäer nicht "schwarz", sondern bestenfalls ziemlich braun? Warum sind wir eigentlich nicht mehr schwarz, obgleich unsere Vorfahren es höchstwahrscheinlich waren? Nützliche (und unsinnige) Fragen dieser Art fallen in das Gebiet der komparativen Genomik. Je nach Interessenlage kann man hiermit Vergleiche zwischen verschiedenen Spezies, aber auch Unterschiede zwischen und innerhalb verschiedener Populationen einer Art analysieren.
Die **Funktionelle Genomik** dagegen setzt sich mehr mit dem Problem auseinander, dass zwar in naher Zukunft alle Gene in den bislang durchsequenzierten Genomen benannt werden können, ohne dass die Funktion der von ihnen kodierten Proteine deshalb durchgehend bekannt wäre. Durch die

---

147. -omik leitet sich vom griechischen Suffix -om ab, das so viel bedeutet wie "alles", "vollständig". Genomik ist also die Forschung an der Gesamtheit der Gene.
148. Richtig, dieser Abschnitt ist nicht politisch korrekt!

Untersuchung des Ganzen erhofft man sich nun die entscheidenden Hinweise auf die Rolle der einzelnen Puzzleteile, die wir mittlerweile in der Hand halten. Noch interessanter ist allerdings die Frage, wie die Gene, die Signalstrukturen des Genoms und die Genprodukte in Zusammenhang stehen. Bislang sind uns bestenfalls gewisse Grundzüge des Zusammenspiels in diesem höchst komplexen Netzwerkes bekannt, was die Möglichkeiten, selbst darauf Einfluss zu nehmen, extrem einschränkt. Vor allem der letzte Punkt wird in naher Zukunft zu verschärften Debatten führen und in den nächsten Jahren zu massiven Einschränkungen der Forschertätigkeit führen, ungefähr im gleichen Maße, wie unsere Kenntnisse über die Zusammenhänge und die Möglichkeit, darin herumzupfuschen, steigen werden.

Darüber hinaus kennt man mittlerweile bereits die **Klinische Genomik**, die sich mit der Einfluss von Unterschieden im Genom auf unsere Gesundheit beschäftigt, und die **Pharmakogenomik**, deren Ziel es ist, die Entwicklung neuer Medikamente zu erleichtern und klarere Aussagen über die Wirksamkeit eines bestimmten Medikaments bei einem bestimmten Patienten zu ermöglichen. Sowohl für die klinische als auch für die pharmazeutische Genomik sind insbesondere die ***single nucleotide polymorphisms*** (**SNPs**, ausgesprochen "snips") von großem Interesse, jene kleinen Punktmutationen, von denen sich durchschnittlich alle 1000-5000 Basen eine in unserem Genom findet[149] und die für die Unterschiede zwischen den Individuen sorgen.[150] Sie dürften der Schlüssel für das Phänomen sein, dass manche Krankheit nur bestimmte Personen trifft oder ein Medikament nur bei dreißig oder fünfzig Prozent der Bevölkerung wirkt, dafür aber bei zwanzig Prozent für starke Nebenwirkungen sorgt. Höchstwahrscheinlich wird noch die eine oder andere XY-Genomik dazukommen, diese Liste erhebt daher keinen Anspruch auf Vollständigkeit. Gemeinsam ist allen Bereichen, dass es (derzeit noch) großer finanzieller Mittel bedarf, um diese Art der Forschung zu betreiben. Es kommt nicht von ungefähr, dass die spektakulärsten Fortschritte entweder von finanzkräftigen Firmen oder von weltumspannenden Kooperationen herrühren. Der Entwicklungsaufwand ist derzeit sehr groß und die Kosten dementsprechend hoch. Zwar gibt es bereits Bestrebungen, beispielsweise Microarray-Daten in großen Datenbanken zu sammeln und so in einer gemeinsamen Anstrengung die Datenmengen zu schaffen, die für detaillierte Analysen notwendig sein werden, doch fehlt es derzeit häufig noch an Standards, um die Daten vergleichbar zu machen und an den notwendigen Programmen für die Analysen.

Zum Rückgrat der Genomik entwickelt sich deshalb mittlerweile die **Bioinformatik**. Computer haben die Generierung der gegenwärtigen Datenflut erst ermöglicht, und Computer sind die einzige Möglichkeit, damit noch umzugehen. Mit ihrer Hilfe lassen sich gegenwärtig Genbanken nach bestimmten Sequenzen durchsuchen, Vergleiche zwischen den Sequenzen anstellen, genetische Stammbäume aus dem Vergleich homologer Sequenzen erstellen oder die Ergebnisse vieler einzelner Sequenzierungen zu einem zusammenhängenden Genom zusammenbasteln. Das ist allerdings erst der Anfang. So wird beispielsweise gegenwärtig fieberhaft daran gearbeitet, Algorithmen zu finden, mit denen sich aus den Milliarden Basen eines Genoms die einzelnen Gene identifizieren lassen. Man wird versuchen, aus einzelnen Mutationen auf die strukturellen Veränderungen der betroffenen Proteine zu schließen, aus

149. Ein internationales Konsortium ("SNP Konsortium"), an dem u.a. elf große Pharmafirmen beteiligt sind, arbeitet derzeit intensiv an der Identifizierung der genetischen Variationen im menschlichen Genom. Die dabei gewonnenen Daten – bislang über 1,4 Millionen SNPs – sind im Internet zugänglich unter "http://snp.cshl.org". Insgesamt dürfte die Zahl der Varianten, die sich in der menschlichen Population finden, mehrere Millionen betragen – von denen allerdings nur ein kleiner Teil funktionell von Interesse sein wird angesichts der Tatsache, dass gerade mal knapp 5 % der Basenpaare, die wir in uns tragen, für Proteine und regulatorische Bereiche kodieren, während über 95 % der Sequenzen unseres Genoms ohne größere Bedeutung für uns sein dürften.

150. Zumindest für einen Teil von ihnen; für den Rest sind wohl die *copy number variants* (CNV) zuständig (siehe dazu 9.1.6).

denen sich Änderungen in deren Funktion ergründen ließen, oder man wird daran arbeiten, welches Protein mit welcher Stelle im Genom interagiert, um die Expression verschiedenster Gene stark, schwach oder gar nicht zu beeinflussen. Die Bioinformatik ist das Tor zur Theoretischen Biologie! Wie auch die Theoretische Physik der Praktischen Physik immer wieder neue Richtungen weist, werden in einer nicht allzu fernen Zukunft theoretische Biologen Modelle liefern, die den praktischen Biologen wichtige Anstöße für ihre Arbeit liefern werden. Goldene Zeiten stehen uns bevor, ich sag' es Ihnen!

Weil die Bioinformatik noch nahezu am Anfang steht, sind die Möglichkeiten für junge Biologen übrigens momentan sehr gut, in diesem Bereich Fuß zu fassen. Vermutlich gehören Sie zu denen, die der Meinung sind, Computer seien das ureigenste Terrain der Informatiker. Weit gefehlt! Die Computertechnik hat in den letzten Jahrzehnten enorme Fortschritte gemacht, doch zeigt sich heute, da die Rechenleistung eines Heimrechners die der NASA-Rechner zu Zeiten der Mondlandung bei weitem übertrifft, dass Computer nur so gut sind wie diejenigen, die ihnen sagen, was sie tun sollen, und dass Informatiker hervorragend mit Computern umgehen können, aber nicht die blasseste Vorstellung davon haben, was ein Gen ist. Weil es wesentlich schneller geht, sich die notwendigen Grundlagen im Programmieren und im Umgang mit Computern zu erarbeiten als ein tiefes Verständnis für die Molekulare Biologie zu entwickeln, stehen die Chancen für Biologen mit Interesse am Umgang mit Computern derzeit sehr gut. Zur Zeit ist der Bedarf so groß, dass mitunter einige Intensivkurse und eine gezielte Einarbeitung in das Thema bereits ausreichen, um eine Stelle im Bereich Bioinformatik zu finden, die restliche Ausbildung erfolgt dann zumeist "*on the job*". Damit ist man natürlich noch kein Bioinformatiker – mit den Folgen dieser Schmalspurausbildung werden wir dann vermutlich in einigen Jahren zu kämpfen haben. Sollte der Bereich Bioinformatik (oder auch die Biostatistik, ein ähnlich boomendes Gebiet) Sie interessieren, wäre es daher empfehlenswert, dass Sie sich rechtzeitig um eine fundierte fachliche Grundlage bemühen, dann dürften Ihre Aussichten tatsächlich sehr gut sein.

Ausblick

Trotz des gegenwärtig großen Interesses an der Genomik sollte man sich allerdings im Klaren darüber sein, dass es sich dabei nur um eine neue Art der Datenbeschaffung handelt, die erst im Zusammenspiel mit anderen Forschungsrichtungen, beispielsweise der Proteomik oder der Epigenetik[151], wirklich interessant wird. Trotz der gewaltigen Mengen an Geld und Anstrengung, der Automatisierung und der ungeheuren Datenmengen sollte man die Genomik vielleicht besser als das ansehen, was sie ist: eine Art Filter, der uns helfen wird, in der Masse der zigtausend Gene neue Kandidatengene, sogenannte *targets*, zu finden, die mit dieser Krankheit oder jenem Phänotyp in Zusammenhang stehen. Die Aufklärung der Zusammenhänge und Mechanismen wird dann allerdings wieder auf die klassischen Methoden zurückgreifen müssen und mit jeder Menge Handarbeit verbunden sein. Und dafür wird es Leute brauchen, die ihr Handwerk verstehen. Sie sehen, manche Dinge ändert nicht einmal der Fortschritt.

151. Epigenetik, "über" oder "oberhalb der Genetik", beschäftigt sich mit dem Einfluss äußerer (Umwelt) und innerer (andere Gene) Faktoren auf die Gene, welche sich nicht in Änderungen der Gensequenz (Mutationen) niederschlagen. Bekannte Stichworte in diesem Zusammenhang sind DNA-Methylierung, *chromatin remodelling* und *imprinting*.

10 Tipps für die Karriereplanung, oder: Der ganz kleine Macchiavelli für Jungforscher

Publikationen

Das Leben des Forschers dreht sich um die Publikationen. Das mag überraschen, schließlich sollte man meinen, des Forschers liebstes Kind sei das Forschen, andererseits gibt es da auch den netten Spruch "Tu Gutes und rede darüber". Dieses Denken hat sich auch in der Forschung schon vor langer Zeit durchgesetzt. Das Bild des leicht fanatischen, aber eigentlich ganz netten, weil weitgehend harmlosen Forschers, das in weiten Teilen der Bevölkerung vorherrscht, hat natürlich mit der Realität nicht viel zu tun. Besser noch als in den Naturwissenschaften sieht man die Realität bei den Medizinern. Die Population der Medizinstudenten besteht zu Studienbeginn aus einem bunt zusammengewürfelten Haufen von Durchschnittsmenschen, am Ende des Studiums hat man es dagegen mit zwei klar unterscheidbaren Gruppen zu tun: Die erste setzt sich aus den Karrieristen zusammen, die in langen Jahren harten Trainings die Spielregeln des Systems erfasst haben und die Regeln nun zu ihren Gunsten zu nutzen gedenken. Sie sind verantwortlich für das Bild vom Halbgott in Weiß, dem allwissenden Genie, das durch die Gänge schwebt und die ganze Welt, zumindest aber jede Krankheit erklären kann, vorzugsweise von oben herab dozierend.[152] Die Karrieristen schlagen nach dem Staatsexamen zumeist eine Karriere an einer Uniklinik ein. Die zweite Gruppe, die Idealisten, sind Studenten, die Medizin gelernt haben, um ihren Mitmenschen helfen zu können, und nach vielen Jahren erkennen müssen, dass sie mit diesem Konzept gescheitert sind. Es sind meist die Sympathischeren, die sich nach dem Studium dann in eine Praxis auf dem Dorf zurückziehen und von der Welt und dem System vergessen werden.

Karrieristen gibt es natürlich auch in den Naturwissenschaften. Weil Biologen als Berufsgruppe klassischerweise in der Gesellschaft keine Rolle spielen, haben sich die Forscher zwangsläufig ihre eigene kleine Welt gebastelt: die Universität, mit ihren ganz eigenen Gesetzen, zu denen die **Publikationen** gehören, als messbare Erfolgsgröße. Eigentlich ist das System ganz pfiffig, weil es erlaubt, sowohl Quantität (Zahl der Paper) als auch Qualität (Journal, in dem publiziert wurde) zu erfassen. Sogar die Position des Namens in der langen Liste der beteiligten Autoren wird ins Kalkül mit einbezogen und erlaubt so ein "*Finetuning*". Einzig bei der Konvertierbarkeit hapert es ein wenig: Wie viele Feld-, Wald- und Wiesenpaper braucht es, um ein *Nature*-Paper aufzuwiegen? Ist eine dritte Position auf einem *Cell*-Paper mehr oder weniger wert als zwei Erstautorpublikationen im *Journal of Ophthalmic Turbulences*? Hier eröffnet sich großer individueller Gestaltungsspielraum – oder, anders ausgedrückt, für Hickhack unter den Wissenschaftlern.
Wegen dieser Unschärfe im Bewertungssystem hat sich mittlerweile der Stil durchgesetzt, auf Teufel komm raus zu publizieren, um auf Nummer Sicher zu gehen. Eine Doktorarbeit muss mittlerweile mit allermindestens einer Publikation enden, und selbst Diplomarbeiten sind nicht mehr vor diesem Wahn gefeit, was angesichts des kurzen Zeitraums, in dem eine Diplomarbeit heute durchgeführt werden muss, an Perversion grenzt. *Publish or perish*, publiziere oder stirb, lautet der Schlachtruf. Das ist in Ordnung, solange man die Realitäten nicht aus den Augen verliert. Publikationen haben in nicht-forschenden Kreisen ungefähr den gleichen Stellenwert wie Kauri-Muscheln in einer Schweizer Bank: recht dekorativ, aber völlig wertlos. Wer sich auf das Spiel einlässt, sollte nie vergessen, dass es sich

152. Derzeit bekanntester Vertreter dieser Spezies ist *Dr. House*. Der Mann, der uns Präriehunde als eine Hundeart verkauft und hartnäckig von seinen Kollegen fordert, sie sollten bei der Patientin mit den unerklärlichen Anfällen endlich eine Hirnbiopsie durchführen, sonst müsse sie leider sterben.

dabei um geistige Onanie auf hohem Niveau handelt. Der männliche Pfau hat sich für diese Zwecke ein prächtiges Federkleid zugelegt.

Ulkig ist übrigens auch das Ritual, unter dem sich das Schreiben eines Papers vollzieht. Klassischerweise wird der erste Entwurf von demjenigen geschrieben, der die Arbeit durchgeführt hat. Das ist auch gut so, weil er (oder sie) die einzige Person ist, die wirklich weiß, was überhaupt ablief. Dann wird der Entwurf dem Chef vorgelegt, der dafür die letzte Position in der Autorenliste erhält. Der Chef greift dann zum Rotstift und korrigiert. Zumeist so ausführlich, dass vom ursprünglichen Entwurf nichts mehr übrig bleibt. Die Korrektur geht dann zurück an den Erstautor, der sie umsetzt, eine neue Version generiert, die wiederum vorgelegt wird und korrigiert zurückkommt. Je nach Chef kann die Zahl der Zyklen durchaus zwanzig und mehr betragen, bis endlich eine Version zustande gekommmen ist, die ihn befriedigt. Nicht selten, dass er in diesem Prozess seine früheren Korrekturen zurückkorrigiert und der erstaunte Novize in den Änderungswünschen so ab der sechsten Version Formulierungen vorfindet, die ihm irgendwie bekannt vorkommen – bis er sie schließlich wiederfindet: in der ersten Korrekturversion, mit rotem Stift dick durchgestrichen.

Eine interessante Frage übrigens: Welche Qualifikation besitzt der Chef eigentlich bezüglich des Schreibens von Veröffentlichungen? Mit welchem Recht erdreistet er sich, über Sein oder Nichtsein des Artikels zu bestimmen? Eine spezielle Ausbildung besitzt er nicht, auch er hat seine Kenntnisse durch *Learning-by-doing* erworben, indem er geduldig die Korrekturen seines Chefs ertrug, bis er eines Tages selbst Chef wurde. Es handelt sich dabei also um tradiertes Wissen, das von Generation zu Generation weitergegeben wird, ohne jemals schriftlich festgehalten zu werden. Eigentlich erstaunlich, an der vordersten Front der Forschung Riten und Verhaltensweisen von Nomadenvölkern wiederzufinden.
Das erklärt auch, weshalb die Korrekturen üblicherweise nicht direkt im Dokument vorgenommen werden, was eigentlich die zeitökonomischste Variante wäre im Zeitalter der elektronischen Textverarbeitung. Ein wichtiger Aspekt dabei ist, dass der Novize durch das Abtippen der Korrekturen erlernen soll, wie ein Paper zu schreiben ist.
Gibt es Kriterien für die objektive Qualität eines Papers? Nein. Der Stil wird nicht bewertet. Angeblich kommt es ja vor allem auf den Inhalt an, weshalb die Frage nach dem Stil keinen Platz im Hirn des Wissenschaftlers hat. Die Artikel werden nicht verkauft, müssen folglich auch nicht gut geschrieben sein, im Gegensatz zu einem Krimi beispielsweise, weil der Stil keinen Einfluss auf die Auflage hat. Seltsamerweise scheint nicht einmal die leichte Verständlichkeit ein wichtiges Kriterium zu sein, obwohl jeder Forscher sich ärgert über schlecht geschriebene Artikel, die ihre Botschaft nicht schnell rüberbringen, ihn also unnötig Zeit kosten. Wenn Sie sich also gerade über Ihren Chef und dessen unsinnige Korrekturen ärgern, dann denken Sie daran, dass er genauso wenig ein Erfolgsautor ist wie Sie, seine Schreibkünste beruhen ebenfalls im Wesentlichen auf dem, was die Schule ihm einst mitgegeben hat. Trauen Sie sich also ruhig, gelegentlich auf Ihren Formulierungen zu beharren, wenn sie besser sind. Immerhin ist es Ihr Paper. Nicht umsonst steht Ihr Name an der ersten Stelle.

Wie üblich in Kulturen, die auf mündlicher Tradierung aufbauen, ist die daraus resultierende Tradition sehr stark abhängig vom Lehrmeister. Deswegen schauen Karrieristen auf die Publikationsliste ihres zukünftigen Chefs, bevor sie eine neue Stelle annehmen. Wie viele Paper hat er geschrieben? In welchen Journals hat er sie plaziert? Wichtig sind dabei vor allem die Veröffentlichungen der letzten Jahre, weil sie Auskunft darüber geben, ob er den Schreibstil beherrscht, den bedeutende Journals verlangen. Der richtige Ton ist von entscheidender Bedeutung beim Publizieren. Nur wer in der Lage ist, Paper im *Nature*-Stil zu schreiben, wird in *Nature* publizieren. Die Anderen enden in drittklassigen Journals.

Damit wir uns nicht falsch verstehen: Natürlich bedarf es der Korrektur durch den Chef. Aus dem einfachen Grund, dass die wissenschaftlichen Journals keine Redakteure besitzen, die Ihren Artikel in ein lesbares Produkt verwandeln.
Das mit dem lesbaren Produkt ist übrigens ein wichtiger Aspekt: Sie schreiben, damit andere Leute Ihre geistigen Ergüsse lesen. Tun sie es nicht, dann hätten Sie sich die viele Arbeit auch sparen können. Im universitären Bereich herrscht statt dessen leider häufig der Glauben vor, mit Artikeln müsse man seine Brillanz demonstrieren und Brillanz erziele man mit komplizierten Texten. Ein Trugschluss. Komplizierte Dinge mit einfachen Worten klar darzustellen ist die viel größere Kunst. Und erheblich schwieriger. Glauben Sie mir, ich weiß, wovon ich rede.

Eine ganz andere Gefahr ist übrigens, über dem Forschen das Publizieren zu vergessen. Wer Forschen als lustvoll empfindet, dem ist das Paperschreiben oftmals ein Gräuel. Wie viele interessante Experimente kann man schließlich durchführen in der Zeit, die man mit dem Schreiben vergeudet. Wenn Sie zu diesen Leuten gehören, dann suchen Sie sich einen Chef, der aufpasst, dass Sie Ihre Arbeit auch tatsächlich zu einem Abschluss bringen und publizieren. Es ist zwar unangenehm, von seinem Chef unter Druck gesetzt zu werden, aber noch unangenehmer ist es, irgendwann ohne Publikationen dazustehen. Fehlen Ihnen die Publikationen, dann ist Ihre einzige Aussicht bei der Suche nach einer neuen Stelle die Unterstützung Ihres Chefs. Was voraussetzt, dass dieser a. genügend Einfluss besitzt und b. Sie sich nicht mit ihm überworfen haben. Was Sie *de facto* zu seinem Sklaven macht. Denken Sie daran, wenn Sie mal wieder das Paperschreiben rausschieben.

Setzen Sie einen definierten Schlusspunkt. Sie werden nie alle Experimente durchführen können, die es braucht, um ein absolut wasserdichtes Paper zu produzieren. Es reicht aus, dass die Experimente sauber durchgeführt wurden, die Ergebnisse nach Möglichkeit reproduzierbar sind und die Geschichte, die Sie erzählen wollen, in sich einigermaßen rund und stimmig ist. Je mehr Ihre Entdeckung dem *Mainstream* entspricht, desto weniger Experimente müssen Sie liefern, um sie zu beweisen. Nur wer eine Theorie verkaufen will, die gegen die gegenwärtig gültige Lehrmeinung verstößt, muss sich wirklich gut munitionieren – und wird trotzdem mit hoher Wahrscheinlichkeit publikationstechnisch scheitern. Solche revolutionären Gedanken sind allerdings selten, weshalb Sie normalerweise nur darauf zu achten brauchen, dass Ihre Geschichte Hand und Fuß hat. Sie brauchen nicht jedes Detail experimentell nachzuweisen. Suchen Sie lieber nach einem Paper, mit dem sie argumentieren können, dass es bei denen funktioniert hat und deshalb bei Ihnen höchstwahrscheinlich auch der Fall ist.

Karriere

Publikationen – und mit ihnen Karrieren – lassen sich übrigens planen. Entscheidend ist dabei die richtige Wahl des zukünftigen Chefs bzw. Labors.

- Suchen Sie nach einem Labor mit kritischer Masse. Drei-Mann-Labors sind zwar nett und gemütlich, aber relativ unproduktiv. Erfolgreiche Labors besitzen für jede wichtige Technik einen Spezialisten, auf diese Weise kann ein spannendes Projekt mit minimaler zeitlicher Verzögerung zur Publikationsreife getrieben werden.
- Suchen Sie nach einem Labor, das vor kurzer Zeit Hochaktuelles bzw. Bahnbrechendes publiziert hat. Die kommenden Jahre wird das Labor ein sicherer Quell von gutplazierten Publikationen sein, weil das Thema auf Interesse stößt und jedes Detail zum Paper hochstilisiert werden kann.
- Die Kombination aus Labor mit kritischer Masse und aktuellem Thema ist ein Erfolgsgarant. Die Arbeit wird im Fließbandverfahren erledigt, jeder macht immer das Gleiche – der Klonierer kloniert, der Exprimierer exprimiert – und der Chef sorgt dafür, dass reihum für jeden eine Erstautor-Publikation und ein Haufen Zweit- und Dritt-Autorenschaften in ziemlich guten Journals anfallen.

- Wenn das Labor dann noch im Ausland liegt, wird's so richtig super. Am besten im Rennen liegt man mit den USA. Wer in die Staaten geht, ist toll, wer von dort zurückkehrt, wird automatisch für ein Genie mit Heimweh gehalten. Die Option ist besonders gut für all diejenigen, die wenige Jahre ranklotzen und dann eine ruhige Stelle in einer mittleren deutschen Universität einnehmen wollen. Vom Renommee, das man sich durch diese paar Jahre im Ausland erarbeitet, kann man viele Jahre lang zehren. Die Qualität des Labors ist dabei meist nicht ausschlaggebend, weil man bei uns (wie auch in Amerika) automatisch davon ausgeht, dass in den USA alles besser ist; es reicht, wenn der Name der Uni nicht zu sehr nach "Pipicaca" klingt. Eine Stelle in Übersee zu finden ist nicht sonderlich schwer, wenn man sein eigenes Geld mitbringt, beispielsweise durch ein Stipendium des Deutschen Akademischen Auslandsdienstes (DAAD), weil es den Labors dort an Geld für Stellen und deshalb an amerikanischem Nachwuchs mangelt – sich in der Forschung abzurackern gilt auch dort als unattraktiv, gerade recht für Idealisten und Ausländer. Wahrscheinlich würden die amerikanischen Universitäten ohne den kontinuierlichen Strom aufstrebender ausländischer Jungforscher in sich zusammenbrechen.
- Den Gipfel bedeutet es dann, wenn der Chef auch noch zum richtigen Netzwerk gehört. Häufig sind diese Leute nicht gerade ein Ausbund an Sympathie, aber sie wissen, was sie wollen – nämlich ihren Ruhm mehren – und wenn man sich an die Regeln hält und ihnen dabei nützlich ist, dann wird man im Gegenzug reich von ihnen bedacht werden. Die besten Positionen werden im Leben immer an Freunde und Günstlinge verteilt; *Networking* nennt man das auf Neudeutsch. Befreien Sie sich um Gottes Willen von diesem Vorurteil, solches Handeln sei moralisch verwerflich, sonst profitieren nur die Anderen davon.

Wenn Ihnen die vorherige Passage gar nicht schmecken mag, dann denken Sie daran: Es geht auch ohne Uni!
Im universitären Umfeld bildet sich häufig ein Dünkel heraus, wie man ihn ähnlich auch gerne bei Lehrern findet: Die Menschen mit den wahren Idealen arbeiten an der Uni, während sich die anderen vom schnöden Mammon leiten lassen. Entsprechend herablassend behandelt häufig bereits der einfache Diplomand die Firmenvertreter, welche das Labor heimsuchen – einer der wenigen Kontakte, die man an der Uni mit der Außenwelt hat.
Dabei blendet man gerne aus, dass auch an der Universität die treibende Motivation selten die wissenschaftliche Neugierde ist. Das Forschen wird dort den niederen Chargen bis hin zum Postdoc überlassen (und auch von diesen häufig nur als notwendiges Übel auf dem Weg zur Dauerstelle angesehen), während für das Fortkommen Taktik, Kalkül und Beziehungen entscheidend sind, weniger bahnbrechende Erkenntnisse. Die Einseitigkeit der Arbeit ist meist mindestens so groß wie in der Industrie, weil man sich häufig nicht nur auf ein Spezialgebiet zurückzieht – ein Elektrophysiologe ist und bleibt zumeist ein Elektrophysiologe -, sondern sich auch frühzeitig auf ein Forschungsgebiet festlegen muss, wenn man bekannt werden will. So ist es nicht ungewöhnlich, dass ein renommierter (sprich: unter Kollegen wohlbekannter) Forscher sich bereits seit zwanzig Jahren mit der Funktion der kleinen Untereinheit des Ribosoms irgendeines Pilzes beschäftigt.
Zwischen dem dreißigsten und dem vierzigsten Lebensjahr ereilt die Meisten dann eine Sinnkrise, weil sie in dieser Phase beginnen, die Spielregeln zu verstehen und abzulehnen, die Karriere ins Stokken gerät, die Knappheit des Geldes zunehmend drückt und die Situation aussichtslos erscheint.

Lassen Sie es nicht so weit kommen. Horchen Sie schon vorher in sich. Treibt Sie wirklich die wissenschaftliche Neugierde, die Freude am Detail, dieses Gefühl des "Das-muss-ich-wissen"? Sind Sie überzeugt davon, dass Ihre Arbeit wichtig ist für Sie und die Welt? Sind Sie sich sicher, dass Sie sich auf dem Weg der Erkenntnis nicht verlaufen werden, sondern im Gegenteil Ihr Verständnis von der Welt und dem, was sie im Innersten zusammenhält, kontinuierlich größer wird? Ist dieses Gefühl stark genug, um die Frustrationen und das schmale Salär langfristig zu kompensieren? So stark, dass es Sie auch noch anzutreiben vermag, wenn Sie eines Tages mehr Zeit am Schreibtisch und in Sitzungen verbringen werden als am Labortisch? Glauben Sie an das, was Sie tun? Dann sind Sie in der universitären Forschung am richtigen Platz. Die Welt braucht Sie, und sie braucht Sie dort, wo Sie sind.

Oder sind Ihnen beim Lesen des letzten Absatzes Zweifel gekommen? Ist Ihnen eigentlich eher egal, an welchem Thema Sie arbeiten, solange das Umfeld stimmt? Sind Sie dort, wo Sie gerade sind, weil es sich um einen notwendigen Schritt Ihrer Laufbahn handelt und Sie keine wirkliche Alternative sehen? Steuern Sie gerade auf die Promotion zu, weil Sie sonst keine Aussicht auf einen Job haben? Gefällt Ihnen Ihre Tätigkeit, weil Sie dieses Gefühl der Freiheit, das Sie während des Studiums so genossen haben, auf diese Weise noch ein paar Jahre länger beibehalten können? Dann befinden Sie sich gerade auf dem falschen Dampfer. Genießen Sie die Zeit, aber beginnen Sie schon einmal, die Ankunft im nächsten Hafen vorzubereiten, weil Sie sonst ziemlich verloren am Kai stehen werden oder in Ihrer Verzweiflung einfach auf dem Dampfer bleiben, in der Hoffnung, dass sich irgendwo der richtige Hafen für Sie finden wird[153].

Die Welt außerhalb der Universität ist groß und die außerhalb der Forschung noch viel größer. Gehen Sie spaßeshalber mal davon aus, dass Sie gar keine Ahnung haben, wie viele Möglichkeiten es dort für Sie gibt. Wenn Sie sich mit diesem Gedanken angefreundet haben, dann machen Sie sich auf die Suche. Erkundigen Sie sich, fragen Sie, seien Sie neugierig, verlassen Sie die ausgetrampelten Pfade. Fragen Sie nicht die Leute in Ihrem universitären Umfeld – wenn die wirklich wüssten, was es dort draußen alles gibt, wären sie schon längst dort. Schaffen Sie sich einen Bekanntenkreis außerhalb der Uni und holen Sie aus den Leuten raus, was die so an Lebensweisheiten zu bieten haben. Laufen Sie mit offenen Augen durch Ihre Stadt und machen Sie sich Gedanken zu dem, was Sie sehen. Sie laufen durch eine Gartenanlage. Gepflanzt wurde sie von Gärtnern, aber wer hat sie geplant? Wer kümmert sich um die Naturfragen in so einer Stadt? Um die Ecke steht ein Springbrunnen. Wo kommt das Wasser her? Wo geht es hin? Wer kümmert sich darum? Wandert das Wasser direkt vom Wasserwerk in die Kläranlage oder wird das Wasser recycelt? Wie erhält man dann die Wasserqualität bei? Kann man das nicht auch mikrobiologisch machen? Oder ist das nicht sowieso Mikrobiologie? Braucht man dazu nicht auch Leute mit meinem Wissen? Auf der Straße steht ein Karton voller Chips aus aufgeschäumtem Plastik, wie man sie für den Versand von Maschinen verwendet. Die gibt es doch mittlerweile auch aus natürlichen Materialien, umweltfreundlich verrottend. Wo werden die eigentlich produziert? Was für Mitarbeiter brauchen die so? Könnte ich nicht so eine Firma gründen?
Mit ein wenig Übung werden Sie auf die originellsten Fragen kommen und einige davon werden Sie beschäftigen. Dann müssen Sie etwas Zeit investieren, sich informieren, vor Ort anfragen, initiativ werden. Tun Sie das nicht mit dem Ziel, an der ersten Tür, an der Sie anklopfen, einen Job angeboten zu bekommen, weil das sicherlich nicht der Fall sein wird. Aber Sie werden im Laufe der Zeit ein immer klareres Bild davon bekommen, was Sie interessant finden und was nicht. Und je genauer Sie wissen, was Sie wollen, desto eher werden Sie es bekommen.

Sie werden auf diese Weise auch in Kontakt mit verschiedensten Leuten kommen und lernen, wie Sie sich "verkaufen" müssen, um interessant zu sein. Ein wichtiger Unterschied zwischen Universität und "der Industrie" ist, dass man an der Uni zumeist als Bittsteller auftritt ("Bitte bitte darf ich meine Diplomarbeit bei euch machen?"), während man für die Wirtschaft interessant wird, wenn man einen Mehrwert zu bieten hat. Sie werden auf Ihrer Erkundungstour erkennen, welche Ihrer Fähigkeiten attraktiver sind und welche weniger. Sie haben zwar ein beträchtliches Fachwissen, aber das wird vor-

153. Als Einstieg in den Ausstieg empfehle ich Ihnen die Lektüre des Buchs "Alternative Careers in Science" von Cynthia Robbins-Roth (siehe Literaturliste am Ende des Buches).

aussichtlich nur von mäßigem Interesse sein. Während Ihres Studiums haben Sie aber auch andere Qualitäten erworben, beispielsweise analytisches Denken und die Fähigkeit, sich Wissen selbstständig anzueignen. Solche Fähigkeiten sind langfristig die interessanteren, weil Sie sie in verschiedensten Lebenslagen und Situationen anwenden können. Außerdem haben Sie noch ureigenste Qualitäten, beispielsweise Ihre Ausdauer bei der Arbeit oder vielleicht Ihre kreative Ader, die Sie zum guten Problemlöser macht. Lernen Sie zu erkennen, *welche* Ihrer Fähigkeiten für die Anderen interessant sein könnten, und bauen Sie diese aus.

Vergessen Sie auch nicht, dass das Ziel nicht ist, einen möglichst gutbezahlten, sicheren Job zu finden. Diese Einstellung ist zwar weit verbreitet, kennzeichnet aber eher den Verlierertyp. Der Siegertyp hat eine Ware anzubieten, nämlich seine gute Arbeitsleistung und seine beeindruckenden Fähigkeiten, und erwartet dafür eine entsprechende Gegenleistung, zum Beispiel eine gute Bezahlung, ein angenehmes Arbeitsumfeld, eine aufregende Aufgabe oder interessante Möglichkeiten der Fortentwicklung. Der Job sollte kein Schleudersitz sein, aber eine sichere Position bis zur Frühverrentung kann nicht das Ziel sein für jemanden, der sich entwickeln will. Wer möchte schon jahrelang die selbe Arbeit erledigen? Eine Perspektive von drei bis fünf Jahren ist im Allgemeinen vollkommen ausreichend, weiter kann sowieso niemand vorausplanen.
Befreien Sie sich auch von der Vorstellung "Hie der Arbeitnehmer, das Opfer, dort der Arbeitgeber, der Täter". Ein gutes Unternehmen braucht gute Mitarbeiter und muss deren Bedürfnisse und Wünsche berücksichtigen, um sie zu halten, weil sonst die Mitarbeiter weiterziehen und aus dem guten Unternehmen ein schlechtes wird. Dieses Prinzip setzt natürlich voraus, dass die Mitarbeiter (also Sie) auch tatsächlich weiterziehen, wenn sie sich schlecht behandelt fühlen und nicht jammernd verharren, wo sie sind.

Jammernd ausharren werden Sie vor allem dann müssen, wenn Sie nicht rechtzeitig vorgesorgt haben. Konzentrieren Sie sich nicht nur auf Ihr Fachgebiet, auch wenn das vorübergehend sehr attraktiv erscheint. Schaffen Sie eine solide, breite Basis, verschaffen Sie sich auch einen Überblick über andere Fachrichtungen, nur so werden sich Ihnen später Perspektiven eröffnen, an die Sie jetzt noch gar nicht denken. Mehrwissen hilft; legen Sie sich Kenntnisse in der Medizin, im Ingenieurswesen, in Geologie oder in irgendeinem anderen Fach zu, das Sie interessiert. Kenntnisse im Bereich Wirtschaftswissenschaften sind übrigens immer hilfreich, weil Sie höchstwahrscheinlich später mit der Welt des Geldes konfrontiert werden. Die Welt des Geldes unterliegt eigenen Gesetzen, hat aber den Vorteil, dass sie von Menschen geschaffen und deswegen relativ einfach gestrickt ist. Ökonomie ist nicht sonderlich anspruchsvoll – im Gegensatz zum Selbstverständnis der Ökonomen handelt es sich bei den Wirtschaftswissenschaften nicht wirklich um eine Wissenschaft, sondern mehr um den Versuch, nachzuvollziehen, weshalb Menschen das tun, was sie tun, obwohl sie gestern noch etwas ganz anderes getan haben, in der vergeblichen Hoffnung, daraus extrapolieren zu können, was sie wohl morgen tun werden. Etwas gesunder Menschenverstand und ein gewisser Fleiß reichen aus, um sich mit dem Gebiet vertraut zu machen – weshalb man recht viele Naturwissenschaftler in der Wirtschaft, aber nur extrem wenige Ökonomen im Bereich Naturwissenschaften findet.
Gerade im Bereich Wirtschaftswissenschaften gibt es viele interessante Fortbildungsangebote in sämtlichen Preisklassen, von den Vorlesungen an den wirtschaftswissenschaftlichen Fakultäten der Universitäten bis zum *master in business and administration* (*MBA*) renommierter Privatschulen. Das Teuerste ist nicht unbedingt das Beste; wenn Sie nicht Vorstandsvorsitzender von Nestlé werden wollen, brauchen Sie keinen Harvard-Abschluss! Natürlich wird man Ihnen erzählen, dass Sie ohne diesen oder jenen Abschluss keine Chance haben werden (das Gleiche sagt man auch von der Promotion im Bereich Naturwissenschaften), aber tatsächlich versuchen die Ökonomen nur, Ihnen so die Tür vor der Nase zu versperren, um drinnen ungestört ihre Party feiern können. Sicher können Sie sich deren

Spielregeln beugen, bis Sie die Gesichtskontrolle am Eingang endlich passieren dürfen, aber genauso gut können Sie durch das Küchenfenster einsteigen und sich Zugang verschaffen, indem Sie die Kontrolle über den Getränkenachschub erlangen (oder aber Sie organisieren eine bessere Party im Garten und warten, bis die Anderen rauskommen, weil sie mitfeiern wollen).
Denken Sie daran, die Gerade ist zwar die kürzeste Verbindung zwischen zwei Punkten, aber nicht immer die schnellste!

Und zum Ausklang noch ein letzter Tipp: Sollten Sie gerade mal wieder in einem dieser Tiefs stecken, in denen man von Zeit zu Zeit versinkt, dann vergessen Sie nicht, dass die Welt voll ist von Menschen wie Ihnen. Zwar erklärt man uns immer wieder, nur die Besten hätten eine Chance, aber das stimmt nicht. Was immer schlaue Menschen auf dieser Erde aushecken, sie müssen es mit den Menschen umsetzen, die da kreuchen und fleuchen, bessere gibt es nicht! Es geht also nicht darum, zu den Besten zu gehören, um ein Daseinsrecht in dieser Welt zu besitzen, sondern lediglich darum, ein Plätzchen in dieser Gesellschaft zu finden, das einem gefällt und wo die Mitmenschen einen gerne sehen, um in Frieden mit sich und den Anderen leben zu können. Und das ist keine Sache der Unmöglichkeit!

Die tägliche Arbeit

Der schönste Lebensplan bringt allerdings nichts, wenn man am Alltäglichen scheitert. Da sind einerseits die technischen Probleme, an denen man sich so manchen Zahn ausbeißt und deren Lösung dieses Buch gewidmet ist. Und andererseits gibt es noch das ganze Drumherum.

Zum Beispiel die Wahl des richtigen Chefs. Weil Forscher sich der hehren Forschung verpflichtet fühlen, wird der Faktor Mensch meist grob vernachlässigt. Was in der vielgescholtenen Industrie eine wichtige Aufgabe der Manager ist oder zumindest sein sollte, spielt an der Universität praktisch keine Rolle: die Führung von Mitarbeitern. Während der Besuch von Führungskursen in der Industrie von jedem kleineren Vorgesetzten erwartet wird, spielen Führungsfähigkeiten bei der Einstellung und Bewertung von Professoren genauso wenig eine Rolle wie Rhetorikkenntnisse. Die Ereignisse im Inneren der Arbeitsgruppen werden ebenfalls von niemandem bewertet, kein Professor hat Konsequenzen zu befürchten, weil er seine Mitarbeiter wie Fliegendreck behandelt, weshalb die Universität einer der letzten Orte in Deutschland sein dürfte, an dem die Sklaverei betrieben wird wie in Afrika die Kinderarbeit: offiziell zwar abgeschafft, aber täglich praktiziert. Sie haben daher nur eine Chance: Meiden Sie schlechte Chefs.
Sprechen Sie, wenn Sie sich für eine Stelle bewerben, mit den Leuten, die bereits im Labor arbeiten und hören Sie sich an, was diese zu sagen haben. Sonst geht es Ihnen wie vielen anderen zuvor: Sie steuern langsam auf das Ende Ihrer Promotions- oder Habilitationszeit zu und Ihr Chef macht Ihnen das Leben zur Hölle, ist mit nichts zufrieden zu stellen, legt Ihnen alle möglichen Steine in den Weg, zweifelt Ihre Ergebnisse an und setzt Sie unter Druck. Wer ihn lang genug kennt, ist von der Entwicklung nicht überrascht. Sie sind nämlich nicht die erste Person in seinem Umfeld, der es so ergeht, und Sie werden vermutlich auch nicht die letzte sein. Ihr Fehler war, die Augen vor den Realitäten zu verschließen und sich einzureden, Ihnen könne das nicht passieren, schuld sei in der Vergangenheit nur die Unfähigkeit Ihrer Vorgänger gewesen. Selber schuld.

Wenn Sie den passenden Chef gefunden haben und Ihre Stelle antreten, dann halten Sie sich nach Möglichkeit trotzdem noch Optionen in anderen Labors offen, zumindest bis Sie ganz sicher sein können, dass Sie Ihr Ziel im aktuellen Labor erreichen werden. Und sollte es wider Erwarten doch zum großen Knatsch kommen, dann wechseln Sie das Labor nicht erst, wenn Sie kurz vor dem Selbstmord stehen oder Ihr Chef Ihnen den Zeitvertrag nicht verlängert, Sie also gar keine andere Wahl mehr haben. Pflegen Sie deshalb auch zu anderen Professoren in Ihrem Umfeld ein gutes Verhältnis, die Ihnen im Krisenfall beim Beschaffen einer neuen Stelle helfen könnten.

Was dann den folgenden Arbeitsalltag angeht, besteht der klassische Fehler darin, zu meinen, es käme im Leben auf die Qualität der Arbeit an, die man abliefert. Das stimmt so leider nicht. Natürlich sollte man gut sein in dem, was man tut, doch gehört zum Handwerk bekanntlich das Klappern. Mindestens ebenso wichtig wie die Qualität Ihrer Arbeit ist folglich, wie Sie Ihre Arbeit verkaufen. Legen Sie den Fokus nicht auf die Dinge, die nicht funktioniert haben, sondern auf all die interessanten Ergebnisse oder Erkenntnisse, die Sie aus Ihrer Arbeit gezogen haben. Zeigen Sie, dass Sie alles unter Kontrolle haben. Leute, die ihre Arbeit im Griff haben, stellt man gerne ein, und wenn sich dazu keine Gelegenheit ergibt, empfiehlt man sie zumindest gerne weiter. Das gilt grundsätzlich für jeden Job.

Ein spezielles Problem der Forschung ist der Faktor Zeit. Wenn sich ein Forscher daran macht, die Ursache für eine bestimmte Krankheit aufzudecken, dann ist es im Wesentlichen eine Frage des Glücks, ob ihm das in der zur Verfügung stehenden Zeit gelingen wird[154]. Da aber die Zeit in Ihrem Fall der limitierende Faktor ist, müssen Sie Ihre Arbeit von vornherein so konzipieren, dass Sie zum vorgesehenen Zeitpunkt ein Ergebnis abliefern können. Das ist grundsätzlich möglich, scheitert aber vermutlich an Ihnen, weil Sie sich innerhalb kurzer Zeit derart in Ihre Arbeit verlieben (oder verstrikken), dass Sie denken, das Thema sei es wert, dass man den ursprünglich geplanten Zeitrahmen etwas verlängert. Aus "etwas" werden dann gern Jahre.
Tatsächlich aber sind Sie nicht mit dem Ziel gestartet, die Welt zu retten, sondern wollten eine Diplomarbeit schreiben, um ihr Studium abzuschließen, eine Promotionsarbeit abliefern, um sich auf Jobs bewerben zu können, die einen Doktortitel voraussetzen, oder eine ordentliche Publikationsliste zusammenbekommen, um sich habilitieren und an einem besseren Ort bewerben zu können. Dass Ihnen das Thema Ihrer Arbeit Spaß macht, ist zwar schön, sollte Ihnen allerdings nicht den Blick auf Ihr eigentliches Ziel versperren.

Für Ihren Chef stellt sich die Lage natürlich anders dar. Er ist vor allem an den Ergebnissen Ihrer Arbeit interessiert. Erstrebenswert ist es natürlich auch für ihn, dass Sie das gesetzte Ziel innerhalb der anvisierten Zeit erreichen. Die zweitbeste Lösung wäre für ihn allerdings, dass Sie das Ziel überhaupt erreichen, auch wenn es länger dauert. Das ist deshalb nicht so tragisch, weil Sie nebenbei noch etliche andere Aufgaben erledigen, z.B. Seminare durchführen oder für die Laborinfrastruktur sorgen, in die sich ein neuer Mitarbeiter erst einarbeiten müsste. Für Ihren Chef ist es also eher von Vorteil, wenn Sie länger bleiben. Sie und Ihr Chef haben folglich einen Interessenkonflikt.
Lösbar ist dieser Konflikt nur, wenn die jeweiligen Interessen klar angesprochen und frühzeitig eine Einigung erzielt wurde. Was bedeutet frühzeitig? Sinnvollerweise zu Beginn Ihrer Arbeit. Belassen Sie es aber nicht dabei. Das Gedächtnis ist kurz und die Dinge ändern sich schnell in der Forschung. Es ist daher empfehlenswert, alle sechs Monate mit Ihrem Chef eine Standortbestimmung durchzuführen und nötigenfalls die Ziele zu überarbeiten. So merkt Ihr Chef, dass Ihnen die Sache ernst ist, und Sie vermeiden eine Falle, in die Laborforscher ganz gerne tappen, indem sie sich auf die ursprüngliche Vereinbarung verlassen, brav forschen, gegen Ende der Periode mit dem Schreiben der Arbeit beginnen wollen und sich prompt den Ärger des Chefs zuziehen. Passiert dies, sind Sie ihm hilflos ausgeliefert; Sie werden depressiv, das Ende rückt in weite Ferne und irgendwann entfliehen Sie entnervt dem Labor, zumeist im Streit. Letzteres hat meist langanhaltende Konsequenzen, weil es später Ihre Möglichkeiten, eine Stelle zu finden, deutlich verschlechtert; statt eines Fürsprecher haben Sie dann in

154. Ob es überhaupt gelingt, ist dagegen eine Frage der Hartnäckigkeit. Für die Hartnäckigen wurde der Nobelpreis geschaffen.

Ihrem Ex-Chef Ihren glühendsten Widersacher, der leider wesentlich bessere "*connections*" besitzt als Sie und sie mit Freuden nutzt, um jeden Ast abzusägen, auf dem Sie sich niederlassen wollen.

Grundsätzlich gilt: Begehen Sie nicht den Fehler, der für das Scheitern so vieler Existenzen verantwortlich ist – seien Sie nicht mit Ihrem Thema verheiratet! Interessiert es die Welt wirklich, wie die Egelschnecke zu ihrem Fleckenmuster kommt? Nicht so sehr zumindest, dass Sie Ihre Zukunft dafür opfern müssten. Wissenschaftler gehören zu den am schlechtesten bezahlten Berufsgruppen. Das hat Gründe, und die sollten Ihnen zu denken geben.

11 Zu guter Letzt

Ihr beiden, die ihr mir so oft
in Not und Trübsal beigestanden,
sagt, was ihr wohl in deutschen Landen
von unsrer Unternehmung hofft!

Mein Problem mit Lehrbüchern war schon immer, dass alles so leicht klingt. Da wird hier und da ein wenig kloniert und am Ende springt einem das Ergebnis ins Gesicht. Bei Vorträgen im großen Kreis ist das nicht anders, vor allem bei denen, die länger als zwanzig Minuten dauern. Da doziert ein leicht angegrauter, im Vergleich zum Durchschnitt seiner Altersgenossen von der Straße noch recht schlanker Herr – die Damen sind zwar ebenfalls angegraut und schlank, aber in dieser Position selten – fünfundvierzig Minuten lang über ein einziges Thema; wenn er auf seinem Gebiet ein Superstar ist, räumt man ihm vorsichtshalber gleich den ganzen Abend ein, weil er höchstwahrscheinlich gnadenlos überziehen wird. Was dieser Mann in 45 Minuten erzählt, ist geeignet, dem Zuhörer ebenfalls graue Haare wachsen zu lassen. Im Geiste überschlägt man, wie lange man selbst wohl brauchen würde, um all diese schönen Ergebnisse zusammenzubekommen, und die Augen werden einem groß und immer größer, weil man ziemlich schnell in die Größenordnung von Jahrzehnten kommt.
Das ist normal und sollte einem nicht den Schlaf rauben. Nach einiger Zeit in diesem Gewerbe lernt man nämlich, dass auch Andere nur mit Wasser kochen. Der nette Herr hält diesen Vortrag, in jeweils leicht aktualisierter Form, schon seit Jahren, im schlechtesten aller Fälle hat er damit schon seine Doktorarbeit bestritten. Er zieht von einem Tagungsort zum nächsten, lässt sich dazwischen vom einen oder anderen Kollegen zu einem kleinen Extravortrag einladen, und gelegentlich taucht er wie ein Deus ex machina in seinem Labor auf, regelt die Probleme, die sich dort in der Zwischenzeit angesammelt haben, teils recht, teils schlecht, sammelt die letzten Ergebnisse ein und begibt sich wieder auf Tour, diesmal vielleicht zu einer DFG-Begutachtung. Eine Pipette hat er seit Jahren nicht mehr in der Hand gehabt, womöglich wüsste er nicht einmal, wo er im Notfall eine finden könnte. Die Ergebnisse stammen von zwanzig fleißigen Helferlein, die mit "seinem" Geld und in seinem Namen die Ideen, die er auf seinen Reisen so aufgeschnappt hat, in Experimente umsetzen. Die Helferlein rackern sich ab, weil sie glauben, in dieser Welt nur bestehen zu können mit einer spitzenartigen Diplomarbeit, Doktorarbeit oder Publikationsliste. Das machen sie solange, bis sie selbst "ihr" Geld und ihre Helferlein haben oder ihnen auf dem Weg dorthin die Luft ausgegangen ist.

All dies scheint ein natürlicher Prozess zu sein, dem man nicht entkommen kann, man kann nur schauen, dass man die einzelnen Stationen übersteht. Wir wissen nicht, was der nette Herr mit dem grauen Haar für Qualitäten an den Tag legen muss, um sich in der Welt der Forschungs- und Universitätspolitik, in der Welt der Pöstchen und Claims zu behaupten. Als Helferlein, für die dieses Buch geschrieben ist, bedarf es vor allem der Fähigkeit, Misserfolge wegstecken zu können. Wissenschaft, das bedeutet, wochen- und monatelang vergeblich zu versuchen, ein lumpiges 1 kb-Fragment in einen Nullachtfünfzehn-Vektor zu klonieren, während einem jeder der Kollegen, denen man in den Gängen begegnet, glaubwürdig versichert, das sei technisch gar kein Problem. An diesem Punkt trennt sich die Spreu vom Weizen, hier zeigt sich, wer das richtige Gemisch von Hartnäckigkeit und Kreativität besitzt. Nur bei Anfängern klappen Versuche auf Anhieb, andererseits sollte man nach dem dritten Fehlschlag ernsthaft darüber nachzudenken beginnen, was man anders machen könnte. Irgendwann klappt's sicher, sofern man stark genug ist, sechs Monate voller tiefster Depressionen wegzustecken.

Das muss so sein. Es lehrt den werdenden Wissenschaftler die notwendige Bescheidenheit, die der Natur und der Sache gebührt und die er erst wieder verlieren wird, wenn er C4-Professor geworden ist, aber dann hat er meistens mit Wissenschaft nur noch entfernt zu tun, siehe oben. Wer Erfolgserlebnisse braucht, sollte sich auf möglichst wenige Techniken beschränken, umso höher ist die Wahrscheinlichkeit, dass die Versuche auch klappen, und je weniger man macht, desto weniger kann schiefgehen. "Keine Experimente" – was in der Politik richtig ist, kann in der Wissenschaft nicht falsch sein, und angesichts der bescheidenen finanziellen Aussichten, die einem an der Universität geboten werden, tut man eigentlich besser daran, seine Zeit mit der Planung seines erfolgreichen Ausstiegs zu verbringen als mit erfolglosen Versuchen. Die wahre Forschung ist etwas für Besessene, denen kein Preis zu hoch ist, und man sollte ausgiebig in sich horchen, ob man zu dieser Kategorie zählt, bevor man sich auf dieses Abenteuer einlässt.

Erfüll davon dein Herz, so groß es ist,
und wenn du ganz in dem Gefühle selig bist,
nenn es dann, wie du willst:
Nenns Glück! Herz! Liebe! Gott!
Ich habe keinen Namen
dafür! Gefühl ist alles;
Name ist Schall und Rauch,
umnebelnd Himmelsglut.

12 Anhang

12.1 Nützliche Tabellen

12.2 Standardlösungen

Einige Lösungen kommen in der Molekularbiologie immer wieder vor. Abgesehen davon, dass es immer kleinere Unterschiede zwischen den Protokollen gibt, sind einige Lösungen so universell, dass ich darauf verzichtet habe, ihre Zusammensetzung jeweils neu zu beschreiben. Hier werden die Angaben nachgereicht:

Lösungen

TE	10 mM Tris HCl pH 7,4 1 mM EDTA pH 8,0
Phenol-Chloroform-Lösung	25 Teile Phenol pH 7,6 + 24 Teile Chloroform + 1 Teil Isoamylalkohol (auf den Isoamylalkohol kann auch verzichtet werden)
RNase A-Lösung, DNase-frei (10 mg/ml)	RNase A wird in H_2O gelöst (10 mg/ml) und das Gefäß für 15 min in einem Becherglas mit kochendem Wasser erhitzt. Aliquotieren und bei -20 °C lagern
20 x SSC	3 M NaCl 0,3 M Na-Citrat pH 7,0
5 x TBE	54 g Tris-Base 27,5 g Borsäure 20 ml 0,5 M EDTA pH 8,0 mit H_2O auf 1000 ml auffüllen
50 x TAE	242 g Tris-Base 57,1 ml Essigsäure 100 ml 0,5 M EDTA pH 8,0 mit H_2O auf 1000 ml auffüllen
20 x TTE	90 mM Tris-Base 30 mM Taurin 1 mM EDTA
SM-Lösung	10 mM Tris HCl pH 7,4 10 mM $MgCl_2$ 10 mM $CaCl_2$ 100 mM NaCl
100 x Denhardt's	10 g Ficoll 400 10 g Polyvinylpyrrolidon K30 10 g Rinderserumalbumin (BSA) mit H_2O auf 500 ml auffüllen, aliquotieren und bei -20 °C lagern
TBS	50 mM Tris pH 8,0 150 mM NaCl

PBS	0,2 g KCl 0,2 g KH_2PO_4 1,15 g Na_2HPO_4 8 g NaCl mit H2O auf 1000 ml auffüllen, ev. mit HCl oder NaOH auf pH 7,4 einstellen. Sterilfiltrieren.

Bakterienmedien

LB	10 g Trypton 5 g Hefeextrakt 5 g NaCl mit H_2O auf 1000 ml auffüllen, mit NaOH auf pH 7,5 einstellen und autoklavieren
LB-Agar	LB-Medium + 1,5 % (w/v) Agar, autoklavieren. Antibiotika erst zugeben, wenn die Lösung auf unter 50 °C abgekühlt ist – das ist der Fall, wenn man die Flasche mit der bloßen Hand anfassen kann, ohne in Jammern auszubrechen.
TB	12 g Trypton 24 g Hefeextrakt 4 ml Glycerin mit H_2O auf 900 ml auffüllen und autoklavieren. Vor Gebrauch 100 ml einer sterilen $KHPO_4$-Lösung (0,17 M KH_2PO_4 / 0,72 M K_2HPO_4) zugeben.
SOC	20 g Trypton 5 g Hefeextrakt 0,5 g NaCl 10 ml 0,25 M KCl 5 ml 2 M $MgCl_2$ 20 ml 1 M Glucose mit H_2O auf 1000 ml auffüllen, mit NaOH pH 7,0 einstellen und autoklavieren.

12.3 Glossar

A	Adenin, eine der vier Basen der DNA
Aliquot (das)	Laut Duden ist eine Aliquote eine Zahl, die eine andere Zahl ohne Rest in gleiche Teile teilt. Im Laborjargon bedeutet es meist “eine Fraktion”, “ein Teil” oder “etwas von der Probe”.
Amp	Ampicillin; ein Antibiotikum
AP	Alkalische Phosphatase
ATP	Adenosintriphosphat
BAC	*Bacterial Artificial Chromosome* = künstliches Bakterienchromosom; ein Klonierungsvektor.
BCIP	5-Brom-4-chlor-3-indolylphosphat
Biotin-11-dUTP	biotinmarkiertes dUTP
blunt ends	glatte Enden bei DNA-Fragmenten
bp	Basenpaare
BSA	Bovines Serumalbumin, Rinderserumalbumin
C	Cytosin, eine der vier Basen der DNA
CAT	Chloramphenicol-Acetyltransferase
cDNA	komplementäre DNA, die bei der reversen Transkription von RNA entsteht
CHEF	*contour-clamped homogeneous electric field*; Methode der Pulsfeldgelelektrophorese
CHO	*chinese hamster ovary cells*; eine beliebte Zelllinie.
CMV	Cytomegalievirus
cpm	Zerfälle pro Minute (*counts per minute*); Maß für Radioaktivität
CTAB	Cetyltrimethylammoniumbromid
6-cutter	Restriktionsenzym, das eine Sequenz von 6 Basenpaaren erkennt
D, Da	Dalton; ein Dalton ist ein Zwölftel der Masse eines ^{12}C-Atoms.
DAB	3,3’-Diaminobenzidin
DAPI	4’,6-Diamidino-2-phenylindol
dATP	Deoxyadenosintriphosphat
dCTP	Deoxycytosintriphosphat
DDBJ	DNA Data Bank of Japan
ddNTP	Didesoxynucleotide, z.B. ddATP
DEAE	Diethylaminoethyl
DEPC	Diethylpyrocarbonat; wird benötigt, um H_2O RNase-frei zu machen
dGTP	Deoxyguanidintriphosphat
DMF	Dimethylformamid
DMSO	Dimethylsulfoxid
DNA	Deoxyribonucleinsäure
DNase	Deoxyribonuclease
dNTP	Desoxynucleotidtriphosphat; umfasst dATP, dCTP, dGTP und dTTP
dsDNA	doppelsträngige DNA
DTT	Dithiothreitol; ein Reduktionsmittel
dTTP	Deoxythymidintriphosphat
dUTP	Deoxyuridintriphosphat
EDTA	Ethylendiamintetraessigsäure; Chelator von divalenten Kationen wie Ca^{2+} oder Mg^{2+}

ELISA	*enzyme linked immuno sorbant assay.*
EMBL	European Molecular Biology Laboratory. Forschungsanstalt mit verschiedenen Dependancen in Europa
EtOH	Ethanol; eine beliebte Droge
FACS	Fluoreszenzaktivierte Zellsortierung (*Fluorescence Activated Cell Sorting*)
FITC	Fluoresceinisothiocyanat, ein Fluoreszenzfarbstoff.
Fluorochrom	Ein anderes Wort für Fluoreszenzfarbstoff
FPLC	*Fast Protein, peptide and polynucleotide Liquid Chromatography*
g	Erdbeschleunigung (*gravity*)
G	Guanin, eine der vier Basen der DNA
gDNA	genomische DNA
GFP	*Green Fluorescent Protein.* Protein der Qualle *Aequorea victoria*, das für Säugerzellen völlig ungiftig ist und im UV-Licht fluoresziert. Sehr beeindruckend sind die GFP-exprimierenden transgenen Mäuse von Okabe, die im UV-Licht leuchten! (siehe dazu 9.4.8)
HEK293	*human embryonal kidney cells*; eine beliebte Zelllinie.
HEPES	N-2-Hydroxyethylpiperazin-N'-2-ethansulfonsäure; eine Puffersubstanz
HPLC	*High-Performance Liquid Chromatography*
HRP	Meerrettichperoxidase (*horse radish peroxidase*)
hsDNA	Heringssperma-DNA
IPTG	Isopropyl-1-thio-β-D-galactosid; induziert die Expression am *lac*-Promotor
kb	Kilobase; = 1000 Basenpaare
kDa	Kilodalton
Kit	Box mit allen Komponenten, die man für einen Versuch braucht. Ein deutsches Wort dafür scheint es nicht zu geben.
Komplexität	ein (ungefähres) Maß für die Zahl unterschiedlicher Sequenzen in einer DNA-Lösung
LB	*Luria Broth*; ein Bakterienmedium
Mastermix	eine "Methode" zur Reduzierung von Arbeitsaufwand: Wer viele sehr ähnliche Versuchsansätze pipettieren muss (z.B. bei Restriktionsverdaus oder PCRs), stellt häufig eine Mastermix her, der alle Komponenten enthält, die in allen Ansätzen identisch sind, verteilt diesen auf die Tubes und pipettiert dann nur noch die Komponenten zu, die sich von Ansatz zu Ansatz unterscheiden (z.B. die DNA). Nebenbei reduziert man so auch die Anzahl von Pipettierfehlern.
mate-pairs	zwei Sequenzierungen, welche die entgegengesetzten Enden des selben DNA-Fragments repräsentieren
Metagenomik	ein Forschungsgebiet der Biowissenschaften, das molekularbiologischen Methoden die Gesamtheit der Mikroorganismen eines Biotops zu erfassen versucht
MIPS	Martinsried Institute for Protein Sequences
MMLV	*Moloney murine leukemia virus*
MOI	*multiplicity of infection*
MOPS	3-(N-Morpholino)propansulfonsäure; Puffersubstanz
mRNA	Boten-RNA (*messenger RNA*)
NBT	Nitroblautetrazolium
NCBI	National Center for Biotechnology Information (USA)
neo	Neomycin-Resistenzgen
NP-40	Nonidet P-40; ein Detergens

nt	Nucleotide
NTP	Nucleosidtriphosphat
OD_{260}	optische Dichte bei 260 nm Wellenlänge
Oligo-dT	Oligodeoxythymidin
ONPG	*O*-Nitrophenyl-β-D-Galactosidase
ORF	offenes Leseraster (*open reading frame*)
ori	Replikationsstart (*origin of replication*)
PAC	*P1 Artificial Chromosome* = künstliches P1 Chromosom. Ein Klonierungsvektor.
PAGE	Polyacrylamidgelelektrophorese
PCR	Polymerasekettenreaktion (*polymerase chain reaction*)
PEG	Polyethylenglykol
PFGE	Pulsfeldgelelektrophorese; Methode zur Trennung großer DNA-Fragmente
pfu	Plaquebildende Einheiten (*plaque-forming units*)
PIPES	Piperazin-*N,N'*-bis(2-ethansulfonsäure); eine Puffersubstanz
polony	abgeleitet von *polymerase colony*; Überbegriff für Methoden, bei denen viele DNA-Amplifikationen parallel in einem Ansatz durchgeführt werden
poly-A^+	Polyadenyl-
Primer	Oligonucleotid, das als Start-Fragment für eine DNA-Synthese dient. Der Begriff wird zumeist im Zusammenhang mit der PCR benutzt.
RACE	*rapid amplification of cDNA ends*; eine PCR-Anwendung
RCF	relative Zentrifugalkraft (*relative centrifugal force*); wird in "g" (Erdbeschleunigungen) gemessen
RFLP	Restriktionsfragment-Längenpolymorphismen
RNA	Ribonucleinsäure
RNase	Ribonuclease
rpm	Umdrehungen pro Minute (*rounds per minute*)
rRNA	ribosomale RNA
RT	Reverse Transkriptase
screenen	Durchsuchen von großen Mengen an Material (z.B. Phagenbanken, Patienten-DNA) auf irgendetwas, das man dort erwartet
SDS	Natriumdodecylsulfat (*sodium dodecyl sulfate*); ein Detergens
SNP	*single nucleotide polymorphisms* sind natürlich vorkommende Polymorphismen in einem Gen innerhalb einer Population
spezifische Aktivität	Gibt eine Aussage darüber, wie viele Markierungen je µg DNA oder RNA eingebaut wurden. Je höher die spezifische Aktivität, desto sensitiver ist die Sonde.
ssDNA	einzelsträngige DNA (*single-stranded DNA*)
sticky ends	"klebrige Enden"; 5'- oder 3'-Überhänge an den Enden von DNA-Fragmenten
supercoiled	"supergeschraubt" – beschreibt einen Zustand von zirkulären DNAs (z.B. Plasmiden), bei dem so viele zusätzliche Drehungen eingebaut sind, dass die DNA wie ein verdrilltes Gummiband aussieht.
SV40	Simianvirus Typ 40
T	Thymin, eine der vier Basen der DNA
TAE	Tris-Acetat-EDTA-Puffer; ein Elektrophoresepuffer
Taq-Polymerase	*Thermus aquaticus* DNA-Polymerase; wird hauptsächlich für die PCR benötigt
TB	*Terrific Broth*; ein Bakterienmedium
TBE	Tris-Borat-EDTA-Puffer; ein Elektrophoresepuffer
TE	Tris-EDTA-Puffer

TEMED	*N,N,N',N'*-Tetramethyl-ethylendiamin; "Starter" bei der Polymerisierung von Acrylamid
Template	Vorlage, Matrize. Template-DNA ist die DNA, die man als "Kopiervorlage" bei PCR oder Markierungsreaktionen einsetzt.
Tet	Tetracyclin; Antibiotikum
T_m	Schmelztemperatur (*melting temperature*). Bei Nucleinsäuren die Temperatur, bei der die Hälfte der Basenpaare eines Doppelstrangs getrennt sind.
Tris	Tris(hydroxymethyl)aminomethan; wichtigste Puffersubstanz in der Molekularbiologie
tRNA	Transfer-RNA
Tube (das)	Neu- bzw. Labordeutsch für Reaktionsgefäß
u	Einheit (*unit*); Mengenangabe bei Enzymen
U	Uracil
Upm	Umdrehungen pro Minute
UTR	nicht translatierte Region (*untranslated region*) von mRNAs
UV	Ultraviolett
TTE	Tris-Taurin-EDTA-Puffer; ein Elektrophoresepuffer
unit	"Einheit"; Mengenangabe bei Enzymen
v/v	Volumen/Volumen; Beispiel: 15 % (v/v) = 150 ml je l Lösung
vortexen	gründlich mischen mit Hilfe eines Vortex™ (Reagenzglasschüttler) oder eines ähnlichen Gerätes
w/v	Masse/Volumen (weight/volume); Beispiel: 15 % (w/v) = 150 g je l Lösung
WGS	(*whole genome sequencing*) die Sequenzierung ganzer Genome
X-Gal	5-Brom-4-Chlor-3-indolyl-β-D-galactosid. Substrat der β-Galactosidase.
YAC	*Yeast artificial chromosome* = künstliches Hefechromosom. Ein Klonierungsvektor.

13 Wer, was, wo?

13.1 Lieferanten / Adressen

Im Lifescience-Sektor geht es zu wie im richtigen Leben: Es ist ein einziges Chaos. Die Firmen amüsieren sich damit, sich gegenseitig aufzukaufen, zu fusionieren oder, wenn das nötige Kleingeld fehlt, sich zumindest neu zu organisieren.
Das wirkt sich leider auch auf diese Adressenliste aus. Ich habe mich zwar bemüht, den aktuellen Stand der Dinge wiederzugeben, doch weiß ich mittlerweile aus Erfahrung, dass bereits nach zwei Jahren fast die Hälfte dieser Adressen nicht mehr korrekt sein wird. Sollten Sie auf eine dieser überholten Adressen stoßen, dann ärgern Sie sich nicht, sondern machen Sie es wie ich und zucken Sie einfach mit den Schultern. Panta rhei!

Vielleicht löst sich das Problem auch in ein paar Jahren von ganz alleine; wenn die drei Großen (Invitrogen, Thermo Fisher Scientific und GE Healthcare) erst mal alle anderen aufgekauft haben werden, dann wird die Adressenliste wieder ziemlich kurz.

Adressen von Firmen aus dem Bereich Biotechnologie finden Sie auch unter http://www.bionity.com/firmen/

Active Motif (Tel. 0800 181 99 10) (http://www.activemotif.com)
Affymetrix, Inc. (Tel. 0180 300 13 34) (http://www.affymetrix.com)
Sigma-**Aldrich** Chemie GmbH, Geschäftsbereich Aldrich (Postfach 1120, 89552 Steinheim) (http://www.sigmaaldrich.com)
Agilent Technologies GmbH (Herrenberger Str. 130, 71034 Böblingen) (http://www.agilent.com)
Ambion (Tel. 0800 181 32 73) (http://www.ambion.com)
Ambion gehört seit 2006 zu Applied Biosystems, das seinerseits 2008 von Invitrogen übernommen wurde.
Amersham Biosciences siehe GE Healthcare
Amersham Biosciences ist hervorgegangen aus den Firmen LKB, Pharmacia Biotech, Amersham Life Science und Molecular Dynamics und gehört nun zu GE Healthcare.
AMS Biotechnology GmbH (Tel. 069 779 099) (http://www.amsbio.com)
Amicon siehe Millipore
Applied Biosystems (Applera Deutschland GmbH) (Frankfurter Str. 129B, 64293 Darmstadt) (http://www.appliedbiosystems.com)
Applied Biosystems wird gerade (2008) von Invitrogen übernommen.
Appligene siehe QBiogene
BD Biosciences (Tullastr. 8-12, 69126 Heidelberg) (http://www.bdbiosciences.com)
BD Biosciences gehört zu Becton Dickinson & Co.
Bender & Hobein GmbH (Fraunhoferstr. 7, 85737 Ismaning bei München; Tel. 089/996548-0; Fax 089/996548-91)
Biometra GmbH (Rudolf-Wissell-Str. 30, 37079 Göttingen) (http://www.biometra.de)
BioRad Laboratories GmbH (Heidemannstr.164, 80939 München) (http://www.biorad.com)
biostep GmbH (Alte Stollberger Str. 13, 09387 Jahnsdorf) (http://www.biostep.de)
Biotage AB (http://www.biotage.com)

Biozym Scientific GmbH (Steinbrinksweg 27, 31840 Hess. Oldendorf) (http://www.biozym.com)
Boehringer Mannheim siehe Roche Diagnostics
BTX (über QBiogene) (http://www.BTXonline.com)
Calbiochem siehe Merck Biosciences
Canberra Packard GmbH (siehe auch Perkin Elmer Life Sciences) (Robert-Bosch-Str. 32, 63303 Dreieich) (http://las.perkinelmer.com)
Clontech (2, Av. du President Kennedy, F-78100 St.-Germain-en-Laye) (http://www.clontech.com)
Clontech wurde mittlerweile von BD Biosciences an Takara Bio verkauft.
Dharmacon Inc. (http://www.dharmacon.com)
Dharmacon gehört zu Thermo Fisher Scientific.
Du Pont de Nemours GmbH (Du Pont Str. 1, 61343 Bad Homburg) (http://www.dupont.com)
DYNAL Biotech siehe Invitrogen
Dynal gehört seit 2005 zu Invitrogen.
Epicentre Biotechnologies (über Biozym Scientific) (http://www.epibio.com)
Eppendorf Vertrieb Deutschland GmbH (Peter-Henlein-Str. 2, 50389 Wesseling-Berzdorf) (http://www.eppendorf.com bzw. http://www.eppendorf.de)
Eurobio (über Fisher Scientific) (http://www.eurobio.fr)
Eurofins MWG Operon (Anzinger Str. 7, 85560 Ebersberg) (http://www.eurofinsdna.com)
Evrogen (http://www.evrogen.com)
Falcon siehe BD Biosciences
Fermentas GmbH (Opelstr.9, 68789 St. Leon-Rot) (http://www.fermentas.com)
Fisher Scientific GmbH (Im Heiligen Feld 17, 58239 Schwerte) (http://www.de.fishersci.com)
2006 fusionierten Thermo Electron und Fisher Scientific zu Thermo Fisher Scientific. Die deutsche Niederlassung firmiert noch immer unter Fisher Scientific.
FMC Bioproducts (über Biozym) (http://www.fmc.com)
FMC hat offenbar sein ganzes Agarosen-Geschäft an Lonza abgetreten.
Fujifilm Europe (Heesenstr. 31, 40549 Düsseldorf) (http://fujifilm.de) (http://lifescience.fujifilm.com)
GE Healthcare Europe GmbH (Munzinger Str. 5, 79111 Freiburg) (http://www1.gelifesciences.com).
Gibco BRL siehe Invitrogen
Heraeus siehe Thermo Scientific
Hoefer Scientific Instruments (über GE Healthcare)
Hybaid siehe Thermo Scientific
Integra Biosciences GmbH (Ruhberg 4, 35463 Fernwald) (http://www.integra-biosciences.com)
Invitrogen GmbH (Emmy-Noether-Str. 10, 76131 Karlsruhe) (http://www.invitrogen.com)
Eastman **Kodak** (http://www.kodak.de bzw. www.kodak.com/go/scientific
LI-COR Biosciences GmbH (Siemensstr. 25a, 61352 Bad Homburg) (http://www.licor.com)
Life Technologies siehe Invitrogen
LKB Instruments (http://www.lkb.com.au)
Lumigen (über GE Healthcare) (http://www.lumigen.com)
Macherey-Nagel GmbH (Postfach 101352, 52313 Düren) (http://www.macherey-nagel.com)
MBL International (http://www.mblintl.com)
Merck KGaA (Frankfurterstr. 250, 64293 Darmstadt) (http://www.merck.de)
Merck Biosciences GmbH (Postfach 1167, 65812 Bad Soden) (http://www.merckbiosciences.de). *Die Firmen Calbiochem, Novabiochem und Novagen laufen in Nordamerika unter dem Namen EMD Biosciences, im Rest der Welt unter Merck Biosciences, und alles gehört zu Merck KGaA. Und das alles nur, weil es in den USA auch noch Merck & Co. gibt, ein großes Pharma-Unternehmen.*
Millipore GmbH (Am Kronberger Hang 5, 65824 Schwalbach) (http://www.millipore.com)

MJResearch siehe BioRad
Mobitec GmbH (Lotzestr. 22a, 37083 Göttingen) (http://www.mobitec.com)
Molecular Probes siehe Invitrogen (http://probes.invitrogen.com)
Molecular Dynamics siehe GE Healthcare
MP Biomedicals GmbH (Waldhofer Str. 102, 69123 Heidelberg) (http://www.mpbio.com)
MWG-Biotech siehe Eurofins MWG Operon
Seit 2005 Teil von Eurofins.
Nalgene siehe Nunc (http://www.nalgene.com)
New Brunswick Scientific GmbH (In der Au 14, 72622 Nürtingen) (http://www.nbsc.com)
New England Biolabs GmbH (Brüningstr. 50, 65926 Frankfurt) (http://www.neb.com)
Novabiochem siehe Merck Biosciences
Novagen siehe Merck Biosciences
Novex Electrophoresis siehe Invitrogen
Nunc GmbH (Postfach 12 05 43, 65083 Wiesbaden) (http://www.nalgenunc.com)
Eine komplizierte Geschichte. Nalge kam 1993 zu I-Chem, Nalge und Nunc fusionierten 1995 zu NNI, das zu I-Chem gehörte, welches wohl irgendwie Teil von Sybron war. 2000 machte Sybron unter dem Namen Apogent weiter, das 2004 von Fisher Scientific geschluckt wurde, das wiederum 2006 mit Thermo Electron zu Thermo Fisher Scientific fusionierte. Fortsetzung folgt.
Oncor siehe QBiogene
Pall Filtron GmbH (Philipp-Reis-Str. 6, 63303 Dreieich) (http://www.pall.com)
PE Biosystems siehe Applied Biosystems
peqlab Biotechnologie GmbH (Carl-Thiersch-Str.2b, 91052 Erlangen) (http://www.peqlab.de)
Perbio Science Deutschland GmbH (Adenauerallee 113, 53113 Bonn) (http://www.perbio.com)
Perbio gehört seit 2003 zu Thermo Scientific, das seit 2006 Thermo Fisher Scientific ist.
PerkinElmer LAS GmbH (Ferdinand Porsche Ring 17, 63110 Rodgau-Jügesheim) (http://las.perkinelmer.com)
PerSeptive Biosystems siehe Applied Biosystems
Pharmacia siehe GE Healthcare
Pierce siehe Thermo Scientific (http://www.piercenet.com)
Promega Deutschland GmbH (High-Tech-Park, Schildkrötstr. 15, 68199 Mannheim) (http://www.promega.com/de/)
QBiogene siehe MP Biomedicals (http://www.qbiogene.com).
Qbiogene ist aus den Firmen BIO 101, Quantum Biotechnologies und Appligene hervorgegangen und 2005 von MP Biomedicals übernommen worden.
Qiagen GmbH (Qiagen-Str. 1, 40724 Hilden) (http://www.qiagen.com)
Quantum Biotechnologies siehe MP Biomedicals
Raytest Isotopenmessgeräte GmbH (Benzstr. 4, 75334 Straubenhardt) (http://www.raytest.de)
Research Genetics siehe Invitrogen
Roche Diagnostics GmbH (Sandhofer Str. 116, 68305 Mannheim) (http://www.roche-applied-science.com)
Carl Roth GmbH (Schoemperlenstr. 3-5, 76161 Karlsruhe,) (http://www.carl-roth.de)
Sarstedt AG (Postfach 12 20, 51582 Nümbrecht) (http://www.sarstedt.com)
Sartorius AG (Weender Landstrasse 94-108, 37075 Göttingen) (http://www.sartorius.de)
Serva Electrophoresis GmbH (Carl-Benz-Str. 7, 69115 Heidelberg) (http://www.serva.de)
Sigma Chemie (Grünwalder Weg 30, Postfach, 82039 Deisenhofen) (http://www.sigmaaldrich.com)
Sorvall siehe Thermo Scientific (http://www.sorvall.com)
Stratagene Europe (Hogehilweg 15, 1101 CB Amsterdam) (http://www.stratagene.com)

Stratagene gehört seit 2007 zu Agilent.
Takara Bio (Vertrieb über Lonza Verviers oder Mobitec) (http://www.takarabioeurope.com)
Thermo Scientific (http://www.thermo.com)
Thermo Scientific ist ein Teil von Thermo Fisher Scientific (seit 2006, hervorgegangen aus der früheren Thermo Electron).
Thermo Fisher Scientific (http://www.thermofisher.com)
2006 fusionierten Thermo Electron und Fisher Scientific zu Thermo Fisher Scientific.
USB Europe GmbH (Hauptstr.1, 79219 Staufen) (http://www.usbweb.de)
USB hat übrigens eine ganz interessante Geschichte hinter sich. In den 70ern gegründet, wurde die Firma 1993 von Amersham Life Science gekauft. Amersham fusionierte 1997 mit Pharmacia Biotech. 1998 gründeten einige ehemalige USB-Manager die Firma USB Corporation, indem sie drei ursprüngliche Produktlinien von Amersham Pharmacia Biotech zurückkauften. 2008 wurde USB Corp. von Affymetrix gekauft.
Whatman (Hahnestr. 3, 37568 Dassel) (http://www.whatman.com)
Whatman gehört seit 2008 zu GE Healthcare.

13.2 Literatur

Ausubel, F. et al. (Hrsg.): Current protocols in molecular biology. Wiley.
* *Sicherlich derzeit DAS Laborhandbuch. Eigentlich kein Buch, sondern drei Ordner, die vierteljährlich aktualisiert und erweitert werden. In Buchform leider derzeit nicht mehr verfügbar; bei Wiley InterScience erhält man Zugang zur Internet-Version der Protokoll-Sammlung.*

Ausubel, F. et al. (Hrsg.) (2002): Short protocols in molecular biology. A compendium of methods from current protocols in molecular biology. Wiley.

Brown, T.A. (2007). Gentechnologie für Einsteiger. 5. Auflage. Spektrum Akademischer Verlag.

Caetano-Anollés, G., Gresshoff, P.M. (Hrsg.) (1997): DNA markers. Protocols, applications, and overviews. Wiley-VCH.
* *Gutes Protokollbuch*

Campbell, N.A., Reece, J.B., Markl, J. (2006): Biologie. 6. Auflage. Pearson Studium.
* *Ein sehr schönes Beispiel dafür, wie Lehrbücher geschrieben sein sollten.*

Clark, M. (2003): In situ hybridization: Laboratory companion. Wiley-VCH.

Drlica, K. (2003): Understanding DNA and Gene Cloning: A Guide for the Curious. Wiley
* *Einführung in das Thema DNA, Klonieren und die Konsequenzen für unser tägliches Leben.*

Engelke, D.R. (2004): RNA Interference: The Nuts & Bolts of RNAi Technology. DNA Press.

Ganten, D., Ruckpaul, K. (Hrsg.) (2002): Molekular- und Zellbiologische Grundlagen. In: Handbuch der molekularen Medizin 1. Springer.

Glover, D.M., Hames, D.B. (Hrsg.) (2002): DNA cloning. The practical approach series, Oxford University Press.
* *Eine sehr empfehlenswerte Serie mit verschiedensten Titeln zu Techniken der Biotechnologie, z.B. PCR, Gelelektrophorese, Zellkultur u.v.a.m.*

Hannon, G. (Hrsg.) (2003): RNAi: A Guide to Gene Silencing. Cold Spring Harbor Laboratory Press.

Harris, J.R., Graham, J.M., Rickwood, D. (Hrsg.) (2006): Cell biology protocols. Wiley.

Jansohn M. (Hrsg.) (2006): Gentechnische Methoden: Eine Sammlung von Arbeitsanleitungen für das molekularbiologische Labor. 4. Auflage. Spektrum Akademischer Verlag
* *Der deutsche Maniatis. Schöne Protokolle zum Nachkochen.*

Knippers, R. (2006): Molekulare Genetik. 9. Auflage. Thieme.
Ein Klassiker, mittlerweile in der 9. Auflage! Da kann man neidisch werden.

Lindl, T., Gstraunthaler, G. (2008): Zell- und Gewebekultur. 6. Auflage. Spektrum Akadem. Verlag.
* *Das Standardwerk zur Zellkulturtechnik.*

Meyers, R.A., (Hrsg.) (2004): Encyclopedia of Molecular Biology and Molecular Medicine. 2. Auflage. Wiley-VCH.
* *Ein hervorragendes Buch, leider ein wenig teuer.*

Nucleic Acids Research. Oxford University Press.
* *Eine sehr interessante Zeitschrift, in der immer wieder interessante Methoden und Varianten bekannter Methoden publiziert werden. Der Verleger kommt dem Experimentator insofern entgegen, als Methodenpaper im Inhaltsverzeichnis gesondert aufgeführt werden.*

Promega, Protocols and applications guide.
* *Promega gibt seit Jahren ein eigenes Handbuch heraus, das schön gemacht und auf Anfrage kostenlos erhältlich ist. Von Promegas Internetseite in Einzelteilen herunterladbar.*

Rehm, H. (2006): Der Experimentator: Proteinbiochemie/Proteomics. 5.Auflage. Spektrum Akademischer Verlag.
* *Das Pendant zu m vorliegenden Buch, der erste Band der Reihe. Lohnt einen Blick! Erscheint seit Jahren ungefähr im gleichen Takt wie "Der kleine Mülhardt".*

Sambrook, J., Russell, D.W. (2001): Molecular cloning: a laboratory manual. 3rd ed. Cold Spring Harbor Laboratory Press.
** Die Neuauflage des klassischen "Maniatis"*

Sambrook, J., Russell, D.W. (2006): Condensed Protocols from Molecular Cloning: A Laboratory Manual. Cold Spring Harbor Lab. Press.
Erheblich billiger als das Original, beschränkt sich das Werk allerdings auf die Protokolle und verzichtet auf die Kommentare, die den guten alten "Maniatis" so wertvoll machen.

Scott, T.A., Mercer, E.I. (Hrsg.) (2001): Concise Encyclopedia Biochemistry and Molecular Biology. de Gruyter.

Seyffert, W. (Hrsg.) (2003): Lehrbuch der Genetik. 2. Auflage. Spektrum Akademischer Verlag.
** z.Zt. das umfassendste Lehrbuch der Genetik auf dem deutschen Markt.*

Westermeier, R. (2005): Electrophoresis in practice: A guide to methods and applications of DNA and protein separations. 4. Auflage. Wiley-VCH.

Lektüre für die Freizeit

Bär, S. (2002): Forschen auf Deutsch. Der Machiavelli für Forscher – und solche, die es noch werden wollen. 4. Auflage. Verlag Harri Deutsch.

Chargaff, E. (1995): Ein zweites Leben. Klett-Cotta.

Dahl, J. (1999): Die Verwegenheit der Ahnungslosen. Über Genetik, Chemie und andere schwarze Löcher des Fortschritts. 2. Auflage. Klett-Cotta/SVK.

Ridley, M. (Hrsg.) (1996): Darwin lesen. dtv.

Robbins-Roth, C. (Hrsg.) (2005) Alternative Careers in Science: Leaving the Ivory Tower (Scientific Survival Skills). 2. Auflage. Academic Press.
** Für alle, die sich auch ein Leben außerhalb der Uni vorstellen können, aber nicht wissen wo.*

Stümpke, H. (2006): Bau und Leben der Rhinogradentia. 3. Auflage. Spektrum Akademischer Verlag.
Biologen-Humoristik. Ein Klassiker.

Watson, J.D. (1997): Die Doppelhelix. Ein persönlicher Bericht über die Entdeckung der DNS-Struktur. Rowohlt.
Die Geschichte von der Entdeckung der DNA vom (Mit-) Entdecker der DNA. Die zeitgeschichtliche Seite der Wissenschaft.

Register

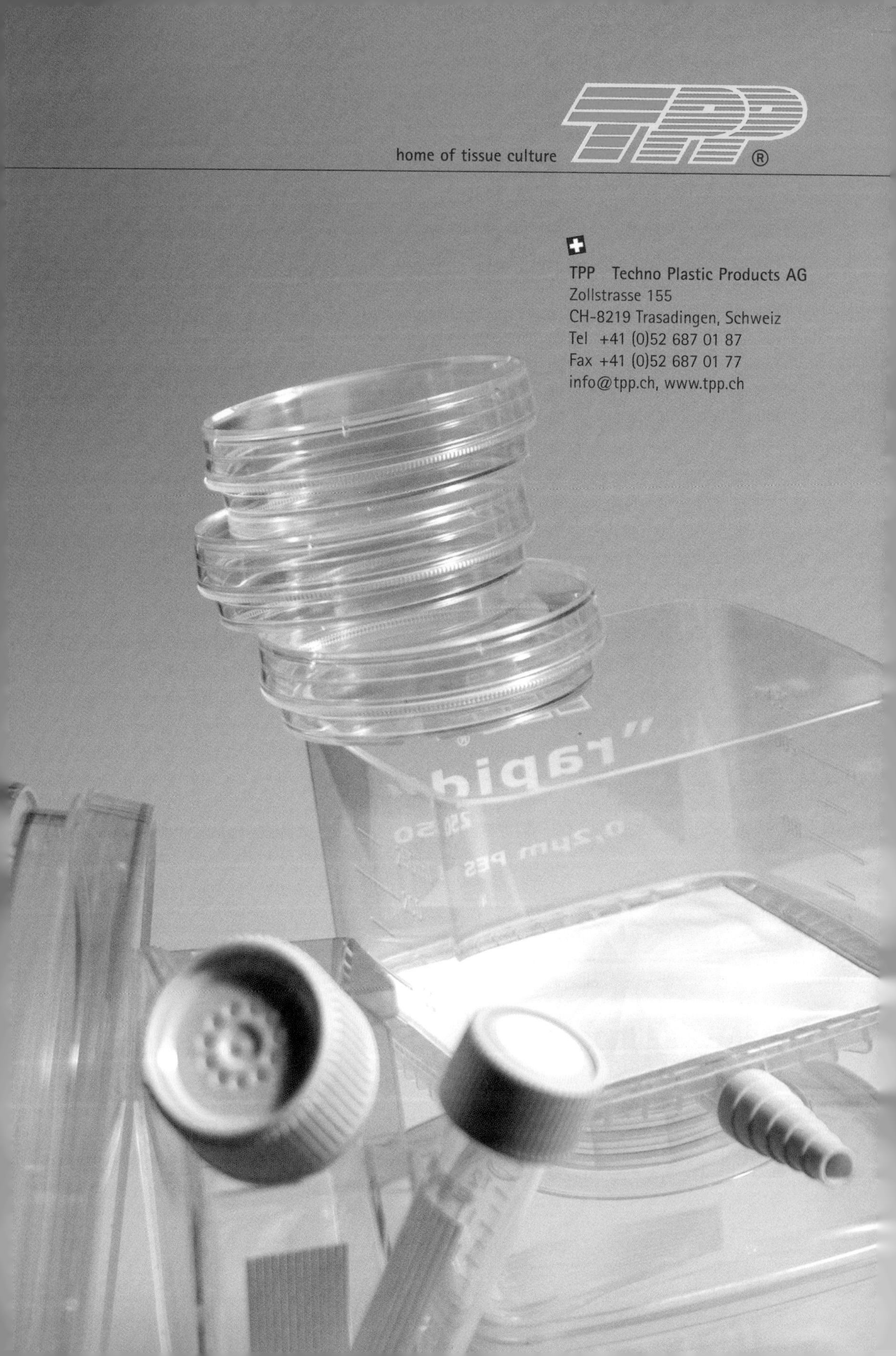
TPP
home of tissue culture
®
TPP Techno Plastic Products AG
Zollstrasse 155
CH-8219 Trasadingen, Schweiz
Tel +41 (0)52 687 01 87
Fax +41 (0)52 687 01 77
info@tpp.ch, www.tpp.ch